普通高等教育“十三五”规划教材·园林与风景园林系列

花卉学

鞠志新　邓慧静　樊慧敏　主编

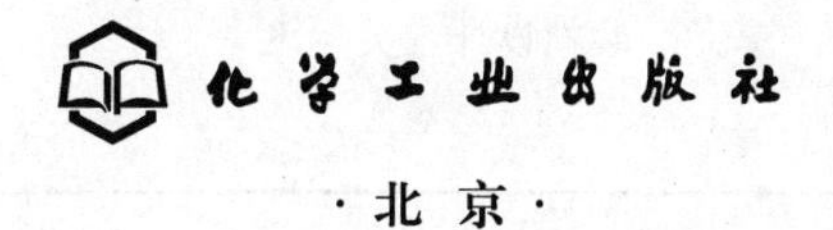

·北京·

《花卉学》根据当前高等农林院校相关专业人才培养目标，系统阐述了花卉学基础理论知识、实践应用知识和操作基本技能，特色是创新性地将花卉栽培管理与景观应用技艺有机结合，突出花卉管理实践操作技术。在花卉基本知识基础上，重点阐述了花卉栽培生理、栽培管理技术、花卉应用场景管理理论及技术。全书共分为6章，包括绪论、花卉基础理论与基本技术、露地花卉、温室花卉、切花花卉、年宵花卉与工厂化、花卉配置与应用等。总体以花卉形态特征、生态习性、繁殖方法、栽培管理、应用特点等关键知识及技能的阐述，并做到了一花一图或多图，以彩图形式体现特征。

《花卉学》适于作为高等院校园林、风景园林、观赏园艺、园艺、林学、农学等专业的专业课或专业方向课教材，也可作为相关行业的科研、管理、技术人员以及花卉爱好者参考用书。

图书在版编目（CIP）数据

花卉学/鞠志新，邓慧静，樊慧敏主编．—北京：化学工业出版社，2016.3
普通高等教育“十三五”规划教材·园林与风景园林系列
ISBN 978-7-122-26201-1

Ⅰ．①花… Ⅱ．①鞠…②邓…③樊… Ⅲ．①花卉-观赏园艺 Ⅳ．①S68

中国版本图书馆CIP数据核字（2016）第020089号

责任编辑：尤彩霞　　　　装帧设计：关　飞
责任校对：边　涛

出版发行：化学工业出版社（北京市东城区青年湖南街13号　邮政编码100011）
印　　刷：北京永鑫印刷有限责任公司
装　　订：三河市宇新装订厂
880mm×1230mm　1/16　印张16½　彩插12　字数558千字　2016年5月北京第1版第1次印刷

购书咨询：010-64518888（传真：010-64519686）　售后服务：010-64518899
网　　址：http://www.cip.com.cn
凡购买本书，如有缺损质量问题，本社销售中心负责调换。

定　　价：49.80元

《花卉学》编写人员

主　　编　鞠志新　邓慧静　樊慧敏

副 主 编　魏进华　孙　铭

参编人员（以姓氏笔画排序）

邓慧静（辽宁科技学院）

孙　铭（吉林农业科技学院）

刘冬云（河北农业大学）

辛丽红（吉林农业科技学院）

张俊叶（河南职业技术学院）

赵雪梅（赤峰学院）

樊慧敏（河北工程大学）

穆　丹（佳木斯大学）

魏进华（北华大学）

鞠志新（吉林农业科技学院）

前　言

花卉学是涉及花卉在现实环境和人居生活中的应用的一门实用科学，它不但研究花卉资源及其分类、花卉生长发育、花卉生物学特性及其与环境条件的关系，还要探究花卉繁殖、栽培管理和园林应用等方面的理论和技术。本教材是在总结前人工作经验和广泛收集最新文献、研究成果及现代花卉业生产新技术的基础上，根据当前高等农林院校相关专业人才培养目标，系统阐述了花卉学基础理论知识、实践应用知识和操作基本技能。其特色是创新性地将花卉栽培管理与景观应用技艺有机结合，突出花卉管理实践操作技术。花卉业已经成为国民经济重要产业之一，产业技术支撑主要体现在花卉栽培与生产理论和技术方面；此外，花卉观赏栽培在园林绿化场景中的应用和管理决定着景观效果的发挥，也对花卉自身观赏价值的体现至关重要。因此，加强花卉栽培应用管理也是非常必要的。本教材在花卉基本知识基础上，重点阐述花卉栽培生理、栽培管理技术、花卉应用场景管理理论及技术。同时，着重介绍了花卉种苗生产、盆栽花卉生产管理、室内花卉及租摆养护、切花高产优质高效栽培等花卉生产管理技术。在保证基本理论基础上，突出栽培实用技术的阐述，培养学生的实践能力。

全书分为6部分，包括绪论、花卉基础理论与基本技术、露地花卉、温室花卉、切花花卉、年宵花卉与工厂化、花卉配置与应用等。对花卉形态、习性、繁殖方法、栽培管理、应用特点等进行了介绍，有些难以用文字和黑白图表达的形态特征，均采用彩色图片形式表达，做到了一花一图或多图，以彩图形式附后。

《花卉学》力争体现现代花卉业的研究水平和最新技术，针对性和实用性强，图文并茂，体系编排完整，适合于高等农林院校园林、风景园林、园艺、林学、农学等专业教学用书，也可供从事园林景观艺术、花卉学研究的教师、科研人员、工程技术人员、研究生及相关行业人员参考。

编写分工：绪论由鞠志新编写；第1章由赵雪梅编写；第2章2.1～2.4节由魏进华编写，2.5～2.6节由穆丹编写；第3章3.1～3.5节由邓慧静编写，3.6～3.7节由辛丽红编写；第4章4.1～4.2节由樊慧敏编写，4.3～4.5节由孙铭编写；第5章由张俊叶编写；第6章由刘冬云编写；各章节相应的插图主要由各编者供稿，部分实验和实习内容由各章节编写的老师供稿；其他附录、实训等由鞠志新供稿。全书由鞠志新统稿。

因编写时间较为仓促及编者水平所限，不足之处在所难免，欢迎读者和广大教师、同学们提出批评和建议，以便将来再版时补充和修正。

编者

2016年2月

目　录

0 绪 论

0.1 花卉与花卉学

《辞海》称花卉为“可供观赏的花草”，字面上“花卉”指的是具有观赏价值的植物，“花”为植物的繁殖器官，“卉”为草的总称。花卉的含义包括狭义和广义两个方面，狭义的花卉仅指草本的观花植物和观叶植物。广义的花卉指具有观赏价值，并经过一定技艺进行栽培和养护的植物，有观花、观叶、观果、观茎和观根等功能，同时也包含观形或闻香的植物。当今社会或专业学科泛指的花卉主要是广义的花卉。

花卉学是研究花卉的种类、形态、习性、栽培、育种、生产、应用等的综合性科学，以生物学、环境科学、园艺学、林学、美学等为理论基础。随着社会的发展，花卉学的含义也在延伸扩大，花卉学与其他相关学科的关系也越发紧密。

0.2 花卉艺术特点与作用

从花卉发展历史来看，花卉在人类生活中的作用主要由其实用性（如从药用、食用、香料、染料等功用）逐渐演变为观赏功能为主。随着人类社会的发展，也存在观赏功能优先出现，再逐步演变为其他实用功能的现象。花卉是自然界色彩的重要来源，也是季相变化的重要体现。花卉的自然美令人赏心悦目，心旷神怡，使人得到高尚的精神享受，起到陶冶情操、增进健康、改善环境等精神和生态作用。

0.2.1 花卉与绘画艺术

绘画艺术是人类文明的重要内容，是人类认识自然与社会，表达观念与情感的一种特殊方式。以花卉、瓜果、昆虫、鸟类、鱼类等为题材的花鸟画，以及牡丹、芍药、梅、兰、竹、菊、荷花等为题材的作品广为流传，成为中国画的重要组成部分。如李嵩的《花篮图》、郑板桥的兰竹石画、扬补之《四梅花图》卷、赵孟坚的水墨白描水仙、梅花、兰、竹石等。

另外，古代建筑绘画、雕刻等方面，除了传统的青龙、白虎、朱雀、玄武、人事、鸟兽图案外，大量使用了花草树木，如缠枝、莲花、栀子、牡丹、瑞草、如意草、吉祥草、岁寒三友、四君子等图案，包括古代陶瓷绘画艺术，形成了统一的风格。它反映了中国人的自然观和审美情趣，也体现了一种民族的情结。

0.2.2 花卉与文学

花卉恬静、自然清新、启迪智慧，作为美的化身，幸福的象征，为历代文人雅士所倾心，他们以花为对象，通过丰富的情感和想象，运用比兴、象征、联想、寓意等表现手法来渲染花卉的美，熏陶人们的情操，赋予花卉生命与情感，它为欣赏者提供了无限广阔的想象空间。中国历代与花卉有关的文学作品，数量最大、成就最高的是咏花诗词。

（1）中国十大名花及常见花卉的雅称

中国十大名花——梅花、牡丹、菊花、兰花、月季、杜鹃、山茶、荷花、桂花、水仙。

花中之王——牡丹；花中之相——芍药；花中皇后——月季；花中西施——杜鹃；王者之香——兰花；花中隐士——菊花；花中君子——莲花；花中之魁——梅花；花中仙客——桂花；凌波仙子——水仙；花中妃子——山茶花；花中双绝——牡丹、芍药；岁寒三友——松、竹、梅；蔷薇三姊妹——蔷薇、月季、玫瑰；园林三宝——树中银杏、花中牡丹、草中兰；四君子——梅、兰、竹、菊；花中四友——茶花、迎春、梅花、水仙；花草四雅——兰、菊、水仙、菖蒲；盆花五姊妹——山茶、杜鹃、仙客来、石蜡红、吊钟海棠；树桩七贤——黄山松、缨络柏、枫、银杏、雀梅、冬青、榆。

（2）中国民间十二个月的花神传说

正月——梅花——柳梦梅；二月——杏花——杨玉环；三月——桃花——杨延昭；四月——蔷薇——张丽华；五月——石榴花——钟馗；六月——荷花——西施；七月——凤仙花——石崇；八月——桂花——绿珠；九月——菊花——陶渊明；十月——芙蓉花——谢秋素；十一月——山茶花——白乐天；十二月——蜡梅——老令婆。

（3）花卉与诗词

古人以花为题，借花传情，阐述人生哲理，表达个人意愿与情感。诗词体裁广泛，形式多样，这里选择有代表的几首，以供欣赏。

涉江采芙蓉·汉

涉江采芙蓉，兰泽多芳草。
采之欲遗谁，所思在远道。
还顾望旧乡，长路漫浩浩。
同心而离居，忧伤以终老。

饮酒·陶渊明

结庐在人境，而无车马喧。
问君何能尔，心远地自偏。
采菊东篱下，悠然见南山。
山气日夕佳，飞鸟相与还。
此中有真意，欲辨已忘言。

买花·白居易

帝城春欲暮，喧喧车马度。
共道牡丹时，相随买花去。
贵贱无常价，酬值看花数。
灼灼百朵红，戋戋五束数。
上张幄幕庇，旁织笆篱护。
水洒复泥封，移来色如故。
家家习为俗，人人迷不悟。
有一田舍翁，偶来买花处。
低头独长叹，此叹无人谕。
一丛深色花，十户中人赋。

0.2.3 花卉与饮食文化

我国的饮食文化源远流长，食材丰富多样，加工方法变化多端。2000多年前，屈原《离骚》中“朝饮木兰之坠露兮，夕餐秋菊之落英”就是关于食用菊花的最早记载，此后历代在药物典籍和文学作品里都有花卉食用的内容。宋朝以后有关养生、饮食专著中大量出现了关于花卉使用及食品制作的专论，较著名有宋代林洪的《山家清供》有梅花粥、菊花粥、青槐叶捣汁做面条、白梅檀香末儿水和面做馄饨皮、桂花和米粉制“广寒糕”等；明代高濂的《遵生八笺》中“饮馔服食笺”，收录了3253种饮食和药方，其所载一百多种食品中大部分为素食，包括花卉、药物、水果和豆制品等；明代戴羲《养余月令》记载了18种食用花卉；清代顾仲的《养小录》收录了牡丹、兰花、玉兰、蜡梅、迎春花、鹅脚花、金豆花、金雀花、金莲花、芙蓉花、锦带花、玉簪花、栀子花等20多种鲜花食品的制作方法。

有关资料显示，目前食用的花卉200多种，由于各地的地理环境、物种资源和文化风俗等差异，花卉食用种类和加工方法也不尽相同。我国食用花卉最多的是云南，各民族都有食用花卉的传统，直接作为蔬菜食用和食品加工的花卉100多种。如杜鹃花科植物有近20种，其他还有大白花（粉花羊蹄甲）、棠梨花、芋头花、苦刺花、野牡丹（野牡丹科）、金雀花、清明菜、玫瑰茄、芭蕉花、棕榈花、核桃花、石榴花、马蹄香花、野桑花、攀枝花（木棉花）、地涌金莲等，而且加工和食用方法多样化。食用花卉富含营养物质，风味独特，具有保健和养生的功能，随着科学技术的进步和人们对花卉认识水平的提高，将会有更多的花卉出现在大众的饮食中。

0.3 国内外花卉业发展历史与概况

中国是世界上最早栽培花卉的国家之一，具有悠久的历史和花文化传承，有“世界园林之母”的美称，对世界花卉和园林的发展做出了卓越的贡献。

0.3.1 中国花卉的历史与贡献

在出土的新石器时期仰韶文化和龙山文化遗址中，陶器的装饰纹样就有植物的花叶纹饰，公元前11世纪的殷商时期甲骨文中就有“园”、“花”、“草”等字样，同时我们的祖先师法自然，大兴苑囿，将花草树木植入庭园居所，创造适宜人居和富有美感的环境，并将自然花草的美与人的品格联系在一起。《诗经·郑风》中“溱与洧，方涣涣兮。士与女，方秉蕑兮……维士与女，伊其相谑，赠之以芍药。”说明当时男女相爱，以花传情，表达爱慕之情，与今日以玫瑰表达爱意并无分别。屈原在《离骚》中有“余既滋兰之九畹，又树蕙三百亩”之记载，可见在战国时期楚国的花卉栽培规模已非常壮观。据《三辅黄图》记载：“武帝初修上林苑，群臣远方各献名果异卉三千余种”，描述汉武帝在两千多年前重修秦朝上林苑，全国各地进献名果和奇花异卉的情境，不仅造园工程庞大，也是中国古代大规模植物引种驯化的范例；张骞出使西域，带去了中国的丝绸和物种，也引入了丁香、核桃、石榴、葡萄等物种，极大地丰富了我国园艺栽培植物。

西晋嵇含的《南方草木状》是我国最早的花卉专著，对茉莉、睡莲、扶桑等花卉产地、形态和物候特征进行了描述，也是最早使用经济用途对植物进行分类的典籍。北魏贾思勰的《齐民要术》介绍了当时浸种、混播、嫁接、砧木选择，以及绿篱的制作方法等，直至今日仍在沿用。唐宋以后，我国对花卉栽培、引种、驯化、装饰及造园应用、鉴赏等方面，达到了非常高的水平。历代都有关花卉方面的专著，如唐代王方庆的《园庭草木疏》，宋朝周师厚的《洛阳花木记》、陈景沂的《全芳备祖》，明代高濂的《尊生八笺》、袁宏道的《瓶史》、王象晋的《群芳谱》，清代陈淏子的《花境》、吴其睿的《植物名实图考》等对后世产生了极大的影响。

17世纪以后，中国的杜鹃、山茶、月季、报春、百合等数千种花卉和园林植物传入世界各地，推进了世界花卉发展的进程，极大地丰富了园林植物种类，拓展了人们视野，改善了生活的空间。

0.3.2 国外花卉业发展历史

0.3.2.1 现代化生产经营的特点

(1) 温室化生产

这是温带地区许多国家发展花卉生产的趋势。温室化生产在温带和寒温带地区的确可以不受季节干扰，可以大大提高单位面积产量，通常高于露地生产3～5倍，而且可以周年生产。由于温室结构标准化，设备现代化，便于温室内环境调节自动化，如自动控温、喷灌、消毒、控制光照等。在电子计算机屏幕上不但显示出温室内各项气候因子数据，也可以定时显示室外天气变化，大大有利于栽培技术的科学化。但是温室化生产必须有廉价和丰富的能源作后盾，否则成本太高。因此，在温暖的热带地区，如拉丁美洲、东南亚，包括太平洋诸岛的夏威夷等以及非洲一些国家，应该充分利用丰富的自然热能发展花卉生产。

(2) 工厂化生产

工厂化生产可以进行流水作业、连续生产和大规模生产，提高产量，节省用地。其产值常比露地高出10倍左右。缺点是耗电量大。

(3) 专业化生产

为了占领国际花卉市场，各国目前都致力于培养独特的花卉种类，形成自己的花卉优势。单一种类的花卉生产便于集约经营和大规模生产。如荷兰的球根生产有数千公顷，其中温室生产的小苍兰120hm²、月季切花生产650hm²（温室）、香石竹400hm²；泰国专门生产热带兰出口；以色列以生产香石竹和唐菖蒲为主；日本大量生产菊花、香石竹、百合、风信子和月季；波兰也以香石竹生产为主，还有专门生产经营香石竹无菌苗、香石竹插条、香石竹切花的专业户或单位。最近几年，丹麦、波兰、联邦德国等国非常重视发展节约能源的花卉生产。丹麦和联邦德国还着力发展盆花生产。

0.3.2.2 采用新的栽培技术

(1) 广泛应用组织培养，培养和出售无病毒的试管苗

植物组织培养概念（广义）又叫离体培养，指从植物体分离出符合需要的组织、器官或细胞、原生质体等，通过无菌操作，在人工控制条件下进行培养以获得再生的完整植株或生产具有经济价值的其他产品的技术。目前，国内外把植物组织培养已普遍应用于作物育种，并取得了较大进展，如单倍体育种、胚胎培养、基因工程等，此外，植物脱毒和离体快速繁殖是目前植物组织培养应用最多、最有效的一个方面，能够推动植物有用产物的生产。

(2) 无土栽培

国际上已有3个无土栽培研究机构、100多个研究单位、40多个国家从事无土栽培，还成立了国际无土栽培协会。无土栽培1973年进入商品化生产以后，美国定为十大技术之一，有51%家庭用于家庭蔬菜生产。英国香石竹生产主要采用无土栽培。另外，无菌培养基培养、间歇喷雾扦插、电照或遮光调节花期等新技术也在一些花卉业发达的国家广泛使用。

0.3.2.3 科研结合生产需要

为了满足广大群众对花卉品种质量日益提高的要求，许多科研单位在育种方面采用了单倍体、多倍体、一代杂种及辐射育种等新技术。同时在育种上以抗病性、耐寒性、耐热性为重点，注意培育花大、重瓣性强、花色丰富多彩、花姿美丽多变的花卉新品种，供花坛、盆栽、切花等多种用途的需要。辐射育种是选育新品种快速而有效的新途径。早在1926年有的国家就用风信子进行了研究，但到20世纪30～60年代辐射育种工作尚未广泛开展，只有荷兰当时培育出不少新品种，如大丽花、菊花、扶桑、杜鹃等。到20世纪70年代，辐射育种工作才受到广泛重视，育成的新品种数量激增，目前通过辐射育种，在商业上出售的菊花新品种有17个，大丽花34个，秋海棠21个等。开展辐射育种的国家以欧洲居多，规模最大的首推荷兰，其次为法国、比利时、捷克斯洛伐克、波兰、匈牙利、意大利、俄罗斯等。

0.3.3 我国花卉生产与产业发展状况

中国是花卉种植与应用最早的国家之一，历史上由于政治、经济等各方面的原因，花卉生产大起大落。20世纪80年代以后，花卉生产走上正常的轨道，20世纪90年代以后由于产业结构调整和消费需求，花卉产业迅猛发展。花卉成为一些地方的重要支柱产业，也成为农民增收致富的重要途径，花卉产业走向可持续的健康发展道路。具体经验与问题体现在以下几个方面。

(1) 花卉种植技术水平和质量不断提高，对外交流与合作进一步加强。

(2) 已形成明显的花卉产业布局。

(3) 市场、物流和服务体系逐渐完善。

(4) 花卉品种知识产权保护得到政府和行业的重视，种质资源的保护和合理利用逐步得到人们的关注。

(5) 我国“花文化”的历史源远流长，形成

咏花、赏花、论花的专业理论及在长期的实践中，培育的成千上万种花卉，影响了世界花卉产业的发展和花卉审美。

(6) 花卉生产经营组织形式决定了花农和花卉公司生产规模和市场运作能力，对解决生产经营中信息、技术、资金、供销等方面的实际问题有重要的意义。

(7) 国内花卉生产经营组织形式

当前我国花卉行业主体是农民，与发达国家现代化的花卉产业相比，我国花卉产业经营分散，产业化程度低，行业组织分散、形式多样，功能还未能充分体现。这里就目前我国花卉业的生产经营组织形式作简要介绍，以便于从业人员对本行业的了解和认识。

1) 个体经营　以农民自己的承包地为基础，或通过土地租赁的方式，以家庭为单位组织小规模的生产。其种植水平较低，花卉种植种类、品种，主要以市场价格和个人经验、判断来确定。生产经营起伏较大，产品主要通过花卉批发市场或集贸市场流通。

2) 农村专业大户牵头经营　以村或村民小组为单位，由当地具有种植技术和一定市场开拓能力的人牵头，组织本村的花卉种植和销售。这种类型的组织形式，较为松散，而合作者通常带有一定的亲戚和朋友关系。没有明确的组织章程和法律约束，主要靠村规民约、口头约定、亲情和信誉维系。产品主要通过花卉批发市场、集贸市场流通或以种植大户为主体，与一些花卉贸易公司签订供货协议。

3) 农村社区集体经济组织　以村或村民小组为单位，联合本地村民，以各自的承包地或以资金的形式入股。通常由村干部牵头和发起，组织本村有一定生产技术和市场开拓能力的人，组织生产和经营。在一定范围内，提高了种植水平和专业化程度、并由此而推进了乡、县一级的合作组织，对区域经济和完整产业链的形成与发展具有重要的作用。

4) 专业花卉贸易公司　一些专业的花卉贸易公司在其诞生之前往往具有从事商品贸易的背景，他们不涉及花卉生产，而是利用长期从事贸易的市场资源和销售渠道，开展花卉的批发、零售和代理业务。他们通过花卉专业批发市场、拍卖行或与种植户签订供货协议，组织货源。

5) 公司＋农户的经营模式　一些专业的花卉贸易公司，利用其市场信息和销售渠道，从事花卉贸易，他们与种植户签订供货协议，为种植户提供种苗和技术服务。在一定程度上保护了花农的利益，起到了把小规模分散经营的农户与国内外大市场衔接起来的桥梁与纽带的作用。

6) 公司＋基地＋农户的经营模式　利用花卉企业的市场运作能力和技术优势，建立花卉生产基地，并辐射到周围的农村种植户。为种植户提供种苗、技术培训和咨询服务，与种植户签订协议。实现品种、生产技术、采后处理和销售的统一。是公司和种植户利益与风险共担的一种产业化经营的模式。

7) 产业联合会　由一些经营规模较大，具有一定影响力的花卉企业发起，在政府引导下，通过注册登记，取得社团法人资格，承担政府扶持和引导产业发展的职责。为政府牵头制定行业标准，分析市场，发布信息，提供行业发展规划建议或咨询服务。协调行业内部关系，规范企业行为。配合地方政府，开展宣传、教育和商务活动。其经费来源除了企业缴纳会员费之外，政府也提供一定的经费支持。

0.3.4 国外花卉行业组织与功能

花卉作为一项国际性的大产业，经一个多世纪的市场发育，已形成了完善的运作体系和专业分工。特别是第二次大战结束以后，发达国家利用自身优势，不断开拓国际花卉市场的份额。除了在育种、栽培技术、生产手段的改进外，先进的流通体系和合作经营模式成为他们开拓市场，抗拒风险的重要措施。如荷兰花卉委员会(Flower Council Holland)、荷兰国际球根花卉中心 (International Flower Bulb Centre) 以及法国、以色列等国家的种植业者协会等组织机构等，虽然在组织形式和功能上有所区别，但目标是一致的。他们的运作资金来源于花卉种植、贸易等各行业缴纳的费用，代表着该行业的共同利益。他们整合了各种社会资源，分析市场、维持各层面的贸易联络，开发和执行市场计划，组织各类展览、商务洽谈会，开展科技教育和咨询服务，运用各种媒体从整体上宣传成员企业，树立企业品牌和社会公众形象。他们与金融机构紧密合作，为企业提供资金保障和金融服务。同时，也承担着一些社会的公共职能，从保护本国消费者和企业角度出发，制定符合本国实际的行业标准，为政府决策提供咨询服务。特别是在国际贸易贸易中，他们代表着本国花卉行业的整体形象，在解决贸易争端中起着主体作用。

0.3.5 花卉品种知识产权保护

(1) 知识产权的概念

知识产权是指人们在科学、技术、文化等领域创造的精神财富依法享有的专有权，是一种无形的财产权，主要包括作品、发明创造、商标标识、商业机密等。世界贸易组织关于《与贸易有关的知识产权协议》将与贸易有关的知识产权范围确定为版权与著作权、商标权、地理标志权、工业外观设计权、专利权、集成电路布图设计权、未披露的信息专有权。花卉是国际贸易的大宗产品，其品种权的享有、使用作为知识创新，也纳入了国际知识产权的保护体系。20世纪80年代以来我国加入了《成立世界知识产权组织公约》等公约组织，并制定了《专利法》、《植物新品种保护条例》、《知识产权海关保护条例》等系列法律法规，除了人们熟知的对新闻出版、专利技术、商标等进行保护外，花卉新品种的保护也走向了法制化的轨道。我国《植物新品种保护条例》明确规定："完成育种的单位或者个人对其授权品种，享有排他的独占权。任何单位或者个人未经品种权所有人（以下称品种权人）许可，不得为商业目的生产或者销售该授权品种的繁殖材料，不得为商业目的将该授权品种的繁殖材料重复使用于生产另一品种的繁殖材料"。

（2）自主知识创新、促进花卉行业健康发展

据报道中国对日本出口康乃馨2001～2006年期间净增了20倍，日本一些大型种苗公司和其他国家的育种公司联手制定切花品种出口许可证制度，并向海关申请海关知识产权保护，对未获得授权的花卉品种，其产品不允许进口，同时还将受到处罚和退货处理；国内一花卉公司对野生花卉驯化育种，培育的新品种获得国内外市场良好的声誉和市场，但由于花农及其他公司大量自行繁殖，该公司被迫放弃种植；由于我国没有按国际惯例进行国际花卉品种的注册和品种登录，中国传统十大名花中已经有九种被英国、美国、澳大利亚等国抢注。

种子是花卉生产重要的生产资料，决定了该产业的发展水平和经济地位，影响广大花农的收益和生计。由于种子生产对生产环境、生产技术性要求高，对民生影响大，世界各国都重视种子的生产和经营管理。为了保障广大群众的生产安全和生活安全，我国政府颁布了《中华人民共和国种子法》、《农业转基因生物安全管理条例》、《农作物种子生产经营许可证管理办法》和《关于设立外商投资农作物种子企业审批和登记管理的规定》等系列法规。各省（直辖市）、自治区根据国家的相关法规，制定了相应的条例，实行种子生产和经营许可证制度。未经允许，任何单位和个人，不得从事种子的生产和经营。请注意，这里所指的种子，不是植物学意义上的植物繁殖器官，按《中华人民共和国种子法》规定，是指农作物和林木的种植材料或者繁殖材料，包括籽粒、果实和根、茎、苗、芽、叶等。

育种工作是种子生产的前提，花卉发达国家都重视新品种的选育和开发，包括种子生产技术、采后技术、质量控制等各方面的研究。并在种子生产、种苗培育、市场推广和售后服务已形成了专业的系统运作模式和科学的管理体系。如荷兰的莫尔海姆玫瑰贸易公司，成立于1888年，专业从事玫瑰的栽培和种苗繁殖业务一个多世纪，除了自己选育的品种外，还与世界著名育种人紧密合作，生产和销售世界著名育种人的几乎全部现有品种的玫瑰种苗，同时，还为客户提供技术支持和员工培训。

复习思考题

1. 了解当地的传统花卉种类，调查当地与花卉有关的节日和应用情况。

2. 回顾过去自己学习过有关咏花、赏花、借花言志的诗词和文章。

3. 从学习本门课程开始，注意观察校园内及周边环境所使用的花卉，建立花卉名录表，积累花卉知识。

4. 结合花卉学内容和花卉应用方式，了解花文化的基本知识。

5. 结合植物学、植物生理学、生态学等课程内容，掌握花卉生长发育的基本特点。

第1章 花卉学基础知识

1.1 花卉种质资源及分布

种质是生物材料中决定生物遗传性状并将其信息从亲代传给后代的遗传物质。而花卉种质资源（floral germplasm resources; germplasm resources of landscape plants）是“对花卉品种改良和栽培有利用价值的遗传物质总体，包含一定的遗传物质，表现一定优良性状，能将其特定的遗传信息传递给后代的花卉资源”（陈俊愉，2001）。

随着花卉业在全球范围内的快速发展，花卉种质资源的外延也在扩大，大致包括以下三个方面。①种和品种：包括栽培的种、亚种、变种、品种以及有观赏价值的可开发利用的野生种、亚种等；②器官和组织：包括能繁育后代的器官和组织，例如花、果实、叶、种子、块根、块茎、鳞茎、珠芽、愈伤组织、分生组织、花粉等；③细胞和分子：包括细胞质体、染色体和核酸片段等。作为花卉业发展的基础，花卉种质资源研究越来越受到各国科研人员的重视。

1.1.1 研究花卉种质资源的意义

近几十年来，全球生态的恶化，引起人们对生态建设的重视，再加上我国城镇化的扩大，拉动了园林花卉的大量应用，因此为了满足生态建设和城镇园林绿化的需要，花卉种质资源成为了园林花卉多样性的基础；另外，商品化的花卉业迅速发展，目前已成为世界上最具有活力的产业之一，花卉产品的优化、更新则是花卉业发展的重要手段，而优化更新品种就需要对花卉种质资源充分利用，进行育种、发现具有优良性状的野生种加以开发利用，因此对花卉种质资源的掌握尤显重要；全球植物有35万～45万种（北林花卉教研组，1990），其中约1/6的种类具有观赏价值，作为花卉种质资源可以利用，但是亦有很多种类濒临灭绝，因此对花卉种质资源的保护需要了解花卉种质资源的现状，合理利用和保护；野生花卉不仅是现有栽培花卉的祖先，而且还是培育花卉新品种重要的种质资源和原始资料（林夏珍，2001），有很多种类的野生花卉种质资源是花卉育种的宝贵财富，也有很多野生花卉种质资源有待于开发利用，因此对野生花卉种质资源的研究尤其重要。

1.1.2 花卉种质资源分布

花卉种质资源个体的分布取决于其生态习性，也即不同的植物需在相适应的生境中才能存活、生长。生态适应性强的观赏植物其分布区域较广，生态适应性弱的观赏植物其分布区域则较窄，有些植物在世界范围内均有分布，而有些花卉则只在特定的区域内有分布。因此不同植物分布区的大小和形状不同，但是不同植物都有其分布中心。而分布中心有三种类型：①多度中心，是指在某一分类单位的分布范围内，其花卉种类或个体数量最多或最密集的地方，说明这个区域是这类花卉适宜生长的地方，但是多度中心不一定是它们的起源地。②起源中心，是指某花卉种或较高级分类单位的发源地。起源中心的确定是很困难的，需要弄清楚这一分类种的最原始类型及与其他分类单位的亲缘关系，对于一些古老的植物种，还需有古植物学和古地理学上的证据。③多样化（或演化）中心，是指某一分类单位的种类分布数量特别多的地方，并且包括其演化过程中的各个主要阶段。但是不管哪种分布中心，其分布均受气候条件的影响。目前人们常采用Miller和日本塚本氏的气候分类法，把全球分为7个气候区，由于不同气候区的气候特点，形成了不同的花卉分布中心，分述如下。

1.1.2.1 大陆东岸气候型花卉分布中心

中国气候型，又称大陆东岸气候型。其所属地区有中国华北及华东地区、日本、北美洲东南部、巴西南部、大洋洲东南部、非洲东南部等地，其气候特点为：夏季炎热，冬季寒冷，年温差大，降雨集中在夏季。可分为温暖（低纬度）型和寒冷（高纬度）型。温暖（低纬度）型包括中国长江以南、日本西南部、北美洲东南部、巴西南部、大洋洲东部、非洲东南角附近。分布于此地区花卉有：原产中国的花卉有中国石竹（*Dianthus chinensis*）、中国水仙（*Narcissus tazetta* var. *chinensis*）、峨眉百合（*Lilium regale*）、报春（*Primula malacoides*）、凤仙（*Impartiens balsamina*），石蒜（*Lycoris radiata*）等；原产巴西南部的花卉有：美女樱（*Verbena tenera*）、半支莲（*Portulaca grandiflora*）等；原产北美洲东部的花卉有：福禄考（*Phlox drummondii*）、天人菊（*Gaillardia aristata*）、堆心菊（*Helenium autumnale*）；原产非洲东部的有非洲菊（*Gerbera jamesonii*）、松叶菊（*Lampranthus tenuifolius*）、马蹄莲（*Zantedeschia aethiopica*）等。

寒冷（高纬度）型包括中国华北及东北南部、日本东北部、北美洲东北部。分布于此地区的花卉有：原产中国的有菊花（*Chrysanthemum morifolium*）、芍药（*Paeonia lactiflora*）、翠菊（*Callistephus chinensis*）、荷包牡丹（*Dicentra spectabilis*）；原产北美洲东南部的有荷兰菊（*Aster novibetlgii*）、随意草（*Physostegia virginiana*）、吊钟柳（*Penstemon barbatus*）、金光菊（*Rudbeckia la-ciniata*）；原产日本东北部的有燕子花（*Iris laevigata*）、花菖蒲（*Iris ensata*）等。

1.1.2.2 欧洲气候型花卉分布中心

欧洲气候型，又称大陆西岸气候型。其气候特点是：冬暖夏凉，年温差小，年均温在15～17℃，降雨分布于四季。分属此类气候特点的地区有欧洲大部、北美洲西海岸中部、南美洲西南角和新西兰南部。以这一地区为分布中心的花卉有部分二年生花卉和宿根花卉，例如三色堇（*Viola tricolor*）、雏菊（*Bellis perennis*）、喇叭水仙（*Narcissus pseudo-narcissus*）、勿忘草（*Marcissus pseudo-narcissus*）、羽衣甘蓝（*Brassica oleracea* var. *acephala* f. *tricolor*）、宿根亚麻（*Linum perenne*）、毛地黄（*Digitalis purpurea*）、铃兰（*Convallaria majalia*）等。

1.1.2.3 地中海气候型花卉分布中心

地中海气候型花卉分布中心，其气候特点是冬季温暖，夏季温和，雨季集中在秋冬季，夏季干燥。属于这一气候类型的地区有地中海地区、南非好望角附近、大洋洲东南和西南部、南美洲智利中部、北美洲加利福尼亚等地。分布在此中心的花卉有：原产地中海地区的有郁金香（*Tulipa gesneriana*）、风信子（*Hyacinthus orentalis*）、紫罗兰（*Mattbiola incana*）、风铃草（*Campanula medium*）、瓜叶菊（*Senecio cruentus*）、水仙属（*Narcissus*）、金盏菊（*Calendula officinalis*）；原产南非的小苍兰（*Freesia refracta*）、小鸢尾（*Iris xiphium*）、网球花（*Haemanthus multiflorus*）；原产北美洲的花菱草（*Eschscholtzia californica*）；原产南美洲的蒲包花（*Calceolaria crenatiflora*）、蛾蝶兰（*Schizanthus pinnatus*）；原产大洋洲的麦秆菊（*Helichrysum bracteatum*）等。

1.1.2.4 墨西哥气候型花卉分布中心

墨西哥气候型花卉分布中心，又称热带高原气候型，其气候特点是年温差较小，年平均气温在14～17℃，降水量有的地区集中在夏季，有的地区周年均有分布。此气候型分布中心地区有墨西哥高原、南美洲安第斯山脉、非洲中部高山地区、中国云南省等。分布的主要花卉有：原产墨西哥的大丽花（*Dahia pinnata*）、晚香玉（*Polianthes tuberosa*）、百日草（*Zinnia elegans*）、波斯菊（*Cosmos bipinnatus*）、万寿菊（*Tagetes erecta*）、藿香蓟（*Ageratum conyzoides*）；原产中国的报春（*Primula sinensis*）等。

1.1.2.5 热带气候型花卉分布中心

热带气候型花卉分布中心，其气候特点是年均温较高，年温差小，雨量大，有雨季和旱季之分，此气候型分布中心地区有亚洲、非洲及大洋洲等地，分布的主要花卉有：鸡冠花（*Celosia cristata*）、虎尾兰（*Sansevieria trifasciata*）、蟆叶秋海棠（*Begonia rex*）、彩叶草（*Coleus blumei*）、非洲紫罗兰（*Santpaulia ionantha*）、猪笼草（*Nepenthes mirabilis*）、万代兰（*Vanda tricolur*）。分布在中美洲和南美洲的热带花卉有长春花（*Catharanthus roseus*）、大岩桐（*Sinningia speciosa*）、美人蕉（*Canna indica*）、竹芋（*Maranta arundinacea*）、牵牛花（*Pharbitis nil*）、秋海棠（*Begonia semperflorens*）、水塔花（*Billbergia nutans*）、卡特兰（*Cattle-ya*）、朱顶红（*Hippeastrum vittatum*）等。

1.1.2.6 沙漠气候型花卉分布中心

沙漠气候型花卉分布中心，其气候特点是天气干旱，降雨少，多属不毛之地。属于这一气候类型的地区有非洲、阿拉伯、黑海东北部、大洋洲中部、墨西哥西北部、秘鲁和阿根廷的部分地区以及我国海南岛西南部。此分布中心多分布仙人掌及多浆植物，主要有：仙人掌科植物（*Opontia dillenii*）、芦荟（*Aloe arorescens*）、点纹十二卷（*Haworthia margaritifera*）、伽蓝菜（*Kalanchea laciniata*）、光棍树（*Euphorbia teirucalli*）、龙舌兰（*Agave americana*）、霸王鞭（*Euphorbis neriifolia*）等。

1.1.2.7 寒带气候型花卉分布中心

寒带气候型花卉分布中心，其气候特点是冬季漫长而寒冷，夏季凉爽而短暂，植物生长季只有2～3个月，年降水量少，集中在夏季。属于这一气候类型的地区有阿拉斯加、西伯利亚、斯堪的纳维亚等寒带地区和高山地区。分布在这一地区的花卉主要有：细叶百合（*Lilium tenuifolium*）、绿绒蒿属（*Meconopsis*）、龙胆属（*Gentiana*）、雪莲（*Saussurea involucrata*）、柳叶龙胆（*Gentiana asclepiadea*）等。

1.2 花卉分类

花卉种类繁多，关于花卉分类，古今中外有

多种不同体系。在我国历史上不同时期的学者用不同的分类方法对花卉进行过分类，如《南方草木状》(304年）中把花卉分为草类（29种)、木类（28种)、果类（17种)、竹类（6种)；在《花镜》(修订版1978年）中陈淏子将花卉分为花木类（共64种)、花果类（共50种)、藤蔓类(77种)、花草类（101种）四大类等。目前随着花卉业的发展，花卉栽培技术的进步，很多外来花卉被大量引种，通过育种技术产生很多品种，也有很多野生植物资源被开发利用，使得花卉种类迅速增多，因此为花卉栽培、育种和应用提供科学依据，产生了很多除自然科属分类方法以外的花卉学分类方法，而园艺分类与植物分类不一样，植物学中按照植物演化的亲缘关系建立的分类系统称为自然分类系统。自然分类系统是花卉进行分类的基础，在遵循植物学自然分类系统的前提下，近代国内外将花卉常按花卉的生态习性、地理分布、栽培生境、观赏部位、用途等不同标准进行分类，使花卉分类得到充实和发展。

1.2.1 依据花卉生态习性进行的分类

根据花卉的生物学特性和生态习性进行的分类目前是生产上最常用的花卉分类方法，可分为以下几种类型。

1.2.1.1 草本花卉

草本花卉指的是茎没有木质化的观赏植物。包括一、二年生和多年生草本花卉。多年生草本花卉又分为宿根花卉、球根花卉。

(1) 一年生草本花卉

指的是在一年内也即一个生长季内完成全部生命史的花卉，即花卉从种子萌发、开花结实到死亡整个过程在同一年内完成，此类花卉亦称春播花卉，这类花卉一般在春天播种，萌发，夏秋季开花，冬季死亡。如百日草（*Zinnia elegans*)、凤仙花（*Impatiens balsamina*）等。

(2) 二年生草本花卉

指的是花卉的整个生命史跨年完成，也即花卉的萌发、开花、结实到死亡的过程需跨年完成，这类花卉一般在秋季播种，萌发，进行营养生长，第二年春夏开花，因此此类花卉亦称秋播花卉。如紫罗兰（*Matthiola incana*)、须苞石竹(*Dianthus barbatus*)。

(3) 多年生草本花卉

是指能存活两年以上、生育期为多年的草本花卉。多年生草本花卉依地下形态不同又分为宿根花卉和球根花卉。

1）宿根花卉　指的是地下部分正常的多年生草本花卉。此类花卉地下部分常年存活，地上部分有的类型冬季死亡，翌年春天重新萌发生长；如芍药（*Paeonia lactiflora*)，有的部分地上部分亦常年存活，如君子兰（*Clivia miniata*)。

2）球根花卉　地下部分膨大为变态的茎或根的一类多年生草本花卉。如郁金香（*Tulipa* spp.）等。

1.2.1.2 木本花卉

木本花卉是指茎木质化的观赏植物。依形态特征又分为乔木花卉、灌木花卉、藤本花卉；依生态习性又分为常绿木本花卉、落叶木本花卉。

(1) 乔木花卉

木本花卉中主干明显，植株高大，有明显的主侧枝之分，根系较深的一类花卉。这一类花卉是园林绿地中必不可少的，如槐树（*Sophora japonica* Linn)。乔木花卉有常绿乔木，即一年四季常青的乔木，如橡树（*Quercus palustris* Münchh)；落叶乔木春天萌发，秋季落叶，如柳树（*Salix babylonica* L.)。

(2) 灌木花卉

主干和侧枝没有明显的区别，植株较小，呈丛生状，根系没有主侧根之分。也有常绿灌木如杜鹃（*Rhododendron simsii*)；落叶灌木如丁香(*Syringa* Linn.)

(3) 藤本花卉

枝条不能直立，需借助外物攀援生长的一类植物。也有常绿藤本花卉如常春藤（*Hedera nepalensis* K，Koch var. *sin ensis*（Tobl.）Rehd)，落叶藤本花卉如爬山虎（*Parthenocissus tricuspidata*)。

1.2.1.3 仙人掌及多浆花卉

仙人掌及多浆植物多产于热带或亚热带干旱地区，叶变态为刺或肥厚，叶或茎具有发达的贮水组织，抗旱能力很强的一类植物，如茎多浆植物仙人掌（*Opuntia stricta*)、叶多浆植物垂盆草（*Sedum sarmentosum*）等。

1.2.1.4 草坪及地被花卉

草坪及地被植物是指用以覆盖地面，植株低矮的植物，草坪是其中以禾本科和莎草科为主的草类植物。如草类植物早熟禾（*Poa annua* L.)、地被植物二月兰（*Orychophragmus violaceus* L.）等。

1.2.2 根据原产地气候型分类

每种花卉都有其原产地及分布区，这主要是由环境对植物的影响以及植物对环境的适应所造成，花卉原产地及分布区的环境包括气候、地理、土壤等方面，影响着花卉的生态习性，同一原产地及分布区的花卉往往具有相似的生态习性，因此根据花卉的原产地不同又把花卉分成以下几个类型。

1.2.2.1 中国气候型花卉

亦称大陆东岸气候型花卉，此区气候特点：

夏季炎热多雨，冬季寒冷干燥。因其冬季气温高低又分为温暖型和冷凉型。

（1）温暖型花卉

此气候型地区包括中国长江以南、日本西南部、大洋洲东部、巴西南部、北美洲东南部、南非东南部、巴西南部等地，是部分喜温暖的球根花卉和不耐寒的宿根花卉和部分一二年生花卉的分布中心。属温暖型的花卉有中国石竹（*Dianthus chinensis*）、中国水仙（*Narccissus tazetta* var. *chinensis*）、峨眉百合（*Lilium regale*）、报春（*Primula malacoides*）、凤仙（*Impartiens balsamina*）、石蒜（*Lycoris radiata*）、美女樱（*Verbena tenera*）、半支莲（*Portulaca grandiflora*）、福禄考（*Phlox drummondii*）、天人菊（*Gaillardia aristata*）、堆心菊（*Helenium autumnale*）、非洲菊（*Gerbera jamesonii*）、松叶菊（*Lampranthus tenuifolius*）、马蹄莲（*Zantedeschia aethiopica*）等。

（2）冷凉型花卉

此气候型地区包括中国北部地区、日本东北部地区、北美东部地区等。该区是耐寒宿根花卉和部分一二年生花卉的分布中心，主要包括菊花（*Chrys-anthemum morifolium*）、芍药（*Paeonia lactiflora*）、翠菊（*Callistephus chinensis*）、荷包牡丹（*Dicentra spectabilis*）、荷兰菊（*Aster novi-betlgii*）、随意草（*Physostegia virginiana*）、吊钟柳（*Penstemon barbatus*）、金光菊（*Rudbeckia laciniata*）、燕子花（*Iris laevigata*）、花菖蒲（*Iris ensata*）等。

1.2.2.2 欧洲气候型花卉

欧洲气候型花卉，又称大陆西岸气候型花卉。此气候地区包括欧洲大部、北美洲西海岸中部、南美洲西南角和新西兰南部。其气候特点是冬暖夏凉，年温差小，降雨分布于四季。是部分二年生花卉、宿根花卉和分布中心，主要有三色堇（*Viola tricolor*）、雏菊（*Bellis perennis*）、喇叭水仙（*Narcissus pseudo-narcissus*）、勿忘草（*Myosotis sylvatica*）、羽衣甘蓝（*Brassica oleracea* var. *acephala* f. *tricolor*）、宿根亚麻（*Linum perenne*）、毛地黄（*Digitalis purpurea*）、铃兰（*Convallaria majalia*）等。

1.2.2.3 地中海气候型花卉

地中海气候型花卉分布中心，其气候特点是冬季温暖，夏季温和，雨季集中在秋冬季，夏季干燥。属于这一气候类型的地区有地中海地区、南非好望角附近、大洋洲东南和西南部、南美洲智利中部、北美洲加利福尼亚等地。以此为分布中心的花卉形成了夏季休眠的特性，典型的花卉有夏季休眠的球根花卉，代表花卉有原产地中海地区的有郁金香（*Tulipa gesneriana*）、风信子（*Hyacinthus orentalis*）、紫罗兰（*Mattbiola incana*）、风铃草（*Campanula medium*）、瓜叶菊（*Senecio cruentus*）、水仙属（*Narcissus*）、金盏菊（*Calendula officinalis*）；原产南非的小苍兰（*Freesia refracta*）、小鸢尾（*Iris xiphium*）、网球花（*Haemanthus multiflorus*）；原产北美洲的花菱草（*Eschscholtzia californica*）；原产南美洲的蒲包花（*Calceolaria crenatiflora*）、蛾蝶兰（*Schizanthus pinnatus*）；原产大洋洲的麦秆菊（*Helichrysum bracteatum*）等。

1.2.2.4 墨西哥气候型花卉

墨西哥气候型花卉又称热带高原气候型花卉，分布于墨西哥高原、南美洲安第斯山脉、非洲中部高山地区、中国云南省等地，其气候特点是年温差较小，年平均气温在14～17℃，降水量有的地区集中在夏季，有的地区周年均有分布。主要花卉包括部分不耐寒、喜凉爽的一年生花卉、春植球根花卉等，代表性花卉有原产墨西哥的大丽花（*Dahia pinnata*）、晚香玉（*Polianthes tuberosa*）、百日草（*Zinnia elegans*）、波斯菊（*Cosmos bipinnatus*）、万寿菊（*Tagetes erecta*）、藿香蓟（*Ageratum conyzoides*）；原产中国的报春（*Primula sinensis*）等。

1.2.2.5 热带气候型花卉

热带气候型花卉分布于亚洲、非洲及大洋洲等地的热带地区，其气候特点是年均温较高，年温差小，雨量大，此类花卉喜高温高湿繁荣环境，包括部分一年生花卉、温室花卉等，代表性花卉主要有鸡冠花（*Celosia cristata*）、虎尾兰（*Sansevieria trifasciata*）、蟆叶秋海棠（*Begonia rex*）、彩叶草（*Coleus blumei*）、非洲紫罗兰（*Santpaulia ionantha*）、猪笼草（*Nepenthes mirabilis*）、万代兰（*Vanda tricolur*）。分布在中美洲和南美洲的热带花卉有长春花（*Catharanthus roseus*）、大岩桐（*Sinningia speciosa*）、美人蕉（*Canna indica*）、竹芋（*Maranta arundinacea*）、牵牛花（*Pharbitis nil*）、秋海棠（*Begonia semperflorens*）、水塔花（*Billbergia nutans*）、卡特兰（*Cattle-ya*）、朱顶红（*Hippeastrum vittatum*）等。

1.2.2.6 沙漠气候型花卉

沙漠气候型花卉分布于非洲、大洋洲中部、南北美洲的热带沙漠地区。其气候特点是天气干旱，降雨少，多属不毛之地。属于这一气候型花卉有仙人掌及多浆植物，代表性花卉主要有仙人掌科植物（*Opontia dillenii*）、芦荟（*Aloe arorescens*）、点纹十二卷（*Haworthia margaritifera*）、伽蓝菜（*Kalanchea laciniata*）、光棍树（*Euphorbia teirucalli*）、龙舌兰（*Agave americana*）、霸王鞭（*Euphorbia neriifolia*）等。

1.2.2.7 寒带气候型花卉

寒带气候型花卉分布于阿拉斯加、西伯利亚、斯堪的纳维亚等寒带地区和高山地区。其气候特点是冬季漫长而寒冷，夏季凉爽而短暂，植物生长季只有2～3个月，年降水量少，集中在夏季。分布在这一地区的花卉主要有细叶百合（*Lilium tenuifolium*）、绿绒蒿属（*Meconopsis*）、龙胆属（*Gentiana*）、雪莲（*Saussurea involucrata*）等。

1.2.3 依花卉的栽培生境进行的分类

1）水生花卉　是指生长于水中或沼泽地、湿地上的花卉。如荷花、睡莲等。

2）岩生花卉　是指生长于岩石等贫瘠生境的花卉，此类花卉株型低矮，生长缓慢，抗性强，耐干旱，适合于岩石园的布置，以宿根花卉和亚灌木花卉居多。如点滴梅、景天等。

3）温室花卉　指栽培于温室中的花卉。如在北方地区需在温室中栽培的大花蕙兰、马蹄莲等。

4）露地花卉　是指栽培于露地中的花卉，即花卉的整个生活史均在露地中完成。如园林绿地中的一串红、槐树等。

1.2.4 依花卉的观赏部位分类

1）观花花卉　主要观赏部位为花的栽培花卉，如杜鹃、月季、牡丹等。

2）观叶花卉　以花卉的叶片为主要观赏部位的栽培花卉，如肾蕨、孔雀竹芋等。

3）观茎花卉　以花卉的茎为主要观赏部位的栽培花卉，如仙人掌、令箭等。

4）观根花卉　以花卉的根为主要观赏部位的花卉，如赏根为主的雕刻水仙、赏根为主的盆景榕树等。

5）观果花卉　以花卉的果实为主要观赏部位的栽培花卉，如火棘、海棠果、金银木等。

6）观干花卉　以花卉的树干为主要观赏部位的花卉，如白皮松、白桦树、法国梧桐等。

1.2.5 依花卉的用途分类

1）园林花卉　应用于城镇园林绿地的花卉，种类繁多，有木本和草本花卉，如柳树、万寿菊等。

2）药用花卉　用于生产药材的花卉，如赤芍、桔梗、牡丹等。

3）食用花卉　用于食用的花卉，如萱草（黄花菜）、芦荟、百合等。

4）工业用花卉　提取色素、精油、纤维等工业用的花卉，如万寿菊、翠菊等。

5）香料花卉　用于提取香料、精油等的花卉，如月季、迷迭香等。

6）切花花卉　用于插花等含苞待放、连枝剪切下来的花卉，如非洲菊、菊花等。

1.3 花卉生长发育特点及环境因子

花卉的生长发育一般会经历种子萌发、幼苗的生长、花的发生、结实、衰老等阶段，经历每一阶段花卉体内都要发生不同的代谢变化，与此同时环境条件对其生长发育过程会产生显著的影响，花卉的生长发育以及环境的影响决定着花卉的品质和产量。因此，需了解花卉的生长发育特点及其与外界环境条件的关系，以便更好地掌握花卉的生长发育规律，采取有效的栽培管理措施，达到人们栽培花卉的目的。

1.3.1 花卉生长发育特点

1.3.1.1 花卉的生长发育过程

由于花卉种类繁多，花卉的寿命长短不一，短的几个月，长的能达几百年甚至几千年，而不同花卉从种子到种子的生长发育经历的时间长短也不一样，但无论花卉寿命长短，都要经历种子萌发、幼苗生长、开花结实、休眠或死亡这一生命历程，为了方便花卉生产栽培管理，大体上把花卉个体生长发育分为以下几个过程，即种子期、营养生长期、生殖生长期、休眠期，而每个时期有不同的特点。

（1）种子期

1）胚胎发育期　指从卵细胞受精开始，胚珠发育成种子直至成熟为止。这一时期，种子的新陈代谢旺盛，有显著的营养物质合成和积累过程。

2）种子休眠期　多数花卉种子成熟后都要休眠一段时间。休眠期的种子代谢水平低，一般不萌发。在花卉栽培上，常利用种子的这一特性进行花卉的促成栽培和抑制栽培。如利用激素处理等手段打破种子休眠，进行播种繁殖；或采用低温干燥的环境保存种子，延长其休眠期，从而达到抑制栽培的目的。

3）萌发期　种子经过休眠期后，遇到适宜的环境（包括水分、温度等条件），即吸水萌发，长出幼苗，即为种子的萌发期。

（2）营养生长期

1）幼苗期　种子萌发子叶出土后进入幼苗生长阶段，这一阶段根系刚刚长出，子叶出土，开始长出真叶，生长比较缓慢，幼苗适应性差，栽培上需精细管理，为进入下一个阶段的生长奠定基础，因此，幼苗期生长的好坏决定了后期的生长发育。

2）营养生长旺盛期　花卉经过幼苗期的生长后，进入快速生长期，根系迅速生长、枝条快速伸长，叶面积迅速增大，光合作用旺盛，生长量很大。生长旺盛期，花卉需肥需水量均达到最大，在栽培管理中须充分供应水肥，保证其生长，为下一步的开花结果打基础。

3）营养生长缓慢期　花卉经过迅速的营养生长期后，生长速度减缓，直至枝叶停止生长。这一时期，花卉的生长慢慢地将向细胞分化的方向转化。

因此多数花卉的整个营养生长呈现“S”型生长曲线。

（3）生殖生长期

1）花芽分化期　是指花卉从叶芽的生理和组织状态向花芽的生理和组织状态转化的过程。也即花芽形成的过程。这一过程是花卉后期开花结实的关键阶段，是一个很复杂的转化过程，除基因因素外，还受外界环境（温度、光照等）的影响。

2）开花期　从花蕾绽开到谢花的生长阶段，经过前期花芽分化后，在营养充足、外界环境条件适宜的情况下，花蕾便绽放直至花谢。花卉绽放的过程对外界环境较敏感，环境条件稍为不当，则会引起落花落蕾。

3）种实生长期　花卉授粉后果实生长、种子成熟的过程，这一时期往往比开花期要长，也受环境条件的影响，尤其是水肥条件充足的情况下种实生长较好。

（4）休眠期（或死亡）

多年生草本花卉和木本花卉在种实成熟脱落后进入休眠期，即植物体或其器官生长和代谢出现暂时停顿的时期。出现休眠期是由植物体内部生理原因引起的，花卉的种子、茎、芽都可处于休眠状态。花卉的休眠期对于植物体度过不良环境是有重要意义的。例如在生产上可以延长其休眠期或打破其休眠期进行抑制栽培和促成栽培。而一、二年生花卉则种实成熟后逐渐死亡，就没有休眠期了。

以上所述花卉生长发育过程是多数花卉从种子到种子的生长发育过程，而有些花卉的生长发育过程并不具备以上所述所有的生长过程，例如营养繁殖所获得的苗木则不经过种子萌发这一过程。在实际生产中要根据具体情况来掌握花卉的生长发育过程。

1.3.1.2　花卉的生长发育特点

（1）花卉种子萌发特点

成熟的具有生命力的种子，在适宜的环境条件下便进行萌发，种子萌发时需要大量吸水膨胀，呼吸作用加强，种子体内产生各种萌发种子酶，萌发种子酶的形成有两种来源：一种是从已存在的蛋白质释放或活化而来，另一种是通过核酸诱导下合成的蛋白质形成新的酶。且有机物发生转变，例如在淀粉酶的作用下，淀粉逐渐被水解为较小的分子，顺序地产生分子量由大至小的各种糊精，最后形成麦芽糖。以后麦芽糖又在麦芽糖酶的作用下再转变成葡萄糖。脂肪在脂肪酶的作用下水解为甘油和脂肪酸，蛋白质由蛋白酶催化分解。蛋白质水解时产生的氨基酸，在转氨酶的作用下，产生多种氨基酸，有利于新器官中蛋白质的合成。种子中的含氮化合物主要以酰胺（谷氨酰胺和天冬酰胺）形式进行运输，运输到新形成的器官中，重新合成蛋白质，供幼胚生长的需要。细胞分裂素、赤霉素和生长素都参与种子的萌发过程。

（2）花卉的生长特点

1）花卉生长的周期性　所有生长着的植物器官生长具有周期性，表现在生长的昼夜周期性、季节周期性和生长大周期。所谓生长昼夜周期性是指花卉的生长速率表现出昼夜不同，通常情况下，随着昼夜温度不同花卉的生长表现出高温的白天生长速率大，低温的夜间生长速率低的现象。季节周期性是指花卉随着季节的变化而表现出不同的生长速率，例如在温带地区，气候有明显的四季之分，而原产本地的落叶木本花卉则在春季萌动，夏季长叶、开花，秋季落叶，冬季休眠。植物生长大周期是指花卉在生长过程中，生长速度一般都会表现出“慢—快—慢”的生长规律，即花卉开始萌芽或萌动时生长缓慢，以后生长逐渐加快，达到最高点后生长速度减慢直至停止。

2）花卉生长的相关性　花卉的生长是有一定相关性的，表现在地下部分和地上部分生长的相关性、主枝和侧枝生长的相关性、营养生长和生殖生长的相关性等。花卉的地下部分和地上部分生长相关性是指花卉地上部分（花卉的茎、叶）所需要的水分和矿物质主要是由根系供应，因此地下部分生长时的强弱则决定了地上部分生长势的强弱，如果地下部分根系不发达则势必会影响到地上部分的生长。花卉的主枝和侧枝的生长也表现出一定的相关性，主枝的顶芽生长抑制侧芽生长的现象叫做顶端优势（apical dominance）。顶芽生长很快，侧芽生长很慢，花卉就会生长成圆锥形，应用在花卉栽培中则可采用去掉花卉的顶端优势的修剪措施达到改变花卉株形的目的。发生这种顶端优势现象主要与生长素的作用有关，植物的各器官对生长素浓度反应的灵敏程度是不同的，芽对生长素比茎要灵敏得多。茎尖产生的生长素在极性运输到侧芽时就会抑制侧芽的生长。营养生长和生殖生长也存在一定的相关性，花卉只有在营养生长达到一定程度，细胞才进行分化，进行生殖生长，生殖生长所需的养料，大部分都是由营养器官提供。营养器官生长的好坏决定着生殖器官的生长。但是，营养生长和生殖生长也是相互抑制的，当营养生长过旺、消耗较多养分时，便会影响到生殖器官的生长，导致花期延迟、结实不良或造成大量的花果脱落等现象。而当营养生长不足时，花卉则会提早进入开花期，且会出现花果较小等现象。只有营养生长与生殖生长达到均衡，才会使花卉植株健壮，花大色艳。

3）花卉生长的运动性　在高等植物花卉中，由于生长所引起的运动，叫做生长运动（growth movement）；另外还有一些与生长无关的由细胞紧张性的改变所引起的运动，叫做膨胀性运动（turgor movement）。花卉的生长运动有植物的向光性运动，即植物茎叶的生长随着光的方向而弯曲生长的现象。向光性在生产上有很大的意义，由于叶子具有向光性的特点，所以叶子能尽量处于最适宜利用光能的位置。根具有向重力性特点，即根朝着重力的方向弯曲。植物的生长还具有向化性生长的特点，例如植物根部生长的方向就有向化现象，它们会朝向肥料较多的土壤生长。在生产中往往进行深层施肥，其目的之一，就是深施肥料，促使花卉的根向深处生长，分布广，吸收更多养分。而含羞草部分小叶遭受震动（或其他刺激如触摸等）时，小叶会成对地合拢，如刺激较强，这种刺激则可以很快地依次传递到邻近的小叶，甚至整个复叶，至使整株植物所有小叶合拢，复叶叶柄下垂。但经过一定的时间后整个植物又可以恢复原状。含羞草出现这种情况是由于复叶叶柄基部的叶褥中细胞紧张度的变化所引起的。含羞草的这种运动可由震动引起，所以也叫感震运动（seismonastic movement）。

（3）花卉的发育特点

1）花卉发育的顺序性　是指花卉的发育过程不可逆转，不可超越，即只有在前一个阶段完成以后，才能进入下一个阶段，例如，只有在经过春化阶段后才能通过光照阶段，不能先通过光照阶段再进入春化阶段。

2）花卉发育的局限性　是指花卉春化阶段的通过局限在植株的生长点上，不同的生长部位可以处于不同的阶段。除此而外，花卉的发育除了受温度及光照条件影响外，还受营养条件的影响，例如对于一些花卉来说，春化作用是主要因子，且不可替代，例如牡丹则必须经过低温春化作用后才能进行花芽分化，否则便不能开花。

（4）花芽分化

在花卉的生长发育过程中，花芽分化阶段尤显重要，了解花芽分化的过程与特点对花卉栽培和生产有重要意义。花卉的发育通常要经过3个阶段，即成花诱导（floral induction）阶段、成花启动（floral evcation）阶段和花发育（floral development）阶段。成花诱导指花卉生长到一定阶段经过某种信号诱导后，特异基因启动，使植物细胞分化的过程；成花启动是指分生组织在形成花原基前后发生的一系列反应以及分生组织分化成可分辨的花原基，此过程也称为花的发端（initiation of floral）；花发育是指花器官的发育和生长。花芽分化、花器官形成和性别分化主要是由植物的基因型决定的，但是外界环境条件也影响着花卉的发育。当植物营养生长到花熟状态，感受外界温度和光照条件后进入生殖生长阶段，进行花芽分化，开花结实。因此温度和光照对花芽分化起着重要的作用。

1）春化作用　低温促进植物发育开花的现象称为春化作用。春化过程对开花起着诱导作用。大多数二年生花卉、多年生花卉、木本花卉都需要春化作用。但不同的花卉对低温的要求有差别，且不同的花卉感受低温的时期和部位不同，低温对花诱导的影响，一般可在种子萌发或在植株生长的任何时期中进行，如多数植物是在种子萌发时进行，而少数植物如月见草则在幼苗长到6～7片真叶时进行春化作用。不同花卉感受低温的部位也不相同，而菊花感受低温的部位是茎尖。大多数花卉春化有效温度为1～2℃，但感受低温时间足够长时，1～9℃范围内同样有效。

2）光周期现象　白天和黑夜的相对长度叫做光周期（photoperiod）。光周期对花诱导有着极为显著的影响。植物对日照长度的反应现象叫做光周期现象（photoperiodism）。不同花卉感受光周期的部位和时间不同，菊花感受光周期刺激的部位是叶子，然后将这种影响传导到生长点去，诱导开花。通常植物生长到一定程度后才有可能接受光周期的诱导。不同植物开始对光周期表现敏感的年龄不同，年龄越大，光周期诱导的时间也越短。光周期诱导所需的光周期处理天数因植物种类而异。如日本牵牛的诱导期为1d，而矢车菊13d，高雪轮约为7d。每种植物光周期诱导需要的天数随植物的年龄以及环境条件，特别是温度、光强及日照的长度而有些改变。

因此了解花芽分化的理论在花卉生产上具有重要的作用，在生产上可以利用春化作用的原理对植物进行春化处理，进而促使花诱导加速，开花、成熟提早。育种工作利用春化处理可以加速育种过程。而光周期的人工控制可以促进或延迟开花。在温室中延长或缩短日照长度控制植物花期，可解决花期不遇问题，对杂交育种也有很大帮助。

1.3.2 环境因子对花卉生长的影响

花卉的生长发育过程除了由自身基因决定外，还受环境条件的影响，花卉所处环境中的所有要素称为环境因子，其中对花卉生长发育产生作用的因子称为生态因子，生态因子包括气候因子（温度、光照、水分、空气）、土壤因子（土壤理化性质等）、地形因子、生物因子（相关昆虫、微生物等）、人为因子（人的耕作、干预等）。这些因子在花卉生长发育中具有同等重要性和不可替代性，共同作用，同时还具有相互调剂性。下面就介绍几个重要的生态因子对花卉的影响。

1.3.2.1 温度对植物生长的影响

花卉只有在一定的适宜温度下才能够生长发育。在一般情况下，花卉都有生长的三基点，即生长的最低温度、最适温度、最高温度。当花卉处在最低温度时生长缓慢甚至停长，处于最适温度时生长快速，处于最高温度时生长缓慢或停长，当低于最低温度或高于最高温度时花卉死亡。不同花卉的三基点不同，要了解不同花卉的生态习性，掌握不同花卉对温度的要求，才能给予科学的管理，使花卉健壮生长。

(1) 不同种类植物的生长发育对温度的要求是不同的。

根据不同花卉对温度的要求，将花卉分为以下几种类型。

1) 耐寒花卉　多生长于北极或高山的植物，可在0℃或0℃以下生长，最适温度一般很少超过10℃。在我国的三北地区及华北地区能够露地越冬，如芍药、丁香、榆叶梅、连翘等。

2) 半耐寒花卉　多生长温带地区，生长适温为20～25℃，在我国长江流域能够露地越冬，包括梅花、牡丹、三色堇等。

3) 不耐寒花卉　多生长于亚热带地区，生长适温为25～30℃，在我国长江流域以南地区能够露地越冬，如杜鹃、报春、非洲菊等。

4) 耐热花卉　多生长于热带地区，生长适温为30～35℃，能耐40℃的高温，喜高温高湿的环境，例如棕榈、椰子树、扶桑等。

(2) 同一种植物在其不同生长发育阶段对温度的要求也不相同。

一般情况下，一年生花卉种子萌发时要求温度较高，幼苗期要求温度较低，旺盛生长期要求温度较高，开花结实阶段要求温度较低。多数一年生植物对温度的要求则有所不同，即从生长初期到开花结实，生长最适温度是逐渐上升的。这种要求正好同我国从春季到早秋的温度变化相适应。因此此类花卉一般在春季播种，如果播种太晚则会使幼苗生长较弱，影响苗木质量。同样，夏季温度如果不够高，也会影响花卉生长发育而延迟成熟。因此在生产实践中要掌握每一种花卉个体整个生命过程中生长最适温度，给予科学合理的温度管理，才能达到生产栽培目的。

(3) 温度与花芽分化和发育

花芽分化和发育是植物生长发育的重要阶段，温度对花芽分化和发育起着重要作用。花卉种类不同，花芽分化发育所要求的适温也不同，大体上有以下情况。

1) 高温下进行花芽分化　许多一年生花卉和花木类如杜鹃、海棠、梅和樱花等，需在6～8月气温高达25℃以上时进行花芽分化，开花结实。到了秋天进入初冬后，植物体进入休眠状态，经过一定低温后结束或打破休眠，到来年春天萌动而开花。还有些球根花卉也需要在较高温度下进行花芽分化，如春植球根花卉唐菖蒲、晚香玉、美人蕉等，在夏季高温的条件下于生长期进行花芽分化；而秋植球根花卉郁金香、风信子等于夏季高温条件下于休眠期进行花芽分化。

2) 低温下进行花芽分化　许多原产寒温带地区的花卉和一些高山花卉，需要在20℃以下较凉爽的气候条件下进行花芽分化，如八仙花、卡特兰属、石槲属的某些种类在13℃左右和短日照条件下进行花芽分化；许多秋播草花如金盏菊、雏菊等，也要在低温下进行花芽分化。

温度对于分化后花芽的发育也有很大影响，有些植物种类花芽分化温度较高，而花芽发育则需一段低温过程，如一些春季开花的花木类花卉。又如秋植球根类花卉郁金香在20℃左右处理20～25d便能促进其花芽分化，花芽分化后再在2～9℃下处理50～60d，才能促进花芽发育，其后再在10～15℃下处理促使其生根。

(4) 极端温度对花卉的伤害

在花卉生长发育过程中，骤遇高温或低温，则会引起植物体内正常的生理生化过程被打乱而对花卉造成伤害，严重时会导致死亡。

生产上常见的低温伤害有冷害（chilling injury）和冻害（freezing resistance）。冷害，指的是0～10℃的低温对植物造成的伤害，也称寒害。花卉对0℃以上低温的适应叫抗冷性（chilling resistance）。冷害多发生于原产热带和亚热带南部地区喜温的花卉。我国冷害多发生于早春和晚秋，冷害的危害是幼苗死亡或种实不成熟，有些木本花卉受冷害后影响花芽分化而导致翌年的开花等。冻害是指冰点即0℃以下的低温对植物造成的伤害。有时冻害与霜害伴随发生，故冻害往往也叫霜冻。花卉对0℃以下低温的适应叫抗冻性（freezing resistance）。冻害对植物的危害很大，花卉受冻害后叶片就像烫伤一样，细胞失去膨压，组织柔软，叶色变褐，直至干枯死亡。不同植物对低温的抵抗力因花卉种类、生育时期、生理状态以及器官的不同、经受低温时间长短的差异等而不同，例如休眠阶段的种子抗寒力最高，休眠阶段植株的抗寒力也较高，而生长阶段中的植株抗寒力明显下降。经过秋季和初冬冷凉气候的锻炼，可以增强植株忍受低温的能力。因此，植株的抗冷性和抗冻性除了与本身遗传因素有关外，也受外界环境条件的影响。因此在生产中常用低温锻炼、化学诱导、调节氮磷钾肥比例等农业措施增强花卉的耐寒力，通过及时播种、控肥、通气、防止幼苗徒长等措施提高花卉的抗冻性，冬季利用培土、冬灌、覆草、烟熏等措施防寒防冻等。

高温同样可对花卉造成伤害，当温度超过植物生长的最适温度时，植物生长速度反而下降，如继续升高至最高温度，则植株生长不良甚至死亡。一般当气温达35～40℃时，很多植物生长缓慢甚至停滞，当气温高达45～50℃时，除少数原产热带干旱地区的多浆植物外，绝大多数植物会死亡。花卉对热害的适应叫作植物的抗热性(heat resistance)，不同植物的抗热性不同。高温对植物的危害有直接伤害和间接伤害两类，直接伤害是高温直接影响的结果，伤害发生迅速，植株体接触高温后几分钟甚至几秒钟就出现伤害症状，且受伤症状从受伤部位传递蔓延。间接伤害是指由于高温引起植物过度蒸腾水分缺失，细胞脱水造成一系列代谢失调，导致生长不良，严重时可致植株死亡。生产上为防止高温对植物的伤害，在栽培过程中可以采取灌溉、松土、叶面喷水、设置荫棚等措施以免除或降低高温对植物的伤害。

1.3.2.2 光照对花卉生长的影响

花卉的生长发育离不开光照，首先植物需利用光能进行光合作用，制造养分，为植物体生长提供物质能源保障，此外，日光加速植株的蒸腾作用也有利于物质的运输，但在土壤水分不足的情况下，则会引起植物水分不足，影响植物的生长。光照对花卉的影响一般表现在光照时间、光照强度、光质三个方面。

(1) 光照时间长短对花卉的生长发育影响不同，不同的花卉对光照时间长短要求不同，根据植物对光照时间长短要求的不同把花卉分为以下三种。

1) 短日照花卉　指的是花卉的日照长度短于一定的临界值（通常为12h以下）时才能开花的植物，如菊花、一品红等。这类花卉如果光照时间超过其临界值，则会出现花芽不分化等现象，影响植物开花。

2) 长日照花卉　是指花卉的日照时间长于一定的临界值（通常为12h以上）时才能开花的植物，如芍药、牡丹等。这类植物如果日照时间不够，也会引起花芽全不能分化，影响花卉开花。

3) 日中性花卉　对日照长度没有一定的要求，四季均能开花的植物，如月季、米兰等。

(2) 光照强度对花卉生长的影响

不同原产地的花卉，对光照强度的要求是不同的，一般原产热带和亚热带的花卉对光照强度要求较弱，原产于高海拔地区和沙漠地区的花卉对光照强度要求较高。根据花卉对光照强度要求不同可以分为以下几种类型。

1) 阳性花卉　阳性花卉喜强光，不耐荫蔽，具有较高的光补偿点，在阳光充足的条件下，才能正常生长发育。如果光照不足，则枝条瘦弱，叶片发黄，花小色淡，开花不良或不能开花。阳性花卉包括大部分观花花卉、观果花卉和少数观叶花卉，有一串红、茉莉、扶桑、月季、银杏、紫薇等。

2) 阴性花卉　阴性花卉具有较强的耐阴能力和较低的光补偿点。不耐强光照，在适度荫蔽的条件下生长良好。此类花卉如果强光直射，叶片则会焦黄枯萎，长时间照射甚至会造成死亡。生长于热带雨林、阴坡、林下等植物属于此类花卉，包括一些观叶花卉和少数观花花卉，如兰花、文竹、一叶兰、万年青、八角金盘、竹芋类花卉等。

3) 中性花卉　在充足的阳光下生长良好，但亦有不同程度的耐阴能力，对光照强度的要求介于阳性花卉和阴性花卉之间。例如常春藤、八仙花、山茶、杜鹃、海桐、忍冬等花卉均属中性花卉。

光照强度还影响花卉的开花时间。例如半枝莲必须在强光下才能开花，紫茉莉则在光弱时开花，夜来香则在傍晚开花，昙花则在深夜开放。此外同一种花卉的不同生长发育阶段对光照的要求也不一样，例如多数种子萌发期不需光照，营养生长期对光照要求强一些，生殖生长期有些花卉需要强光，有些花卉需要弱光，有些花卉不需要光。而且花卉与光照强度的关系不是固定不变的。随着年龄和环境条件的改变会相应的发生变化，有时甚至变化较大。光照强度还影响花色，由于花青素存在而呈现紫红色则在强光下才能产生。

1.3.2.3 水分对花卉生长发育的影响

水是花卉赖以生存的必要条件，是植物体必不可少的组成部分和光合作用的重要原料，植物体对养分的吸收和运输以及植物体内一系列的生理生化反应均离不开水，水分缺乏，生长就会受到影响。其原因是水分是植物细胞扩张生长的动力。植物细胞在扩张生长的过程中，需要充足的水分使细胞产生膨压，如果水分不足，扩张生长受阻，植株生长矮小。缺水时，有机物趋于水解，呼吸作用急剧增加，这些都不利于植物生长。因此水分对花卉的生长发育起着重要的作用。

（1）花卉品种不同，需水量各异，按照花卉对水分需求的不同，大体将花卉分为以下五类。

1）水生花卉　生长在水中的花卉叫做水生花卉，如荷花、睡莲、凤眼莲等。这类花卉终生需要生活在水中，其根或茎一般都具有较发达的通气组织。

2）湿生花卉　这类花卉极不耐旱，在潮湿的条件下生长良好，若水分供应不足则生长衰弱，甚至整株死亡。如蕨类花卉、马蹄莲、虎耳草、菖蒲、龟背竹等。因此在栽培管理中浇水应掌握“宁湿勿干”的原则，需要经常保持盆土潮湿，但不能积水，否则易引起烂根。

3）中生花卉　这类花卉适宜在湿润的土壤中生长，土壤过湿或过干都生长不良。如月季、扶桑、大丽花、茉莉、米兰、君子兰、鹤望兰、吊兰、棕竹、观赏竹、秋海棠等，包括一、二年生草花以及宿根花卉等在内的绝大多数花卉，均属于这一类型。因此在栽培管理中水分管理上应掌握“见干见湿”的原则。

4）半耐旱花卉　这类花卉叶片多呈革质或蜡质状，或叶片上具有大量茸毛，或枝叶呈针状或片状。其叶或茎储水能力强，较耐旱，如杜鹃、橡皮树、天门冬、腊梅、天竺葵等，在栽培管理中水分供应上应掌握“干透浇透”的原则，即盆土表层全部干了才浇水，浇就要浇透。

5）旱生花卉　这类花卉多生长于热带干旱地区，有的叶子变态为刺，或叶肥厚，其茎叶贮水能力强，因而能忍耐干旱，但怕涝，供水过多时易引起烂根、烂茎，甚至死亡。如仙人球、仙人掌、山影拳、虎尾兰、龙舌兰、石莲花、景天、芦荟、落地生根、玉米石、生石花等仙人掌类及多肉植物。在栽培管理上浇水应掌握“宁干勿湿”的原则。

（2）同一种花卉的不同生长发育期需水量不同，一般来说种子萌发期需水量大，而幼苗期需水量减少，否则幼苗徒长，长势较弱，而植物旺盛生长期需水量较大，生殖生长期多数花卉需水量减少。

（3）水分对花卉其他生长发育方面的影响

水分对花卉形态有着重要的影响，表现在株高、茎粗、叶面积上，花卉在水分胁迫下，随着胁迫程度的加强，枝条节间变短，叶面积减少，叶数量增加缓慢；分生组织细胞分裂减慢或停止；细胞伸长受到抑制；生长速率大大降低。遭受水分胁迫后的植株个体低矮，光合叶面积明显减小，过早进入生殖生长，影响开花质量。而土壤水分状况影响根系的垂直分布，当土壤含水量较高时，根系扩散受到土壤的阻力变小，有利于新根发生，根系发达。土壤水分不足时根冠比增大。反之，若土壤水分过多，土壤通气条件差，对地下部分的影响比地上部分的影响更大，根冠比降低。有研究表明，一定时期的水分亏缺有利于提高产量和品质。前期干旱可以增强后期的抗旱能力，苗期的轻度抗旱能促进根系的“补偿生长”，提高植株的抗旱能力使植株节间变短变粗，从而使植株生长健壮。水分还影响种子萌发，种子只有吸收了足够的水分后，各种与萌发有关的生理生化作用才能逐步开始。

1.3.2.4　空气对花卉生长发育的影响

空气对花卉的生长发育有着极其重要的作用，例如花卉的呼吸作用需要空气中的氧气，花卉进行光合作用需要空气中的二氧化碳，如果空气中缺少氧气或二氧化碳，会严重影响花卉的生长发育，严重时会造成花卉死亡。

（1）氧气

空气中氧气含量一般在21%左右，花卉进行呼吸作用需要吸收氧气，呼出二氧化碳。尤其是花卉种子萌发、花朵开放时呼吸作用特别旺盛，更需要氧气。所以种子不能长时间泡在水中处在缺氧状态，否则便不能发芽。土壤积水或板结也会造成缺氧，而致使根系呼吸困难造成生长不良，严重时引起烂根等现象。所以在栽培管理中需要经常松土、清除积水，保证土壤中有充足的氧气。

（2）二氧化碳

空气中二氧化碳含量一般约为0.03%，它是光合作用的重要原料，当空气中二氧化碳在一定范围内随着二氧化碳含量的增高，光合作用速度加强，有利于花卉的生长发育。但过量时反而会使光合作用受抑制。在花卉设施栽培中，往往使用二氧化碳颗粒肥促进光合作用，从而促使植株生长，产量增加。

（3）有害气体

如今城市空气污染严重，如空气中常常含有二氧化硫、氯气、一氧化碳、氟化氢等有害气体，这些气体对花卉生长十分有害。有害气体对花卉的伤害分急性伤害、慢性伤害、不可见伤害三种。急性伤害往往在短时间内使叶或花发生坏死斑点，或落花，严重时死亡。慢性伤害使叶变小、变形，花期推迟，或开花量减少、花朵变小，甚至不开花结实。不可见伤害又称为生理性伤害，看不到外部的症状，但植物的一些生理活动如光合作用、呼吸作用及一些合成分解代谢均受到抑制或减弱，从而影响植物的生长发育。

人们经常利用改变空气成分的方法调控花卉

的花期。例如，正在休眠状态的杜鹃、海棠、紫丁香等，在每1000m^3体积空气中加入10mL 40%的2-氯乙醇，经过24h就可以打破休眠而提早发芽开花。又如郁金香、小苍兰等均可在含乙醚或三氯甲烷的气体中催眠而提早开花，每1000m^3空气中用20～24g的乙醚，时间需1～2昼夜。

1.3.2.5 土壤养分对花卉生长发育的影响

土壤是花卉栽培的重要基质，是花卉赖以生存的物质基础，是供给花卉生长发育所需要的水、肥等养分的主要源泉。土壤的理化性质对花卉的生长发育都有一定的影响。

(1) 土壤的物理性质对花卉生长发育的影响

根据土壤质地不同可把土壤分为沙土、壤土、黏土。沙土的特点是土质疏松，通透性强，保肥蓄水能力差，有机养分含量少；而壤土的特点是土质疏松度适中，通透性强，保水保肥能力强，土壤中腐殖质多，有机养分含量高；黏土特点是通透性差，保肥蓄水能力强，有机养分含量高。这三种土质中壤土的性质较好，适合于多数花卉的栽培，但是有些花卉由于本身生态习性对土壤的要求有所不同，例如储水能力较强的仙人掌类植物则要求土壤的通透性强，土壤的排水较好，否则土壤水分含量较高时，其根系容易沤烂。而水生花卉则需要富含有机质的黏土，因此，在生产栽培中，需要充分了解花卉的习性和土壤的性质，当土壤的性质不符合花卉要求时，则需要对土壤进行改良，可以把三种土质的土壤按一定比例混合拌匀，使其符合花卉的要求。

(2) 土壤的化学性质对花卉生长发育的影响

土壤中的胶体具有巨大的比表面积和表面能，能吸附大量的水分子，养分和其他分子态物质，另外还有带电性和离子吸收代换性能，土壤中胶体的这些性能就决定了土壤的供肥性、保肥性、酸碱度等化学性质，而土壤中有机养分的含量、肥力的强弱以及土壤酸碱度对于花卉的健壮生长具有重要的意义。一般情况下，多数花卉在富含腐殖质、养分充足、土壤通透性好、排水性好、土壤pH值偏中性的壤土中生长良好。有些花卉对土壤pH值要求不严格，可在很宽的范围内正常生长，大多数花卉在pH＜2.5或pH＞9.0的情况下都难以生长，但是也有部分花卉对土壤酸碱性有特殊的要求。因此，在花卉栽培中根据土壤的酸碱性将土壤划分为强酸性土、酸性土、中性土、碱性土、强碱性土，根据花卉对土壤酸碱性的不同要求将花卉分为以下四种类型。

1) 强酸性花卉　要求土壤pH值在4.0～6.0，例如杜鹃花、山茶、栀子花、兰花、蕨类花卉等。

2) 弱酸性花卉　要求土壤pH值在6.0～6.5，例如倒挂金钟、铁线莲、仙客来、火鹤、膜叶秋海棠、非洲紫罗兰等。

3) 中性花卉　要求土壤pH值在6.5～7.5，绝大多数花卉属于此类。

4) 弱碱性花卉　要求土壤pH值在7.5～8.0，例如霞草、金盏菊、天竺葵、石竹、玫瑰等。

(3) 土壤中的养分对花卉生长发育的影响

土壤中含有有机养分和无机盐，即含有花卉所需的大量元素如氮、磷、钾等，也含植物所需微量元素如铁、锰、铜、钼、锌等，这些养分都是花卉生长发育必不可少的，如果土壤中某一种元素缺乏或过量，植物体则会出现缺素症和中毒症，导致花卉生长不良，严重的会导致植物体死亡，例如花卉缺氮时叶片发黄、茎细弱、生长受阻，严重时叶片黄化而死亡。因此土壤中的养分对花卉的生长发育也起着重要的作用，每一种元素对植物都有不同的作用，例如氮是植物生命元素，可促进植物的营养生长；磷有利于花芽分化，可促进植物的生殖生长，缺素后生殖生长受影响；钾能增进植物的抗性，增加植物体抗倒伏、抗病虫害等能力等。因此在花卉栽培中要视土壤养分含量的多少以及花卉植株体生长情况进行合理的施肥，生产上常用的肥料有化肥、有机肥、生物肥、复合肥、绿肥等，在生产实际中根据具体情况选用适合的肥料。

(4) 除此而外，土壤中的微生物、根际环境、人类的耕作、土壤中的气体水分等均对花卉植物体起着重要的作用，例如板结的土壤中氧气含量不足时，植物的根便进行无氧呼吸，产生酒精对植物体造成伤害；土壤中富含有益微生物时会分解土壤中的有机物，变成可吸收的离子态供植物体吸收；植物主要靠根系吸收水分供植物体利用，如果土壤中水分含量不足时，则会影响到整个植物体的生长发育。因此，在花卉栽培中就会采取一系列的农业技术例如改良土壤、松土、浇水等措施改善土壤环境，保证花卉的健壮生长。

1.4 花卉有性繁育

花卉种类繁多，包括草本花卉、木本花卉以及一些蕨类花卉、仙人掌类花卉等，各种花卉其生态习性各异，开花结实能力不同，种子繁殖力亦不同，因此栽培上多采用多种不同的植物繁殖方法。目前花卉栽培常用的繁殖方法有有性繁殖和无性繁殖两大类。下面首先对有性繁殖作一介绍。

1.4.1　有性繁殖的概念及优缺点

有性繁殖也称种子繁殖（sexual propagation），即利用花卉雌雄相交而得到的种子进行繁殖的方法，由亲本产生的有性生殖细胞（配子），经过两性生殖细胞（例如精子和卵细胞）的结合，成为受精卵，再由受精卵发育成为新的个体的生殖方式。有性繁殖的优点是种子的采收、储存、运输方便，繁殖系数大，根系强健，生命力强，但是种子繁殖得到的后代存在易产生变异，木本花卉生长缓慢，从播种到开花时间长等缺点。

1.4.2　花卉种子的采收与贮藏

1.4.2.1　花卉种子的采收

花卉种子的采收时期一般是在种子已经成熟、种皮将裂时，采收后种子一般要在日光下晾晒几天，使种子进行生理后熟后，去皮除杂后贮藏。

1.4.2.2　花卉种子的贮藏

花卉种子是有寿命的，不同花卉种子寿命不同，长的可达几百年甚至几千年，短的才几天，因此种子采收以后要用合理的贮藏方法进行贮藏，使种子能够在较长时间内保存生活力。栽培中常用的种子贮藏方法有以下几种。

1）干燥贮藏法　把种子放在纸袋中，置于干燥的环境。大多数一、二年生花卉种子采用干燥贮藏法。

2）干燥密闭贮藏法　把种子置于干燥密闭接近于真空的环境中贮藏。这种贮存方法贮藏时间相对较长。

3）低温干燥密闭贮藏法　把种子置于低温或超低温干燥密闭环境中保存。此方法在理论上可达到种子的永久保存。

4）层积贮藏法　把种子与湿沙交互层状堆积贮藏。此方法适用于核果类和坚果类花卉种子的贮藏，湿沙层积可使坚硬的种皮一直处在湿润环境有利于种皮变软促使种子萌发。

5）水藏法　把种子贮藏在水中。此方法适用于水生花卉种子的贮藏。

1.4.3　有性繁殖方法

1.4.3.1　花卉露地直播方法

一般直根性的花卉需采用露地直播的方法，播种时间一般在春季和秋季。其具体繁殖过程如下。

（1）种子处理

有些花卉种子种皮较软，发芽力强，可直接播种；但是有些花卉种子种皮硬（梅花、桃花等）；有的种子有上胚轴休眠特性（牡丹、芍药等）；有的种子种皮上有毛（白头翁）等特点，致使种子萌发力弱，播种繁殖困难，因此播种前种子往往要进行浸种、刻伤、化学药剂浸种等方法对种子进行处理，促进种子的萌发。

（2）整地作畦

播种前首先要对土壤进行翻地、松土、去杂、整平以后做畦。翻地深度据不同的花卉而定，根系浅的花卉浅翻，根系深的花卉宜深翻。翻地后耙碎土块、清除杂草、砖头瓦块等杂物，平整土地做畦，北方地区一般作低畦，南方地区一般作高畦。

（3）浇水施肥

在整地前或整地后施入厩肥等有机肥作底肥，整地作畦后浇水，一般在播种前浇透水在播种时不易干燥，浇水后不宜马上播种，需晾晒几天土壤湿度适宜时播种。

（4）播种

当土壤湿度适宜时即可进行播种。具体播种方法根据花卉种子大小有三种，一是撒播，即直接把种子均匀地撒入土壤中，然后覆土。一般微粒种子和小粒种子采用撒播方法；二是条播：即在做好的畦中按一定行距开沟，然后于沟中均匀播入种子，然后覆土的方法。一般中粒种子采用此方法播种。三是穴播：在畦中按一定的株行距挖穴，然后在穴中播入种子的方法，此方法一般用于大粒种子的播种。播种时需注意撒播均匀，株行距适宜。覆土厚度适宜，不能太厚，也不能覆土太薄，太厚种子萌发不宜出土，太薄则会出现种子“带帽出土的现象”，也即种子顶着种皮出土，致使出苗不良，影响幼苗生长。覆土厚度应根据种子的大小而定，一般微粒种子不覆土，小粒种子覆土厚度是种子直径的1倍。中粒种子覆土厚度是种子直径的2倍，大粒种子覆土厚度是种子直径的3倍。

（5）播后管理

播种后畦面最好覆膜，以防土壤干旱不利种子发芽，发现土壤干燥后要及时用细眼喷壶浇水，待出苗后及时撤掉覆膜，防止小苗徒长。

1.4.3.2　花卉温室盆播方法

温室盆播是指在温室内花盆中播种，由于在温室内进行，因此播种时间一年四季均可，不受季节限制，一般根据应用时间来定播种时间。播种用盆的深度一般在6～10cm适宜，也可选用育苗盘进行播种。其具体过程如下。

（1）播种基质的准备

由于是在容器中播种，所以需事先准备土壤的替代物即花卉栽培基质，播种基质一般选用沙质壤土、蛭石和珍珠岩等基质，或用田园土、河沙、腐叶土配备，播种之前需进行消毒，然后置入播种盘至离盆沿1cm处，刮平，盆浸法浇水或用细眼喷壶浇水备用。

（2）播种

浇完水后根据种子大小采用合适的播种方法进行播种，种子覆土厚度也根据种子的不同而不同，播完后育苗盘上覆盖玻璃或塑料布，以减少水分蒸发。

（3）播后管理

育苗盆一般置于暗处管理，平时要保持盆内湿润，干燥时仍用盆浸法给水或细眼喷壶浇水，待出苗后及时去掉玻璃或塑料，置于光照较强处，进行正常的栽培管理。

1.5 花卉无性繁育

花卉的无性生殖（asexual reproduction）也叫营养繁殖，是指花卉不通过生殖细胞的结合，不经由减数分裂来产生配子，直接由母体细胞分裂后产生出新个体的生殖方式，也即利用植物离体的营养器官来获得新植株的繁殖方法。主要有扦插繁殖、嫁接繁殖、分生繁殖、压条繁殖等。无性繁殖后代不易产生分离，具有能够保持母本优良性状，加速开花结果，提高植物体的抗性等优点，但是无性繁殖也存在繁殖系数低，操作复杂等缺点。分述如下。

1.5.1 扦插繁殖

扦插繁殖指将植物的营养器官（根、茎、叶）从母体上切取，插入基质中，在适宜的条件下，促使其发生不定芽或不定根，培养成新植株的繁殖方法。用于扦插的材料（根、茎、叶）叫做插穗，扦插成活后的新植株叫做扦插苗。一般播种繁殖困难或为了快速开花的多年生花卉以及木本花卉多采用这种繁殖方法。扦插繁殖的优点是新植株生长快，开花时间早，能够保持母本的优良性状，不易产生性状分离。其缺点是根系弱，繁殖系数小。根据扦插材料的不同，分为叶插、茎插和根插三种。

1.5.1.1 扦插的基质准备

扦插基质需通透性强，养分含量低，基质微生物含量少，才有利于离体的器官生根，因此常用的基质有园土、河沙、珍珠岩、蛭石、炉灰渣等，要根据扦插材料生根难易程度来选择。容易生根的种类如杨树、柳树等在园土中扦插即可，对难生根的种类如松树、柏树等则须选择河沙、蛭石等。也可几种基质按一定比例混合使用，效果更佳。

1.5.1.2 促进扦插生根的处理措施

1）插床加温处理　一般花卉在温度适宜条件下尤其是土温较高时容易生根，在低温或高温下扦插不易生根，可在温室内或酿热温床上进行扦插，提高生根率。

2）沙藏处理　对于难生根的花卉种类一般在秋季采收插条后放在温室或地窖中沙藏至翌春扦插，可明显提高生根率，缩短生根时间。

3）机械处理　对难生根的种类可用环剥、刻伤、扭条等机械方法促进生根。

4）药剂处理　可用吲哚丁酸、吲哚乙酸、萘乙酸或市场上卖的生根剂等处理，也可明显提高生根率。

1.5.1.3 扦插的种类及方法

（1）叶插

采用花卉的叶片做插穗进行扦插的方法。一般叶上容易产生不定芽或不定根的种类用叶插法。叶插分为全叶插和片叶插。

1）全叶插　以完整的叶片为插穗进行的扦插。

① 平置法扦插　将完整的叶片剪去叶柄，平铺于基质上，如果是叶脉处产生不定根的植株将叶脉刻伤后平铺于基质上，并用钢针或竹针将其固定，使叶片与基质紧密接触。例如落叶生根、膜叶秋海棠等可用此法。

② 直插法扦插　将叶片直立插入基质中，也称叶柄插法，叶柄基部产生不定根的花卉采用此方法。

2）片叶插　利用部分叶片作插穗的扦插的方法。将叶片切成数片平铺或直插。例如虎尾兰的片叶直插。

（2）枝插

利用花卉的枝条作插穗的扦插方法叫枝插，分硬枝扦插和嫩枝扦插两种类型。

① 硬枝扦插是指在冬、春季节进行，是以一年生枝条作为插穗进行的扦插，可随剪随插或剪取插条冬季沙藏后于翌年春季扦插。剪取插穗时剪口要平滑，并于靠近节部位置剪取。

② 嫩枝扦插是指在生长季剪取半木质化枝条为插穗的一种扦插方法，剪法与硬枝剪法相同，但须随剪随插。

（3）根插

有些花卉的根能产生不定芽，这种花卉可以用其根进行扦插，具体方法是把花卉的根剪成5cm左右的根段，扦插时注意根的形态学上端和和形态学下端以及根端上需有芽。

1.5.1.4 插后管理

扦插后的苗木在产生根系前期土壤须保持湿润，为了减少水分的蒸发，扦插后可用塑料把扦插苗罩住，并置于荫蔽处养护管理，随时观察，缺水时及时浇水，待产生根系萌芽后撤掉塑料置于阳光充足处进行常规管理。

1.5.2 嫁接繁殖

嫁接繁殖是指将植物体的一部分器官移接到具有根系的另外的植物体上，愈合后生长为新的植株体的繁殖方法。被移接的器官叫做接穗，用来承受接穗的带根植株叫做砧木，嫁接成活的新植株叫做嫁接苗。嫁接繁殖的优点是能够保持母株的优良性状，可以提早开花，并且嫁接繁殖可以利用砧木的一些优良性状，如可以用嫁接繁殖提高植株的抗寒性、抗旱性以及抗病虫害性来提高嫁接苗的抗性。其缺点是繁殖系数低，操作过程复杂，成活率较低。

1.5.2.1 砧木与接穗的选择

砧木应选择与接穗有较强亲和力，生长健壮，并具有抗性强、适应性广、繁殖容易或具有其他特殊性状的种类，砧木一般用实生苗，砧木的粗度一般以 1.5～2.5cm 为宜。

接穗应从优良的母株上剪取，选择母株上没有病虫害、生长健壮、芽体饱满的枝条，一般应随采随接，或者冬季沙藏后春季嫁接。

1.5.2.2 促进愈合成活的处理措施

促进穗砧愈合提高成活率的措施有物理方法和化学方法等，处理的物理方法是嫁接部位用塑料包裹捆绑或嫁接部位涂抹蜡、油漆等，防止水分蒸发，可以使砧穗结合紧密，还可保护伤口不受风雨侵袭，提高成活率。化学方法是用激素或蔗糖等溶液处理接穗，能够有效地提高成活率。

1.5.2.3 嫁接的种类及方法

嫁接一般有枝接和芽接两种方法。

(1) 枝接

用植物体的枝条作接穗的嫁接方法叫枝接，枝接又可分为切接、劈接、靠接等方法。

1) 切接　先于砧木离地面 20～30cm 处将砧木上端剪掉（平剪），然后在剪口上端一侧稍带木质部垂直向下切下至 2cm 处，然后切削接穗，剪取有 2～3 个芽点的接穗，将接穗下端一侧削成长约 2cm 长的削面，再在其相对的另一侧削去 0.5～1cm 的削面，形成不对称的楔形。然后将接穗插入砧木的切口中，使砧穗形成层对齐，用塑料等材料进行绑缚即可。

2) 劈接　现将砧木离地面 20～30cm 处剪掉上端（平剪），剪口要平滑，再在砧木上端正中间的位置用嫁接刀垂直向下劈至 3cm 深处，然后削取接穗，接穗削成长为 3cm 两个大小相同的楔形削面，用嫁接刀劈开砧木切口，将削好的接穗插入切口，并使一侧形成层对齐，绑缚即可。

3) 靠接　一般在夏季进行。嫁接前先把穗砧的母株移栽在一起，靠接时在砧木和接穗的相对部位均削切成长 3～4cm 大小、形状相同的削面，并都削至形成层，使两个削面靠合，用塑料绑缚即可。待砧穗愈合成活后，剪断嫁接部位以上的砧木枝干部分和嫁接部位以下接穗的枝干，即获得了嫁接植株。

(2) 芽接

选取母株枝条上的芽，削成芽片做接穗的嫁接方法叫做芽接。生产上常用的有以下几种方法。

1) 丁字形芽接　先用芽接刀在选择为接穗的芽点上方 0.5～1cm 处横切一刀，深达木质部，然后再从芽的下方 1～1.5cm 处向上由浅入深切取芽片，作为接穗，芽片以不带木质部为好。然后在砧木树皮光滑的一侧先横切一刀深达木质部，在垂直向下竖切一刀达木质部，用芽接刀的尾部角片拨开树皮，把接穗插入切口，使气上端切口与横切口平齐，最后用塑料绑缚，绑缚时露出芽点。

2) 嵌芽接　先在选取的枝条上切取方形或菱形芽片，切口深达木质部，然后在砧木上切取与接穗相同大小、形状的切口，把接穗马上嵌入砧木的切口处，然后进行绑缚。绑缚时露出芽点。

1.5.3 分生繁殖

分生繁殖是指将植株自身生长出的某一器官（根蘖、子球、走茎、吸芽等）分离母体后另行栽植长成新植株的繁殖方法。分生繁殖的优点是能够保持母本的优良性状，容易成活，成苗快，方法易操作。缺点是繁殖系数低。根据分生的器官不同可分为以下五种。

(1) 分株繁殖

很多多年生草本花卉和花灌木具有自根系长出根蘖、逐渐长成新的植株的能力，将长出的新植株自母体分离，另行栽植即成为新的植株，这种繁殖方法叫做分株繁殖。例如牡丹、芍药、吊兰等均可用此方法获得新植株。

(2) 分吸芽繁殖

分离根茎叶腋间长出的短缩、肥厚、呈莲座状的短枝获得新植株。

(3) 分横茎繁殖

分离叶丛基部或根部生长出的节间较长、横生的茎获得新植株。

(4) 分根蘖繁殖

分离自植物根际生长出的萌生枝获得新的植株。

(5) 分球繁殖

对于球根花卉，母株球根会长出很多小球（子球），把子球从母体分离另行栽植即会长出新的植株。例如百合、郁金香、大丽花、水仙等可用此法进行繁殖。

繁殖部位包括分鳞茎、分球茎、分块茎、分根茎等。对于生长小球能力弱的花卉可以用人工的方法促使球根生长小球，增加繁殖系数。例如十字法用小刀切割球茎底部，可以刺激球根萌发小球来增加小球数量进行分球即可提高繁殖数量。

1.5.4 压条繁殖

压条繁殖是指将母株的枝条在不切离母体的情况下埋入土壤使其生根后再切离母体获得新植株的繁殖方法。压条繁殖的优点是能够保持母本优良性状，成苗快，方法简单易行，开花早。缺点是繁殖系数低。压条繁殖常用于木本花卉的繁殖，压条时间根据花卉的种类不同而不同。压条分为以下几种方法。

(1) 偃枝压条法

偃枝压条法是指将母株基部的枝条节部埋入土壤，使其生根后切离母体获得新植株的方法。此方法多用于枝条细长的藤本花卉的繁殖，如爬山虎、凌霄等的繁殖。为了促使生根，还可采取对生根部位刻伤、环剥、曲枝等方法促使生根。

(2) 壅土压条法

对于易生根蘖的植株在春季萌动前，于根际培土约25cm厚，当期生根后于第二年春季在生根部位下方切离母体，移植栽植成新植株。例如丁香、榆叶梅、珍珠梅等的繁殖可用此法。

(3) 高空压条法

高空压条法也称吊包法，是指对于枝条位置较高，枝条较硬不易弯曲的花卉采用此法。具体方法是在空中枝条的节部刻伤或环剥、曲枝后套入两端均未封口的塑料袋，在刻伤处用绳子系在枝条上，然后在袋内装入基质，再把塑料袋上端系住。待其发根后从发根底部剪离母体另行栽植获得新植株。

1.5.5 孢子繁殖

孢子繁殖是指利用蕨类植物的孢子进行繁殖的方法。孢子繁殖的优点是繁殖系数大，能够保持母本的优良性状，但是苗期抗性弱，需精细管理。

具体的方法是在孢子成熟前用纸袋套住叶片系于叶片基部，待孢子成熟后，剪取套纸袋的叶片，倒过来把孢子抖落到纸袋里，均匀地撒播入备好的基质中，用玻璃覆盖，并保持土壤湿润，待孢子体长出原叶体后移植一次，等原叶体长出真叶后再行移植即可获得新的植株。

另外，目前用于花卉的商品化生产的组织培养亦属于营养繁殖，组织培养的繁殖方法是指在无菌条件下，分离植物体的外植体，接种到人工培植的培养基上，在人工控制的环境条件下使其形成完整植株的过程。组织培养的优点是繁殖系数大，繁殖速度快，并能获得无菌植株，并能保持母本的优良性状。缺点是必须在无菌的条件下进行，需要无菌操作的设备、药品等，投入较高。组织培养技术目前广泛应用于花卉的生产上，例如在良种快繁、花卉育种、花卉种质资源的保护、培育人工种子等各个领域都有应用，尤其是在规模化商品生产上已经广泛应用。目前成功实现组织培养的花卉有100多种。其具体操作过程是选取和采集外植体，配制培养基，在无菌的条件下将外植体接种到培养基上，建立无菌培养体系，然后进行初代培养，继代增值，生根培养，再经过炼苗即可得到新的植株。

1.6 花卉生产设备及使用管理

由于花卉种类繁多，原产地生长环境不同，若在同一个地区栽培多种花卉，露地栽培不容易实现，这就需要配备设施。其次，生产某一种花卉，在提高质量的同时，要达到四季生产，周年供应，也必须配备设施，进行设施栽培。花卉栽培主要的设施有温室、塑料大棚、荫棚、风障、冷温床、地窖等以及相关的灌溉设施和加温设施，还包括其他一些栽培设备，如机械化、自动化设备，各种机具和用具等。

1.6.1 温室

1.6.1.1 温室的概念及特点

温室（greenhouse）是指覆盖物以透明材料为主体，配备加温设施、遮光设施、通风设施等的建筑物。其特点是建筑较牢固，透光，植物在其内能够进行光合作用。

1.6.1.2 温室在花卉生产中的作用及发展趋势

(1) 温室的作用

1) 在自然条件不适合植物生长的季节，应用温室能创造出适于植物生长发育的环境条件，达到花卉反季节生产的目的。

2) 在不适合植物生长发育的地区，利用温室创造花卉所需求的环境条件，满足花卉生长发育。如在北方可以利用温室栽培热带和亚热带花卉。

3) 利用温室可以对花卉进行高度集中栽培，实行高度密植，以提高单位面积产量和质量，节省开支，降低成本。

(2) 花卉生产中温室发展趋势

1) 温室大型化　由于温室具有室内温度稳定，日温差较小，便于机械化操作，精细化管理等优点，温室建筑有向大型化、超大型化发展的趋势。

2）温室现代化　包括温室结构标准化、温室环境调节自动化、栽培管理机械化、栽培技术科学化等。

3）花卉生产工厂化　这种绿色工厂全用人工光照，耗能很大，称为第二代人工气候室。后来进行了改进，采用自然光照系统，称为第三代人工气候室。目前，荷兰、法国、日本等国都实现了花卉生产工厂化。

1.6.1.3　温室的类型及结构

（1）根据应用目的分为4种类型

1）生产温室　温室内以花卉生产为主，以适于栽培和经济实用为原则，不注重外形，一般造型和结构都较简单，室内地面利用率高。

2）观赏温室　以植物展览，供人们观赏、进行研究以及普及植物知识和宣传之用。多设在公园、植物园、展览馆或高等院校内。建筑形式上追求外观美观，功能兼备，且与周围环境协调，便于管理和操作。如北京植物园的热带温室、上海植物园的高架展览温室等。

3）研究温室　一般用来进行科学研究。此类温室在建筑和设备上要求严格，室内需装有自动调节温度、湿度、光照、通风及土壤水肥等环境条件的一系列装置，以便提供精度较高的试验研究条件。主要包括人工气候室、普通实验室、杂交育种温室、病虫害检疫隔离温室等。

4）餐饮温室　也称为生态餐厅，是近年来逐渐兴起的一种新型的餐饮形式，是传统餐饮业与现代温室工程技术、园林景观艺术、现代园艺种植技术、土木工程相结合的产物，是建筑与环境、人与自然的完美融合，营造了优美、舒适、惬意的餐饮环境，具有较高的经济价值。

（2）根据室内温度划分为4种类型

1）高温温室　温室内温度一般保持在18～36℃。一般用来进行花卉的促成栽培及热带花卉的栽培，如王莲、热带兰、热带棕榈等。

2）中温温室　室内温度一般保持在12～25℃。一般用来栽培亚热带花卉，如热带蕨类、秋海棠类、天南星科植物、凤梨科植物、中温常绿植物和多浆植物等。

3）低温温室　室内温度一般保持在5～20℃。供栽培温带观赏植物之用，如温带兰花、温带蕨类、低温常绿植物等。

4）冷室　室内温度一般保持在0～10℃。主要用来不耐寒的花卉的冬季防寒。如在北方地区种植的美人蕉、大丽花的球根的保存，以及常绿半耐寒植物、柑橘类、松柏类、水生花卉等花卉的保存等。

（3）根据加温设施划分为2种类型

1）不加温温室　也叫日光温室，其热量来源只有太阳能，作低温温室和冷室应用。在寒冷地区，此类温室是晚花防霜御寒、早春提前育苗的重要设施，可比露地花卉培育延迟15～20d，或提前20～30d。

2）加温温室　除利用太阳热力外，还用烟道、热水、蒸汽、电热等人为加温方法来提高温室温度，属于中温和高温温室。

（4）根据建筑形式划分为3种类型

1）单屋面温室　又称日光温室，坐北朝南，东西延长，只有一向南倾斜的屋面，其余三面为维护墙体。特点是节能保温，投资小。但通风不良，光照不均匀，室内盆花需要经常转盆。

2）双屋面温室　分为等屋面和不等屋面式。多南北延伸，偶有东西延长的。屋顶与四壁由透光材料组成。特点是室内受光均匀，温度较稳定，适于修建大面积温室，栽培各种类型的花卉。但通风不良，保温较差，需要有完善的通风和加温设备。

3）连栋温室　又称现代化温室，由同一样式和相同结构的两幢或两幢以上的温室连接而成。如Venlo型温室、圆拱形连栋温室等。连栋温室一般都采用性能优良的结构材料和覆盖材料，其结构经优化设计，配备环境调控设备，各方面性能都较完善，但造价高。

（5）根据建筑材料划分

可分为土温室、砖木结构温室、钢结构温室、钢木混合结构温室、铝合金结构温室、铝合金结构温室、钢铝混合结构温室等。

1.6.1.4　日光温室

日光温室是我国特有的园艺设施，大多以塑料薄膜为覆盖材料，以太阳辐射为热源，靠前屋面最大限度采光和维护墙体最大限度保温，充分利用光热资源，创造花卉生长适宜环境。后部，位于温室两侧的山墙，起保温，蓄热和支撑的作用。

除上述三部分外，根据不同地区的气候特点和建筑材料的不同，日光温室还包括立柱、防寒沟等。

1.6.1.5　现代化温室

现代化温室是目前花卉生产中性能最完善的设施，因其内部设有环境调控设备，设施内各环境因子基本上不受外界环境条件的影响，可全天候进行花卉生产。主要类型有下面2种。

（1）芬洛（Venlo）型玻璃温室

单间跨度为6.4m、8m、9.6m、12.8m，每跨由两个或三个（双屋面的）小屋面直接支撑在桁架上。特点是透光率高，密封性好，屋面排水效率高。

（2）双层充气薄膜温室

单间跨度6.4m、8m，采用双层充气膜覆盖。特点是通风效果好，节能，遮阳面少。

1.6.1.6 温室内环境的调节

(1) 温度调节

1) 保温　经常清洗或打扫覆盖面；利用有机物增加地热贮存，减少浪费；采用双层门窗和玻璃屋面（间距为10～12cm）来减少热损失，提高温室的保温性能。

2) 加温　温室加温的方法较多，有火炕、热风加温和暖气管系统等。

3) 降温　炎热的夏季，每天日照10～15h，在密闭的温室内往往出现温度过高的现象，对花卉生长发育极其有害。特别是我国长江以南地区，温室的主要功用就是夏季降温。温室降温通常采用自然降温和机械降温两种方式。

(2) 光照的调节

温室内要求光照充足且分布均匀，因此在温室设计和建造时，必须从结构、屋面覆盖物、屋面采光角及方位等方面综合考虑，合理规划，以保证室内有良好的光照条件。必要时还需补光、遮光和庇荫。

1) 补光　一是为了满足花卉光合作用的需要。如在高纬度地区冬季进行切花生产，温室内光照时数和光照强度均不足，因此需补充高强度的光照。二是调节光周期，进行花卉促成和抑制栽培，达到周年生产目的。需要延长日照长度，这种补光不要求高强光，一般功率为50～100W的白炽灯或荧光灯即可。

2) 遮光　在高纬度地区栽培原产热带、亚热带的短日照花卉，使其在春夏长日照季节开花时，需用遮光来调节。常在温室外部或内部覆盖黑色塑料薄膜或外黑里红的布帐，根据不同花卉对光照时间的要求不同，在下午日落前几小时放下覆盖物，使室内每天保持短日照环境，以满足短日照花卉生长发育的生理需要。

3) 遮阴　夏季在温室内栽培花卉时，常由于光照强度太大而导致室内温度过高，影响花卉的正常生长发育，所以可用遮阳来减弱光照强度。常用的方法是采用遮阳网，遮阴度在25%～99.9%不等，可以根据不同花卉种类生长发育的需要选择合适的遮阳网。

(3) 湿度的调节

1) 空气湿度的调节　温室内的空气湿度是由土壤水分的蒸发和花卉的蒸腾形成的，空气湿度的大小直接影响花卉的生长发育。一般花卉所需要的空气相对湿度65%～70%。当湿度过低时，植物关闭气孔以减少蒸腾，间接影响光合作用和养分的输送；湿度过高时，则花卉生长细弱，造成徒长而影响开花，还容易发生病害。温室内降低空气湿度一般采用通风法，通过空气的流动来降湿。但是在夏季室外也处于高温高湿的环境时，就需用排气扇进行强制通风，以增大通风量。若欲提高空气湿度，可使用温室内的喷水装置，进行喷淋或喷雾。

2) 土壤湿度的调节　土壤湿度直接影响花卉根系的生长和肥水的吸收，间接影响地上部的生长发育，调节土壤湿度的方法有地表灌水法、底面吸水法、喷灌法、滴灌法等。

(4) 土壤条件及其调节

1) 土壤中盐类浓度及其调节　尤其是温室地栽花卉，一般是周年生产同一种花卉，连续施用同种肥料，形成了高度连作的栽培方式，使温室内的土壤性质和土壤微生物的情况发生了很大变化。特别是由于室内雨水淋不到，施用的肥料又很少流失，经毛细管作用，将剩余的肥料和盐类逐渐从下向上移动并积累在土壤表层，使上表溶液浓度增大，从而影响了花卉的生长发育。因此，为了减轻或防止盐类浓度的障碍，可采取以下措施：①正确地选择肥料的种类、施肥量和施肥位置，多施有机肥或不带副成分的无机肥，如硝酸铵、尿素、磷酸铵等。②深翻改良土壤。③防止表层盐分积累。进行地面覆盖、切断毛细管、灌水，或夏季打开天窗让雨水淋漓。④更换新土。

2) 土壤生物条件及其调节　土壤中有病原菌、害虫等有害生物，同时有微生物、硝酸细菌、亚硝酸细菌、固氮菌等有益生物。正常情况下土壤微生物保持着一定的平衡，但由于连作，打破了土壤微生物的平衡，造成连作危害。解决的方法有更换土壤、土壤消毒等。

(5) 温室的附属设备和建筑

1) 室内通路　观赏温室内的通路应适当加宽，一般应为1.8～2m，路面可用水泥、方砖或花纹卵石铺设。生产性温室的通路则应当窄些，太宽浪费土地，一般为0.8～1.2m，多用土路。

2) 水池　在温室内储存灌溉用水，同时增加室内湿度，一般设在温室的两侧，深2m左右。在观赏温室内，水池可修建成观赏性的，带有湖石和小型喷泉，栽培一些水生植物，放养金鱼，更能点缀景色。

3) 种植槽　观赏温室用得较多。将高大的植物直接种植于温室内，应修建种植槽，上沿高出地面10～30cm，深度为1～2m。这样可限制营养面积和植物根的伸展，以控制其高度。

4) 台架　为了经济地利用空间，温室内应设置台架摆设盆花，结构一般为铁制或铝合金。观赏温室的台架为固定式，生产温室的台架多为活动式。大型现代化温室多为滚动式台架，有效节约空间。单屋面观赏型日光温室可采用阶梯式台架，植物采光效果较好，喜阴的植物可置于台架下面。如果是生产性的温室，可采用平面型台架，不过为了花卉生长一致，要定期挪动盆花。

5）繁殖床　温室内进行扦插、播种和育苗等繁殖工作而修建，采用水泥结构，并配有自动控温、自动间歇弥雾的装置。

6）照明设备　在温室内安装照明设备时，所有的供电线路必须用暗线，灯罩为封闭式的，灯头和开关要选用防水性能好的材料，以防因室内潮湿而漏电。

1.6.2　塑料大棚

塑料大棚由于建造容易，使用方便，投资较少，随着塑料工业的发展，已被世界各国普遍采用。栽培喜冷凉的花卉，能够抵御早春或晚秋的寒冷天气。

1.6.2.1　塑料大棚在花卉生产中的作用

塑料大棚是花卉栽培及养护的主要设施，可用代替温床、冷床，甚至可以代替低温温室，而其费用仅为温室的 1/10 左右。塑料薄膜具有良好的透光性，白天可使地温提高 3℃左右，夜间气温下降时，又因塑料薄膜具有不透气性，可减少热气的散发起到保温作用。在春季气温回升昼夜温差大时，塑料大棚的增温效果更为明显，如早春月季、唐菖蒲、晚香玉等，在棚内生长比露地可提早 15～30d 开花，晚秋时花期又可延长 1 个月。由于塑料大棚建造简单，耐用，保温，透光，气密性能好，成本低廉，拆装方便，适于大面积生产，近几年来，在花卉生产中已被广泛应用，并取得了良好的经济效益。

我国地域辽阔，气候复杂，利用塑料大棚进行花卉等的设施栽培，对缓解花卉反季节的供求矛盾起到了特殊的重要作用，具有显著的社会效益和现实的巨大的经济效益。

1.6.2.2　塑料大棚的类型和结构

（1）塑料大棚的类型

目前生产中应用的塑料大棚，按棚顶形状可以分为拱圆形和屋脊形，我国绝大多数为拱圆型。按骨架材料可分为竹木结构、钢架混凝土柱结构、钢架结构、钢竹混合结构等。按连接方式又可分为单栋大棚、双连栋大棚及多连栋大棚。

（2）塑料大棚的结构

塑料薄膜大棚应具有采光性能好，光照分布均匀；保温性好，保温比适当；棚型结构抗风（雪）能力强，坚固耐用；易于通风换气，利于环境调控；利于花卉生长发育和人工作业；能充分利用土地等特点。

塑料薄膜大棚的骨架是由立柱、拱杆（拱架）、拉杆（纵梁、横拉）、压杆（压膜线）等部件组成，俗称“三杆一柱”。这是塑料薄膜大棚最基本的骨架构成，其他形式都是在此基础上演化而来。大棚骨架使用的材料比较简单，容易造型和建造，但大棚结构是由各部分构成的一个整体，因此选料要适当，施工要严格。

1）竹木结构单栋大棚　这种大棚的跨度为 8～12m，高 2.4～2.6m，长 40～60m，每栋生产面积 333～666.7m^2。以 3～6cm 粗的竹竿为拱杆，拱杆间距 1～1.1m，每一拱杆由 6 根立柱支撑，立柱用木杆或水泥预制柱。这种大棚的优点是建筑简单，拱杆由多柱支撑，比较牢固，建筑成本低；缺点是立柱多使大棚内遮阴面积大，作业也不方便。

2）钢架结构单栋大棚　这种大棚的骨架是用钢筋或钢管焊接而成，其特点是坚固耐用，中间无柱或只有少量支柱，空间大，便于作物生育和人工作业，但一次性投资较大。这种大棚因骨架结构不同可分为单梁拱架、双梁平面拱架、三角形（由三根钢筋组成）拱架。通常大棚宽10～12m，高 2.5～3.0m，长度 50～60m，单栋面积多为 666.7m^2。

钢架大棚的拱架多用直径 12～16cm 的圆钢或直径相当的金属管材为材料；双梁平面拱架由上弦、下弦及中间的腹杆连成桁架结构；三角形拱架则由三根钢筋及腹杆连成桁架结构。这类大棚强度大，钢性好，耐用年限可长达 10 年以上，但用钢材较多，成本较高。钢架大棚需注意维修、保养，每隔 2～3 年应涂防锈漆，防止锈蚀。

3）钢竹混合结构大棚　这种结构的大棚是每隔 3m 左右设一平面钢筋拱架用钢筋或钢管作为纵向拉杆，每隔约 2m 一道，将拱架连接在一起。在纵向拉杆上每隔 1.0～1.2m 焊一短的立柱，在短立柱顶上架设竹拱杆，与钢拱架相间排列。其他如棚膜、压杆（线）及门窗等均与竹木或钢筋结构大棚相同。

钢竹混合结构大棚用钢量少，棚内无柱，既可降低建造成本，又可改善作业条件，避免支柱的遮光，是一种较为实用的结构。

4）镀锌钢管装配式大棚　自 20 世纪 80 年代以来，我国一些单位研制出了定型设计的装配式管架大棚，这类大棚多是采用热浸镀锌的薄壁钢管为骨架建造而成。尽管目前造价较高，但由于它具有重量轻、强度好、耐锈蚀、易于安装拆卸、中间无柱、采光好、作业方便等特点，同时其结构规范标准，可大批量工厂化生产，所以在经济条件允许的地区，可大面积推广应用。

1.6.3　荫棚

荫棚是用来庇荫，防止强烈阳光直射和降低温度的一种措施，是花卉栽培中必不可少的。荫棚除棚架外，还需苇帘等覆盖于其上。

荫棚的种类和形式很多，可大致分永久性和临时性两类。永久性荫棚一般与温室结合，用于温室花卉的夏季养护；临时性荫棚多用于露地繁殖床和切花栽培时使用。栽培兰花或杜鹃花等也需要永久性荫棚。

1.6.3.1 荫棚在花卉栽培中的作用

在以生产盆花为主的花场里，荫棚的占地面积较大，它的主要作用是用于养护阴性和半阴性观赏植物及一些中性植物；刚刚上盆的或翻盆的苗木和老株，也需在荫棚内养护一段时间来服盆缓苗；嫩枝扦插的观赏植物需要遮阴；有些露地栽培的切花也要在荫棚下栽培。因此，荫棚是花卉栽培必不可少的设备。荫棚下具有避免日光直射、降低温度、增加湿度、减少蒸发等特点，给夏季的花卉栽培管理创造了适宜的环境。

1.6.3.2 荫棚的类型及结构

荫棚的种类和形式大致分为临时性和永久性两种。

(1) 临时性荫棚

除放置越夏的温室花卉外，还可用于露地繁殖床和紫菀、菊花等的切花栽培。北京黄土岗一带花农搭设临时性荫棚的方法是：于5月上中旬架设，秋凉时逐渐拆除。主架由木材、竹材等构成，上面铺设苇秆或苇帘，再用细竹材夹住，用麻绳及细铁丝捆扎。荫棚一般都采用东西向延长，高2.5m，宽6～7m，每隔3m立柱一根。为了避免白天的阳光从东或西面照射到荫棚内，在东西两端还设遮阳帘，将竿子斜架于末端的柁上，覆以苇秆或苇帘，或将棚顶所盖的苇帘延长下来。注意遮阳帘下缘应距地60cm左右，以利通风。棚内地面要平整，最好铺些细煤渣，以利排水，下雨时又可减少泥水溅污枝叶或花盆。放置花盆时，要注意通风良好，管理方便，植株高矮有序，略喜光者置于南北缘。于荫棚中，视跨度大小可沿东西向留一两条通道，路旁埋设若干水缸以供浇水。

(2) 永久性荫棚

用于温室花卉和兰花栽培，在江南地区还常用于杜鹃等喜阴性植物的栽培。形状与临时性荫棚相同，但骨架用铁管或水泥柱构成。铁管直径为3～5cm，其基部固定于混凝土中，棚架上覆盖苇帘、竹帘或板条等遮阳材料。永久性荫棚多为东西向延长，设于温室近旁，一般高2.5～3.0m，宽度不小于6～7m，用钢管或水泥柱构成主架，棚架上覆盖遮阳网。

1.6.4 花卉栽培的其他设施

1.6.4.1 冷床与温床

冷床和温床是花卉栽培常用的设备。冷床只利用太阳辐射热以维持一定的温度；温床除利用太阳辐射热外，还需人工加热以补充太阳辐射的不足，两者在形式和结构上基本相同。冷床和温床在花卉生产中一般用于：①露地花卉促成栽培，如春播花卉提前播种提早开花，球根花卉（如水仙、百合、风信子、郁金香等）的冬春季促成栽培；②二年生草花和半耐寒盆花的保护性越冬。在北京地区，雏菊、金盏菊、三色堇等“五·一”花卉的生产一般要用到冷床或温床；在长江流域地区，天竺葵、小苍兰、万年青、芦荟等半耐寒花卉可在冷床中保护越冬。另外，温床和冷床还可用于温室或温床生产的幼苗的过渡性栽培，以及秋冬季节木本花卉的硬枝扦插（如月季等）。

(1) 冷床

冷床又叫阳畦，是由风障畦发展而来的，将风障畦的畦梗增高，成为畦框，在畦框上覆盖塑料薄膜，并在薄膜上加盖不透明覆盖物。因各地外界气候和应用时间不同，阳畦也有多种形式，风障有直立和倾斜的，畦框有四周等高和南框低、北框高的，透明的覆盖物以前多用玻璃，现在一般用塑料薄膜覆盖，不透明的覆盖物有草席、草苫、苇毛苫和纸被等。

冷床（阳畦）除具有风障的挡风效应外，由于增加了土框和覆盖物，白天可以大量吸收太阳光热，夜间可以减少辐射强度，由于热源来自阳光，因而受季节、天气的影响很大，华北地区冬季冷床平均温度只有8～12℃，并可出现－4～－8℃的低温，而春季气温回升时晴天可比露地高10～20℃，达到30～40℃，保持畦内较高的畦温和土温。天气晴阴雨雪的变化直接影响畦内温度的高低，据测定华北地区每年3月份晴天阳畦内温度比阴天高6～8℃，遇到连阴天，畦内得不到热量的补充，畦温则下降得更低。畦框的厚度与覆盖物的种类对其性能都有很大的影响，此外，在同一冷床（阳畦）内不同部位由于接受阳光热量不同，致使局部存在着很大的温差，一般北框和中部的温度较高，南框和西部的温度较低。

冷床（阳畦）在北方地区主要用作耐寒花卉的越冬栽培以及花卉育苗。

(2) 温床

温床除了具有阳畦的防寒保温设备外，又增加了人工加温设备来补充阳光加温的不足，以提高床内的气温和地温，用于不耐寒植物越冬、一年生花卉提早播种、二年生花卉促成栽培的简易设施，是中国北方地区常用的保护地类型之一。温床建造宜选在背风向阳、排水良好的场地。温床的结构与阳畦基本相同，只是在阳畦的基础上增加了加温设施。根据加温设施的不同可分为：酿热温床、电热温床、火炕温床和太阳能温床；根据床框的位置可分为：地下式温床（南框全在地表以下）、地上式温床（南框全在地表以上）

和半地下式温床（南框内酿热物和床土部分在地表以下，其余部分在地表以上）。

1.6.4.2　花卉栽培容器

1）素烧盆　又称瓦盆，由黏土烧制而成，有红色和灰色两种，底部中央留有排水孔。质地较粗糙，但排水良好，空气流通，适于花卉生长，且价格低廉，是花卉生产中常用的容器。

2）陶瓷盆　这种盆是在素陶盆外加一层彩釉，质地细腻，外形美观，但通气、排水性差，对花卉生长不利。陶瓷盆形状各异，有圆形、方形、六角形、半月形等。

3）紫砂盆　质地细腻，样式繁多，素雅大方，排水、通气性介于素烧盆和瓷盆之间，但价格较贵，通常用于盆景和名贵花卉栽培。

4）塑料盆　质轻而坚固耐用，形状各异，色彩多样，装饰性极强，是国内外花卉生产常用的容器。但是塑料盆排水、透气性不良，花卉栽培时应注意培养土的物理性质，采用疏松透气的培养土。

5）木盆或木桶　素烧盆过大时容易破碎，其他花盆过大太笨重，因此当周口径在40cm以上的时候，则采用木盆或木桶，同时别有一番情趣。外形多以圆形为主，两侧设有把手，上大下小，盆底有短脚，防止腐烂。材料宜选用坚硬又耐腐的红松、槲、栗、杉木、柏木等，外面刷油漆，内侧涂环烷酸铜防腐烂。木盆或木桶多装饰于建筑物前、广场和展览馆等。

6）纸盒　用于培养不耐移植的花卉幼苗，如香豌豆、香矢车菊等。现在，这种育苗纸盒已经商品化，不同规格，一个大盘上有数十个小格，适用于各种花卉育苗。

1.6.4.3　花卉栽培器具

现代化花卉生产常用的器具有播种机、球根种植机、上盆机、运输盘、收球机、切花去叶去茎机、切花分级机、切花包装机、冷藏运输车、薄膜冲洗机、水处理器、打药机、硫黄熏蒸器等。其他工具还有浇水壶、喷雾器、剪枝剪、配药桶等。

复习思考题

1. 依据花卉对温度的要求，可将花卉分为几类？各类型有何特点？

2. 依据花卉生长发育对光周期的要求不同，可将花卉分为哪几种类型？各有何特点？

3. 依据花卉生长发育对光照强度的要求不同，可将花卉分为哪几种类型？各有何特点？

4. 依据不同原产地的花卉对水分的要求不同，可将花卉分为哪几类？各有何特点？

5. 花卉栽培中常用的基质有哪些？各有什么优缺点？

6. 花卉栽培中常用的肥料有哪些？使用中要注意哪些问题？

7. 根据维持的温度不同可将温室分为哪几个类型？简述各温室类型的特点。

8. 荫棚主要应用在哪些方面？

9. 常用的花盆有哪几种？简述其优缺点。

第2章　露地花卉栽培管理

2.1　露地花卉生长发育及种苗繁育

露地花卉是指在不需要人为的花卉栽培设施（如温室、塑料大棚等）能够在露地完成其全部生活史的草本花卉，根据生活型及地下形态又分为一年生花卉、二年生花卉、宿根花卉和球根花卉。作为重要的园林绿化美化植物材料，露地草本花卉具有种类及品种丰富、生育期短、生长迅速、快速形成景观等优点，可以形成花坛、花境、花丛、花群、地被等多种花卉景观。露地花卉种类繁多，习性各异，因此，了解其生长发育特点和生态习性，培育出优良的种苗，是形成丰富优美园林植物景观的前提。

2.1.1　露地花卉的生长发育

2.1.1.1　露地花卉的生长发育的基本规律

植物的整个生命过程是通过细胞的生长和分化完成的。植物的生长是植物的体积和重量不可逆地增加，例如，根、茎、叶等体积和干重的增加。发育则是植物细胞、组织、器官和整体，在形态结构和机能产生一系列复杂有序的变化的过程，如花芽的分化、开花、结实等。花卉生长与发育的交替和重叠构成了整个个体的发育，不同的发育阶段生长不同的器官。

露地花卉同其他植物一样，在个体生长发育过程中既有生命周期的变化又有年周期的变化，都要经历种子休眠和萌发、营养生长、生殖生长的过程。其中营养生长主要包括根、茎、叶的出现和生长过程，生殖生长包括成花、开花、结实过程。不同种类的花卉生长发育规律各异。露地花卉原产地分别源自热带、亚热带、温带、寒带等不同地区，对环境的要求各异，表现出不同的生态类型和生活型。

2.1.1.2　不同类型露地花卉生长发育特点

露地花卉生长发育规律与原产地气候特点和气候变化规律相适应，每年表现出明显的生长期和休眠期或种子成熟后死亡，生育期明显短于木本植物。

一年生花卉仅有生长期，没有营养器官的休眠期，种子萌发，幼苗生长不久后进行花芽分化，当年开花结实后死亡，生命周期即是年周期，如百日草、波斯菊等。

二年生花卉的种子萌发后，幼苗生长，冬季来临便以幼苗形式越冬或者半休眠，需要低温春化作用完成花芽分化，第二年开花结实后死亡，如毛地黄、虞美人等。

多数耐寒性宿根花卉和球根花卉开花结实后地上部分枯死，依靠地下营养器官越冬或越夏，到下一个生长季节再次萌芽生长。其中，春植球根花卉，春季种植当年春季至夏季完成花芽分化，开花结实，冬季地上部分枯死，地下营养器官休眠越冬；秋植球根花卉则多在夏季球根休眠期完成花芽分化，并于第二年春、夏开花结实，而后地上部分枯死，进入休眠期。

2.1.2　露地花卉的种苗繁殖

2.1.2.1　露地花卉的栽植方式

露地花卉在园林绿化施工中通常采用露地直播和栽植种苗两种方式。

（1）露地直播

是将种子直接播种于预先设计的花坛、花境等种植床中，待其萌芽生长直至开花或达到预期观赏效果的栽植方式。多数选择根系为直根系、不耐移栽、生育期短的一、二年生花卉，如波斯菊、凤仙花、虞美人、蛇目菊、地肤子、紫茉莉、矢车菊、茑萝等进行露地直播，用这种方法进行繁殖受到季节的限制，特别是北方地区花期很难人为控制，园林景观形成速度慢，用种量大，后期需要间苗，造成种子的浪费，花卉生长整齐度差，不能达到模纹花坛等的施工要求。因此，露地直播适于进行自然式花卉种植。

（2）栽植种苗

是将预先在花圃培育好的花卉幼苗，按花卉种植设计要求定植到各类园林绿地中，以迅速形成花卉景观。种苗的培育需要先在育苗圃地通过播种、扦插、分株等方式进行幼苗培育，直至幼苗可移植到露地或达到观赏要求时栽植到园林绿地进行观赏栽培。种苗移植具有移植成活率高、栽植过程操作简便，绿化美化效果快等优点，目前广泛应用。近年来园林绿化中广泛应用的一串红、矮牵牛、三色堇等花卉均采用种苗移植的方式，同时，可以在节日活动、庆典时进行临时布置，因此，花卉种苗成为重要的花卉产品。

2.1.2.2 不同类型露地花卉的种苗繁殖方式

(1) 一、二年生花卉的繁殖

一、二年生花卉通常以播种繁殖为主。播种时期因地区而异。

一年生花卉耐寒力不强，遇霜即枯死，因此，要晚霜过后方可露地育苗，北方地区通常在4～5月进行。

二年生花卉耐寒力较强，华北地区一般稍加防护即可越冬，如北京地区多在冷床中越冬；华东地区不用特殊保护即可安全越冬。秋播时期因地区而异，北方约在9月上旬至中旬进行，保证种子萌发后，幼苗有一定生长时间即可。在冬季特别寒冷的地区，如东北等地，均于早春播种做一年生花卉栽培。

目前，园林花卉生产为了满足园林观赏的要求，通常令花卉提早开花或延后开花，于温室、塑料大棚等保护地内进行人工促成或抑制栽培，进行种苗培育。

(2) 宿根花卉的繁殖

宿根花卉种类繁多，繁殖方式各异，可采用分株、扦插、播种等方式繁殖。

多数宿根花卉均可分株繁殖。通常春季开花的种类如荷包牡丹、芍药、马蔺等在秋末分株；萱草、玉簪、荷兰菊等在早春幼芽萌动时分株繁殖。

此外，还有些种类，如菊花、宿根福禄考、荷兰菊、荷包牡丹、景天类、石碱花等可以利用茎扦插繁殖。

有些宿根花卉结实率低，或虽能产生种子，但萌发困难，如芍药、马蔺等宿根花卉播种后要2～3年后才能开花，且种子低温层积处理后才可以正常发芽，这类花卉通常只有在育种或为获得大量种苗时才采用种子繁殖。但也有些种，如蜀葵、金鸡菊、石碱花、黑心菊、石竹类等结实率高，播种繁殖可以当年开花。夏秋开花、冬季休眠的种类进行春播；春季开花、夏季休眠的种类进行秋播。

(3) 球根花卉的繁殖

球根花卉主要采用分球繁殖，有些可以采用种子繁殖（如大丽花的小花品种），但后代变异大，多用于育种。大丽花、百合等分别可以利用茎段和鳞茎进行扦插繁殖。

2.1.2.3 露地花卉容器育苗

花卉种苗的培育最早是将种子播种在育苗床或育苗箱中，待发芽后经过分苗、上盆直到商品出售，这种生产方式，往往经过多次移植或换盆，浪费人力、物力，而且幼苗移植成活率往往受到生产者技术水平的影响，不适宜规模化的快速的商品化生产。

从20世纪70年代开始，随着园林机械设备如播种机、育苗穴盘的出现，穴盘种苗培育技术成为花卉育苗的重要组成部分。20世纪60年代中期，美国康尔大学开始推用泥炭、蛭石生产种苗。目前，美国90%以上的花卉种苗为专业种苗生产。花卉种苗生产水平往往在一定程度上反映了一个国家或地区花卉产业的发展水平。

(1) 穴盘育苗的优越性

① 种植穴内根系交织成根坨，不宜散开，可以避免起苗和栽种过程中根系的损伤，大大提高移植成活率，对于不耐移栽的花卉尤为适用。

② 种子出芽率高，成苗快，可以节省育苗空间。

③ 适合大规模机械化、规模化、标准化生产，种苗及容器规格统一，方便集中运输和市场销售。

(2) 种子的选择及处理

对于大粒种子而言采用容器育苗技术对种子的要求及处理和普通育苗无差异，但是对于小粒种子（如报春花、秋海棠等）和不规则形状的种子，为确保播种机精量播种，保证每穴盘一粒种子，种子播种前要进行丸粒化处理。

种子丸粒化技术是在种子包衣技术基础上发展起来的现代化农业高新技术，是一种将种子生长与生产需要的多种固（液）体物料，通过机电一体化技术有效包敷到种子表面的新型种子加工处理技术。该技术将杀虫剂、杀菌剂、肥料、植物生长调节剂以及固（液）体辅料等材料通过机械加工，有序分层地包敷到种子上，制成表面光滑、大小均匀、颗粒较大的丸粒化种子。丸粒化加工不仅可实现播前植保、带肥下田、保苗壮苗之目的，而且可使种子规整化、均一化，使小粒种子大粒化、轻粒种子加重化、（表面）粗糙种子光滑化，有效提高播种性能，以便于实现陆地机械化精量播种和航空播种。

有些形态特殊的种子，如带毛，要进行去毛处理，避免种子缠绕在一起。

(3) 所需设备及容器

目前容器育苗广泛采用的容器是穴盘，因此，有穴盘育苗之称。穴盘由聚乙烯塑料板或聚苯乙烯泡沫塑料制成。穴盘种类有72穴、128穴、288穴、392穴等几种，每个种植穴相当于一个育苗钵，成倒锥形的方孔或圆孔，底部带有透气孔。

(4) 基质的选择和处理

育苗基质通常不用土壤，而用泥炭、蛭石、珍珠岩等疏松透气、保水、保肥、纯净质轻的材料，最大限度地减少了花卉苗期病虫害的发生和杂草的产生。

通常基质在使用前要经过筛选或粉碎处理。如泥炭使用前要去除草根、泥团等杂物，并粉碎、过筛。

（5）播种技术

穴盘育苗采用精量播种机，实际上是一条自动播种生产线，包括混料机、填料机、播种机和淋水机，也有的是各部分独立的，可以自动完成向穴盘填料、刮平、镇压、点播（一粒种子）、覆盖（基质）、压实、喷淋水等工序。浇透水的穴盘被送到恒温、恒湿的育苗室中进行催芽育苗。待幼苗长到2～3对真叶，根系充满种植穴即可移栽或销售。

2.1.3 露地花卉的栽培管理措施

2.1.3.1 整地作畦

在露地花卉播种或移植前，于春季或秋季对土壤进行翻耕、平整，清除石块、杂草等垃圾杂质，以利种子萌发及幼苗生长。如果土壤过于瘠薄或土质不良，还要进行土壤改良或更换种植土。露地花卉栽植前还要根据地区、地势及栽培目的不同，做高畦、低畦或平畦。

2.1.3.2 间苗

间苗又称"疏苗"。通常针对露地直播的花卉，在播种出苗后，因幼苗拥挤，予以疏拔，去密留稀、去弱留强，以使幼苗长势一致，同时扩大幼苗的营养面积，使幼苗日照充足，空气流通，生长茁壮，同时去除畸形苗及杂草。

间苗通常在子叶展开后进行，一般进行2～3次，每次量不能过大，最后1次间苗称为"定苗"。间苗要在雨后或灌溉后进行，间苗后要进行一次灌溉，使土壤与根系紧接，有利于苗株的生长。

2.1.3.3 移植

露地花卉栽培中，多数花卉要先育苗，进过多次移植，最后定植于花坛或花圃中。最后一次移植称为"定植"。通常一、二年生花卉要经过2～3次的移植方可定植。

（1）移植的主要作用

首先，通过移植可以加大幼苗株间距离、扩大营养面积，增加流通空气和光照；其次，通过移植可以切断幼苗主根，促进侧根的发生，提高幼苗栽植成活率；同时，移植可以有效抑制幼苗徒长，使幼苗生长充实。

（2）移植的方法

移植主要分为裸根移植和带土移植两类。裸根移植通常用于小苗及一些容易成活的大苗，很多花卉扦插成活后进行裸根移植。带土移植多用于大苗和少数根系稀少较难移植的种类。

（3）步骤

1）起苗　由苗床或育苗容器中将幼苗掘起称为起苗，裸根移植时尽量少伤根，在土壤湿润状态下进行，以使湿润的土壤附在根群上。带土球移植的苗，尽量保持完整的土球，勿令破碎。

2）栽植　栽植方法可分为沟植法与穴植法。沟植法是依一定的行距开沟栽植；穴植法是依一定的株行距掘穴或以移植器打孔栽植。栽植距离依花卉种类、栽培目的的不同而异。裸根栽植时应将根系舒展于穴中，勿使卷曲，然后覆土、轻轻镇压，保证根系和土壤紧密结合，镇压时勿伤幼苗。带土球的苗栽植时，填土于土球四周并稍加镇压，但不能镇压土球，以避免将土球压碎，影响成活和生长。栽植深度应与移植前的深度相同。栽植完毕后，及时灌水。

移植时间以在幼苗水分蒸腾量极低时刻进行最为适宜，因此，在无风的阴天移植最为理想。夏季选择花卉水分蒸腾量最低的时间段最好，降雨前移植，成活率更高。

2.1.3.4 灌溉

灌溉工作是花卉栽培过程中的重要环节。露地花卉灌溉的方式有地面灌溉、地下灌溉、喷灌及滴灌4种。

灌溉的次数和灌水量因时间、地区、季节、气候、土质、花卉种类及生育阶段而异。

一、二年生花卉，灌溉次数应较宿根花卉为多，轻松土质如沙土及沙质壤土的灌溉次数，应比其他较为黏重的土质为多。露地播种的幼苗移植后的灌溉对成活关系甚大，如不及时灌水，幼苗会因干旱死亡。通常在移植后连续灌水3次，称为"灌三水"。但有些花卉的幼苗根系较强大，灌溉2次后就可松土，不必灌第3次水。夏季中午温度高，为防止气温和土壤温度差异过大，灌溉应在清晨和傍晚时进行，不致影响根系的活动。

露地多年生花卉每年春季土壤解冻后，如发现土壤干旱，要适时灌"春水"。入冬前要灌"冻水"，保证植株安全越冬。

2.1.3.5 施肥

花卉的施肥，可分基肥和追肥两大类。基肥一般常以厩肥、堆肥、油饼或粪干等有机肥料作基肥。目前花卉栽培中多采用无机肥料作为部分基肥，与有机肥料混合施用。一般在整地时混入土中，亦可在播种或移植前，沟施或穴施，上面盖一层细土，再行播种或栽植。

花卉栽培常用的肥料种类及施用量依土壤肥力、土质、花卉种类等的不同而异。土壤肥分状况必须经过土壤分析，方能确定营养元素的缺乏情况，给予合理的施肥。

一、二年生花卉的施肥一般结合移植和定植进行。多年生花卉除在栽时施用基肥，还在春季或秋季根据土壤肥力及花卉种类合理补施追肥。

2.1.3.6 中耕除草

中耕能疏松表土，促进土壤内的空气流通和

土壤中有益微生物的繁殖和活动，从而促进土壤中养分的分解，同时，保水保墒，为花卉根系的生长和养分的吸收创造良好的环境。

通常在中耕的同时除去杂草。除草有物理方法和化学方法。物理方法即人工拔出或利用工具铲除杂草，近年采用泥炭土、树皮及特制的覆盖纸等材料覆盖地面起到了很好的防止杂草的作用，同时，可以防止土壤板结。化学除草，即利用化学药剂去除杂草，包括无机化合物与有机化合物制品。目前常用的除草剂有除草醚、灭草灵、2,4-D、西马津、阿特拉津、敌草隆等。无机除草剂的化学性质稳定，溶于水，能渗进植物组织，但是对栽培植物容易发生药害。除草剂一般都具有选择性，例如：2,4-D丁酯可防除双子叶杂草；西马津，阿特拉津能防除一年生杂草；百草枯、敌草隆可防除一般杂草及灌木等。花卉种类繁多，科属不一，在使用除草剂时一定不同于大田作物比较单一，要十分慎重。

2.1.3.7　整形与修剪

（1）整形

露地花卉的整形方式主要有单干式、多干式、丛生式、悬崖式、攀援式、匍匐式。

1）单干式　主要表现花卉种或品种特性，只留主干，不留侧枝，将所有侧蕾全部摘除，使养分集中于顶蕾，使顶端开花1朵。常用于标本菊的整形和盆栽大丽花的栽培。

2）多干式　保留数个主枝，使其开出数朵至十几朵花。如菊花留3枝、5枝、9枝，大丽花留2～4个主技。

3）丛生式　花卉生长期间进行多次摘心，促使侧枝萌发，使植株低矮，株形丰满。如一、二年生花卉中的矮牵牛、一串红、美女樱、金鱼草等，宿根花卉中菊花中的大立菊栽培。

4）悬崖式　通过摘心、绑扎，使全株枝条向同一方向下垂，形如瀑布垂于悬崖，多用于小菊类品种的整形。

5）攀援式　使蔓性花卉的枝茎依附或攀援于特定棚架、篱垣等造型构筑物上的整形，如牵牛、茑萝、红花菜豆等。

6）匍匐式　利用花卉枝条自身匍地生长的特性，使其覆盖地面。如旱金莲等。

（2）修剪

1）摘心　摘除枝梢顶芽，促进侧枝萌发生长。可以使植株繁茂，株形整齐，也有抑制生长、延迟花期的作用。经常进行摘心的花卉有一串红、金鱼草、翠菊、大丽花等。

2）去芽　又叫抹芽，是剥去过多的腋芽或脚芽，限制侧枝数的增加和过多花朵的发生，使所留的花朵充实而美大，如菊花、大丽花在栽培过程中要抹芽。

3）折梢及捻梢　“折梢”是将新梢折曲，但仍连而不断；“捻梢”是将枝梢捻转。操作可以抑制新梢的徒长，并促进花芽的形成，如牵牛花。

4）曲枝　为使枝条生长均衡，将生长势强的枝条向侧方压曲，生长势弱的枝茎则扶持直立，即抑强扶弱。培育大立菊时用此法。

5）去蕾　剥去侧蕾而留顶端的花蕾，使顶蕾开花健壮，大而美丽。菊花、大丽花、康乃馨等常用此法。

6）修技　剪除病虫害枝、枯枝、影响株形的多余枝、徒长枝等，保持株形，减少养分的消耗。

2.1.3.8　防寒越冬

我国北方严寒而漫长，有些不耐寒的多年生花卉和露地栽培的二年生花卉需要防寒保护才能安全越冬。

（1）覆盖法

在种植床上覆盖干草、草席、塑料薄膜、落叶等，直到翌年清除覆盖物，此法可以用于二年生花卉、宿根花卉和球根花卉的越冬。

（2）培土法

是常用的防寒方法，秋季将枯萎的宿根花卉和进入休眠的花灌木地上部分适当修剪，培土防寒或将地上部分枝条用土埋上，待春季到来后，萌芽前将土扒开，使其继续生长。

（3）熏烟法

针对不耐霜害的种类，当低温来临时，利用点燃的干草等产生的烟气，减少土壤热量的散失，防止土温降低，可以提高局部气温，防止霜冻。但熏烟法只有在温度不低于－2℃时才有显著效果，因此，在晴天夜里当温度降低至接近0℃时即可开始熏烟。

（4）灌水法

冬季来临前，灌“冻水”，土壤湿润热容量加大，减缓表层土壤温度的降低，减少冬季冻害的发生。

除以上方法外，还有设立风障、利用冷床（阳畦）、密植、浅耕法、增施磷钾肥等方法进行防寒越冬。由于地理位置、气候条件、花卉种类的差异，生产时采取的防寒措施各有不同。

2.1.3.9　轮作

轮作就是在同一地面，轮流栽植不同种类的花卉，其循环期在二、三年以上，目的是为了最大限度地利用地力和防除病虫害。由于不同种类的花卉，对营养成分的需要、病虫害的发生特点不同。如可以把浅根性的花卉和深根性花卉进行轮作，有效利用不同土层的营养物质；再如可以把球根花卉和一、二年生花卉轮作，有效抑制球根花卉地下害虫的发生。

2.1.3.10 球根的采收和贮藏

球根花卉在进入休眠后，多数种类的球根需要采收、贮藏，渡过休眠期后再行栽植。有些种类的球根虽可留在地中生长数年，但在生产栽培上仍然每年采收。

(1) 采收的时间

球根采收应在植株生长停止、茎叶枯黄而未脱落时进行。过早采收，球根不够充实；过晚则茎叶枯落，不易确定球根的位置，采收时易损伤球根。春植球根花卉在秋季采收，秋植球根花卉在夏季采收。采收时土壤应适度湿润，掘起球根，因种类不同适当去除附土。如唐菖蒲、郁金香等后期需要干燥贮藏的种类要完全去除附土，通风干燥；而大丽花、美人蕉等适当保持附土，反而有利于后期储存。

(2) 球根的贮藏

球根的贮藏方法分干藏法和湿藏法。唐菖蒲、郁金香、风信子、小苍兰等花卉采收后除尽附土杂物，去除病残的球根，置于通风干燥的环境中，用浅箱、网袋等贮藏即可。而大丽花、美人蕉、百合等种类需要将球根用细沙、锯末等埋藏，保持一定湿度。

春植球根冬季贮藏，室温应保持在4～5℃，不可低于0℃或高于10℃，在冬季室温较低时，对通风要求不严，但亦不可闷湿；秋植球根夏季贮藏时，首要的问题是保持贮藏环境的干燥和凉爽，温度20～25℃；任何球根贮藏时，必须防治鼠害及病虫害的发生。

2.2 露地一、二年生花卉栽培管理

2.2.1 矮牵牛（彩图2-2-1）

科属：茄科、碧冬茄属

别名：灵芝牡丹、杂种撞羽朝颜、碧冬茄

英文名：Petunia，Common Garden Petunia

学名：*Petunia hybrida*

形态特征：多年生草本，通常做一年生栽培。园艺栽培品种众多。株高20～60cm，茎直立或倾卧。全株具黏毛，叶卵圆形，全缘，几无柄。花单生叶腋或茎端，花萼5裂，花冠漏斗形，先端具波状浅裂。栽培品种花形有单瓣、重瓣之分，花色丰富，有红、粉、紫、堇、白色等颜色，带有条纹和斑纹的复色品种亦不少。

生态习性：原产南美，目前世界各地广泛栽培。喜阳光充足；喜温暖，不耐寒，易受霜害；喜疏松、肥沃排水良好的微酸性土壤，忌积水。

繁殖方法：播种和扦插繁殖。矮牵牛种子细小，千粒重0.16g，种子寿命3～5年。露地播种于晚霜后进行。

温室可周年播种，控制花期。发芽适温20～25℃，7～10d可发芽。重瓣或大花品种不易结实，利用嫩枝进行扦插繁殖。

栽培管理：矮牵牛晚霜后定植，因根系容易受伤且回复较慢，宜带土球移植。露地定植株距30～40cm。摘心可以促进分枝，使株形丰满，开花繁茂。气候适宜地可作多年生栽培，四季开花。

园林用途：矮牵牛植株低矮、开花繁茂，花大色艳，花色丰富，是花坛、花台、花丛、花群等规则式和自然式布置的重要植物材料，同时，也可以在种植钵、花盆、阳台种植箱中种植观赏，温室栽培四季开花。

2.2.2 万寿菊（彩图2-2-2）

科属：菊科、万寿菊属

别名：臭芙蓉、蜂窝菊、臭菊

英文名：African Marigold

学名：*Tagetes erecta* L.

形态特征：一年生草本，茎直立粗壮，多分枝。叶对生或互生，羽状全裂，裂片披针形、有锯齿，叶缘背面有油腺点，有强臭味。头状花序单生枝顶，总花柄肿大；花黄色或橙黄色，舌状花边缘皱曲。瘦果黑色。

万寿菊栽培品种花形有单瓣、重瓣、托桂、绣球等。根据植株高度可分为矮生种，株高25～30cm；中生种，株高40～60cm；高生种，株高70～90cm。目前园林中多用矮生种。

生态习性：原产墨西哥，喜阳光充足，稍耐半阴。喜温暖，稍能耐轻霜。稍耐干旱，不耐水湿。耐移植，对土壤要求不严，适应能力较强。

繁殖方法：播种和扦插繁殖。以春播为主，种子发芽迅速，可于温室四季育苗，发芽适温20℃左右，播后5～10d可发芽，70～80d可开花。也可利用嫩枝于5～6月进行扦插繁殖，插穗长7～10cm，约2周生根，1个月即可开花。

栽培管理：万寿菊生长迅速，适应能力强，不择土壤，对肥水要求不严，干旱时适当灌水，栽培管理简便。幼苗可摘心促进分枝，增加开花量。

园林用途：万寿菊花大色艳，株形整齐，花期长，矮生种和中生种是优良的布置花坛、花台、花带及盆栽植物材料。高生种适合布置花境、花丛、花群，并可以做切花，水养持久。

2.2.3 孔雀草（彩图2-2-3）

科属：菊科、万寿菊属

别名：红黄草、法国万寿菊

英文名：French Marigold

学名：*Tagetes patula* L.

形态特征：一年生草本，茎直立、细长、带紫晕，分枝繁茂，株高30～40cm。叶对生或互生，羽状全裂，小裂片披针形至狭披针形，叶缘锯齿不整齐。头状花序顶生，花径2～6cm。花外轮为暗红色，内部为黄色，故又名红黄草。目前栽培品种均经种间反复杂交，除红黄色外，还培育出纯黄色、橙色、红褐、黄褐、杂紫红色斑点等。花形与万寿菊相似，有单瓣、重瓣和鸡冠型等，但分枝较万寿菊多，花朵较小且数量多。

生态习性：喜阳光，但在半阴处栽植也能开花。喜温暖，不耐寒，较耐干旱，不耐积水，它对土壤要求不严，耐贫瘠。

繁殖方法：可以播种和扦插繁殖。一年四季均可播种。从播种到开花仅需70d，方法与万寿菊相似。

栽培管理：适应能力强，耐移栽，生长迅速，栽培粗放。

园林用途：孔雀草开花繁茂，习性强健，花色艳丽，开花繁茂，花期长，适宜各类园林布置及盆栽。

2.2.4 一串红（彩图2-2-4）

科属：唇形科、鼠尾草属

别名：串红、墙下红、撒尔维亚、炮仗红

英文名：Scarlet Sage

学名：*Salvia splendens*

形态特征：多年生草本，做一年生栽培，株高可达120～150cm，全株光滑。茎直立多分枝，四棱。叶对生，卵形或三角状卵形，先端渐尖，叶缘锯齿。总状花序顶生，花萼钟形，与花冠同色，花唇形，花冠筒长伸出花萼外，花落后花萼仍宿存，保持原有颜色，花有鲜红、红、白、粉、紫等多种颜色。栽培品种有矮生变种，株高30～40cm。种子卵形，黑褐色。

生态习性：原产南美巴西。喜阳光充足，稍耐半阴，但开花不及有光处繁茂；喜温暖，不耐寒，易受霜害，生长适温20～25℃；喜疏松肥沃的排水良好的壤土。

繁殖方法：播种或扦插繁殖。一串红生育期较多数一、二年生花卉长，因此，一般在保护地提前播种育苗。种子喜光，发芽适温20～25℃，播种后至少要150d开花，矮生种生育期稍短。扦插繁殖常于春季以前一年温室越冬植株上的嫩枝为插穗，插穗长6～8cm，10d左右生根。矮生种播种繁殖变异较大，常用扦插繁殖。

栽培管理：一串红露地栽培简便，定植株距30～50cm，夏季防止雨季土壤积水。高生种长出约4对叶片时摘心，可以降低植株高度，促侧枝萌发。以后根据观赏需要可以再进行摘心，每摘心1次，花期延后约10d，最后一次摘心后约25d后开花。一串红花期长，开花繁茂，开花后每月追全肥。及时清除残花，并修剪，适宜的生长条件下，可开花不绝。温室栽培一串红，如通风不良，易发生蚜虫、红蜘蛛等，可喷施1000～1500倍乐果或氧化乐果防治。

园林用途：一串红植株健壮，花期长，纯正的红色是很多草本花卉所不及的，在园林中广泛用于花坛、花丛、花群、花境等园林布置，矮生种也可盆栽观赏。

鼠尾草属花卉常见栽培还有以下几种。

(1) 蓝花鼠尾草（*Salvia farinacea* L.） 别名一串蓝、粉萼鼠尾草。多年生草本，常作一年生栽培，华东地区可以露地多年生长。植株直立，高40～60cm，叶卵状披针形。花萼管状钟形，花青蓝色，密集。播种繁殖，春播。

(2) 朱唇（*S. coccinea* L.） 又名红花鼠尾草，原产北美。多年生草本作一年生栽培。叶卵形或三角形。花萼绿色或微晕紫红色，花冠鲜红色，下唇长于上唇2倍。

2.2.5 鸡冠花（彩图2-2-5）

科属：苋科、青葙属

别名：鸡冠头、红鸡冠

英文名：Common Cockscomb，Celosia

学名：*Celosia cristata*

形态特征：一年生草本花卉，茎直立，茎光滑有棱或沟，稀分枝。叶互生，长卵状至线状，变化不一，全缘。花序穗状肉质单生茎顶，花序扁平形似鸡冠，中下部生小花，花序上部退化成丝状，花被和苞片有深红、鲜红、粉红、黄、橙黄、乳白色等。叶色与花色常有相关性。胞果卵形，亮黑色。

常见栽培品种有普通鸡冠和子母鸡冠。普通鸡冠花序多为红色及紫红色，极少分枝，株高变化较大，高生品种株高80～120cm；矮生品种15～30cm。子母鸡冠高30～50cm，多分枝，全株成广圆锥形。

本属常见栽培品种还有以下2种。

(1) 圆绒鸡冠（*F. chidsii* Hort.） 植株不开展，有分枝，肉质花序卵圆形，紫红色或玫瑰红色。

(2) 凤尾鸡冠（*F. plumosa* Hort.） 又名扫帚鸡冠，全株分枝多，株形开展，肉质花序火焰状，花色有玫瑰红、紫红、橙红、黄、乳白等。矮生种盆栽效果极佳。

生态习性：原产印度。喜阳光充足、不耐阴。喜温暖，极不耐寒，忌霜冻，喜炎热和空气干燥的环境。较耐干旱，极不耐水湿，喜疏松、

肥沃、排水良好的土壤。短日照下花芽分化快，火焰型花序分枝多，长日照下鸡冠状花序形体变大。

繁殖方法：播种繁殖。种子可自播繁衍。春季播种，鸡冠状品种种子发芽时需光。在21～26℃时，播后6～10d发芽，12～14周开花。幼苗不耐水湿，播种用土要排水良好，苗期忌积水。

栽培管理：鸡冠花属直根性，带土球移植成活率高。矮型品种定植株距25cm×25cm；中高型品种定植株距为55cm×55cm。苗期不宜施肥，防止侧枝萌发过多，影响主枝发育。栽培期间忌水涝，但在生长期间特别是炎热夏季，需充分灌水。鸡冠花园林观赏栽培不宜摘心，摘心只用于切花栽培。鸡冠花采种以中央花絮的中下部为佳，种子为异花授粉，要做好品种间的隔离工作。

园林用途：鸡冠花植株健壮，花色艳丽，花期长，在园林中可以做花坛、花境等各种布置，同时可以盆花观赏，切花水养持久。

2.2.6 百日草（彩图2-2-6）

科属：菊科、百日草属

别名：对叶梅、百日菊、步步高

英文名：Common Zinnia

学名：*Zinnia elegans* Jacq.

形态特征：一年生草本，植株直立，全株有短毛。侧枝成叉状分生。叶对生，卵形至长椭圆形抱茎，全缘，三出叶脉。头状花序顶生，花柄上端中空，舌状花序多轮，近扁盘状，花色极丰富，有紫、红、粉、黄、橙、白等色。

栽培品种众多，按植株高度可以分为矮生品种和高生品种。按花型分主要有大花重瓣型、纽扣型、驼羽型、大丽花型、斑纹型、低矮型等。

生态习性：原产墨西哥。习性强健，喜光照充足，不耐阴，喜温暖，较抗旱，稍耐贫瘠，喜疏松肥沃排水良好的土壤。

繁殖方法：播种繁殖。种子极易发芽，发芽适温20～25℃，4～6d可发芽，如果环境条件适宜播种后70～90d可开花。北方可以于晚霜后露地直播，直接观赏。侧根少，不耐移栽，多于早春温室容器育苗。

栽培管理：百日草适应能力强，栽培管理简便。高生品种在有3～4片真叶时摘心，以促腋芽生长。定植株距根据栽培目的一般在25～40cm。百日草花期长，但后期植株生长势衰退，要及时剪去残花，促进侧枝发生及花朵发育。生育期短，可根据观赏需要，人为控制播种期。

园林用途：百日草习性强健，花期长，花色丰富，适宜各类园林布置，矮生品种可以盆栽观赏，高生种可以做切花栽培，切花水养持久。

2.2.7 翠菊（彩图2-2-7）

科属：菊科、翠菊属

别名：江西蜡、七月菊、蓝菊

英文名：China Aster，Common China-aster

学名：*Callistephus chinensis*（L.）Nees

形态特征：一年生草本。全株疏生短毛。茎上部多分枝，高20～100cm。叶互生，阔卵形或长卵圆形，叶缘有粗锯齿，茎上部叶无叶柄，下部叶有柄。头状花序顶生。野生原种舌状花1～2轮，浅堇至蓝紫色；栽培品种花色丰富，有白、粉、红、紫、蓝等色，深浅不一。管状花黄色。种子为瘦果。

翠菊原产我国东北、华北、四川、云南等地，于1728年传入法国，后经世界各国园艺家的广泛培育，目前品种丰富。

按植株形态可以分为直立型、半直立型、分枝型和散枝型等。现在多概括为扫帚状直立型和分枝型两大类。

按植株高度可以分为矮生型（株高小于30cm）、中生型（株高30～50cm）、高生型（株高50～100cm）。矮生型生长势相对较弱，花径小，开花繁茂，生长期短，适合盆栽和做地被栽植。中生型花形、花色丰富，高生型植株强健，生育期较长。

按花形可以分为舌状花系和筒状花系两大类。1984年北京市园林科学研究所姚同立、胡文霜根据翠菊舌状花和筒状花的瓣化变异将其分为平瓣类、卷瓣类和桂瓣类，包括12个花型，平瓣类包括葵花型、盏菊型、秋菊型、慧芒型、鸵羽型、环领型，卷瓣类包括蓟菊型和翎球型，桂瓣类包括盘桂型、球桂型、卷散桂型和多托桂型。

按花径的大小分为小花型（3～4cm）、中花型（4～6cm）、大花型（6～8cm）和特大花型（8～15cm）。

按花期分为早花品种、中花品种和晚花品种。

生态习性：喜阳光充足的环境、稍耐半阴，花芽分化后，低温短日照促进开花。耐寒性不强，喜温暖，但不耐酷暑。为浅根性植物，不耐干旱，也不耐涝。喜疏松肥沃排水良好的沙质土壤。

繁殖方法：播种繁殖。发芽适温18～21℃，5～8d可发芽。矮生型品种对日照长度反应不敏感，利用温室可以四季播种育苗，播种后60～90d开花；中生型通常晚霜后播种，于夏秋开花；高生型有短日照习性，于秋季开花。

栽培管理：翠菊耐移植，定植株距20～30cm。矮生型品种开花时也可移植，中高生型品种尽早移植为好。高型品种于幼苗生长至约10cm时摘心，促进侧枝萌发，同时需设支架。由于本种属浅根系，夏季干旱时需经常灌溉。翠菊喜肥，栽植地应施足基肥，生长期间适量施肥，但氮肥不可过大，否则开花稀少。忌连作，也不宜与其他菊科花卉连作。矮生型品种生长势较弱，显蕾后应停止浇水，移植主枝伸长，侧枝长到3cm时可浇水一次，使株形繁茂丰满。

翠菊品种间极易混杂，如若采种要做好隔离措施，有效隔离距离为10～15m。种子易飞散，需及时采收。

园林用途：翠菊品种丰富，花形、花色多样，花期集中，开花繁茂，观赏价值高，适宜花坛、花境等各类园林布置，矮生型品种适合盆栽，中生型和高生型品种可以做切花栽培，花瓣含水量少，便于运输，切花水养持久。

2.2.8　波斯菊（彩图2-2-8）

科属：菊科、秋英属

别名：秋英、扫帚梅、大波斯菊

英文名：Common Cosmos，Cosmos

学名：*Cosmos bipinnatus* Cav.

形态特征：一年生草本。茎纤细而直立，植株高达1～2m，枝茎开展。叶对生，2～3回羽状全裂，裂叶狭线性。头状花序顶生或腋生，花序直径5～10cm。舌状花8枚，有深红色、粉色、白色。

繁殖方法：播种和扦插繁殖。种子极易萌发，播种后生长迅速。由于属直根系，不耐移栽，高生品种又有短日照习性，因此，一般于晚霜过后露地直播，秋季开花观赏。矮生品种可以于温室育苗。自播繁衍能力强。扦插繁殖一般于春夏以嫩枝为插穗，容易生根。

生态习性：喜光照充足，稍耐半阴，于阴处开花不良。喜温暖，不耐寒，忌酷热。较耐干旱，对土壤适应能力强，耐瘠薄，肥水过多则茎叶徒长而花少。喜疏松排水良好的沙质土壤。高生品种有短日照习性，矮生品种开花对日照长度要求不严。

栽培管理：波斯菊习性强健，管理粗放，栽培期间无需特殊水肥管理。由于其茎叶纤细，植株高大，易倒伏，因此，生长期间肥水不宜过大，以防止倒伏。宜种背风处，但夏季雨季，遇暴雨易倒伏。可于幼苗4片真叶时摘心，增加分枝，或在夏季修剪矮化。种子成熟后极易散落，要及时采收。需要隔离栽培防止品种混杂。

园林用途：波斯菊植株高大，株形松散自然，开花繁茂，极富自然情趣，在园林中适合花境、花群、花丛、地被等自然式布置，修剪后也可做花篱，也可做切花观赏。

2.2.9　大花藿香蓟（彩图2-2-9）

科属：菊科、藿香蓟属

别名：心叶藿香蓟、熊耳草、何氏胜红蓟

英文名：Floss Flower

学名：*Ageratum houstonianum* Mill.

形态特征：多年生草本，作一年生栽培。全株被毛。植株低矮，多分枝，株丛紧密。叶对生或上部互生，卵状心形，叶皱。头状花序缨络状，集生枝顶，花冠筒合生，先端5裂成丝状，花蓝紫色。

生态习性：原产美洲热带地区。喜光，喜温暖湿润的环境，喜肥沃疏松排水良好的土壤，耐微碱。耐修剪，修剪后能迅速开花。

繁殖方法：播种、扦插或压条繁殖。春播。种子发芽适温18～25℃，种子喜光，不需覆盖。分枝能力强，可取嫩枝扦插繁殖。

栽培管理：园林栽培定植株距为15～30cm。栽培后不需要特殊管理，雨季防止土壤积水即可。

园林用途：株形紧凑整齐，分枝力强，花朵繁茂，花色淡雅，花期长，是布置花坛、花境、花带、岩石园等的优良花卉，盆栽观赏亦佳。

2.2.10　麦秆菊（彩图2-2-10）

科属：菊科、蜡菊属

别名：蜡菊、贝细工

英文名：Strawflower

学名：*Helichrysum bracteatum* Andr.

形态特征：一年生草本，全株被微毛。茎粗硬直立，仅上部有分枝。叶互生，长椭圆状披针形，基部狭、成短柄。头状花序单生，总苞片多层，因含有硅酸而呈膜质，似舌状花，有光泽，色彩鲜艳，有红、粉、黄、橙、白等色。花朵晴天开放，阴雨天及夜间闭合。栽培品种较多，植株高度变化大，从40～120cm均有分布。

生态习性：原产澳大利亚。喜阳光充足和温暖的环境，忌酷热和严寒。喜排水良好、湿润肥沃的土壤。

繁殖方法：播种繁殖。春播。可于晚霜后露地直播，也可于温室提前育苗。种子喜光。

栽培管理：定植株距30cm。生长期可以摘心2～3次，促使分枝萌发。生长期间肥水不宜过大，否则花色不鲜艳。单花期长达1个月，每株陆续开花可长达3～4个月。种子成熟后易飞散，要及时采收。由于其苞片干后久不凋零，花朵可以制成干花于室内常年观赏，作为干花栽培时，花朵开放约1/2～2/3时采收为好。

园林用途：麦秆菊矮生品种是布置花坛等的优良花卉，也可以盆栽，高生品种可以做花群、丛植等自然式布置，制作干花深受人们喜爱。

2.2.11 旱金莲（彩图 2-2-11）

科属：旱金莲科、旱金莲属

别名：金莲花、旱荷花、金丝荷叶、大红雀

英文名：Garden Nasturtium

学名：*Tropaeolum majus* L.

形态特征：多年生稍带肉质草本花卉，常作一、二年生栽培。茎细长，半蔓性或倾卧。叶互生，近圆形，形似荷叶，具长柄，盾状着生，灰绿色。花腋生，5 枚萼片中的 1 枚，向后延伸成距；花瓣 5 枚，基部具爪，有乳白、浅黄、橘红、深红及红棕等花色，或具斑点等复色。

生态习性：原产墨西哥、智利等地。喜光照充足，于半阴处生长开花稀少，叶丛也可很好覆盖地面。喜凉爽，但畏寒。极不耐涝。喜疏松肥沃排水良好的沙质壤土。

繁殖方法：播种繁殖为主，也可扦插繁殖。种子嫌光。可以晚霜后于露地直播，也可春季于温室育苗。播种后 60～70d 后开花。取带 3～5 个芽的嫩茎扦插，约 2 周可开花。

栽培管理：旱金莲不耐水湿，栽培时要避开低洼积水地段，选择排水良好的沙质壤土。晚霜后移植露地，摘心可以促进分枝。如要求秋季开花时，小苗夏季培育时务必排水良好。植株定植株距 30～40cm。温暖地区夏季炎热季节不开花时，可齐地面重剪，数月后又可开花。北方温室栽培可以四季观赏。

园林用途：旱金莲花形和叶形奇特优美，花凋谢后叶片仍能很好地覆盖地面长期观赏。植株半蔓性，可以做地被栽培，也是布置花坛、花境、岩石园及垂直绿化的优良花卉，还可栽于花钵、花盆中垂吊观赏。

2.2.12 金鱼草（彩图 2-2-12）

科属：玄参科、金鱼草属

别名：龙头花、龙口花

英文名：Dragon's month，Snapdragon

学名：*Antirrhinum majus* L

形态特征：多年生草本，做一、二年生栽培。植株直立，多分枝，株高 20～120cm。叶对生或上部螺旋状互生，披针形至阔披针形，全缘。总状花序顶生，小花密具短柄，苞片卵形，花冠二唇形，基部膨大成囊形，上唇二裂，下唇三裂，花色鲜艳丰富，除蓝色外，白、黄、橙、粉、红、紫、古铜色及复色等都有。硕果，孔裂。

栽培品种丰富，按植株高度有高生品种（90～120cm）、中生品种（45～60cm）和矮生品种（15～25cm）。

生态习性：原产南欧地中海沿岸及北非。喜光，稍耐半阴。喜凉爽气候，稍耐轻霜；喜疏松肥沃、排水良好的土壤，稍耐石灰质土壤。

繁殖方法：播种或扦插繁殖。种子细小、喜光，能自播繁衍。华东地区秋播，冷床越冬，翌年 6～7 月开花；也可早春播种，夏秋开花，但花期缩短。东北晚霜后露地播种，或早春于温室育苗。扦插繁殖用于矮生品种或重瓣品种，保持品种特性，在春夏进行，嫩枝扦插，生根容易。

栽培管理：金鱼草定植株距 30～40cm。高生品种植株主茎有 4～5 节时可摘心，促进多分枝多开花。生长期间追肥一次，促使植株生长旺盛，开花繁茂。及时去残花，开花不断。北方栽培，夏季花后重剪，并加强水肥管理，秋季可以再次开花。本种品种间易混杂，栽培时要注意品种隔离。

园林用途：金鱼草花形奇特，花色艳丽且花色多，中矮型品种适于各种园林布置及盆栽观赏，高生型品种适于布置花境和作切花栽培。

2.2.13 美女樱（彩图 2-2-13）

科属：马鞭草科、马鞭草属

别名：美人樱、铺地马鞭草

英文名：Garden Vencain，Verbena

学名：*Verbena*×*hybrida*

形态特征：多年生草本作一、二年生栽培。全株被灰色柔毛，植株丛生而铺覆地面，茎四棱。叶对生，披针形或披针状三角形，深灰绿色，叶片皱。穗状花序顶生，花序顶端开花部分呈伞房状，花小而密集，花冠筒细长为萼筒的 2 倍，先端 5 裂，有玫瑰红、粉、红、紫、白等色，也有复色品种。

生态习性：原种原产巴西、秘鲁、乌拉圭等地。喜阳光照充足。喜温暖，忌高温多湿，稍耐寒。不耐积水，对土壤要求不严，喜湿润、疏松而肥沃排水良好的土壤。

繁殖方法：播种或扦插繁殖。美女樱种子发芽率低，发芽较慢而不整齐。北方可于晚霜后露地直播，也可早春于温室播种育苗。华北地区也可以秋播作二年生栽培，于冷床或低温温室越冬，翌年春季开花。种子能自播繁衍。为保证品种性状可以于春夏进行嫩枝扦插。

栽培管理：美女樱用于园林观赏时宜小苗移植，大苗缓苗慢；或容器育苗带土球移植，定植株距为 20～30cm。定植后摘心可以促进侧枝萌发，形成紧密株丛。本种田间管理粗放，花期长，7 月开花，可以观赏至 9 月。

园林用途：美女樱株形紧密，花色丰富而艳

丽，适合各种园林布置，也可盆栽观赏。

2.2.14 千日红（彩图 2-2-14）

科属：苋科、千日红属

别名：火球花、红光球、千年红

英文名：Globe Amaranth，Bachelor's Button

学名：*Gomphrena globosa* L.

形态特征：一年生草本。茎直立，全株被毛。节膨大，叶对生，长椭圆形至倒卵形。头状花序球形，1～3 个着生于枝顶，花小而密集，主要观赏膜质苞片，苞片紫红色，有光泽，干后色泽经久不褪。变种苞片颜色有红色、黄色、白色、堇紫等。

生态习性：原产印度。喜光。喜干燥炎热气候，不耐寒。不耐水湿，对土壤要求不严，适应能力较强，但在疏松肥沃排水良好的土壤上生长良好。

繁殖方法：播种繁殖。晚霜后露地直播或提早温室育苗。种子外密被纤毛，易互相粘连，可以用冷水浸种后挤出水分，再用草木灰拌种或用粗沙拌种，使其松散便于播种。

栽培管理：定植株距宜稍密，以 20～30cm 为佳，以免雨季倒伏。栽培管理粗放。生长期不宜过多浇水施肥，否则开花稀少。花期摘除残花，促其侧枝萌发和开花。

园林用途：千日红株形整齐，花期长，适宜花坛、花境等各种园林布置，也可盆栽观赏，是良好的自然干花材料。

2.2.15 大花三色堇（彩图 2-2-15）

科属：堇菜科、堇菜属

别名：蝴蝶花、人面花、猫脸

英文名：Pansy，Garden Pansy

学名：*Viola×wittrockiana*

形态特征：多年生草本作一、二年生栽培。株高 10～30cm，全株光滑。叶互生，基生叶卵圆形，托叶顶端裂片狭披针形，有钝齿。花顶生或腋生，花有短距，花瓣 5 枚，平展，花色丰富，有红、棕红、紫、蓝紫、粉、白等色及复色。

生态习性：原产南欧。喜光，稍耐阴。喜凉爽环境，不耐高温，较耐寒，华北地区秋播可以越冬。不耐干旱和水湿，喜疏松肥沃湿润的壤土。

繁殖方法：播种繁殖。秋播或春播。种子细小，发芽力可以保持 2 年。种子发芽适温 15～20℃，播种到开花需 90～120d。东北地区早春温室育苗。华北地区及以南地区多在秋季播种，也可以春季播种，但开花效果不及秋播。

栽培管理：小花品种花坛定植距离 15～20cm，大花品种 25～30cm。东北地区春季播种育苗，经过 2～3 次移植，于晚霜后定植于露地或花盆观赏。华北地区秋播后，可在阳畦过冬，作春季花坛用花。大花三色堇习性强健，栽培管理简单，但为防止品种退化生长期间每半月追全肥一次。果实成熟后开裂，种子迅速飞散，因此，在果皮发白时即可采收种子。

园林用途：大花三色堇品种众多，色彩丰富而艳丽，植株低矮，是优良的花坛、花境等花卉景观材料，做春季球根花卉的衬底、花卉镶边效果极佳。同时，是优良的盆栽花卉，也可用于切花。

2.2.16 金盏菊（彩图 2-2-16）

科属：菊科、金盏花属

别名：金盏花、长生花

英文名：Pot Marigold

学名：*Calendula officinalis* L.

形态特征：一、二年生草本，株高 25～60cm，全株具毛。叶基生，上部互生，长椭圆形至长圆状倒卵形，茎生叶抱茎。头状花序单生，直径可达 15cm，舌状花平展，花淡黄至深橙红色。瘦果，弯曲，呈船形。

生态习性：原产南欧加那列群岛至伊朗一带地中海沿岸。喜光照充足。喜冷凉环境，忌炎热，较耐寒。不耐积水，对土壤要求不严，但以疏松肥沃、排水良好的土壤为好。

繁殖方法：播种繁殖。秋播或春播。华北及以南地区秋播比春播开花好，露地秋播，阳畦过冬，早春开花。东北寒冷地区早春温室育苗，晚霜后移植露地观赏。

栽培管理：金盏菊定植观赏株行距 20cm×30cm。生长迅速，枝叶肥大，生长期间每半月施肥一次，使花大色艳。不宜浇水过多，保持土壤湿润即可，后期控制水肥。夏季高温季节，植株开花稀少，容易枯萎，要及时剪去残花，秋季凉爽时又可开花，但不及春季效果佳。

园林用途：金盏菊花色亮丽，花朵硕大，是春季优良的花坛及盆栽花卉，也可以作切花。

2.2.17 虞美人（彩图 2-2-17）

科属：罂粟科、罂粟属

别名：丽春花、舞草、百般娇

英文名：Corn Poppy

学名：*Papaver rhoeas* L.

形态特征：一、二年生草本，全株具毛。茎细长。叶羽状深裂。花梗细长，高出叶丛，花蕾未展开时下垂，绽放后直立，花瓣具有丝质般的光泽，花色丰富，有红、粉、黄、白等色，深浅变化多样。

生态习性：原产欧洲及亚洲。喜光照充足而冷凉的气候，不耐寒，昼夜温差大，利于生长开花。不耐水涝，对土壤适应能力强，不喜过肥。

繁殖方法：播种繁殖。种子细小，覆土宜薄。为直根系，不耐移栽，适合露地直播或容器育苗。华东地区秋播，翌年早春观赏；华北地区秋季露地直播，不能越冬，可于入冬前播种，待来年早春种子萌发，开花繁茂；东北地区早春露地直播，或容器育苗。发芽适温 15～20℃。种子可自播繁衍。

栽培管理：虞美人园林多露地直播观赏，出苗后要适时间苗，定苗株距 15～30cm。提前育苗均需容器栽植，要带土球移至露地。花期集中，约 1 个月，花后蒴果成熟期不一，需分批采收。忌连作。

园林用途：虞美人姿态妖娆、轻盈，有“舞草”之称，花色丰富，是优良的春季观赏花卉，可以做花境、花丛、花群等自然式布置。由于其群体花期集中，花凋谢后要更换其他花卉，以维持植物景观。

2.2.18 雏菊（彩图 2-2-18）

科属：菊科、雏菊属

别名：春菊、延命菊

英文名：English Daisy

学名：*Bellis perennis* L.

形态特征：多年生草本，做一、二年生栽培。植株矮小，全株被毛。叶基生，基部狭窄，长匙形或倒长卵圆形。头状花序单生，直径 3～5cm。花色有红、粉、白等色。瘦果扁平。

生态习性：原产西欧。喜光。喜凉爽气候，较耐寒，可耐－3～－4℃低温，不耐炎热。不耐干旱和水湿，对土壤要求不严，但以疏松湿润、肥沃、排水良好的沙质土壤为好。

繁殖方法：播种、分株或扦插繁殖。种子喜光，发芽适温 15～20℃。秋播或春播。东北早春播种育苗，华北及以南地区可以秋播。可以于花后分株繁殖。夏季凉爽、冬季温暖地区可调整播种期周年开花。

栽培管理：雏菊极耐移栽，定植株距 15～20cm。生长期间保证充足的水分供应，每 10～15d 追肥 1 次，则开花繁茂。夏季炎热地区，植株易枯，修剪或老株分株后加强肥水管理，秋季可再次开花，但效果不及春季。种子成熟期不一，要及时采收。

园林用途：雏菊植株矮小，花朵精巧，适于布置花坛、花带、花境边缘等，是优良的春季观赏花卉。也可以盆栽观赏。

2.2.19 紫罗兰（彩图 2-2-19）

科属：十字花科、紫罗兰属

别名：春桃、草桂花、草紫罗兰

英文名：Common Stock

学名：*Matthiola incana*

形态特征：多年生草本，作一、二年生栽培。全株被灰色星状柔毛。茎基部稍木质化。叶互生，灰蓝绿色，长圆形至披针形，全缘。总状花序，花瓣 4 枚，淡紫色、深粉红色及复色，具香气。

栽培品种众多，按植株高度可以分为高生品种、中生品种及矮生品种。按栽培习性可以分为一年生和多年生类型。

生态习性：原产欧洲地中海沿岸。喜光，稍耐半阴。喜冷凉气候，忌燥热，较耐寒，冬季能耐短暂－5℃低温。喜疏松、肥沃、湿润的中性或微酸性土壤。多数品种，幼苗需春化作用才能开花。

繁殖方法：以播种繁殖为主，也可扦插繁殖。多年生品种秋播，发芽适温 15～22℃。秋播不可过晚，否则植株矮小影响开花。一年生品种，一年四季均可播种，但最好避开夏季高温季节。在中国华南地区可露地越冬，东北地区温室提早育苗，5 月于露地栽培观赏。

栽培管理：定植株距 30cm，喜通风良好的环境，否则易发生病虫害。属直根系，因此带土球移植成活率高。生长期间需薄肥勤施，盛夏季节植株易干枯死亡。花坛栽培时，应适当控制灌水，使植株低矮紧密；而切花栽培时，可以加强水肥管理，增加花枝长度及挺拔度。

园林用途：紫罗兰是重要的春季观赏花卉，适于花坛、花境等各类园林布置，可盆栽和作切花观赏，切花水养持久。

2.2.20 凤仙花（彩图 2-2-20）

科属：凤仙花科、凤仙花属

别名：指甲花、小桃红、急性子、透骨草

英文名：Garden Balsam，Touch-me-not

学名：*Impatiens balsamina* L.

形态特征：一年生草本，高 20～150cm。茎肉质，光滑，浅绿或晕红褐色。叶互生，阔披针形，叶柄有腺点，缘具细齿。花单生或数朵簇生于上部叶腋，萼片 3 枚，1 枚延伸成距，花瓣 5 枚，左右对称，花色丰富，有深红、红、粉红、粉、雪青、白及杂色。栽培品种花型有单瓣型、复瓣型、重瓣型、蔷薇型和茶花型等。植株高度因品种而异，有矮生品种、中生品种和高生品种。矮生品种多重瓣。

生态习性：原产中国、印度和马来西亚。喜阳光充足，稍耐阴，喜温暖，不耐寒，不耐霜冻。极不耐水湿，对土壤适应性强，耐贫瘠，但在疏松肥沃排水良好的微酸性土壤中生长健壮开

花繁茂。

繁殖方法：播种繁殖。春播。可以露地直播或温室育苗。播种后60～70d即可开花。可自播繁衍。

栽培管理：露地直播时，真叶展开后即可间苗，定苗株距为20～30cm。耐移植，间拔出的小苗也可移植。温室育苗，露地定植株距30cm。凤仙花极不耐涝，雨季注意排水，高温多湿季节通风不良易发生白粉病，因此，一些枝叶繁茂种类可以适当摘去部分叶片，及时去除残花。果实成熟开裂，要及时采收种子。

园林用途：凤仙花在我国栽培历史悠久，品种众多，高生品种可作花境背景、代替灌木做花丛、花群等，也可做花篱；矮生品种可以布置花坛及盆栽观赏。

2.2.21 醉蝶花（彩图2-2-21）

科属：白花菜科、醉蝶花属

别名：西洋白花菜、蜘蛛花、紫龙须、凤蝶草

英文名：Spider Flower

学名：*Cleome spinosa*

形态特征：一年生草本，茎直立挺拔，分枝少，植株高度90～120cm。有强烈的气味和黏质腺毛。掌状复叶，小叶5～7枚，基部有2枚托叶变成的小钩刺，小叶长椭圆披针形。总状花序顶生，萼片条状披针形；花瓣4片，倒卵状披针形，有长爪，玫瑰紫、粉或白色，花朵开放过程中花色会出现深浅变化；雄蕊6枚，细长，为花瓣长的2～3倍，伸出花冠外，似蝴蝶触角。蒴果圆柱形。

生态习性：原产南美。喜充足的阳光，稍耐半阴。喜温暖，耐热，不耐寒。较耐干旱，生长强健，喜肥沃疏松、排水良好的沙质土壤。

繁殖方法：常用播种繁殖。春季霜后于露地直播，播后7～10d发芽，发芽适温20～30℃。也可以早春于温室容器育苗。能自播繁衍。

栽培管理：醉蝶花幼苗生长较慢，播后需及时间苗，定苗株距20～30cm。不耐移植，需于小苗时移植，及时浇水，以利成活，或容器育苗带土球移植，幼苗定植株距30～40cm。苗高10cm时可以摘心促进分枝。花后剪去残花可延长花期。种子易散落，需及时采收。通风不良易生白粉病，可施用粉锈宁防治。

园林用途：醉蝶花花形奇特，株形自然，适宜花丛、花群、花境等自然式布置。

2.2.22 紫茉莉（彩图2-2-22）

科属：紫茉莉科、紫茉莉属

别名：草茉莉、夜饭花、地雷花、胭脂花

英文名：Four-O'clock，Marvel-of-Peru

学名：*Mirabilis jalapa* L.

形态特征：多年生草本，做一年生栽培。植株开展，多分枝，节膨大。叶对生，卵状三角形。花数朵集生枝顶，花冠筒长，漏斗形，先端5裂，有红、粉、紫、黄、白、红黄相间等色。花傍晚开放，次日中午前凋谢。果实圆形，黑色，表面皱缩，形似地雷。

生态习性：原产美洲热带。喜光，在稍阴处也能生长良好。喜温暖，不耐寒。对土壤适应能力强，喜疏松深厚肥沃排水良好的土壤。

繁殖方法：播种、扦插或分生繁殖。直根性，春季直播为主，因种皮较厚，播前浸种可加快出苗。春、夏季剪取成熟的嫩枝扦插，易生根。可自播繁衍。

栽培管理：不耐移植，小苗时尽早移栽、定植。定植观赏株距40～50cm。也可将块根于秋季挖出，贮于3～5℃冷室中，次年栽植。

园林用途：紫茉莉株形自然，适宜做花丛、花境等自然栽植，傍晚开花，可以做夜花园。

2.2.23 矢车菊（彩图2-2-23）

科属：菊科、矢车菊属

别名：蓝芙蓉、翠兰

英文名：Centaurea

学名：*Centaurea cyanus* L.

形态特征：一、二年生草本，茎直立，株高30～80cm，全株被白毛。分枝细长，茎叶灰绿色。叶互生，全缘、稀锯齿或羽状浅裂。头状花序顶生，总苞片边缘呈不规则尖齿状，花有紫、蓝、堇、粉、白色等色。

生态习性：原产欧洲东南部。喜光。较耐寒，喜凉爽。不择土壤，但在疏松肥沃、湿润的沙质土壤生长好。

繁殖方法：播种繁殖。东北地区早春播种，华北及以南地区多秋播，华北地区秋播需冷床保护越冬。

栽培管理：矢车菊不耐移栽，常露地直播，进行常规养护管理即可，间苗后定苗株距为15～30cm，如不采种可以适当密植。生长期间少量施肥有利于开花。花后及时剪去残花枝，分枝增加开花繁茂。

园林用途：矢车菊花叶极富自然丛植情趣，适合花群等自然式布置，矮生品种可以作花坛及边缘装饰。开花清雅艳丽，是良好的切花材料。

2.2.24 银边翠（彩图2-2-24）

科属：大戟科、大戟属

别名：高山积雪、银边大戟

英文名：Snow-on-the-mountain

学名：*Euphorbia marginata* Pursh

形态特征：一年生草本，具柔毛和白色乳液。茎直立，上部有分枝。叶互生，卵形至长卵圆形，全缘。叶片为主要观赏部位，叶缘白色，夏季开花时，枝条顶端叶片边缘或全部小叶变为银白色。花小，白色。

生态习性：喜光照充足，喜温暖，不耐寒。耐干旱，不择土壤。

繁殖方法：播种或扦插繁殖。春播。直根性，不耐移植，宜露地直播。可自播繁衍。

栽培管理：银边翠种植株行距为 30cm×30cm。枝条少分枝，幼苗摘心可促分枝，栽培管理粗放。

园林用途：株形自然，适宜花境、花群、丛植等自然式布置。也可做切花栽培。

2.2.25 石竹类（彩图 2-2-25）

科属：石竹科、石竹属

英文名：Dianthus，Pink

学名：*Dianthus* spp.

形态特征：石竹属花卉为多年生或一、二年生草本，多做一、二年生栽培。茎节膨大。叶对生，基部抱茎。花顶生，单朵或数朵成伞房花序。花瓣 5 枚，具柄，全缘或齿裂，花色有红、粉、紫红、白等。蒴果。

本属 300 种，分布于亚洲、欧洲和非洲。我国约有 14 种，在东北、西北至长江流域均有分布。

常见种类：

（1）石竹

别名：洛阳花

英文名：Rainbow Pink，China Pink

学名：*Dianthus chineinsis* L.

植株高度 30～50cm，茎直立或基部稍呈匍匐状。叶线状披针形，绿色或灰绿色。花单生或成聚伞花序，花瓣 5，先端有锯齿，粉、粉红或白色。通常栽培的为其变种锦团石竹（*D. Chineinsis* var. *heddewigii*），植株低矮仅 20～30cm，茎叶被白粉，花色变化丰富，有重瓣品种。

（2）须苞石竹

别名：五彩石竹、美国石竹

英文名：Sweet William

学名：*Dianthus barbatus* L.

植株高约 60cm，茎微有四棱。叶片披针形至卵状披针形，中脉明显。聚伞花序，苞片先端须状，花色有红、粉、白及复色，品种众多。原产欧洲和亚洲，后传入美国。

（3）石竹梅

别名：美人草

英文名：Button Pink，Broadleaved Pink

学名：*Dianthus latifolius* Willd.

为石竹和须苞石竹的杂交种。形态上介于二者之间，花瓣边缘常银白色，背面全为银白色。

生态习性：本属花卉喜光，不耐阴。喜凉爽干燥通风环境，耐寒性强。耐干旱，不耐积水，喜排水良好、含石灰质的肥沃土壤，也耐瘠薄。

繁殖方法：以播种繁殖为主。华北地区秋播，稍加覆盖可以越冬，石竹梅等可以露地越冬。东北地区春播。发芽适温 20～22℃，播后 7～10d 可发芽。可嫩枝扦插或分株繁殖。

栽培管理：露地直播定苗株距视品种而异，15～30cm。苗期摘心，促进侧枝萌发，开花繁茂。观赏栽培花后剪去花枝，每周施肥一次，9 月以后又可开花。石竹属花卉适应性强，栽培管理粗放。但石竹梅等有些多年生草本，如若栽培 2 年以上，株丛过于紧密，开花稀少，应分株，或重新繁殖。

园林用途：石竹属花卉植株低矮，花色丰富，色彩艳丽，是布置花坛、花境、岩石园及镶边等的重要材料，切花水养持久。

2.2.26 牵牛花类（彩图 2-2-26）

科属：旋花科、牵牛属

英文名：Pharbitis

学名：*Pharbitis* spp.

形态特征：本属花卉多为一年生草本，茎蔓性。叶互生，全缘或具裂。聚伞花序腋生，花大，一至数朵，漏斗状。

常见园林品种：

（1）大花牵牛

别名：朝颜

英文名：Imperial Japanese Morning Gloy

学名：*Pharbitis nil*，*Ipomoea nil*

叶片 3 浅裂，两侧叶片偶尔再浅裂。花 1～3 朵腋生，萼片狭窄，不开展。原产亚洲、非洲热带，目前园艺栽培品种丰富，有平瓣、皱瓣、裂瓣等类型，花色多样，有非蔓生矮生品种，也有白天全天开放品种。

（2）裂叶牵牛

别名：喇叭花、牵牛、黑丑、白丑；

英文名：Ivy-leef Morning Glory

学名：*Pharbitis hederacea*，*Ipomoea hederacea*

叶片常 3 裂，花 1～3 朵腋生，萼片呈细长披针形，平展或反卷，花有堇蓝、玫瑰红和白等颜色。原产南美，国内多见野生。

（3）圆叶牵牛

英文名：Common Morning Glory

学名：*Pharbitis purpurea*（*Ipomoea purpurea*）

叶阔心脏形，全缘。萼片短，先端不反卷；花小，1～5朵腋生，有堇蓝、玫瑰粉、白色等。原产美洲热带，我国南北均有野生。

生态习性： 本属花卉习性强健。喜阳光充足，短日照花卉，花朵通常只在清晨开放，某些种类及品种开放较久。喜温暖，不耐寒；耐干旱，忌水涝；耐贫瘠，不择土壤，但栽培品种喜疏松肥沃土壤。

繁殖方法： 播种繁殖。春播。播种温水浸种，提高发芽率。北方一般于晚霜后露地播种，直根系，不耐移栽，小苗尽早移栽，或容器育苗，茎蔓较短时定植。播种约2个月后开花，因有短日照习性，8月播种，9月也可开花，但开花稀疏。

栽培管理： 本属花卉栽培管理粗放，对水肥要求不高。由于是蔓生花卉，要及时设支架，根据观赏需要整形。幼苗时摘心可促分枝。

园林用途： 本属花卉为夏秋开花的攀援花卉，用于垂直绿化，美化小庭院、阳台、篱垣和小型棚架，也可以做地被栽培。

2.2.27 彩叶草（彩图2-2-27）

科属： 唇形科、鞘蕊花属

别名： 锦紫苏、洋紫苏

英文名： Coleus，Flame Nettle

学名： *Coleus blumei*

形态特征： 多年生草本，做一、二年生栽培。全株具柔毛，茎四棱形。叶对生，卵圆形，缘具钝齿，常有深缺刻，绿色叶面具黄、红、紫等斑纹。顶生总状花序，花唇形，上唇白色，下唇蓝色。园艺品种多，常见的园艺品种五色彩叶草（var. *verschaffeltii*）叶片上有暗红、淡黄、桃红、朱红等色斑，叶片边缘锯齿较深。

生态习性： 喜阳光充足，喜高温高湿环境，不耐寒；不耐干旱，喜疏松肥沃排水好的土壤。

繁殖方法： 播种繁殖和扦插繁殖。播种繁殖于温室内可四季进行。嫩枝扦插繁殖，生根容易。

栽培管理： 生长适温20～25℃，冬季保持10℃以上。生长期间保持光照充足，否则叶色暗淡。不耐旱，要适时浇水，但要注意控制水分，防止徒长。不可施用过多氮肥，否则叶色花纹不鲜艳。幼苗期摘心促分枝，花序抽生后及时去除，保持叶片繁茂。

园林用途： 彩叶草叶色斑斓，只要营养体达到一定体量，即可观赏，观赏期长，是花坛、花境等各种园林布置的重要材料，可盆栽观赏。

2.2.28 香雪球（彩图2-2-28）

科属： 十字花科、香雪球属

别名： 小白花、玉蝶球

英文名： Sweet Alyssum

学名： *Lobularia maritima*

形态特征： 多年生草本，做一、二年生栽培。植株矮小，分枝纤细，多匍地生长。叶披针形或线形，全缘。总状花序顶生，顶端呈球形。花白色或淡紫色，微香。

生态习性： 原产地中海沿岸。喜阳光，稍耐阴。喜干燥冷凉气候，忌酷暑。耐干旱，忌水涝。对土壤要求不严，耐瘠薄。能自播繁衍。

繁殖方法： 播种或扦插繁殖。秋播或春播。种子细小，不覆盖或少覆土。秋播生长良好。播后5～6周开花。华北地区秋播幼苗需要冷床越冬。东北寒冷地区早春温室育苗。

栽培管理： 香雪球观赏栽培定植株距15～20cm。夏季炎热时生长缓慢，开花稀少，可剪除枯枝败叶，或将枝叶自植株基部剪掉，秋凉时能再次开花，但此法在东北等地区要注意修剪时间，否则秋季霜前无法开花。

园林用途： 香雪球植株矮小，枝叶细密，是可作花坛、花境、地被等多种园林布置，因其耐旱，又是优良的岩石园花卉。亦可盆栽观赏。

2.2.29 红花烟草（彩图2-2-29）

科属： 茄科、烟草属

别名： 大花烟草

英文名： Sander's Tobacco

学名： *Nicotiana*×*sanderae*

形态特征： 一年生草本，全株具细毛。叶卵圆至长卵圆形，基生叶缘波状。顶生圆锥花序，花冠筒细长，先端花冠5裂，呈喇叭状，花红色。本种为园艺杂交种。同属栽培的还有花烟草（*N. alata*），叶卵形，花芳香，花有白、粉、红、紫等色，常与红花烟草混称。

生态习性： 喜阳，为长日照花卉。喜温暖，不耐寒。喜肥沃疏松而湿润的土壤。

繁殖方法： 播种繁殖。春播，种子喜光。

栽培管理： 本种小苗生长缓慢，定植后，管理粗放。定植株行距30cm×30cm。栽培期间光照不足易引起徒长和倒伏，着花少而疏。

园林用途： 花烟草花期长，花色鲜艳，可以布置花丛、花坛、花境等，也可盆栽观赏。

2.2.30 半枝莲（彩图2-2-30）

科属： 马齿苋科、马齿苋属

别名： 松叶牡丹、龙须牡丹、大花马齿苋、太阳花、死不了

英文名： Sun Plant，Ross-moss

学名： *Portulaca grandiflora* Hook.

形态特征： 一年生草本。茎匍匐状或斜生，

植株低矮。叶圆棍状，肉质。花顶生或数多簇生，花色丰富，有粉、红、黄、橙、白等深浅不一或具斑纹等复色品种。

生态习性：原产南美。喜光照充足，不耐阴，花在日中盛开，阴天或光弱时，花朵常闭和或不能充分开放。近几年已经育出全日性开花的品种，对日照不敏感。喜高温，不耐寒。耐干旱，不耐水涝，耐瘠薄，喜疏松肥沃排水良好的沙质土壤。

繁殖方法：播种繁殖或扦插繁殖。能自播繁衍。春季露地直播或温室育苗。发芽适温20～25℃，播后7～10d发芽。嫩枝扦插，极易生根。

栽培管理：栽培管理容易。耐移植，缓苗快。为避免发生涝害，不能栽植于低洼处，雨季注意排水防涝。品种间极易混杂，如要保持品种特性或花色纯正需扦插繁殖。种子成熟不一，易脱落，需及时采收。

园林用途：半枝莲植株低矮，花色丰富而鲜艳，是优良的花坛、花丛及镶边材料，布置也可以盆栽观赏。

2.2.31 夏堇（彩图2-2-31）

科属：玄参科、蝴蝶草属

别名：蓝猪耳、蝴蝶草、花公草

英文名：Blue Torenia，Blue-Wings

学名：*Torenia fournieri*

形态特征：一、二年生草本，植株高20～30cm。植株低矮，多分枝，成簇生状。茎光滑，四棱形。叶对生，卵形，有细锯齿。花顶生，二唇形，上唇浅雪青色，下唇深紫色，喉部有醒目的黄色斑点，夏秋开花，花期长。园艺品种花色丰富。

生态习性：喜光，稍耐半阴；喜高温，耐炎热，不耐寒；耐干旱，对土壤要求不严，但以疏松肥沃排水良好的土壤为好。

繁殖方法：播种繁殖。北方地区春播，华南秋播，但需要保护过冬。种子喜光。可以自播繁衍。

栽培管理：花坛定植株行距15～25cm。苗高10cm时可移植。于阳光充足、适度肥沃湿润的土壤上开花繁茂。养护管理粗放。

园林用途：本种植株低矮，是布置花坛、花境、地被等的良好材料，也是优良的小型盆栽花卉。

2.3 露地宿根花卉栽培管理

2.3.1 芍药（彩图2-3-1）

科属：芍药科、芍药属

别名：将离、娄尾春、没骨花、白芍、殿春花

英文名：Peony，Common Garden Peony

学名：*Paeonia lactiflora*

形态特征：宿根草本，地下具粗壮肉质根。茎丛生。叶二回三出羽状复叶，小叶通常3深裂，长椭圆形至披针形。花顶1至数朵生茎上，萼片5、宿存，花有紫红、粉红、黄、白及复色等，品种丰富，有单瓣、半重瓣和重瓣品种。蓇葖果，种子多数，球形，黑色。春季开花，花期依地区不同有差异，一般4～6月份。

芍药原产中国北部、日本及西伯利亚。在我国栽培历史悠久，品种丰富，花色、花形变化多样，园艺上依据花色、花期、植株高度、花形及瓣形等进行多种分类。

生态习性：喜光，稍耐半阴。极耐寒，北方栽培均可露地越冬，喜冷凉，忌高温多湿。肉质根，怕积水。喜疏松肥沃排水良好的沙质壤土，忌盐碱及低洼地。

繁殖方法：以分株繁殖为主，也可播种繁殖。分株一般在秋季9～10月上旬进行，中国有“春分芍药，到老不开花”的谚语，因此，一般不在春季分株，否则开花延迟。播种繁殖一般用于育种，种子随采随播，或湿藏。播种后当年生根，第二年春季地上部分生长。4～5年方可开花。

栽培管理：芍药根系粗大，一次栽植多年观赏，因此，栽植前应深耕并施足基肥。栽植深度以芽上覆土2～4cm为宜。观赏栽培定植距离因品种和应用形式而异，一般50～100cm。芍药喜肥，可以在早春和秋末施肥。入冬前要灌冻水，春季开花前保持土壤湿润，否则花易凋谢，后期无需过多灌溉，雨季防止积水。为保证开花质量，可以疏去侧花蕾，一枝一花，使花大色艳。花后如不采种，需及时去残花。芍药多年栽培久不分株，根系老朽，植株生长衰弱，开花不良。

园林用途：芍药是我国的传统名花之一，花朵硕大，艳丽多姿，有“花相”之称。常做专类园、花境、花丛、花群等自然式布置，是重要的春季观赏花卉。国外除观赏外多作切花栽培。

2.3.2 荷包牡丹（彩图2-3-2）

科属：罂粟科、荷包牡丹属

别名：铃儿草、兔儿牡丹、荷包花

英文名：Showy Bleedrngheart，Common Bleeding Heart

学名：*Dicentra spectabilis*

形态特征：多年生草本，茎直立，带紫红色，地下茎稍肉质。叶互生，具长柄，二回三出全裂，似牡丹，表面绿色，背面具白粉。总状花

序顶生或与叶对生，小花着生于下垂花序一侧，呈心脏形；花萼小而早落，4枚花瓣交叉排成两轮，外侧2枚基部膨大成囊状，上部狭窄且反卷，粉红色；内侧2枚花瓣近白色，狭长。早春开花，花期4～5月。有白色变种。原产中国，东北、河北有野生。

生态习性：喜半阴，侧方遮阴生长繁茂，如光照强烈初夏地上部分即枯死休眠。极耐寒，不耐高温。喜湿润，不耐干旱，也不耐水湿。喜疏松、肥沃排水良好的壤土，在黏土中生长不良。

繁殖方法：以春秋分株繁殖为主，秋季分株更好。夏季茎插，成活率高，次年可开花。秋播或层积处理后春播，需3年才能开花。

栽培管理：本种定植株距40～60cm。栽培管理相对简便。栽植地适宜选择半阴处，或有落叶树种遮阴，保证夏季处于半阴环境，可以推迟休眠期。根茎稍微肉质，雨季注意防涝。春秋两季分别灌溉"春水"和"冻水"，并于春季萌动前和生长期间追肥，有利于开花繁茂。每3～4年更新分株1次。

园林用途：荷包牡丹枝叶秀美，花形奇特，花期长，是优良的早春花卉。适宜花境、花丛等自然式布置。也可盆栽观赏或作切花。

2.3.3　大花金鸡菊（彩图2-3-3）

科属：菊科、金鸡菊属

别名：剑叶波斯菊

英文名：Bigflower Coreopsis

学名：*Coreopsis grandiflora*

形态特征：多年生草本，茎直立，具分枝。叶多对生，基生叶全缘，茎生叶常3～5裂，裂片披针形至线形。头状花序具长梗，舌状花8枚，黄色，先端3裂。

同属主要栽培种还有：大金鸡菊（*C. lanceolata*）为多年生草本叶多簇生，茎生叶少，花黄色，有单瓣和重瓣等园艺品种。轮叶金鸡菊（*C. verticillata*）为宿根草本，少分枝，叶轮生，掌状3深裂，各裂片再裂成线形。

生态习性：喜光，稍耐阴。耐寒，习性强健，对土壤要求不严，耐干旱瘠薄。种子可自播繁衍。原产北美。

繁殖方法：播种和分株繁殖。播种春、秋进行，春季播种当年开花。也可以春季分株繁殖或春夏季扦插繁殖。

栽培管理：本种定植株行距20cm×40cm。栽培管理简单、粗放。生长期间肥水不宜过大，入冬前灌冻水。一般3～4年需要分株更新。

园林用途：本种株丛优美，花色亮丽，适宜群植、丛植、做花境及地被等自然式布置，也可做切花观赏。

2.3.4　宿根福禄考（彩图2-3-4）

科属：花荵科、福禄考属

别名：锥花福禄考、天蓝绣球

英文名：Summer Perennial Phlox

学名：*Phlox paniculata*

形态特征：多年生草本，株高60～120cm，茎直立。对生或上部互生，长椭圆形，全缘。圆锥花序顶生，花高脚蝶形，花冠筒基部紧收成细管状，先端平展，花色有紫、粉、红、白等深浅不同的变化。常见园艺品种有高生种和矮生种之分。花期7～9月，花期长。

原产北美。同属常见栽培种还有丛生福禄考（*P. subulata*），匍匐状多年生草本，株高仅10～15cm。叶质硬，钻形簇生。花瓣倒心脏形，有粉、粉紫、白及复色。春季开花，花期集中。

生态习性：多年生草本。性强健，喜阳光充足，耐寒，北方均可越冬，忌炎热多雨，不择土壤，但喜石灰质壤土。

繁殖方法：以早春或秋季分株繁殖为主。也可在春季用嫩枝扦插繁殖，易生根。种子可以随采随播。实生苗花期、植株高度差异大。

栽培管理；栽培管理较粗放。高生种遇暴雨易倒伏，可于苗期摘心促分枝。雨季及时排水，不耐积水。3～4年分株更新。

园林用途：宿根福禄考株形整齐，品种众多，适合花坛、花境、花丛、岩石园及地被栽植等多种园林布置。

2.3.5　鸢尾类（彩图2-3-5）

科属：鸢尾科、鸢尾属

英文名：Iris

学名：*Iris* spp.

形态特征：多年生草本。地下部分具有块状或匍匐状根茎，或为鳞茎。叶多基生，交互镶嵌叠生，剑形至线形。花茎自叶丛抽生，蝎尾状聚伞花序或呈圆锥状聚伞花序，花单生，苞片2；花被片6，2轮，外轮3枚大而下垂或弯曲，称为垂瓣，内轮3枚花瓣较小，多直立或呈拱形，称旗瓣；花柱上部3分枝，呈花瓣状，色彩鲜艳，弯曲、外展，覆盖雄蕊，雄蕊3，着生于外轮花被的基部。本属花卉以蓝、白、粉、堇、古铜等色为主。

主要种类：本属植物约有200种，多数分布北温带，我国集中分布于北部和西北地区。目前本属主要栽培种有以下几种。

(1) 花菖蒲

别名：紫花鸢尾、玉蝉花、东北鸢尾

英文名：Carden Sword-like Iris

学名：*Iris ensata*

宿根草本，地下具根茎粗壮。叶狭剑形，具有明显中脉。花茎高于叶丛，着花2朵；花瓣光滑，花色蓝紫、白色，目前园艺栽培品种较多，也有红、黄、紫等色。花期6～7月。原产东北、朝鲜及日本，喜潮湿地和沼泽地。

(2) 黄菖蒲

别名：黄花鸢尾、黄鸢尾

英文名：Yellowflag Iris

学名：*Iris pseudocorus*

宿根草本，植株高大，具有粗壮根状茎。叶基生，剑形，有明显中脉。花茎粗壮，与叶近等高，具有1～3分枝，花黄色至乳白色，垂瓣光滑，有斑纹或无，斑纹为紫褐色的条纹及斑点。花期5～6月。原产南欧。环境适应能力强，于山坡草丛、林缘草地及河旁沟边的湿地分布，水湿环境生长最好，也耐干燥。喜含石灰质弱碱性土壤。耐寒。

(3) 马蔺

别名：马莲、紫兰草

英文名：Chinese Iris

学名：*Iris lactea* var. *chinensis*

宿根草本，根茎粗短。叶密丛生，叶条形至狭窄剑形，革质，灰绿色，基部鞘状，无明显的中脉。花茎与叶等高，着花2～3朵；花浅蓝色、蓝色或蓝紫色，花瓣上有较深色的条纹，垂瓣窄。原产中国及中亚细亚。生于向阳山坡、路边、沟边等地。耐践踏、耐寒、耐旱、耐水湿。根系发达，可用于水土保持和盐碱地改良。

(4) 溪荪

别名：东方鸢尾、红赤鸢尾

英文名：Bloodred Iris

学名：*Iris sanguinea*

多年生草本，根状茎粗壮，叶宽线形，叶基红赤色。花茎与叶近等高；花蓝紫色，垂瓣中央有深褐色条纹，旗瓣基部黄色有紫斑。栽培种有白花等变种。原产中国东北，西伯利亚地区及日本。生于沼泽等水湿地，喜光。

(5) 燕子花

别名：平叶鸢尾、光叶鸢尾

英文名：Rabbitear Iris，Japanese Iris

学名：*Iris laevigata*

宿根草本，叶片质地柔软，无中肋。花茎稍高出叶丛，花深蓝紫色，基部带带黄色条纹。有红、白、翠绿色等变种。原产中国东北、朝鲜和日本，生于沼泽地、草甸及河岸等水湿地。

生态习性：鸢尾类花卉耐寒性强，多数喜光照充足，如马蔺、花菖蒲等，对土壤和水分的要求因种不同差异较大，可以归为3类：一是生于浅水中的，如黄菖蒲、燕子花等，通常喜微酸性土壤；二是生于浅水及湿润土壤中的，如溪荪、花菖蒲等；三是生于湿度适中的土壤环境的，如德国鸢尾等；有些种对水分适应能力极强，如马蔺，既能在干旱贫瘠土壤生长，也能在水湿地生长。

繁殖方法：分株繁殖和种子繁殖。种子繁殖常温下发芽率低，常需要低温层积处理或变温处理。常用分株繁殖，于春季和秋季均可。分株繁殖，每株丛带2～3个芽比较合适，方法简单，成活率高。

栽培管理：鸢尾类花卉栽培管理需注意不同种类对水分的需求不同，选择适宜的土壤及水湿环境进行栽植。喜生长在水边及水湿地的种类，生长期间要保持水分充足，栽植时保持水深5～6cm或土壤湿润，并施用过磷酸钙、硫胺、钾肥等为基肥。对于喜排水而湿润土壤的种类，可于春秋两季追施化肥。对于适应性强的种类如马蔺，养护期间无需特殊管理。

园林用途：鸢尾类花卉，种类繁多，花形奇特，叶丛优美，习性各异，在园林中用途广泛，常用来做鸢尾专类园，能形成水生、旱地、岩生等不同生态类型的景观。喜水湿类可以在水边形成花丛、花群、花境等自然景观，旱生类可以布置自然式花坛、花丛、花境等，也可以做地被栽培，马蔺耐盐碱、耐践踏，根系发达，可用于水土保持和改良盐碱土。鸢尾类花卉做切花观赏，水养时间2～3d。

2.3.6 玉簪类（彩图2-3-6）

科属：百合科、玉簪属

英文名：Plantainlily，Hosta

学名：*Hosta* spp.

形态特征：宿根草本。株丛低矮，叶簇状基生，具长柄。总状花序，高出叶丛，花瓣基部合生成长管状，喉部扩大成漏斗形、钟形，花白、蓝或蓝紫色。分布于东南亚，我国有6种，常见栽培种为玉簪、紫萼等。

主要种类：

(1) 玉簪

别名：玉春棒、白萼、白鹤花

英文名：Fragrant Plantainlily

学名：*Hosta plantaginea*

叶基生，具长柄，叶片卵圆状，基部心形，叶脉弧形。顶生总状花序，着花9～15朵，花筒状漏斗形，白色，芳香，花期7～9月。花蕾色白如玉，形似头簪而得名。原产中国及日本。

(2) 紫萼

别名：紫玉簪、紫萼玉簪

英文名：Blue Plantainlily

学名：*Hosta ventricosa*

叶基生，叶卵形至长卵圆形，叶片下延至叶

柄两侧呈狭翅状，叶柄有浅沟槽。总状花序着花10朵以上，紫色或淡紫色，花期6～8月。原产中国，于1789年传至日本。

生态习性：玉簪属花卉，性喜阴，忌阳光直射。耐寒，玉簪在华北及以南地区可以越冬，紫萼在东北均可越冬。习性强健，但喜肥沃、湿润、排水良好的土壤。

繁殖方法：以分株繁殖为主。于春、秋季进行。移栽后易成活，分生速度快，移栽3～4年数量可增加1～2倍。播种苗3年可开花。

栽培管理：玉簪属花卉养护管理粗放。定植株距根据株丛大小而异，一般30～50cm，栽种前要施足基肥。生长季保持湿润，土壤干旱，叶稀疏。春季或花前施氮、磷肥，生长更好。由于紫萼生长迅速，需要每3～4年可以分株。

园林用途：本属花卉叶丛繁茂，花色淡雅，幽香四溢，深受人们的喜爱。在园林中可以布置花境、花丛、花群等，也可以在林下做地被栽植，还可盆栽观赏。

2.3.7 射干（彩图2-3-7）

科属：鸢尾科、射干属

别名：扁竹兰、蚂螂花

英文名：Blackberry Lily

学名：*Belamcanda chinensis*

形态特征：生草本，具粗壮的根状茎。叶两列，交互嵌叠而互生，呈扇形，叶剑形，被白粉。二歧状伞房花序顶生；花被片6枚，外轮花瓣有深紫红色斑点。

生态习性：原产于中国、日本及朝鲜。喜光，耐寒，喜干燥。性强健，对土壤要求不严，以疏松肥沃排水良好的沙质壤土为好。

繁殖方法：分株繁殖，也可播种繁殖。分株常于春季进行，将木本植株掘起，切断根茎，每段带1～2个幼芽，待切口稍干后种植，出苗后松土除草。种子繁殖，2～3年后实生苗可开花。

栽培管理：射干习性强健，适应能力强，栽培管理简便，每年春季萌动后及秋季花后施薄肥，即可以连年开花良好。

园林用途：射干园林适应性强，植株健壮，适宜做花丛、花境等自然式布置。也可以做切花观赏。

2.3.8 落新妇（彩图2-3-8）

科属：虎耳草科、落新妇属

别名：升麻、虎麻

英文名：Chinese Astilbe

学名：*Astible chinensis*

形态特征：宿根草本，茎直立。地下具粗壮的块状根茎。茎直立，具褐色长毛及鳞片。基生叶多，二至三回三出复叶，小叶缘有重锯齿，叶两面具短刚毛；茎生叶少。圆锥花序，花轴被褐色卷曲长柔毛。花瓣4～5枚，紫红色。栽培变种有大卫落新妇（var. *davidiihe*）和紫粉色花的矮生落新妇（var. *pumila*）。花期7～8月。

生态习性：原产中国、朝鲜、原苏联。我国长江中下游及东北均有野生。在自然界分布于林缘及疏林下，喜半阴；耐寒，不耐高温；不耐干旱和积水；喜疏松肥沃，富含腐殖质，排水良好的微酸性和中性壤土。

繁殖方法：分株或播种繁殖。分株繁殖常于秋季进行，每株丛带3～4个芽，剪去地上部分，进行栽植。播种覆土宜浅，否则不易出苗。

栽培管理：落新妇栽培管理简单。于幼苗期摘心可以促进分枝，增加花枝。花后及时去残花，有利侧枝花朵开放。植株生长2～3年后，需要分株更新。园艺栽培品种在夏季高温季节易患病，因此，注意及时修剪残枝，加强通风防止病害的发生。

园林用途：本种习性强健，开花密集，适宜在半阴环境进行花境、丛植等自然式布置，亦可做切花。

2.3.9 长药景天（彩图2-3-9）

科属：景天科、景天属

别名：八宝、八宝景天、蝎子草

英文名：Showy stonecrop

学名：*Sedum spectabile*

形态特征：多年生草本，植株直立，具地下根状茎。茎叶稍肉质，被白粉。叶对生或3叶轮生，叶广倒卵形或长圆状倒卵形，缘稍具波状齿，有短柄。伞房花序顶生，花小密集而多数，花淡红色至紫红色。花期8～9月。

生态习性：原产中国、朝鲜和日本。喜光照充足；耐寒性强；耐干旱，不耐水湿，喜排水良好的沙质土壤，耐瘠薄，适应能力强。

繁殖方法：分株、扦插或播种繁殖。分株繁殖常于春、秋两季进行。扦插繁殖于春夏进行，取7～10cm嫩枝扦插，生根容易。

栽培管理：管理粗放。栽植于高燥处，以防雨季积水。栽培期间水肥不宜过大，以免徒长，雨季引起倒伏。

园林用途：本种习性强健，开花繁茂，株形整齐，花叶具美，观赏期长，是优良的宿根观赏花卉，适合各种园林布置，也是布置岩石园的良好材料，可做切花。

2.3.10 荷兰菊（彩图2-3-10）

科属：菊科、紫菀属

别名：柳叶菊、纽约紫菀

英文名：Michaemas Dsisy，New York Aster

学名：*Aster novi-belgii*

形态特征：多年生草本，高60～100cm。地下具走茎，地上茎丛生，多分枝。叶互生，叶披针形至线状披针形，无叶柄，光滑。头状花序，花蓝紫、粉红色等，花期为9～10月。

生态习性：原产北美。喜阳光充足；耐寒；喜湿润，亦耐干旱、适应性强，耐瘠薄，对土壤要求不严，但在疏松肥沃排水良好的沙质土壤生长良好。

繁殖方法：常用分株和扦插法繁殖。分株繁殖于春季或秋季花后进行，可直接用分栽蘖芽的方式，每丛3～5个芽，极易成活。扦插繁殖于春夏进行，易生根。播种繁殖很难保持原有品种性状，多用于育种。

栽培管理：荷兰菊习性强健，生长速度快。栽培期间，根据品种植株高度不同，要进行适度修剪，控制花期和植株高度。每年春秋两季施肥促进开花。秋季天气干燥，注意浇水。入冬前剪除残枝，并灌冻水。

园林用途：荷兰菊开花繁茂，是主要的秋季观赏花卉。可以做秋季花坛、花境及花丛、花篱等布置，矮生种也可以做地被栽植和盆栽观赏，高生种是优良的花境背景材料，可做切花观赏。

2.3.11 桔梗（彩图2-3-11）

科属：桔梗科、桔梗属

别名：僧官帽、梗草、六角荷

英文名：Balloon Flower

学名：*Platycodon grandiflorum* A. DC.

形态特征：宿根草本，茎上部有分枝，有乳汁。地下根肥大多肉，圆锥形。叶轮生或互生，无柄或短柄，叶片卵状至披针形，基部宽楔形至圆钝，边缘具细锯齿，叶背具白粉。花单朵顶生，或数朵集成总状花序；花冠钟形，先端五裂，蓝色、紫色或白色，花期6～10月。切花品种花期5～6月。

生态习性：喜光照充足，也耐半阴。耐寒，喜凉爽。喜排水良好富含腐殖质的沙质壤土。

繁殖方法：播种或分株繁殖。播种于春季或秋季，播种前先浸种，发芽后保持土壤湿润。分株繁殖于春季或秋季，将掘起根带芽分栽。

栽培管理：桔梗栽植不宜选在低洼地，以排水良好的半阴环境最好。于苗高10cm左右时摘心，可以促进分枝。花后剪去残枝，促进继续开花。一次栽植不需经常分株，栽培管理简单。

园林应用：桔梗花大，花期长，花蕾未开放时，恰似和尚帽，因此称“僧官帽”，花色淡雅，夏季给人以清凉的感觉，在园林中适合花境、花丛、花群等自然式布置，矮生品种适合做盆栽，也是优良的切花材料。

2.3.12 萱草类（彩图2-3-12）

科属：百合科、萱草属

英文名：Daylily

学名：*Hemerocallis* spp.

形态特征：多年生草本，根常肉质，有短根茎。叶呈二列基生，带状、狭带形至线形。花茎从叶丛中抽生，高出叶丛，上部分枝；花直立或平展，近漏斗形，花被裂片6，外弯；蒴果。原种单花开放1d，有的种朝开夕凋，有的种夕开次日清晨凋谢，有的种夕开次日午后凋谢。花期春夏。

常见种类：

（1）萱草

别名：金针、宜男草、忘郁、忘忧草

英文名：Tawny Daylily

学名：*Hemerocallis fulva* L.

本种的主要形态特征是：根近肉质，中下部有纺锤状膨大。叶基生，长带形，宽2.5cm，排成2列。圆锥花序，着花6～12朵，盛开时花瓣裂片反卷，花橘红色至橘黄色，无芳香。花期6～8月。栽培变种多，有重瓣变种（var. *kwanso*）、玫瑰萱草（var. *rosea*）、长筒萱草（var. *longituba*）、斑叶变种（var. *variegata*）、斑花萱草（var. *maculata*）等。萱草原产中国南部、欧洲中南部及日本。

（2）大花萱草

英文名：Daylily

学名：*Hemerocallis*×*hybrida*

本种为现代杂交品种，注册品种有几万个，多为4倍体或3倍体。植株高度、花形、花色变化丰富，花茎粗壮，花朵一般较大。目前，园林栽培广泛。

（3）黄花菜

别名：黄花菜、金针菜、柠檬萱草等

英文名：Citron Daylily

学名：*Hemerocallis citrina*

具有纺锤形膨大的肉质根。叶带形，宽1.5～2.5cm。花序着花数多达30朵，花被片淡柠檬黄色，花梗短，花有芳香。花期7～8月。花常于傍晚开放。花蕾可食用。原产我国。

（4）大苞萱草

英文名：Middendorff Daylily

学名：*Hemerocallis niddendorffii*

植株低矮，叶宽2～2.5cm。花序着花数为2～4朵，花具有大型三角状苞片，花黄色，有芳香。原产西伯利亚及日本。

（5）小黄花菜

英文名：Small Yellow Daylily

学名：*Hemerocallis minor*

植株小巧，叶片纤细，宽约6mm。花序着花数常为2～6朵，黄色，芳香，傍晚开放。花蕾可食用。花期6～8月。原产我国。

生态习性：萱草属花卉喜光，亦耐半阴；耐寒性强，多数种东北可以越冬；较耐干旱，对土壤的适应性强，但以疏松肥沃排水良好的沙质壤土为佳。

繁殖方法：以分株繁殖为主，也可播种或扦插繁殖。分株多次在春、秋季进行，每株丛带2～3个芽栽植，成活容易。播种需经低温层积处理或秋播。花后扦插茎芽繁殖，翌年开花。

栽培管理：本属花卉习性强健，定植3～5年内不需特殊管理，定植株距40～60cm。栽培品种3～4年要分株更新。可于春秋两季追肥，使开花繁茂。

园林用途：萱草属花卉花叶具美，花大色艳，栽植容易，是优良的宿根花卉。在园林中可以做花境、花丛、花群等自然式布置，也可以在树林下作地被栽植。小黄花菜等种类的花蕾干制后可食。

2.3.13 紫松果菊（彩图2-3-13）

科属：菊科、松果菊属

别名：紫锥花，紫锥菊，松果菊

英文名：Purple Coneflower

学名：*Echinacea purpurea*

形态特征：多年生草本植物，全株具粗硬毛，茎直立。基生叶卵形或卵状三角形；茎生叶互生，卵状至卵状披针形。头状花序顶生，舌状花1轮，紫红色或粉红色，管状花突起至半球形，深橙黄色，花期6～9月。

生态习性：原产北美。喜光，稍耐半阴。喜温暖，也耐寒。较耐干旱，喜疏松肥沃富含有机质的壤土。

繁殖方法：播种或分株繁殖。播种繁殖可在春秋两季，春播幼苗当年可开花。分株繁殖以春季进行为佳，定植株行距40cm×40cm。

栽培管理：紫松果菊习性强健，适应能力强，栽培管理简便。夏季干旱季节适时灌溉，花后及时剪去残花，促进侧枝萌发，延长群体花期。入冬前浇灌冻水，以保安全越冬。

园林用途：本种栽培管理粗放，开花繁茂，是优良的夏秋观赏花卉。在园林中适宜花境、花丛、花群等自然式布置，也可以大面积于管理粗放地带进行地被栽植，营造野花园。可做切花，水养持久。

2.3.14 金光菊类（彩图2-3-14）

科属：菊科、金光菊属

英文名：Coneflower

学名：*Rudbeckia* spp.

形态特征：茎直立。单叶或复叶，互生。头状花序生茎顶，舌状花黄色或基部带褐色，不孕；管状花近球形，两性结实。

常见种类

① 金光菊（*Rudbeckia laciniata*） 宿根草本，高60～250cm，有分枝，无毛或稍被短粗毛。叶片较宽，基生叶羽状、5～7裂，有时2～3中裂；茎生叶3～5裂，边缘具稀锯齿。头状花序1至数个着生于长梗上；总苞片稀疏、叶状；径约10cm；舌状花6～10个，倒披针形而下垂，长2.5～3.8cm，金黄色；管状花黄绿色；花期7～9月。原产加拿大及美国，各国园林广为栽培。

② 毛叶金光菊（*Rudbeckia hirta*） 别名，黑心金光菊。宿根草本，株高30～90cm，全株被毛。下部叶近匙形，上部叶长椭圆形至披针形，全缘、无柄。头状花序，舌状花黄色，约14枚，管状花从紫黑色至深褐色。花期7～10月。原产北美。目前，园林中栽培的园艺品种众多，植株高度、花瓣外形、颜色多有变化，有些品种舌状花基部红褐色或棕红色，如黑心菊（*Rudbeckia hybrida*）。

生态习性：金光菊属花卉适应性强。喜光，有些种半阴。喜温暖，耐寒；较耐旱，不耐水湿，稍耐贫瘠，不择土壤，在排水良好疏松肥沃的沙质壤土生长最好。

繁殖方法：播种和分株繁殖。春播或秋播，早春播种当年可开花。自播繁衍能力强。春秋均可分株。

栽培管理：本属花卉习性强健生长速度快，栽培管理粗放。栽植于排水良好的地块，无需特殊管理，花后剪除残花，夏秋开花不断。在东北地区，有些种入冬前，剪除枯枝，稍覆土并灌冻水，可以提高越冬成活率。

园林用途：本属花卉开花繁茂，色彩明艳，养护管理粗放，是优良的夏秋观赏花卉。在园林中适宜花境、花丛、花群等自然式布置，也可以大面积于管理粗放地带进行地被栽植，营造野花园。可做切花，水养持久。

2.3.15 多叶羽扇豆（彩图2-3-15）

科属：豆科、羽扇豆属

别名：羽扇豆

英文名：Washing Lupine，Manyleaves Lupine

学名：*Lupinus polyphyllus*

形态特征：多年生草本，茎粗壮直立，光滑或疏被柔毛。叶多基生，掌状复叶，叶柄长，但上部茎生叶叶柄短；小叶披针形至倒披针形。总状花序顶生，花序可长达30～60cm，园艺栽培品种众多，花色丰富，多为复色，有粉红、黄橙、紫白、蓝紫等色。花期5～6月。

生态习性：原产北美。喜光照充足，略耐阴。喜凉爽，忌炎热，耐寒，遇夏季梅雨易枯死。要求喜富含腐殖质的微酸性至中性沙壤土，不耐盐碱。

繁殖方法：播种、分株或扦插繁殖。播种于春季或秋季，前者开花早；种皮坚硬，播前要刻伤或浸种。小苗需覆盖越冬。播种第一年无花，次年开始着花。有些品种只有用扦插才可保持种性。春季取茎的萌发枝6～8cm扦插，秋季可定植露地。分株于秋季或早春进行。

栽培管理：多叶羽扇豆属直根性，不耐移植，要带土球移植或小苗移苗，定植株距30～50cm。生长期间有叶斑病、菌核病、茎腐病等，栽植前要注意土壤消毒，花后及时去残花，也利于次年开花。

园林用途：本种花叶具美，花序大而美丽，色彩鲜艳，可以做花境、花丛等自然式园林布置，也是优良的切花材料。

2.3.16 石碱花（彩图2-3-16）

科属：石竹科、肥皂草属

别名：肥皂草

英文名：Soapwort

学名：*Saponaria officinalis*

形态特征：多年生草本，植株光滑，株高30～90cm。叶对生，长椭圆状至披针形，有明显三出叶脉。顶生聚伞花序或伞房花序，花瓣长卵形，全缘，爪端有附属物，有单瓣及重瓣，花淡红或白色，栽培变种花还有红色、紫红、粉色等。花期6～8月。

生态习性：原产欧洲。喜光照充足，也稍耐半阴。耐寒。耐干旱。对土壤及环境条件要求不严，习性强健。

繁殖方法：播种或分株繁殖。播种可于春季和秋季进行，春播当年可以开花。有自播繁衍能力。分株春、秋季均可。

栽培管理：栽培管理简单，花后修剪可再次开花。为防止夏季暴雨植株倒伏，可于幼苗10cm左右时摘心，促进分枝。

园林用途：本种适应能力强，开花繁茂，可以布置花境、花丛、花群、花坛等。

2.3.17 皱叶剪秋萝（彩图2-3-17）

科属：石竹科、剪秋萝属

别名：剪秋萝

英文名：Maltese Cross

学名：*Lychnis chalcedonica*

形态特征：多年生草本，茎直立，单生或少分枝。全株被细毛。叶对生，叶卵形至披针形，叶抱茎。聚伞花序顶生，花梗短，花瓣5枚，倒心形，先端2裂，花鲜红或橙红色。花期6～9月。

生态习性：原产西伯利亚、高加索及我国北部。性强健，要求日光充足又稍耐阴；耐寒，夏季喜凉爽；以排水良好的沙质壤土为好，忌土壤湿涝积水，耐石灰质土壤。

繁殖方法：播种繁殖和分株繁殖。春播、秋播均可。播种后幼苗4～5对叶时可摘心促分枝，早春播种，当年可开花。分株繁殖春、秋季均可，分株时根系易断，可将断根收集起来进行根插。

栽培管理：栽培管理简便，为使其开花繁茂，可以于早春施肥，并幼苗期摘心，促进分枝。盛花后剪掉残花，可以再次开花。每隔3～4年分株更新。

园林用途：本种花朵优雅，花色明艳，在园林中可以布置花坛、花境等，也可以布置岩石园，盆栽观赏及作切花。

2.3.18 蜀葵（彩图2-3-18）

科属：锦葵科、蜀葵属

别名：一丈红、熟季花、端午锦

英文名：Hollyhock

学名：*Althaea rosea*

形态特征：多年生草本，茎直立，高达3m，不分枝。全株被毛。单叶互生，叶圆心脏形，具长柄，叶片5～7掌状浅裂或波状角裂，叶面粗糙而皱。花大，腋生或成总状花序顶生，花瓣扇形或圆形，边缘齿裂或波皱，花有单瓣、重瓣、半重瓣等，花色丰富，有红、粉、白、黄、蓝等色。

生态习性：原产中国。喜光，稍耐半阴。耐寒，华北、东北地区可露地越冬。喜排水良好疏松肥沃的壤土，适应能力强。

繁殖方法：播种、分株和扦插繁殖。早春播种，次年开花。秋季播种，北方需要适当保护越冬。种子能自播繁衍。分株繁殖，于秋季进行。扦插仅用于特殊品种的繁殖，用基部萌蘖作插穗。

栽培管理：蜀葵习性强健，栽培管理简单。每年春秋两季施肥可促使开花繁茂。播种苗2～3年后生长开始衰退，秋季从地面上15cm处剪除，次年开花更好；一般栽培4年左右要重新繁殖以更新。

园林用途：蜀葵植株生长强健而高大，开花繁茂，花朵大，花色鲜艳，适合在园林中做基础性栽植，或做花境的背景，丛植、群植、列植均可以。

2.4 露地球根花卉栽培管理

2.4.1 郁金香（彩图 2-4-1）

科属：百合科、郁金香属

别名：洋河花、草麝香

英文名：Tulip

学名：*Tulipa hybrids*

形态特征：多年生草本，秋植球根花卉。地下具鳞茎，被褐色至淡黄色皮膜。茎叶被白粉。叶3～5枚，带状披针形至卵状披针形，全缘，呈波状。花单生茎顶，花被片6，离生，有红、紫红、粉、黄、橙、白等色或复色。花白天开放，傍晚或阴雨天闭合。

栽培历史悠久，园艺栽培品种丰富，有些品种有条纹，有重瓣品种。目前，园林栽培的几乎均为园艺杂种。

生态习性：原产地中海沿岸及中亚细亚、土耳其等地，以荷兰栽培最多。喜光，耐半阴。喜冬季温暖、湿润，夏季凉爽、稍干燥的环境，耐寒，在东北大部分地区可露地越冬。不耐水湿，喜富含腐殖质排水良好的沙质壤土。

繁殖方法：通常分球繁殖。秋季栽植种球，栽植前深耕整地，施足基肥，覆土厚度为种球高度的2倍即可，过深不易分球，且易引起腐烂。栽植株行距5～15cm不等，视品种和种球大小而定。播种繁殖多用于育种，种子无休眠特性，需低温处理后萌发，一般秋播，5～6年才能开花。

栽培管理：郁金香鳞茎寿命为1年。种球秋季栽植，不耐移栽。在春季开花并分生新球及子球，夏季干枯死亡。栽培期间，防止伤及叶片，及时去除残花，利于种球充实。种球采收于夏季地上茎叶枯黄、但还未散落时进行，采收后对鳞茎分级，通风干燥，然后于凉爽干燥处贮藏，期间须防止鼠害。北方寒冷地区，越冬可适当加覆盖物，早春化冻前去除覆盖物。

园林用途：郁金香为重要的春季观赏球根花卉，目前，世界各地栽培广泛，花形优雅，花色丰富，植株整齐，可以布置春季花坛、花境、花群、花丛等，也可以盆栽和做切花。

2.4.2 风信子（彩图 2-4-2）

科属：百合科、风信子属

别名：洋水仙、五色水仙

英文名：Common Hyacinth

学名：*Hyacinthus orientalis*

形态特征：多年生草本，秋植球根花卉。地下鳞茎球形或扁球形，具皮膜。叶基生，4～6枚，带状披针形，质肥厚。总状花序，着花6～12朵或10～20朵；花钟状，裂片6枚，先端向外反卷。花原色为蓝紫色，园艺品种花色丰富，有堇、蓝、黄、红、粉、白等色，有单瓣和重瓣品种。花期4～5月。

生态习性：原产南欧地中海东部沿岸及小亚细亚。喜阳光充足，耐半阴。喜冬季温暖、湿润，夏季凉爽、稍干燥的环境，较耐寒。喜疏松肥沃、排水良好的沙质壤土，在低湿黏重地生长极差。

繁殖方法：以分球繁殖为主。秋季栽植。栽植前，将母球与分生的子球分离，另行栽植。播种繁殖常用于育种，种子采收后立即播种，经4～5年开花。对于自然分球能力差的品种，可以进行人工切割处理，促进分球。

栽培管理：风信子是秋植球根花卉，秋季栽植，翌年早春开花。栽培时，要施足基肥。栽培后期应节制水肥，防止鳞茎“裂底”而腐烂。夏季要将鳞茎挖起贮藏，鳞茎掘起后不要立即分离母球和子球，防止伤口于夏季贮藏时腐烂。种球存放于干燥凉爽的环境。

园林用途：风信子的应用与郁金香相似，是春季布置花坛、花境、种植钵等的优良花卉，也可以盆栽、水养和作切花。

2.4.3 大丽花（彩图 2-4-3）

科属：菊科、大丽花属

别名：大理花、西番莲、地瓜花、天竺牡丹、苕菊

英文名：Common Dahlia，Garden Dahlia

学名：*Dahlia hybrids*

形态特征：多年生草本，春植球根花卉。地下为粗壮的块根。茎粗，中空，多直立，绿色或紫褐色，平滑。叶对生，一至二回羽状全裂，裂片椭圆形或卵形，边缘具粗钝锯齿。顶生头状花序，花形、瓣形、大小等因品种不同而异，花色丰富。花期从夏至秋。

大丽花园艺栽培品种极其丰富，国外多根据花形、瓣形进行分类。我国园林栽培多根据花色、花形、株高等分类。通常根据植株高度分为高生品种（株高约2m）、中生品种（株高1.0～1.5m）、矮生品种（株高0.6～0.9m）、极矮生品种（株高仅0.2～0.4m），其中矮生品种多为单瓣型。

生态习性：原产墨西哥及危地马拉海拔1500m以上的山地。喜光，有短日照习性。喜凉爽，不耐酷暑，亦不耐寒，不耐霜，在夏季气候凉爽、昼夜温差大的地方，生长开花良好。不

耐干旱，也不耐水湿，喜疏松肥沃、富含腐殖质、排水良好的沙质壤土。

繁殖方法：播种、扦插或分株繁殖。为保持品种特有性状，大花品种多用扦插繁殖，于早春将块根栽植于花槽中在温床催芽，待嫩枝长约8～10cm时，下留1～2节继续萌生侧枝，取6～7cm嫩茎，扦插。只要温度和湿度适宜，四季均可进行扦插。播种繁殖用于小花和单瓣品种，不易保持母本性状，一般于春季温室容器育苗。春季将贮存的块根带芽分割进行分株繁殖，每块根带1～2个芽，栽植于花盆或直接定植于露地。

栽培管理：大丽花极不耐积水，因此，应选择排水良好的地块栽植。根系断后不易恢复，因此，要带土球移栽或小苗移植。定植前施足基肥，生长期间可适当追肥，但夏季温度过高时，不宜施肥。对于分枝少，植株高的品种为防止雨季植株倒伏，要设立支架。中生品种和高生品种于苗期摘心促进分枝，降低植株高度，并于蕾期适当疏蕾、去叶，提高开花质量。花后及时剪除残花，有利继续开花。块根于早霜后采收，修剪后阴凉干燥，然后于湿沙中低温贮存，温度4～7℃，湿度约50%。

盆栽大丽花宜选择矮生、株形整齐的品种。培养土应底肥充足、疏松排水。于幼苗期摘心，摘心次数根据品种而异。对于植株较高的品种要通过多次换盆移植、盘茎或针刺等方法降低株高。栽培期间严格控制浇水，防止徒长和花盆积水。露天摆放的花盆，雨季要注意防止花盆积水。

园林用途：大丽花品种众多，花形、花色、植株高度变化丰富，高生和中生品种在园林中可以布置花丛、花群、花境等；矮生品种进行花坛、花境等多种园林应用，还可盆栽观赏。大丽花亦是良好的切花。

2.4.4 美人蕉类（彩图2-4-4）

科属：美人蕉科、美人蕉属

英文名：Canna

学名：*Canna* spp.

形态特征：多年生草本。具有粗壮肉质地下根茎。全株被蜡质白粉。地上茎是由叶鞘互相抱合而成的假茎，直立，不分枝。叶片宽大，长卵圆至椭圆状披针形，全缘，有绿色、古铜色及花叶品种。萼片3枚，呈苞片状；花瓣3枚，萼片状；雄蕊5枚，瓣化成花瓣状，颜色鲜艳，成为主要观赏部位。花期自夏至秋，因品种而异。

常见种类：

（1）大花美人蕉

别名：法国美人蕉、红艳蕉

英文名：Canna

学名：*Canna generalis*

本种是多源杂交改良而成的园艺栽培杂种，品种众多，目前栽培广泛。植株高大，叶大型，阔椭圆形，叶色丰富。花序总状；花瓣圆形，直立，不反卷；花色丰富，有深红、红、橙红、黄、乳白等色。花期8～10月。

（2）蕉藕

别名：食用美人蕉、食用莲蕉、旱芋、藕芋、蕉芋

英文名：Edible Canna

学名：*Canna edulis*

植株高大，株高可达3～4m；根系发达，地下根状茎似芋头，节具鳞叶，多肉质。叶矩圆形，宽大，上面绿色，边缘和叶背有紫红色晕。退化雄蕊花瓣状，橘红色，直立而狭窄。花期晚，在我国北方寒冷地区不能开花，仅以观叶为主。原产西印度和南美。

生态习性：美人蕉属花卉为春植球根花卉，主要分布于美洲热带、亚洲和非洲热带地区。喜温暖、炎热气候，不耐寒，在原产地多年生长，周年开花。在我国海南及西双版纳无休眠；在华东等地区冬季休眠；在华北、东北大部分地区冬季根茎不能露地越冬。喜光，耐半阴。习性强健，对水分和土壤有一定适应性，几乎不择土壤，但在湿润肥沃的深厚土壤中生长会更加繁茂。

繁殖方法：分根茎或播种繁殖。常用分株繁殖，将根茎切离，每段保留2～3芽，稍阴干或于切口处涂抹草木灰栽植。如果温度条件适宜，全年可分生繁殖，北方多于春季进行。播种繁殖多用于品种培育，播种前要刻伤种皮或开水浸种，约2～3周发芽，当年可开花。

栽培管理：春植球根，露地栽植于晚霜后进行，株距因种而异，一般50～100cm。大花美人蕉可耐短期水涝，蕉藕不耐水湿，栽植时选择适宜地块。生长期间水肥充足，则生长旺盛，植株高大，开花繁茂。可每隔1～2个月追肥1次。温暖地区冬季可不起球时，将地上部分茎叶重剪，每隔2～3年分生1次。寒冷地区秋季霜后将根茎挖起，在湿沙中贮存，温度控制在5～7℃，可安全越冬。

园林用途：美人蕉属花卉适应性强，生长健壮，植株高大，茎叶繁茂，花叶均具观赏价值，观赏期长，是优良的布置花坛、花境、花群、花带等的园林花卉，盆栽观赏生长茂盛。

2.4.5 唐菖蒲（彩图2-4-5）

科属：鸢尾科、唐菖蒲属

别名：菖兰、剑兰、扁竹莲、什样锦

英文名：Hybrids Gladiolus

学名：*Gladiolus hybridus*

形态特征：多年生草本，地下具扁球形球茎，外被膜质鳞片。叶基生，交互嵌迭呈二列，剑形。花茎自从叶丛中抽生，蝎尾状聚伞花序，着花8～24朵，排成两列，侧向一边；花冠筒漏斗状，花瓣边缘有皱褶或波状，花色丰富，有红、粉、黄、白、紫等及复色，栽培品种众多。花期夏秋。

生态习性：唐菖蒲属约有250种，原产于南非和非洲热带，以好望角最多，地中海沿岸和西亚地区也有分布。喜光照充足，不耐阴；在春夏季长日照条件下花芽分化。喜温暖，不耐寒，不耐夏季高温，以夏季凉爽的地区生长良好，且种球不易退化。不耐涝，对土壤要求不严，但以排水好疏松肥沃的沙质壤土为好。

繁殖方法：以分球繁殖为主。唐菖蒲球茎寿命为1年，母球当年更新成新球，并产生子球。将子球和母球分离便可扩繁。春季晚霜后栽植新球，当年夏秋开花。子球要培养1～2年后开花。播种繁殖多用于新品种培育。

栽培管理：本种属春植球根花卉，一年中能有4～5个月生长期的地区都能种植。唐菖蒲不耐积水，栽培地宜选择地势较高或排水良好的地块，忌连作。种球栽植深度为球高的2～4倍，距离根据球的大小而定。为防止花期植株倒伏，可以适当密植，并于开花前适当向植株基部培土。在冬季寒冷地区要于秋季将球茎崛起，去土，充分晾干，贮藏于干燥通风处，温度保持5～10℃为佳。

园林用途：唐菖蒲品种繁多，花色艳丽，花序线条感强，是布置花境、花丛等的优良材料。此外，是世界著名切花之一。

2.4.6 百合类（彩图2-4-6）

科属：百合科、百合属

英文名：Lily

学名：*Lilium* spp.

形态特征：多年生草本。地下具鳞茎，卵状球形至扁球形，外无皮膜，由多数鳞片抱合而成。大多种地下有基生根和茎生根，基生根生于鳞茎盘下，寿命为2至数年，茎生根大生于土壤内的茎节处，寿命为1年。地上茎直立，不分枝或少分枝。叶互生或轮生，线形、披针形或长卵圆形，具平行叶脉。花单生、簇生或成总状花序；花漏斗状或喇叭状，花被片6，平展或反卷，常具芳香。

主要种类：百合属花卉种类繁多，分布广，主要原产于中国、日本、北美洲和欧洲等地。目前，园艺品种众多，栽培广泛。

（1）天香百合

别名：山百合、金线百合

英文名：Goldband Lily

学名：*Lilium auratum*

鳞茎扁球形，黄绿色，鳞片尖端有桃红色细点。地上茎淡绿色或带紫色斑点。叶披针形，互生。总状花序，花平展或向下，花冠白色，有红褐色大斑点，中央有辐射状黄色纵条纹，具浓香。原产日本和我国，我国中部有分布。

（2）山丹

别名：渥丹

英文名：Morninggstar Lily

学名：*Lilium concolor*

鳞茎卵圆形，鳞片较少，白色。地上茎紫褐色，有短毛。叶互生，狭披针形。花朵向上开发，花瓣披针形，不反卷，红色。花期5～7月，我国华北、东北、西北常见。

（3）卷丹

别名：虎皮百合

英文名：Lanceleaf Lily

学名：*Lilium lancifolium*

多年生草本鳞茎近宽球形，鳞片宽卵形。茎具紫色条纹及白色绵毛。叶散生，长卵状披针形或披针形，叶腋有珠芽。圆锥花序顶生，花3～6朵或更多；花朵下垂，花被片披针形，开放后反卷，橙红色，有紫黑色斑点。花期7～8月。原产我国、日本及朝鲜。

（4）麝香百合

别名：铁炮百合、龙牙百合

英文名：Longflower Lily，Eeaster Lily

学名：*Lilium longiflorum*

鳞茎球形或扁球形，鳞茎抱合紧密。地上茎绿色。叶散生，狭披针形。花单生或2～3朵生于茎顶，平展或稍下垂，花被片蜡白色，基部带绿晕，花具浓香。花期5～6月。为重要主要切花材料。原产我国台湾及日本。

（5）王百合

别名：王香百合、峨眉百合

英文名：Regale Lily

学名：*Lilium regale*

鳞茎卵至椭圆形，紫红色。地上茎绿色带紫色斑点。叶线形至狭披针形，深绿色，下垂。单株着花4～9朵，花横生，花冠白色，内侧基部黄色，外部具有粉紫色晕，具芳香。花期6～7月。原产我国四川、云南等地，我国华北地区可以露地越冬。

（6）毛百合

别名：卷莲百合

学名：*Lilium dauricum*

鳞茎扁圆形，白色。叶片狭披针形。花单生于茎顶，向上开放，橘红色，花梗及花被片外部有白色棉毛，花瓣内部有紫色斑点。花期6～7月。产于中国东北和内蒙古、朝鲜、日本、俄罗斯等地。

生态习性：百合种类繁多，自然分布广，对生态环境的要求和适应因种而异。多数种类和品种喜半阴，如山丹；有些种喜光，如王百合；有些种对光照的适应能力较强，如卷丹。百合属花卉大多数不耐高温，喜冷凉气候，耐寒性因种而异，卷丹、山丹、毛百合等在东北均能露地越冬。多数种类不耐积水，喜疏松肥沃、富含腐殖质、排水良好的微酸性壤土。个别种适应石灰质土壤，如王百合。忌连作。

繁殖方法：分球、扦插鳞片、分珠芽及播种繁殖，也可组培繁殖。

(1) 分球繁殖　秋季将自然形成的小鳞茎与母球分离，另行栽植，此方法应用最为广泛。百合类为秋植球根花卉，鳞茎为多年生，鳞片寿命约为3年，鳞茎中央形成直立的地上茎，同时，发生1至数个新芽，几年后形成新的小鳞茎。埋于土中的茎节及茎生根部位也可以产生小鳞茎。

(2) 扦插繁殖　选取成熟鳞茎的鳞片，斜插于基质中，在20℃的条件下保持湿润，鳞片基部会形成新的子球，培养约3年后可形成新的种球。注意，扦插时鳞片内侧面朝上，顶端微露出土面。

(3) 分珠芽繁殖　此法适用于能产生珠芽的种，如卷丹在叶腋处会产生大量珠芽，在开花后珠芽尚未脱落时采收，并立即播撒于苗床中。也可以于湿沙中贮存，第2年春天播种。一般2～3年后开花。

(4) 播种繁殖　多用于育种。一般种子成熟即可播种，开花所需时间因种而异，如山丹第2年即能开花，而紫背百合需要3～4年才能开花，王百合播种后14个月开花。

栽培管理：百合类为秋植球根花卉，自然分球繁殖，当年发基生根和新芽，但第2年早春新芽才破土而出，地上茎达到一定高度或叶片达到一定数量后开始花芽分化。冬季低温是来年花芽分化的必需条件。不同种类栽植时间因种不同有一定差异，一般于花后40～60d栽植为宜，多数种在8月中旬至9月栽植。百合类宜深植，一般为18～25cm。栽植前深翻施足基肥，并保证土壤疏松透气，排水良好。百合类花卉园林栽植，一次栽植多年观赏，生长期间无需特殊管理，春季萌芽后和旺盛生长时可以适当追肥。其鳞茎和基生根均为多年生，因此，不必每年将鳞茎挖出，可根据植株密度和种植需要，每隔3～4年分栽1次即可。其鳞茎采收后要立即栽植或湿沙贮藏于阴凉处。

园林用途：百合属花卉种类繁多，品种丰富，花大色艳，且芳香怡人，是不可多得的能在我国北方大部分地区露地多年生长的球根花卉。其名“百合”，在我国有“百事合心”之意，国外则多为纯洁、美好的象征，因此，各国广泛应用于园林中，适于做花坛、花境、专类园等多种布置；同时，可以盆栽；多数种是非常名贵的切花，如麝香百合；其鳞茎可食用和药用。

2.4.7　观赏葱类（彩图2-4-7）

科属：百合科、葱属

英文名：Onion

学名：*Allium* spp.

形态特征：多年生草本。地下具鳞茎。叶狭线形、披针形或圆柱形。伞形花序，小花密集，花色有白、粉、黄、紫等。花期春、夏。

常见种类：

(1) 大花葱

别名：高葱、砚葱

英文名：Giant Onion

学名：*Allium giganteum*

鳞茎球形，灰黄色。叶带形至披针形。伞形花序成球形，花桃红至紫红色，花期6～7月。

(2) 北葱

学名：*Allium schoenoprasum*

鳞茎卵状圆柱形。叶线形至狭圆柱形，中空，比花葶短。伞形花序，近球形，具多而密集的小花，花淡紫色至淡紫红色，花期7～9月。

(3) 黄花葱

别名：黄花茖葱、药葱

学名：*Allium moly*

鳞茎圆球状。叶基生，阔披针形，灰绿色。花鲜黄色，花期4～5月。

生态习性：观赏葱类性喜阳光充足，稍耐半阴；喜凉爽，忌温热多雨，耐寒；喜疏松肥沃，排水良好的沙质壤土，能耐贫瘠和干旱。

繁殖方法：播种或分球繁殖。分球在秋季进行，种球栽植深度因种而异，其中较大的鳞茎种植后第2年可开花。秋季播种，第2年春季发芽。种子可以自播繁衍。

栽培管理：本属花卉适应性强，栽培管理粗放。鳞茎一次栽植，无需每年挖起，可以多年观赏。每隔3～4年分栽1次即可。

园林用途：观赏葱类花卉生长强健，适应范围广，在园林中可以布置花坛、花境、花丛、花群等，亦可做地被栽植和布置岩石园；可盆栽和作切花。

2.4.8　铃兰（彩图2-4-8）

科属：百合科、铃兰属

别名：草玉铃、君影草

英文名：Lily-of-the-valley

学名：*Convallaria majalis*

形态特征：地下部分具多分枝的根茎，茎端具肥大的地下芽。叶基生，常2～3枚，长椭圆形，基部有狭窄下延呈鞘状叶柄。总状花序微弯，花朵着生于一侧，花小、白色，钟状下垂，芳香。浆果球形，红色。

生态习性：铃兰原产北半球温带地区，在自然界常生于林下。喜半阴；耐严寒，喜凉爽、湿润的环境，不耐酷暑；喜疏松肥沃排水良好的酸性或微酸性沙质壤土，中性及微碱性土壤亦可生长。

繁殖方法：秋植球根花卉。主要采取分割根茎繁殖。秋季地上部枯萎后将株丛掘起，将地下根茎切割，每段带2～3个芽，种植不宜过深。

栽培管理：铃兰生长期间喜凉爽，盛夏季节休眠，华北、东北地区均可露地越冬，无需每年采收，每3～4年分株更新1次。不宜连作。栽培管理简便。

园林用途：铃兰花形清雅，花香馥郁，习性强健，适合做自然式布置，如于林下做地被、布置花境等，其花为良好的切花材料。

2.4.9 水仙类（彩图2-4-9）

科属：石蒜科、水仙属

英文名：Daffodil，Narcissus

学名：*Narcissus* spp.

形态特征：多年生草本，地下具肥大的鳞茎，卵圆形或球形，外被褐色或棕色皮膜。叶基生，线形、带形或近圆柱状，绿色或灰绿色。花单生或呈伞形花序着生于花茎顶端，下具膜质总苞。花被片6，花被中央有杯状或喇叭状的副冠。花多为白色、黄色或晕红色；花具芳香。

主要种类：本属花卉栽培历史悠久，全属约有30种，主要原产欧洲及地中海沿岸、北非及亚洲也有分布。目前园艺杂交品种众多。

(1) 中国水仙

别名：水仙花、金盏银台、天蒜、雅蒜

英文名：Chinese Narcissus

学名：*Narcissus tazetta* .var. *Chinensis*

中国水仙为法国水仙的变种之一。地下鳞茎肥大，广卵圆形，外被褐色皮膜。叶基生，狭带形，全缘，先端圆钝。花茎稍高于叶丛，伞房花序，着花3～11朵。花白色，副冠，高脚碟形，花具芳香。中国水仙耐寒性较差，我国福建漳州栽培最为广泛。以水养栽培观赏为主。北方不可露地栽培。

(2) 喇叭水仙

别名：洋水仙、漏斗水仙

英文名：Common Daffodil，Trumpet Narcissus

学名：*Narcissus pseu-do narcissus*

原产瑞典、英国、西班牙。地下鳞茎球形，外被褐黄色皮膜。叶基生，4～6枚，宽线形，先端钝圆，灰绿色。花茎高约30cm，直立，花单生，下具膜质总苞；花被片6，呈倒圆锥形，花被裂片长圆形，淡黄色；副花冠稍短于花被或近等长，钟形或喇叭形，边缘皱褶或有不规则的锯齿。花期春季。耐寒，在我国华北地区可以露地越冬。是重要的早春观赏花卉。

(3) 红口水仙

别名：洋水仙、漏斗水仙；

英文名：Pheasants-eye，Poets Narcissus

学名：*Narcissus poeticus*

原产法国、希腊至地中海沿岸。鳞茎卵形。叶4枚，线形。花单生或1茎2花。花被片白色，副冠浅杯形，黄色或白色，边缘波皱带红色。花期4～5月。

(4) 丁香水仙

别名：长寿花、灯芯水仙、黄水仙

英文名：Jonquil

学名：*Narcissus jonquilla*

原产南欧及阿尔及利亚。地下鳞茎较小，有黑褐色皮膜。叶2～4枚，浓绿色，有明显深沟。花2～6朵聚生，侧向开放；花被片黄色，副冠杯状黄色，具浓香。花期4月。

生态习性：水仙属花卉属秋植球根花卉。喜光，稍耐阴。耐寒，多数种在我国华北地区可以露地越冬，如喇叭水仙。不耐酷暑，夏季地上部分枯死，地下鳞茎休眠。生长期要求水分充足。对土壤要求不严，但以疏松肥沃排水良好的微酸性至中性沙质壤土为好。

繁殖方法：分球、播种繁殖。本属花卉以分球繁殖为主，夏季地上部分枯死后，将植株掘起，将新球按大小分级，干燥贮藏，于秋季重新栽植。为快速获得大量种苗，也可以组织培养。播种繁殖主要用于新品种培育，播种后4～5年后可开花。但中国水仙为同源3倍体，具有高度不孕性，因此，无法获得种子。

栽培管理：水仙园林栽培观赏通常与郁金香等秋植球根花卉的方法类似。秋季栽植种球，种植株距以15～20cm为好。栽植前施足基肥，土壤以富含有机质的壤土为好。生长期间需水肥充足，但不可积水。喇叭水仙适应性较强，生长期间无需特殊管理，花后如不需采种，及时去除残花，利于球根膨大。夏季地上部分枯萎后，采收地下鳞茎，分级后干藏。喇叭水仙、红口水仙、丁香水仙等均采用此法栽培。

我国福建漳州采用露地灌水法进行水仙栽培。即在整个栽培期保持种植床内有一定深度的水分，栽培管理期间进行精细的水肥管理，最终

收获种球，多用于水养观赏，并形成了独特的水仙球艺术雕刻方法。

园林用途：本属花卉植株低矮，花色淡雅，花形奇特，花香馥郁，春季开花，是布置早春花坛、花境及盆栽的重要材料，也可作切花观赏。

2.5 露地其他花卉栽培管理

2.5.1 荷花（彩图 2-5-1）

科属：睡莲科、莲属

别名：水芙蓉、莲花、中国莲、藕花、水芝、芙蕖、泽芝、水华

英文名：Lotus Flower

学名：*Nelumbo nucifera*

形态特征：多年生水生草本；根状茎横生，肥厚，节间膨大，内有多数纵行通气孔道，节部缢缩，上生黑色鳞叶，下生须状不定根。叶圆形，盾状，直径 25～90cm，表面深绿色，覆盖蜡质白粉，背面灰绿色，全缘稍呈波状，上面光滑，具白粉，下面叶脉从中央射出，有 1～2 次叉状分枝；叶柄粗壮，圆柱形，长 1～2m，中空，密生倒刺。花梗和叶柄等长或稍长，散生小刺。花单生于花梗顶端，挺出叶面以上，大型，具清香。花瓣多数，有白、黄、粉、红、紫等色。果实为莲蓬，上有多数蜂窝状孔洞，每洞内含一粒圆球形种子，称莲子。花期 6～9 月。

荷花栽培品种较多，依用途一般分为花莲、籽莲和藕莲 3 个系统。花莲系统根茎叶较小，品质差，生长势弱，但开花较多，群体花期长，花色、花形丰富。籽莲系统品种根茎、不发达，开花繁茂，花为单瓣且善结实，莲子的产量高。藕莲系统品种的根茎粗壮，植株高大，生长势强健，但不开花或少开花。

生态习性：荷花原产中国南方，主要以温带和热带亚洲为分布中心。中国是世界上荷花栽培最为普遍的国家之一。除西藏、青海、内蒙古等地外，绝大部分地区都有栽培。荷花性喜光和温暖环境，炎夏时节为生长旺盛时期。耐寒性较强，在我国东北南部能露地越冬。对于光照的要求较高，强光之下生长发育快，开花早；弱光之下生长发育缓慢。性喜湿润怕干旱，宜生长于静水或缓流中。缺水不能生存，但水过深生长亦不良，水深不宜超过 1m。对于二氧化硫、氟有害气体抗性较强。

繁殖方法：可以采用种子繁殖和分藕繁殖。种子繁殖首先需要破壳，每年 5～6 月将种子凹陷的一端磨破，浸种育苗。需保持水清，经常换水，大约 7d 出芽，14d 生根后移栽，水层要浅，不可将荷叶淹在水中。90%左右当年可开花，但当年开花不多。分藕繁殖一般在 3 月中旬至 4 月中旬进行最佳。如过早栽植，则会遭受寒流，北方地区可覆盖透明膜以抵御寒流。供栽插的盆泥需呈糊状，栽插时将种藕顶端沿盆边呈 20°斜插入盆泥，碗莲约深 5cm，大型荷花约深 10cm。头低尾高，为不使藕尾进水，尾部半截需翘起。栽植后将盆置于阳光下照晒至表土出现微裂，以便于种藕与泥土完全黏合。加少量水，待芽长出后，逐渐增高水位，最后保持水位在 3～5cm。于池塘栽植荷花，前期的水层与盆荷一样，后期不要淹没荷叶。

栽培管理：荷花乃水生植物，生长各期离不开水。生长前期，水位约 3cm，水过深不利土温的提高。如采用自来水浇灌，需晾晒 1～2d。夏季是其生长高峰期，注意水分充足。入冬后，盆土也应保持湿润，以免种藕缺少水分干枯死亡。肥料以磷钾肥为主，辅之以氮肥。如土质肥沃，全年不必施肥。腐熟的鸡鸭鹅粪、饼肥为其最理想的肥料，每盆中施肥 25～100g 为宜，视荷花实际大小而定，切不可多施，且应与盆土拌匀。生长旺盛期，如出现叶片色黄，可将 0.5g 尿素拌于土中，搓成 10g 左右的泥球，施 1 粒于盆中央的泥土中，7d 见效。入冬后，将盆栽置于室内或埋入冻土层下即可，黄河以北地区埋入冻土层以下后，还应覆盖农用薄膜，并保持盆土湿润。

园林用途：荷花为我国传统名花，出淤泥而不染，濯清涟而不妖，是美化水面、点缀亭榭以及盆栽观赏的重要植物材料，具有较高的经济价值。

2.5.2 睡莲（彩图 2-5-2）

科属：睡莲科、睡莲属

别名：水芹花、子午莲、矮睡莲

英文名：Candock

学名：*Nymphaea tetragona*

形态特征：睡莲的叶呈圆形、卵圆形或近圆形，有些品种叶呈披针形或箭形；叶全缘，正面绿色、光亮，背面紫红色，有些品种叶具暗褐色斑点；叶脉明显或不太明显。花单生，为两性，子房上位至周位，花瓣、雄蕊、萼片螺旋排列于花托与子房壁的上方。萼片 4～5 枚，绿色或紫红色，披针形、矩圆形或窄卵形；花蕾长桃形或桃形；花瓣的大小、形状、颜色因品种而异，瓣端稍尖或略钝，有单瓣、多瓣、重瓣，卵形、宽卵形、长圆形、矩圆形、倒卵形或宽披针形。花色多样，红色、粉红色、白色、蓝色、紫色等。果实卵形至半球形，水中成熟，不整齐开裂；种子椭圆形或球形；大多数具假种皮。

生态习性：生于湖泊、池沼中，性喜光，喜通风良好。热带睡莲和耐寒睡莲，早上开放，晚上闭合。喜富含有机质的壤土，pH 6～8 即可，可正常生长。其最适水深 0.25～0.30m，最深不超过 0.8m。长江流域 3 月中旬至 4 月上旬萌发，4 月下旬或 5 月上旬孕蕾，6～8 月为盛花期，10～11 月叶片枯萎，11 月进入休眠期。一般开花后结实，翌年春季萌发。

繁殖方法：可采用分株繁殖和播种繁殖。分株繁殖时是睡莲的主要繁殖方式。耐寒睡莲可在 3～4 月早春发芽之前进行分株，不耐寒的种或品种对于水温、气温的要求相对较高，故 5 月中旬前后才可以分株。分株时，先挖出根茎，切割成 8～10cm 的根段，每个根段上至少带 1 个芽。将根段的顶芽朝上，覆土，使根段芽眼与土面相平为好，每盆栽植 5～7 个根段。栽植后，经过阳光照射后，才可灌入浅水，水不宜过深，否则影响发芽。宜置于阳光充足、通风良好处。待环境气温升高，新芽开始萌动，才可加深水位。水深控制在 0.2～0.4m，夏季水位可适当加深，并保证盆水清洁。睡莲也可采用播种繁殖，最适播种温度 25～30℃，约 15d 发芽，次年即可开花。3～4 月将种子播于肥沃的黏质盆土中，土面距盆口 5～6cm，种子播入后，覆土 1cm，压实，将盆浸入水中。为提高盆内温度，盆土上加盖玻璃，置于温暖向阳环境。睡莲的果实未成熟前，应用纱布袋将其包裹住，果实成熟破裂后，种子可落入袋内。采收后的种子需贮藏于水中，如干藏则易失去发芽能力。

栽培管理：耐寒睡莲可否正常生长，水位控制是非常重要的因素。生长期不同，对水位的要求不同。生长初期叶柄短，故水位尽量浅，不将叶片暴露于空气中，促进根系的生长，提高其成活率。随着生长期的延长，逐步提高水位，至生长旺盛期，水位达最大值，这样有助于叶片增大、叶柄增长以及营养物质的储存。进入秋季后，需提高水温，降低水位，使叶片获得充足的光照，增强光合作用，从而促进睡莲根茎、侧芽生长，提高次年的繁殖体数量。待秋末天气转凉后，逐渐加深水位，以不没过大部分叶片为宜，从而控制营养生长。水面结冰前，水位一次性加深，保证睡莲顶芽在冰层以下，安全越冬。

合理追肥可延长耐寒睡莲的群体花期，也可增加次年繁殖体生长数量。追肥以益于睡莲生长，水中无浪费为原则。因为，过多的肥料会导致水体的富营养化，进而污染水体。可将肥料用吸水性、韧性好的纸包好，在包上扎几个小孔，以便于肥分释放，施肥位置选在距中心 15～20cm，深度在 10cm 以下为好。也可将潮湿的园土或黏土与肥料按比例（通常土与化肥比例为 10∶1，土与有机肥比例为 4∶1）混合均匀，攥成土球，分三点呈放射状施于距根茎中心 15～20cm，距根茎下 10～15cm 处，随攥随施。追肥时间选在盛花期前 15d，后每隔 15d 追施 1 次，以保障开花量。追肥需掌握好量，不宜过多，过多则营养生长旺盛，叶片数量增多，影响花期的整体效果。

园林用途：睡莲多应用于静水中，园林中通常临水设建筑供赏荷之用。睡莲可盆栽，亦可池栽，也可采用盆栽与池栽相结合的布置手法，提高其园林观赏价值。

2.5.3 千屈菜（彩图 2-5-3）

科属：千屈菜科、千屈菜属

别名：水柳、水枝柳、对叶莲

英文名：Loosestrife

学名：*Lythrum salicaria*

形态特征：多年生挺水草本，高 0.3～1m。茎直立，具 4 棱，多分枝，基本近木质化；地下根茎粗壮，木质。单叶对生或三叶轮生，叶片披针形或阔披针形，顶端钝形或短尖，基部广心形；全缘；无柄。小花密集长成穗状花序，苞片阔披针形至卵状三角形。花萼长管状，具纵棱 12 条，稍被粗毛，4～6 裂，裂片间具针状附属体，直立；花瓣 6，冠径约 2cm，倒披针状长椭圆形，紫色或淡红色，基部楔形；雄蕊 12，伸出萼筒之外；子房 2 室，花柱长短不一。花期 7～9 月。蒴果卵形，全包于宿存萼内。

生态习性：原产欧、亚两洲温带；我国南北各地均有分布。自然种生长于沟渠边、沼泽地或滩涂之上。喜强光、耐寒、耐盐碱。适应性强，宜在浅水中生长，也可在露地旱栽，不择土壤。

繁殖方法：以分株繁殖、扦插繁殖为主，也可以采用播种繁殖。早春或秋季将株丛挖起，分数芽一丛，重新栽植。夏季剪取充实的嫩枝扦插，经保湿、庇荫，1 个月左右生根成活。扦播繁殖：春季选健壮枝条进行扦播，截成小段，去掉叶片，将插穗的 1/2 斜播入土中，压实，浇水保湿，待生根长叶后进行移栽。春季盆播：将播种盆浸入水盆中，保持 15～20℃的气温，约 10d 发芽、出苗。

栽培管理：栽植于露地水湿处，保持土壤潮湿，管理简便，冬季剪除枯枝即能安全越冬。每年中耕除草 3～4 次。春季、夏季各施氮肥或复合肥 1 次，秋后追施堆肥或厩肥 1 次。盆栽选用肥沃的河泥作盆土，开花前盆土不能积水，始花后保持水深 5～10cm，置阳光下，冬季剪去枯枝入室越冬。

园林用途：株丛清秀，花色淡雅，是沼泽地、低洼地的美化材料，也可作为背景材料。盆栽应置于通风向阳处。

2.5.4 石菖蒲（彩图 2-5-4）

科属：天南星科、菖蒲属

别名：山菖蒲、香菖蒲、九节菖蒲、水剑草、金钱蒲、九节菖蒲、药菖蒲

英文名：Rhizoma Acori Graminei

学名：*Acorus tatarinowii*

形态特征：多年生草本植物。根茎具香气，粗2～5mm，外部淡褐色，节间长3～5mm，根肉质，具多数须根，根茎上部分枝甚密，故植株呈丛生状，分枝常被纤维状宿存叶基。叶基生，无柄，叶片薄，基部两侧膜质叶鞘宽可达5mm，上延可达叶片中部，渐狭，脱落；叶片暗绿色，剑状线形，基部对折，中部以上平展，先端渐狭，无中肋，平行脉多数，稍隆起。花序柄腋生，三棱形。佛焰苞与花序等长，佛焰苞叶状，肉穗花序圆柱状，上部渐尖，直立或稍弯。花小型，白色或淡黄色。成熟果序长7～8cm，直径可达1cm。幼果绿色，成熟时黄白色或黄绿色。花、果期2～6月。

生态习性：原产中国、日本，越南和印度也有分布。喜阴湿温暖环境，自然种生于有流水的石缝中或山谷溪流中，在郁密度较大的树下也可生长。不耐干旱。不耐阳光暴晒，否则叶片变黄。具一定的耐寒性，长江流域可露地越冬。

繁殖方法：采用根茎繁殖的方法，春季将根茎挖出，选择带有叶片和须根的小根茎作种，穴栽，每穴栽2～3株，栽后覆土压紧。

栽培管理：石菖蒲适应性强，栽培管理粗放。生长期间注意注意拔除根部杂草，松土、浇水，保持阴湿环境，切忌干旱。以氮肥为主，适当增加磷钾肥，追施人粪尿2次。主要有稻蝗危害叶片，可喷施90%晶体敌百虫1000倍液防治。

园林用途：石菖蒲自古常作案头清玩、摆设。园林中常丛植于山岩石缝、桥头、水榭，或片植于河岸边，“根盘龙骨瘦，叶耸虎须长”，具有较好的景观效果。

2.5.5 金鱼藻（彩图 2-5-5）

科属：金鱼藻科、金鱼藻属

别名：鱼草、细草、软草、松藻

英文名：Hornwort

学名：*Ceratophyllum demersum*

形态特征：多年生沉水草本植物。茎长0.4～1.5m，平滑，具分枝。叶4～12轮生，1～2次二叉状分歧，裂片丝状或丝状条形，长1.5～2cm，宽0.1～0.5mm，先端带白色软骨质，边缘仅一侧有数细齿。花径约2mm；苞片9～12，条形，浅绿色，透明，先端具3齿，带紫色毛；雄蕊10～16，微密集；子房卵形，花柱钻状。坚果宽椭圆形，黑色，平滑，边缘无翅，有3刺，顶生刺先端具钩，基部2刺向下斜伸，先端渐细成刺状。花期6～7月，果期8～10月。

生态习性：世界广布种，我国华东、华中、华北及西南温暖地区的天然水域中均有分布，也可养殖于鱼缸中供人观赏。野生种群生于稳水小河、水沟、淡水池塘、温泉流水及水库1～3m深的水域中。适应性强，喜光、喜温暖。

繁殖方法：采用营养体分割的方法进行繁殖。将金鱼藻的部分枝叶切断后，置于水中或埋入沙中3～5cm，枝叶生根迅速，逐渐生长分枝。

栽培管理：最好选用细沙种植金鱼藻。水温较高时生长较快，反之生长放慢或停止。通常不需施肥，可利用水生动物的排泄物和呼出的CO_2作为肥料。当水草上附着藻类时，通常用浓度0.7mg/L的$CuSO_4$溶液处理，可有效地杀灭藻类，但不影响金鱼藻的生长。

园林用途：可净化和美化水体，也可人工养殖用于鱼缸布景。

2.5.6 凤眼莲（彩图 2-5-6）

科属：雨久花科、凤眼蓝属

别名：水葫芦、水浮莲、凤眼蓝

英文名：Water Hyacinth

学名：*Eichhornia crassipes*

形态特征：多年生水生植物，须根发达，植株直立或漂浮于水面，茎极短缩，具匍匐状枝。叶由丛生而直伸，卵圆形或倒卵状圆形，全缘，鲜绿色，质厚，具光泽；叶柄长，中下部膨胀，呈葫芦状海绵质气囊，基具鞘状苞叶。生于浅水的凤眼莲，叶柄膨胀不明显。花茎单生，近中部具鞘，短穗状花序着生于端部；小花堇紫色，花被片6，上部1片较大，中央具深蓝色块斑，斑中又具鲜黄色眼点，颇似孔雀羽毛，故称“凤眼莲”。蒴果卵形。花期7～9月。大花凤眼莲（*Eichhornia crassipes* var. *major*）、黄花凤眼莲（*Eichhornia crassipes* var. *aurea*）皆为其栽培品种。

生态习性：喜生于浅水的沟渠、水塘及稻田中。喜阳光充足、温暖湿润的环境，适应性很强，繁殖迅速。开花后，花茎弯入水中生长，子房在水中发育膨大。适生水温18～23℃，超过35℃亦可生长，气温低于10℃停止生长。具有一定的耐寒性，在北京地区引种成功，但是种子不能成熟。

繁殖方法：无性繁殖能力极强。由腋芽生出的匍匐枝即可形成新株。母株与新株的匍匐枝较脆嫩，断离后可形成新株。春季切离或分离母株

腋生小芽放入水中，即可生根，极易成活。也可采用播种繁殖，但不常用。

栽培管理：生长期间施肥，可促进生长。盆栽施以腐殖土或塘泥，栽后灌满清水。不受冻的条件下，可于湿润的泥土或浅水中越冬。寒冷地区，冬季可将盆栽移入温室内，保持室温10℃以上。通风良好、光照充足的环境下，很少发生病害。气温偏低、通风不畅时会发生菜青虫类危害，可用乐果乳剂喷施。

园林用途：凤眼莲叶色鲜亮，花色优美，且适应性强、管理粗放，具有很强的污水净化能力，可以清除废水中的重金属和有机污染物质，故为美化环境、净化水源的园林水景造景材料。此外，还可作为切花的素材。

2.5.7　雨久花（彩图2-5-7）

科属：雨久花科、雨久花属

别名：蓝花菜、浮蔷

英文名：Monochoria

学名：*Monochoria korsakowii*

形态特征：多年生挺水草本，常作一年生栽培。根状茎粗壮，具柔软须根。茎直立，株高0.3～0.8m。叶茎生和基生；茎生叶抱茎，叶柄渐短，基部增大成鞘；基生叶宽卵状心形，全缘，顶端急尖或渐尖，基部心形，具多数弧状脉。总状花序顶生，有时再聚成圆锥花序；花被片椭圆形，顶端圆钝，蓝色；花瓣长圆形，浅蓝色。蒴果长卵圆形，种子长圆形，有纵棱。花期7～8月，果期9～10月。

生态习性：原产我国东部及北部。朝鲜、日本及东南亚亦有分布。喜温暖、潮湿、阳光充足的环境，也耐半阴，耐寒。野生种常生于沼泽地、水沟及池塘的边缘。

繁殖方法：可采用分株繁殖和播种繁殖。

通常于9月中下旬以后行秋播。先对播种用基质进行消毒，然后用温热水浸泡种子3～10h，直至种子吸水并膨胀。直接将种子播入基质中，基质覆盖厚度为种粒的2～3倍。播后用喷雾器、细孔花洒淋湿基质，注意浇水力度不应太大，以免将种子冲起。秋季播种容易遭遇寒潮低温，可用塑料薄膜包裹花盆，以利保温、保湿。幼苗出土后，及时揭开薄膜，每天给予充分的阳光照射。大多数种子出齐后，需适当间苗，为幼苗生长留下空间。待大部分幼苗长出3片叶后，即可移栽上盆。

分株繁殖最好在2～3月土壤解冻后进行。具体方法：将母株从花盆内取出，分开盘结在一起的根系，用小刀将其剖开成两株或更多，分割的每一株都要带一定的根系，适当修剪叶片以利成活。将分割的小株在百菌清1500倍液中浸泡5min后取出晾干，即可上盆。也可在上盆后马上用百菌清灌根。分株装盆后灌根或浇透水1次。由于根系受到损伤，需3～4周可恢复萌发新根，此段时间应节制浇水，以免烂根，为维持叶片的水分平衡，每天需给叶面喷雾1～3次。分株后，不要施肥，注意做好遮阴工作。

栽培管理：雨久花喜温暖气候，但夏季温度35℃以上、空气相对湿度80%以上的环境不利于其生长。冬季温度10℃以下停止生长，霜冻时不能安全越冬。故夏季应加强空气对流，每天叶面喷雾2～4次。冬季置于0℃以上的室内越冬。夏季高温时节需遮掉50%的阳光，春、秋、冬三季应给予直射的阳光，以利光合作用和形成花芽、开花、结实。雨久花对肥水要求较多，但忌乱施肥、施浓肥以及偏施氮、磷、钾肥，遵循“淡肥勤施、营养齐全、量少次多”和“见干见湿，干要干透，不干不浇，浇就浇透”的施肥原则。养护管理良好的情况下，雨久花不易患病。露天水养时，常招致蚊虫孳生，可在水体中投放一些小型鱼类。

园林用途：雨久花叶色翠绿、鲜亮，园林水景中常与其他水生植物搭配使用。也可单独成片栽植，沿池边、水体边缘布置，可呈带状或方形。

2.5.8　王莲（彩图2-5-8）

科属：睡莲科、王莲属

英文名：Royal Water Lily

学名：*Victoria regia*

形态特征：大型多年生水生植物，多作一年生栽培，具短而直立的根状茎，其下的侧根粗壮发达。叶丛大形，表面绿色，无刺，背面紫红色，具凸起的网状叶脉。叶缘直立高0.07～0.1m，叶柄长达2～3m，密被粗刺。花大型，单生，常伸出水开放，初开为白色，具香气，第2天变成淡红色至深红色，第3天闭合。子房下位，密被粗刺。果实球形，种子多数。全世界仅2种，即亚马逊王莲（*Victoria amazonica*）和克鲁兹王莲（*V. cruziana*）。

生态习性：王莲性喜阳光充足、空气湿度大、温暖和水体清洁的环境。幼苗期光照12h以上。生长适宜气温25～35℃，水温以21～24℃为最佳。水温略高于气温，有利于王莲生长。气温低于20℃时，植株生长停止；降至10℃，则植株枯萎死亡。

繁殖方法：以种子繁殖为主，4月份于低温恒温培养箱内进行种子催芽，温度保持在25～28℃，种子置于培养皿中，加水深度25～30mm，每日换水1次。种子发芽后长出第2幼叶的芽时，即可移入盛有淤泥的培养皿中；待长出2片叶时，移栽至花盆中。

栽培管理：王莲幼苗长出2～3叶，可移植入盆，生长点一定要露出土面，将盆浸入水中距水面2～3cm处。随着植株生长，逐渐换盆，并调整距水面的深度，由最初的2～3cm调至15cm。后期换盆应加入少量基肥。幼苗期应光照充足。每株王莲需要水面积30～50m²，池深0.8～1m。池中应设种植槽或台，并设排水管和暖气管，保证水体清洁、水温正常。王莲的生长速度惊人，需肥量很大。因此，基肥应施足，开花期每半个月施肥1次。夏季气温太高时，应注意通风和遮阴。王莲开花受精后，即沉入水底，待植株休眠，清理水池时收取，保留于清水中。

园林用途：叶奇花大，漂浮水面，园林中用于美化水体，有“水生花卉之王”之美誉。可与荷花、睡莲等水生植物搭配布置。小水体宜孤植，大型水面宜多株形成群体，可形成独特的热带水景。

2.5.9 燕子花（彩图2-5-9）

科属：鸢尾科、鸢尾属

别名：光叶鸢尾、平叶鸢尾、水蒲子花

英文名：Kakitsubata

学名：*Iris laevigata*

形态特征：多年生草本，根状茎粗壮，斜伸，棕褐色，直径约1cm；须根黄白色，具皱缩的横纹。叶灰绿色，宽条形或剑形，顶端渐尖，基部鞘状，无明显的中脉。花茎实心，光滑，有不明显的纵棱，中、下部具2～3枚茎生叶；苞片3～5枚，披针形，膜质，顶端渐尖或短渐尖，中脉明显，内包含花2～4朵；花大，蓝紫色；花被管上部稍膨大，似喇叭形；外花被裂片倒卵形或椭圆形，上部反折下垂，爪部楔形，中央下陷呈沟状，鲜黄色，无附属物，内花被裂片直立，倒披针形；花柱分枝扁平，花瓣状，拱形弯曲，边缘有波状的牙齿，子房钝三角状圆柱形，上部略膨大。蒴果椭圆状柱形，具6条纵肋。种子扁平，半圆形，褐色，有光泽。

生态习性：燕子花生于河岸边、沼泽地的水湿地。喜阳光充足，喜生长于土质肥沃的沼泽地区，耐寒，但不耐干旱。

繁殖方法：繁殖方法为分根繁殖和播种繁殖，一年四季均可进行繁殖，但以春、秋两季最佳。分根繁殖当年即开花，播种繁殖需要培养3～5年方可开花。

（1）分根繁殖　春季化冻后，将根茎挖出，将过长的须根与枯叶剪去，分割根茎，每块带1～2个壮芽或侧枝，伤口用小灰涂抹，栽植于池边、水畔及潮湿的地方，上覆土2～4cm，栽植前施以厩肥，15d后出苗。

（2）播种繁殖　每年秋季蒴果未开裂前采收种子，风选干净，浸水24h，再冷藏10d，播于冷床中，翌春发芽后移植。

栽培管理：4月初应浇返青水，以促进植株的生长和新芽的分化，生长期内需追肥2～3次，确保花期对营养的需求。

园林用途：燕子花可用于鸢尾专类园和水景园，配植于水池或栽植于盛有黏土的水缸中。还是鲜切花的好素材，花期较长，单株花期约20d。

2.5.10 大花马齿苋（彩图2-5-10）

科属：马齿苋科、马齿苋属

别名：松叶牡丹、太阳花、午时花、龙须牡丹、洋马齿苋

英文名：Oilnat Sunflower

学名：*Portulaca grandiflora*

形态特征：一年生或多年生肉质草本。株高0.15～0.2m，茎细而圆，茎叶肉质，平卧或斜生，节上有丛毛。叶圆柱形，散生或略集生。花顶生，直径2.5～5.5cm，基部具叶状苞片。花单生或数朵簇生于枝顶，花瓣颜色鲜艳，红、白、黄、紫等色。蒴果，成熟时开裂，种子小，银灰色。园艺品种较多，有单瓣、重瓣、半重瓣之分。花期6～9月，岭南地区全年开放。

生态习性：性喜温暖、阳光充足的环境，阴湿之地生长不良。极耐瘠薄，一般土壤皆可适应，尤喜排水良好的沙质壤土。见到阳光开花，早晨、晚间、阴天闭合，故有太阳花之名。生长强健，管理粗放，短期内即可达到观赏效果。

繁殖方法：采用播种繁殖或扦插繁殖。播种季节可选在春季、夏季、秋季。太阳花种子细小，每克约8400粒，极轻微地覆盖细粒蛭石，或播种后略压实。发芽温度21～24℃，7～10d出苗气温。覆土宜薄，不盖土也能生长。幼苗分栽，株行距5cm×6cm。生长期间需施液肥数次。15℃以上条件，约20天即开花。扦插繁殖常用于重瓣品种，于夏季将剪下的枝梢作插穗，萎蔫的茎也可利用，插活后即现花蕾。只要保持一定湿度，一般10～15d即可成活，进入正常的养护。移栽植株无需带土，生长期不必经常浇水。果实成熟即开裂，种子容易散落，需及时采收。其园艺新品种多样，种子较难收集。重瓣的园艺新品种，花后不结籽，故采用扦插繁殖。

栽培管理：播种后的幼苗较为细弱，需保持较高的温度，小苗快速生长才能形成较为粗壮、肉质的枝叶。然后小苗可以直接上盆，选用直径10cm盆，每盆种植2～5株，成活率高，生长迅速。大花马齿苋极少感染病虫害，平时养护需保持一定湿度，半月施一次千分之一的磷酸二氢

钾，即能达到花大色艳、花开不断之目的。如感染蚜虫，关键是在发芽前，即花芽膨大期喷药。可喷施吡虫啉4000～5000倍液。发芽后使用吡虫啉4000～5000倍液，并加兑氯氰菊酯2000～3000倍液即可杀灭蚜虫，也可兼治杏仁蜂。坐果后可用蚜灭净1500倍液。每年霜降节气后将重瓣的太阳花移至室内有阳光照射处。入冬后置于温室内，盆土稍偏干，即可安全越冬。次年清明后，根据天气情况，可将花盆置于室外，如遇寒流来袭，还需移入室内。

园林用途：大花马齿苋品种繁多，花色多样，通常包括大红、稼红、深红、紫红、淡黄、深黄、白、雪青等颜色，景观效果极佳。其生长强健，管理粗放，可应用于花坛中，也可作为花镜镶边材料。此外，还可于室内盆栽观赏，别具一格。

2.5.11 角堇（彩图2-5-11）

科属：堇菜科、堇菜属

别名：小三色堇

英文名：Celery

学名：*Viola cornuta*

形态特征：多年生草本，常做一年生栽培。植株高度0.1～0.15m，叶长卵形，叶缘有圆缺刻，由叶腋抽出花梗。花顶生，近圆形，上部具2片圆瓣，下具3片花瓣，花色多样，有整朵花单一颜色，或为渐层色彩，或上瓣和下瓣分为两色，或花心带有条纹，或如猫脸变化。一般较难分清角堇（Viola）与三色堇（Pansy），简易的分辨方法是观察花的大小，角堇的花径2～4cm；而三色堇花径约4～11cm。同属品种约有500种，园艺品种较多，花期因栽培时间而异。

生态习性：性喜凉爽气候，耐寒性强，忌高温。否则日照不良，开花不佳。

繁殖方法：角堇一般用播种的方式来繁殖角堇，以秋季为宜。南方多秋播，北方春播，种子发芽适温约15～20℃，气温高于25℃会发芽不良。角堇的种子细小，播种后用粗蛭石略为覆盖，5～8d后发芽。大约30d后，叶片长到3～4枚时，就可移植。

栽培管理：角堇的栽培宜选用排水良好、肥沃、富含有机质的壤土或沙质壤土。多用播种繁殖，南方多秋播，北方春播，发芽适温为15～20℃，7d左右发芽。40d后带土坨定植。生长期每月施肥1次，开花后停止施肥。注意防治炭疽病、灰霉病及蚜虫、红蜘蛛等。

园林用途：角堇的株形较小，花朵繁密，花期长、开花早、色彩丰富，是布置早春花坛的优良材料，也可大面积地栽而形成独特的园林景观，家庭常用来盆栽培观赏。

2.5.12 丛生福禄考（彩图2-5-12）

科属：花荵科、天蓝绣球属

别名：丛生福禄考

英文名：Moss Pink

学名：*Phlox subulata*

形态特征：多年生常绿耐寒宿根草本花卉。株高8～10cm，茎密集匍匐，老茎半木质化，匍地生长，枝叶密集，基部稍木质化。叶互生，基部叶对生，宽卵形、矩圆形或披针形，长2～7.5cm，顶端急尖或突尖，基部渐狭或稍抱茎；叶无柄，全缘，上具柔毛，簇生，革质。春季叶色鲜绿色，夏秋暗绿色，冬季经霜后变为灰绿色，叶与花同放。开花时节，繁茂的花朵将茎叶全部遮住。聚伞花序顶生，具短柔毛；苞片、小苞片皆为条形；花色多样，包括紫红色、粉紫色、白色、粉红色等颜色；花萼筒状，裂片条形，外被柔毛；花冠高脚碟状，直径2～2.5cm，芳香，裂片圆形有浅凹，雄蕊不伸出；花瓣5枚，倒心形，具深缺刻，花瓣基部有1深红色圆环，花径2cm。花期5～12月，第1次盛花期4～5月，第2次盛花期8～9月，至12月仍有零星小花开放。

生态习性：丛生福禄考原产美国北卡罗来纳州、纽约州、密歇根州，1732年传入欧洲，世界各地均有栽培。性喜光，但稍阴处也可生长，忌水涝。该花生长强健，喜向阳高燥之地，不择土壤，但以肥沃湿润排水良好的石灰质土壤最适其生长，半阴处也可生长开花。栽植简单，适应性强，具耐热、耐旱、耐寒、耐盐碱等特性，但忌夏季炎热多雨。

繁殖方法：丛生福禄考可采用扦插繁殖或分株繁殖。

(1) 扦插可在5～7月进行，选择健壮植株，以当年生半木质化的枝条作插穗，长度7～10cm，扦插基质选用干净的河沙或蛭石，湿度保持在80%～90%，温度20～30℃，15d后即可生根，生根率可达80%～90%。

(2) 分株繁殖可在春、秋两季进行。将苗挖出，除去根际泥土，可见一丛丛的独立株丝，用刀分割每一独立的株丝，使之形成独立种苗，按照15～20cm的株行距栽种，每穴可植入2～3株。植入后踩实土壤，浇透定根水1次，3d后再浇1次水。约4d后可进行第1次松土保墒，之后转入常规管理。

栽培管理：丛生福禄考栽植后应踩实土壤，以免灌水露根，影响成活率。夏季应及时修整，尤其是开花后，应剪去开过花的枝蔓与不整齐的枝蔓。只能用手剪进行修整，不可用剪草机推剪。如发现杂草，需人工清除，不可喷洒除草剂。干旱季节，丛生福禄考易发生红蜘蛛危害，症状为叶丛发黄。过于严寒的地区，可在田间种苗上覆盖一层树枝或树叶，这样可以避免严寒带来的冻害。

丛生福禄考对于肥料的要求不严格，但是在生长周期内，应重视施入基肥，整地时加施有机肥，用量为每亩（1 亩 $=667m^2$）施入 500～1000kg。生长期施入少量氮肥和磷肥，长叶期以氮肥为主，花期可以喷施磷肥。

园林用途：丛生福禄考是福禄考品系中的一个独特品种。目前，它的绿化覆盖率高、观赏价值强，是优良的地被花卉，可替代传统草坪，故在园林绿化中颇受重视。园林中可以大面积种植在平地、坡地或垂吊于垣墙上，也可定植在窗前花镜内。丛生福禄考花期和绿期皆长（330～360d），早春开花时繁花似锦，适宜庭院花坛配植或栽植在岩石园中，群体观赏效果极佳，也可作为地被装饰材料点缀草坪或吊盆栽植。

2.5.13 费菜（彩图 2-5-13）

科属：景天科、景天属

别名：土三七、景天三七、金不换、长生三七、田三七、四季还阳

英文名：Aizoon

学名：*Sedum aizoon* L.

形态特征：多年生肉质草本，株高可达 0.8m。根状茎短、粗厚，近木质化，地上茎直立，不分枝，无毛。叶互生，或近乎对生；狭披针形、椭圆状披针形至卵状倒披针形，长 3.5～8cm，宽 1.2～2cm，先端渐尖，基部楔形，边缘具不整齐的锯齿；叶坚实，近革质。伞房状聚伞花序，顶生，水平分枝，平展，下托以苞叶；萼片线形，先端钝，肉质，不等长，长 3～5mm；花瓣长圆形至椭圆状披针形，黄色，长 6～10mm，具短尖；雄蕊较花瓣短；鳞片近正方形，心皮卵状长圆形，基部合生，腹面凸出；花柱长钻形。蓇葖星芒状排列。种子椭圆形，长约 1mm。花期 6～7 月，果期 8～9 月。

生态习性：费菜分布范围广，我国主要分布于北部及长江流域各省，多生长于山坡岩石上、山地林缘、灌木丛、河岸草丛中。阳性植物，性喜阳，稍耐阴，耐寒、耐干旱瘠薄、耐盐碱，生命力强。在北方可露地越冬，适应性强，对土壤无严格要求。

繁殖方法：费菜可采用种子繁殖、分根繁殖及扦插繁殖，以分根繁殖为主。

（1）分根繁殖　早春将根部挖出，按照根芽的数量，将其分割成若干株，每株带根芽 2 个以上。然后按照株行距 30cm×15cm 挖穴，坐水栽植，覆土、踩实。

（2）扦插繁殖　夏季挑选生长粗壮的嫩枝，去掉基部叶片，截成长 10～15cm 的茎段，扦插入土 3～5cm，浇透水，保持土壤湿润，温度控制在 20～30℃，经 15～20d 便可生根成活，生根后可移至大田。

（3）种子繁殖　9 月份收割具成熟种子的果穗，经晾晒、脱粒，装入布袋，置于阴凉处备用。次年春季 4 月中旬，将种子播于事先备好的育苗床中，按照株行距 15cm×20cm 开沟浅播，播后浇水，盖草保墒。待出苗 10%时揭掉盖草，并进行松土、除草。

栽培管理：费菜移植后第 1 周应置于半阴处，缓苗后移至背风、向阳处。生长期间注意松土、除草，雨季宜注意排水。浇水应适时、适量。做到“见干见湿，不干不浇，浇则浇透”。可通过观察费菜叶片的颜色及表现来确定土壤的干湿状况。不可浇半截子水，否则会出现“上湿下干”现象，也不可在土壤本来含水量很大的情况下再次浇水，否则宜使土壤中含水量呈饱和状态，造成空气的缺乏。以上两种情况都会使叶片发黄，导致费菜死亡。

施肥应做到少施、勤施，即每次追肥的量要少，追肥次数要多。一般情况下，每月追肥 1 次，肥料最好选用花卉专用有机颗粒肥，或者于容器内用水浸泡废弃的动物内脏、豆饼等，经发酵即可使用，使用时需稀释至 20 倍，否则易烧死费菜。也可追施少量的复合肥。每次采收幼嫩茎叶后，需追肥 1 次，以促进其分枝，提高费菜产量。

费菜具有较强的生命力，在辽宁北部地区冬季可移至温室或室外背风向阳处，先浇透水 1 次，上面覆盖稻草，下雪后盖一些雪，可使其休眠越冬，次年春季发出的新芽将比周年生的费菜更加健壮。

费菜的病害主要为白粉病，属白粉菌科的一种真菌。病菌以闭囊壳越冬，温暖地区菌丝体和分生孢子均可在植株残体上越冬，翌年子囊孢子或分生孢子借助风雨的传播，由寄生表皮或气孔侵入植株。一般在多雨、高温、高湿季节易发生。此时可用 0.5 波尔浓度石硫合剂防治，亦可用粉锈宁。平时注意通风透光，及时铲掉杂草，雨季需排涝，秋季烧毁病株，可减少此病的发生。

园林用途：费菜花色金黄，枝翠叶绿，株丛繁密，适应性强，园林中可用于花坛、花境及地被，岩石园中多作为镶边植物，也可盆栽或吊栽，可调节空气湿度，点缀平台庭院。此外，还可作为绿化覆盖，应用于城市中一些立地条件较差的裸露地面。

2.5.14 蛇莓（彩图 2-5-14）

科属：蔷薇科、蛇莓属

别名：蛇盘草、蛇泡草、龙吐珠、蛇果草、麦蓤番、野草莓、宝珠草

英文名：Indian Strawberry

学名：*Duchesnea indica*

形态特征：多年生草本。根茎短，粗壮，匍匐茎多数，具柔毛。叶片倒卵形至菱状长圆形，长 2～5cm，宽 1～3cm，先端圆钝，边缘具钝锯齿，两面皆有柔毛，或上面无毛；具小叶柄，有柔毛；托叶窄卵形至宽披针形，长 5～8mm。花单生于叶腋，直径 1.5～2.5cm；花梗长 3～6cm，具柔毛；萼片卵形，先端锐尖，外面具散生柔毛；副萼片倒卵形，比萼片长，先端常具锯齿；花瓣倒卵形，黄色，先端圆钝；心皮多数，离生；花托在果期膨大，鲜红色，海绵质，有光泽，外具长柔毛。瘦果卵形，光滑或具不明显突起，鲜时有光泽。花期 6～8 月，果期 8～10 月。

生态习性：分布于印度、印度尼西亚、日本、阿富汗，欧洲、美洲均有记录。我国辽宁及以南各省、长江流域均有分布。野生种生于海拔 280～3100m 地区，还生长于河岸、山坡、草地及潮湿的区域。性喜阴凉、耐寒，华北地区可以露地越冬，适生温度 15～25℃。喜温暖湿润，不耐水渍、不耐旱。对土壤要求不严格，沙壤土、田园土、中性土中均生长良好，疏松、湿润的砂质壤土最宜生长。

繁殖方法：采用种子繁殖和分株繁殖。播种于秋季进行，可播于露地苗床，也可于室内盆播。蛇莓匍匐茎节处着土后，可以萌生新根，形成新植株。将幼小的新植株另行栽植，即为分株，按照株行距 30cm×30cm 种植即可。

栽培管理：整地作畦，畦宽 1.3m，高 0.20m，长度视地形而定。栽植前应施足基肥，豆饼、麻酱渣、鸡粪均可。有机肥或复合化肥皆可，生长期每月追肥 1 次，注意施肥后应立即浇水。旱季注意浇水。早春取越冬苗栽植，不久即可产生匍匐枝，并向四周蔓延，形成密集草丛，开花、结实。当年即可铺满地面，且蛇莓生长的地方很少有杂草，栽植中免去修剪，绿化效果很好。

园林用途：蛇莓枝叶茂密，植株低矮，管理粗放，枝叶匍匐地面，是优良的地被植物。且具有耐阴、春季返青早、绿色期长等特点，弥补了其他地被植物在树荫下不能生长的缺陷，可以代替草坪植于林下或道路两旁。可观叶、花、果，园林应用效果突出。但由于蛇莓不耐践踏，栽植于封闭的绿地内可表现出较好的观赏效果。此外，还可用于盆栽悬垂装饰，枝叶扶疏，花果并存，颇富情趣。

2.5.15 百里香（彩图 2-5-15）

科属：唇形科、百里香属

别名：地椒、山椒、麝香草、山胡椒、地花椒

英文名：Thyme

学名：*Thymus mongolicus*

形态特征：百里香为半灌木，茎多数，匍匐或上升，不育枝被短柔毛，由茎末端或基部生出，匍匐或上升。花枝高 2～10cm；花序下密被向下曲或稍平展的疏柔毛。花序头状，花具短梗。花萼管状钟形或狭钟形，长 4～4.5mm，内面在喉部有白色毛环；上唇具 3 齿，齿三角形，具缘毛或无毛，下唇较上唇长或近相等。花冠紫红、白色或粉色，长 6.5～8mm，被疏短柔毛，上唇直伸，微凹，下唇开展，3 裂，中裂片较长。叶 2～4 对，基部有脱落的先出叶。叶片卵形，长 4～10mm，宽 2～4.5mm，先端钝或稍锐尖，基部楔形或渐狭，全缘或稀有 1～2 对小锯齿，两面无毛，侧脉 2～3 对，下面微突起，腺点明显；叶柄明显，下部叶柄长约为叶片的 1/2，上部叶柄变短；苞叶与叶同形，边缘在下部 1/3 处具缘毛。坚果近圆形或卵圆形，压扁状，光滑。全株具香气。花期 6～7 月。果期7～9 月。

生态习性：分布于亚洲温带、欧洲及非洲北部，我国多产自黄河以北地区，特别是西北地区。野生种分布、生长在北方干燥的沙丘、草原或山坡向阳处。

性喜温暖、阳光及干燥的环境，耐旱、耐寒、耐瘠薄土壤，不耐涝，对土壤要求不严格，但在疏松、通气、排水良好的石灰质壤土中生长更好。

繁殖方法：可采用种子繁殖、分株繁殖和扦插繁殖。

（1）种子繁殖　春季 3～4 月进行播种育苗。由于百里香的种子细小，育苗地应精细整地，土要细碎平整，然后稍加镇压，浇水后撒播种子，覆盖一薄层细土，并支起小拱棚覆盖塑料薄膜，以保湿、保温。经 10～12d 出苗，气温适时揭膜。苗期应注意保持土壤的湿润，并要剔除杂草。苗高达到 10～15cm 时，可直接按照行株距 (30～45)cm×(25～30)cm 定植于大田，栽后浇透水。

（2）分株繁殖　选取 3 年生以上的植株，在 3 月下旬或 4 月上旬，母株尚未发芽时将其连根挖出，根据株丛大小分为 4～6 份，每个株丛应确保具 4～5 个芽，即可进行栽植。此外，还可采用分簇繁殖法。生长期间，将匍匐茎切断后进行移栽。

(3) 扦插繁殖　5～7 月剪取嫩枝进行扦插繁殖。

栽培管理：栽培环境应光线充足，否则造成植株的徒长。对于土质的要求不高，但要排水良好，可应用栽培土或泥炭苔混合珍珠岩。最适的生长温度为 20～25℃，热带地区栽植需注意夏季高温，可以将植株稍作修剪，以利于通风，并置于阴凉处越夏。

定植前进行土壤的翻整、耙平，畦栽或连片栽植。因植株呈丛状，栽植时注意分簇。栽植深度略深，覆土后压实。定植后需立即浇水，并注意保持土壤湿润，直至缓苗。生长期间每月浇水 1 次，并及时中耕松土，雨季注意排水。返青前、展叶后、开花前皆应适时给予浇灌。干旱季节还应向植株和附近地面喷水，提高环境的空气湿度。越冬前浇足冻水、早春及时浇灌，对植株的返青极为有利。

百里香植株矮小，与杂草相比竞争力较弱，定植后需及时除草。雨后和灌水后，即使没有杂草也需及时中耕，因苗小，近苗根处宜浅耕。花后将花后枝进行轻短截，促发新枝，有利于再次开花。越冬前应适度修剪，可以促进翌春植株的返青。

生长期配合浇水，可根据生长情况施肥 2 次，第 1 次于 3 月底至 4 月中旬追施饼肥水或过磷酸钙，以促进枝叶强健，开花繁茂；第 2 次于 7 月下旬至 8 月上旬，结合中耕和浇水，施麻渣干肥，促进花后复壮生长。入冬前浇越冬水后，培育腐熟的干粪肥，并培土，以利越冬。

园林用途：百里香植株呈丛状或单一群体，园林中常用作为花境的边缘、香料园或向阳处的地被植物。尤其适于栽种在山坡或假山上以覆盖土面，不仅可防止水土流失，还可顺应地势，呈现下垂或平铺的自然景观。全株皆可提取挥发油，常作为烹饪、化妆品的香料。

2.5.16　紫花地丁（彩图 2-5-16）

科属：堇菜科、堇菜属

别名：光瓣堇菜、野堇菜

英文名：Chinese Violet

学名：*Viola philippica*

形态特征：多年生草本，无地上茎，根状茎短，淡褐色，垂直，节密生，具数条淡褐色或近白色细根。叶基生，莲座状；下部叶片通常较小，呈狭卵形或三角状卵形，上部叶片较长，呈狭卵状披针形、长圆形或长圆状卵形，先端圆钝，基部楔形或截形，稀微心形，边缘有较平的圆齿，叶两面被细短毛或无毛，有时仅叶背面沿叶脉被短毛；叶柄在花期通常长于叶片 1～2 倍，上部有极狭的翅；托叶膜质，淡绿色或苍白色，与叶柄合生，离生部分线状披针形，近全缘或边缘疏生具腺体的流苏状细齿。花淡紫色或紫堇色，稀白色，喉部色较淡且带有紫色条纹；花梗细弱，高出叶片或与叶片等长，无毛或有短毛，中部附近具 2 枚线形小苞片；萼片披针形或卵状披针形，先端渐尖，基部附属物短，末端截形或圆形，边缘具膜质白边，无毛或具短毛；花瓣长圆状倒卵形或倒卵形，侧方花瓣长，内无毛或有须毛，下方花瓣连距长 1.3～2cm，内具紫色脉纹；子房卵形，无毛，花柱棍棒状，比子房稍长，顶部略平，前方具短喙。蒴果长圆形，长 5～12mm，无毛；种子卵球形，淡黄色，长 1.8mm。花、果期 4 月中下旬至 9 月。

生态习性：原产中国华中、华北地区，日本、朝鲜、俄罗斯均有分布。野生种生于田间、山坡草丛、荒地、林缘或灌丛中，庭园较湿润处通常形成小群落。性喜光，喜湿润环境，耐荫、耐寒，适应性极强，不择土壤。

繁殖方法：紫花地丁繁殖容易，可采用播种繁殖、分株繁殖和自然繁殖。

(1) 播种繁殖　分为穴盘育苗和露地直播。穴盘育苗采用的床土一般为园土、腐叶土、细沙比例在 2∶2∶1。播种前进行土壤消毒，可用 0.3%～0.5%的高锰酸钾溶液喷洒床土，以达到防治苗期病虫害、培育壮苗的目的。覆土厚度以不见种子为宜。春播时间 3 月上、中旬，秋播时间 8 月上旬。播后温度控制 15～25℃，约 7d 出苗。露地播种时间为 8 月份，先将土壤平整、浇透水，待水下渗后，拌匀种子与细沙土，撒至地面，稍加细土覆盖，7d 即可出苗。

(2) 分株繁殖　翻耕土壤，施足底肥，整地耙平，如于 4 月将其从苗地挖起，分株栽植于田间，株行距 10cm×10cm，浇透水，6 月即可布满田地。分株时间选在生长季皆可，夏季分株注意遮荫。如在春季分株繁殖会影响开花，雨季移植最佳，易成活且不影响次年开花。分株繁殖见效较快，成活率高，绿色期长。

(3) 自然繁殖　紫花地丁自繁能力强，在规划区内每隔 5m 分株栽植呈片状，种子成熟后不需采撷，任其随风飘落，自然繁殖，10 月即可达到满意效果。

栽培管理：小苗出齐后应加强管理，尤其要控制温度避免小苗徒长。此时要求光照充足，温度需控制在白天 15℃，夜间 8～10℃，保持土壤稍干燥。待小苗长出第 1 片真叶时进行分苗，移苗时根系应舒展，底水要浇透。如白天温度 20℃，夜间温度 15℃，可适量施用腐熟的有机肥液以促进幼苗生长，苗具 5 片叶以上时即可定植。

如需定植，选用叶片在 15～20 枚时大中苗移栽，定植密度40株/m^2。如选用叶片在5～10时的中小苗移栽，定植密度控制在50株/m^2。带土坨移植较裸根移植缓苗快，成活率高。

紫花地丁抵抗能力强，生长期无需特殊管理，可在生长旺季，每隔7～10d追施有机肥1次。

如红蜘蛛危害叶片，可喷施石硫合剂。一旦发生叶斑病，应立即使用百菌清800倍液，进行叶面喷雾，每隔7～8d 1次，连续喷施2～3次，即可痊愈。主要虫害有白粉虱、介壳虫等，可使用40%氧化乐果1000～1500倍液喷洒。

园林用途：紫花地丁生长整齐，植株低矮，株丛紧密，便于经常更换和移栽布置，故适用于花坛或早春模纹花坛。花期早且集中、返青早、适应性强、观赏性高、自播能力强，可作为地被植物大面积群植于疏林下、水池旁等阴湿处，或作为花境、花丛的材料。也可盆栽用于书桌、窗台、台架等室内装饰，还可制作成盆景。

2.5.17 过路黄（彩图2-5-17）

中文名：过路黄

科属：报春花科、珍珠菜属

别名：真金草、金钱草、铺地莲、走游草、金银花

英文名：Lysimachia Christinae

学名：*Lysimachia christinae*

形态特征：茎柔弱，匍匐，从基部向顶端逐渐细弱呈鞭状，长20～60cm，平卧延伸，幼嫩部分密被褐色无柄腺体，下部的节间较短，常发出不定根。叶对生，卵圆形、近圆形至肾圆形，先端锐尖或圆钝以至圆形，基部截形至浅心形，透光可见密布的透明腺条，两面密被糙伏毛或无毛；叶柄较叶片短或与之近等长。花单生叶腋；花萼分裂近达基部，裂片披针形、椭圆状披针形以至线形或上部稍扩大而近匙形，先端稍钝或锐尖，无毛、被柔毛或仅边缘具缘毛；花冠黄色，基部合生部分长2～4mm，裂片狭卵形以至近披针形，先端钝或锐尖，质地稍厚，具黑色长腺条；子房卵珠形，花柱长6～8mm。蒴果球形，直径4～5mm，无毛，具稀疏黑色腺条。花期5～7月，果期7～10月。

生态习性：产于我国长江流域和西南各省区，垂直分布可达海拔2300m，生于沟边、路旁阴湿处和山坡林下。性喜阴凉、温暖、湿润环境，不耐寒，适宜肥沃、疏松、腐殖质较多的沙质土壤。

繁殖方法：可采用种子繁殖和扦插繁殖。

(1) 种子繁殖　种子具硬实性，一般硬实率达40%～90%，播种前应用砂磨3～5min或80～90℃热水中浸2～3min，可明显提高发芽率。

(2) 扦插繁殖　过路黄种子小，不易采集，苗期生长缓慢，故一般多采扦插繁殖。植株生长茂盛时（南方5～6月，北方7～8月），将匍匐茎剪下，每3～4节剪成1段，作为插条。按照株行距各20cm开浅穴，每穴栽插2段，入土2～3节，压紧，覆盖拌有人畜粪尿的1.5cm厚重土1层。扦插后，如天旱无雨，需浇水保苗，以利于成活。

栽培管理：发出新叶时，可施稀人畜粪水1次，如出现缺苗，应及时剪取较长的插条补苗，蔓长20cm时，中耕除草1次，培土1次，并追肥1次。每公顷每次施稀人畜粪尿15000kg。秋季收获后，也应中耕除草且追肥1次。随后每年3～4月和每次收获后，都应进行中耕除草和追施人畜粪尿1次。

虫害包括蛞蝓及蜗牛，可于早晨撒生石灰粉进行防治。

园林用途：常作地被应用于园林，与草坪及其他地被配植，尤其是金叶过路黄，颜色鲜亮，景观效果好。

2.5.18 彩叶草（彩图2-5-18）

科属：唇形科、鞘蕊花属

别名：五彩苏、老来少、五色草、锦紫苏

英文名：Coleus Blumei

学名：*Coleus scutellarioides*

形态特征：多年生草本植物，老株可以长成亚灌木状，但株形不雅，观赏价值较低，故多作一、二年栽培。株高0.5～0.8m，栽培苗大多控制在0.3m以下。全株具毛，茎四棱，基部木质化。单叶对生，卵圆形，先端长渐尖，缘具钝齿牙，叶可达0.15m，叶面绿色，具桃红、淡黄、紫、朱红等颜色鲜艳的斑纹。顶生总状花序，花小，浅紫色或浅蓝色。坚果平滑，具光泽。彩叶草的变种、品种极多，如五色彩叶草（*C. scutellarioides* var. *verschaffel*）叶片有暗红、朱红、桃红、淡黄等色斑纹，长势强健。丛生彩叶草（*C. thyrsoideus*），亚灌木，叶鲜绿色，花亮蓝色，轮伞花序。

生态习性：彩叶草是一种适应性极强的花卉。原产印尼，我国很多地区均有栽培，南方地区更为常见，主要培育基地为浙江、安徽、江苏等地。

喜温性植物，适应性强，不耐强光直射，喜湿润、肥沃土壤。冬季温度不可低于10℃，夏季高温需稍加遮阳，喜阳光充足、通风良好的环境，光线充足可使叶色鲜艳。

繁殖方法：彩叶草主要采用播种繁殖和扦插繁殖。通常播种繁殖可保持品种的优良性状。有

些尚不能采用播种繁殖保持优良性状的品种，需扦插繁殖。

（1）播种繁殖　播种需在高温温室进行，四季均可盆播，一般在3月进行播种。将素面沙土与充分腐熟的腐殖土以1∶1比例混匀装入苗盆，育苗盆置于水中浸透，然后按照小粒种子的播种方法下种，微覆薄土，上覆塑料薄膜或玻璃板，保持盆土湿润，加强养护管理。发芽适温25～30℃，10d可发芽。出苗后间苗1～2次，再分苗上盆。播种的小苗，叶色各异，此时可择优栽种。

（2）扦插繁殖　一年四季皆可进行，极易成活。也可以结合植株修剪和摘心进行嫩枝扦插，剪取生长饱满充实的枝条，剪取长度10cm，插入消毒干净的河沙中，入土部分需带有叶节生根，扦插后疏荫养护，注意保持盆土湿润。温度高时，生根较快，切忌盆土过湿，以免烂根。15d即可生根成活。也可水插繁殖，插穗选取生长充实的枝条，截取中上部2～3节，剪去下部叶片，置于水中，待有根长至5～10mm即可栽入盆中。

栽培管理：盆播的实生幼苗子叶展开后进行分苗、移植，或直接上盆。选用疏松培养土，并加入适量骨粉和腐熟的有机肥，待苗高0.2m进行摘心和整形修剪，促进其分枝，然后移入大盆或待气候转暖后定植于露地。生长期适温20～25℃，经常向叶面洒水，保持一定的空气湿度。若向枝叶喷洒磷、钾液肥，则叶色更为鲜艳。忌施过量氮肥，否则叶面暗淡。观叶植株尽早剪去花枝，留种植株需保留花枝结实。盆栽植株夏季置荫棚下，每20d追施液肥1次。深秋移入低温温室养护，需给予充足光照，越冬温度7℃以上。

幼苗期易发生猝倒病，播种土壤应予以消毒。生长期如有叶斑病危害，使用50%托布津可湿性粉剂500倍液喷施。室内栽培时，易发生红蜘蛛、介壳虫和白粉虱危害，可使用40%氧化乐果乳油1000倍液喷雾防治。幼苗期应根据设定的株形进行摘心，若培育成丛生而丰满的圆柱形，则需对主干摘心，若培育成圆锥形，则主干不摘心，而对侧枝进行多次摘心，若不采收种子，则应及时对花序摘心。

园林用途：彩叶草叶色鲜艳、品种繁多、繁殖容易、应用广泛。可作为小型观叶花卉，还可配置图案花坛，也可作为花束、花篮的配叶使用。

室内陈设多以中小型盆栽为主，为使株形优美，常剪掉未开的花序，置于窗台、矮几之上。可作为模纹花坛的镶边，还可将盆栽的彩叶草组成图案布置大型，展现群体美。

2.5.19　羽衣甘蓝（彩图2-5-19）

科属：十字花科、芸薹属

别名：绿叶甘蓝、牡丹菜、叶牡丹、花包菜

英文名：Collard

学名：*Brassica oleracea* var. *acephala* f. *tricolor*

形态特征：二年生草本植物，为食用甘蓝的园艺变种。栽培一年的植株形成莲座状叶丛，经冬季的低温，翌年可开花、结实。植株高大，根系发达，主要分布在0.3m深的耕作层。茎短缩，密生叶片。单叶，集生于茎基部，宽大匙形，光滑无毛，被白粉，外部叶片边缘具细波状皱褶，呈粉蓝绿色，叶柄粗而有翼；内叶叶色丰富，包括粉红、紫红、黄绿、白等色。总状花序顶生，虫媒花。果实为角果，扁圆形，种子圆球形，褐色。花期4～5月。

园艺品种多样，按照高度可分为高型和矮型；按照叶的形态分为不皱叶、皱叶及深裂叶；按照颜色分，边缘叶有黄绿色、翠绿色、灰绿色、深绿色，中心叶则有紫红、玫瑰红、肉色、淡黄、纯白等品种。

生态习性：原产地中海至小亚西亚一带，主要分布于温带地区，我国栽植广泛。

性喜冷凉气候，耐热，耐寒，可忍受多次短暂的霜冻，但不耐涝。生长势强，栽植容易，喜阳光，耐盐碱，喜腐殖质丰富、疏松肥沃、排水良好的土壤。在钙质丰富、pH 5.5～6.8的土壤中生长最为旺盛。生长适温20～25℃，种子发芽的适温为18～25℃。

繁殖方法：播种繁殖为羽衣甘蓝的主要繁殖方法，控制好播种时间是其栽培的重要环节。一般羽衣甘蓝的播种时间为7月中旬至8月上旬，8月中下旬定植，切花期11～12月。如播种过早，生长后期老叶即开始黄化；播种过晚，生长后期因受温度影响，出圃时叶丛冠径达不到所需规格。羽衣甘蓝播种可于露地进行。分为做畦和穴盘育苗两种方法。注意苗床应高出地面0.2m，筑成高床，以利于气温高、雨水多的季节进行排水。

播种前需搭好拱棚架，旁边准备塑料薄膜，大雨来临前应及时覆盖，避免雨水冲刷降低出苗率。采用40%草炭土和60%的珍珠岩作为育苗基质。播种前先喷透基质层，将种子直接撒播在基质上，覆盖土壤以刚好看不见种子为宜，播种后不需再次浇水。

栽培管理：播种后温度保持在20～25℃。苗期少量浇水，适当中耕松土，以防幼苗徒长。播种后25d幼苗2～3片叶时分苗，幼苗5～6片叶时定植。夏秋季露地栽培气温较高，应搭遮阳棚，注意排水。

浇定植水后需中耕，5～6d后浇缓苗水，土壤稍干时，中耕松土，提高地温，促其生长。生长期土壤要经常保持湿润，夏季不积水。适当追肥，每采收1次追肥1次。

由播种至采收55～65d，外叶展开10～20片时即可采集嫩叶食用，每次每株可采嫩叶5～6片，留下心叶继续生长。一般每10～15d采收1次。秋、冬季稍经霜冻后风味更好。冬季冷凉季节采收的嫩叶风味、品质更佳。

羽衣甘蓝吸肥力强，要求肥料充足。定植2～3个月后，仍需进行1次全量或半量营养液的更新，以保持羽衣甘蓝始终快速生长。

注意防治蚜虫、卷叶蛾、菜青虫等。蚜虫刚发生时，可喷施40%氧化乐果、乐果1000～1500倍液，或辛硫磷乳剂1000～1500倍液，或扑虱蚜粉剂30～75g/667m^2。为防治卷叶蛾，冬季可将场地周围枯草落叶清扫烧毁，消灭越冬虫体。发生大量卷叶蛾虫害时，可喷施50%杀螟松或80%敌敌畏乳油，或50%辛硫磷乳剂1000～1500倍液，也可喷施胺萘可湿性粉剂1000～2000倍液。菜青虫幼虫数量较多时，应及时喷施80%敌敌畏或辛硫磷或杀螟松1000～1500倍液，使用40%氧化乐果1500～2000倍液喷施也具一定效果。

园林用途：羽衣甘蓝品种多样，叶形奇特，叶缘色彩丰富，为华东地区和北方地区冬季花坛的重要材料，也是盆栽观赏的佳品。其观赏期长，应用于公园、街头、花坛作为镶边或组成图案，观赏效果好。欧、美、日本还将部分观赏羽衣甘蓝品种用作鲜切花。

2.5.20 雁来红（彩图2-5-20）

科属：苋科、苋属

别名：小天蓝绣球、三色苋、老来娇、向阳红、叶鸡冠

英文名：Tricolour Amaranth

学名：*Amaranthus tricolor*

形态特征：一年生草本，株高0.15～0.45m，茎直立，粗壮，单一或分枝，分枝少，被腺毛。上部叶互生，下部叶对生，长圆形、宽卵形和披针形，顶端锐尖，基部半抱茎或渐狭，全缘，叶面有柔毛；无叶柄。圆锥状聚伞花序顶生，小而不明显，单性花或两性花，雌雄同株，具短柔毛，花梗很短；花萼筒状，萼裂片披针状钻形，长2～3mm，外具柔毛，结果时外弯或开展；花冠高脚碟状，直径1～2cm，白、淡黄、淡红、深红、紫等色，裂片圆形。蒴果椭圆形，长约5mm，下具宿存花萼。种子长圆形，长约2mm，褐色。

生态习性：原产地为亚洲热带地区，我国各地均有栽培。喜阳光充足的环境，对土壤要求不严格，以透气性强、疏松肥沃、排水良好的壤土最为适宜。耐干旱，耐盐碱，不耐寒，喜湿润向阳及通风良好的环境。忌湿热和水涝。

繁殖方法：可采用播种繁殖和扦插繁殖。

（1）播种繁殖　于春季5月进行，常采用露地苗床直播。播种时应遮光。播后加强管理，保持土壤湿润，温度控制在15～20℃，约7d可以出苗。在热带低纬度地区，通常冬播，翌年5～6月出苗，梢叶可变色，且观赏期较长。雁来红种子成熟后自然落地，故需及时采种。也可以延迟播种，即于7月中旬播种。但晚播植株明显矮小，9月底叶片变红，可供国庆期间装饰之用。

（2）扦插繁殖　繁殖量较小，故较少采用，但可以保持母株的优良特性。有时播种苗较少无法满足需求，又过了播种季节，也可采用扦插繁殖。扦插在生长季进行，剪取中上部的枝条作为插穗，剪成10～15cm，削口需平，下切口距叶基约2mm，插入蛭石、细沙、珍珠岩中均可。若插穗用0.1%ABD生根剂浸泡1～2h，可提前2～3d生根。

栽培管理：播种苗的幼苗生长比较缓慢，苗高10～15cm时定植，株距40cm，生长期间中耕除草，还需壅土固株，以防植株倾斜或倒伏。一般情况下不必追肥，肥料过多容易引起徒长和叶色不艳，影响观赏效果。生长季施肥2～3次，氮、磷、钾肥配合使用。生长期需进行摘心，以促分枝。也可不摘心，自由生长培养成高株型。盆栽时，由于植株较高，须立支架，防止倒伏。若作为园地美化之用，可于株高10cm时，定植于园地，也可直接播种在园地中，适当减少播种量，就可以不间苗。果熟时采种，以防自然散落。

雁来红栽培过程中最容易发生的虫害有白粉虱，病害有根腐病和茎腐病。白粉虱一年四季均可发生，应注意周边的卫生环境，清除杂草、枯枝败叶，从而阻断虫源。温室中可悬挂黄色黏虫板，监测和判断白粉虱的活动情况。主要的杀虫剂包括速扑杀、万灵、扑虱灵等。防治根腐病和茎腐病，需清除感病植株，消毒基质，定植时使用杀菌剂浇灌或喷施，主要药剂包括恶霉灵、根菌清等。

园林用途：雁来红是重要的观叶植物，园林应用效果极佳。适宜作篱垣、花坛花镜的背景或丛植于路边，也可成片栽植于林缘、隙地，与其他花草组成华美的图案，亦可作盆栽、切花之用。

2.5.21 银叶菊（彩图2-5-21）

科属：菊科、千里光属

别名：雪叶菊

英文名：Dusty Miller

学名：*Senecio cineraria*

形态特征：植株多分枝，高度0.5～0.8m，全株具白色绒毛。叶匙形或羽状裂叶，一至二回羽状分裂，正反面皆被银白色柔毛，叶片质薄，缺裂，如雪花图案，具较长的白色绒毛。头状花序单生枝顶，花小，紫红色。花期6～9月，种子7月开始成熟。

生态习性：原产南欧及地中海沿岸，现已广布于我国华南各地，在长江流域可露地越冬。喜阳光充足、凉爽湿润的气候和疏松、肥沃的沙质壤土或富含有机质的黏质壤土。较耐寒，不耐酷暑，高温高湿时容易死亡。生长最适宜温度为20～25℃。

繁殖方法：银叶菊采用种子繁殖和扦插繁殖。

(1) 种子繁殖　8月底9月初将种子播于露地苗床，约15d出芽整齐。待长出4片真叶可上盆或移植大田，次年开春后再定植上盆。生长期间可通过摘心来控制银叶菊的高度，增大植株蓬径。

(2) 扦插繁殖　插穗生根的最适温度为18～25℃，低于18℃，插穗生根困难；高于25℃，插穗剪口容易因病菌侵染而腐烂，温度越高，腐烂的比例越大。扦插后如遇低温，需用薄膜将扦插的花盆或容器包裹起来，以达到保温的目的；如遇高温，可为插穗遮荫并进行喷雾，每天3～5次。

栽培管理：

(1) 浇水　上盆后浇水遵循"见干见湿"原则，干的程度以土壤表面发白为准。银叶菊具有较强的耐旱能力，故冬季从提高抗寒性、控制株高、降低湿度、预防病害等方面考虑，总体上浇水应适度偏干。但干、湿不是绝对的，应注意湿而不烂，干而不燥。

(2) 施肥　旺盛生长期应确保充足的肥水供应，如有徒长趋势，则需适当控水控肥。银叶菊较喜肥，上盆2星期后，每10d施肥1次，以氮肥为主，冬季间施1～2次钾、磷肥。肥料采用45%三元复合肥和尿素，浓度控制在1‰～1.5‰左右。或使用0.1%的磷酸二氢钾和尿素喷施叶面。浇水施肥，尽量点浇，勿施浓肥，不要沾污叶片。

(3) 冬季管理　银叶菊可耐－5℃低温，南方地区可单层棚或露地栽培，长江中下游地区可单层棚或双层棚栽培。北方－10℃以下地区，以具3层保温覆盖的大棚为宜。银叶菊喜光，冬季保证充足的光照。

(4) 病虫防治　银叶菊除偶有地下害虫危害，未见其他病虫害发生。

园林用途：可布置花坛，也可盆栽观赏，是重要的观叶植物。

2.5.22 莙荙菜（彩图2-5-22）

科属：藜科、甜菜属

别名：光菜、厚皮皮菜、牛皮菜

英文名：Spinach Beet

学名：*Beta vulgaris*

形态特征：一年或二年生草本，全株光滑无毛，茎高0.3～1m，至开花时始抽出。根不肥厚，有分支。叶互生，有长柄；根生叶矩圆状卵形或卵形，先端钝，基部楔尖或心形，长0.3～0.4m，边缘波浪形；茎生叶较小，卵形、倒卵形、菱形或矩圆形，最顶端的叶变为线形苞片；叶片肉质光滑，淡绿、浓绿或紫红色。圆锥花序，花小，两性；绿色，无柄，单生或2～3朵聚生。子房半下位。果常聚生，形成极不规则干燥体。种子横生，圆形或肾形。花期5～6月。果期7月。莙荙菜按照叶柄颜色可分为红梗、青梗和白梗，青梗在中国栽植较普遍。

生态习性：原产欧洲南部，公元5世纪由阿拉伯传入中国。中国南方和西南地区常见栽培。性喜湿润冷凉气候，耐寒、耐碱、耐热力均较强。种子在4～5℃可以缓慢发芽，发芽最适温度18～25℃。长日照、低温可促进花芽分化。生长期需保证充足的水分，但忌涝。土壤以质地疏松、中性或弱碱性的沙质壤土为宜。空气中CO_2浓度的提高对于莙荙菜有增产作用。

繁殖方法：以幼苗供食为目的则宜直播；以分期摘叶采收为目的宜条播或育苗移栽。因为莙荙菜为聚花果，果皮厚且含有抑制种子萌发的物质，吸水较慢，故播种前宜浸种2h，以利于种子萌芽。秋播在高温下发芽较困难，宜低温催芽后再播种。直播每公顷用种量22.5～30kg。种植行距25～30cm，株距20～25cm。

栽培管理：栽培管理粗放，生育期适当进行中耕除草，给予肥水，则叶大肥厚，整齐美观。入春后抽苔开花，4月中旬种子成熟后，将整株连根拔下，打晒干净，储存备用。通常种子避免在花坛中采收，应在苗圃畦地中留种。

莙荙菜耐肥，栽植地应施用充分腐熟的有机肥作为基肥，每次采摘后结合灌水，追施速效性氮肥1次。灌溉遵循"见干见湿"原则。

危害莙荙菜的病虫害较少。有时会有地老虎、蚜虫、潜叶蝇等虫害。主要的病害有褐斑病、白粉病、立枯病、花叶病等。应加强管理及施用充分腐熟的厩肥，以免将病、虫源带入田中。药剂防治需选择残效短，易于光解、水解的药剂。保护地栽培可采用"全自动熏蒸炉"等高新产品防治病害。

园林用途：萏莛菜幼苗期植株整齐，耐寒性强，在冬季缺花季节，南方地区可用其布置花坛，或作冬、春季的观叶地被植物。也可上盆栽种，作为冬季布置会场及室内装饰之用。

2.5.23　五色苋（彩图 2-5-23）

科属：苋科、莲子草属

别名：红绿草、彩叶草、模样苋、五色草、法国苋

学名：*Alternanthera bettzickiana*

形态特征：多年生草本，作一、二年生栽培。茎直立斜生，多分枝，节膨大，高 10～20cm。叶小，单叶对生，椭圆状披针形，黄色、红色或紫褐色，或绿中具彩色斑；叶柄极短。花小，顶生或腋生，白色。胞果，常不发育。栽培变种有黄叶五色草（*A.b.cv.Aurea*）、花叶五色草（*A.b.cv.Tricolor*）。

生态习性：原产巴西，我国各地普遍栽植。性喜温暖湿润环境，喜光，略耐阴，不耐热，不耐旱，极不耐寒，冬季宜在15℃温室中越冬。

繁殖方法：五色苋以扦插繁殖为主。选取具2节的枝作为插穗，以3cm株距插入珍珠岩、沙或土壤中，扦插床适温22～25℃，7d即可生根，14d可移栽。

栽培管理：生长季节，适量浇水，以保持土壤湿润。以疏松肥沃、富含腐殖质、高燥的沙质壤土为宜，忌黏质壤土。一般不需施肥，为促其生长，也可以追施0.2%的磷酸铵。如用五色苋布置立体雕塑式花坛和模纹花坛等，要求带土定植，几天内即可成型。生长期需要常修剪，抑制其生长，以免破坏设计图案。天旱应及时浇水，每月喷施2%氮肥1次，以利植株生长，提高观赏效果。

园林用途：五色苋植株低矮，繁殖容易，枝叶茂密，是布置模纹花坛和立体雕刻式花坛的好材料。利用其耐修剪和叶色多样的特性，可形成图案、花纹及文字。此时，需注意不同色彩五色苋的搭配。此外，还可用作盆栽、地被，供人观赏。

2.6　露地花卉种实生产与保存

花卉种子是进行花卉生产的基本材料。种苗的生产对于花卉的规模化生产、装饰应用、发展前景等具有举足轻重的作用。高质量的花卉种子和先进的育苗技术是提高露地花卉栽植质量的必要条件。花卉种苗生产的数量、质量、纯度，将直接影响花卉生产的产量、质量及效益。而高品质种子的获得，是后续顺利进行种子繁殖的有力保障。

露地花卉的种实指的是广义的种子，不仅包括植物形态学所言的由胚珠受精形成的种子，还包括植物学上的芽、根、茎、叶、果实等所有能够繁殖的器官。如苋科的千日红、鸡冠花等花卉的繁殖都是采用真正的种子；菊科的百日草、麦秆菊、翠菊等是采用果实繁殖的；而美人蕉大多采用根茎繁殖。

2.6.1　露地花卉留种母株的选择与培育

花卉种子品质的优劣，直接影响其发芽率，还关系其成苗后的生长发育、开花结实。为获取优良品质的种子，选择培育好的留种母株是关键。一般情况下，根据留种的目标，在相同立地条件下及同龄植株中，将生长和品质皆特别优良而用作采种的植株称为留种母株。母株的选择是有性繁殖的源头和最基础的工作，也是重要关键环节。

根据繁殖需要应选择生长旺盛、发育良好且无病虫害的植株作为母株。选定母株后，按照植物的生长特性和生态习性提供最佳的生长发育条件，包括光照、温度、水分、空气、土壤等，使其生长健壮，很好地完成各阶段的生长发育过程，最终结实，获得品种优良的种子。母株选择与培育的最终目的是生成纯度高、充实饱满、且发芽率和发芽势高的种子。其具体措施如下。

1）选择生长健壮、无病虫害且能够体现种及品种特性的植株作为母株。

2）对于不同的种及品种，应严格分区栽植，不同分区之间留出一定距离作为隔离区，从而避免不同种和品种之间的生物混杂与机械混杂。栽植培育期间，定期进行检查、鉴定，保留优株，淘汰劣株，以提高种子纯度。

3）根据花卉具体的生长发育状况，适当限制结实。可在花卉开花前，疏除部分花芽。其目的是减少结实的数量，提高结实质量。

4）植物的花序可分为有限花序和无限花序，花序中的每一小花开花的早晚不同，则结实的先后存在差异。先结实者由于得不到充足的养分，容易发育不完全。过晚结实者，又会因养分被前期结实者消耗而不能够充分的发育。故应选择中间结实者。

2.6.2　露地花卉种子产品类型

随着种子生产和加工技艺的不断改进与发展，种子采收后的进一步加工成为后续生产的关键环节。种子加工过程包括种子清洗、改变种子外形。露地花卉种子采收后需要进行清洗，即将种子外皮及附带的泥土、花粉等清洗干净。此

外，还要过筛网去掉杂物。大多露地花卉的种子需依据形态特征（如形状、大小、颜色、密度及质量等）进行分选，以便提高种子活力的均匀度，培育长势一致的种苗。通过上述处理，可以加快种子发芽速度，提高发芽率和发芽均匀度。

露地花卉的种及品种不同，改良效果也各异，其产品类型分类如下。

1）原型种子　种子采收后，除清洗外，未经其他加工过程的种子。

2）丸粒型种子　采用含药剂、肥料等的混合物包裹在细小的花卉种子外层，种子颗粒增大后便于播种工作，且可使种子发芽整齐。

3）整洁型种子　在种子采收后，进行加工处理，使种子清洁利于播种工作，如生产中常除去菊科露地花卉种子的冠毛，以便于操作。

4）经催芽处理的种子　采收后的种子，进行温度、药剂等的催芽处理，以便于提高种子的发芽率及发芽整齐度。

5）包衣型种子　采收种子后，在种子外面涂抹药剂，以避免种子在发芽和小苗生长过程中受到病菌的侵害，同时还可软化种皮，促进种子萌发，发芽齐整。

2.6.3　露地花卉种实的分类

露地花卉的种类与品种繁多，种实形态变化多样。对于露地花卉的种实进行分类，其目的在于准确无误地鉴别种实，以便于顺利进行播种繁殖与种实交换；准确计算千粒重；避免不同种类及品种的种实混杂；清除杂草的种子及其他杂物；保证栽植工作的顺利进行。露地花卉种实的分类如下。

（1）按照粒径（以长轴为准）大小分类

① 粒径10.0mm以上为超大种实，如枇杷、芒果。

② 粒径介于5.0～10.0mm为大粒种实，如金盏菊、紫茉莉。

③ 粒径介于2.0～5.0mm为中粒种实，如一串红。

④ 粒径介于1.0～2.0mm为小粒种实，如鸡冠花、三色堇。

⑤ 粒径0.9mm以下，为微粒种实，如矮牵牛、金鱼草。

（2）按照种实形状分类　分为披针形、线形、肾形、椭圆形、卵形、球形、扁平状、船形等。

（3）按照种皮坚韧度、厚度分类　种实表皮坚韧度与厚度通常决定萌发环境、条件。表皮坚韧度与厚度大的种类，可以采用刻伤种皮、浸种等处理方法促进其萌发。

（4）按照种实附属物的有无及附属物种类按照种实附属物的有无及附属物种类进行分类，附属物分为毛、钩、刺、翅等。

2.6.4　露地花卉种实品质标准

种子品质的优劣直接决定育苗的成功与否。花卉产业化生产要求种子具有高发芽率，并培育出强健的种苗，故品质优良的种子是后续进行花卉栽植的有力保障。衡量优良种实品质的标准如下。

（1）种子要成熟饱满、充分发育　成熟饱满的种子，具有较高的发芽率和发芽势，种苗才能生长健壮。

（2）种子应品种纯正　选择进行后续繁殖栽培的种子，需具有原种及品种的优良特性。

（3）确保种子新鲜　一般情况下，种子越新鲜，则生活力越强。除具有休眠特性的种子外，多数种子不宜久藏，采收后应注意保持种子的生活力。

（4）保证种子的整齐度　同一种类、同一批次的种子，其形状、大小、颜色等差异不宜过大，否则影响后续生产。

（5）种子清洁而无杂物　采收时，注意清除采种过程中带入的杂草、杂种、枝叶、石子碎片、尘土等，防止影响播种量的计算。

（6）无机械损伤和病虫害　采收的种实常伴有机械损伤，还可能附着虫卵及各种病菌，应注意选择无机械损伤和病虫害的优良种实。

2.6.5　露地花卉种子采收

采收的花卉种子要求纯净度高、籽粒饱满、无病虫害、质量指标高。因花卉种及品种不同，采收种子的时间与方法存在差异。

（1）花卉种子采收时间

在种子采集之前，首先需鉴定种子的成熟度。如过早采收，则种子未成熟；过晚采收，果实开裂，种子易散落或被雨水冲刷浸泡及鸟虫取食。

种子的成熟实质上是植物新的个体留在母株上开始生长的最早阶段。对于一、二年生花卉来说，种子的成熟同时伴随着母株逐渐趋向衰老与死亡。

花卉种子在成熟期间可否正常生长发育，一方面取决于田间的具体栽培管理，另一方面还与当时的气候条件密切相关。如种子成熟期间气候条件好，病虫稀少，则种子的品质明显提高，为留种提供了极为有利的条件。

狭义的种子成熟是指形态成熟，即形状、大小、颜色固定，不再发生变化，又称为工艺成熟。广义的种子成熟包括形态成熟和生理成熟，即真正成熟。只具备其中一个条件时，不能称之为种子真正的成熟。完全成熟的种子应该具备以下几个特点。

1）养料输送已经停止，种子所含的干物质已经不再增加，即种子的千粒重达到最高限度。

2）种皮坚固，呈现该种或品种固有的色泽或局部的特有颜色。

3）种子含水量减少，种子的硬度增高，对不良环境条件的抵抗力增强。

4）种子具有较高（一般＞80％）的发芽率和最强的幼苗活力，表明种子内部的生理成熟过程已经完成。

种子处于生理成熟期时，内部营养物质的积累已基本完成并具发芽能力。但种子的含水量较高，内部营养物质处于易溶状，种皮不坚硬，种子不饱满，难以贮藏，种粒小而轻，发芽率较低。故生理成熟期不宜采种。

种子处于形态成熟期时，内部营养物质的积累停止并转化成难溶于水的淀粉、蛋白质和脂肪，种子的含水量降低，酶活性减弱，种胚完成发育过程，种皮坚硬，抗性增强。此期种子发芽率高，耐贮藏，是大多数花卉的种实采集期。花卉生产中常根据种子形态成熟的程度，来确定采种的时间。

不同的露地花卉，根据果实与种子成熟的外部形态特征表现可分为以下类型。

1）果实自然开裂型　果实成熟后散落单个干燥种子，主要包括蒴果、荚果、干果、长角果，如颖果及菊科花卉的瘦果。果实成熟后种子容易散失，必须于种实开裂前进行采收，通常需随熟随采。

2）果实不开裂型　果实脱落后，种子不因成熟而立即散落，此类种子易于管理。

3）肉质果种子型　果实成熟时果皮变色，果肉软化，有的表面出现白霜。此类花卉果实成熟时即可采收，也可以果实过熟后采收。

（2）采收方法

1）摘取法　有些露地花卉的花期长，同一植株的种子成熟度不一致，单个果实成熟后易开裂使种子散失，此类花卉应分批采收。随时观察种子的成熟情况，在单个果实将裂未裂时采摘。

2）收割法　有些花卉种子成熟期较为一致，且成熟后种子不易散失，常采用收割法成批采收。

（3）种子采收的注意事项

1）成熟后立即脱落的小粒种子，落地后容易散失且难以收集，应在种子成熟后、开始脱落前采收。

2）成熟后立即脱落的大粒种子，应在脱落后立即收集，不可拖延，以免遭到虫害或感染病菌。

3）部分果实成熟后挂果时间较长，且成熟果实色泽鲜艳，挂果时间长易招来鸟类啄食，应于形态成熟后及时采收。

4）果实类型为荚果、角果、蓇葖果的花卉，易于开裂，宜于开裂前清晨空气湿度较大时采收。

5）长期不脱落的种子，虽可延长采种时间，但不可延迟太久，避免降低种子的生活力。

2.6.6　露地花卉种实处理

露地花卉种实处理是指将种子从果实中取出，经过适度干燥、清除夹杂物、种子分级等步骤，最终获得适于贮藏和播种的纯净、品质优良的种子的过程。种实采收后需及时处理，以便于贮藏、运输及保持种子的活力。种实处理分为脱粒、净种、干燥、精选等步骤。

（1）花卉种子脱粒

大多数露地花卉的种子在贮藏或播种前需去除种子外壳（包括外皮、果肉等），否则果肉腐烂易导致种子变质。花卉的种类和品种不同，则采用的脱粒方法各异，一般包括水洗脱粒法、干燥脱粒法等。

1）水洗脱粒法　一般果皮肉质且多汁的花卉种类和品种，容易腐烂发酵，故采收后应尽快脱粒，否则种子品质降低。具体方法：待果实黄熟或红熟后采摘，浸于水中，肉质果软化后，为使果肉与种子分离采用木棒击捣，然后切开果实挖出种子，清水冲洗后阴干或风干。

2）干燥脱粒法　分为自然和人工两种。自然干燥脱粒法是将采摘的果实摊成薄层，适当日晒，晾干，果或果壳开裂后，使种子自行散出或经人工敲击、碾压后再进行收集。人工干燥脱粒法是在人工通风、加热的环境下，促进果实干燥。一般加热烘干温度不超过43℃；如加热温度高、烘干速度快，会引起种皮皱缩、破裂，故种子较湿时，最高温度控制在32℃以下。球果、荚果、干果多用干燥法脱粒。露地花卉种子的最低保险湿度为8％～15％。

采收的新鲜种子如直接置于容器内贮藏，会导致种子腐烂、生活力降低，最终死亡。种子在晾晒时，应置于阴凉或阳光不烈的通风处，多加翻动，使种子受热均匀。种子干燥后，重量、颜色变化趋于稳定，置于手心不明显发凉时，种子已达到最佳干燥程度，此时可以贮藏。种子含水量过多或过少、晒种时间过长或过短，皆不利于长期保持种子的生命力。

（2）花卉种子净种、分级

花卉种子脱粒后，为提高种子纯度，需清除病粒、空瘪种子及杂物。主要的净种方法包括筛选、风选、水选、粒选。筛选采用不同孔径的筛子，去除不饱满种子、瘪粒和夹杂物。风选和水选是利用风力、水流或溶液筛选花卉种子的方法。水选法的浸水时间不应太长，浸好水后种子要立即阴干。种子如颗粒大、数量少最好采用人工逐粒挑选。

花卉种子净种后，还需进行分级处理。种子大小不同，发芽率亦有别。同一批净种后的种子，需按照轻重或大小进行分类，一般分为小、中、大三级。种子分级后，播种出苗整齐，便于后续育苗管理。

2.6.7 露地花卉种子的贮藏

(1) 影响花卉种子寿命的因素

露地花卉种子的寿命指在一定的环境条件下，能够保持种子生活力的时间期限。对于种子群体来说，由采收至半数种子存活经历的时间为此种子群体的寿命。

露地花卉种子的寿命取决于自身的遗传因素，同时还受到环境因素（包括温度、水分、光照、氧气及电离辐射等）、种子的成熟程度、贮藏前处理、贮藏时的含水量与生活力，以及细菌与真菌的污染程度等因素影响。

对于种子含水量的要求因花卉种类不同而异。王莲、牡丹、芍药等花卉种子，充分干燥会失去发芽力。而长寿和中寿的花卉种子经充分干燥可以延长寿命。一般情况下，含水量在4%～6%较为适宜，含水量过低，种子可能失去活力；含水量达到8%～9%以上，则病虫害活动频繁和繁殖；含水量达到12%～14%（相对湿度在65%以上），真菌活动增多；含水量达到18%～20%，种子会发热，呼吸作用增强。如果将花卉种子贮藏在低温、高湿的环境中，之后移至高温中，会很快失去生活力。通常花卉种子在密封后的贮藏温度为1～5℃，降低氧气含量还可延长种子寿命。种子贮藏在烈日下也会影响寿命和发芽率。

总之，种子的寿命是由诸多因素的交互作用引起的。除自身的遗传因素外，环境因素起决定作用，如温度、水分、光照、氧气、微生物及电离辐射。种胚在上述不良因素的影响下，细胞内部的生理代谢作用受到抑制和干扰，会引起一系列的变化。包括有毒物质的积累、脂质氧化中间产物导致的蛋白质变性，酶钝化、细胞器发生异常、细胞透性增加。同时，营养物质的消耗、生长素与维生素等生理活性物质的损失，都会使分生组织死亡，最终导致种子的衰老。不同种类的花卉，种子寿命不尽相同，如三色堇的种子寿命为2年，金鱼草和鸡冠花的种子寿命为3～4年，一串红的种子寿命为1～4年，万寿菊的种子寿命为4年，矮牵牛的种子寿命为3～5年。

(2) 花卉种子贮藏方法

花卉种子的贮藏因种类不同而异，一般分为湿藏法、干藏法、低温贮藏法及水藏法。

1) 湿藏法　又称沙藏、层积贮藏，是在较低温度、一定湿度和通风的条件下，层状堆积贮藏种子与湿沙，以便维持种子的含水量，保持种子的生活力。此法适用于不耐干燥、安全含水量较高以及休眠期长需要行催芽的种子。一般情况下，湿藏和越冬贮藏结合在一起，可以使种子完成生理后熟，且使硬皮种子种皮软化，促进种子萌发。

种子贮藏前，首先行种子处理，清洁种子，去除果肉，阴干（此时种皮干燥即可），使用多菌灵药液800倍液浸泡15min。然后准备湿沙，选择新的、颗粒较粗的河沙为好，也可用多菌灵处理。沙子含水量以紧握沙子不滴水，手松开沙子不散开成团为宜。湿藏法还分为容器贮藏法、室内堆放法和室外坑藏法。

容器贮藏法，应采用留有通风口的容器。无论采用哪种贮藏方式，贮藏期内均需经常检查种子贮藏情况，种子发生霉变，或种子的湿度与温度过高时应及时处理，发现种子萌发时应及时选出播种。

室内堆积法，应选择通风、干燥、阳光直射不到的位置，铺0.1m厚的湿沙，交互分层堆积种子与湿沙或种子与湿沙以1∶3比例混合堆放，堆放厚度0.4～0.6m，上层再覆湿沙。

室外坑藏法，选择室外的排水良好、地势较高、向阴背阳处，根据种子数量挖坑（沟）。在坑底铺粗沙，再铺上5～10cm湿沙。将种子与湿沙按照1∶(2～3) 的比例交替分层放入坑内，每层种子厚度2～4cm，放至近地面0.1～0.2m时终止，湿沙上再次覆土，使其高于周围地面。为防止积水沤烂种子，坑的四周需挖排水沟。室外坑藏法适合于北方地区。

2) 干藏法　将含水量在9%～10%的干燥后的种子贮藏于干燥环境中的方法，适用于安全含水量低的种子。绝大多数的草本花卉种子需要采用干藏法。

干藏法还分为密闭干藏法和普通干藏法。密闭干藏法是在1～4℃条件下，将干燥的种子置于密闭容器中进行长期贮藏。一些容易丧失发芽率的种子常采用此方法。种子贮藏期间，应经常检查种子的贮藏情况，发现种子受潮、发霉需及时处理。普通干藏法是将适当干燥的花卉种实装入纸袋、布袋、麻袋及箱（缸）等中，置于通风、干燥、阴凉的室内。大多数草本花卉种子适用此法。

3) 低温贮藏法　低温贮藏法适用于寿命较长种子的贮藏。含水量控制在6%以下的种子，采用塑料袋、铝箔袋或玻璃瓶密封，置于温度1～5℃的冷室贮藏。

4）水藏法　将种子装入网袋内，放入流水中贮藏的方法。适宜在冬季河水不结冰的地方采用，贮藏种子的水质要求干净，无淤泥，无烂草，无动物侵害。在种子四周用木桩围挡，或把种子装在竹笼中，把种子袋固定好，以防冲走。水藏法适用于水生花卉，如荷花、睡莲、凤眼莲等，以及栎类、山核桃等树种的种子。

2.6.8　露地花卉种子的包装

多数露地花卉种子的包装较为简单，避免高湿、高温，不受损伤即可。一般使用布袋、纸袋、软包等包装材料。怕干、怕冻的种子，先用保湿性好的材料，如吸水纸、稻壳、木屑等喷湿，再进行填充，然后采用不透水的塑料布包装。

2.6.9　露地花卉种子播前的检验

种子播前的检验主要是对种子品质的检验。种子实用价值的高低主要取决于种子品质的好坏。高品质种子，发芽率高，播后出苗整齐，幼苗生长健壮，是培育优良花卉种苗的重要基础。相反，品质较差的种子，将会影响育苗与景观效果，造成人力、物力、财力的严重浪费。为提高种子品质，保障后续的育苗质量，避免不必要的浪费，进行种子品质检验是非常重要和必要的。

种子品质是指遗传品质与播种品质。由种子外部性状很难判断遗传品质，因此通常说的种子品质检验，主要指播种品质的检验。

播种品质的检验指标主要包括种子的纯度、千粒重、含水量、发芽率、发芽势、生产适用率等。发芽能力是判断种子品质的最主要指标。此外，从种子的色泽、气味等外观性状，也可大致判断种子的品质。为了防止病虫害传播，检验种子品质的同时，还需进行种子检疫。

种子品质的检验工作，是从每批种子中选取具有表性的，一定数量的试料，送往种子检验站或科研单位进行检验，有条件的单位也可自行检验。

（1）种子的纯度

种子的纯度又称为种子纯洁度、种子净度，指纯洁种子的总质量占供检试料质量的百分率。纯度是衡量种子品质的重要指标之一，也是播种量计算和种子等级评定的重要因素。纯度越高，说明种子品质越好。

（2）种子千粒重

千粒重即指1000粒纯洁种子在气干状态下的总质量，以克（g）为单位。通过千粒重的测定，能够说明种子的颗粒大小与同一种种子的饱满程度。花卉种子如千粒重大，表明种子充实饱满，营养物质含量高，则播后发芽率高，种苗质量好。千粒重是衡量种子品质的又一重要指标，也是播种量计算的依据。

（3）种子含水量

种子中所含水分的量与种子质量的百分比即为种子含水量。种子含水量的多少，直接影响其贮藏与运输的安全。为了控制种子体内的含水量达到安全标准，保持种子的生命力，需测定种子的含水量。

种子含水量（相对含水量）的测定常采用电热干燥测定法。公式如下：

种子含水量（%）=（种子干燥前的质量－种子干燥后的质量）/种子干燥前的质量×100%

（4）种子发芽率

发芽率又称实验室发芽率，是种子在室内发芽的百分比，即正常发芽的种子粒数占供检种子粒数的百分比。种子发芽率是评价种子质量优劣的重要指标之一，也是评定种子等级的重要标准。公式如下：

发芽率（%）=发芽的种子粒数/供检种子粒数×100%

（5）种子发芽势

发芽势是种子发芽的整齐程度，是反映种子质量的重要指标之一，一般指发芽的种子数量达到最高时，发芽种子的总粒数与供检种子总粒数的百分比。发芽率相同的种子，如果发芽势较高，则表明其发芽能力强，播种后幼苗出土早而整齐。公式如下：

发芽势（%）=发芽达最高时总发芽粒数/供检种子粒数×100%

（6）种子优良度

种子优良度又称为饱满种子百分率或者良种率，是优良种子粒数与供检种子总粒数的百分比。

（7）种子病虫害检验

种子病虫害检验又称为种子检疫。根据昆虫学和植物病理学的分析，检验种子是否感染虫害或病害，查出病虫害的种类及其受害率，并提出相应的解决措施。如需消毒，还应列出相应的药剂及消毒方法。

（8）种子用价

花卉种子用价是该种子作播种材料时的实际使用价值，即正常发芽种子粒数占检验质量的百分比。它能够真正反映这批种子的经济意义。公式如下：

种子用价（%）=种子净度（%）×种子发芽率（%）

实际工作中需注意，种子发芽率是在适宜的温度、湿度条件下测得。育苗播种条件较为复杂，出苗率一般低于发芽率。一些微粒种子和小粒种子的出苗率较低，如四季海棠仅可达到30%。

复习思考题

1. 比较一年生花卉、二年生花卉、宿根花卉、球根花卉的生长发育特点有何异同，分析栽培管理期间的措施有何差异。

2. 花卉容器育苗的优点有哪些？

3. 露地花卉栽培管理措施有哪些？

4. 举例说明球根花卉的贮藏方式有哪些？

5. 理解一年生花卉、二年生花卉、宿根花卉、球根花卉的含义，并说明它们包含哪些类型？

6. 举例说明一年生花卉、二年生花卉、宿根花卉、球根花卉主要的繁殖方式分别有哪些？

7. 总结一年生花卉、二年生花卉、宿根花卉、球根花卉在园林中应用有何异同？

8. 分别列举25种一、二年生花卉、20种宿根花卉、10种球根花卉，说明其观赏价值、生态习性、繁殖方式和园林应用特点。

9. 举出3种常用露地水生花卉，阐述它们主要的生态习性、繁殖和栽培管理方法。

10. 试述种子采收的注意事项。

11. 露地花卉种子采用哪些贮藏方法？王莲种子适用于哪种贮藏方法？

第3章　温室花卉栽培管理

3.1　温室花卉生长发育特点及养护措施

温室花卉是指当地常年或在某段时间内，需在温室中人工控制的条件下栽培的观赏植物。温室花卉的栽培方式有温室盆栽和温室地栽两种。一些原产热带、亚热带及暖温带的不耐寒的小型盆栽一、二年生草本花卉，如四季报春、瓜叶菊等在北方栽培属于温室盆栽方式。温室地栽方式主要用于大面积的冬春季切花生产，如香石竹、马蹄莲等；节日花卉的促成栽培，如一串红；以及需要在温室中地栽观赏的花卉，如棕榈类等。因为温室花卉大多采用盆栽方式，故温室花卉与温室盆栽花卉几乎成了同义词，本章主要介绍温室盆栽的栽培管理技术。

3.1.1　温室盆栽花卉生长发育特点

盆栽花卉所需的环境条件，是在人工控制的条件下进行的，具有便于搬移、易于调控花期、可多年栽培等特点。因此可根据花卉的生长习性、市场需求等，人为调节温度、湿度、光照、通风、施肥营养等各个环节，采取多种措施，人为配制培养土，精心养护，细心栽培，可满足当前市场对温室花卉的大量需求。

3.1.2　培养土的配制

温室花卉种类繁多，习性各异，对土壤的要求不同。温室花卉培养土的制作要求是：养分充足，疏松透气，透水性好，保水保肥，浇水时不黏稠，干燥时不板结，酸碱适度，无病虫害。

3.1.2.1　常见温室用土种类

在实践过程中，应从实际出发就地取材，收集各种制作培养土的材料。常用的有园土、塘泥、河沙、煤灰渣、泥炭土；经过堆积发酵过的木屑、树皮、秸秆、落叶、杂草等物质的腐叶土。

1）园土　耕种过的田园、菜园、花圃地等表层的熟化土壤，经过堆积、曝晒、压碎、过筛，形成干燥均匀的土粒，作为配制培养土的主要成分之一。特点：肥力较高，团粒结构好，但单独使用时，易发生土壤板结，通气透水性差。北方园土常呈中性，即pH 7.0～7.5；南方园土常呈酸性，pH 5.5～6.5。

2）腐叶土　又称腐殖土，腐殖质含量高。特点：透水性、持水性都较好，通常呈微酸性。来源：秋季收集阔叶树的落叶、杂草、秸秆等与园土分层堆积，同时浇入适量的粪尿或其他氮素肥料，待其发酵腐熟后，摊开、晒干，过筛后收贮备用。

3）塘泥、湖泥　是池塘、湖泊中的沉积土。特点：有机质丰富。一般于秋、冬季挖出，经晾晒、冻裂、敲碎成块粒，备用。可直接作盆栽营养土。

4）厩肥土　动物粪便、落叶等物掺入园土、污水等堆积沤制而成。具有较丰富的肥力。

5）河沙　来源于河滩，是配制培养土的疏松物质。特点：排水好，透气好，保肥能力差。常单独使用作扦插床基质，重复使用时要经消毒、杀菌等处理。

6）泥炭土　古代沼生植物埋藏地下，经腐化分解而成的有机物，外皮为褐色或黑褐色。特点：通气、透水及保水保肥好，pH 6.0～7.5。使用时将泥炭土晒干、粉碎、过筛，再与其他材料混合；也可以单独直接用于花卉栽培。

7）木屑　经1～2年堆积腐烂发酵后的锯木屑。特点：疏松、透气，是较好的栽培基质。可与园土等体积配制，适宜栽培各类盆花。

8）草木灰　植物燃烧后的残余物。特点：呈微碱性，具杀菌、吸湿功能，是质地疏松的速效性钾肥。

近年来，国内外还广泛使用无机物作基质，如珍珠岩、蛭石、岩棉、陶粒等。珍珠岩排水性能好，持水性差。蛭石持水性强，并含有植物能利用的镁和钾，可作为无土栽培的基质，但长期使用后其膨体结构容易崩溃，降低其排水、透气性能。因而可将蛭石和珍珠岩以等量体积混合作基质，栽培花卉效果较好。岩棉和陶粒也适宜作无土栽培的基质。陶粒可铺于花盆底部，提高培养土透气性。

3.1.2.2　培养土的处理

（1）过筛

将多种类的培养土采集或经发酵腐熟后，打碎、过筛、去除石砾等杂物。

（2）消毒

使用培养土前应先对其进行消毒、杀菌处理，杀死土壤中的虫卵、病菌、杂草等，才能保证花卉的健壮生长。消毒的方法有两种。

1）化学消毒法

① 福尔马林消毒法　每立方米培养土用40%福尔马林50倍液400～500mL喷洒，翻拌均匀堆上，用塑料薄膜闭封48h后，去膜、摊开、放药味，待药物挥发尽后，方可使用。

② 二氧化碳消毒法　将培养土堆成圆锥或长方形，按一定距离在上方插几个孔，每立方米培养土用3.5g二氧化碳注入孔洞内，再用土堵住洞口，然后用薄膜覆盖，封闷48～72h。

③ 氯化苦消毒法　氯化苦是剧毒熏蒸剂，既灭菌，又杀虫。使用时将培养土做成30～40cm高的方块，按间距20cm，用木棍打20cm深的孔，每孔内注入5mL氯化苦，用土封口，然后浇水，再用薄膜严密覆盖15～20d，揭膜反复翻拌均匀，待药物散尽方可使用。

④ 高锰酸钾消毒法　适于培养土量多时使用。对于花卉播种扦插的苗床，在翻土做床整地后，用0.1%～0.5%高锰酸钾溶液浇透，用薄膜盖土闷2～3d，揭膜稍干燥后再播种或扦插，可杀死土中的病菌，防止腐烂病、立枯病。

2）物理消毒法

① 日光消毒法　夏季将培养土摊放在水泥场地上，经过十余天的高温和烈日直射，利用紫外线及高温等杀菌杀虫，从而达到消灭病虫的目的。

② 高温消毒法　向培养土中通入82℃蒸气，经过30min可杀死绝大部分真菌、细菌、线虫、昆虫及杂草种子，但应注意蒸汽消毒温度不可超过85℃，否则易导致基质中有机物分解。

3.1.2.3　培养土的配制

将配制培养土的材料收集、消毒处理后，根据各种花卉的生态习性，按照一定的比例将所取材料混合成培养土，各地培养土的配制各有不同，但配制出来的培养土都要符合栽培花卉的生长发育的需要。一般盆栽花卉的常规培养土有以下3类。

1）疏松培养土　园土∶腐叶土∶沙为2∶6∶2，混合配制。适于播种、幼苗移栽、肉质多浆类花卉栽培。

2）中性培养土　园土∶腐叶土∶沙为4∶4∶2，混合配制。适于宿根、球根类花卉及定植栽培。

3）黏性培养土　园土∶腐叶土∶沙为6∶2∶2，混合配制。适于木本类花卉、桩景类栽培。

在配制培养土时，应根据花卉种类、植株大小施入一定数量腐熟的有机肥作基肥，基肥应在使用前1个月与培养土混合。

3.1.2.4　培养土酸碱度调节

大多数花卉在pH 5.5～7.5土壤里生长发育良好。高于或低于这一界限，有些营养元素即处于不可吸收状态，从而导致某些花卉发生营养缺乏症。而温室花卉中几乎全部的种类都要求酸性或弱酸性土壤，培养土在应用之前必须进行pH测定，改变不适的pH，以满足花卉生长需要。

（1）培养土酸碱度测试

最简便方法是用pH试纸测定。取培养土适量放入容器中，按培养土与水1∶2.5比例加凉开水，充分搅匀，待澄清后，上清液即为土壤浸出液，将pH试纸蘸少许土壤浸出液，与标准比色板对比，即可得出该培养土pH。

（2）培养土酸碱度调节

1）提高土壤的酸性　可在培养土中加入少量硫黄粉、硫酸铝、硫酸亚铁、腐殖质等。培养土若量少，也可增加腐叶土或泥炭土的混合比例。施用硫黄粉见效慢，但持久；施用硫酸铝需注意补充磷肥；施用硫酸亚铁见效快，但作用时间短，需每隔7～10d施1次；浇灌矾肥水，既能中和酸性，又具有良好的肥效。矾肥水由硫酸亚铁与肥料配制而成（其配制比例为硫酸亚铁∶豆饼∶粪∶水＝(2.5～3)∶(5～6)∶(10～15)∶(200～250)。

2）降低土壤的酸性　可在培养土中加入石灰粉或草木灰。

3.1.3　盆栽的方法

（1）上盆

将幼苗从苗床或育苗器中移出后，栽植到花盆中的操作过程叫上盆。上盆前，应根据苗木大小和生长快慢，以及花卉对水分的需求，选择不同排水性能的花盆，花盆不可过大、过深。使用新瓦盆要先用水浸泡1～2d，除去燥性和碱性，以防止花盆倒吸盆土和根系中的水分，避免植物萎蔫。旧盆要刷洗干净，消毒杀菌晒干再用。上盆方法如下。

1）盆底的排水孔垫上两块碎盆片（凹面向下）或纱网，加入1～4cm厚的粗沙或煤屑渣作为排水层，以增加排水能力，解决通气性，其上铺垫一层培养土。

2）苗木上盆前，要剪掉过长的须根及伤残根，如果根系损伤太多，还要剪掉一些叶片，以减少其蒸腾作用。

3）把苗木扶直放正，向根的四周添加培养土，埋住根系后，轻轻上提植株，使根系舒展，再轻压根系四周培养土，使根系与土壤密接，但不能压得过紧，避免通气排水不良，影响根系呼吸。

4）加培养土到距盆沿 2～3cm，俗称“水口”，以便于浇水施肥。

5）栽植完后，浇透盆土，置于荫蔽处缓苗数日，此期间不要急于浇第 2 次水，更不要施肥，等盆土表面发灰白时再浇第 2 次水，这样不仅能防止须根腐烂萎缩，而且能够促发新根生长，待花苗恢复生长后，再依花卉习性，移至阳光充足处或荫蔽处，转入正常养护。

（2）换盆与翻盆

1）换盆与翻盆的概念　随着花卉植株逐渐长大，需要将花卉由小盆移到较大的盆，以满足根群生长需求，这个过程叫做换盆，是既换盆又加土的操作。当花卉盆栽时间过长时，盆土的物理性状变劣、养分缺失，植株根系腐烂老化，需换掉大部分旧的培养土，适当修整根系，但仍用原盆重新栽入植株，称为翻盆，是只换土不换盆的操作。

2）换盆与翻盆的时间　宿根和木本花卉宜在休眠期和早春新芽萌动之前进行，早春开花者宜在花后换盆，花芽形成和花朵盛开时不宜换盆。

3）换盆与翻盆的次数　由小盆换大盆的次数，应按植株生长发育的状况逐渐进行，切不可将植株一下子换入过大的盆内，因这样既会提高盆花栽培的成本，又会因水分调节不易，而使盆苗根系通气不良，花蕾形成延迟，着花较少。温室一、二年生草本花卉，因生长发育迅速，在开花前需换盆 2～4 次，换盆次数较多会使植株强健，株形矮化而紧凑，但花期会推迟。宿根花卉每年换盆 1 次，木本花卉可 2～3 年换盆 1 次。

4）换盆与翻盆的方法　换盆前 1～2d 不要浇水，以利于盆土与盆壁脱离。换盆时将植株从盆内磕出，用花铲铲掉土坨肩部及周围 20%～50%的旧土，剪去枯根、腐烂根、病虫根等，在新盆盆底填入少量炉灰渣或粗沙，加入适量基肥，将铲好的土坨放在盆中央，用新培养土加填，加到一半时轻轻压实，使植株与土紧密结合。对不带团的花木，当营养土加到一半时应将植株轻轻向上悬提一下，使根系伸展，然后一边加土一边把土压紧，直到距离盆沿 2～3cm 为宜。花木栽好后，浇 1 次透水后，放置荫凉处，待花木逐步恢复生机后，转入正常管理。

（3）转盆

是指在花卉生长期间经常变换盆花的方向。由于花卉植物具有向光性，如果不经常通过转盆调整光照，花卉会出现偏冠等现象，影响观赏价值。

3.1.4　浇水

花谚说：“活不活在于水，长不长在于肥。”可见，浇水是养花成败的关键。盆花浇水的主要原则如下。

1）“见干见湿”原则即见盆土表层发白干燥时浇水，浇至湿润即可，适于喜湿润而又不耐涝的花卉，如杜鹃花、山茶花等植物。

2）“干透浇透、浇透不浇漏”原则即盆土不干不浇，要浇一次浇透，常以花盆底部刚刚流出水为止，适于喜干怕涝的盆花，如蜡梅、梅花等植物。不要浇“腰截水”，因下部根系吸不到水分，影响花卉的正常生长。不要浇水过多，因盆土中肥分漏失过多，也影响盆花生长。

3）“宁湿勿干”原则即盆土要经常保持湿润，不能缺水，适于喜湿花卉，如龟背竹、马蹄莲等植物。

4）“宁干勿湿”原则即盆土干透了才浇水，不能渍水，适于旱生花卉，如松科和多浆多肉植物。

5）“视位浇水”原则不能向叶面、花瓣洒水，即浇水避开叶面，喷浇土面，适用于一些叶面、花瓣肉质化，沾水过多，会导致烂叶、烂花的种类，如大岩桐、仙客来等植物。

总之，盆花浇水时，避免过湿过干。过湿会出现徒长、烂根、死亡；过干会出现萎蔫、黄叶、死亡。另外，还应根据季节、天气、土壤和植物生长状况，科学确定浇水次数、浇水时间及浇水量。夏季以清晨和傍晚浇水为宜，冬季以上午 10:00 以后为宜。黏性土壤少浇，疏松土壤多浇。休眠期减少浇水或停止。从休眠期到生长期，浇水量逐渐增加。生长旺盛期，要多浇水。开花期前和结实期少浇水，盛花期适量多浇水。

3.1.5　施肥

盆栽花卉因根部受盆土限制，因此，施肥是盆花生长至关重要的措施。

3.1.5.1　判断盆花缺肥方法

盆花是否需要施肥，可通过植物叶色加以判断。凡叶片浓绿、质厚而皱缩者为过肥，应停止施肥；叶色发黄且质薄、生长细弱者为缺肥，应补肥。

3.1.5.2　施肥的原则

应根据不同花卉需肥的习性、不同生长发育阶段、不同季节、肥料的性质和效力等，做到适时、适量、适当，科学合理的施肥。

（1）适时原则

即依据季节施肥。春、夏两季，是花卉生长的旺季，应施用以氮肥为主的“三元素”肥料，使根系健壮发达，促进枝条生长，以利开花结果。在高温酷暑应停施或少施。在植物进入花芽分化期前，应停止施用氮肥。入秋后花卉生长缓慢，可施少量磷、钾肥料，提高植株抗寒越冬能力。冬季花卉多处于休眠或半休眠状态（冬季开花的除外），应停止施肥。

（2）适量原则

1）依据植株长势施肥　植株瘦黄、发芽前、孕蕾、花后等情况要多施肥；植株肥壮、发芽、开花、雨季等情况要少施肥；植株徒长、新栽、盛暑、休眠期等不施肥。

2）依开花长势施花肥　花卉蓓蕾期，施以磷、钾肥为主的肥料，以促进花芽分化；花开时不宜施肥，以免诱发新枝，迫使花朵早谢，缩短花期；果实期，在果实未坐稳时，不要施肥，以免造成落果。待果实坐稳后，果实膨大期，应施磷、钾肥，可使果实迅速长大，且不易落果。

3）依花卉种类施肥　喜酸性土壤的勿施碱性肥料，每年需重剪的花卉要增加磷、钾肥的比例，以观叶为主的花卉，可偏重于施用氮肥，以观果为主的花卉，施以完全肥料。

（3）适当原则

即养花施肥切忌浓肥、热肥（高温下施肥易伤根）、生肥，要薄肥勤施。“薄”是7分水、3分肥，“勤”是每隔7～10d施1次，一般从立春到立秋（伏天不施），可每隔7～10d施1次稀薄肥水，立秋之后，每隔15～20d施1次。如施肥过多过浓，会使花卉根部失水，叶片逐渐焦黄，新芽干枯，直到死亡，即“烧苗”。

3.1.5.3　施肥的方法

（1）基肥

在上盆和换盆时，施腐熟好的肥料。施入量不要超过盆土总量的20%。以腐熟的饼肥、骨粉等有机肥为宜，不要让花卉的根部直接接触到肥料，否则，易因肥大而将植株烧死。

（2）追肥

在花卉生长期间，根据花卉不同生长期间的需要，有选择的补充各种肥料，常用速效肥料，要在盆中土壤干燥时进行。

1）根际追肥　即将肥料施于盆土中的方法。施肥前要松土，将肥料撒到盆土中，要避开植株根茎。或者将肥料稀释后浇灌盆土中。当日傍晚施肥后，翌日清晨要浇水，冲淡肥液，使植株易于吸收，以免发生肥害。

2）根外追肥　又称叶面施肥，是将肥料稀释到一定比例后，用喷雾器直接喷施在植株的叶面上，靠叶片来吸收。在天气晴朗、无风的下午或傍晚施用。

3.1.6　整形与修剪

为了促使盆花生长健壮、株形美观、开花良好、花期长，提高其观赏和商品价值，应根据不同盆花的生长发育规律及栽培目的，及时对盆花进行整形修剪。这是盆花养护管理中的一项重要的技术。

整形可通过绑扎、支缚、牵引等方法，塑成一定形状，既可使株形美观，又有利于盆花的生长发育，进而增加盆花的观赏性。修剪可采用摘心、摘叶、抹芽、折枝捻梢、疏花疏果疏枝、剥蕾、去蘖、修根、短截等方法，培养合理株形，提高通风透光能力，节省养分，提高开花质量。

3.1.7　盆花的出室与入室

（1）盆花的出室

入室越冬的盆花，因夏季室内温度过高、通风不良而需移出室外。出室时间应在晚霜与倒春寒过后，室外气温稳定在10℃以上。较畏寒的花卉一般在4月上中旬出室最安全，南方可适当提早，北方则适当推迟。出室前10d左右要练苗，即先将花盆搬至窗口阳光充足的地方，打开门窗自然通风，或白天将花盆搬出室外，晚上又搬进室内，逐渐降低室内外湿度、光照差异，适当减少水分及氮肥的供应，多施磷、钾肥，待盆花适应自然环境后方可出室。

（2）盆花的入室

入秋后，日照变弱，气温变低，应将盆花及时移入室内，以防花卉遭受霜冻危害。一般在日平均气温下降到5℃左右时移入室内比较合适。对温度要求不高的种类后入室，喜高温的种类则先入室。盆花入室时，要对温室彻底消毒，消毒可采用硫黄加入干燥的木屑等燃烧、熏蒸，也可用50倍甲醛液在温室内喷洒消毒，经密闭、通风后，再将盆花移入温室中。对花卉要进行全面检查，清除病虫植株、剪去病虫枝，以防病虫蔓延、扩散。花卉入室初期，要在每天的中午搬出室外见见阳光，待7～10d后再全置于室内，并要将盆花放置在适宜花卉生长的地方。注意不能大量浇水或放在室内不透风的地方，这样会导致花叶脱落、花根腐烂，以至造成死亡。

3.1.8　盆花在温室中的排列

温室中栽培花卉若放置不当，不仅影响花卉的生长发育，又使温室的利用率和经济效益低下。温室内盆花的放置部位要满足它们对于日光、温度、湿度和通风等因子的要求。在进行盆花排列时，要使植株互不遮光或少遮光，应把矮的植株放在前面，高的放在后面。把喜光的花卉放到光线充足的温室前部和中部，尽可能接近玻璃窗面和屋面，耐阴的和对光线要求不严格的花卉放在温室的后部或半阴处。把喜温花卉放在近热源处，把较耐寒的强健花卉放在近门及近侧窗部位。为提高温室利用率，要做好温室面积的利用计划，安排好一年中花卉生产的倒茬、轮作计划。可利用级台，在台下放置一些耐阴湿的花卉，在较高的温室中，可把下垂苗木在走道上方悬挂起来。在低矮的温室，可把下垂的蔓性花卉放在苗木台的边缘。花卉在不同生长发育阶段，应相应地移动位置或转换温室，以满足对光线、温度、湿度等条件的要求。

3.1.9 温室花卉的环境调控

温室环境中的温度、光照、湿度及空气（通风）等环境因子，关系着花卉是否能健壮生长，这些因子既相互制约、又相辅相成。必须通过人工调节来改善温室内部的生态条件，给花卉创造一个健康、适宜的生长环境。

3.1.9.1 光照的调控

温室花卉的生长与光照强度、光照长度、光质有关。

（1）光照强度

1）减弱光照强度　在夏季强光下，为了防止强光对花卉的灼焦及高温障碍，采用遮阳网和荫棚，来减弱光照强度，有利于阴性花卉的生长。

2）加强光照强度　温室大棚遇到连阴天气或在冬季弱光下，需进行人工补光。常采用电灯补光，如钠灯、卤化金属灯、荧光灯、白炽灯等。另外，在温室墙面涂白或北墙内侧设置反光镜、反光膜等，即可增光又可提高气温和地温，有利于阳性花卉的生长。

（2）光照长度

生产上常用加长光照长度、缩短光照长度、昼夜颠倒的方法人为调控光照长度，来调节盆栽花卉的花期。补光措施适用于长日照花卉，如蒲包花、小苍兰等，采用遮光的缩短光照措施适用于短日照花卉，如菊花、一品红等，从而达到提前开花的目的。

（3）光质

采用能控制光质的彩色薄膜覆盖物，调节不同光波的照射比例来控制花卉生长，以加快花卉的生长速度，避免杂草和病虫害发生，能达到增产增效目的。

3.1.9.2 温度的调控

根据不同花卉的特点调整温室内温度，应遵循花卉生长“温度三基点”的原则，即夏季温室温度不超过“最高温度”，冬季温室温度最低不低过“最低温度”。保证花卉的正常生长。一般情况下，白天应保持相对较高的温度，以利于花卉进行光合作用，夜间则保持稍低温度，促进代谢产物的运输并抑制呼吸。

1）增温　在北方秋冬寒冷季节必须通过加温保证温室花卉不受冻害。加温方法有燃煤加温、电热加温、燃油加温等，还可选用透光好的棚膜或玻璃，加强温室的透光保温性能等。

2）降温　在夏季高温时，应采用通风窗、排风扇等强制通风系统、遮阳网、湿帘、微雾降温系统等，降低温室内温度。

3.1.9.3 湿度的调控

温室内湿度比外界大，高湿易引起多种病害的发生或蔓延，故浇水按“干透浇透，干湿相间”的原则，减少浇灌的次数，降低室内水分蒸发，改善通风条件，增加门窗的开启时间，保持室内的相对干燥。但到了高温季节还会遇到高温干燥、空气湿度不够的问题，要注意增加空气湿度，方法有喷雾、湿帘和二次覆盖等。

3.1.9.4 气体调控

由于温室是相对密闭环境，CO_2 含量直接影响到温室花卉光合作用的进行，故温室内应及时补充 CO_2。可人工使用 CO_2 肥，即利用 CO_2 发生剂、干冰填埋法、瓶装液态 CO_2 法、施用 CO_2 的固体颗粒肥等方法补充。另外可开窗通风，从大气中得到。但通风补充 CO_2 的同时，还可降温、降湿。因此在寒冷的冬季，要以保温为主，尽量减少通风次数与时间；春季则要适当加大通风量，以协调温室内的温度与湿度，缓解温度与湿度的矛盾。

3.1.10 温室花卉常见的病虫害及防治措施

温室内因光照较弱，通风透光条件较差，易导致病虫害的发生。要做到治早、治小、治了，不使蔓延。现将温室盆花常见病虫害及其防治方法介绍见表 3-1。

表 3-1　温室盆花常见病虫害及其防治方法

	名称	危害部位	病因	症　状	防　治　方　法
病害	黑斑病	叶、叶柄、嫩枝、花梗	盆中积水、通风不良、光照不足、肥水不当	初期为褐色、紫褐色圆形或不定形的暗黑色病斑，有黄色晕圈，边缘呈放射状，后期病斑上散生黑色小粒点，叶片枯黄，枝条枯死	多通风，增加光照，春、秋季多喷施肥料。喷 50%多菌灵可湿性粉剂 500～1000 倍液、75%百菌清 500 倍液或 80%代森锌 500 倍液，7～10d 喷 1 次，连喷 3～4 次
	斑枯病	叶片	高温、高湿、通风不良、排水不良、光照不足	近圆形紫褐色病斑，叶缘的病斑长条形。病株从下部叶片开始，顺次向上，病叶发黑干枯脱落	摘除病叶销毁，多通风透光，见干见湿浇水。喷 50%多菌灵可湿性粉剂 500 倍液、65%代森锌 500 倍液、75%百菌清 500 倍液，7～10d 喷 1 次，连喷 3～4 次

续表

	名称	危害部位	病因	症状	防治方法
病害	叶霉病	叶片、枝干、叶柄、花、果实及种子	盆中积水、湿度大	叶片有近圆形紫褐色斑点，中央淡黄褐色、边缘紫褐色斑点，病斑上有同心轮纹，严重时整叶焦枯	及时清理病叶，多通风透光。喷40%多菌灵胶悬剂600倍液、50%甲基拖布津800倍液，每隔10～15d喷1次，共喷3～4次
	白斑病	叶片，小叶的中、基部	冻害、高温干燥	初期为褐色不规则小斑，中央灰白色，边缘红褐色至紫红色，多呈椭圆形，从叶尖向下扩展，后期病斑出项褐色的粒状物	增加叶面喷水，保持湿度，加强肥水。入室前、出室后喷1%波尔多液或70%托布津1000倍液、50%富美硫黄800倍液、用70%炭疽福美500倍液、50%多菌灵500倍液喷1次
	叶斑病	叶片	高温、高湿、通风不良	黑褐色小圆斑，后扩大为大斑块，边缘略隆起，叶两面散生小黑点。多生于叶尖和叶缘	摘除病叶，多通风，适当换土。25%多菌灵可湿性粉剂300～600倍液、50%托布津1000倍液、70%代森锰500倍液、80%代森锰锌400～600倍、50%克菌丹500倍等，药剂要交替使用，以免病菌产生抗药性
	叶枯病	叶片	高温多湿、通风不良、植株长势弱	多从叶缘、叶尖发生，不规则状，红褐色至灰褐色，干枯达叶片的1/3～1/2面积，病健界限明显。病斑上有黑色小粒点。病斑可破裂穿孔	增施有机肥料及磷钾肥，通风透光，降低叶面湿度，多浇灌植株。1∶1∶100倍的波尔多液、50%托布津500～800倍液、50%多菌灵可湿性粉剂1000倍（或40%胶悬剂600～800倍）、50%倍苯莱特1000～1500倍、65%倍代森锌500倍液等，每隔10d喷1次，连续喷施3～4次
	穿孔病	叶片	高温多湿、通风不良，盆内积水	真菌引起的：叶正面紫褐色小斑点，边缘紫褐色，病斑上有灰褐色霉点。斑缘产生分离层，形成穿孔。细菌引起的：叶呈水渍状圆形病斑，有淡黄色晕圈，无霉点，有污黄分泌物，干燥时成穿孔	多通风，防止盆内积水。喷洒65%代森锌500倍液、波美3～5度石硫合剂或1∶1∶（100～200）倍波尔多液等
	白粉病	叶片、枝条、花	高温干燥、氮肥偏多、阳光不足、通风不良	叶表面长出一层白色粉状霉层。后期白色粉状霉层变为淡灰色，有黑色小粒产生。被害植株矮小，叶子凹凸不平或卷曲，枝条发育畸形	剪除病叶、病枝及时销毁，增施磷钾肥，控制氮肥。喷洒50%的多菌灵可湿性粉剂800～1000倍液，或70%甲基托布津1000倍液。发芽前喷洒波美3～4度石硫合剂，或波尔多液1∶2∶（100～200）
	炭疽病	叶片、茎	通风不良、高温潮湿、浇水过多、盆土积水	叶片、茎上呈现圆形、椭圆形红褐色小斑点，边缘呈紫褐色或暗绿色，轮纹状排列的小黑点	摘除病叶，注意通风，防止盆内积水过多。发病初期喷洒50%多菌灵可湿性粉剂700～800倍液、50%炭福美可湿性粉剂500倍液、75%百菌清500倍液
	煤污病	叶面、枝梢	高温多湿，通风不良，盆内积水，虫害传播	黑色小霉斑，后扩大连片，具黑色煤粉层	植株摆放不要过密，适当修剪，通风透光，降低湿度。休眠期喷洒波美3～5度的石硫合剂，消灭越冬菌源。适期喷用40%氧化乐果1000倍液或80%敌敌畏1500倍液
	锈病	嫩叶、嫩梢、叶柄、果实	温暖，多雨，氮肥过多	叶正面有小黄点，叶背及叶柄上出现黄色稍隆起的小斑点，突破表皮后散出橘红、橘黄色粉末，有褪色环，秋季叶背面有黑色粉粒	清除病叶、枝、芽。增施磷钾镁肥，控制氮肥量，防止徒长，注意通风透光，降低湿度。新叶展开后喷洒药剂，用25%粉锈宁1500～2000倍液、敌锈钠250～300倍、50%代森锰锌500倍、0.2～0.4波美度的石硫合剂、75%氧化萎锈灵3000倍
	病毒病	花、叶	植物体伤口处	花叶退绿、条斑、环斑、坏死、矮萎、畸形	加强检疫，清除病株，用肥皂清洗接触病株的手、工具，合理施肥浇水，通风透光。适期喷40%氧化乐果乳油2000倍液、80%敌敌畏乳油2000倍液、50%马拉硫磷1500～2000倍液防治蚜虫等传毒昆虫
	根瘤病	根	借助水、地下害虫、嫁接工具传播、土壤偏碱、湿度大	根部有近圆形的小瘤状物，后增大、变硬，表面粗糙、龟裂，变为深褐色或黑褐色，病株生长缓慢，重者全株死亡	加强检疫，用500～2000倍的农用链霉素液浸泡30min、1%硫酸铜液浸泡5min，清水冲洗后栽植。嫁接时用5%高锰酸钾消毒。清除重病株，轻病株可用300～400倍的“402”浇灌，或切除瘤后用500～2000mg/L链霉素或500～1000mg/L土霉素或5%硫酸亚铁涂抹伤口
	细菌性软腐病	叶柄、根、全株	高温多湿、机械损伤、虫伤	水渍状病斑，组织软腐变黑，萎蔫倒落，有恶臭味，整株萎蔫死亡	摘除病叶，增施磷钾肥，加强通风透光，浇水以浇灌为主。发病初期，喷灌400mg/L链霉素液或土霉素液

续表

	名称	危害部位	病因	症状	防治方法
虫害	红蜘蛛	叶、枝干	通风不良，干燥温度不适，光照不足	叶子背面有红色的斑点，全叶呈褐色似火烧，叶上有丝网	多通风，适当浇水，合理控制温度，增加光照。2000倍克螨特、速灭杀丁或花虫净，用1000倍药液三氯杀螨醇或乐果喷洒叶背
	介壳虫	叶、茎	通风不良，见光较少，过于密植，施肥不当	虫体被一层角质的甲壳包裹着，被害植株生长不良，叶片泛黄、提早落叶，植株枯萎而死亡	注意增加光照、通风，不要密植，加强肥水管理。用90%敌百虫乳油、40%氧化乐果乳油1000倍液、三氯杀螨醇1000倍液或20%哒螨灵乳油3000～4000倍液，并加入少量洗衣粉以利喷布均匀，每隔7～10d喷1次，连续喷3～4次
	蚜虫	叶片、茎秆、嫩穗	干旱、植株密度过大	叶斑、泛黄、卷叶、皱缩	注意通风，增加肥水管理。用50克烟叶(茎)在750克温水中浸泡24h后，滤其汁喷洒防治。用20%速灭杀丁3000倍液、40%氧化乐果乳油1500倍液、50%马拉硫磷乳油1000倍液、2.5%的敌杀死乳油2500倍液
	白粉虱	叶片	人为因素	叶片褪绿、变黄、萎蔫，甚至全株枯死	在温室内引入蚜小蜂，上防虫网。用10%吡虫啉(蚜虱净)3000倍液、25%扑虱灵可湿性粉剂1500倍液、2.5%天王星乳油5000倍液单独喷洒或混用，连续防治2～3次
	蜗牛	叶、茎、全株	光照不足，湿度过大	叶、茎孔洞或缺刻，甚至咬断幼苗，造成缺苗	在花卉及观叶植物的花盆底下，撒施一定数量的茶籽饼粉，或在温室阴湿处及花盆底部施石灰粉。撒施8%灭蜗灵颗粒剂或10%多聚乙醛颗粒剂($1.5g/m^2$)；用20%硫丹乳剂300倍液，在受蜗牛为害植株上喷洒
	蛞蝓	叶	光照不足，湿度过大	叶片成孔洞	在花盆周围撒施石灰粉或泼浇五氯酚钠。浇施1：15倍的茶子饼浸出液
	潜叶蝇	叶片	温度偏低	叶片呈现不规则白色条斑，枯黄，脱落，甚至死苗	喷75%灭蝇胺可湿性粉剂3000～5000倍液、1.45%捕快可湿性粉剂1000～1500倍液、52%农地乐乳油1000～1500倍液、5%抑太保乳油2000倍液、48%毒死蜱乳油1000倍液。每7～10d防治1次

3.2 温室一、二年生花卉栽培

3.2.1 瓜叶菊（彩图3-2-1）

科属：菊科、瓜叶菊属

别名：富贵菊、黄瓜花、千日莲、兔耳花、萝卜海棠

英文名：Florists Cineraria

学名：*Senecio cruentus*

形态特征：多年生草本。常作一、二年生草花栽培。茎直立，被密白色长柔毛；叶具柄，形如瓜叶，呈肾形至宽心形，边缘浅裂或具钝锯齿；具抱茎，头状花序，多在茎端排列成宽伞房状；瘦果；花色有紫、紫白、粉红、白等多种，花果期3～7月。园艺主要品种如下。

（1）大花型（*cv*·*GrandMora*） 头状花序大，径4～10cm。

（2）小花型（*cv*·*Polyantha*） 头状花序小，径2cm，株高60cm以上。

（3）重瓣型（*cv*·*Plenissima*） 头状花序舌状花量大。

（4）多花型（*cv*·*Multifora*） 花小型，着花极多，1株可达400～500朵。

生态习性：性喜温暖、湿润、通风良好的环境。不耐高温和霜冻。好肥，喜疏松、排水良好的中性和微酸性土壤。可在低温温室或冷床栽培，生长适温为10～15℃，温度过高易徒长。生长期宜阳光充足，但忌干燥和烈日曝晒，否则，会引起叶片卷曲。

繁殖方法：以播种繁殖为主，也可扦插、分株繁殖。播种期为4～10月，可根据上市时间确定播种时间。播种方法采用撒播，覆土以不见种子为度。发芽适温为21～24℃，保持湿度在80%以上，10～14d出苗，出苗后在18～21℃条件下培育。重瓣品种以扦插为主，选取新萌蘖的强壮枝条扦插于基质中。

栽培管理：从播种到开花通常经过3～4次倒盆。播种苗长到3～4片叶时，以株行距5cm移植于浅盆中，恢复1周生长后，施稀液肥，待植株长到5～6片叶时，上盆。缓苗后每1～2周

追施肥1次，依据植株生长状况逐渐加大液肥浓度。定植时，要施入含有磷、钾的有机肥作基肥。每半月施含氮液肥，植株现蕾后，停止或减少氮肥，而要增施磷肥1～2次。要定期“转盆”保持植株端正，调整盆距以利通风透光。白天温度控制在21℃左右，夜间10℃左右。保持充足光照。根据需花情况，升高或降低室温以改变花期。保持稍干燥的环境。生长期虫害较多。湿度过高，通风不良易诱发蚜虫、红蜘蛛，可用1200～2000倍的乐果防治。

园林用途：瓜叶菊花色多彩艳丽，花期长，是北方元旦、春节、“五一”节的主要观赏花卉，既可摆放在公共场所布置花坛造景，也可摆放于室内案头、窗台等作特写欣赏。在南方温暖地区还可布置花坛、花境。

3.2.2 蒲包花（彩图3-2-2）

科属：玄参科、蒲包花属

别名：荷包花、元宝花、状元花

英文名：Slipper Wort

学名：*Calceolaria herbeohybrida*

形态特征：多年生草本，常作一、二年生栽培花卉。全株茎、枝、叶上有细小茸毛，叶片卵形对生。花冠二唇状，上唇较小，下唇瓣膨大似蒲包状。花期2～5月份，花色丰富，单色品种有黄、白、红等，复色则在各底色上着生橙、粉、褐红等斑点。种子细小多粒。园艺主要品种如下。

(1) 全天候（Anytime）系列　株高12～15cm，花枝紧凑，是蒲包花中开花最早、最抗热的品种。

(2) 黄金热（Gold Fever）系列　株高15cm，以黄色花闻名。

(3) 矮丽（Dwarf Dainty）系列　株高12～15cm，叶片小，仅2.5～5cm，花大。

(4) 比基尼（Bikini）系列　株高20cm，多花性，花色有红、黄等品种。

生态习性：蒲包花是长日照花卉，喜光照、湿润、通风的环境，忌寒冷、惧高热。生长适温为7～15℃，花期最佳温度为10℃，可延长观赏期。土壤以肥沃、疏松、排水良好、微酸性沙壤土为好。

繁殖方法：以播种繁殖为主。8～9月室内盆播，过早播种因气温高，容易倒苗，播种过迟影响开花。盆播时盆土要压紧，将种子轻轻撒入并压平，不覆土，盆底浸水后盖上玻璃或薄膜，放半阴处，发芽适温为18～21℃。播后7～10d发芽。

栽培管理：小苗长至2～3叶时，移入小盆，室温控制在16～18℃，盛花期时室温维持在8～10℃。幼苗期需明亮光照，叶片发育健壮，抗病性强，但强光时适当遮阴保护。如需提前开花，以14h的日照可促进形成花芽，提早开花。蒲包花要严格控制浇水，浇水要见干见湿，浇水切忌洒在叶片上，否则易造成烂叶、烂心，空气湿度应保持在80%以上。半月施1次稀薄液肥。当抽出花枝时，增施1～2次磷钾肥。摘除叶腋侧芽，以促进主花枝发育。要注意通风、遮阳。在高温多湿条件下，易引起根叶腐烂等生理性病害。虫害有蚜虫和红蜘蛛危害花枝和叶片，可用40%乐果乳油1500倍液喷杀防治；用1∶15的比例配制烟叶水，泡制4h后喷洒；用1∶4∶400的比例，配制洗衣粉、尿素、水的溶液喷洒；敌敌畏乳油1000倍液喷洒。

园林用途：蒲包花由于花形奇特，色泽鲜艳，花期长，是初春之季主要室内观赏花卉之一，可作室内装饰点缀，置于阳台或室内观赏。也可用于节日花坛摆设。

3.2.3 长春花（彩图3-2-3）

科属：夹竹桃科、长春花属

别名：日日草、山矾花

英文名：Madagascar Periwinkle Herb

学名：*Catharanthus roseus*

形态特征：为多年生草本，多作一年生栽培。株高30～50cm，茎直立，多分枝，基部木质化。叶对生，长椭圆状，主脉白色明显。花单生或数朵腋生，花冠5裂片，平展开放，呈电扇叶排列，花朵中心有深色洞眼，花白色、粉红色或紫红色。

生态习性：喜温暖、稍干燥、阳光充足的环境。最适温度为20～33℃，冬季温度不低于10℃，忌湿怕涝，以湿润的沙壤土为好。花期、果期几乎全年。

繁殖方法：长春花以播种育苗为主，也可扦插育苗。用撒播法播种，用细薄沙土覆盖，勿使种子直接见光，发芽适宜温度为20～25℃，通常在3～5月播种繁殖。扦插繁殖时应选用生长健壮无病虫害的成苗嫩枝为插穗，扦插多在4～7月进行，但长势不如播种实生苗强健，故较少应用。

栽培管理：当苗长出2～3对真叶时移植上盆，放在温暖而干燥的阳光充足环境中培育。施肥宜采用水溶性肥料。管理重点是摘心和雨季茎叶腐烂病的防治。摘心的目的是促进分枝和控制花期，摘心最好不超过3次（超过3次摘心会影响开花质量）。雨淋后植株易腐烂，降雨多的地方需大棚种植，选用排水良好的基质，防治腐烂病。长春花植株本身有毒，故病虫害少。

园林用途：作为北方温室四季赏花，花坛布置。

3.2.4　新几内亚凤仙（彩图 3-2-4）

科属：凤仙花科、凤仙花属

别名：五彩凤仙花、四季凤仙

英文名：New Guinea Impatiens

学名：*Impatiens hawkeri*

形态特征：多年生草本花卉。常以二年生栽培。株高 25～30cm，茎肉质，青绿色或红褐色，多叶互生，披针形，叶缘具锐锯齿，叶脉及茎的颜色常与花的颜色有相关性。花单生或数朵簇生于上部叶腋，花色有洋红、雪青、白、紫、橙色等。

生态习性：喜温暖、湿润，不耐寒，喜阳光充足，忌烈日曝晒，喜肥沃、排水良好的微酸性土壤。不耐旱，遇霜全株枯萎。

繁殖方法：有播种、组培、扦插 3 种繁殖方法。播种四季都能进行，撒播或点播，发芽适温 22℃。组培繁殖方法已获得成功，但组培成本高，故常采用扦插法进行繁殖。扦插可周年进行，插穗可采自幼芽或当年生枝条，扦插基质用河沙或蛭石均可。

栽培管理：栽培适宜温度为 16～24℃。若温度适合，可周年开花。浇水以“见干见湿”为原则。每隔半月施 1 次沤制的稀薄肥水，光照强时开花早、小，要经常摘心积累营养以促发侧枝，使株形更加丰满。要注意排水、通风，否则易患白粉病或使根茎腐烂。

园林用途：新几内亚凤仙花色丰富，四季开花，适于室内盆栽、花坛、花境花卉。

3.2.5　四季报春（彩图 3-2-5）

科属：报春花科、报春花属

别名：四季樱草、球头樱草、仙鹤莲、鄂报春

英文名：Top Primrose

学名：*Primula obconica*

形态特征：多年生草本，常作二年生花卉栽培。株高约 20～30cm，茎较短为褐色。叶为长圆形至卵圆形，叶缘有浅波状裂或缺刻，叶背密生白色柔毛。伞形花序，花萼漏斗状，裂齿三角状。花有白、洋红、紫红、蓝、淡紫、淡红等色。有单瓣和重瓣。蒴果，花期 1～5 月。

生态习性：喜冷凉、湿润气候，不耐高温和强光，须遮阳，生长适温为 13～18℃，喜含钙质和铁质的排水良好的微酸性沙壤土。

繁殖方法：以播种繁殖为主。春、秋季均可。欲在夏季开花，可于 2～3 月播种；若在春季开花，则需在头年 8 月播种。由于种子细小，寿命短，宜随采随播。种子存放不超过半年。播种用土一般用腐叶土∶堆肥土∶河沙为 5∶4∶1 混匀调制。撒播，发芽需要光照，不用覆土。在 15～20℃，10d 左右可以发芽。分株繁殖常于 7～8 月播种，9 月分栽。

栽培管理：幼苗长出 2 片真叶时分苗，幼苗有 3 片真叶时移栽，6 片叶时定植盆中。缓苗后减少浇水，保持盆土湿润即可。白天温度保持在 18～20℃，夜间保持在 15℃，若要冬天开花，可夜间补光 3h。每 7d 追施充分腐熟的稀薄液肥 1 次。幼苗期注意通风，保持盆土湿润，约经 3～4 个月便可开花。常见病虫害如下。

（1）潜叶蝇　使叶片看起来像是画了一幅地图。在发病初期喷施 1000 倍的潜克或乐斯本。

（2）蚜虫　可用 1000 倍液的一遍净。

（3）茎腐病　发病后立即喷施 50%代森锰锌 1000 倍液。

（4）灰霉病　主要是由低温、高湿所引起的，可用 1000 倍的速克霉、灰霉克或速霉克防治。

（5）褐斑病　染病植株叶片上有褐色斑点。传染途径是分生孢子借风雨传播。发病初期喷洒 70%百菌清可湿性粉剂 1000 倍液等杀菌剂。

园林用途：盆栽观赏、春季布置花坛、花境等。

3.2.6　藏报春（彩图 3-2-6）

科属：报春花科、报春花属

别名：大樱草、中华报春、年景花

英文名：Chinese Primrose

学名：*Primula vittata* Bur. et Franch

形态特征：多年生草本，常作二年生花卉栽培。全株密被腺毛。叶基生，阔卵圆形至椭圆状，边缘具缺刻状锯齿，具伞形花序 1～3 轮；苞片叶状，5 裂；花有粉红、深红、淡蓝、白等色；蒴果卵球形，花期 12 月至翌年 3 月，果期 2～4 月。

生态习性：性喜温暖、湿润的环境。生长适温为 13～18℃，夏季要求凉爽，冬季温度为 10～12℃，栽培土壤以微酸性的腐叶土为最好。

繁殖方法：以播种和分株繁殖为主。播种繁殖在 7～8 月进行，因种子的寿命较短，也可随采随播，发芽温度为 15～20℃，播后 4～5d 发芽，幼苗过密，易发生猝倒病，应及时间苗 1～2 次。分株繁殖在 9 月进行，将二年生母株从盆中起出，然后分别上盆，放在半阴处。

栽培管理：藏报春从播种至上盆上市，约需 160d。根据上市时间选择播种时间。幼苗移植上盆，花盆一般以 12～16cm 为限。栽植深度要适中，太深易烂根，太浅易倒伏。每周施稀薄液肥 1 次。盆土太湿、排水不良、酸性是叶片失绿

的主要原因。冬季室内夜温最低温度控制在5℃左右，不宜过高。应注意通风，遮阳庇荫，可使花色鲜艳。主要病虫害如下。

(1) 斑点病　加强肥水管理，增施有机肥和磷钾肥，避免偏施氮肥，选育抗病品种。病害初期喷洒70%甲基托布津1000倍液加75%百菌清可湿性粉剂1000倍液，或1∶1∶100波尔多液。

(2) 缺铁黄叶病　嫩叶首先失绿，而老叶仍正常。失绿叶片叶肉变黄，叶脉还保持绿色。严重时叶尖出现褐斑，甚至脱落。防治方法有盆土应选用富含铁质的壤土；在有机肥中混入硫酸亚铁、硫酸锌等，也可喷施0.2%～0.5%硫酸亚铁溶液，效果比直接施入土中要好。

(3) 灰霉病　植株感病后，整株黄化，枯死。病部出现灰色霉层。防治方法有种植密度要合理；注意通风，降低空气湿度；病叶、病株及时清除，以减少传染源。发病初期喷洒50%速克灵或50%扑海因可湿性粉剂1500倍液。与65%甲霉灵可湿性粉剂500倍液交替施用，以防止产生抗药性。

(4) 细菌性叶斑病　在叶及花托上发病，黄化、变褐，叶缘干枯，叶枯死。防治方法有培育无病种苗，苗床土应消毒；及时放风，降低空气湿度，及时清除病株残体。发病后用50%琥胶肥酸铜可湿性粉剂500倍液，或72%农用链霉素可湿性粉剂4000倍液喷施。

(5) 花叶病　由黄瓜花叶病毒引起的全株性病害。叶片变小、畸形，分布有暗绿色斑纹或黄化。不开花，或开矮小畸形花，有斑纹。由桃蚜和棉蚜传毒。防治方法有及时清除杂草，减少传染源；应及早防治蚜虫，消除传毒媒介。

园林用途：藏报春多彩艳丽，花期长，是北方元旦、春节、“五一”节的主要观赏花卉，可摆放于室内案头、窗台等作特写欣赏，也可室外布置花坛、花境造景。

3.2.7　非洲紫罗兰（彩图3-2-7）

科属：苦苣苔科、非洲紫罗兰属

别名：非洲堇、非洲苦苣苔、非洲紫苣苔、圣包罗花

英文名：African Violet

学名：*Saintpaulia ionantha* Wendl

形态特征：多年生草本，常作二年生栽培，全株有毛；叶基生，稍肉质，叶圆形或卵圆形，背面带紫色，有长柄。花簇生在聚伞花序上；花有短筒，花冠2唇，有白、紫、淡紫、粉等色。蒴果，种子细小。常见品种如下。

(1) 粉奇迹（Pink Miracle）　花粉红色，边缘玫瑰红色。

(2) 皱纹皇后（Ruffled Queen）　花紫红色，边缘皱褶。

(3) 波科恩（Pocone）　大花种，花径5cm，花淡紫红色。

(4) 狄安娜（Diana）　花深蓝色。

(5) 吊钟红（Fuchsia Red）　花紫红色。

(6) 重瓣种科林纳（Corinne）　花白色。

(7) 雪中蓝童（Blue Boyinthe Snow）　花蓝色，叶有白色条块纹。

生态习性：喜温暖、湿润、半阴环境。忌强光和高温。生长适温为18～26℃，高温对非洲紫罗兰生长不利。低温易受冻害。相对湿度以40%～70%较为合适，潮湿易烂根，干燥使叶片缺乏光泽。

繁殖方法：常用播种、扦插、分株、组培等繁殖方法。从播种到开花需180～250d，以9～10月秋播为好。种子细小，盆播后不覆土。发芽适温18～24℃，15～20d发芽。用全叶扦插。用维生素B处理插穗，叶柄留2cm，稍晾干，插入沙床，保持较高的空气湿度，从扦插到开花需4～6个月。组培繁殖较为普遍。以叶片、叶柄、表皮组织为外植体。用MS培养基加1mg/L 6-苄氨基腺嘌呤和1mg/L萘乙酸。4周后长出不定芽，3个月生根后栽植。

栽培管理：用通气佳、保水保肥的基质栽培，放在散射光下，注意通风，10～20d补充液肥1次，花期时补充磷钾肥，见干见湿浇水。在高温、多湿条件下，易发生枯萎病、白粉病和叶腐烂病，可用10%抗菌剂401醋酸溶液1000倍液喷雾或灌注盆土中。介壳虫和红蜘蛛在生长期危害，可用40%氧化乐果乳油1000倍液喷杀。

园林用途：可布置窗台、客厅，茶几良好的点缀装饰，是优良的室内花卉。

3.2.8　香豌豆（彩图3-2-8）

科属：豆科、香豌豆科属

别名：花豌豆、麝香豌豆、香豆花、小豌豆

英文名：Sweet Pea

学名：*Lathyrus odoratus* L.

形态特征：一、二年生蔓性攀援草本，全株被白色毛，茎棱状有翼，羽状复叶，仅茎部2片小叶，顶端小叶变态成卷须，花梗长15～20cm，总状花序腋生，着花1～4朵，花大蝶形，旗瓣色深艳丽，有紫、红、蓝、粉、白等色，并具斑点、斑纹，具芳香。花萼钟状，荚果，种子球形、褐色。根据花型可分出平瓣、卷瓣、皱瓣、重瓣4种。

生态习性：深根性花卉，栽培土层宜深厚，在排水良好、土层深厚、肥沃、呈中性或微碱性土中生长较佳。性喜温暖、凉爽气候，要求阳光充足，忌酷热，稍耐寒。花期3～6月份。7～8

月份果实成熟。

繁殖方法：播种、扦插繁殖，春、秋皆可。种子坚硬，播前用40℃温水浸种或湿沙中催芽1昼夜，发芽整齐，直接播种于温室的盆中。香豌豆不耐移植，多直播育苗，脱盆移植，避免伤根，发芽适温20℃左右。低温处理和调节播种期可达到促成栽培的目的。也可用茎扦插繁殖。

栽培管理：生长温度为5～20℃，超过20℃，生长势衰退，花梗变短，连续30℃以上即会死亡。低于5℃生长不良，生长适温15℃左右，喜日照充足，耐半阴，过度庇荫则植株生长不良。若通风不良，易患病虫害。病害主要有白粉病、褐斑病、霜霉病。对于病害，除加强通风外，要注意预防，即在发病初期应及时用药防治。虫害主要有潜叶蝇、蚜虫，可以采用氧化乐果防治。

园林用途：香豌豆花形独特，枝条细长柔软，即可作冬春切花材料制作花篮、花圈，也可盆栽供室内陈设欣赏，春夏还可移植户外任其攀援作垂直绿化材料，或为地被植物。棚架绿化，窗台、檐口绿化，又可盆栽于作切花，对二氧化硫的抗性极差，故可作为该气体的监测植物。

3.2.9 嫣红蔓（彩图3-2-9）

科属：爵床科、枪刀药属

别名：鹃泪草、粉露草、烟红蔓、红点草、红点鲫鱼胆、小雨点

英文名：Hypoestes Sanguinolenta

学名：*Hypoestes phyllostachya*

形态特征：嫣红蔓株高30～60cm，盆栽种控制在10～15cm，枝条呈蔓性，叶对生，呈卵形或长卵形，叶全缘，叶面呈橄榄绿，上面布满红、粉红、或白色斑点。叶腋易生短枝。淡紫色小型穗状花。

生态习性：多年生常绿草本，常作二年生栽培。喜温暖、湿润及半阴的环境，喜光照，适当增加直射光可增加叶片色彩。不耐寒，适温15～18℃，越冬温度需12℃以上。宜疏松、深厚肥沃、微酸性、透水、富含腐殖质的土壤。

繁殖方法：用播种、扦插繁殖、芽嫩茎及茎尖组织培养。播种的适期在春、秋两季，发芽适温20～24℃，5～10d后发芽，生育适温约15～25℃。剪取顶芽或枝条扦插，每段2～3节，插于沙床中，保持湿度，扦插期间用速大多稀释1000倍每10d喷洒1次促进发根。

栽培管理：播种栽培环境以半日照、避免阳光直射、通风良好的场地为佳，阴暗会导致徒长，叶面斑点会逐渐淡化。疏松、肥沃的沙质壤土，盆面可施基肥，栽培期间再用花宝二号稀释1000倍后，每半月施用1次。嫣红蔓的生长快速，需常摘心促使侧枝发生，促使植株矮而茂密。室内摆放应置采光充足处，越冬温度应在12℃以上。

园林用途：为室内小型观赏植物，摆放书房、卧室、案头，也是花坛、花园阴凉处的理想种植品种。

3.2.10 康乃馨（彩图3-2-10）

科属：石竹科、石竹属

别名：香石竹、麝香石竹

英文名：Carnation

学名：*Dianthus caryophyllus*

形态特征：多年生草本，株高40～70cm，茎丛生，叶片线状披针形，花单生或3～5朵簇生于枝端，有香气，粉红、紫红或白色，蒴果卵球形。花期5～10月份。常见种类如下。

（1）玛尔美生类（Malmaison Carnation）耐寒性较强，易露地栽培，花茎数多，瓣端波状。

（2）四季康乃馨（Perpetual Carnation）植株高大，花茎强韧，花大，重瓣，一般为温室栽培。切花多用此类品种。

生态习性：喜阳光充足、通风良好环境。喜凉爽，不耐炎热，生长适温白天20℃，夜间10～15℃。高于35℃，低于9℃，生长缓慢甚至停止。喜保肥、通气和排水性能良好的微酸性土壤，怕水渍，宜滴灌。

繁殖方法：用扦插、压条、播种繁殖。以扦插为主，选择无病虫害、生长健壮、节间紧密、具有3～4对展开叶、1对未展开叶的母株，母株是脱毒的组织培养苗，除盛夏外均可进行，插穗的采取一般与疏芽同时进行。采穗时用手掰芽而不用剪刀剪，以免病毒交叉感染，保留插穗顶端叶片4～5片，其余均摘除，整理成束后，浸入清水30min，切面要紧贴节间，并用生长调节剂处理，插入介质1～2cm为宜。播种发芽适温为20℃，种子发芽需10～15d。播种后140～160d才能开花，植株生长适温为5～20℃，温度高于30℃时，植株停止生长，甚至死亡。应春节开花生产之需，于8～9月初，在冷凉地区进行播种培育。

栽培管理：

（1）定植　定植前3d浇大量水，使土壤充分湿润；栽种时应掌握尽量浅栽不倒的原则；栽好后浇好、浇足沾根水，使根系与土壤充分接触；若栽植过深易发生茎腐病。

（2）浇水　除生长开花旺季要及时浇水外，平时可少浇水，以维持土壤湿润为宜。空气湿润度以保持在75%左右为宜，花前适当喷水调湿，可防止花苞提前开裂。

(3) 施肥　盆栽基质要求排水性能好且富含有机质，在栽植前施以足量的骨粉，生长期要不断追施液肥，每隔10d左右施1次腐熟的稀薄肥水，采花后施1次追肥。

(4) 光照　喜好强光是康乃馨的重要特性，栽培环境要求阳光充足。温度过高，或光照不足，植株易徒长，枝条纤细，株形差，不易开花。

(5) 摘心　从幼苗期开始进行多次摘心：当幼苗长出8～9对叶片时，进行第1次摘心，保留4～6对叶片；待侧枝长出4对以上叶时，第2次摘心，每侧枝保留3～4对叶片，最后使整个植株有12～15个侧枝为好。孕蕾时每侧枝只留顶端1个花蕾，其余的全部摘除。第一次开花后及时剪去化梗，每枝只留基部2个芽。经过这样反复摘心，能使株形优美，花繁色艳。

(6) 病害防治　常见的病害有萼腐病、锈病、灰霉病、芽腐病、根腐病。可用代森锌防治萼腐病，5氧化锈灵防锈锈病。遇红蜘蛛、蚜虫为害时，一般用40%乐果乳剂1000倍液杀除。

园林用途： 优异的切花品种。矮生品种还可用于盆栽观赏。花朵还可提香精。这种体态玲珑、斑斓雅洁、端庄大方、芳香清幽的鲜花，随着母亲节的兴起，成为全球销量最大的花卉。

3.2.11　欧洲报春花（彩图3-2-11）

科属： 报春花科、报春花属

别名： 欧洲樱草、德国报春、西洋樱草

英文名： Primula Acaulis Hybrid

学名： *Primula vulgaris*

形态特征： 多年生草本，常作一、二年生栽培。丛生植株，株高8～15cm。叶基生，长椭圆形，长可达15cm。伞状花序，有单瓣和重瓣花型，花色有大红、粉红、紫、蓝、黄、橙、白等。

生态习性： 喜温凉、湿润气候，不耐高温和强直射光，也不耐严寒，耐潮湿。要求土壤肥沃，排水良好，pH 5.5～6.5。生长最适温度为15～25℃，冬天10℃左右即能越冬。空气湿度50%左右较适宜。越冬温度在5℃以上，花葶短，花色多种。从播种到开花需18～20周。

繁殖方法： 采用种子繁殖。播种期为6～7月，穴盘点播或播种箱撒播，培养土不宜太肥，播种后不宜覆土。播后采用浸水法灌溉，放置阴处，盖上玻璃。发芽适温为15～21℃，发芽期约10d左右。

栽培管理： 发芽后，温度控制在20℃，保持14h光照促进植物生长，真叶1～2片时移植。5～6片叶子时上小盆，盆径7cm。40～50d以后，换13～15cm盆。当子叶完全展开后，温度控制到16～17℃，防止幼苗徒长。15℃以下的生长温度有助于花芽形成，在开花季节每周施1次稀薄液肥，不宜施重肥，用较高比例的钾肥，喷水，保持土壤潮湿。冬季降低浇水量，过湿会引起根腐烂。报春花的促成栽培，可以在晚秋、初冬于温室内进行，温度调节至10～15℃。因越夏困难，常花后植株就废弃。

园林用途： 花期长，花色多而艳丽，宜室内置于茶几、书桌等处，室外布置早春花坛等。

3.3　温室宿根花卉栽培

3.3.1　君子兰（彩图3-3-1）

科属： 石蒜科、君子兰属

别名： 大花君子兰、大叶石蒜、剑叶石蒜、达木兰

英文名： Bush Lily

学名： *Clivia miniata*

形态特征： 多年生常绿草本，根肉质纤维状，根系粗大。叶基部扩大互抱成假鳞茎状。带状叶片从根部短缩的茎上呈二列叠出，基生叶质厚，形似剑，革质，深绿色，具光泽及脉纹。长30～50cm，互生排列，全缘。12片叶时可开花，花直立，花葶自叶腋中抽出，伞形花序顶生，有数枚覆瓦状排列的苞片，花漏斗状，黄色或橘黄色、橙红色。可全年开花，浆果。

生态习性： 性喜温暖、湿润，宜半阴、通风环境。生长适温15～25℃，10℃以下或30℃以上时生长受抑制。喜深厚、肥沃、疏松、微酸性的土壤，浇水不要过涝、过干、过勤。花期1～5月。

繁殖方法： 有播种、分株繁殖方法。

(1) 播种繁殖　需人工辅助异花授粉，当花被开裂后2～3d，柱头有黏液分泌时，即为授粉时机，上午9:00～10:00、下午14:00～15:00时授粉。种子随采随播，将种子放入30～35℃的温水中浸泡20～30min后取出，晾1～2h后点播，覆土1～1.5cm，发芽适温20～25℃、湿度90%左右的环境中，1～2周即萌发出胚根。50d长出第1片子叶，3个月移植上盆，4～5年开花。

(2) 分株繁殖　温度在20℃以上，四季均可。将母株叶腋抽出的腋芽切离，用干木炭粉涂抹伤口，以吸干流液，防止腐烂。另行栽植，种植深度以埋住子株的基部假鳞茎为度，覆盖消毒的沙土。浇1次透水，待到2星期后伤口愈合时，再加盖一层培养土。经1～2个月生出新根，1～2年开花。

栽培管理：培养土要保持疏松、肥沃、透气的稍带酸性的土壤，要施足底肥，生长期每月施肥1次，抽花茎前施磷钾肥1次，夏季不施肥，见干见湿浇灌，浇水应避开花心，以免造成烂心。当出现花葶时，若昼夜温差不到8～12℃、土壤不疏松、缺乏磷钾肥等易导致"夹箭"。要加强通风，保持土壤通气透水，避免强光。倒盆、换土选择在春秋两季，要把根部用土装实，避免烂根。常见病虫害如下。

(1) 叶片枯萎病　叶片变黄，枯萎。是由施肥过量或浇水过多而导致根腐烂的生理性病害。若是肥大，就要换盆土，根下垫一层细沙，盆土宜用疏松腐叶土，酸碱度以中性为宜。若是水大，就要控制浇水量，将黄叶摘除即可。

(2) 叶斑病　叶片出病斑，枯黄。是由于通风不良导致的介壳虫寄生，用0.5%高锰酸钾液涂抹病斑，或用50%多菌灵1000倍液进行喷雾；若病害严重时，要摘去被害叶片，进行烧毁，在伤口处用无菌脱脂棉吸干。

(3) 细菌性腐烂病　因受机械损伤或受介壳虫的危害造成病菌侵入，危害叶鞘和叶心，要切除腐烂处，用脱脂棉吸干伤口，再用0.02%链霉素涂抹。

园林用途：君子兰是万花丛中的奇葩，有一季观花、三季观果、四季观叶之称，是重要的节庆花卉，是布置会场、厅堂、家庭的名贵温室花卉。

3.3.2　天门冬（彩图3-3-2）

科属：百合科、天门冬属

别名：三百棒、丝冬、老虎尾巴根、天冬草、明天冬、非洲天门冬、满冬

英文名：Asparagus

学名：*Asparagus cochinchinensis*（Lour.）Merr

形态特征：攀援植物。根系稍肉质，具小块根。茎柔软丛生。叶片退化，呈鳞片状。花通常每2朵腋生，淡绿色；浆果，熟时红色，花期5～6月，果期8～10月。

生态习性：喜温暖、湿润的环境，怕涝和烈日暴晒。耐半阴、耐寒，不耐高温，忌干旱及积水。宜深厚、肥沃、富含腐殖质、排水良好的壤土或沙质壤土栽培。

繁殖方法：用播种繁殖或分株繁殖。播种前浸种24h，点播在湿润沙土中，保持15～20℃，经30～40d发芽出土。分株繁殖，3～4月植株未萌发前，将根挖出，分成3～5簇，每簇有芽1～2个，穴栽，保持湿润，10～15d出苗。

栽培管理：每年中耕除草3次，分别在3～4月、6～7月、9～10月，追施液肥，也可适当施用硫酸铵和尿素；当蔓茎长到50cm左右时，设支架或支柱，使其缠绕，叶面经常喷水，保持湿润。以利生长。虫害是短须螨，5～6月为害叶部，用40%水胺硫磷1500倍液或20%双甲脒乳油1000倍液喷雾防治。

园林用途：可作为室内盆栽或垂直绿化，花坛，切叶花卉。

3.3.3　文竹（彩图3-3-3）

科属：天门冬科、天门冬属

别名：云片竹、山草、鸡绒芝

英文名：Asparagus Fern

学名：*Asparagus setaceus*

形态特征：蔓性常绿攀援植物，根部稍肉质。茎柔软丛生，多分枝。叶状枝成簇，刚毛状。花两性，腋生，白色有香气，花期9～10月。浆果，熟时紫黑色，果期为冬季至翌年春季。

生态习性：性喜温暖湿润和半阴通风的环境，不耐严寒和干旱，不能浇太多水，忌阳光直射。喜疏松肥沃，排水良好，富含腐殖质的沙质壤土。生长适温为15～25℃，越冬温度为5℃以上。

繁殖方法：播种或分株繁殖。

(1) 播种法　文竹种子寿命短，采后及时播种或沙藏。种子以2cm的株行距点播，覆土2～3mm，上盖玻璃，并予以遮阴，温度保持20℃左右，经20～30d发芽。

(2) 分株法　3～5年的文竹可进行分株繁殖。分株在春季换盆时进行，用利刀将丛生的茎和根分成2～3丛，每丛含有3～5枝芽，种植上盆。分株时尽量少伤根系，分栽后浇透水，放到半阴处，注意保湿和遮阳。

栽培管理：文竹浇水要见干见湿，干燥季节多向叶面喷水。盆土过湿，容易引起根部腐烂，文竹需定期换土加肥，要次多量少，不可施浓肥，每半月施一次氮、钾为主的腐熟薄液肥，生长期每月要追施1～2次含有氨、磷的薄肥，促使枝繁叶茂，开花期施肥不要太多。忌烈日暴晒，置于阴凉通风之处，及时修剪老枝、枯枝、过弱过密枝，利于形态和通风。整株生长不良可进行更新修剪，将全部叶状枝剪除，减少浇水量。主要病虫害有以下2种。

(1) 叶枯病　湿度过大且通风不良时易发生。应适当降低空气湿度并注意通风透光，喷洒200倍波尔多液或50%多菌灵可湿性粉剂500～600倍液，或喷洒50%托布津可湿性粉剂1000倍液进行防治。

(2) 介壳虫、蚜虫　夏季易发生，可用40%氧化乐果1000倍液喷杀。

园林用途：文竹以盆栽观叶为主，布置书

房、窗台，切花、花束、花篮的陪衬材料。

3.3.4 五星花（彩图 3-3-4）

科属：茜草科、五星花属

别名：繁星花

英文名：Pentas Lanceolata

学名：*Stella floris*

形态特征：常绿亚灌木，高 30～70cm，被毛。叶片对生，卵形或披针形，深绿色，长 15cm 聚伞花序密集，顶生；花小，有红、白、蓝、淡蓝、洋红等色。花期春季至秋季。蒴果，卵圆形。园艺品种有以下 2 种。

（1）红花种　较普通常见，分枝性甚强，棚架或围篱栽培。

（2）白色种　较为稀少，花色纯白，分枝性较差，生长与生育比红色种迟缓。

生态习性：一年生蔓性草本植物。喜光、温暖、湿润环境，不耐寒，怕积水，稍耐阴，怕干旱和高温。宜肥沃、排水良好的沙质壤土。

繁殖方法：播种和扦插繁殖。

（1）播种繁殖　春季播种，采用直播法，不需移植，发芽温度 16～18℃。苗床应加入适量基肥，每穴拨入 5～6 颗种子，覆盖薄土，遮阴，保持苗床湿润，经 1 周左右发芽。逐次疏苗，拔去生长较弱的植株，长至 5～6 枚叶时，每穴只剩 1 株，株间距离 30cm×(60～80)cm。应立支柱使其攀缘。

（2）扦插繁殖　宜全年用嫩枝插。选用未曾开花的枝条，长度为 5～7cm，即 3～4 节为宜，将插入土层的节间叶片去除，温度控制在 20～22℃，湿度在 80%～90%，置于散射光下，4～5 周左右即可生根发芽。

栽培管理：夏季每日早晚应充分浇水，保持土壤湿润，冬季每 2～3 日浇水。定植前栽培土中混入有机肥作基肥，生长期每月施 1 次稀薄豆饼水或施用草花液肥。苗高到 10～15cm 时，立支柱使其攀缘，到 30cm 左右时，摘心，促多分枝。

园林用途：作篱垣、棚架绿化材料，遮掩建筑物美观的墙，还可作地被植物，盆栽观赏。

3.3.5 天竺葵（彩图 3-3-5）

科属：牻牛儿苗科、天竺葵属

别名：洋绣球、入腊红、石蜡红、日烂红、洋葵、驱蚊草、洋蝴蝶

英文名：Fish Pelargonium

学名：*Pelargonium hortorum* Bailey

形态特征：灌木状多年生草本，株高 30～60cm，全株被细毛和腺毛，具鱼腥味。茎基部木质化，上部肉质，多分枝或不分枝，具明显的节。叶互生，圆形或肾形。伞形花序顶生，花有白、粉、肉红、淡红、大红等色，有单瓣、重瓣之分，还有叶面具白、黄、紫色斑纹的彩叶品种。常见观赏品种如下。

（1）蝴蝶天竺葵　洋蝴蝶。全株具绒毛。叶上无蹄纹，叶缘齿牙尖锐，不整齐。花大，有白、淡红、淡紫等色。因其花瓣上有两块红色或紫色的块斑而得名。

（2）马蹄纹天竺葵　株高 30～80cm，因其叶缘内有明显的浓褐色马蹄纹而得名。花瓣为同一颜色，深红到白色；上部两瓣极短，花瓣狭楔形。

（3）盾叶天竺葵　又叫藤本天竺葵、常春藤叶天竺葵。茎半蔓性，植株呈匍匐或攀缘状。叶盾形。花小，4～8 朵聚生，花有白、粉、红、紫和桃红等色。

（4）芳香天竺葵　又名察香天竺葵、圆叶天竺葵。茎细弱蔓性，新枝新叶常簇生于茎顶部。伞形花序，花小，白色，上两瓣具红紫色斑纹。用手触摸叶片。即发出诱人香气。

（5）菊叶天竺葵　茎具长毛。叶掌状深裂，裂片再分裂呈线形。全株被白粉。花玫瑰红色，带紫色斑点和条纹。

生态习性：喜温暖、湿润和阳光充足环境。不耐寒，忌水湿和高温，宜肥沃、疏松和排水良好的微酸性沙壤土。

繁殖方法：播种、扦插、组织培养等繁殖方法。

（1）播种繁殖　春、秋季均可进行，春季室内盆播，播后覆土不宜深，发芽适温为 20～25℃，2～5d 发芽。

（2）扦插繁殖　除 6～7 月植株处于半休眠状态外，均可嫩枝扦插。以春、秋季为好。天竺葵嫩枝多汁，易引起切口感染腐烂，故剪取插条后，让切口干燥数日，插条长 10cm，以顶端部最好，用 0.01% 吲哚乙酸液浸泡插条基部 2s，扦插于基质中。适温 13～18℃，插后 14～21d 生根，根长 3～4cm 时可盆栽，扦插苗培育 6 个月开花。

（3）组织培养　以 MS 培养基为基本培养基，加入 0.001% 吲哚乙酸和激动素促使外植体产生愈伤组织和不定芽，用 0.01% 吲哚乙酸促进生根。组培法为天竺葵的良种繁育和选育新品种提供了新的途径。

栽培管理：苗高 12～15cm 时摘心。天竺葵最适温度是 10～20℃。冬季浇水不宜过多，要见干见湿，忌浇水过多，宁干勿湿。冬季必须把它放在向阳处。生长期，每半月施肥 1 次，氮肥要少施。花芽形成期，每半月加施 1 次磷肥。花后要进行修剪，仅把当年生枝条留下 3～5cm，

3～4 年老株需更新。常见病虫害如下。

(1) 叶斑病　栽培密度不要太大，要通风透光；浇水勿浇到植株上并防水珠飞溅；及时剪除病叶、病枝并烧毁；在温度高湿期间每 2 周喷 1 次 200 倍的波尔多液，连续 3 次。

(2) 灰霉病　湿度过大出现灰色的霉层。要及时摘除病叶和病花，浇水时勿浇到植株上，通风透光；用 75%的百菌清 500 倍液喷洒，连续 3 次。

(3) 红蜘蛛、粉虱、黑点银纹夜蛾　主要危害天竺葵的叶片和花。可用 40%氧化乐果乳油 1000 倍液、90%敌百虫 1000 倍液或 1.2%烟参碱 1000 倍液喷杀。

园林用途：室内摆放，吊盆或窗台美化，花坛、花径布置等。

3.3.6　鹤望兰（彩图 3-3-6）

科属：旅人蕉科、鹤望兰属

别名：天堂鸟、极乐鸟花

英文名：Bird of Paradise Flower

学名：*Strelitzia reginae*

形态特征：多年生草本，株高 1～2m，根粗肉质；茎极短，不明显；叶对生，革质；总花梗自叶腋内抽出，花顶生，总苞舟形，每花梗有小花 6～8 朵，依次开放，排列成蝎尾状，着生在总苞片上，外花被片 3 个、橙黄色，内花被片 3 个、舌状、天蓝色。雄蕊 5 枚，与花瓣等长，花形宛如仙鹤翘首远望。蒴果。

生态习性：性喜温暖、湿润、阳光充足的气候。忌强光曝晒，不耐寒，怕霜雪，冬季要求不低于 5℃，生长适温 18～24℃，夏季宜在荫棚下生长，喜富含有机质、疏松、排水良好的深厚、微酸性的沙壤土。秋冬开花，花期长达 100d 以上。

繁殖方法：采用播种和分株繁殖。须人工授粉，才能结种子。随采随播，用 40℃温水浸种 24h。种子点播，发芽适宜温度 25～30℃，播种后 40～50d 叶出土。我国北方地区，只能采取分株繁殖获得新的植株，适宜时间为 5～6 月份，在换盆时进行分株，每株肉质根上应带有一定数量的叶片和 2～3 个新芽，所带根系不少于 3 条，剪去部分老叶，伤口涂以草木灰硫黄粉涂抹，以防腐烂。盆栽每丛分株不少于 8～10 枚叶片，栽后放半阴处养护，当年秋冬就能开花。

栽培管理：幼苗应每年换盆、换土 1 次，及时摘除老叶、病叶和无用的花果枝。而植株成形后应每隔 2～3 年换盆、换土 1 次，并在春季进行分株。当苗在二叶期可移植分栽，分栽苗株行距为 15cm×10cm，也可定植于直径 6cm 的营养钵中。种子发芽后半年形成小苗，栽后 4～5 年具有 9～10 片成熟叶时开花。见干见湿浇水。夏季生长和秋冬开花期应水分充足，早春开花后则应适当减少浇水。夏季一般每天浇水 1 次，早晚用喷壶将清水喷洒叶面及周围地面，增加空气湿度。冬季减少浇水，保持土壤略干。在生长季节，每间隔 2 周左右，就应施一次活性腐质酸液肥，秋冬季节以磷、钾肥为主，用磷酸二氢钾加水施入根部。春秋季节，放置在阳光充足处培养，冬季应更多接受日光照射，夏天应将植株放置于荫棚下养护。病虫害主要有灰霉病、立枯病、吹绵蚧、蛀心虫等。蚧壳虫多发生在高温季节，用 40%氧化乐果 1000 倍液喷雾防治；蛀心虫可用 40%氧化乐果 800 倍液喷雾，每周 1 次、连喷 2～3 次。灰霉病、立枯病在晴天一般在上午 10:00 至下午 14:00 进行通风换气，阴天注意保温、缩短换气时间，可用 0.5%的高锰酸钾、50%的多菌灵进行防治。

园林用途：鹤望兰是一种高贵的观花观叶花卉。是自由和幸福的象征。走亲访友时，常赠送鹤望兰花，表示良好的祝愿。宜宾馆等公共场所摆放，公园点缀花镜、花坛，高档切花。

3.3.7　花烛（彩图 3-3-7）

科属：天南星科、花烛属

别名：红掌、安祖花、火鹤花、红鹤芋等

英文名：Anthurium

学名：*Anthurium andraeanum*

形态特征：多年生常绿草本花卉，叶从根茎抽出，具长柄，单生、心形，鲜绿色。花腋生，佛焰苞，蜡质，正圆形至卵圆形，鲜红、橙红、肉色、白色等。肉穗花序，圆柱状直立。四季开花。全都有毒。常见的有大叶花烛、水晶花烛、剑叶花烛。

生态习性：性喜高温、多湿、宜选择疏松肥沃、排水良好的环境，怕干旱和强光暴晒。生长适宜昼温为 26～32℃，夜温为 21～32℃。最高温为 35℃，最低温为 14℃。空气相对湿度以 70%～80%为佳。

繁殖方法：用分株、扦插、播种、组培等方法繁殖。多采用分株，与春季换盆进行，选择 3 片叶以上的植株，从母株上连茎带根切割下来，用水苔包扎移栽于盆内，经 3～4 周发根成活后重新栽植。培养 1 年后即可产花。扦插繁殖是将老枝条剪下，去叶片，每 1～2 节为 1 插条，插于 25～35℃的插床中，几周后即可萌芽发根。

栽培管理：防止过强的光照，苗床栽培时要用黑网遮光。夏季遮光率应达 75%～80%，冬季遮光率应控制在 60%～65%，终年温度应保持在 18～20℃以上，但不宜超过 35℃。当室内昼夜气温低于 15℃时，要进行加温。生长旺季每天除浇水外，还要给植株喷雾，保持较高的湿

度，浇水要浇微酸水（水的 pH 控制在 5.2～6.1）或天然雨水浇灌。施肥应“宁稀勿浓，少量多次”的原则，以追肥为主，每 2～3 个月可追施饼肥 1 次。开花期应适当减少浇水，增施磷、钾肥，以促开花。常见病虫害有红蜘蛛，用三氯杀螨醇、遍地克、氧化乐果和氰氯菊酯等，花烛对于杀虫剂和杀菌剂极为敏感，其施用量要比其他花卉的要少，切不要在高温高光照时间内喷施，要在早上或者傍晚喷施，在冬天最好是在上午喷施。

园林用途：著名的室内花卉，点缀客厅、窗台、茶几、大堂，优质的切花的材料。

3.3.8 秋海棠（彩图 3-3-8）

科属：秋海棠科、秋海棠属

别名：相思草、八月春、岩丸子

英文名：Begonia

学名：*Begonia grandis* Dry

形态特征：秋海棠类为多年生草本或木本。节部膨大多汁，多分枝。具根茎或块茎。叶互生，有圆形或两侧不等的斜心脏形，边缘有细尖牙齿，有的叶片形似象耳，色红或绿，或有白色斑纹，背面红色。花顶生或腋生，聚伞花序，花有白、粉、红等色。蒴果，花期 7～8 月份，果期 10～11 月。常见品种如下。

(1) 四季秋海棠　又名瓜子海棠。植株矮小，具须根。茎直立，肉质，光滑。叶嫩绿光亮。花朵成簇，四季开放。

(2) 竹节秋海棠　茎粗壮直立，少分枝。叶为极斜的长椭圆形，具长尖，质厚，叶面绿色，有多数白色小斑点，叶背面紫红色。花小，粉红或鲜红色，花序下垂。夏季开花，花期颇长。

(3) 铁十字秋海棠　地下部具根茎。叶卵圆形，表面有皱纹和刺毛，浓绿色，中央呈马蹄形红褐色环带。花小，黄绿色。单翅秋海棠。

生态习性：喜温暖、湿润和阳光充足的环境，忌高温，不耐寒，怕干燥和积水。生长适温 18～20℃，冬季不低于 5℃，夏季温度不高于 32℃。喜土壤肥沃、疏松、排水良好的沙壤土。

繁殖方法：播种、扦插、分株、组织培养等繁殖。播种以春、秋两季为宜，撒播，不需要覆土，在 20℃左右，约 1 周发芽，从播种到开花需 130～150d。一年四季均可进行扦插法，以春、秋两季为最好，只适于重瓣品种，选择基部生长健壮枝的顶端嫩枝为插穗，长 8～10cm。扦插时，摘去大部叶片，插于湿润沙子或清水，遮荫，15～20d 即生根。分株繁殖在春季换盆时进行为宜，将一植株的根分成几份，切口处涂以草木灰（以防伤口腐烂），然后分别定植在施足基肥的花盆中。分植后不宜多浇水。

栽培管理：出现 2 片真叶时间苗，4 片真叶时上盆。苗高 6cm 时摘心，以促使萌发新枝。开花后及时将残花剪去，促使下部枝条腋芽萌发，剪后 10d 左右嫩枝即可现蕾开花。生长、开花期的春、秋两季，水分要适当多一些；半休眠或休眠期的夏、冬季，水分可以少些，即见干见湿浇水。冬季浇水在中午前后阳光下进行，夏季浇水要在早晨或傍晚进行为好，这样气温和盆土的温差较小，对生长有利。在生长期每隔 10～15d 施 1 次腐熟发酵过的液肥，以薄肥多施的原则。花前应施追肥，并逐渐增加水量，而花后应减少浇水，花后宜修剪促再开花。生长缓慢的夏季和冬季，少施或停止施肥。常见病虫害如下。

(1) 卷叶蛾　用 75%辛硫磷 1000 倍液喷杀幼虫（最好在晚上使用）、50%敌敌畏乳油 1000 倍液或 90%敌百虫原药 1000 倍液喷杀。

(2) 白粉病　加强通风，适当增施有机肥、复合肥和钾肥等，不偏施氮肥，摘除病叶，喷洒 15%三唑酮（粉锈宁）可湿粉剂 1000～1500 倍液，或 20%三唑酮乳油 2000 倍液、或 36%甲基硫菌灵悬浮剂 500～600 倍液、50%硫黄悬浮剂 300 倍液，或喷施 20%粉锈宁 4000 倍液。

园林用途：用于布置花坛、草坪边缘，盆栽的用以点缀客厅、橱窗或装点家庭窗台、阳台、茶几，配置于阴湿的墙角、沿阶处。

3.3.9 菊花（彩图 3-3-9）

科属：菊科、菊属

别名：寿客、秋菊、陶菊、日精、女华、延年、隐逸花

英文名：Chrysanthemum

学名：*Dendranthema morifolium* (Ramat.) Tzvel.

形态特征：多年生宿根草本，高 60～150cm。茎直立，分枝或不分枝，被柔毛。叶互生，叶片卵形至披针形。头状花序单生或腋生，着生舌状花、筒状花两种。筒状花即花心，为两性花；舌状花，为雌花，生于花序边缘，俗称“花瓣”，花色有红、黄、白、橙、紫、粉红、暗红等，有单瓣、平瓣、匙瓣等多种类型。瘦果，褐色，花期 9～11 月。常见品种如下。

(1) 依花期分

① 夏菊：花期 6～9 月。中性日照。10℃左右花芽分化。

② 秋菊：花期 10 月中旬至 11 月下旬。短日照。15℃以上花芽分化。

③ 冬菊：花期 12 月至翌年 1 月。短日照。15℃以上花芽分化，高于 25℃，开花受抑制。

④ 四季菊：四季开花。中性日照。对温度要求不严。

(2) 依花径分

① 大菊：花径在10cm以上。

② 中菊：花径为6～10cm。

③ 小菊：花径在6cm以下。

(3) 依花型、瓣型分　平瓣类、匙瓣类、管瓣类、桂瓣类和畸瓣类。

生态习性：喜阳光，忌荫蔽，较耐旱，怕涝，喜温暖湿润气候，但亦能耐寒。生长适温18～21℃，最高32℃，地下根茎耐低温极限一般为-10℃，花期夜间温度要求13～17℃。菊花为短日照植物。在短日照下能提早开花，花能经受微霜，但幼苗生长和分枝孕蕾期需较高的气温。喜土层深厚、富含腐殖质、疏松肥沃而排水良好的微酸性沙壤土，忌连作。

繁殖方法：扦插、分株、嫁接、压条、组织培养、种子繁殖等繁殖方法。

(1) 扦插　分枝插和芽插。

① 枝插：在4～5月，截取嫩技8～10cm作为插穗，在18～21℃的温度下，3周左右生根，约4周即可移苗上盆。

② 芽插：在秋冬切取植株外部的，距植株较远，芽头丰满的脚芽扦插。

(2) 分株　在清明前后，把植株掘出，依根的自然形态带根分开，以1～3个芽为1株，栽植于盆中。

(3) 嫁接　采用根系发达，生命力强的黄蒿、青蒿等为砧木，要繁殖的菊花为接穗，在晴天进行劈接，每株砧木接1～8个接穗，嫁接后要注意遮阴。

(4) 播种　春季2～4月室内盆播，发芽适温13～16℃，当年多可开花。

栽培管理：经2～3次换盆，7月可定盆，定盆土选用腐叶土：沙土：饼肥渣=6：3：1的配比土壤。浇透水后放阴凉处，待植株生长正常后移至向阳处。春季菊苗幼小，浇水宜少；夏季苗长大，浇水要充足，在清晨、傍晚各浇一次，并用喷水壶喷水，增加环境湿度；立秋前要控水、控肥，立秋后开花前，加大浇水量；冬季严格控制浇水。要见干见湿浇灌。定植时，盆中要施足底肥，以后可隔10d施1次氮肥，立秋后自菊花孕蕾到现蕾时，可每周施一次稍浓一些的肥水，含苞待放时，再施1次浓肥水，或施1次过磷酸钙或0.1%磷酸二氢钾溶液，可使花色艳丽。摘心与疏蕾能使植株发生分枝，控制植株的高度和株型。植株长至10cm高时，开始摘心，只留植株基部4～5片叶，上部摘除。待长出5～6片新叶时，再将心摘去，使植株保留4～7个主枝，以后长出的枝、芽要及时摘除。最后1次摘心时，要对植株进行定型修剪，去掉过多枝、过旺及过弱枝，保留3～5个枝即可。9月现蕾时，要摘去植株下端的花蕾，每个分枝上只留顶端一个花蕾。常见病虫害如下。

(1) 叶枯病　摘除病叶，并交替喷施1：1：100倍液波尔多液和50%托市津1000倍液。

(2) 枯萎病　为害全株并烂根。降低湿度，拔除病株，并在病穴处撒石灰粉或用50%多菌灵1000倍液浇灌。

(3) 虫害　种类多。只要不影响花的品质，可容许少量害虫的发生。

园林用途：盆栽用于点缀室内外、阶前、廊架，布置花坛、花境、景点等。

3.3.10　倒挂金钟（彩图3-3-10）

科属：柳叶菜科、倒挂金钟属

别名：吊钟海棠、吊钟花、灯笼花

英文名：Fuchsia

学名：*Fuchsia hybrida* Voss.

形态特征：常绿半灌木，株高30～150cm，幼枝红色，老枝木质化。叶对生或轮生，卵形或狭卵形，花单生于枝顶叶腋；花梗细长，下垂约3～7cm；花萼筒状或长圆形，上部较大，萼片4，先端渐狭，开放时反折；花瓣色多变，排成覆瓦状。浆果，倒卵状长圆形，花期4～12月份。

生态习性：喜凉爽、湿润、阳光充足的环境，怕高温和强光，喜肥沃、疏松、排水良好、微酸性土壤，生长适温10～15℃。冬季要求温暖湿润、空气流通；夏季要求干燥、凉爽及半阴条件，并保持一定的空气湿度。温度高于35℃时，大批枯萎死亡，低于5℃，则受冻害。

繁殖方法：扦插繁殖为主，育种时播种繁殖。扦插周年均可进行，以春插生根最快。插穗应随剪随插，剪取长5～8cm，带2～3茎节，健壮的顶部枝为好，10～15℃，两周左右生根。生根后要及早移植，否则根易腐烂。

栽培管理：冬、春、晚秋需全日照，初夏与初秋需半日照，盛夏宜遮阳。每日多次向叶面、地面喷水，以降温，增加空气湿度。生长期要薄肥勤施，每隔10d施1次稀薄饼肥或复合肥料。施肥前盆土要偏干；施肥后用喷水1次，以免叶面粘上肥水而腐烂。病虫防治有以下几种。

(1) 枯萎病和锈病　用20%萎锈灵乳油400倍液喷洒防治锈病，用10%醋酸溶液（抗菌剂401）1000倍液施入土中防治枯萎病。

(2) 蚜虫、蚧壳虫、粉虱　可用40%氧化乐果乳油1000倍液喷杀。

园林用途：盆栽用于装饰阳台、窗台、书房等，也可吊挂于防盗网、廊架等处观赏。

3.3.11　蝴蝶兰（彩图3-3-11）

科属：兰科、蝴蝶兰属

别名：蝶兰、台湾蝴蝶兰

英文名：Moth Orchid

学名：*Phalaenopsis aphrodite* Rchb. F

形态特征：多年生附生常绿草本，株高80～120cm. 茎短，常被叶鞘所包。具肉质根和气生根。叶基生，肥厚。花序总状，侧生于茎的基部，长达 50～100cm，一茎上花朵由数朵到十多朵；花大，蜡质，形似蝴蝶，花期冬春季，有 1～4 月；蒴果。

生态习性：喜温暖、半阴、潮湿环境。生长适温为 15～20℃，冬季 10℃以下就会停止生长，低于 5℃ 容易死亡。最适宜的相对湿度范围为 60%～80%。

繁殖方法：主要以组培繁殖、无菌播种、花梗催芽繁殖法。组织培养和无菌播种用于大规模生产繁殖；分株繁殖通常用于少量繁殖或家庭繁殖。分株法如下：当花凋落后，留 14 个节间，多余的花梗剪去，将花梗上部 13 节的节间包片切除，生根粉均匀涂抹在裸露的节间，置于半阴处，温度保持在 25～28℃。芽体在 2～3 周后出叶，3 个月左右可产生 3～4 叶带根的小植株，切下，上盆栽植。

栽培管理：组培苗放在自然环境中适应几天后移出，在 1000 倍的多菌灵药液中浸泡处理2～3min，取出用水冲洗干净，否则易发生霉烂。杀菌后的种苗用较细的杀菌处理的水苔种植。置半阴处，保持相对湿度 70%～80%，种后 2～3d 内不浇水。后期应注意通风，定时灌水。常见病虫害有软腐病、褐斑病、炭疽病、烟煤病、病毒病、介壳虫、红蜘蛛等。坚持预防为主的原则，加强栽培管理，改良通风条件，保持环境清洁。定期喷洒杀虫、杀菌剂。发病期间可用 60%的多菌灵或 80%的甲基托布津等；介壳虫和红蜘蛛则可用 40%的氧化乐果或 80%敌敌畏 1000～1500 倍液防治。

园林用途：盆栽适宜办公室、家庭摆放，花束、花篮常用的插花材料。

3.3.12 文心兰（彩图 3-3-12）

科属：兰科、文心兰属

别名：跳舞兰、金蝶兰、瘤瓣兰、舞女兰

英文名：Oncidium Hybrida

学名：*Oncidium hybridum*

形态特征：多年生附生常绿草本。株高80～120cm。单叶生于假鳞茎上，叶片 1～3 枚，厚薄不一，长条形、全缘。花色以黄色和棕色为主，还有绿、白、红和洋红等色，形似飞翔的金蝶。花的唇瓣通常三裂，呈提琴状，在中裂片基部有一脊状凸起物，脊上有凸起的小斑点，故名瘤瓣兰。花期不固定，蒴果。

生态习性：喜半阴、温暖、潮湿的环境。对温度要求不同，过冬温度 5～15℃不等。叶薄类喜水，生长适温 10～22℃；厚叶类耐旱，生长适温 18～25℃。喜排水良好的基质。

繁殖方法：有组织培养与分株繁殖。分株繁殖在春、秋季均可进行，常在春季新芽萌发前结合换盆进行。将带 2 个芽的假鳞茎剪下，直接栽植于水苔的盆内，保持较高的空气湿度，很快萌发新芽和长新根。

栽培管理：小苗、中苗换盆当天应喷 1 次 65%好生灵 1000 倍与 72%农用硫酸链霉素 3000 倍混合液防病，定植后 3～5d 浇水 1 次。5～10 月为生长旺盛期，每半月施肥 1 次。冬季休眠期可停止施肥和浇水，增加喷水，提高空气湿度，每半月可用 0.05%～0.1%复合肥喷洒叶面加以补充。夏季要注意遮阴、通风，施肥以复合化肥为好，宜薄肥，忌浓肥。开花后要及时摘除凋谢花枝和枯叶。栽培 2～3 年以上的植株逐渐长大并长出小株，根系过满，要及时换盆，在开花后进行，未开花植株，可选择在生长期之前进行。常见虫害有蜗牛、介壳虫、白粉虱等，应定期撒石灰粉于兰园四周及栽培架支脚处，可用 800～1000 倍液速朴杀或速蚧灵喷杀。白粉虱可用 3000 倍液蚜虱消喷杀。

园林用途：盆栽适宜办公室、家庭摆放，花束、花篮常用的插花材料。

3.3.13 石斛（彩图 3-3-13）

科属：兰科、石斛属

别名：林兰、禁生、杜兰、万丈须、金钗花、千年润、黄草

英文名：Caulis Dendrobii

学名：*Dendrobium nobile* Lindl

形态特征：多年生常绿附生草本，株高30～60cm，茎直立，肉质状肥厚。单叶生于假鳞茎上，叶革质，长椭圆形、全缘。总状花序，花色有白、粉、紫等，萼囊圆锥形，唇瓣基部有鸡冠状突起。花期 1～4 月。蒴果。

生态习性：喜温暖、潮湿、半阴半阳的环境，空气湿度大于 80%，气温 8℃可过冬，喜疏松、透水、透气基质。

繁殖方法：主要用分株繁殖法。宜在春季进行，选择健壮、无病虫害的二年生新茎，去除老根，3 个茎 1 盆，然后栽植。也可用茎插或植株顶部芽形成的小植株繁殖。或无菌播种。

栽培管理：栽植后，以喷雾的形式浇水。宜在高温温室中栽培，生长适温 25～35℃，花芽分化前应适当降温，忌积水。生长期每周施薄肥 1 次。每年春天发新枝前，剪除枯茎、病茎、弱茎以及病根。病虫害防治如下。

(1) 黑斑病　为害叶片使叶片枯萎，3～5月发生。可用50%的多菌灵1000倍液喷雾1～2次。

(2) 炭疽病　受害叶片出现褐色或黑色病斑，1～5月均有发生。用50%多菌灵1000倍液或50%甲基托布津1000倍液喷雾2～3次。

(3) 菲盾蚧　寄生于植株叶片边缘或背面，吸食汁液，5月下旬为孵化盛期。可用40%乐果乳剂1000倍液喷雾杀灭或集中有盾壳老枝集中烧毁。

园林用途：美丽的室内盆栽花卉，重要的年销花。

3.3.14　卡特兰（彩图3-3-14）

科属：兰科、卡特兰属

别名：嘉德利亚兰、嘉德丽亚兰、加多利亚兰、卡特利亚兰

英文名：Cattleya Hybrida

学名：*Cattleya hybrida*

形态特征：常绿宿根草本，附生。假鳞茎呈纺锤形，株高40～80cm；有1～3片革质厚叶，生于假鳞茎上。一年四季都有不同品种开花。花梗长20cm，有花5～10朵，花大，有特殊的香气，除黑、蓝色外，几乎各色俱全。蒴果。花期9～11月。栽培上有单叶种和双叶种之分。

生态习性：喜温暖、湿润、半阴环境，喜养分适中的土壤。生长适温27～32℃。

繁殖方法：用分株、组织培养、无菌播种繁殖。分株繁殖于3月份结合换盆进行。3～4年分株1次。将植株由盆中挖出，剪去腐朽的根系和鳞茎，将株丛分开，每株丛至少要保留3个以上的假鳞茎，并带有新芽。新栽的植株应放于较荫蔽的环境中10～15d，并每日向叶面喷水。

栽培管理：在温室栽培中，应保持昼夜较大的温差，越冬温度，夜间15℃左右，白天20～25℃，使白天的温度高于夜间5～10℃，利于花芽分化。生长季节，要求充沛的水分和较高的空气湿度，经常喷水，遮阳，于半阴、通风良好处养护。冬季休眠期，10d左右浇1次水，给予充足光照。施肥以稀薄的液肥为好，生长季每旬施肥1次，冬季停止施肥。

园林用途：珍贵的盆花，可悬吊观赏，还是高档切花，享有“兰花皇后”美誉。

3.3.15　吊兰（彩图3-3-15）

科属：百合科、吊兰属

别名：垂盆草、挂兰、钓兰、兰草、纸鹤兰

英文名：broadleaf Bracket-plant

学名：*Chlorophytum comosum*

形态特征：多年生宿根常绿草本。根肉质粗壮，短根茎。叶基生，剑形，绿色或有黄色条纹，叶丛中常抽生走茎，花白色，总状花序或圆锥花序，四季均开花。叶丛簇生带根，形如纸鹤，故名“纸鹤兰”。蒴果。常见品种有金边吊兰、金心吊兰、银边吊兰、银心吊兰、宽叶吊兰、中斑吊兰、乳白吊兰等。

生态习性：喜温暖、湿润、半阴的环境。较耐旱，不耐寒，在排水良好、疏松肥沃的沙质土壤中生长较佳。适宜在中等光线条件下生长，亦耐弱光。生长适温为15～25℃，越冬温度为0℃。

繁殖方法：用扦插、分株、播种等方法进行繁殖。扦插和分株繁殖，从春季到秋季可随时进行。扦插时，只要取长有新芽的匍匐茎5～10cm插入土中，约1周即可生根，20d左右可移栽上盆，浇透水放阴凉处养护。分株时，可将吊兰植株从盆内托出，除去陈土和朽根，将老根切开，使分割开的植株上均留有3个茎，然后分别移栽培养。也可剪取吊兰匍匐茎上的簇生茎叶，直接栽入花盆即可。种子繁殖可于每年3月进行，覆土不宜厚，一般0.5cm即可。在气温15℃情况下，约2周可萌芽，待苗成形后移栽培养。

栽培管理：生长季置于半阴处养护，忌强光直射。因根系相当发达，养殖一段时间后应及时换土换盆，以免根系堆积，造成吊兰黄叶，枯萎等现象。盆上浇水以表土见干浇透为原则，经常叶面喷水，保持湿润。盆土过干，叶尖发黑；盆土过湿，则烂根脱叶。牲畜蹄角片或腐熟的饼肥作基肥。生长季每7～10d施1次以氮肥为主的稀薄液肥。斑叶类多施磷钾肥。低温期减水停肥。水养的，每周换水1次，溶液中加入少量磷酸二氢钾。

园林用途：居室垂挂植物之一，吊兰是植物中的“甲醛去除之王”，为绿色净化器。

3.3.16　一叶兰（彩图3-3-16）

科属：百合科、蜘蛛抱蛋属

别名：蜘蛛抱蛋、一叶青

英文名：Common Aspidistra

学名：*Aspidistra elatior* Blume

形态特征：多年生常绿宿根草本。根状茎，近圆柱形，具节和鳞片，横生于土壤表面。叶基生，丛生状，深绿有光泽，叶柄粗壮直而长，花单生短花茎上，贴近土面，花被钟状，紫褐色，球状浆果，外形似蜘蛛卵，故名“蜘蛛抱蛋”，花期4～5月。

生态习性：喜温暖、湿润、半阴环境，较耐寒，极耐阴。生长适温为10～25℃，越冬温度为0～3℃。喜肥沃、疏松的腐殖质土，不耐盐碱。

繁殖方法：主要采用分株法进行繁殖。在春季新芽尚未萌发之前，结合换盆进行分株。将地下根茎连同叶片分割成数丛，使每丛带3～5片叶，分割下来的小株在百菌清1500倍液中浸泡5min后取出晾干，即可上盆，置于半阴环境下养护。

栽培管理：分株上盆后，灌根或浇一次透水。此后的3～4周内要节制浇水，以免烂根，每天需向叶面多次喷雾增湿，利于缓苗。不要浇肥。放在遮阳棚内养护。秋后减少浇水量，增加通风。生长旺季每月施液肥1～2次，越冬温度5℃以上。斑叶类多施磷钾肥少施氮肥，利于斑纹鲜明。常见病害如下。

(1) 炭疽病　喷施50%施百克或施保功可湿性粉剂1000倍液、25%炭特灵可湿性粉剂500倍液，每10d 1次，防治3～4次。或喷施0.5%磷酸二氢钾或双效微肥300倍液，有利于增强抗病性。

(2) 灰霉病　水渍状病斑，喷施65%甲霉灵可湿性粉剂1000倍液、50%速克灵可湿性粉剂1500倍液、50%扑海因可湿性粉剂、50%农利灵可湿性粉剂1000倍液。

(3) 叶斑病　坏死斑，周围有黄色晕圈，叶色变黄脱落。喷施1%波尔多液予以防治，每隔7d喷施1次，全生长期共喷施4～5次，或用50%多菌灵1000倍液喷洒防治。

园林用途：是室内绿化装饰的优良喜阴观叶植物。它适于家庭及办公室布置摆放。可单独观赏；也可以和其他观花植物配合布置，它还是现代插花的配叶材料。

3.3.17　兰花（彩图3-3-17）

科属：兰科、兰属

别名：中国兰、春兰、兰草、兰华、幽兰、山兰、国香、空谷仙子、香祖

英文名：Cymbidiu

学名：*Cymbidium* ssp.

形态特征：兰花是兰科花卉的总称，多年生常绿附生或地生草本，罕有腐生，具香味。高20～40cm，因种不同，有直立茎、根状茎和假鳞茎。叶形、叶色、叶质都有丰富的变化。中国兰为线、带、剑形等。花具有3枚瓣化的萼片，3枚花瓣，其中1枚成为唇瓣，具1枚蕊柱。颜色和形状多变，总状花序具数花或多花，花苞片长或短，在花期不落；兰花为两侧对称的花、唇瓣基部形成具有蜜腺的囊和距。蒴果。常见种类：春兰、蕙兰、建兰、墨兰、寒兰等。

生态习性：喜阴、温暖、湿润的环境，忌阳光直射，忌干燥，喜肥沃、富含大量腐殖质、疏松、透气的微酸性土壤。

繁殖方法：以分株繁殖为主，还可播种、扦插、组织培养等。

(1) 分株繁殖　适于具假鳞茎的种类，在春秋两季均可进行，一般每隔3～5年分株1次。每丛至少要保存5个连接在一起的假球茎。分株前要减少灌水，使盆土较干，以减少根系损伤。上盆后，浇透水，置阴处10～15d，保持土壤潮湿，逐渐减少浇水，进行正常养护。

(2) 播种繁殖　适于育种。用组织培养方法播种在培养基上，从播种到移植，需时半年到1年。8～10年才能开花。

(3) 扦插　以顶枝、分蘖、假鳞茎等为插穗。

(4) 组织培养　以茎尖、侧芽、幼叶尖、休眠芽、花序为外植体进行繁育。

栽培管理：兰花种间生态习性差异很大，需依种类不同，给予不同的栽培措施。

(1) 分盆　一般2～3年1次。盆土要干燥些，修剪残根败叶，不可触伤叶芽和肉质根，放阴凉处，待根色发白，呈干燥状时，才可分拆上盆。

(2) 上盆　选择口小、盆深、底孔大的花盆。盆底孔上盖棕片，加粗砂，约占容量1/3，加培养土约厚3～5cm。将兰放入盆中，以假鳞茎上端与土面平齐为准，不可过浅或过深。最上层敷一层青苔或碎瓦片，第1次浇水采用坐盆法，使盆吸足水分。放于阴处约半月至1个月。控制浇水，以后放置于半阴半阳，透风透气，早上能照到太阳处。

(3) 浇水　适当偏干为原则。以微酸性至中性（pH 5.5～6.8）水为宜，雨水最好，春季浇水量宜少；夏秋浇水量宜多；秋后浇水酌减；冬季水量也少。春、冬季宜于中午浇水，夏秋在早晨或傍晚浇水。喷雾增湿。避免夏季中午用自来水淋灌。

(4) 施肥　宜淡肥勤施，气温15～30℃的晴天施肥最适宜，浓度掌握在0.1%～0.3%。每隔2～3星期施1次，同时每隔20d喷磷酸二氢钾1次。

(5) 光照　在春夏季节，要遮阴，每半月转盆1次，到了秋凉时，晒上午半天的太阳。冷天放室内南窗下越冬，但不必过暖。病虫害主要有以下几种。

① 霉菌病：多发生在梅雨季节。使根茎腐烂。应除去带菌土壤，用五氯硝基苯粉剂500倍液喷洒。

② 黑斑病：高温多雨季节发生。可使整株枯死。应加强通风，控制水分，拔除病株；用65%代森锌粉剂600倍液，或50%多菌灵800～1000倍液，或甲基硫菌磷800倍液喷洒，每

10～15d 1次，连续2～3次。

③ 介壳虫：用20%氧化乐果500～800倍液、60%的乐果粉剂1500～2000倍液、5%马拉硫磷800～1000倍液进行防治。

④ 褐锈病、白绢病：用0.5%石硫合剂喷洒。

⑤ 蚁巢：则可将盆浸于水中驱之。

园林用途：盆栽点缀客厅、书房、餐厅等，观赏价值很高的温室花卉。

3.4 温室球根花卉栽培

3.4.1 仙客来（彩图3-4-1）

科属：报春花科、仙客来属

别名：萝卜海棠、兔耳花、兔子花、一品冠

英文名：Florist's Cyclamen

学名：*Cyclamen persicum* Mill.

形态特征：多年生常绿球根草本。株高20～30cm。块茎紫红色，肉质，扁球形，具木栓质的表皮。叶丛生，心状卵圆形，缘具细圆齿，质地稍厚，有白色斑纹。花单生，有肉质、褐红色长柄，花蕾下垂，花开后花瓣向上反卷直立，形似兔耳，故名"兔耳花"。花冠有白、红、紫红、粉等色。花期12月至翌年5月。球形蒴果。

生态习性：喜凉爽、湿润、阳光充足的环境，喜富含腐殖质的肥沃的微酸性沙壤土。怕炎热，较耐寒，可耐0℃的低温。秋冬春三季为生长期，生长适温18～20℃。0℃以上植株将进入休眠，35℃以上植株易腐烂、死亡。夏季休眠，冬季适温在12～16℃，花芽分化适温15～18℃。

繁殖方法：播种繁殖为主，也可分割块茎、组织培养繁殖。

（1）播种繁殖　于9～10月份进行，从播种到开花需12～15个月。种子要催芽，用冷水浸种24h或30℃温水浸泡2～3h，以1～1.5cm的距离点播到盆中，覆土0.5cm，轻压表土，置于16～20℃，并盖玻璃或塑料薄膜保湿，约4～5周发芽。

（2）分割块茎法　于8月下旬块茎即将萌动时，将块茎自顶部纵切分成几块，每块要带有芽眼，将切口涂以草木灰，稍微晾干后，即可分植于花盆内，精心管理，不久即可展叶开花。

（3）组织培养　从一、二年生幼株上采集，用花蕊、块茎、叶片、幼茎等作为外植体。

栽培管理：8月底至9月中旬休眠球茎开始萌发新芽，之前应更换盆土。栽植不宜过深，以球茎顶部露出土面1/3为宜。当幼苗叶片完全展开后，可进行第1次移苗，用喷壶洒透水。长出3片叶，单株分栽上盆。盆土配制按腐叶土：成园土：细黄沙：成腐熟粪末为2：2：5：1配制。移栽时要尽可能带小土球，使之与土面相平，移栽后洒透水，放在室内阳光处。幼苗恢复生长后，应及时浇水施肥。生长期每周追施1次腐熟薄液肥，忌施浓肥，开花前停止施肥，浇水要见干见湿。施肥和浇水时，要避免淹没球顶，否则顶芽容易腐烂。在现蕾期，使温度保持15～20℃，在花蕾与花梗上喷100mg/L的赤霉素，可促进花梗伸长，加速开花。11月下旬就能开花。翌年7月份又进入休眠期，并控制浇水，停止施肥，室内要保持通风良好、阴凉的环境，温度最高不可超过30℃，并要少浇水，尤其要避免遭受雨淋。病虫害主要有以下几种。

（1）根结线虫病　选用克线磷、二氯异丙醚、丙线磷（益收宝）、苯线磷（力满库）、棉隆（必速灭）等颗粒剂进行土壤处理。将染病种球放入50℃水中浸泡10min杀死线虫。

（2）灰霉病　发病前喷施保护性杀菌剂，如：绿得保600～800倍液、75%百菌清800～1000倍液；发病时喷施具有治疗性的杀菌剂，如：70%甲基托布津800～1000倍液、50%多菌灵500～800倍液等。

（3）病毒病　抑制种子带毒，用75%酒精处理1min，再用10%磷酸三钠处理15min，用蒸馏水冲净种子表面的药液，再置于35℃温水中自然冷却24h，播种在灭菌土中。

（4）蚜虫　用50%避蚜雾可湿性粉剂2000倍液、10%的吡虫啉1500倍液交替喷雾防治。

园林用途：用于室内花卉布置，点缀于有阳光的书架、案头、会议室、餐厅等。花期适逢圣诞节、元旦、春节等传统节日，是优良的高档盆花、切花。

3.4.2 朱顶红（彩图3-4-2）

科属：石蒜科、孤挺花属

别名：柱顶红、孤梃花、华胄兰、百子莲、炮打四门

英文名：Barbadoslily

学名：*Hippeastrum rutilum*

形态特征：多年生草本。鳞茎肥大，近球形，并有匍匐枝。叶6～8枚，带形，花后抽出，花茎中空，顶生喇叭状花4～8朵，形似百合花，伞形花序，花梗纤细，花多色，花期夏季。品种约1000多种，常见的栽培品种有红狮（Redlion），花深红色；大力神（Hercules），花橙红色；赖洛纳（Rilona），花淡橙红色；通信卫星（Telstar），大花种，花鲜红色；花之冠（FlowerRecord），花橙红色，具白色宽纵条纹；索维里琴（Souvereign），花橙色；智慧女神

(Minerva)，大花种，花红色，具白色花心；比科蒂（Picotee），花白色中透淡绿，边缘红色。欧洲推出的适合盆栽的新品种拉斯维加斯（Las Vegas），为粉红与白色的双色品种。

生态习性：喜温暖、湿润气候，忌酷热，夏季应置荫棚下养护。生长适温为18～25℃。冬季休眠期，需充足阳光，以10～12℃为宜，不得低于5℃。怕水涝，喜疏松、肥沃、排水良好微酸性的沙壤土。

繁殖方法：用播种、分球、切割鳞茎、组织培养等方法繁殖。

(1) 播种　种子采后即播，播后置半阴处，并保持湿润及15～18℃的温度，半个月即可发芽。种子繁殖需3～4年开花。

(2) 分球　人工切球法大量繁殖子球，即将母鳞茎纵切成若干份，使其下端各附有部分鳞茎盘为发根部位，然后扦插于泥炭土与沙混合的扦插床内，适当浇水，经6周后，鳞片间便可发生1～2个小球，并在下部生根。分割鳞茎法可获得大量子球。分球繁殖于3～4月份进行，将母球周围的小球取下栽植，栽种时应将小鳞茎顶部露出土面。分球法繁殖需经2年方可开花。

(3) 切割鳞茎　于7～8月份进行。将母球纵切成块，切分鳞片，均要带有部分茎盘。斜向插入泥炭与砂混合的床土中，加少许草木灰使呈碱性（pH 8）。保持27～30℃的高温及适宜湿度，约1个半月，鳞片间可产生1～2个小鳞茎，下部生根。再经2～3年即可培育成开花的鳞茎。

栽培管理：生长1～2年，要换盆、换土，同时要施过磷酸钙作基肥。栽植深度以露出鳞茎顶部为宜，同时把败叶、枯根、病虫害根叶剪去，上盆后浇水1次，待发出新叶后再浇水，每月施稀薄磷钾肥一次，以促进花芽分化和开花。花期应充分灌水，花后追肥。花凋谢后，要及时剪掉残花叶，让养分集中在养鳞茎上，减少浇水量，以免烂鳞茎球，每隔20d左右施1次饼肥水，以促使鳞茎球的增大和萌发新的鳞茎，保持植株湿润，浇水要透彻，忌水分过多、排水不良，维持鳞茎球不干枯。生长期间每半月施肥1次，花期停止施肥，花后继续施肥，以磷、钾肥为主，减少氮肥。在秋末可停止施肥，选在晴天掘取鳞茎放在含水量约10%的沙土中贮藏。病虫害主要有以下2种。

(1) 赤斑病　为害叶、花、花葶及鳞茎，发生赤褐色病斑。应摘除病叶，栽球前用0.5%福尔马林溶液浸2h，春季喷波尔多液预防。

(2) 红蜘蛛　喷90%杀虫醚粉剂1000倍液或40%三氯杀螨醇乳油1000倍液喷杀。

园林用途：适于盆栽装点居室、客厅、过道和走廊。也可于庭院栽培，或配植花坛。也可作为鲜切花使用。

3.4.3 晚香玉（彩图3-4-3）

科属：石蒜科、晚香玉属

别名：夜来香、月下香、玉簪花

英文名：Tuberose

学名：*Polianthes tuberosa*

形态特征：多年生常绿鳞茎草花。叶基生，披针形。穗状花序顶生，具成对的花12～32朵，自下而上陆续开放，花白色，漏斗状，有芳香，夜晚更浓，故名夜来香。花期5～11月。蒴果球形。栽培品种有白花和淡紫色2种，白花种多为单瓣，香味较浓；淡紫花种多为重瓣，每花序着花可达40朵左右。

生态习性：喜温暖、湿润、阳光充足的环境，不耐霜冻。适宜生长温度是白天25～30℃，夜间20～22℃。好肥喜湿而忌涝的黏壤土为宜。四季均可开花，从栽植到开花需2个多月。自花授粉而雄蕊先熟，故自然结实率很低。

繁殖方法：主要是分球繁殖，亦可播种。在地上部枯萎后挖出地下茎，每丛可分出5～6个大子球和10～30个小子球，晾干后贮藏室内干燥处。春季分球。大子球当年就可开花，供切花生产用的大子球直径宜在2.5cm以上，小子球经培养1～2年可长成开花大球。

栽培管理：通常4～5月种植，种球在25～30℃下，经过10～15d湿沙催芽处理后再栽植。将大、小球、开过花的老球分别栽植。大球株行距20cm×(25～30)cm，小球10cm×15cm或更密；栽植深度应视栽培目的、土壤性质以及球的大小而异，原则是“深长球、浅抽葶”，即利于球体的生长和膨大则深栽，利于开花则浅栽。栽大球以芽顶稍露出地面为宜，栽小球和老球时，芽顶应低于或与土面齐平为宜。种植前期灌水不必过多，待花茎即将抽出和开花前期，应充分灌水并经常保持土壤湿润。栽植1个月后施肥1次，开花前施1次，以后每1个半月或2个月施1次，霜冻前将球根挖出，略以晾晒，除去泥土及须根，并将球的底部薄薄切去一层，以显露白色为宜；继续晾晒至干，完全休眠，有利于次春栽植后的生长和花芽分化。常见病虫害如下。

(1) 根瘤线虫　幼虫侵害根部，植株发育不良、矮小和黄化。可用40%氧化乐果乳剂1500倍液浇灌土壤，或在盆土内埋施3%呋喃丹进行防治。

(2) 白粉病　为害叶。可喷洒50%的益发灵可湿性溶剂1000倍液。

(3) 炭疽病　可用75%甲基托布津可湿性粉剂1000倍液或75%百菌清可湿性粉剂700倍液等喷雾防治，还可选配1∶1∶200倍波尔多液进行防治。

（4）虫害　蓟马、蝼蛄。蓟马可用10%氯氢菊酯乳油200～300倍液，18%爱福丁乳油3000倍液防治；蝼蛄可用50%辛硫磷乳油1000倍液，48%乐斯本乳油1000倍液灌杀。

园林用途：重要的切花、花坛、花境材料，叶、花、果可入药，花朵可提取香精油。

3.4.4 水仙（彩图3-4-4）

科属：石蒜科、水仙属

别名：凌波仙子、金盏银台、落神香妃、玉玲珑、金银台、雪中花、天蒜等

英文名：Narcissus

学名：*Narcissus tazetta* L. var. *chinensis* Roem.

形态特征：多年生、肉质、须根系草本。鳞茎肥大卵球形。叶基生，宽线形，叶脉平行，全缘。花序轴由叶丛抽出，中空，伞形花序有花4～8朵，佛焰苞状总苞膜质，花蕊外面有1个如碗一般的保护罩，花被6裂片，卵圆形至阔椭圆形，白色，芳香，雄蕊6，子房3室，柱头3裂。蒴果。花期春季。花期1～2月。小蒴果。有些种为3倍体，不结种实，如中国水仙。常见品种如下。

（1）单瓣型　有金色的副冠，形如盏状，花味清香，所以叫“金盏玉台”亦名“酒杯水仙”。

（2）重瓣型（复瓣型）　花重瓣，白色，花被12瓣，卷成一簇花冠下端轻黄而上端淡白，没有明显的副冠，名为“百叶水仙”或称“玉玲珑”。

生态习性：喜阳光充足、喜温暖、喜水、喜肥的环境。耐半阴，不耐寒。7～8月份落叶休眠，秋冬生长，早春开花，夏季休眠的生理周期。喜疏松肥沃、土层深厚的中性或微酸性沙壤土为宜。

繁殖方法：以分球繁殖为主。还有侧芽、双鳞片、组织培养等繁殖方法。侧芽是包在鳞茎球内部的芽。在球根阉割时，随挖出的碎鳞片一起脱离母体，拣出白芽，秋季撒播在苗床上，翌年产生新球。双鳞片繁殖，是把鳞茎先放在低温4～10℃处4～8周，然后在常温中把鳞茎盘切下，每块带有2个鳞片，并将其上端切除留下2cm作繁殖材料，用塑料袋盛含水50%的蛭石或含水6%的沙，把繁殖材料放入袋中，封闭袋口，置20～28℃温度中黑暗的地方。经2～3月可长出小鳞茎。

栽培管理：水仙栽培有土培法和水培法两种方法。

（1）土培法　在9～10月间，选择大鳞茎，盆土用腐叶土与河沙各1份，或腐叶土1份、园土2份加适量砻糠灰混均，盆底施干性、腐熟有机肥作基肥，每盆栽种1株，栽种后覆土2～3cm厚。放置在通风良好、阳光充足处。加强肥水管理，霜降后置于室内朝南阳光充足、通风良好的窗台上，使其冬季开花。

（2）水培法　水仙从发芽到开花30～50d，水养时间根据需要开花时间而定，选用浅盆、浅碗、菜碟等容器内放些卵石以固定根系。水养之前对鳞茎进行催芽处理，即先将鳞茎的褐色表皮剥去，对鳞茎顶部纵、横各切一刀，不要伤及芽茎。鳞茎伤口向下后，用清水浸泡1d，使黏液充分流出，取出擦净黏液后，用脱脂棉花敷在切口处，以免伤口污染变色。将鳞茎放置浅盆等容器中，周围铺垫小卵石或玻璃球以固定鳞茎，加水淹没鳞茎的1/3处，不要漫及伤口，以免伤口腐烂。放置通风好、阴暗处，以促进根系生长。5～6d后置于通风良好、阳光充足处，室温保持10～12℃，每日接受不少于6h的光照。每隔1～2d换1次清水，花苞形成后，每周换1次水。气温过低、光照不足时，可给水仙盆内换上12～15℃的温水，晚上用塑料薄膜围住水仙盆，用60W灯光距花40～50cm处，进行增温和加强光照，同时要叶面喷水，防止温度骤然增高。气温过高时，则要在盆中加入适量冷水，夜间将盆中水倒掉，进行低温处理，可推迟开花，避免叶片徒长；若使水仙植株矮化，可在傍晚时把水倒尽，次日清晨灌水，不要移动鳞茎的方向。适当追肥可延长花期，从孕蕾开始，每隔7～10d施0.5g磷酸二氢钾，或用2mL医用葡萄糖注射液，直至花谢。用两片阿司匹林碾成粉末，放入1000mL水中，溶化后洒在正在开花的水仙盆中，可使水仙花期延长1周左右。水仙花凋谢后，掘起鳞茎，切掉须根，再将鳞茎埋入土中，深度以10cm为宜，同时施入腐熟饼肥液，然后耙平，保持盆土湿润但不积水，鳞茎就能自然生长。到11、12月份的时候，老鳞茎挖出，它的周围即繁殖出许多大大小小的鳞茎，即可新一轮的栽植。常见病虫害有大褐斑病、叶枯病、线虫病、曲霉病、青霉病等。

（1）褐斑病　主要危害叶和茎。种植前剥去膜质鳞片，将鳞茎放在0.5%福尔马林溶液中，或放在50%多菌灵500倍水溶液中浸泡0.5h，可预防此病发生。用75%百菌清可湿性粉剂600～700倍水溶液，每5～7d喷洒1次，连喷数次可控制病害发展。

（2）枯叶病　主要危害叶片。栽植前剥去干枯鳞片，用1%的高锰酸冲洗2～3次预防。发病初期，用50%代森锌1500倍水溶液喷洒。

（3）线虫病　主要危害叶片和花茎。叶片和花茎上会出现黄褐色镶嵌条纹，水泡状或波涛状

隆起，表皮破裂而呈褐色，直至枯萎。用0.5%福尔马林液浸泡鳞茎3～4h加以预防。应立即将病株剔除并销毁。

园林用途：既是室内客厅、案头、窗台点缀的春节香花佳品，又是园林中布置花坛、花境、切花材料。

3.4.5 花毛茛（彩图3-4-5）

科属：毛茛科、花毛茛属

别名：芹菜花、波斯毛茛、陆莲花

英文名：Ranunculus Asiaticus

学名：*Ranunculus asiaticus*（L.）Lepech.

形态特征：多年宿根草本花卉。株高20～40cm，具纺锤状小块根，常数个聚生于根颈部；茎单生，或稀分枝，有毛；基生叶阔卵形，具长柄，形似芹菜。茎生叶无柄，为2回3出羽状复叶，叶缘有钝锯齿；花单生或数朵顶生，花瓣平展，每轮8枚，错落叠层。花期4～5月。有盆栽种和切花种之分，有重瓣、半重瓣，花色丰富，有白、黄、红、水红、大红、橙、紫和褐色等多种颜色。

生态习性：喜凉爽、半阴环境，忌炎热，较耐寒，生长适温是白天20℃左右，夜间7～10℃，既怕湿又怕旱，宜种植于排水良好、富含腐殖质、疏松、通透的中性或偏碱性沙质壤土。夏季进入休眠状态。

繁殖方法：主要为球根分株繁殖、种子繁殖、组织培养繁殖。

（1）分株繁殖　于9～10月，将休眠度夏的块根挖出盆后，抖去泥土，顺其自然长势掰开。分离部分须带有一段根颈、1～2个新芽、3～4个小块根。将其放入1% $KMnO_4$ 溶液中浸泡3～5min消毒灭菌，晾干后栽植。对休眠度夏的离盆块根，要进行消毒、催芽处理，防腐烂，出苗整齐。选阴凉、通风、避雨处，铺一层5cm厚的干净湿河沙，将块根倒插在湿沙中，只埋入萌芽部位，其余部分露出。经常喷冷水，保持河沙湿润，每周喷洒1次50%多茵灵可湿性粉剂800倍液进行消毒，防止块根腐烂，约20d，芽萌动且生出新根时栽植。栽植不宜过深，埋住根颈部位即可。过深不利于出叶，过浅不利于发根。出苗前控制浇水，保持土壤湿润，苗齐后再逐渐增加浇水量。

（2）播种繁殖　宜在温度降到20℃以下的10月播种。种子发芽适温在10～15℃，约20d发芽。若提前播种，需低温催芽处理，即将种子用纱布包好，放入冷水中浸种24h后，置于8～10℃的恒温箱或冰箱保鲜柜内，每天早晚取出，用冷水冲洗后，甩干余水，保持种子湿润。约10d，种子萌动露白后，放入适量黄沙拌匀，立即撒播。覆土厚度以0.2～0.3cm为宜。保持基质湿度，播种后约5～7d出苗。

栽培管理：待幼苗长到3～4片真叶时进行定植，约在12月中旬至1月中旬。起苗时，不带土，去除生病和长势较弱的幼苗，定植到疏松、肥沃、微酸性的沙壤土里。通常用园土、腐叶土、腐熟有机肥按4∶2∶1的比例配制，定植的株距为10cm左右，深度以不埋心为宜。春季随着气温的升高和光照的增强，应适度遮阴并加强通风。长日照能促进花芽分化，花期提前，提早形成球根。短日照条件下，花期推迟，促进多发侧芽，增大冠幅，增多花量。生产上要根据实际需求情况进行长、短日照调控，以达到花期提前或推迟的目的。白天最适生长温度为15～20℃，夜间为7～8℃，温度不可过高或过低，昼夜温差也不可过大，在开花后要注意调节棚内温度至15℃，以延长花期。定植后第一次水要浇足，且不可过干过湿，浇水程度应以土壤表面干燥，而叶片不出现萎蔫现象为宜。移植后待植株明显生长或长出新叶时开始追肥，施肥浓度初期为0.1%，后期为0.15%～0.2%。以46%尿素、45%水溶性复合肥交替使用。前期以尿素为主，后期以复合肥为主，每7d施1次。冬季尽量使用含硝态氮而不含氯的复合肥，花后追施1～2次以钾为主的液肥，以促进球根增大。当花毛茛茎叶完全枯黄，及时进行块根采收。采收的块根要经过去杂、去残枝、分级、清洗、消毒、晾干处理，采用通风干藏、层积沙藏或盆栽土藏等法进行贮藏。常见病虫害如下。

（1）白绢病　主要侵害植株的茎基部。有病斑，茎基部腐烂坏死。要避免土壤过湿，种植土壤应轮作、消毒，用75%百菌清可湿性粉剂500倍液、5%井冈霉素1000倍液喷雾浇灌植株的茎基部及周围土壤，可以减轻病情。

（2）青霉病　块根呈暗褐色或黑色，快速腐烂。种植前用75%甲托布津800倍或1000倍液浸泡块根10～15min，晾干后再种。

（3）病毒病　加强植物检疫，加强栽培管理，用68%病毒可湿性粉剂800～1000倍液，3.85%病毒必克可湿性粉剂100倍液或7.5%克毒灵水剂800倍液喷洒防治。

（4）根腐病　块根腐烂。贮藏、种植都要消毒，发病初期用75%甲基托布津800倍液、50%苯莱特可湿性粉剂1000倍液灌根。并立即换盆、换基质，控制病害扩展。

（5）斑潜蝇　幼虫蛀食叶肉组织，形成蛇形白色潜道，防治时采用黄板粘灭和药剂杀灭，交替轮换用75%灭蝇胺可湿性粉剂5000倍液、4.5%高效氯氰菊酯乳油1000倍液、50%乐斯本2000倍液、25%斑潜净乳油1500倍液，每隔

10d喷药1次，连喷3次。

（6）蚜虫和白粉虱　发生初期用1.8%阿维菌素乳油3500倍液、或50%抗蚜威、10%吡虫啉可湿性粉剂2000倍液喷雾防治。

园林用途：是春季盆栽观赏、布置露地花坛及花境、点缀草坪和用于鲜切花生产的理想花卉，是一种荫蔽环境下优良的美化材料，故适合栽植于树丛下或建筑物的北侧。

3.4.6　马蹄莲（彩图3-4-6）

科属：天南星科、马蹄莲属

别名：慈姑花、水芋、观音莲、海芋百合

英文名：Lily of the Nile，Calla Lily

学名：*Zantedeschia aethiopica*（Linn.）Spreng.

形态特征：多年生草本，具块茎。叶基生，下部具鞘，叶片较厚，绿色，心状箭形或箭形，基部心形或戟形，全缘。佛焰苞形大，开张呈马蹄形，白色，肉穗花序圆柱形，包藏于佛焰苞内，鲜黄色。花序上部生雄花，下部生雌花。浆果，淡黄色。花期春末至盛夏。常见栽培的有3个品种。

（1）白梗马蹄莲　块茎较小，生长较慢。但开花早，着花多，花梗白色，佛焰苞大而圆。

（2）红梗马蹄莲　花梗基部稍带红晕，开花稍晚于白梗马蹄莲，佛焰苞较圆。

（3）青梗马蹄莲　块茎粗大，生长旺盛，开花迟。花梗粗壮，略呈三角形。佛焰苞端尖且向后翻卷，黄白色，体积较上两种小。

除此之外，同属还有常见的栽培种，如：黄花马蹄莲、红花马蹄莲、银星马蹄莲、黑心马蹄莲。

生态习性：喜光、温暖、湿润、凉爽环境，耐阴性强，忌暑热和阳光曝晒，忌干旱、不耐寒，生长适温20℃左右。喜疏松肥沃、通透性好、偏酸性的沙壤土。冬春开花，夏季因高温干旱而休眠。

繁殖方法：以分球繁殖为主。植株进入休眠期后，剥下块茎四周的小球，另行栽植。也可播种繁殖，种子成熟后即行盆播。发芽适温20℃左右。

栽培管理：在秋后8月下旬至9月上旬栽植，植球于肥沃而略带黏质的土壤。地栽是用作切花生产，将健壮根茎3个1组栽于肥沃田中，株行距1cm×25cm，覆土3～4cm厚，20d左右即可出苗，元旦左右即能开花，切花保鲜应用泥把花梗管口封住，并且每天在水中把花茎的根部剪去0.5cm并用泥封住。盆栽每盆栽大球2～3个，小球1～2个，栽后置半阴处，出芽后置阳光下，待霜降移入温室。生长期间喜水分充足，要经常向叶面、地面洒水，每半月追施液肥1次，并注意叶面清洁。开花前宜施以磷肥为主的肥料，温度在10℃以上，可去除过密叶片，以利于花梗抽出。盛花期是2～4月，花后逐渐停止浇水，5月以后植株开始枯黄，应注意通风并保持干燥，以防块茎腐烂。待植株完全休眠时，可将块茎取出，晾干后贮藏，秋季再行栽植。常见病虫害如下。

（1）软腐病　剔除病球茎，用40%甲醛55液倍液处理1h晾干后存放。发现病株及时拔除烧毁，并在病株周围用40%甲醛40倍液消毒土壤。

（2）叶斑病　清除病叶残基，避免过度供水。不要直接向植株浇灌。喷25%敌力脱乳油1000～1500倍液，隔7～15d喷1次，连续2～3次。

（3）病毒病　叶片缩小扭曲畸形，选用无病母株繁殖，拔除病株并烧毁。用50%马拉松1000倍液或2.5%溴氰菊酯乳油3000倍液防治蚜虫，蓟马等传毒媒介。

（4）红蜘蛛　喷40%三氯杀螨醇1000倍液，或20%好年冬2000倍液，或25%爱卡士1500倍液。

园林用途：是装饰客厅、书房的良好的盆栽花卉，也是切花、花束、花篮、花坛的理想材料，是馈赠亲友的礼品花卉。

3.4.7　球根海棠（彩图3-4-7）

科属：秋海棠科、秋海棠属

别名：茶花海棠

英文名：Hybrid Tuberous Begonia

学名：*Begonia tuberhybrida*

形态特征：多年生球根块茎，浅根性花卉，株高30～100cm。茎直立、肉质、有毛、多分枝。叶互生，倒心脏形，叶缘具齿牙和缘毛。总花梗腋生，花单性同株，雄花大而美丽，有单瓣、半重瓣和重瓣之分，雌花小型，花瓣数5，花色丰富，有白、红、粉、橙、黄、紫红及复色。花期夏秋，蒴果。常见品种有直达（Non-stop）系列，重瓣花，花色有红、深红、鲜红、玫瑰红、黄、杏黄、白、粉红等，生长快，开花早，从播种至开花只需4个月，是目前球根秋海棠市场的领先品种。

生态习性：喜温暖、湿润和半阴环境。生长适温为16～21℃，不耐高温，超过32℃时，易引起茎叶枯萎和花芽脱落，35℃以上，地下块茎易腐烂死亡。块茎的贮藏温度以5～10℃为宜。冬季和夏季喜光照充足。在长日照条件下可促进开花，而在短日照条件下会提早休眠。喜疏松肥沃、通透性好、偏酸性的沙壤土。从播种到开花

需 6～7 个月时间。

繁殖方法：以播种为主，还可块茎、扦插繁殖。

① 播种繁殖　于春或秋季，拌土撒播于浅盆中，不必覆土，浸透水，盖上玻璃，置于半阴处。保持盆土湿润，在 23℃左右，约 3 周就可发芽。

② 块茎繁殖　块茎繁殖时不宜选用 3 年以上的老块茎为繁殖材料。在块茎萌芽前，用刀沿块茎顶部进行分切，使每块带有 1～2 个芽眼，用草木灰或硫黄粉涂切口处，以加速干燥，防止病菌感染，稍阴干后种植。种植深度以部分块茎稍露土为好，不然易发生腐烂。

③ 扦插繁殖　适于不易结籽的重瓣品种的繁殖。取长约 6cm 的侧枝，留部分顶叶，待切口稍干后插于湿沙床，遮阴，在 20℃温度下，空气湿度为 80%左右，3 周后便可发根。

栽培管理：出苗后揭去玻璃，逐渐增加光照，当长出 2 片真叶时间苗，4 片真叶时移栽于小盆，苗长到 6～8cm 高时，应摘心，以促进分枝，需经 2～3 次逐级换盆。上盆基质选用疏松透气的草炭，生长期使用 N∶P∶K 的比率为 1∶1∶1 通用肥，每半月施肥 1 次。在花芽形成期，增施 1～2 次磷钾肥，催花期 N∶P∶K 的比率为 1∶2∶2。肥料浓度可为 0.1%～0.2%，通常 3～4d 施肥 1 次。浇水要见干见湿，湿度保持在 60%～80%，长出花蕾前，避免水分过多。5～6 月份再定植于花盆中，干透再浇水，花期要遮阴和喷雾，保持环境凉爽、通风良好。开花后至秋末，进入休眠期，应挖起块茎放于阴凉处储藏。休眠块茎稍有湿度即可，贮藏温度以 10℃为宜。常见病虫害如下。

(1) 茎腐病和根腐病　控制室温和浇水量。每 15～30d，用多菌灵可湿性粉剂 1000 倍液或苯菌灵 1000 倍液浇灌。

(2) 蚜虫、卷叶蛾幼虫、蓟马　蚜虫可用 40%氧化乐果乳油 1000 倍液喷杀，卷叶蛾可用 10%除虫菊酯乳油和鱼藤精 2000 倍液喷杀，蓟马可用 4000 倍高锰酸钾进行喷杀。

园林用途：球根秋海棠花大色艳，是世界著名的盆栽花卉，用来点缀客厅、橱窗，布置花坛、花径和入口处，分外靓丽。

3.4.8　姜花（彩图 3-4-8）

科属：姜科、姜花属

别名：蝴蝶姜、蝴蝶花、香雪花、夜寒苏、姜兰花、姜黄

英文名：Coronarious Gingerlily

学名：*Hedychium coronarium* Koen.

形态特征：多年生草本花卉。茎高 1～2m。叶片椭圆状披针形，顶端长渐尖，基部急尖，叶面光滑，叶背被短柔毛，无柄，叶舌薄膜质。穗状花序顶生，苞片呈覆瓦状排列，卵圆形，每一苞片内有花 2～3 朵，花白色，顶端一侧开裂，花冠管纤细，裂片披针形，后方的 1 枚呈兜状，顶端具小尖头，侧生退化雄蕊长圆状披针形，唇瓣倒心形，白色，基部稍黄，顶端 2 裂。

生态习性：喜高温、高湿、稍阴的环境，在微酸性的肥沃沙质壤土中生长良好，冬季气温降至 10℃以下，地上部分枯萎，地下姜块休眠越冬。

繁殖方法：有分株繁殖和播种繁殖。分株速度快，四季均可以种植。从成年植株丛中截取分株，当年 2～3 月份种植，7～8 月份即可开花，全年每根可分生新株达到 20～40 株，开花质量好、产量也高。

栽培管理：采用分株、穴植方法进行繁殖时，要施足复合有机肥作基肥，进入抽叶生长期时，应施以氮肥为主的肥料，当花芽分化，形成花蕾到开花前的生长阶段，施以磷为主的氮磷结合肥，每 7d 1 次，施至花蕾露色为止。穴施、冲施、叶面喷施均可。常见病虫害防治如下。

(1) 叶病毒病　危害叶片。发病初期喷洒 3.95%病毒必克 600～800 倍液、20%盐酸吗啉双胍、胶铜可湿性粉剂 500 倍液或 5%菌毒清可湿性粉剂 500 倍液、20%病毒宁水溶性粉剂 500 倍液、0.5%抗毒剂 1 号水剂 250 倍液，隔 10d 左右 1 次，视病情连续防治 2～3 次。

(2) 炭疽病　危害茎、叶等，基肥不足、速效氮过多、荫蔽不良的地块，发病较重。可用 50%的多菌灵可湿性粉剂 500 倍液、65%代森锌 600～800 倍液、或 75%百菌清 800 倍液喷施防治。

园林用途：是盆栽和切花的好材料，也可用于园林中，可成片种植，或条植、丛植于路边、庭院、溪边、假山间。

3.4.9　大岩桐（彩图 3-4-9）

科属：苦苣苔科、大岩桐属

别名：六雪尼、落雪泥

英文名：Gloxinia

学名：*Sinningia speciosa* Benth

形态特征：多年生草本，地上茎极短，块茎扁球形，株高 15～25cm，全株密被白色绒毛。叶对生，大而肥厚，卵圆形或长椭圆形，有锯齿。叶脉间隆起，自叶间长出花梗。花顶生或腋生，花冠钟状，先端浑圆，5～6 浅裂，色彩丰富，有粉红、红、紫蓝、白、复色等色。蒴果，种子细小而多，褐色。花期 3～6 月，开花约需 18 周。常见品种有厚叶型、大花型、重瓣型、

多花型等。

生态习性：喜温暖、潮湿、半阴环境，忌大水、忌阳光直射，具一定的抗热能力，但夏季宜凉爽，23℃左右利于开花，生长适温在18～23℃。10月至翌年1月为休眠期，适温10～12℃，块茎在5℃的适宜干燥环境可安全过冬。喜肥沃疏松的微酸性土壤。

繁殖方法：播种繁殖为主，也可扦插、分球法。

(1) 播种法　四季均可进行，单瓣品种常用此法。需人工辅助授粉获取种子。种子细小，拌土撒播，不覆土，播后将盆置浅水中浸透后取出，盆面盖玻璃，置半阴处。温度在20℃～22℃时，约两周出苗，苗期避免强光直晒，经常喷雾，从播种到开花约180d。

(2) 扦插法　茎插、叶插、芽插均可。叶插是在花落后，剪取健壮的叶片，留叶柄1cm，斜插入干净的河沙中，叶面的1/3插在河沙中，盖上玻璃并遮阴，保持一定的湿度，在22℃左右的气温下，约15d可生根，小苗后移栽入小盆。当年只形成小球茎，休眠后再由球茎上发出新芽，经过培养，翌年6～7月开花。芽插是在春季种球萌发，新芽长到4～6cm时进行，将萌发出来的多余新芽从基部掰下，插于沙床中，并保持一定的湿度，经过一段时间的培育，翌年6～7月开花。嫩枝扦插时，剪取2～3cm长嫩枝，插入细沙或膨胀珍珠岩基质中，注意遮阴，避免阳光趋向，维持室温18～20℃，15d即可发根。

(3) 分球法　选2～3年的老球茎休眠后，新芽萌生时，将球掘起，用利刀将球茎切成数块，每块上须带有一个芽，切口涂草木灰防止腐烂。不可施肥、不可浇水过多，每块栽植一盆，即形成一个新植株。

栽培管理：保持生长适温，1～10月为18～22℃；10月至翌年1月为10～12℃。避免强烈的日光照射，要放置在荫棚下有散射光且通风良好的地方，开花时宜适当延长遮阳时间，利于延长花期。供水应根据花盆干湿程度每天浇1～2次水，采用花盆底孔取水和供肥的虹吸方式，可避免污染叶面。苗期，选留2～3个高矮一致、位置适中的新芽，要抹顶摘心，促发更多的侧枝，从叶片伸展后到开花前，每隔半月应施稀薄的饼肥水1次。当花芽形成时，需增施一次骨粉或过磷酸钙，每周追施淡肥水1～2次，切勿将肥水溅到叶面和芽上。一般栽植后3～4个月开花。花谢后如不留种，剪去残花，以利集中养料继续开花和供球茎生长。当植株枯萎休眠时，将球根取出，藏于微湿润沙中。病虫害防治如下。

(1) 线虫病　盆土用蒸汽或氯化苦等消毒；块茎放60℃温水中浸5min或用乌斯普隆消毒；拔除被害株烧掉或深埋。

(2) 尺蠖　可人工捕杀或在盆中施入呋喃丹防治。

园林用途：摆放在会议桌、橱窗、茶室，是花坛花卉，节日点缀和装饰室内的理想盆花。

3.4.10　欧洲银莲花（彩图3-4-10）

科属：毛茛科、银莲花属

别名：华北银莲花、毛蕊茛莲花、毛蕊银莲花

英文名：Anemone

学名：*Anemone coronaria*

形态特征：多年生草本，株高25～40cm。具地下块根。叶为根出叶，1～2回三出复叶，掌状深裂。花单生于茎顶，有大红、紫红、粉、蓝、橙、白及复色。花期3～5月。

生态习性：喜光、温暖、湿润环境，怕炎热和干燥，耐寒，气温低于0℃停止生长，夏季、冬季处于休眠阶段。喜富含腐殖质且稍带黏性土壤。

繁殖方法：为块根、播种繁殖。块根在6月挖出，用干沙贮藏于阴凉处。10月栽植，栽植前要用水将块根浸泡1～2d，使其吸水膨大。盆土用园土∶腐叶土∶砻糠灰按3∶1∶1比例，每盆用1把腐熟的堆肥或鸡粪做基肥，在口径20cm的盆中可种3～5个球，种植时块根的尖头要向下，勿倒置，栽植深度1.5cm。种植后浇透水，放置在向阳处，约20d可长出新叶。温室内保持5℃以上可继续生长，并可形成花蕾。播种繁殖，6月种子成熟，采下即播，播后10～15d发芽，翌春可开花。

栽培管理：栽植时要施足基肥。冬季保持5℃以上可继续生长，并可形成花蕾。浇水要控制，不要使盆土太潮，以防块根腐烂，一般约3d左右浇1次。每半月施1次10%的饼肥水，开花期间，每周施1次10%的饼肥水，可促进花芽不断形成，直至5月气温升高才逐步停止。花后至6月叶片全部枯萎时，可将地下块根掘起，防止水淋，待充分凉晒干后，放在干燥通风处贮藏。停止浇水，直至9月再翻盆。常见病害如下。

(1) 锈病、叶霉病、菌核病　用25%多菌灵可湿性粉剂1000倍液喷洒预防。

(2) 潜叶蝇　喷施1500倍氧化乐果，隔3～5d再喷一次。

园林用途：花形似罂粟花，适于岩石园、花坛、花径布置或盆栽观赏，也可作切花。

3.4.11　花叶芋（彩图3-4-11）

科属：天南星科、五彩芋属

别名：五彩芋、彩叶芋、二色芋

英文名：Caladium，Angel-wing

学名：*Caladium bicolor*（Ait.）Vent.

形态特征：多年生常绿草本。块茎扁球形。叶柄光滑。叶片表面满布各色透明或不透明斑点，戟状卵形至卵状三角形，先端骤狭具凸尖，花序柄短于叶柄，佛焰苞管部呈卵圆形，外面绿色，内面绿白色，基部常青紫色，檐部凸尖，白色。肉穗花序，雌花序几乎与雄花序相等，雄花序纺锤形，花期4月。常见品种有白叶芋、亮白色叶芋、东灯、海鸥、红云等。

生态习性：喜高温、多湿、半阴环境，喜散射光，忌强光暴晒。光照不足，叶徒长，叶色差。不耐寒。生长期6～10月，适温为21～27℃，生长期低于18℃，叶片生长不挺拔，气温高于30℃新叶萌发快，叶片柔薄，观叶期缩短。10月至翌年6月为块茎休眠期，适温18～24℃，温度低于15℃，块茎极易腐烂。喜肥沃、疏松和排水良好的沙壤土。

繁殖方法：有分株、分割、播种和组培、水培等繁殖法。

(1) 分株、分割法　于4～5月，块茎萌芽前，将块茎周围的小块茎剥下，或用刀切割带芽块茎，用草木灰或硫黄粉涂抹切口，晾干数日待切口干燥后盆栽。室温保持在20℃以上。

(2) 播种法　种子不耐贮藏，随采随播。

(3) 组培繁殖　用叶片或叶柄作为外植体组织培养。

(4) 水培　营养液栽培，分为球茎水培和叶柄水插2种方法。5月份温度稳定在22℃以上时进行。选择成熟的叶片，带叶柄一起剥下，插入盛有清水的器皿中，叶柄入水深度为叶柄长度的1/4左右，每隔1d换1次水，保持水质清洁，约1个月就可形成球茎。

栽培管理：当叶子萌生后，将幼株移入装有培养土的盆中。在生长期4～10月，每半个月施用一次稀薄肥水，氮、磷、钾搭配施用，以氮肥为主。施肥后要立即浇水、喷水，立秋后要停止施肥。6～10月为展叶观赏期，要保持较高的空气湿度。除早晚浇水外，还要给叶面，地面及周围环境喷雾1～2次。延长叶子观赏期，要摘除花蕾，抑制生殖生长。入秋后叶子逐渐枯萎，进入休眠期，要控制用水，使土壤干燥，待叶片全部枯萎，剪去地上部分，取出盆中块茎，去掉泥土，涂以多菌灵，在通风干燥处晾晒数日，贮藏于经过消毒的蛭石或干沙中。室温维持在13～16℃，贮藏4～5个月后，于春天将其重新培植。常见病虫害如下。

(1) 干腐病　用50%多菌灵可湿性粉剂500倍液浸泡或喷洒防治。

(2) 叶斑病　用80%代森锰锌500倍液或50%多菌灵可湿性粉剂1000倍液或70%托布津可湿性粉剂800～1000倍液防治。

园林用途：作室内盆栽观叶植物，可配置案头、窗台、插花配叶，水养期约10d。在热带地区可室外栽培观赏，点缀花坛、花境。

3.4.12　文殊兰（彩图3-4-12）

科属：石蒜科、文殊兰属

别名：文珠兰、罗裙带、文兰树、水蕉、海带七、郁蕉、海蕉、玉米兰

英文名：Chinese Crinum

学名：*Crinum asiaticum* L. var. *sinicum* Bak

形态特征：多年生粗壮草本。长柱形鳞茎。叶20～30枚，多列，带状披针形，长可达1m，顶端渐尖，具1急尖的尖头，边缘波状。花茎直立，几与叶等长，伞形花序，有花10～24朵，佛焰苞状总苞片披针形，膜质，小苞片狭线形，花高脚碟状，芳香，花被裂片线形，向顶端渐狭，白色；雄蕊淡红色。蒴果，近球形，花期夏季。

生态习性：喜温暖、湿润、光照充足的环境，忌强直射光照，不耐寒，生长适宜温度15～20℃，冬季鳞茎休眠期，贮藏适温为8℃左右。以腐殖质含量高、疏松肥沃、通透性能强的沙壤土为宜，耐盐碱。

繁殖方法：常采用分株和播种繁殖。

(1) 分株法　在春、秋季均可进行，以春季结合换盆时进行为好。将母株从盆内倒出，将其周围的鳞茎剥下，栽植不能过浅，以不见鳞茎为准，栽后充分浇水，置于阴处。

(2) 播种法　于3～4月。需人工辅助授粉。随采随播。用浅盆点播，覆土约2cm厚，浇透水，在16～22℃温度下，保持适度湿润，不可过湿，约2周后可发芽。待幼苗长出2～3片真叶时，即可移栽于小盆中。栽培3～4年可以开花。

栽培管理：在生长期间，5～9月以内，抹除根茎周围生出的蘖芽，保证株形直立。夏季要降温增湿，适当遮阴，早7:00～12:00，应接受全日照，12:00～15:00应搭荫棚遮阴。春季每隔1～2d浇1次水，夏季每天傍晚浇1次水，每周追施稀薄液肥1次，进入秋季后则减少浇水，冬季严格控制浇水，见干见湿，保持盆土湿润。花葶抽出前宜施过磷酸钙一次，花后要及时剪去。冬季入室，置于10℃左右的有光处，盆土不宜过湿，空气湿度过小时叶面喷水，终止施肥。

常见病虫害是叶斑病，叶斑黄褐色、棕褐色或灰褐色，具黄色晕环。清除病残体集中烧毁。

发病初期喷施75%百菌清+70%托布津可湿粉按1∶1比例的800～1000倍液，或30%氧氯化铜500倍液喷洒。视天气7～15d喷1次，连喷数次。

园林用途：文殊兰的花叶有较高的观赏价值，可作为园林景区或庭院装饰之用，种植于海岸地区，有防风、定沙作用。

3.4.13 网球花（彩图3-4-13）

科属：石蒜科、网球花属

别名：网球石蒜

英文名：Blood Lily

学名：*Haemanthus multiflorus*

形态特征：多年生球根草本花卉。株高达80～90cm，鳞茎扁球形。叶自鳞茎抽出，3～6枚，常集生茎上部，椭圆形至矩圆形，全缘。花葶高30～90cm，先叶抽出，绿色带紫色斑点。圆球状伞形花序顶生，小花30～100朵，血红色，花期5～9月。花谢时叶伸长，入冬后叶变黄而进入休眠。

生态习性：喜温暖、湿润及半阴的环境，不耐寒，生长期适温白天16～21℃，夜间10～12℃；冬季不休眠的温度13～16℃，休眠的温度5～10℃。冬季温度不得低于5℃，土壤以疏松、肥沃、排水良好的微酸性沙壤土为好。

繁殖方法：以分球繁殖为主，也可进行播种繁殖。

（1）分球繁殖　分球繁殖在秋季进行，分球时将母球周围的小子球掰离分栽即可。经3～4年栽培后可开花。

（2）播种繁殖　随采随播，采用点播于盆中，覆土1cm。播后约15d发芽。播种苗需经5～6年方能开花。

栽培管理：春季结合换盆进行分株，剪去部分枯根，添加新的培养土，将大小球单独栽植，大球用以开花，小球培养长大，覆土避免深埋。需施足基肥，等待鳞茎萌芽出土后再进行追肥，浇水要适度，不能让盆内积水。生长期每10d施肥1次，花葶出现后应加强光照，开花期间放置于温度较低的地方，可以延长花期。平时要保持盆土湿润，盆内切勿积水，以防烂根和烂鳞茎。夏季光线太强时，放半阴处养护，能延长花期。秋末冬初，叶片开始枯黄，鳞茎进入休眠期，应逐渐停止浇水、施肥，保持盆土微湿，连盆一起放不低于5℃的室内越冬。常见病虫害如下。

（1）线虫　种前可用0.5%福尔马林液浸泡鳞茎3h消毒。

（2）蛞蝓　用3%石灰水喷杀。

园林用途：网球花花色艳丽，是常见的室内盆栽观赏花卉，点缀美化庭园，亦可作切花。

3.4.14 小苍兰（彩图3-4-14）

科属：鸢尾科、香雪兰属

别名：香雪兰、小葛兰

英文名：Freesia

学名：*Freesia hybrida klatt*

形态特征：多年生草本。球茎卵形或卵圆形；叶剑形或条形，二列互生；花茎直立，上部有2～3个弯曲的分枝，下部有数枚叶；花无梗直立，淡黄或黄绿色，有香味，花被管喇叭形，花被裂片6，2轮排列，蒴果。常见种类有白花小苍兰（var. *alba*）、鹅黄小苍（var. *Leichlinii*）、红花小苍兰（*F. armstrongii*）。

生态习性：喜温暖、湿润、阳光充足的环境，但忌强光、忌高温。生长适温15～25℃，宜于疏松、肥沃、沙壤土生长。

繁殖方法：以分球繁殖为主，育种或品种复壮用播种繁殖。在休眠期，1个老球会产生1～3个较大新球茎，剥下，分级贮藏，8～9月时进行栽植。新球茎直径达1cm以上，栽植后当年既能开花；小的新球茎则需培养一年后才能形成开花球。播种通常于5月采种后，及时播种于浅盆中，播种后将盆移至背风向阳处，保持湿润，发芽适温20～22℃。

栽培管理：于9月上盆，初上盆时需水量不多，可每周浇水1次，以后随着植株生长，逐渐增加浇水次数和浇水量，勿干勿湿。水量过多，易烂根；缺水，生长受阻，叶色失去光泽。当植株长出3～4片叶子时即进入花芽分化期，应每隔10～15d施1次稀薄豆饼水，或者其他磷、钾肥，出现花蕾后，停止施肥。白天生长适温为18～20℃，夜间为14～16℃，越冬温度为6～7℃，每天只给10h的短光照，以利花芽分化，花芽形成后，长日照对开花有促进作用。常见病虫害如下。

（1）菌核病　致根腐烂，植株逐渐枯萎。多施有机肥，少施氮肥，土壤勿过湿，及时拔除病株集中销毁，并用70%甲基托布津1000倍液或50%的多菌灵1000倍液喷洒。

（2）花叶病　叶片和花瓣现斑纹，叶片扭曲。用40%氧化乐果1500倍液或2.5%氯氰菊酯3000倍液喷洒。

（3）坏死病斑　叶片出现坏死斑。播种前消毒种球，生长期用40%氧化乐果1500倍液毒杀蚜虫、或用呋喃丹等毒杀线虫，发现病株，及时拔除销毁。

园林用途：适于盆栽或作切花，花期正值缺花的元旦、春节季节，深受人们欢迎，可作盆花点缀厅房、案头。在温暖地区可栽于庭院中作为地栽观赏花卉，用作花坛或自然片植。

3.4.15 石蒜（彩图 3-4-15）

科属：石蒜科、石蒜属

别名：龙爪花、老鸦蒜、彼岸花、一枝箭

英文名：Red Spider Lily

学名：*Lycoris radiata*（L'Her.）Herb.

形态特征：多年生球根草本。叶丛生，带形，全缘。花葶先叶抽出，中央空心，高 20～40cm；伞形花序，有花 4～6 朵。苞片披针形，膜质；花被 6 裂，鲜红色或有白色边，边缘皱缩，向后反卷。雄蕊和雌蕊远伸出花被裂片之外；蒴果背裂；种子多数。常见品种有四大色彩品系：红花品系、黄色品系、白花品系、复色品系等。

生态习性：喜阳光、潮湿环境，能耐半阴和干旱环境，稍耐寒，喜肥沃且排水良好的偏酸性土壤。适应性强。花期 9～10 月。

繁殖方法：用分球、播种、鳞块切割和组织培养等方法繁殖，以分球法为主。

（1）分球法　在休眠期或开花后将植株挖起来，将母球附近附生的子球取下种植，约一、两年便可开花。

（2）播种法　适于杂交育种。随采随播，20℃下 15d 后可见胚根露出。实生苗从播种到开花需 4～5 年。

（3）鳞块切割法　将清理好的鳞茎基底以米字型八分切割，切割深度约为鳞茎长的 1/2～2/3。消毒、阴干后插入湿润沙、珍珠岩等基质中，3 个月后，不定芽形成，逐渐生出小鳞茎球，经分离栽培后可以成苗。

（4）组织培养繁殖法　用 MS 培养基，采花梗、子房、带茎的鳞片作外植体材料，经培养，在切口处可产生愈伤组织。1 个月后可形成不定根，3～4 个月后可形成不定芽。

栽培管理：北方应在春天（4～5 月）盆栽。选用生长 3 年，能开花的大球（直径在 7cm 以上）盆栽，可一盆栽 1～4 个球，浅植，使球的 1/3～1/2 居于土面上。上盆后浇透水 1 次，使土略微湿润，待发出新叶后再浇水，勿积水。夏季休眠期浇水要少，春秋季需经常保持盆土湿润，在秋季叶片增厚老熟时，可停止浇水。开花前 20d 至开花期必须要适量水分供给，以达到开花整齐一致。生长季节每半月施 1 次稀薄饼肥水，在花蕾含苞待放前和开花后追磷、钾肥两次，使鳞茎健壮充实。花后应剪去花葶，以减少养分的损失。夏季避免阳光直射，春秋季置半阴处养护。越冬期间严格控制浇水，停止施肥，带土放温室内休眠，室温保持 5～10℃，室内干燥，空气流通，以防球根腐烂。常见病虫害如下。

（1）炭疽病和细菌性软腐病　鳞茎栽植前用 0.3%硫酸铜液浸泡 30min，用水洗净，晾干后种植。每隔半月喷 50%多菌灵可湿性粉剂 500 倍液防治。发病初期用 50%苯来特 2500 倍液喷洒。

（2）斜纹夜盗蛾　啃食叶肉，咬蛀花葶、种子。可用 5%锐劲特悬浮剂 2500 倍液，万灵 1000 倍液防治。

（3）石蒜夜蛾　喷施乐斯本 1500 倍液或辛硫磷乳油 800 倍液，选择在早晨或傍晚幼虫出来活动取食时喷雾。

（4）蓟马　导致叶片失绿。可以用 25%吡虫啉 3000 倍液、70%艾美乐 6000～10000 倍液轮换喷雾防治。

园林用途：可做林下地被花卉，花境丛植或山石间自然式栽植。也可盆栽、水养、切花等，因其开花时光叶，故应与其他草本植物搭配栽植为好。

3.4.16 葱莲（彩图 3-4-16）

科属：石蒜科、葱莲属

别名：玉帘、葱兰、葱叶水仙、百花菖蒲连

英文名：ZepHyr Lily

学名：*Zephyranthes candida*

形态特征：多年生常绿球根草本。株高15～20cm，鳞茎卵形，具有长颈部。叶基生，线形稍肉质，绿色，扁筒状。花茎从叶丛一侧抽出，圆柱形中空。花单朵顶生，佛焰苞状总苞膜质，青紫色，下半部合生成漏斗管状，先端 2 裂，花白色，外面常带淡红色、基部淡绿色，花被片离生。花期 7～10 月。

生态习性：喜阳光充足、温暖湿润，耐半阴和低湿，宜肥沃、带有黏性而排水好的土壤。较耐寒，0℃以下亦可存活较长时间。

繁殖方法：以分球、播种繁殖为主。常用分球繁殖，于春季进行。在新叶萌发前掘起老株，将小鳞茎连同须根分开栽植。种子成熟后即可播种，发芽适温 15～20℃，2～3 周发芽，播种到开花需 4～5 年。

栽培管理：春季盆栽时，宜选疏松、肥沃、排水良好的培养土，施足基肥，种植不宜过深，选 3～4 个鳞茎一起丛植，一般每 3～4 年应分栽 1 次。每年追施 2～3 次稀薄饼肥水，盛花期间如发现黄叶及残花，应及时剪掉清除，生长期间浇水要充足，宜经常保持盆土湿润，但不能积水。经常向叶面上喷水，以增加空气湿度，否则叶尖易黄枯。生长旺季，每隔半个月需追施 1 次稀薄液肥。盛夏，应放在疏荫下养护，否则会生长不良，影响开花。冬季入室后，如能保持一定温度，仍可继续生长和开花。葱兰还可在水箱中

栽种。

园林用途：叶翠绿而花洁白，常盆栽装点几案。也可用于花坛镶边、疏林地被、花径等。

3.5 温室木本花卉栽培

3.5.1 月季（彩图 3-5-1）

科属：蔷薇科、蔷薇属

别名：月月红、月月花、长春花、四季花、胜春

英文名：Chinese Rose

学名：*Rosa chinensis* Jacq.

形态特征：常绿或半常绿灌木，直立、蔓生或攀援。小枝有短粗的钩状皮刺。小叶互生，奇数羽状复叶，由 3～7 枚小叶组成，圆形或宽楔形，边缘有锐锯齿。花单生或丛生于枝顶，花形、瓣数及颜色因品种不同而有很大差异。瘦果。花期 5～11 月。常见月季花种类主要有食用玫瑰、藤本月季、大花香水月季、丰花月季、微型月季、树状月季、壮花月季、灌木月季、地被月季等。

生态习性：喜温暖、日照充足、空气流通的环境。以疏松、肥沃、富含有机质、微酸性、排水良好的壤土为宜。

繁殖方法：以扦插、嫁接为主，也可播种、分株、压条、组织培养等法繁殖。

（1）嫁接法　分芽接和枝接两种，用野蔷薇作砧木，从玫瑰的当年生长发育良好的枝条中部选取接芽，于 8～9 月进行，嫁接部位要靠近地面。

（2）播种法　春季播种。可穴播、沟播，在 4 月上中旬即可发芽出苗。在秋末落叶后或初春树液流动前进行移植。

（3）分株法　在早春或晚秋进行。将整株玫瑰带土挖出进行分株，每株有 1～2 条枝并略带一些须根，将其定植于盆中或露地，当年就能开花。

（4）扦插法　在早春或晚秋玫瑰休眠时，剪取成熟的带 3～4 个芽的枝条进行扦插。若嫩枝扦插，要适当遮阴，并保持苗床湿润。扦插后一般 30d 即可生根。

（5）压条法　在夏季进行。把玫瑰枝条从母体上弯下来压入土中，在入土枝条的中部，把下部半圈树皮剥掉，露出枝端，待埋入枝条生出不定根并长出新叶以后，再与母体切断栽植。

栽培管理：

（1）切花栽培

① 环境条件：适宜阳光充足，背风，排水良好，土壤以通气性好、具有团粒结构的微酸性黏壤土环境。栽培土要掺入一定量的砻糠灰改良土壤物理性质，并可有效地防止月季根癌病的发生。

② 栽植：在 12 月至翌年 2 月和 5～6 月这两个时期定植，定植 4～5 个月后产花。切花月季栽培一般要长达 5 年之久，因此须施足基肥。在定植前先将土壤深翻 40～50cm，待充分晒干后，施放腐熟的家畜粪肥以改良土壤、增加有机质含量。新栽的植株要修剪，留 15cm 高，伤残根、枝要剪掉，顶芽要饱满，按株行距 30cm×30cm 栽植。

③ 施肥、浇水：刚栽植时，一天要喷雾几次，保持地上部枝叶湿润。平时不能缺水，应“见干则浇”，特别在产花高峰期更不能缺水。在市场花价较低夏季，控制浇水让植株进入半休眠，对植株进行中度修剪，出现花蕾立即摘掉，为秋季产花高峰打好基础。在修剪后的腋芽萌动前，适当控制浇水，腋芽萌动到发新梢时需水量日趋增多，尤其当新梢长到 3～5cm 时，要多施肥、水，以促进发枝；剪花后水分要求又逐渐减少。在植株进入产花期后，应随每次灌水和每次剪花后叶面追肥，以尿素和磷酸二氢钾 1∶1 混合后再稀释 0.1%～0.2%液喷施。通常用有机肥（菜饼、骨粉等）和无机肥相结合的方法，在花蕾发育阶段应停肥。冬季室内增加二氧化碳施肥，可使切花月季的产量明显提高。

④ 修剪：修剪的时间主要根据品种的有效积温、保护地设施的保温或加温能力来推算修剪日期。大多数品种夏季开花需 35～42d，冬季在保护地内栽培，开花天数需 50～60d。例如要求“五一”开花的，在 2 月 10～15 日修剪为宜。小苗定植后的 3～4 个月内为营养生长阶段，要随时将花蕾摘除，控制生殖生长，养足营养体，迫使它从基部抽出粗壮的新枝条。新枝条直径在 0.6cm 以上的可留作主枝，即开花母枝。当新枝上花蕾即将露色时可将其上部剪去，留下部 50cm 左右作为主枝，以后从这主枝上抽出来的枝条，就是产花枝，每株切花月季应养成 3～5 条主枝。从嫁接部位以下萌蘖出来的往往是砧木野蔷薇的脚芽，应及时铲除。有顶端生长优势的要及时去除，以免影响侧枝发育。在产花期需随时掰除副芽、副蕾，以保证主蕾的顺利开花。

（2）露地栽培　选择地势较高，阳光充足，空气流通，土壤微酸性肥沃的沙质土壤。栽培时深翻土地，并施入有机肥料做基肥，栽培株行距：直立品种为 75cm×75cm；扩张性品种为 100cm×100cm；纵生性品种为 40cm×50cm；藤木品种为 200cm×200cm；地栽的品种为 50cm×100cm。浇水后应中耕。生长旺季需施

肥，10月停止施肥。11月中旬可剪去部分枝条或将枝条捆扎，根部堆土防寒。3～4月份去除堆土，剪去干枯枝条，浇足水分，促进萌发。

(3) 盆花栽培　选取矮株、短枝、微型植株作盆栽。小苗定植时，盆底放数片马蹄甲做基肥。在生长季节要有充足的阳光，每天至少要有6h以上的光照，夏季避免阳光暴晒，每两周转动一次盆的方位，每次旋转半圈。浇水以“不干不浇，浇则浇透”原则。开春枝条萌发，适当增加水量，每天早晚浇1次水；在生长旺季及花期需增加浇水量，夏季高温，最忌干燥脱水，每天早晚各浇1次水，每次浇水应有少量水从盆底渗出，浇水时不要将水溅在叶上。施肥以迟效性的有机肥为主。早春发芽前，可施一次较浓的液肥，生长期每10d浇一次淡肥水，在花期注意不施肥，花谢后要剪掉干枯的花蕾，施追肥1～2次速效肥。入冬前施最后一次肥，冬天不可施肥。待叶片脱落以后，每个枝条只保留5cm的枝条，5cm以上的枝条全部剪去，把花盆放在0℃左右的阴凉处保持半湿保存。

(4) 常见病虫害

① 白粉病和黑斑病：清除病枝病叶，通风透光，降低湿度。用70%的托布津600倍、1∶1∶(100～200) 的波尔多液及代森锌等杀菌剂轮流交替喷洒，1周用药1次。

② 蚜虫、刺蛾、天牛：用40%氧化乐果乳油、马拉松和敌敌畏等杀虫剂喷杀。

园林用途：月季花是春季主要的观赏花卉，其花期长，观赏价值高，可用于园林布置花坛、花境、庭院花材，可制作月季盆景，作切花、花篮、花束等。

3.5.2 扶桑（彩图 3-5-2）

科属：锦葵科、木槿属

别名：佛槿、朱槿、佛桑、大红花

英文名：Chinese Hibiscus

学名：*Hibiscus rosa-sinensis*

形态特征：常绿大灌木或小乔木。叶互生，阔卵形至狭卵形叶，叶缘有粗锯齿或缺刻，基部近全缘，形似桑叶。茎直立而多分枝，高可达6m。腋生喇叭状花朵，有单瓣和重瓣之分，单瓣者漏斗形，重瓣者非漏斗形，呈红、黄、粉、白等色，花期全年，夏秋最盛。

生态习性：喜温暖、湿润、阳光充足、通风的环境，不耐寒霜，不耐阴，对土壤要求不严，喜肥沃、疏松的微酸性土壤。耐修剪，发枝力强。生长适温为15～25℃，冬季温度不低于5℃。

繁殖方法：用扦插和嫁接繁殖。扦插以5～10月为宜，取长10cm一年生半木质化枝，留顶端叶片，切口要平，插于沙床，保持较高空气湿度，室温为18～21℃，插后20～25d生根。用0.3%～0.4%吲哚丁酸处理插条基部1～2秒，可缩短生根期。根长3～4cm时移栽上盆。嫁接在春、秋季进行，多用于扦插困难的重瓣花品种，枝接或芽接均可，砧木用单瓣扶桑花。嫁接苗当年抽枝开花。

栽培管理：每天日照不能少于8h，光照不足，花朵缩小，花蕾易脱落，在栽培中要及时补光。盆栽扶桑，一般于4月出室，各枝除基部留2～3芽外，上部全部剪截，要适当节制水肥，并换盆。浇水要见干见湿，生长期每天浇水1次，盛夏可早晚各1次，地面经常洒水，防止嫩叶枯焦和花朵早落。每隔7～10d施1次稀薄液肥。秋后要注意少施肥，以免抽发新梢。10月末天凉后，移入温室，温度保持在12℃以上，并控制浇水，停止施肥。常见病虫害如下。

(1) 叶斑病、炭疽病、煤污病　可用70%甲基托布津可湿性粉剂1000倍液喷洒。

(2) 蚜虫、红蜘蛛、刺蛾　可用10%除虫精乳油2000倍液喷杀。

园林用途：扶桑花朵鲜艳夺目，适用于客厅和入口处摆设，在南方多散植于池畔、亭前、道旁和墙边。

3.5.3 杜鹃（彩图 3-5-3）

科属：杜鹃花科、杜鹃属

别名：杜鹃花、山石榴、映山红、满山红

英文名：Rhododendron

学名：*Rhododendron simsii* Planch.

形态特征：常绿、半常绿或落叶灌木，稀为乔木，匍匐状，主干直立，单生或丛生。枝条互生或假轮生。枝、叶有红褐色或灰褐色毛，单叶互生，全缘，多形。花顶生、侧生或腋生，单花、少花或集成总状伞形花序，花冠显著，漏斗形、钟形、蝶形或管形等。蒴果，卵球形，花期4～6月。常见园艺品种多为杂交种，其中，映山红是重要亲本之一。有单瓣及重瓣之分。分为春鹃品系、夏鹃品系、西鹃品系、东鹃品系、高山杜鹃品系“五大”品系。

生态习性：喜凉爽、湿润、通风的半阴环境，忌烈日暴晒，既怕酷热又怕严寒，生长适温为12～25℃，气温超过35℃，处于半休眠。喜酸性土壤。

繁殖方法：用扦插、嫁接、压条、分株、播种5种方法，其中以扦插法最为普遍。

(1) 扦插繁殖　宜在春、秋两季进行。选用当年生绿枝或结合修剪硬枝插，将生长健壮、无病虫害的插穗插入基质2～4cm深度，插后浇透水，薄膜保湿，置于荫棚下管理，一般20～30d

可生根。

（2）嫁接繁殖　嫁接时间宜在4～5月。砧木选用1～2年生毛鹃。接穗选用3～4cm长的新梢，用切接、劈接和腹接等嫁接方法。

（3）播种繁殖　主要用于新品种的培育。种子成熟后，常绿杜鹃应随采随播，落叶杜鹃可将种子沙藏，翌年春播。种子撒播后，薄覆一层细土，薄膜保湿，置于阴处，气温15～20℃，约20d即可成苗。

（4）压条　用高技压条。在4～5月间进行。母株上取2～3年生的健壮枝条，离枝条顶端10～12cm处用环割开约1cm宽的一圈环，形成瘤状突起，萌发根芽。用塑料薄膜覆土扎紧环剥处，置于阴处。保持袋内泥土经常湿润，约在3～4个月后根须长至2～3cm长时，即可切断枝条，离开母株，栽入新的盆土中。

栽培管理：4月中、下旬搬出温室，先置于背风向阳处。生长适宜温度15～25℃，最高温度32℃。秋未10月中旬开始搬入室内，冬季置于阳光充足处，室温保持5～10℃，最低温度不能低于5℃，否则停止生长。适宜在散射光下生长，忌烈日暴晒，光照过强，嫩叶易被灼伤。夏季要防晒遮阳，秋季、冬季应适当增加光照，只在中午遮阳，以利于形成花芽。杜鹃花是典型的酸性指示植物，盆栽杜鹃要用质地疏松、通气透水、营养丰富、pH 4.5～6.5的培养土。上盆在春季出室和秋季入室时进行。盆底垫瓦片于水口上，再填一薄层粗粒土，将植株置于盆中央，根系舒展，分层加培养土到根颈为止。浇透水，扶正苗，放在阴处缓苗一周。水质要清洁卫生，加硫酸亚铁或食醋酸化处理水（pH 5.5～6.5）。夏季白天要向叶面喷水，午间向地面喷水降温，浇水不能过多，但勿积水，润而不湿，以增加空气湿度为准，9月以后减少浇水，冬季入室后，盆土应干透再浇。施肥应薄肥勤施。春秋生长旺季每10d施1次稀薄的饼肥液水，可用淘米水、果皮、菜叶等沤制发酵而成。在秋季还可增加一些磷、钾肥，可用鱼、鸡的内脏和洗肉水加淘米水和一些果皮沤制而成。入冬前施1次干肥，换盆时不要施盆底肥。叶面喷施矾肥水以及磷酸二氢钾、尿素等速效肥。整形修剪在春、秋季进行，蕾期应及时摘蕾，使养分集中供应，促花大色艳剪去交叉枝、过密枝、重叠枝、病弱枝，及时摘除残花。温度调节和修剪可调控花期，若想春节见花，可于春节前20d将盆花移至20℃的温室内向阳处即可；若想“五一”见花，可于早春萌动前将盆移至5℃以下室内冷藏，4月10日移至20℃温室向阳处，4月20日移出室外即可；生长旺季修剪，花期可延迟40d左右。常见病虫害如下。

（1）褐斑病　应加强通风，花前、花后喷洒800倍的托布津或等量式波尔多液。

（2）红蜘蛛　可用40%氧化乐果1000倍液防治。

（3）蚜虫　用40%的乐果或氧化乐果加1200倍水制成溶液进行连续喷治，3～4次即可见效。

（4）短须螨　在10月中下旬和早春3月各喷一次波美0.5度石硫合剂或喷25%杀虫双水剂500倍液。

园林用途：最宜在林缘、溪边、池畔及岩石旁成丛成片栽植，也可于疏林下散植。是优良的盆景、矮墙、屏障材料。

3.5.4　桂花（彩图3-5-4）

科属：木犀科、木犀属

别名：岩桂、木犀、九里香、金粟

英文名：Sweet Osmanthus

学名：*Osmanthus fragrans*（Thunb.）Lour.

形态特征：常绿乔木或灌木，株高3～15m，小枝黄褐色。单叶对生，革质，椭圆形、长椭圆形、椭圆状披针形，全缘或具细锯齿，腺点在两面连成小水泡状突起，聚伞花序簇生于叶腋，每腋内有花多朵，花极芳香，花冠黄白、淡黄、黄或橘红等色，核果歪斜。花期9～10月上旬。桂花种类以花色而言，有金桂、银桂、丹桂之分；以叶型而言，有柳叶桂、金扇桂、滴水黄、葵花叶、柴柄黄之分；以花期而言，有八月桂、四季桂、月月佳之分。桂花有4个品种群：四季桂品种群、丹桂品种群、金桂品种群、银桂品种群。

生态习性：喜光、温暖、湿润的环境。生长适温是15～28℃。抗逆性强，既耐高温，也较耐寒和耐阴。切忌积水。以土层深厚、疏松肥沃、排水良好的微酸性沙质壤土为宜。

繁殖方法：嫁接、扦插、压条、播种等繁殖法。播种繁殖实生苗开花较晚，定植8～10年后方能开花，应用较少。大量嫁接繁殖时，砧木多用女贞、小叶女贞、水蜡、流苏等。盆栽桂花多行靠接，用流苏作砧木，靠接宜在生长季节进行。扦插法在春季发芽以前，用一年生发育充实的枝条，插后及时灌水或喷水，并遮阴，保持温度20～25℃，相对湿度85%～90%，2个月后可生根移栽。压条于春季到初夏，选比较粗壮的低干母树，将其下部1～2年生的枝条，进行低压和高压两种。

栽培管理：南方地栽，北方盆栽。盆土按腐叶土∶园土∶沙土∶腐熟的饼肥为2∶3∶3∶2的配比，将其混合均匀，然后上盆或换盆，可于春季萌芽前进行。冬季搬入室内，置于阳光充足处，室温保持5℃以上，但不可超过10℃，注意通风透光，少浇水。翌年4月萌芽后移至室外，先放在背风向阳处养护，可适当增加水量，生长旺季可浇适量的淡肥水，花开季节肥水可略浓些。生长期光照不足，影响花芽分化。在新芽刚刚萌发或新梢刚刚开始抽生的早期，要除萌、抹芽；对正在迅速生长的新梢进行摘心、扭梢、短截、回缩和疏删，对萌蘖条、过密枝、徒长枝、交叉枝、病弱枝要去除，使整体树势强健，修剪口涂抹愈伤防腐膜保护伤口，以防剪口腐烂。常见病虫害如下。

（1）褐斑病、枯斑病、炭疽病　可引起早落叶，削弱植株生长势。要及时摘除病叶，加强栽培管理。发病初期喷洒1∶2∶200倍的波尔多液，以后可喷50%多菌灵可湿性粉剂1000倍液或50%苯来特可湿性粉剂1000～1500倍液。

（2）红蜘蛛　用螨虫清、蚜螨杀、三唑锡进行叶面喷雾。每周1次，连续2～3次，即可治愈。

园林用途：是我国特产的芳香兼观赏花木。南方常用作绿化树种。其配置形式不拘一格，或对植、散植、群植、列植。北方盆栽观赏。

3.5.5　山茶花（彩图3-5-5）

科属：山茶科、山茶属

别名：茶花、曼陀罗树、山椿、耐冬、山茶、洋茶

英文名：Camellia

学名：*Camellia japonica* L.

形态特征：常绿阔叶灌木或小乔木。株高达10～15m。树皮灰褐色，光滑无毛。叶片革质，互生，椭圆形至卵形，边缘有锯齿。花两性，单生或2～3朵着生于枝梢顶端或叶腋间，花有白、粉红、红等单色或红白相间的复色。花瓣5～100枚，有单瓣、复瓣、重瓣。花期1～4月。蒴果球形，外壳本质化，种子黑色。山茶花有3大类：单瓣类、半重瓣类、重瓣类。

生态习性：山茶花系半阴性树种，深根性，主根发达。喜温暖、半阴、湿润的环境。忌烈日，略耐寒。生长适温为18～25℃，始花温度为2℃，喜肥沃、疏松的微酸性土壤。一年有2次枝梢抽生即春梢、夏梢。花期2～3月。

繁殖方法：有扦插、嫁接、播种等方法。

（1）扦插繁殖　6月中、下旬或8月下旬至9月初进行，插穗应选取树冠外部组织充实、叶片完整、叶芽饱满和无病虫害的当年生半成熟枝。气温可控制在25℃左右，插穗长度一般8～12cm，去掉下部叶片，上部仅留2～3片叶。插床铺15cm厚的细沙与草炭等量混合的基质，用高锰酸钾消毒。扦插密度一般株行距(3～4)cm×(10～14)cm，插穗入土3cm左右，插床要喷透水，保持足够的湿度，切忌阳光直射，需60～100d生根。生根后，要逐步增加阳光，使幼苗充分接受阳光，加速木质化。

（2）嫁接繁殖　适用于扦插生根困难或繁殖材料少的品种，接穗以2～3年生、长30～40cm的枝为宜，砧木用油条或茶梅的当年的实生苗。

（3）播种繁殖　用于繁殖砧木和新品种的培育。随采随播，在18～20℃温度下，10～30d可发芽。从播种到开花需要5～6年。

（4）压条繁殖　梅雨季选用健壮1年生枝条，离顶端20cm处，行环状剥皮，宽1cm，用腐叶土缚上后包以塑料薄膜，约60d后生根，剪下可直接盆栽。

栽培管理：北方盆栽山茶花夏季遮阳，冬季防冻。生长期给予充足的水分，保持较高的空气湿度。地面喷水、叶面喷雾等措施，保持阴凉通风。保持18～25℃适温。花后换盆，山茶花根系脆弱，移栽时要注意不伤根系。盆土可用壤土∶腐叶土∶泥炭土按1∶1∶1混合，并加入少量的河沙。浇水不宜用碱性水，见干见湿浇水。浇水量过多，可引起落叶、落蕾，严重者可导致烂根、死亡。不能施过量、过浓肥。在生长期每20d左右应施1次稀薄硫酸亚铁水，改造盆土的酸碱度。春梢开始萌发时，以施氮肥为主的催芽肥，每10d施1次，直到春梢开始木质化为止。6～7月份形成花芽，应施以磷、钾肥，促花蕾，每10d左右1次，忌施氮肥。同时，用1000倍磷酸二氢钾、少量硼砂和米醋混合稀液进行叶面喷施，既可以控制山茶花的徒长，又能促进花芽分化与缩短花芽分化的时间。每根枝梢宜留1～2个花蕾，不宜过多，以免消耗养分，影响主花蕾开花。摘蕾时注意叶芽位置，以保持株形美观。同时，将干枯的废蕾随手摘除。常见病虫害如下。

（1）炭疽病　可用等量式波尔多液或25%多菌灵可湿性粉剂1000倍液喷洒防治。

（2）红蜘蛛、介壳虫、蚜虫　40%氧化乐果乳油1000倍液喷杀防治。

园林用途：山茶花树冠优美，叶色亮绿，花大色艳，花期长，正逢元旦、春节开花，是节日花卉。盆栽点缀客室、卧房、书房和阳台，尽显春意盎然。在庭院中配植，与花墙、亭前山石相伴，景色自然宜人。

3.5.6　白兰（彩图3-5-6）

科属：木兰科、含笑属

别名：白缅花、白兰花、缅桂花

英文名：White Michelia

学名：*Michelia alba* DC.

形态特征：落叶乔木，高达17～20m，盆栽3～4m。树皮灰色，枝叶有芳香，嫩枝及芽密被淡黄白色微柔毛。单叶互生，革质，长椭圆形或披针状椭圆形，上面无毛，下面疏生微柔毛。花白色，极香。蓇葖果，熟时鲜红色。花期4～9月。

生态习性：喜光照、温暖、湿润的环境。怕高温，不耐寒，不耐干旱和水涝。适合于微酸性土壤。对二氧化硫、氯气等有毒气体比较敏感，抗性差。

繁殖方法：可采用嫁接、压条、扦插、播种等方法，常用嫁接和压条。

(1) 嫁接　采用靠接和切接2种方法。以二年生辛夷为砧木，在梅雨季节选取与砧木粗细相同的白兰花枝条，接后60～70d即愈合，与母株剪离成苗。

(2) 压条　有普通压条和高枝压条2种。分别在2～3月和6～7月进行，保持湿润，约2个月后生根，即可切离分栽。

栽培管理：盆栽白兰花要选择适宜的高度，剪去顶芽及剪短部分侧枝。春季换盆，增添疏松肥土，在清明至谷雨时移出室外，放置在阳光充足处即可。夏季用遮阳网或荫棚，以免因暴晒而灼伤枝、叶。生长旺季，应每旬施1次花肥，薄肥勤施，以饼肥为好，冬季不施肥，在抽新芽后开始至6月，每3～4d浇1次肥水，7～9月每5～6d浇1次肥水。浇水是养护好白兰花的关键，浇水勿过勤、过量。春季出房浇透水1次，以后隔天浇1次透水。夏季早晚各1次，太干旱需喷叶面水；秋季2～3d 1次；冬季要控制浇水，只要盆土稍湿润即可，最低室温应保持5℃以上。雨后及时倒去积水。

园林用途：北方盆栽，可布置庭院、厅堂、会议室。中小型植株可陈设于客厅、书房。南方可露地庭院栽培，是南方园林中的骨干树种。作为一种香料植物，兼做香料和药用。

3.5.7　含笑花（彩图3-5-7）

科属：木兰科、含笑属

别名：含笑美、含笑梅、山节子、白兰花、唐黄心树、香蕉花、香蕉灌木

英文名：Banana Shrub

学名：*Michelia figo*（Lour.）Spreng.

形态特征：常绿灌木或小乔木。树皮灰褐色，分枝繁密；芽、嫩枝、叶柄、花梗均密被黄褐色绒毛。叶革质，狭椭圆形或倒卵状椭圆形，全缘。花单生叶腋，淡黄色而边缘有时红色或紫色，具甜浓的芳香，花被片6，肉质，较肥厚，长椭圆形。聚合果，卵圆形或球形。花期3～5月，果期7～8月。

生态习性：喜温湿、半阴，不甚耐寒，怕积水，在弱阴下最利生长，夏季要注意遮阳。秋末霜前移入温室，在10℃左右温度下越冬。不耐干燥瘠薄，宜排水良好、肥沃、微酸性壤土。

繁殖方法：以扦插繁殖为主，也可压条和嫁接等方式繁殖。于6月花谢后，取当年生新梢8～15cm，留有2～3片叶子进行扦插繁殖。在4月份，选取发育良好、组织充实健壮的2年生枝条进行高枝压条繁殖，约7月上旬发根，9月中旬将其剪离母体移植。在5～6月实施嫁接法，木兰作为砧木。

栽培管理：南方地栽和盆栽，北方盆栽。含笑花具肥厚多肉的根部，不耐移植，移植时宜多带土球。平时要保持盆土湿润，但不宜过湿，否则会烂根。生长期和开花前需较多水分，每天浇水1次，夏季高温向叶面浇水，以保持一定空气湿度。秋、冬季因日照偏短每周浇水1～2次即可。在生长季节（4～9月）每半月左右施1次肥，开花期和10月份以后停止施肥。定期施矾肥水，可使叶色明亮浓绿。植株的修剪、整形是以越冬之前为宜，不宜过度修剪，花后对徒长枝、病弱枝和过密重叠枝进行修剪，并剪去花后果实，减少养分消耗。春季萌芽前，适当疏去一些老叶，以促发新枝叶。冬季入室，保持室温在5～15℃为宜，春暖后移至室外。每年翻盆换土1次，注意通风、透光。常见病虫害如下。

(1) 叶枯病　在初春每隔半月左右喷洒1次0.3%的石硫合剂来预防；发病后可用65%代森锌可湿性粉剂500～600倍液进行喷雾防治。

(2) 炭疽病、藻斑病　可用0.5%波尔多液或5%百菌清可湿性粉剂600～750倍液喷雾，每10d左右喷1次治疗。

(3) 煤污病　用50%退菌特可湿性粉800～1000倍液喷雾防治，每隔10d左右喷1次，喷2～3次即可治疗。

(4) 黄化病　可喷洒0.5度波尔多液，或用5%的酒精擦洗霉污，或用0.1%～0.2%硫酸亚铁溶液喷施防治黄化病。

(5) 介壳虫、蚜虫、红蜘蛛　用80%敌敌畏1000～1500倍液喷杀。

园林用途：以盆栽为主，庭园造景次之。是园林著名香花观赏花卉。

3.5.8　一品红（彩图3-5-8）

科属：大戟科、大戟属

别名：象牙红、老来娇、圣诞花、猩猩木

英文名：Poinsettia

学名：*Euphorbia pulcherrima* Willd. et Kl.

形态特征：常绿灌木。茎直立，高1～3m。单叶互生，卵状椭圆形或披针形，边缘全缘或浅

裂，有毛，茎叶含白色乳汁，顶端靠近花序的叶片呈苞片状，为主要观赏部位。开花时，呈朱红色。杯状花序聚伞排列于枝顶，总苞坛状，淡绿色，花果期10月至翌年4月。常见品种有一品白（Ecke's white），苞片乳白色；一品粉（Rosea），苞片粉红色；一品黄（Lutea），苞片淡黄色；深红一品红（AnnetteHegg），苞片深红色；三倍体一品红（Eckespointc-1），苞片栋叶状，鲜红色；重瓣一品红（Plenissima），叶灰绿色，苞片红色、重瓣。近年，又引进很多美观鲜艳的新品种。

生态习性：喜温暖、湿润、阳光充足的环境。不耐干旱、水湿、寒冷，生长适温：4～9月为18～24℃，9月至翌年4月为13～16℃。冬季温度不低于10℃。为短日照植物，夏季避免强光直射。以疏松肥沃、排水良好、微酸性沙壤土为好。

繁殖方法：有扦插和压条方法繁殖。以扦插为主。

（1）扦插繁殖　有半硬枝、嫩枝、老根扦插。剪切插穗时，在芽的基节下0.5cm处，切成平滑的平口或斜面，用清水清洗切口流出的白色乳液，切口涂以新鲜黏土或草木灰或蘸一下生根粉或浸于浓度为0.1%的高锰酸钾溶液10min左右，经处理过的插穗再进行扦插，插入基质的深度一般不超过2.5cm，株行距以4cm×4cm为宜，土面留2～3个芽，保持湿润并稍遮阴。在18～25℃左右温度下2～3周可生根。

（2）压条繁殖　适于一些名贵或稀有品种，在扦插和嫁接不易成活时，可采用此法。常用高压繁殖法，于4～7月份，选头年生健康充实的木质化枝条环剥包土，2个月左右可长出根系，剪离母株，种植于盆中，即可形成一新的植株。

栽培管理：做好生长期的肥水管理、控制定头、保暖防寒等工作。小苗上盆后要给予充足的水分，置于半阴处1周左右，然后移至早晚能见到阳光的地方锻炼约半个月，再放到阳光充足处养护。每年的9月中下旬进入室内，要加强通风，冬季室温应保持15～20℃，正值苞片变色及花芽分化期，若室温低于15℃以下，则花、叶发育不良。一品红属短日照植物，向光性强。为了提前或延迟开花，可控制光照，黑布遮光，缩短光照。一般每天给予8～9h的光照，40d便可开花。上盆、换盆时，加入有机肥及马蹄片作基肥外，在生长开花季节，每隔10～15天施1次稀释5倍充分腐熟的麻酱渣液肥或氮、磷、钾等量复合肥料；入秋后，还可用0.3%的复合化肥，每周施1次，连续3～4次，以促进苞片变色及花芽分化。浇水以保持盆土湿润又不积水为度，防止过干过湿，在开花后要减少浇水。在生长过程中要摘心2次，适量喷施1000ppm的矮壮素与1500ppm的B9混合液1～3次，也可喷施5～10ppm的多效唑，控制株高，使株形丰满。常见病虫害如下。

（1）灰霉病　发病前，用50%多菌灵500倍或75%百菌清700倍。发病后可用40%灰霉速克700倍喷施。少用粉剂，可使用烟雾剂，以免影响观赏性。

（2）根（茎）腐病　发病后可使用50%退菌特700倍药剂，灌根或喷雾。

（3）细菌性软腐病　用农用链霉素5000倍，或用14%络氨铜水剂500倍喷洒。

（4）粉虱　黄板诱杀，扑虱灵、氧化乐果等农药每3d喷洒1次。

园林用途：一品红独特娇艳的红色苞片令目诱人，正值冬季，用它盆栽或吊盆装饰公共场所的室内及点缀窗台、阳台或书房环境，呈现一片热烈、欢乐的气氛。

3.5.9　叶子花（彩图3-5-9）

科属：紫茉莉科、叶子花属

别名：三角花、三角梅、宝巾

英文名：Bougainvillea

学名：*Bougainvillea spectabilis* Willd

形态特征：常绿藤状灌木。枝、叶密生柔毛，茎枝有腋生刺。叶片互生，椭圆形或卵形，全缘。花管状，3朵聚生于枝端，各为1枚苞片包围，苞片为主要观赏部分，有暗红、淡紫红、橙红、粉红等多色。叶有普通叶和花叶2类，苞片有单瓣和重瓣之分。瘦果。花期夏季。

生态习性：喜温暖、湿润、阳光充足的环境。短日照花卉。生长适温为20～30℃。不耐寒，耐瘠薄，耐干旱，耐盐碱，耐修剪，生长势强，喜水但忌积水。喜肥沃、疏松、排水好的沙质壤土。

繁殖方法：以扦插为主，还可压条繁殖。温室扦插在1～3月，选用充实成熟枝条，插入基质中，于25～30℃，1个月左右生根，发根后即可上盆。对于扦插不易生根的可采用嫁接或空中压条。每年5月初至6月中旬，母株上选择0.5cm以上粗细的健壮枝条，环切、包土，约30～35d生根，切离母体，移栽上盆。

栽培管理：南方多为地栽观赏，北方则盆栽观赏。冬季霜降前要搬入温室内，温度保持10～15℃，置于向阳处，最低温度不低于3℃。4月谷雨前后搬出温室，上盆或换盆，放在通风、向阳处养护。盆土选用腐叶土：田园土：沙：腐熟的马粪或骨粉按2：3：3：2的比例，混合均匀后的培养土。栽后浇透水。生长期应放在阳光充足的地方，旺季每天上午喷水1次、下午傍晚浇水1次，春、秋季可酌情2d浇1次，冬季在室内可控制浇水，不干不浇。春季栽植或上盆、换盆时施足基肥，盆栽的出房后可每月施3～4次腐熟的饼肥水或蹄片水，花期前可增施几次磷、钾肥。秋季减少施肥量。夏季生长旺盛时，可每周施1次肥水，冬季停止施肥。叶子花生长势强，于每年春季或花后进行整形修剪，每5年进行1次重剪更新，剪去过密枝、干枯枝、病弱枝、交叉枝等，花后及时摘除残花。生长期应及时摘心，促发侧枝，利于花芽形成。因其为短日照花卉，若想提前开花，可将花盆放于暗室进行避光处理，每天从下午17:00至第2天上午8:00完全不见光，经50～60d即可开花。

园林用途：南方用于庭院绿化，做花篱、棚架植物，花坛、花带的配置，北方盆栽观赏、切花材料。

3.5.10 八仙花（彩图3-5-10）

科属：虎耳草科、八仙花属

别名：绣球、粉团花、草绣球、紫绣球、紫阳花

英文名：Big Leaf Hydrangea

学名：*Hydrangea macrophylla*

形态特征：落叶灌木。株高1～4m，小枝粗壮，皮孔明显。叶大而稍厚，对生，倒卵形，边缘有粗锯齿。花大型，由许多不孕花组成顶生伞房花序。花色多变，初时白色，渐转蓝色或粉红色。蒴果。花期6～8月。

生态习性：喜温暖、湿润和半阴环境。为短日照植物。忌烈日、水涝，不耐寒。生长适温为18～28℃，花芽分化需5～7℃，高温使花朵褪色快，冬季温度不低于5℃。宜疏松、肥沃和排水良好的酸性沙壤土为好。土壤pH影响八仙花的花色，土壤为酸性时，花呈深蓝色；为碱性时，花呈粉红色。

繁殖方法：常用分株、压条、扦插和组培繁殖。

(1) 分株繁殖　在早春萌芽前进行。将已生根的枝条与母株分离，直接盆栽，在半阴处养护，待萌发新芽后再转入正常养护。

(2) 压条繁殖　在芽萌动时进行，30d后可生根，翌年春季与母株切断，带土移植，当年可开花。

(3) 扦插繁殖　在梅雨季节进行。剪取顶端嫩枝，长20cm左右，摘去下部叶片，扦插适温为13～18℃，插后15d生根。

栽培管理：在春季，盆栽的应修剪枯枝、烂根，及时翻盆换土，之后可施1～2次以氮肥为主的稀薄液肥，萌芽后要充分浇水，忌盆中积水，能促枝叶萌发。在夏秋季，应放置半阴处，防止烈日直晒，每天向叶片喷水。生长期间，一般每15d施1次腐熟稀薄饼肥水。为保持土壤的酸性，可用1%～3%的硫酸亚铁加入肥液中施用。经常浇灌矾肥水，可使植株枝繁叶绿；孕蕾期增施1～2次磷酸二氢钾，能使花大色艳。花谢之后应及时修去花梗。常保持盆土湿润，但要防止积水，以防肉质根因水分过多而腐烂。在冬季，露地栽培的植株要壅土保暖，盆栽的可置于朝南向阳、无寒风吹袭的温室处。要适时摘心、抹芽处理，使株形优美。病虫害防治如下。

(1) 萎蔫病、白粉病、叶斑病　用65%代森锌可湿性粉剂600倍液喷洒防治。

(2) 虫害有蚜虫、盲蝽　可用40%氧化乐果乳油1500倍液喷杀。

园林用途：八仙花花大色美，是著名观赏植物。可配置于稀疏的树荫下及林荫道旁，片植于阴向山坡、庭院、建筑物入口，更适于植为花篱、花境，也可盆栽于阳台和窗口。

3.5.11 茉莉花（彩图3-5-11）

科属：木犀科、素馨属

别名：茉莉、香魂、木梨花

英文名：Jessamine

学名：*Jasminum sambac*（L.）Ait.

形态特征：常绿直立或攀援灌木，高达3m。小枝圆柱形或稍压扁状。单叶对生，圆形、椭圆形、卵状椭圆形或倒卵。聚伞花序顶生，通常有花3朵，有时单花或多朵，花极芳香，花冠白色。果球形，呈紫黑色。花期5～8月，果期7～9月。常见品种：单瓣茉莉、双瓣茉莉、多瓣茉莉。

生态习性：喜温暖、湿润、通风良好、半阴的环境。多数种畏寒、畏旱，不耐霜冻、湿涝和碱土。喜富含腐殖质的微酸性沙壤土。生长适温为15～25℃，冬季气温应在5℃以上，低于3℃时，枝叶易遭受冻害，如持续时间长就会死亡。

繁殖方法：多用扦插，也可压条或分株繁殖。

(1) 扦插繁殖　于4～10月进行，选取成熟的1年生枝条，剪成带有两个节以上的插穗，去除下部叶片，插在泥沙各半的插床，覆盖塑料薄膜，保持较高空气湿度，经40～60d生根。

(2) 压条繁殖　结合换盆进行。选用较长的枝条，在节下部轻轻刻伤，埋入盛沙泥的小盆，保湿，20～30d开始生根，2个月后可与母株割离成苗，另行栽植。

栽培管理：上盆时间应在新梢未萌发前。培养土富含有机质，加入适量有机肥。栽好后，浇定根水，喷施新高脂膜，可有效防止水分蒸腾，隔绝病虫害，缩短缓苗期。定植30d后就可进入

正常生长期。盛夏季每天要早、晚浇水，喷水；冬季休眠期，要控制浇水量，停止施肥。生长期间需每周施稀薄饼肥一次，以有机肥和叶面肥为好，每周浇一次1∶10的矾肥水。春季换盆后，要经常摘心整形，喷施促花王3号。花蕾期要喷施花朵壮蒂灵，可促使花蕾强壮、花香浓郁、花期延长。盛花期后，要重剪，以利萌发新枝。常见病虫害如下。

(1) 卷叶蛾、红蜘蛛　不要用敌敌畏和乐果，气味大，不宜消散。要采用生物天敌防治为主，如捕食螨、瓢虫等。常用药剂及浓度有25%三唑锡可湿性粉剂1000～2000倍；50%溴螨乳油2000～3000倍液；20%甲脒乳油1000～2000倍液等。不能与波尔多液等碱性农药混用。

(2) 白绢病　病初用70%五氯硝基苯、或喷施1%波尔多液等进行防治。较重时，喷75%百菌清可湿性粉剂800～1000倍液，或65%代森锌可湿性粉剂800倍液。

(3) 炭疽病　病初喷2～3次70%乐克600～800倍，7～10d施1次或用0.1%升汞水或紫药水涂抹；较重时，喷50%托布津或75%百菌清可湿性粉剂800～1000倍液，或50%多菌灵1000倍液。

(4) 叶斑病　病初65%代森锌600～800倍，或1∶1∶100的1%等量式波尔多液。

(5) 煤烟病　发病前喷洒160倍等量式波尔多液；病初，喷50%多菌灵可湿性粉剂800～1000倍液。

园林用途：为常见庭园及盆栽观赏芳香花卉，可陈列客厅、书房、门廊。提取香精，熏制茶叶。

3.5.12 栀子花（彩图3-5-12）

科属：茜草科、栀子属

别名：山栀花、玉荷花、野桂花等

英文名：Gardenia，Cape Jasmin

学名：*Gardenia jasminoides* Ellis

形态特征：常绿灌木或小乔木，株高0.3～3m。叶对生或主枝轮生，叶形多样，常呈长椭圆形或披针形。花芳香，单朵生于枝顶，花冠白色或乳黄色，高脚碟状，6裂，果卵形，黄色或橙红色，花期3～7月，果期5月至翌年2月。常见品种有大叶栀子（var. *grandiflora* Nakai.）也称大花栀子，叶大、花大、浓香、重瓣，不结果；卵叶栀子（var. *ovalifolia* Nakai.）叶倒卵形，先端圆；狭叶栀子（var. *angustifolia* Nakai.），叶狭窄；斑叶栀子（var. *aureo-variegata* Nakai.），叶具斑纹。

生态习性：喜温暖、湿润、光照充足、通风良好的环境。忌强光暴晒，适宜在稍蔽荫处生活，耐半阴，怕积水，较耐寒。生长适温16～18℃，越冬期5～10℃。喜疏松、肥沃和排水良好、轻黏性、酸性土壤。

繁殖方法：以扦插、压条法繁殖为主，也可用分株和播种法繁殖，但很少采用。于春、秋两季，选生长健壮的2～3年生枝条，截取10～12cm，插于沙床，在80%相对湿度、温度20～24℃条件下约15d生根，移植2年后可开花。在4月清明前后或梅雨季节进行，母株上选取1年生健壮枝条，长25～30cm进行压条，刻伤、入土，20～30d即可生根，与母株分离，翌春分栽。

栽培管理：南方地栽和盆栽，北方盆栽。土壤pH 4.0～6.5为宜。生长期要适量增加浇水，盆土发白即可浇水，一次浇透。夏季每天向叶面喷雾2～3次，以增湿降温，花现蕾后，浇水不宜过多，以免造成落蕾，冬季浇水以偏干为好。将硫酸亚铁拌入肥液中发酵，进入生长旺季4月后，可每半月追薄液肥一次。冬眠期不施肥。当新枝长出3节后进行摘心，留3个主枝，随时剪除其他枝条，使株形美，多开花。常见病虫害如下。

(1) 黄化病、叶斑病　用65%代森锌可湿性粉剂600倍喷洒。

(2) 刺蛾、介壳虫、粉虱　用2.5%敌杀死乳油3000倍液喷杀刺蛾，用40%氧化乐果乳油1500倍液喷杀介壳虫和粉虱。

园林用途：即适于阶前、池畔、花篱配置，又可插花、室内客厅等摆放，是四季常绿的芳香兼观赏花卉。

3.5.13 牡丹（彩图3-5-13）

科属：芍药科、芍药属

别名：木芍药、洛阳花、富贵花

英文名：Peony

学名：*Paeonia suffruticosa* Andrews

形态特征：落叶小灌木。茎高2m，分枝短而粗。2～3回羽状复叶互生，顶生小叶宽卵形，2～3浅裂。花单生枝顶，花瓣5，或为重瓣，花有玫瑰、红紫、粉红、白等色，部分有香气。聚合蓇葖果。花期5月，果期6月。

生态习性：喜温暖、凉爽、干燥、阳光充足的环境。耐半阴，耐寒，耐干旱，耐弱碱，忌积水，怕热，怕烈日直射。花前必须经过1～10℃的低温处理2～3个月才可开花，开花适温为17～20℃。适宜在疏松、深厚、肥沃、排水良好的中性沙壤土中生长。

繁殖方法：有分株、嫁接、播种、组织培养等繁殖方法，但以分株及嫁接居多，播种多用于培育新品种。

（1）分株　在每年的秋分到霜降期间，母株中健壮的株丛，每3～4枝为1子株，且有较完整的根系，再以硫黄粉少许和泥，将根上的伤口涂抹、擦匀，即可另行栽植。

（2）嫁接　用野生牡丹或芍药根作砧木。采用嵌接法、腹接法和芽接法3种。

栽培管理：栽植后浇一次透水，忌积水，保持盆土湿润，花朵上不要淋水，浇花前水、花后水、封冻水。盆栽可于花开后剪去残花，连盆埋入地下。结合浇水施花前肥、花后肥。盆栽可结合浇水施液体肥。秋季施以腐熟有机肥料为主，春、夏季多用化学肥料。栽植当年，多行平茬修剪，萌发后，留5枝左右，其余抹除，秋冬季，剪去干花柄、细弱、无花枝。生长季节应及时中耕。

园林用途：牡丹色、姿、香、韵俱佳，是我国菏泽、洛阳市花。可群植、丛植、盆栽、切花等应用。

3.5.14　梅花（彩图3-5-14）

科属：蔷薇科、杏属

别名：春梅、干枝梅、酸梅、乌梅

英文名：Plum Bolssom

学名：*Armeniaca mume* Sieb.

形态特征：落叶小乔木，稀灌木，高4～10m。树皮浅灰色，平滑，叶片卵形或椭圆形，具小锐锯齿。花单生或2朵同生于1芽内，香味浓，先于叶开放。花萼通常红褐色，有的为绿色或绿紫色，花瓣倒卵形，白色至粉红色。果实近球形，味酸。花期冬春季，果期5～6月。

生态习性：喜温暖、湿润气候。耐寒性不强，耐高温，较耐干旱，不耐涝，寿命长，可达千年，花期忌暴雨。

繁殖方法：以嫁接为主，也可压条、扦插。在杂交培育新品种和培育砧木时，也可采用播种繁殖。

栽培管理：南方地栽，北方盆栽。在落叶后至春季萌芽前均可栽植。带土团移栽。盆栽选用腐叶土：园土：河沙：腐熟的厩肥为3：3：2：2比例，均匀混合后的培养土。栽后浇1次透水。放庇荫处养护，待恢复生长后移至阳光下正常管理。见干见湿浇水，保持盆土湿润偏干状态。施掺入少量磷酸二氢钾的基肥，花前再施1次磷酸二氢钾，花期施1次腐熟的饼肥，补充营养。6月再施1次复合肥，以促进花芽分化。秋季落叶后，施1次有机肥。花后20d内进行整形修剪，剪去交叉枝、直立枝、干枯枝、过密枝等。常见病虫害如下。

（1）白粉病　可喷15%粉锈宁1000倍液、2%抗霉菌素水剂200倍液、10%多抗霉素1000～1500倍液。

（2）缩叶病　可喷洒托布津或多菌灵防治或喷洒1%波尔多液，每2周喷1次，3～4次即可治愈。

（3）炭疽病　发病初期可喷70%托布津1000倍液或喷代森锌600倍液防治。

园林用途：露地栽培、盆花观赏，制作梅桩。鲜花可提取香精，花、叶、根和种仁均可入药。梅又能抗根线虫危害，可作核果类果树的砧木。

3.5.15　石榴（彩图3-5-15）

科属：石榴科、石榴属

别名：安石榴、山力叶、丹若、若榴木、金罂、金庞、涂林、天浆

英文名：Pomegranate

学名：*Punica granatum* L.

形态特征：落叶灌木或小乔木，热带是常绿树。树高一般1～4m。树干呈灰褐色，上有瘤状突起。小枝具小刺。旺树多刺，老树少刺。叶对生或簇生，呈长披针形至长圆形。花两性，有钟状花和筒状花之分，一般1朵至数朵着生顶端及叶腋。花有单瓣、重瓣之分。重瓣品种不孕，花多红、白、黄、粉红、玛瑙等色。浆果，花期5～10月，果期9～10月。

生态习性：喜温暖、向阳的环境，耐旱、耐寒，也耐瘠薄，不耐涝和荫蔽。生长适温15～20℃。对土壤要求不严，但以排水良好的沙壤土栽培为宜。

繁殖方法：常用扦插、播种繁殖，也可分株和压条。

（1）播种　3月份进行，实生苗生长缓慢，需10年左右才能结果。适于大量繁殖。

（2）扦插　在清明前后，芽刚萌动时，选取无病虫的一、二年生粗壮枝条，剪成长15cm左右，含2～3节短枝进行扦插。扦插后保持湿润，约40d左右生根，3～4年后结果。也可秋后将扦穗捆起来，沙藏越冬，春季切口已出现愈伤组织，再行扦插，成活率很高。

（3）分株　于春季或雨季进行。用利刀将根部周围长出的萌发枝条切下，每个枝条上部剪去1/3左右，下部要保留部分须根，一般2～3枝为1丛，栽植在盆内，浇透水。放在荫棚下约10d，以后逐渐见光，进行正常管理。

（4）压条　萌芽前，将母树根际较大的萌蘖从基部环割刻伤，以促发生根，然后培土，保湿，秋后将生根植株断离母株成苗。

栽培管理：秋季落叶后至翌年春季萌芽前栽植或换盆。地上部分适当短截修剪，栽后浇透水，放背阴处养护，待发芽成活后移至通风、阳

光充足的地方。生长期要求全日照，并且光照越充足，花越多越鲜艳。盆栽1～2年需换盆加肥。在生长季节，还应追肥3～5次，并注意松土除草，经常保持盆土湿润，严防干旱积涝。在进入结果期，幼果套袋，对徒长枝要进行夏季摘心和秋后短截，及时剪掉根际发生的萌蘖，花期不要用农药，易伤蜜蜂，影响授粉，降低坐果率。冬季应入冷室或地窖防寒。常见病虫害如下。

(1) 刺蛾、蚜虫、蟏象、介壳虫、斜纹夜蛾　33%水灭氯乳油12mL（1支），稀释1500倍，喷施，或2.5%扑虱蚜可湿性粉剂10g稀释1500倍喷洒，或用50%辛硫磷乳油，稀释800倍与泥混合糊上花柄。

(2) 白腐病、黑痘病、炭疽病　每半月左右喷1次等量式波尔多液稀释200倍液，可预防多种病害发生。病害时可喷退菌特、代森锰锌、多菌灵等杀菌剂。

园林用途：是观叶、花、果俱全的观赏植物，孤植或丛植于庭院，列植于小道、溪旁、坡地、建筑物之旁，也宜做成各种桩景和插花观赏。

3.5.16　红千层（彩图3-5-16）

科属：桃金娘科、红千层属

别名：瓶刷木、金宝树

英文名：Callistemon

学名：*Callistemon rigidus* R. Br.

形态特征：常绿灌木或小乔木。树皮灰褐色。嫩枝有棱，初时有长丝毛，后脱落无毛。叶片革质，线形，油腺点明显。穗状花序生于枝顶，花瓣绿色，卵形，有油腺点；雄蕊鲜红色，花柱先端绿色，其余红色。蒴果。

生态习性：喜温暖、湿润的环境，喜肥沃潮湿的酸性土。能耐烈日酷暑、耐瘠薄干旱、耐修剪，萌芽力强。不很耐寒、不耐阴，抗风。能耐-10℃低温和45℃高温，生长适温为25℃左右。

繁殖方法：以播种繁殖为主，也可扦插繁殖。拌土撒播，播后约10d发芽，当苗高3cm时即可移栽。宜春、秋移栽，夏季移植需将枝条适当修剪，实生苗移栽后45d开花。扦插繁殖宜在6～8月间进行，插穗采用半成熟枝条，长约8～10cm。插穗基部稍带前1年生的成熟枝。插床搭荫棚，并保持环境湿润。

栽培管理：起苗前，剪除植株内膛枝和刚抽出的嫩枝，约1/3左右的枝叶，要保留好有花芽的顶枝，要带土球移植，施好基肥，种后要立即灌透水。并对枝叶喷水，保持植株枝叶湿润。种后15d可薄施1次氮肥，1个月后施1次优质有机肥。以后每年可施1～2次优质有机肥。花期过后，进行修剪和整枝，可促使萌发更多新枝开花。常见病虫害如下。

(1) 茎腐病　宜拔除病苗，并喷洒波尔多液防治。

(2) 地老虎、蝼蛄、象鼻虫　用敌百虫1000倍液或敌敌畏1000倍液防治，7d喷1次，连喷2～3次。

园林用途：可作观花树、行道树、风景树，还可作防风林、切花或大型盆栽，高贵盆景。

3.5.17　荷花玉兰（彩图3-5-17）

科属：木兰科、木兰属

别名：广玉兰

英文名：Southern Magnolia

学名：*Magnolia grandiflora* L.

形态特征：常绿乔木。树皮淡褐色或灰色，小枝、芽、叶等均密被褐色或灰褐色短绒毛。叶厚革质，椭圆形、长圆状椭圆形、倒卵状椭圆形，有光泽。花白色，有芳香，花被片9～12，厚肉质，倒卵形。蓇葖果，种子近卵圆形或卵形，外种皮红色，花期5～6月，果期9～10月。

生态习性：喜温暖、湿润气候，耐阴、较耐寒、弱阳性，抗污染，不耐碱土。根系深广，抗风。在肥沃、深厚、湿润而排水良好的酸性或中性土壤中生长良好。

繁殖方法：采用播种、压条、嫁接等繁殖方法，以嫁接为主。

(1) 播种　在2月中下旬播种，采用高床、条播，行距30cm，覆土厚度为种子直径的3倍，最上覆稻草保温保湿，4月下旬幼苗出土。当年10月可以移栽。

(2) 压条　4月中旬至5月中旬，选2～3年生充实粗壮、向上开展的侧枝，于基部以上10～15cm处行环状剥皮、再以塑料薄膜盛培养土包裹伤处。2月后可生根，9月下旬可分离母株。

(3) 嫁接　在早春发芽前，以白玉兰、紫玉兰、厚朴为砧木，采用前一年或当年粗壮、芽部饱满的广玉兰枝条作接穗，接穗长4～8cm，不留叶片，实行切接或芽接，20～25d伤口愈合。

栽培管理：幼苗期要设荫棚，透光度40%，9月中下旬拆除。苗期追施速效氮肥3～4次，及时除草，当年10月可以移栽。卷叶蛾危害嫩芽、嫩叶和花蕾，可喷布1000倍98%晶体敌百虫2～3次，并经常喷洒波尔多液，防治病害。

园林用途：荷花玉兰树姿雄伟壮丽，叶大荫浓，花似荷花，芳香馥郁，可做盆景、行道树、庭荫树。宜孤植、丛植或成排种植，是净化空气、保护环境的好树种。

3.5.18　米兰（彩图3-5-18）

科属：楝科、米兰属

别名：树兰、碎米兰、米仔兰

英文名：Aglaia Odorata

学名：*Aglaia odorata* Lour.

形态特征：常绿灌木或小乔木。茎多小枝。幼枝顶部具星状锈色鳞片，后脱落。奇数羽状复叶，互生，小叶3～5，对生，顶端1片最大，全缘，有光泽。花黄色，芳香。花冠5瓣，浆果。花期5～12月，或四季开花。

生态习性：喜温暖、湿润、阳光充足的环境，不耐寒，稍耐阴，土壤以疏松、肥沃、微酸性土壤为最好。生长适温为20～25℃。冬季温度不低于10℃。

繁殖方法：采用扦插、高枝压条、播种等方法繁殖。播种苗需2～3年方可开花。

(1) 压条　以高空压条为主，在梅雨季节选用一年生木质化枝条，于基部20cm处作环状剥皮1cm宽，用苔藓或泥炭敷于环剥部位，再用薄膜上下扎紧，2～3个月可以生根。

(2) 扦插　扦插可用硬枝插和嫩枝插。硬枝插选用一、二年生老枝作插穗，插穗剪成8～10cm的段，于4～5月进行。嫩枝插于6～8月，剪取顶端嫩枝10cm左右，保留上部2～3片叶，并剪去1/2，插入泥炭中，2个月后开始生根。

栽培管理：1～2年换盆1次。从小苗开始修剪整形，保留15～20cm高的一段主干，在主干以上分叉修剪，以使株姿丰满。盆栽米兰幼苗注意遮阴，切忌强光曝晒，待幼苗长出新叶后，每2周施肥1次，生长旺盛期，每2周施以磷肥为主较浓肥1次，每周喷施1次0.2%硫酸亚铁液，则叶绿花繁。土壤浇水量不宜过湿，否则，易烂根，要洒水，提高空气湿度。除盛夏中午遮阴以外，应多见阳光，长江以北地区冬季必须搬入室内养护，放在向阳的窗台或桌面上。常见病虫害如下。

(1) 蚜虫　烟蒂或辣椒水液喷洒植株或用灭蚜灵800倍液喷洒。

(2) 红蜘蛛　用敌敌畏1000倍液或乐果2000倍液喷洒植株。

园林用途：盆栽在居室中，可吸收空气中的二氧化硫、氯气，净化空气，可陈列于客厅、书房和门廊，清新幽雅。在南方庭院中又是极好的风景树。

3.5.19　代代花（彩图3-5-19）

科属：芸香科、柑橘属

别名：酸橙、回青橙、玳玳

英文名：Bitter Orange Fruit

学名：*Citrus aurantium* L.

形态特征：常绿小乔木。枝叶多刺，叶色浓绿，质地颇厚，翼叶倒卵形。花白色，总状花序，花萼5裂，花瓣5。果圆球形或扁圆形，果皮厚，难剥离，不芳香，橙黄至朱红色，果肉味酸。花期4～5月，果期9～12月。

生态习性：喜温暖湿润环境，喜光照、喜肥、稍耐寒，在肥沃疏松、富含有机质的微酸性沙壤土中生长最好。

繁殖方法：有扦插、嫁接繁殖方法，以嫁接为主。

(1) 扦插　在4～5月，选生长健壮的枝条作为插条，剪去部分叶片，斜插于沙床内，于20～22℃下，保持一定的湿度，约1个月左右即可生根。

(2) 嫁接　用枝接或靠接法。选枸橘、枳、代代花的实生苗作砧木，选2年生代代花枝条作接穗。枝接于4月下旬～5月上旬，靠接于5～6月。成活后经培育1～2年移栽。

栽培管理：在早春，每隔1～2年需翻盆换土，并进行修根、整枝、施基肥。盆土宜用田园土：黄泥：砻糠灰按3：1：1的比例混合配制，盆底宜放经腐熟的有机基肥。栽后浇透水，置蔽荫处养护，保持盆土湿润，忌盆土积水，夏季需注意遮阴。代代花有多次抽梢特点，应多次施肥，以有机肥为主，适当增施速效肥。生长期每10d施1次腐熟的稀薄肥水，每月施矾肥水一次；花芽分化期增施1次速效磷肥；开花时停止施肥，以免花叶脱落；花后喷洒0.4%尿素加5～10mg/L 2,4-D混合液，喷在叶片背面，以提高坐果率。嫁接苗抽夏梢时，从30cm处摘心，出圃时有3～5个分枝，定植后3～4年幼枝进行长枝短截，使树形成圆头形。霜降前移入室内阳光充足处养护，应控制浇水，干透浇透，并经常用温水浇洗叶面，保持室内通风。常见病虫害如下。

(1) 蚜虫、红蜘蛛、介壳虫、桔虎　介壳虫用速扑杀农药治疗。蚜虫、红蜘蛛用1000～3000倍的乐果喷洒。

(2) 吹绵蚧　可用刷子刷，喷洒40%氧化乐果1500倍液，或喷洒25%多菌灵可湿性粉剂300倍液。

(3) 叶斑病　用50%退菌特可湿性粉剂800～1000倍液喷雾防治，每隔10～15d喷1次，喷2～3次病情即得到控制。

园林用途：在北方盆栽，香气浓郁，果实美观，虽不可食，可在绿叶丛中留存树上数年，美观别致，是很受人们喜爱的庭院栽植或室内盆栽的优良花卉。

3.5.20　黄蝉（彩图3-5-20）

科属：夹竹桃科、黄蝉属

别名：黄兰蝉

英文名： Oleander Allemanda

学名： *Allemanda neriifolia* Hook.

形态特征： 直立灌木，高达2m，整棵具毒性，乳汁毒性最强。叶3～5枚轮生，椭圆形或倒披针状，被短柔毛。聚伞花序顶生。花冠黄色，漏斗状，花冠裂片5枚，蒴果球形，具长刺。

生态习性： 喜温暖、湿润、光照充足的环境，畏烈日，不耐寒，宜肥沃排水良好的酸性土。自夏至秋，陆续开花不绝，萌芽力强，耐修剪。

繁殖方法： 采用扦插繁殖。结合修剪，春、秋选取1～2年生充实枝条，剪成15～20cm长、带有3～4个节的插穗，插条从母株剪下后，必须等切口的乳汁完全干燥后，插于素沙土中，插后放在空气湿润的半阴处。在20℃气温条件下约20d生根。

栽培管理： 在北方需盆栽。培养土可按腐叶土：黏质壤土：沙土＝5：3：2份的比例混合配制。春季4月底或5月初出室后，置半阴湿润处，对枯枝、弱枝、扰乱树形的枝条修剪或短截，每隔2周追施1次蹄角片液肥，促进新技萌发。夏季生长期，可每天浇一次水，并向植株及其周围喷水，提高湿度。休眠期宜控制水分，减少灌水，只要在盆土干燥时再补充即可。在幼苗期以及生长初期多施氮肥，开花期要多施磷、钾含量较多的肥料，每隔30～45d施加1次即可。雨季应改施麻酱渣干肥，一般中等植株每次每盆施干麻酱渣粉50～100g与表土混合均匀。秋季9月底移入室后，应停止追肥。若使其全年开花，要勤施磷、钾肥，勤修剪，可于冬季将植株在距地面15～20cm处剪除，以促进萌发新枝叶。冬季室温不得低于12℃，越冬适温为15～18℃，若温度或干湿不当，均会导致叶片脱落。常见病虫害：受介壳虫的侵害，可用毛刷刷除，或用2000倍的氟乙酰胺溶液喷治。

园林用途： 碧叶黄花，历久不衰，极耐欣赏，为名贵花卉，盆栽可点缀室内环境，或丛植于公园、庭院、道路两旁的花坛、花带或草地。

3.5.21 鸡蛋花（彩图3-5-21）

科属： 夹竹桃科、鸡蛋花属

别名： 缅栀子、蛋黄花

英文名： Frangipani

学名： *Plumeria rubra* L. cv. Acutifolia

形态特征： 落叶小乔木。枝条粗壮，肉质茎，具丰富乳汁，绿色无毛。叶大，厚纸质，多聚生于枝顶。聚伞花序顶生，花梗淡红色，花冠外面白色，极芳香，花冠内面黄色，花冠裂片阔倒卵形，顶端圆，基部向左覆盖，蓇葖双生，花期5～10月。

生态习性： 喜高温、湿润和阳光充足的环境，是阳性树种，在荫蔽环境下枝条徒长，开花少或长叶不开花。耐干旱，忌涝渍，抗逆性好，适宜深厚肥沃、通透良好、富含有机质的酸性沙壤土为佳。耐寒性差，生长的适温为20～26℃，越冬温度不得低于8℃。

繁殖方法： 采用扦插、压条、嫁接、种子等繁殖方法，以扦插繁殖为主。

（1）扦插　一年四季均可进行。选取1～2年生粗壮枝条，从分枝基部剪取长20～30cm枝段。让剪口处流出的白色乳汁自然阴干，也可用清水洗净切口流出的乳汁，然后放在阴凉通风处2～3d，再扦插入培养十中，以免插穗感染而腐烂。置于荫棚，保持基质湿润，30～35d可生根。苗期适当摘去侧芽，以培育较高的大苗主干。若培育成矮化树或用于盆栽开花，即不必抹芽。

（2）播种　一般随采随播。在防雨的荫棚中播于沙壤土苗床中。种子发芽适温为18～24℃，按5～6cm的间距条播，覆薄沙土或椰糠，适量淋水以保持基质湿润。春季一般8～12d，夏季一般5d左右发芽出苗，忌渍水。待小苗长至10～15cm时进行移植。

栽培管理： 鸡蛋花在北方地区可作盆栽装饰室内。春季换盆1次，更新盆土，施足基肥，盆土按园土：垃圾土：河沙＝4：4：2混合调制，另可加适量腐熟有机肥。栽种时可略露根上盆，摆放阴凉处，15d后再移至阳光充足处。夏季让其曝晒，每天晚上浇水1～2次，以见干见湿的原则进行浇水，忌盆中积水，以防止根系腐烂。生长季每15～20d施1次腐熟薄肥。花前应施以磷为主的薄肥1～2次，每天晚上浇水1～2次，在10月中下旬移入室内向阳处越冬，控制浇水，每隔2周浇1次，停止施肥，室温维持在10℃左右，使植株处于休眠状态。在冬季落叶后，适当修剪，以促发侧枝，可使植株矮化。常见病虫害如下。

（1）锈病　可用25%粉锈宁1500～2000倍液进行防治。

（2）钻心虫　用吡虫啉杀虫剂喷洒。

园林用途： 鸡蛋花具绿化、美化、香化等多种效果。孤植、丛植、临水点缀等多种配置，被广泛应用于公园、庭院、绿带、草坪等的绿化、美化。在北方，多用于盆栽观赏。

3.5.22 铁线莲（彩图3-5-22）

科属： 毛茛科、铁线莲属

别名： 铁线牡丹、番莲、金包银、山木通、番莲、威灵仙

英文名：Clematis Hybridas

学名：*Clematis florida* Thunb.

形态特征：草质藤本，长1～2m。茎棕色或紫红色，具六条纵纹，节部膨大，被稀疏短柔毛。二回三出复叶，小叶片狭卵形至披针形，边缘全缘，少有分裂。花单生于叶腋，具长花梗，在中下部生一对叶状苞片。花开展，萼片6枚，白色。瘦果倒卵形，花期1～2月，果期3～4月。

生态习性：喜肥沃、排水良好的碱性壤土。忌积水，耐寒性强，生长的适温夜间15～17℃，白天21～25℃。可耐－20℃低温。

繁殖方法：播种、压条、嫁接、分株或扦插繁殖均可。

（1）播种　适于培育新品种。有春、秋两季播种。春播种子要进行催芽处理，先将种子用40℃温水浸泡24h，捞出控干，闷种催芽，待种子大部“吐白”即可播种，采用条播。秋播于11月初直接播种，翌年春季出苗，比春播出苗整齐、生长快。

（2）扦插　为主要繁殖方法。7～8月取半成熟带饱满芽枝条，在节间截取，节上具2芽。基质用泥炭和沙各半。扦插深度为节上芽刚露出土面，适温15～18℃，4～5周就会生根。

（3）压条　在秋天进行，采用当年生或一年生的枝条上的节点埋入到沙：泥炭＝1：1的基质中，约21个月生根，然后分离种植。

栽培管理：在3～5月或9～10月种植。种植前把铁线莲的茎干剪至30cm高，茎干基部要深入土面以下3～5cm，盖土，压实，浇水。用1～2m细竹竿或套塑铁丝网做支持物。盆栽铁线莲从头年秋季至第二年早春放置在全光照条件下栽培。进入夏季，选择通风凉爽并有遮阴条件的地方放置花盆，并适当进行叶面、地面喷水，以增湿降温。春秋生长盛期每半月施1次液体肥，及早摘除开败的花朵，以节省养分。花期注意不要把水喷在花朵上，否则会导致花瓣变黑，影响观赏。生长季节保持盆土湿润即可，切忌浇水过多，否则根系容易腐烂。春花类型铁线莲是新梢成花，故春季萌发的新梢不可修剪，以防剪除花芽，导致当年无花可赏。可在秋季轻度修剪，只剪除过于密集、纤细和病虫茎蔓即可。常见病虫害如下。

（1）枯萎病、粉霉病、病毒病　用10%抗菌剂401醋酸溶液1000倍液喷洒。

（2）红蜘蛛、刺蛾　用50%杀螟松乳油1000倍液喷杀。

（3）白绢病　在1000～1500倍百菌清溶液中泡1～2min，再用五氯硝基苯1000倍液进行灌根。

园林用途：是攀援垂直绿化的良好材料。可种植于墙边、窗前，或依附于乔、灌木之旁，配植于假山、岩石之间，攀附于花柱、花门、篱笆之上。也可盆栽、瓶饰、切花观赏等。

3.5.23　龙牙花（彩图3-5-23）

科属：豆科、刺桐属

别名：象牙红、龙芽花、乌仔花、英雄树、珊瑚刺桐、珊瑚树

英文名：Coral Tree，Coralbean Tree

学名：*Erythrina corallodendron* L.

形态特征：灌木或小乔木，高3～5m。干和枝条散生皮刺。羽状复叶具3小叶，小叶菱状卵形。总状花序腋生，花深红色，具短梗，花萼钟状。荚果，种子深红色，有1黑斑。花期6～11月。

生态习性：喜向阳的环境，抗风力弱，能抗污染，生长速度中等，不耐寒，稍耐阴，宜在排水良好、肥沃的沙壤土中生长。

繁殖方法：用扦插繁殖。以4～5月为宜，剪取健壮充实的枝条，15～20cm长，插入沙床，保持阴湿环境，插后15～20d生根。

栽培管理：盆栽，每年春季换盆，并进行修剪整形，剪除枯枝，短截长枝，促使多形成花枝。生长期每半月施肥1次，花期增施1～2次磷钾肥，盛夏要保持盆土湿润。常见病虫害如下。

（1）枯萎病、炭疽病、根腐病　用波尔多液叶面喷洒2～3次，或用50%退菌特可湿性粉剂1000倍液喷洒。

（2）根瘤线虫害　用80%二溴氯丙烷乳油稀释浇灌。

园林用途：象牙红的深红色的总状花序，好似一串红色月牙，艳丽夺目，适用于公园和庭院栽植，盆栽可点缀室内环。

3.6　观叶植物生产栽培

3.6.1　苏铁（彩图3-6-1）

科属：苏铁科、苏铁属

别名：铁树、凤尾铁、凤尾蕉、凤尾松

英文名：Cycas Revoluta

学名：*Cycas revoluta* Thunb.

形态特征：苏铁为常绿棕榈状木本植物，茎高达5m，圆柱形，有明显螺旋状排列的菱形叶柄残痕。叶羽状，厚革质而坚硬，羽片条形，长达18cm，边缘显著反卷；雄球花长圆柱形小孢子叶木质，密被黄褐色绒毛，背面着生多数药囊；雌球花略呈扁球形，大孢子叶宽卵形，有羽

状裂密被换褐色棉毛，在下部两侧着生 2～4 个裸露的直生胚珠。种子卵形而偏扁。花期 6～8 月；种子 10 月成熟，熟时红色。

生态习性：喜暖热湿润气候，不耐寒，在温度低于 10℃时易受害。其生长适温为 20～30℃，越冬温度不宜低于 5℃，苏铁因受冻害第二年底部叶片枯黄。苏铁生长速度缓慢，寿命可达 200 余年。俗传“铁树 60 年开一次花”，实则十余年以上的植物在南方每年均可开花。培养土应适带微酸性的沙质上。

繁殖方法：可播种、分蘖、埋插等法繁殖。播种法在秋末采种贮藏，于春季稀疏点播。播种于高温向阳的沙壤土地段覆土厚度相当于种子直径的 2 倍，稍镇压，盖草、浇水保持湿润。出苗后，将盖草撤掉。

栽培管理：盆栽应放置于通风好、充足阳光处。苏铁养护时应保持土壤水分在 60%左右。生长期间施肥，每月施 1 次 40%稀释腐熟豆饼肥加入 0.5%的硫酸亚铁。也可用生锈的铁钉、铁皮放于土壤，任铁质渐渐渗入土中，供苏铁吸收。对于基叶枯黄，要适当修去老叶，让它再生新叶。在病虫方面，发病初期喷波尔多液或 75%百菌清可湿性剂 600 倍液等。在阳台栽植养护，通风透光性不够好，叶片往往容易受到介壳虫的危害。发病初期有以下几种防治疗法：用白酒兑水，比例 1∶2，浇透盆表土；用酒精反复轻擦被害的叶片，可杀灭成虫和幼虫；用水棉球浸湿米醋，轻擦受害的叶片，可将介壳虫擦掉杀灭，也可以使叶片重新返绿光亮。

园林用途：苏铁体形优美，有热带风光的观赏效果，常布置于花坛的中心或盆栽布置于大型会场内供装饰用。如与天竺葵组合布置于办公楼前庄重又不失活泼。

3.6.2 蒲葵（彩图 3-6-2）

科属：棕榈科、蒲葵属

别名：扇叶葵、葵树

英文名：Chinese Fan Palm

学名：*Livistona chinensis*（Qaxq）R. Br.

形态特征：常绿木本，树冠密实，近圆球形，叶阔肾状扇形，掌状浅裂或深裂，下垂，裂片条状披针形，顶端渐尖，叶柄两侧具骨质的钩刺，佛焰花序腋生，排成圆锥花序式；佛焰苞，圆筒形，苞片多数，管状；花小，两性，花瓣近心脏形，直立。核果椭圆形至阔圆形，状如橄榄，两端钝圆，熟时亮紫黑色，外略被白粉。

生态习性：喜高温多湿气候，适应性强。耐 0℃左右的低温和一定程度的干旱。喜光略耐阴，苗期尤耐阴，光照充足则生长强健，葵叶产量高。抗风力强，须根盘结丛生，耐移植，能在海滨、河滨生长而少遭风害。喜湿润、肥沃、富含有机质的黏壤土，能耐一定程度的水涝及短期浸泡。生长速度中等。抗有毒气体，对氯气和二氧化硫抗性强。

繁殖方法：播种繁殖

栽培管理：苗期要充分浇水和避免日光直接照射。直到小苗长有 5～7 片叶时，便可出圃定植或上盆栽培。起苗时要先剪去基部枯黄叶片，把苗叶捆扎成束，带土球移栽。蒲葵对病虫害抵抗力强，主要害虫有绿刺蛾和灯蛾，可用乐果等防治。

园林用途：树形美观，可丛植、列植、孤植。蒲葵大量盆栽常用于大厅或会客厅陈设。在半阴树下置于大门口及其他场地，应避免中午阳光直射。叶片常用来作蒲扇，凉席，花篮。蒲葵属对 SO_2 等有毒气体具有普遍抗性。

3.6.3 棕榈（彩图 3-6-3）

科属：棕榈科、棕榈属

别名：棕树、山棕

英文名：Windmill Palm

学名：*Trachycarpus fortunei*（Hook. f.）H. Wendl.

形态特征：常绿乔木。树干圆柱形，稀分枝。叶簇竖干顶，近圆形，掌状裂深达中下部；叶柄两侧细锯齿明显。雌雄异株，圆锥状佛焰花序腋生，花小而黄色。核果肾状球形，黄褐色，被白粉。花期 4～5 月，10～11 月果熟。

生态习性：棕榈是棕榈科中最耐寒的植物，但喜温暖湿润气候。野生棕榈有较强的耐阴能力，幼苗则更为耐阴，但是阳光充足处棕榈生长更好。喜排水良好、湿润肥沃之中性、石灰性或微酸性的黏质壤土，耐轻盐碱土，也能耐一定的干旱和水湿。喜肥，耐烟尘，对有毒气体抗性强。抗二氧化硫及氟化氢，有很强的吸毒能力。棕榈根系浅，须根发达，生长缓慢。

繁殖方法：播种繁殖，10～11 月果实充分成熟时，以随采随播最好。

栽培管理：棕榈幼年阶段生长十分缓慢，且要求适当的荫蔽。不宜栽植过深，严防把苗心埋入土中，穴深苗小的，可在穴底添些腐熟的土杂粪或肥土还要注意排水防渍，以防引起烂根死亡，并应注意及时清除树干上的苔藓、地衣、膝蔓等。病害多从叶柄基部开始发生，首先产生黄褐色病斑，并沿叶柄向上扩展到叶片，病叶逐渐凋萎枯死。在枯死的叶柄基部和烂叶上，常见到许多白色菌丝体。病原为拟青霉菌。及时清除腐死株和重病株，以减少侵染源。适时、适量剥棕，不可秋季剥棕太晚，春季剥棕太早或剥棕过多。春季，一般以清明前后剥棕为宜。虫害主要有天牛、介壳虫等，防治方法与一般树种相同。

园林用途：棕榈挺拔秀丽，一派南国风光，适应性强，能抗多种有毒气体。棕皮用途广泛，供不应求，故是园林结合生产的理想树种，又是工厂绿化的优良树种。可列植、丛植或成片栽植，也常用盆栽或桶栽作室内或建筑前装饰及布置会场之用。

3.6.4 棕竹（彩图 3-6-4）

科属：棕榈科、棕竹属

别名：观音竹、筋头竹、棕榈竹、矮棕竹

英文名：Lady Palms，Bamboo Plam

学名：*Rhapis excelsa*（Thunb.）Henry ex Rehd

形态特征：棕竹为丛生性灌木。叶片掌状，5～10 深裂；裂片条状披针形，端阔，有不规则齿缺，边缘和主脉上有褐色小锐齿，横脉多而明显。肉穗花序多分枝，雄花序纤细；雄花小，淡黄色，无梗，花蕾近球形；花冠裂片卵形，质厚；雌花序较粗壮。浆果近球形，黄褐色，果皮薄。种子球形。花期 4～5 月。

生态习性：生长强壮，适应性强。喜温暖湿润的环境，耐阴；不耐寒适宜湿润而排水良好的微酸性土壤。不耐寒，畏烈日。

繁殖方法：播种、分株均可。

栽培管理：上海地区作温室盆栽，要求湿润、排水良好、富含腐殖质的壤土，微酸性最合适。养好棕竹要注意做好冬季防寒、夏日遮阳、合理施肥、适当修剪等工作。注意肥水的管理，根据不同的季节调整不同养护的方式。在室内要避开通风口处，以防风大吹倒植株。夏季室内干燥时，应经常向叶面喷水保持一定湿度。冬季将花盆置室内温暖向阳的地方。

病害防治：棕竹腐芽病主要危害幼芽和嫩，在开始发病时，未展开的叶片先行枯萎，呈褐色，后下垂。该病为危害棕榈科植株最严重的病害。平时应加强通风透光，严防湿气长时间滞留叶面。发现少量病叶及时从茎杆基部剪去烧毁。在发病初期，用 50% 的多菌灵可湿性粉剂加 75% 的百菌清可湿性粉剂 800 倍液等药剂防治。常见有叶斑病、叶枯病和霜霉病危害，也用药剂喷洒防治。虫害主要有介壳虫，可用 80% 的敌敌畏乳剂 1000～1500 倍液或用 40% 氧化乐果乳剂 1000 倍液喷杀。

园林用途：常用于建筑的庭院及小天井中，栽于建筑角隅可缓和建筑生硬的线条。盆栽或桶栽供室内装饰。

3.6.5 散尾葵（彩图 3-6-5）

科属：棕榈科、散尾葵属

别名：黄椰子、紫葵

英文名：Butterfly Palm

学名：*Chrysalidocarpus lutescens* H. Wendl

形态特征：丛生灌木。干光滑黄绿色，嫩时被蜡粉，环状壳痕明显。叶稍曲拱，羽状全；裂片条状披针形，背面主脉隆起；叶柄、叶轴、叶鞘均黄绿色；叶鞘圆筒形，包茎。肉穗花序圆锥状，生于叶鞘下，多分枝。雄花花蕾卵形。雌花花蕾卵形或三角状卵形。果近圆形，橙黄色。种子，卵形至阔椭圆形，腹面平坦，背具纵向深槽。

生态习性：散尾葵为热带植物，喜温暖、潮湿、半阴环境。耐寒性不强，气温 20℃以下叶子发黄，越冬最低温度需在 10℃以上，5℃左右就会冻死。苗期生长缓慢，以后生长迅速。适宜疏松、排水良好、肥沃的土壤。枝叶茂密，四季常青，耐阴性强。性喜温暖湿润、半阴且通风良好的环境，越冬最低温要在 10℃以上。生长季节必须保持盆土湿润和植株周围的空气湿度；散尾葵怕冷，耐寒力弱，在越冬期还须注意经常擦洗叶面或向叶面少量喷水，保持叶面清洁。

繁殖方法：散尾葵可用播种和分株繁殖。播种繁殖所用种子多进口。一般盆栽多采用分株繁殖。

栽培管理：室内盆栽散尾葵应选择偏酸性土壤，北方应注意选用腐殖质含量高的沙质壤土。浇水应根据季节遵循干透湿透的原则，干燥炎热的季节适当多浇，低温阴雨则控制浇水。平时保持盆土经常湿润。夏秋高温期，还要经常保持植株周围有较高的空气湿度，但切忌盆土积水，以免引起烂根。夏天应遮阴，忌烈日直射。冬季需做好保温防冻工作。如果环境干燥、通风不良，容易发生红蜘蛛和介壳虫，故应定期用 800 倍氧化乐果喷洒防治。定期旋转花盆，经常修剪下部、内部枯叶，注意修整冠形。散尾葵叶枯病是由真菌侵染造成的一种常见病害，对散尾葵生长影响很大。虫害有柑橘并盾蚧。发现少量虫体时，应及时刮除。发生量较大时，喷施 50% 亚胺硫磷乳油 800 倍液。喷 2～3 次为宜。

园林用途：在家居中摆放散尾葵，能够有效去除空气中的苯、三氯乙烯、甲醛等有挥发性的有害物质。散尾葵与滴水观音一样，具有蒸发水气的功能，如果在家居种植一棵散尾葵，能够将室内的湿度保持在 40%～60%，特别是冬季，室内湿度较低时，能有效提高室内湿度。在热带地区的庭院中，多作观赏树栽种于草地、树荫、宅旁；北方地区主要用于盆栽，是布置家庭居室、公共场所的高档盆栽观叶植物。散尾葵生长很慢，一般多作中、小盆栽植。

3.6.6 袖珍椰子（彩图 3-6-6）

科属：棕榈科、袖珍椰子属

别名：矮生椰子、袖珍棕、袖珍葵、矮棕

英文名：Parlor Palm

学名：*Chamaedorea elegans*

形态特征：袖珍椰子为常绿小灌木，盆栽高度一般不超过1m。它茎干直立，不分枝，深绿色，上具不规则花纹。叶一般着生于枝干顶，羽状全裂，裂片披针形，互生，深绿色，有光泽。顶端两片羽叶的基部常合生为鱼尾状，嫩叶绿色，老叶墨绿色，表面有光泽，如蜡制品。肉穗花序腋生，花黄色，呈小球状，雌雄同株，雄花序稍直立，雌花序营养条件好时稍下垂，浆果橙黄色。花期春季。叶片平展，成龄株如伞形。

生态习性：喜温暖、湿润和半阴的环境。生长适宜的温度是 20～30℃。栽培基质以排水良好、湿润、肥沃壤土为佳。它对肥料要求不高。每隔 2～3 年于春季换盆 1 次。

繁殖方法：播种、分株、嫁接等方法。

栽培管理：在室内最好放在窗边明亮处。春季出房后要放在荫蔽处，避免阳光直射，有较明亮的光线就行。植株较大时，要及时换盆。它对环境湿度要求较高，浇水要掌握宁湿勿干的原则，以保持盆土湿润。空气干燥时，要经常向植株喷水，以增大环境的空气湿度。此花草对肥料要求不高，5～10 月，每月施 2 次饼肥水即可。袖珍椰子苗期分蘖较多，应及时分株。若遇降雨多或浇水过多，盆土太湿易引起植株下部叶腐烂发病，导致黑斑病发生蔓延，造成叶片枯黄甚至死亡。另外，袖珍椰子在高温高湿下，易发生褐斑病。如发现褐斑病，应及时用 800～1000 倍托布津或百菌清防治。在空气干燥、通风不良时也易发生介壳虫。如发现介壳虫，可用人工刮除外，还可用 800～1000 倍氧化乐果喷洒防治。

园林用途：适宜作室内中小型盆栽，装饰客厅、书房、会议室、宾馆服务台等室内环境，可使室内增添热带风光的气氛和韵味。置于房间拐角处或置于茶几上均可为室内增添生意盎然的气息，使室内呈现迷人的热带风光。

3.6.7 马拉巴栗（彩图 3-6-7）

科属：木棉科、爪哇木棉属

别名：发财树、瓜栗、中美木棉、鹅掌钱

英文名：Guiana Chestnut

学名：*Pachira macrocarpa*（Cham · et Schl.）Schl. ex Bailey

形态特征：多年生常绿灌木，株形优美。掌状复叶 7～9 片，叶色亮绿。树干基部呈锤形，常将 3～5 枝干编结成辫子状，形成独特造型。发财树生长期 5～9 月。

生态习性：性喜温暖、湿润，向阳或稍有疏荫的环境，生长适温 20～30℃。为喜肥花木，对肥料的需求量大于常见的其他花木。怕积水，喜弱光，怕强光直射。

繁殖方法：播种、扦插。

栽培管理：夏季对发财树的生长十分有利，是其生长的最快时期，所以在这一阶段应加强肥水管理，使其生长健壮。冬季，不可低于 5℃，最好保持 18～20℃。忌冷湿不能长时间荫蔽。在养护管理时应置于室内阳光充足处，摆放时，必须使叶面朝向阳光。另外，每间隔 3～5d，用喷壶向叶片喷水一次。每间隔 15d，可施用 1 次腐熟的液肥或混合型育花肥，以促进根深叶茂。平时盆土保持湿润，冬天盆土偏干，忌湿；每 1～2 年进行修剪及换盆 1 次，并逐年换稍大点的盆，同时要增添基肥，更换新的营养土，使其茁壮生长。因此，养护时应注意保持 15℃以上的温度，并经常给枝叶喷水，以增加必要的湿度。而在深秋和冬季，则应注意做好越冬防寒、防冻管护。

园林用途：多用于办公室或家庭的装饰物品，用于吸收灰尘来净化空气，适合办公室、阳台、庭院等地方摆放。

3.6.8 鹅掌柴（彩图 3-6-8）

科属：五加科、鹅掌柴属

别名：鸭脚木

英文名：Ivy Tree

学名：*Schefflera octophylla*（Lour.）Harms

形态特征：鹅掌柴为常绿灌木。掌状复叶，小叶 6～9 枚，革质，长卵圆形或椭圆形。花白色，有芳香，排成伞形花序又复结成顶生长 25cm 的大圆锥花丛；花瓣肉质；花柱极短。果球。花期在冬季。同属其他种还有鹅掌藤、斑叶鹅掌柴、星叶鹅掌柴等。

生态习性：性喜暖热湿润气候，鹅掌柴的生长适温为 16～27℃。冬季温度不低于 5℃。若气温在 0℃以下，植株会受冻，出现落叶现象，但如果茎干完好，翌年春季会重新萌发新叶。鹅掌柴喜湿怕干。鹅掌柴对临时干旱和干燥空气有一定适应能力。鹅掌柴对光照的适应范围广，在全日照、半日照或半阴环境下均能生长。土壤以肥沃、疏松和排水良好的沙质壤土为宜。盆栽土用泥炭土、腐叶土和粗沙的混合土壤。

繁殖方法：常用扦插和播种繁殖。

栽培管理：室内培育每天能见到 4h 左右的直射阳光就能生长良好，在明亮的室内可较长时期观赏。浇水量视季节而有差异，如水分太多或渍水，易引起根腐。夏季生长期间每周施肥一

次，可用氮、磷、钾等量的颗粒肥松土后施入。斑叶种类则氮肥少施，氮肥过多则斑块会渐淡而转为绿色。鹅掌柴平时需注意经常整形和修剪。每年春季新芽萌发之前应换盆。病虫害主要有叶斑病和炭疽病危害，可用10%抗菌剂401醋酸溶液1000倍液喷洒。虫害主要有介壳虫危害，用40%氧化乐果乳油1000倍液喷杀。另外，红蜘蛛、蓟马和潜叶蛾等危害鹅掌柴叶片，可用10%二氯苯醚菊酯乳油3000倍液喷杀。

园林用途：鹅掌柴大型盆栽植物，适用于宾馆大厅、图书馆的阅览室和博物馆展厅摆放，呈现自然和谐的绿色环境。春、夏、秋也可放在庭院蔽荫处和楼房阳台上观赏。可庭院孤植，是南方冬季的蜜源植物。盆栽布置客室、书房和卧室，具有浓厚的时代气息。

3.6.9 大叶伞（彩图3-6-9）

科属：五加科、鹅掌柴属

别名：昆士兰伞木、昆石兰遮树、澳洲鸭脚木、伞树

英文名：Queensland Umbrella Tree

学名：*Schefflera actinophylla*（Endl.）Harms

形态特征：常绿乔木，高可达30～40m。叶片阔大，柔软下垂，形似伞状，株形优雅轻盈。茎杆直立，少分枝，嫩枝绿色，后呈褐色，平滑。叶为掌状复叶，小叶数随树木的年龄而异。小叶片椭圆形，先端钝，有短突尖，叶缘波状，革质，浓绿色叶子，有光泽。

生态习性：喜阳。但不耐强烈阳光曝晒。十分耐阴。对于叶面上有斑纹的种类，在光照过强或过弱时，都会丧失鲜丽的斑纹；过阴时还会导致严重的落叶。喜温暖气候。生长适宜温度为20～30℃。不耐低温，越冬温度应保持5℃左右。喜湿润的环境。对土壤水分比较敏感，既怕干旱，也不耐水湿和积水。

繁殖方法：用播种与扦插繁殖，播种应随采随播。

栽培管理：5～9月应进行遮阴，或将植株置放于散射光充足的地方。但10月至翌年4月，最好让植株充分接受阳光。生长期间的浇水应掌握“不干不浇，浇则浇透”的原则，不让盆土过干或过湿。在室内置放时不能过多浇水，否则叶尖会发黑；越冬期间需节制浇水，让盆土稍微湿润即可。施肥可用有机肥料或氮、磷、钾，豆饼、油粕肥效佳，每1～2个月追肥1次。生长季天晴而干燥时应经常向植株及四周喷水。应注意越冬期间的保暖工作。夏季忌阳光直射，适宜遮阳为30%～40%。因生长量大，每月施1次肥料，并充分供应水分。大叶伞常见有叶斑病和炭疽病危害，可用50%多菌灵可湿性粉剂1000倍液喷洒防治。另有介壳虫危害，发生不多时，可采取人工刷除或剪去虫枝。严重时可用40%的氧化乐果乳剂800～1000倍液或80%敌敌畏乳剂1000倍液喷杀。

园林用途：易于管理，适于客厅的墙隅与沙发旁边置放，是室内理想的观叶植物。

3.6.10 绿萝（彩图3-6-10）

科属：天南星科、绿萝属

别名：魔鬼藤、石柑子、竹叶禾子、黄金葛、黄金藤

英文名：Scindapsus Aureum

学名：*Epipremnum aureum*

形态特征：绿萝为大型常绿草质藤本植物，茎粗细变化很大，多年生长后基部常木质化。有许多的园艺品种。叶大小不一，无支架或茎尖朝下生长时叶较小。叶片椭圆形或长卵心形，光亮，叶基浅心形，叶端较尖。品种类型有青叶绿萝：叶子全部为青绿色，没有花纹和杂色；黄叶绿萝（黄金葛）：叶子为浅金黄色，叶片较薄；花叶绿萝：叶片上有颜色各异的斑纹，依据花纹颜色和特点，至今发现的有3个变种；银葛（*E. a.*‘Marble Queen’）：叶上具乳白色斑纹，较原变种粗壮；金葛（*E. a.*‘Golden Pothos’）：叶上具不规则黄色条斑；色葛（*E. a.*‘Tricolor’）：叶面具绿色、黄乳白色斑纹；星点藤：叶面绒绿，满银绿色斑块或斑点。

生态习性：性强健。喜温暖、湿润的散射光环境。非常耐阴。冬季温度需高于5～8℃；要求疏松、肥沃、排水良好的沙质壤土。

繁殖方法：扦插繁殖，也可水培。

栽培管理：水培绿萝一般放在室内的朝阳地方生长，可以保持温暖的温度和比较好的光照促进植物生长，另外它不可以直接接受太阳的照射，冬季尤其是在我国北方种植的冬季非常寒冷，这时候要适当地采取保温措施。在水培绿萝生长不同阶段，要根据生长需要进行追加施肥保证营养供给。定期对水培绿萝进行修剪保持枝叶的有型和翠绿，并要对病虫害进行预防和治疗。绿萝炭疽病：该病菌多危害叶片中段，也可危害花朵。防治方法：能防治炭疽病的农药很多，如代森锰锌、多菌灵、托布津等；德国产的“施保功”1500倍液为治疗炭疽病的特效药。根腐病防治方法：可用5%呋喃丹颗粒剂；叶斑病：可用95%的代森铵500倍液，或80%的多菌灵可湿性粉剂1000倍液等喷施防治。

园林用途：中柱式栽培或室内垂直绿化。绿叶光泽闪耀，叶质厚而翘展，有动感。适应室内环境，栽培管理简单，可以很好地营建绿色的自然景观，浪漫温馨，极富诗情画意。

3.6.11 橡皮树（彩图 3-6-11）

科属：桑科、榕属

别名：印度橡皮树、印度胶榕、橡胶榕

英文名：Fiddle Leaf Fig

学名：*Ficus elastica* Roxb. ex Hornem.

形态特征：植株低矮。茎呈匍匐状，落地茎节易生根。叶片卵形至椭圆形，十字对生；叶脉网状，十分明晰，因种类不同，色泽多变。茎枝、叶柄、花梗均密被茸毛。一般春季开花，顶生穗状花序，层层苞片呈十字形对称排列，小花黄色。

生态习性：喜高温、多湿及半阴环境。怕寒冷，越冬温度不低于 15℃；忌干燥；怕强光，以散射光最好；要求疏松、肥沃、通气良好的沙质壤土。常见栽培的变种和品种有金边橡皮树叶缘为金黄色；花叶橡皮树叶片稍圆，叶缘及叶片上有许多不规则的黄白色斑块，生长势较弱，繁殖亦较慢；白斑橡皮树叶片较窄并有许多白色斑块；金星宽叶橡皮树叶片远较一般橡皮树大而圆，幼嫩时为褐红绿色叶片，成长后红褐色稍淡，靠近边缘散生稀疏针头大小的斑点，稍留意即可辨别，是橡皮树的优良品种。

繁殖方法：扦插法和高枝压条法。

栽培管理：越冬温度最好能维持在 8℃以上。5～9 月应进行遮阴，或将植株置于散射光充足处。其余时间则应给予充足的阳光。生长期间应充分供给水分，保持盆土湿润。冬季则需控制浇水。根据不同的时期及不同的品种合理施肥。注意修剪。通常每 2 年需翻盆 1 次。橡皮树易患炭疽病，其病原为橡皮树盘长孢菌，结合修剪，清除病枝、病叶和枯梢；平日注意透光和通风，不要放置过密早春新梢生长后，喷1%波尔多液。灰斑病在 9～10 月较重，初现小灰斑，发病初期可喷 50%的多菌灵 1000 倍或 70%的甲基托布津 1200 倍液。橡皮树染根结线虫病以后，生长停滞，植株僵老直立，扒开根部可见侧根、须根上生许多大小不等的瘤状物，即虫瘿，剖开虫瘿可见其内藏有很多黄白色卵圆形雌线虫，防治方法：减少虫源，同时增施充分腐熟的有机肥；及时清除病残根深埋或烧毁；药剂防治。盆栽者，每盆施入 15%铁灭克颗粒剂。

园林用途：橡皮树观赏价值较高，是著名的盆栽观叶植物。极适合室内美化布置。中小型植株常用来美化客厅、书房；中大型植株适合布置在大型建筑物的门厅两侧及大堂中央，显得雄伟壮观，可体现热带风光。

3.6.12 富贵竹（彩图 3-6-12）

科属：百合科、龙血树属

别名：百变龙血树、山德士龙血树、仙达龙血树、丝带树

英文名：Sanders Dracaena

学名：*Dracaena sanderiana*

形态特征：属多年生常绿小乔木观叶植物，株可高达 4m，盆栽多 40～60cm。植株细长，直立，不分枝，常丛生状。叶长披针形。根状茎横走，结节状。叶互生或近对生，纸质，叶长披针形，有明显主脉，具短柄，浓绿色。伞形花序有花生于叶腋或与上部叶对花，花冠钟状，紫色。浆果近球球，黑色。园艺品种多，叶色长具黄白条纹。金心富贵竹植株部分有绿黄色或金黄色纵条纹，比较特别，富贵竹的植株较粗壮，叶片深绿色；银心富贵竹与金心富贵竹不同，叶片中央有一道银白色的纵条纹；银边富贵竹叶片绿色边缘有一条银白色的宽带或称为镶边，十分明显而令人瞩目；金边富贵竹（‘Virescens’）：与银边富贵竹一起组成一对姐妹型品种，所不同的是叶缘的镶边为金黄色。

生态习性：富贵竹性喜阴湿高温，耐涝，耐肥力强，抗寒力强；喜半阴的环境。适宜生长于排水良好的沙质土或半泥沙及冲积层黏土中，适宜生长温度为 20～28℃，可耐 2～3℃低温，但冬季要防霜冻。夏秋季高温多湿季节，对富贵竹生长十分有利，是其生长最佳时期。它对光照要求不严，适宜在明亮散射光下生长，光照过强、曝晒会引起叶片变黄、褪绿、生长慢等现象。

繁殖方法：扦插或水培。

栽培管理：遮阳、合理密植，保持适当的空间，以便通风透光。施足基肥；适施苗肥。在生长季节应经常保持土壤湿润，并常向叶面喷水或洒水；冬季要注意防寒、防霜冻。富贵竹在生长过程中，经常会出现叶片发黄，其原因多是由于栽培管理失调引起。应仔细观察，分析原因，加以纠治。长期失水导致叶片会发黄下垂。病虫害如下。

（1）炭疽病是常见病害，是为害南方富贵竹的严重病害。防治方法：加强富贵竹养护管理，不宜种植过密；注意避免冻害和霜害；湿润灌溉，合理施肥。冬春季要剪除病叶和清理枯叶，并集中烧毁，以减轻发病，并撒一次生石灰杀菌和进行土壤消毒；或药剂防病。改善田间或园圃通透性，降低田间湿度，不宜偏施氮肥。

（2）生长期搭遮阳网减少高温强光曝晒。及时杀灭蜘蛛、天牛、叶螨、介壳虫等，减少传播媒介。发现病株时应及时喷药控病。

（3）叶斑病发生在叶片上。为真菌性病害。养护期内控制植株摆放密度，保持通风透光。发病初期喷洒日邦克菌等杀菌剂。

（4）茎腐病引起富贵竹死亡，降低观赏性。

主要为害叶片及茎杆。防治方法：培育健壮和组织充实的植株种苗；清除病株，集中烧毁；药剂防治。

园林用途：水养或土培布置于窗台、书桌、几架上，有时也可进行造型，逐层增高，不仅造型好，且寓意富贵步步高，有个好口彩。

3.6.13 变叶木（彩图 3-6-13）

科属：大戟科、变叶木属

别名：洒金榕

英文名：Variegated Leaf Croton

学名：*Codiaeum variegatum* var. pictum

形态特征：橡皮树为常绿灌木或小乔木。高1.1～2m。茎直立，多分枝。全株具乳汁，单叶互生，光滑无毛，厚革质，叶片卵圆形至线形，全缘或开裂，边缘波状或扭曲，叶面具各种颜色斑纹、斑块。品种类别：

(1) 长叶变叶木（f. *ambiguum*），叶片长披形。黑皇后（BlackQueen），深绿色叶片上有褐色斑纹；绯红（Revolutum），绿色叶片上具鲜红色斑纹；白云（WhiteCloud），深绿色叶片上具有乳白色斑纹。

(2) 复叶变叶木（f. *appendiculatum*），叶片细长，前端有1条主脉，主脉先端有匙状小叶。其品种有飞燕（Interruptum），小叶披针形，深绿色；鸳鸯（Mulabile），小叶红色或绿色，散生不规则的金黄色斑点。

(3) 角叶变叶木（f. *cornutum*），叶片细长，有规则的旋卷，先端有一翘起的小角。其品种有百合叶变叶木（LilyLeaves），叶片螺旋3～4回，叶缘波状，浓绿色，中脉及叶缘黄色；罗汉叶变木（Podorcarp Leaves），叶狭窄而密集，2～3回旋卷。

(4) 螺旋叶变叶木（f. *crispum*），叶片波浪起伏，呈不规则的扭曲与旋卷，叶先端无角状物。其品种有织女绫（Warrenii），叶阔披针形，叶缘皮状旋卷，叶脉黄色，叶缘有时黄色，常嵌有彩色斑纹。

(5) 戟叶变叶木（f. *lobatum*），叶宽大，3裂，似戟形。其品种有鸿爪（Craigii），叶3裂；晚霞（ShowGirl），叶阔3裂，深绿色或黄色带红，中脉和侧脉金黄色。

(6) 阔叶变叶木（f. *platypHyllum*），叶卵形。其品种有金皇后（Golden Queen），叶阔倒卵形，绿色，密布金黄色小斑点或全叶金黄色；鹰羽（Ovalifolium），叶3裂，浓绿色，叶主脉带白色。

(7) 细叶变叶木（f. *taeniosum*），叶带状。其品种有柳叶（Graciosum），叶狭披针形，浓绿色，中脉黄色较宽，有时疏生小黄色斑点；虎尾（Majesticum），叶细长，浓绿色，有明显的散生黄色斑点。

此外有莫纳、利萨（MonaLisa）、布兰克夫人（Mad. Blanc）、奇异（Exotica）、金太阳（Goldsun）、艾斯汤小姐（Mrs. Iceton）等品种。

生态习性：喜高温、湿润和阳光充足的环境，不耐寒。生长适温为20～30℃，冬季温度不低于13℃。喜湿怕干。生长期茎叶生长迅速，给予充足水分，并每天向叶面喷水。但冬季低温时盆土要保持稍干燥。冬季半休眠状态，水分过多，会引起落叶，必须严格控制。喜光，整个生长期均需充足阳光，茎叶生长繁茂，叶色鲜丽，特别是红色斑纹，更加艳红。以5万～8万勒克斯最为适宜。若光照长期不足，叶面斑纹、斑点不明显，缺乏光泽，枝条柔软，甚至产生落叶。土壤以肥沃、保水性强的黏质壤土为宜。盆栽用培养土、腐叶土和粗沙的混合土壤。

繁殖方法：播种、扦插、压条繁殖

栽培管理：喜欢湿润的气候环境，要求生长环境的空气相对湿度在70%～80%，空气相对湿度过低，下部叶片黄化、脱落，上部叶片无光泽。由于它原产于热带地区，喜欢高温高湿环境，因此对冬季的温度的要求很严，当环境温度在10℃以下停止生长，在霜冻出现时不能安全越冬。喜欢半阴环境，在秋、冬、春三季可以给予充足的阳光，但在夏季要遮阴50%以上。放在室内养护时，尽量放在有明亮光线的地方，对于盆栽的植株，除了在上盆时添加有机肥料外，在平时的养护过程中，还要进行适当地肥水管理。常见黑霉病、炭疽病危害，可用50%多菌灵可湿性粉剂600倍液喷洒。室内栽培时，由于通风条件差，往往会发生介壳虫和红蜘蛛危害，用40%氧化乐果乳油1000倍液喷杀。

园林用途：适合采光良好的客厅、卧室、书房等场所。

3.6.14 铁线蕨（彩图 3-6-14）

科属：铁线蕨科、铁线蕨属

别名：铁线草、美人发

英文名：Maidenfair，Southern Maidenfair Fern

学名：*Adiantum capillus-veneris*

形态特征：多年生草本，植株高15～40cm。根状茎细长横走，密被棕色披针形鳞片。叶远生或近生；柄长5～20cm，粗约1mm，纤细，栗黑色，有光泽，二至三回羽状复叶，叶缘浅裂至深裂。品种类型如下。

(1) 扇叶铁线蕨　叶片扇形至不整齐的阔卵形，2～3回掌状分枝至鸟足状二叉分枝；中央羽片最大，小羽片有短柄。

(2) 鞭叶铁线蕨　又称刚毛铁线蕨，叶线状披针形，长10～25cm，顶端常延长成鞭状，着地生根。叶剑长方形，一回羽状或二回撕裂，上缘和外缘常深裂成窄的裂片，下缘直而全缘。

（3）楔叶铁线蕨　叶宽三角形，2～4回羽状分裂，裂片菱形或长圆形。

生态习性：喜温暖、湿润和半阴环境，耐寒，忌阳光直射。喜疏松透水、肥沃和含石灰质的沙质壤土。喜明亮的散射光，光线太强，叶片枯黄甚至死亡。生长适温为13～22℃，冬季在东北地区可安全越冬，第2年春天萌发。

繁殖方法：分株或孢子繁殖

栽培管理：盆栽时，盆钵可选用淡色的釉盆和瓦盆；盆土必须具有良好的透水性和通气性，一般用富含腐殖质的泥炭土或腐叶土，再加入约1/3的粗沙和细沙，并放入一些骨粉，且盆底应垫一些碎瓦片或粗砂以利排水，根茎栽植深度为1.5～2.5cm。春季栽植或翻盆换土。盆栽常用腐殖土或泥炭土，再加少量河沙和基肥混配而成的培养土。每年春季换盒，换盆时勿伤根，避免风吹，保持盆土湿润和较高的空气湿度。待长出新枝后即可正常管理。生长旺季要充分浇水，除保持盆土湿润外，还要注意有较高的空气湿度，空气干燥时向植株周围洒水。特别是夏季，每天要浇1～2次水，如果缺水，就会引起叶片萎缩。浇水忌盆土时干时湿，易使叶片变黄。每月施2～3次稀薄液肥，施肥时不要沾污叶面，以免引起烂叶，由于铁线蕨的喜钙习性，盆土宜加适量石灰和碎蛋壳，经常施钙质肥料效果则会更好。冬季要减少浇水，停止施肥。病虫防治：常有叶枯病发生，初期可用波尔多液防治，严重时可用70%的甲基托布津1000～1500倍液防治。若有介壳虫危害植株，可用40%的氧化乐果1000倍液进行防治。

园林用途：适合室内常年盆栽观赏。作为小型盆栽喜阴观叶植物，在许多方面优于文竹。小盆栽可置于案头、茶几上；较大盆栽可用以布置背阴房间的窗台、过道或客厅，能够较长期供人欣赏。铁线蕨叶片还是良好的切叶材料及干花材料。

3.6.15　鸟巢蕨（彩图3-6-15）

科属：铁角蕨科、巢蕨属

别名：巢蕨、山苏花、王冠蕨

英文名：Bird's-nest Fern，Nest Fern，Pak Leaf Fern

学名：*Asplenium nidus*

形态特征：鸟巢蕨株高60～120cm。根状茎短而直立，柄粗壮而密生大团海绵状须根，能吸收大量水分。叶簇生，辐射状排列于根状茎顶部，革质叶阔披针形，长100cm左右，中部宽9～15cm，两面滑润，叶脉两面稍隆起。品种类型有台湾鸟巢蕨、羽叶鸟巢蕨、圆叶鸟巢蕨、鱼尾鸟巢蕨、皱叶鸟巢蕨、狭基鸟巢蕨。

生态习性：喜高温湿润，不耐强光。

繁殖方法：播种、组培、扦插繁殖。

栽培管理：盆栽鸟巢蕨土壤以泥炭土或腐叶土最好。春季换盆时，应在盆中添加腐叶土和苔藓，并加少许碎石。生长适宜温度为22～27℃，夏季要进行遮阴，或放在大树下疏荫处，避免强阳光直射，在室内则要放在光线明亮的地方，不能长期处于阴暗处。冬季要移入温室，温度保持在16℃以上，使其继续生长，但最低温度不能低于5℃。夏季高温、多湿条件下，新叶生长旺盛需多喷水，充分喷洒叶面，保持较高的空气温度，随着叶片的增人，叫片常盖满盆中培养土，浇水务必浇透盆，才可避免植株因缺水而造成叶片干枯卷曲。病虫防治：炭疽病：在高温高湿、通风不良的环境中，叶片易感染炭疽病，其病斑为褐色，后期轮纹明显，防治方法：发病初期，可用75%的百菌清可湿性粉剂600倍液，或70%的甲基托布津可湿性粉剂1000倍液，或10%的世高水分散颗粒剂2500倍液均匀喷雾，每10d 1次，连续3～4次。此外，还应注意防止日灼、寒害等发生。线虫：线虫危害鸟巢蕨，可导致叶片出现褐色网状斑点，防治方法：可用克线丹或呋喃丹颗粒撒施于盆土表面，杀虫效果较好。此外，还应及时防治短额负蝗和蜗牛等啃食叶片。

园林用途：鸟巢蕨为较大型的阴生观叶植物，它株形丰满、叶色葱绿光亮，潇洒大方，野味浓郁，深得人们的青睐。悬吊于室内也别具热带情调；植于热带园林树木下或假山岩石上，可增添野趣；盆栽的小型植株用于布置明亮的客厅、会议室及书房、卧室，也显得小巧玲珑、端庄美丽。

3.6.16　鹿角蕨（彩图3-6-16）

科属：鹿角蕨科、鹿角蕨属

别名：麋角蕨、蝙蝠蕨、鹿角羊齿

英文名：Platycerium Bifurcatum

学名：*Platycerium wallichii* Hook.

形态特征：多年生附生草本，根状茎肉质，短而横卧，有淡棕色鳞片。基生叶（腐殖叶）厚革质，直立或下垂，无柄，贴生于树干上，长25～35cm，宽15～18cm，先端截形，不整齐3～5次叉裂，裂片近等长，全缘，两面疏被星状毛，初时绿色，不久枯萎，褐色，宿存。

生态习性：喜温暖阴湿环境，怕强光直射，以散射光为好，冬季温度不低于5℃，土壤以疏松的腐叶土为宜。

繁殖方法：分株或孢子繁殖。

栽培管理：生长旺季要充分浇水，除保持盆土湿润外，还要注意有较高的空气湿度，空气干燥时向植株周围洒水。如果缺水，就会引起叶片萎缩。浇水忌盆土时干时湿，易使叶片变黄。盆土必须具有良好的透水性和通气性，一般用富含腐殖质的泥炭土或腐叶土，再加入约1/3的粗沙和细沙，并放入一些骨粉，且盆底应垫一些碎瓦片或粗沙以利排水，根茎栽植深度为1.5～2.5cm。春季栽植或翻盆换土，换盆时勿伤根，避免风吹，保持盆土湿润和较高的空气湿度。每月施2～3次稀薄液肥，施肥时不要沾污叶面，以免引起烂叶，出于铁线蕨的喜钙习性，盆土宜加适量石灰和碎蛋壳，经常施钙质肥料效果则会更好。冬季要减少浇水，停止施肥。

园林用途：是室内立体绿化的材料，可点缀书房、客室和窗台。

3.6.17 凤梨类（彩图3-6-17）

科属：凤梨科（Bromeliaceae）、植物常见的属种有彩叶凤梨属（*Neoregelia*）的五彩凤梨（*N. carilinate*）、光萼荷属（*Aechmea*）的粉菠萝（*A. fasciata*）、凤梨属（*Ananas*）的金边菠萝（*A. comosus* cv. *Variegatus*）、果子蔓属（*Guzmania*）、铁兰属（*Tillandsia*）、丽穗凤梨属（*Vriesea*）、姬凤梨属（*Cryptanthus*）和水塔花属（*Billbergia*）等。

英文名：Aechmea

学名：*Bromeliaceae*

形态特征：凤梨类植物为草本，多为短茎的附生植物。叶片呈带状，质硬，边缘有刺。叶色丰富，较多种类具有色彩相间的纵向条纹或横向斑带，有的还有银灰色斑粉或绒毛。叶子大小不一。叶片基部相互重叠，莲座状叶丛中心形成一个能贮水的筒或槽；花为总状、穗状或圆锥花序，一般从叶丛中间长出，多数高于叶面，但如彩叶凤梨、姬凤梨等种类花序不伸长，以观叶为主。小花通常两性，花色艳丽，花期短。苞片观赏时间长，观赏价值高，颜色有红、黄、白、紫、双色等。花后植株会慢慢死亡，但大多数种类死前可在基部产生可繁殖的吸芽；果实为聚花果或单果。

生态习性：原产热带雨林，喜高温、湿润。喜光，也有较强的耐阴能力。生长适温20～25℃，冬季最低适温应在15℃以上，低于10℃易受冻害。适宜的空气相对湿度为50%～70%。忌钙质土。

繁殖方法：

（1）分吸芽繁殖　切断植株基部的长20cm左右的吸芽生，将其栽植在水藓中促其生根。

（2）播种繁殖　将种子播于由泥炭、水苔和沙混合的基质中，封闭置于阳光不直射的地方，温度保持在18～21℃，促其发芽。发芽后不宜多次移苗。实生苗3年可开花。

（3）其他方法　可用果实顶端的冠芽繁殖或组培大量繁殖。

栽培管理：

（1）上盆及基质管理　一般利用口径8～18cm的盆。栽培时盆下部1/4～1/3用碎砖块等填充，以利于排水透气。基质可用泥炭、蛭石、珍珠岩或粗沙，也可用树皮、苔藓或蕨类植物的根部。

（2）光照及温度管理　充足的散射光对彩色叶片尤为重要，若光照不足或过阴，色泽无光或返绿。光线过强也会灼伤叶片。越冬栽培需保持温度在10℃以上。

（3）水分、湿度及通风管理　生长旺期要维持盆土湿润，温度低于15℃时则停止浇水。忌盆内过湿或积水，否则容易烂根。自春至秋叶筒或水槽内要经常灌水，冬季保持湿润即可；空气干燥时可喷水来调节湿度；天气闷热时要尽量开门窗通风，若长期通风不良，容易孳生蚧壳虫和红蜘蛛虫害。

（4）肥分管理　生长旺盛季节，每3周同时对盆土和叶筒中施1次液体薄肥，追肥时不要污染叶，特别不要让肥料残渣或颗粒存于叶腋或叶筒内，以免引起腐烂。开花前宜增施一次磷肥。花后停止施肥。

（5）病虫防治　主要有叶斑病和病毒病。叶斑病用50%的托布津可湿性粉剂1000倍液喷洒，病毒病用20%的盐酸吗啉可湿性粉剂500倍液喷洒。

园林用途：适合室内盆栽观赏。

3.6.18 竹芋类（彩图3-6-18）

科属：竹芋科常见的属种有肖竹芋属（*Calathea*）的孔雀竹芋（*C. makoyana*）、彩虹竹芋（*C. roseopicta*）、天鹅绒竹芋（*C. zebrina*）等，竹芋属（*Marana*）的豹斑竹芋（*M. leuconeura*）等，卧花竹芋属（*Stromanthe*），锦竹芋属（*Ctenanthe*）等。

英文名：Marantaceae

学名：*Marantaceae*

形态特征：以豹斑竹芋为例，竹芋类植物为多年生草本，大多数种类有根茎或块茎。叶单生，通常大，具羽状平行脉，通常2列。叶片基部有叶鞘。叶柄顶部有一显著膨大的关节，其内有贮水细胞，称叶枕，可调节叶片。如白天水分不足时，叶片展开，夜晚水分充足时，叶片直立；花两性，不对称，常成对生于苞片中，组成顶生的穗状、总状或疏散的圆锥花序，或花序单独由根茎抽出；果为蒴果或浆果状。

生态习性：竹芋科植物性喜半阴和高温多湿的环境条件。3～9月为生长期，不同种类生长适温15～30℃，越冬温度10～15℃，酷暑时节怕烈日曝晒，平时宜充足柔和的光照，空气清新湿润，不可过于荫蔽。要求疏松肥沃、富含腐殖质、通透性强的中性培养土，通常用腐叶土、草炭土、山泥、河沙配制。

繁殖方法：

(1) 分株繁殖　多在春季4～5月结合翻盆换土进行操作，可2～3芽分为1株。一次分株的数量不可太多，否则影响植株生长，应视母株的大小和长势而定。

(2) 扦插繁殖　夏季选取基部带有2～3片叶子的幼枝作插穗，或用一些种类的匍匐枝扦插。可用草炭土与河沙各半掺匀，或用蛭石和珍珠岩作基质，保持湿润，5周左右即可生根，分栽上盆。

栽培管理：

(1) 基质　选择保水、保肥、通透性好、pH为5.5、EC值低于0.5mS/cm的基质，做好基质准备工作。基质需要透气性好，有一定的纤维长度，才能保证竹芋根系良好生长。若基质pH适宜，则在此基质内再加入适量珍珠岩（大颗粒）会更好，泥炭与珍珠岩比例为7∶3。

(2) 栽植深度　适宜的深度即为浇透定植水后，花盆内基质面与种苗基质面相平，栽植过深不利于萌发侧枝，过浅植株生长到一定阶段会出现东倒西歪的情况。

(3) 浇水　上盆完毕后，立刻浇透定植水，而后用1500倍甲基托布津加3000倍爱诺螨清叶面喷施一遍。

(4) 温度与湿度　竹芋生长的适宜温度为20～22℃，白天控制在20～25℃，夜间控制在18～20℃，低于18℃，生长速度会明显变慢，而且严重影响品质。竹芋适宜的相对湿度在65%，要避免湿度超过80%。空气湿度太大，会在竹芋叶子上形成褐色水渍状斑点。温室内温度越低，湿度就会越高，出现此现象的概率就越大。

(5) 光照　竹芋本身是一种附生植物，故不需要太多的光照，刚上盆一周内将光照控制在4000～5000lx，后加强至7000lx。光照与植株摆放密度有很大关系，如果温室面积小，植株密度大，必须将光照提高到9000lx，否则就会出现侧枝倒伏现象，但在竹芋整个生长过程中要避免高温和强光照。

(6) 肥料　竹芋对高浓度肥料很敏感，不要过量施肥，否则易出现烧叶现象，所以定期检查盆内基质的EC值、pH很重要。适宜的EC值、pH对其生长发育极为重要。当基质EC值在0.3mS/cm以下则浇肥水，反之浇清水。上盆后，注意观察根系的生长发育状况，适时浇第一遍肥水，这一点尤为重要，施肥过早在盆内积累，过晚则影响生长速度。第一遍用EC值为1.0、pH为5.5的肥水浇灌，不管用单一肥或复合肥，钾的含量为氮含量的1.5～2.0倍，生产出的叶片不仅光泽好而且肥厚浓绿。在温室温度低的情况下，注意控制浇肥量，否则会引起叶片“吐水”现象，此状况持续时间长，则会出现焦边。施第一遍肥后，随着植株生长慢慢加大肥水的EC值，从1.2～1.4，最后控制在1.4，根据基质的EC值决定。

(7) 定时变换盆间距　幼苗刚上盆时尽可能盆挨盆摆放，上盆8～10周，结合换盆开始变换盆间距。若一开始直接上了最终用盆，则只拉开间距即可。竹芋最终用19cm盆即可，刚上盆按27盆/m^2摆放，第1次拉间距为16盆/m^2，第2次拉间距为10盆/m^2，上盆约24周开始第3次拉间距也是最后一次为6盆/m^2。从盆上向下看，看不到花盆，则此时该拉间距了。对于生长速度较快的品种如“紫背剑羽”竹芋、“紫背天鹅绒”竹芋，若不能及时变换间距，则很容易长成瘦高型。竹芋在整个生长过程中，需要变换2～3次间距。

(8) 常见病虫害

1) 病害　①干边干尖：属于生理病害，发生原因一是由于低温高湿，二是由于基质或是肥水、水的pH不适宜。通过加热或通风保持温室空气相对湿度在65%。通过加酸加碱，保持基质、肥水pH为5.5；②茎腐、根腐：在‘美丽竹芋’、‘彩虹竹芋’品种上易发生。主要由于盆内基质长期积水所致。为了防治此病发生必须从浇水次数、浇水量入手，做到浇水适时、适量。

2) 虫害　①蓟马：在叶片边上出现银灰色的小亮点，尤其在‘紫背天鹅绒’上易发生。用常规杀蓟马的药品处理即可，一般在初发期每隔4d连续喷施3次即可；②红蜘蛛通常发生在叶背面，为害严重时整个叶片变红，下垂。一般在高温、干燥环境条件下易发生。防治方法：首先，必须在初发期防治，可选用哒螨灵、噻螨酮、炔螨特等药剂防治，使用方法参照说明说。其次，温室内的温湿度必须适宜。第三，受害严重的植株，将整株平茬，让其重发新叶。

园林用途：竹芋科植物凭着绚丽的叶色和优雅的姿态给人以美的享受。可用来点缀阳台、厅堂，是室内花园的重要绿化材料。

3.6.19 花叶芋（彩图3-6-19）

科属：天南星科、花叶芋属

别名：彩叶芋、二色芋

英文名：Calladium，Angel-wing

学名：*Caladium hortullanum*

形态特征：多年常绿生草本，地下具膨大块茎扁球形，基生叶盾状箭形或心形，绿色具白、粉、深红等色斑，佛焰苞绿色上部绿白色呈壳状。有红脉、镶绿红脉、绿叶红脉、带斑绿脉、红斑，有的叶色纯白而仅留下绿脉或红脉，有的绿色叶面布满油漆或水彩状斑点。

生态习性：喜高温、高湿和半阴环境，不耐低温和霜雪，喜充足的光照，忌强光暴晒。要求土壤疏松、肥沃和排水良好。它喜黏质土壤，多以黏质田土五份、腐叶土二份与沙三份混合配制而成。秋季叶黄不要拔起扶正支撑好给予充足的阳光、肥料使球根肥大直到叶全部自然枯黄才停止浇水施肥。

繁殖方法：分株繁殖

栽培管理：块茎上盆后，覆土 2cm，保持土壤湿润，温度在 20℃以上，4～5 周后萌芽展叶。6～10 月为生长旺期，可适度遮阴，经常向叶面喷水，保持充足水肥。及时摘掉花蕾，抑制开花。秋季叶片开始变黄时停止浇水。

园林用途：叶片色彩斑斓，顶生在细长叶柄上，飘逸潇洒，是室内重要的彩叶花卉。

3.6.20 花叶万年青（彩图 3-6-20）

科属：天南星科、花叶万年青属

别名：黛粉叶

英文名：Spotted Dieffenbachia

学名：*Dieffenbachia picta*

形态特征：茎高 1m，粗 1.5～2.5cm，节间长 2～4cm；下部的叶柄具长鞘，中部的叶柄达中部具鞘，上部叶柄长，鞘几达顶端，有宽槽；叶片长圆形、长圆状椭圆形或长圆状披针形，长 15～30cm，宽 7～12cm，基部圆形或锐尖，先端稍狭具锐尖头，二面暗绿色，发亮，脉间有许多大小不同的长圆形或线状长圆形斑块，斑块白色或黄绿色，不整齐；1 级侧脉 15～20 对，上举，2 级侧脉较纤细，背面隆起。佛焰苞长圆披针形，狭长，骤尖。肉穗花序。品种类型如下。

(1) 大王黛粉叶　叶面沿侧脉有乳白色斑条及斑块。

(2) 暑白黛粉叶　浓绿色叶面中心乳黄绿色，叶缘及主脉深绿色，沿侧脉有乳白色斑条及斑块。

(3) 白玉黛粉叶　叶片中心部分全部乳白色，只有叶缘叶脉呈不规则的银色。

生态习性：喜温暖、湿润和半阴环境。不耐寒、怕干旱，忌强光曝晒。花叶万年青在黑暗状态下可忍受 14d，在 15℃和 90%相对湿度下贮运。

繁殖方法：分株、扦插繁殖

栽培管理：生长适温为 25～30℃，白天温度在 30℃，晚间温度在 25℃效果好。不耐寒，10 月中旬就要移入温室内。如果冬季温度低于 10℃，叶片易受冻害。喜湿怕干，盆土要保持湿润，在生长期应充分浇水，并向周围喷水，向植株喷雾。耐阴怕晒，光线过强，叶面变得粗糙，叶缘和叶尖易枯焦，甚至大面积灼伤。光线过弱，会使黄白色斑块的颜色变绿或褪色，以明亮的散射光下生长最好。栽培土壤以肥沃、疏松和排水良好、富含有机质的壤土为宜。盆栽土壤用腐叶土和粗沙等的混合土壤，用腐叶土 2 份，锯末或泥炭 1 份，沙 1 份混合。盆栽常用 15～20cm 盆。生长旺盛期 10d 施 1 次饼肥水，入秋后可增施 2 次磷钾肥。春至秋季间每 1～2 个月施用 1 次氮肥能促进叶色富光泽。室温低于 15℃以下，则停止施肥。病虫害主要有细菌性叶斑病、褐斑病和炭疽病危害，可用 50%多菌灵可湿性粉剂 500 倍液喷洒。有时发生根腐病和茎腐病危害，除注意通风和减少湿度外，可用 75%百菌清可湿性粉剂 800 倍液喷洒防治。

园林用途：花叶万年青是万年青中比较出名的品种，青翠碧绿，叶片花纹独特，是高雅的室内观叶植物，也是目前备受青睐的室内观叶植物之一。

3.6.21 喜林芋类（图 3-6-21）

科属：天南星科、喜林芋属

英文名：Philodendron

学名：*Philodendron* spp.

形态特征：常绿植物，蔓性、半蔓性或直立状。观赏部位主要是多样化的叶形和叶色，佛焰苞花序多腋生，不明显。品种类型有下面几种。

(1) 红宝石喜林芋（*P. erubescens* var. *red emerrald*）　藤本植物，茎粗壮，新梢红色，后变为灰绿色，节上有气根，叶柄紫红色，叶长心形，长 20～30cm，宽 10～15cm，深绿色，有紫色光泽，全缘。嫩叶的叶鞘为玫瑰红色，不久脱落。花序由佛焰苞和白色的肉穗组成。

(2) 绿宝石喜林芋（*P. erubescens* var. *green emerald*）　株形、叶形与红宝石喜林芋基本相同，只是绿宝石喜林芋叶片为绿色，无紫色光泽，茎和叶柄绿色，嫩梢、叶鞘也是绿色。

(3) 戟喜林芋（*P. oxycardium*）　茎细长蔓生，可达数米，节间有气根，叶卵状心形，绿色，长 10～20cm，宽 5～10cm。

(4) 银叶喜林芋　叶片卵状心形，银白色。

(5) 羽裂喜林芋（*P. selloum*）　也称春羽，

茎短，丛生，叶片巨大，可达60cm，叶色浓绿，有光泽，叶片宽心脏形，羽状深裂。叶柄细长且坚挺，达80cm。变种为斑叶春芋，叶片上有黄白色的花纹。

生态习性：喜温暖、湿润的半阴环境。越冬温度需10～15℃以上，较耐阴，喜高温，不耐干燥环境，喜富含腐殖质、疏松、肥沃的沙质壤土。

繁殖方法：扦插繁殖。

栽培管理：盆土选用草炭土与粗沙等量混合。生长旺季保证水分供应，使盆土处于湿润状态，每3～4周浇施1次以氮肥为主的复合液肥，并经常向地面喷水，使环境具有较高的空气湿度。夏季避免阳光直射。冬季温室温度保持在15℃以上。

园林用途：株形优雅美丽，端庄大方，是优良的观叶植物。

3.6.22 朱蕉（彩图3-6-22）

科属：百合科、朱蕉属

别名：铁树、千年木、朱竹、红叶铁树

英文名：Fruticosa Dracaena，Tree of Kings

学名：*Cordyline fruticosa*

形态特征：丛生常绿灌木，株高1～3m。茎直立，多不分支，叶片聚生茎顶，叶片绿色或带紫红色、粉红色条斑，叶阔披针形至长椭圆形，密叶朱蕉也称为太阳神。

生态习性：喜温暖湿润环境，不耐寒，冬季最低温度应大于12℃以上，对光照的适应性强，怕积水。

繁殖方法：扦插繁殖。

栽培管理：盆栽朱蕉常用15～25cm盆，苗高20cm时定植。生长期每半月施肥1次或用“卉友”20-8-20四季用高硝酸钾肥。主茎越长越高，基部叶片逐渐枯黄脱落，可通过短截，促其多萌发侧枝，树冠更加美观。叶片经常喷水，保持茎叶生长清新繁茂。并注意室内通风，减少病虫危害。每2～3年换盆1次。主要有炭疽病和叶斑病危害，可用10%抗菌剂401醋酸溶液1000倍液喷洒。有时发生介壳虫危害叶片，用40%氧化乐果乳油1000倍液喷杀。

园林用途：观叶植物朱蕉株形美观，色彩华丽高雅，盆栽适用于室内装饰。盆栽幼株，点缀客室和窗台，优雅别致。成片摆放会场、公共场所、厅室出入处，端庄整齐，清新悦目。数盆摆设橱窗、茶室，更显典雅豪华。栽培品种很多，叶形也有较大的变化，是布置室内场所的常用植物。

3.6.23 豆瓣绿（彩图3-6-23）

科属：胡椒科、豆瓣绿属（草胡椒属）

别名：椒草、翡翠椒草、青叶碧玉、豆瓣如意、小家碧玉

英文名：Peperomia

学名：*Peperomia* spp.

形态特征：常绿肉质草本，全株光滑。直立或丛生叶片密集着生，全缘，多肉，叶面多有斑点或透明点。花小，两性。

生态习性：喜温暖、湿润环境。不耐旱，怕高温，越冬温度不低于10℃，忌强光直射。

繁殖方法：扦插繁殖。

栽培管理：生长期须保持盆土湿润和足够的空气湿度，盆土不宜过湿以防烂根，适于含腐殖质较高的培养土，盆土可采用4份泥炭土或腐叶土、2份锯木屑、1份珍珠岩或河沙、3份园土混合配制。叶面可适当喷雾。春秋季适量施稀薄液肥，切勿过量。高温季节，盆栽宜置于通风阴凉处，避免阳光直射。同时还应注意多浇水，并可向叶面喷水，保持叶面翠绿。有较强的抗旱能力，浇水过多易烂根，每次浇水宁少勿多，但要经常保持盆土湿润。冬季更应少浇水，忌用过冷的水，最好使水温和室温接近。在5～9月间，2～3周可施用一次肥料。春夏季，盆栽要至于半阴处，冬季可放于阳光充足处，但也要避免连续阳光直射。越冬温度不宜低于10℃。为了保持叶片翠绿，一般每2～3年换盆或更新一次。植株高10cm左右时，可适当摘心，促使侧枝萌发，保持株形丰满。

园林用途：用于点缀案头、茶几、窗台。蔓生株形可攀附绕柱。

3.6.24 常春藤（彩图3-6-24）

科属：五加科、常春藤属

别名：土鼓藤、钻天风、三角风、散骨风、枫荷梨藤。

英文名：Ivy

学名：*Hedera nepalensis var. sinensis*（Tobl.）Rehd

形态特征：常春藤为常绿藤本。茎枝有气生根，幼枝被鳞片状柔毛。叶互生，两裂，长10cm，宽3～8cm，先端渐尖，基部楔形，全缘或3浅裂；花枝上的叶椭圆状卵形或椭圆状披针表，长5～12cm，宽1～8cm，先端长尖，基部楔形，全缘。伞形花序单生或2～7个顶生；花小，黄白色或绿白色，花5数；子房下位，花柱合生成柱状。果圆球形，浆果状，黄色或红色。花期5～8月，果期9～11月。

生态习性：性喜温暖、荫蔽的环境，忌阳光直射，但喜光线充足，较耐寒，抗性强，对土壤和水分的要求不严，以中性和微酸性为最好。

繁殖方法：扦插法、分株法和压条法进行

繁殖。

栽培管理：常春藤栽培管理简单粗放，但需栽植在土壤湿润、空气流通之处。移植可在初秋或晚春进行、定植后需加以修剪，促进分枝。夏季在荫棚下养护，冬季放入温室越冬，室内要保持空气的湿度，不可过于干燥，但盆土不宜过湿。病害主要有藻叶斑病、炭疽病、细菌叶腐病、叶斑病、根腐病、疫病等。虫害以卷叶虫螟、介壳虫和红蜘蛛的危害较为严重。防治方法：①深秋或早春清除枯枝落叶并及时剪除病枝、病叶并烧毁；②发病前喷洒65%代森锌600倍液保护；③合理施肥与浇水，注意通风透光；④发病初期喷洒50%多菌灵或50%托布津500～600倍液，或75%百菌清600～800倍液。锈病除可采用上述1～3项方法外，发病后喷洒97%敌锈钠250～300倍液（加0.1%洗衣粉），或25%粉锈宁1500～2500倍液。

园林用途：在庭院中可用以攀缘假山、岩石，或在建筑阴面作垂直绿化材料。在华北宜选小气候良好的稍阴环境栽植。也可盆栽供室内绿化观赏用。

3.6.25 酒瓶兰（彩图3-6-25）

科属：百合科、酒瓶兰属

别名：象腿树、酒壶兰

英文名：Pony Tail，Elephant Foot

学名：*Nolina recurvata*

形态特征：酒瓶兰的茎直立，基部膨大，呈酒瓶状。叶片簇生于茎顶端，长线形，下垂，叶片革质，蓝绿或灰绿色。

生态习性：喜温暖、湿润、光照充足的环境。耐寒力强，越冬温度零度以上，夏季气温高于33℃，生长停止，要求疏松、排水良好的土壤。

繁殖方法：播种或扦插繁殖。

栽培管理：实生苗苗期生长缓慢，可用浅盆栽种。盆栽可用腐叶土2份、园土1份和河沙1份及少量草木灰混合作为基质。在3～10月生长季要加强肥水管理，以促进茎部膨大。浇水时以佼盆土湿润为度，掌握宁干勿湿的原则，避免盆土积水，否则肉质根及茎部容易腐烂。尤其秋末后气温下降，应减少浇水量，以提高树体抗寒力。生长期每月施2次液肥或复合肥，在施肥时注意增加磷钾肥。它喜充足的阳光，若光线不足叶片生长细弱，植株生长不健壮；但夏季要适当遮阴，否则叶尖枯焦、叶色发黄。在气候干燥、通风不良时，酒瓶兰容易发生介壳虫，如发现介壳虫，应注意喷药防治。

园林用途：酒瓶兰为观茎赏叶花卉，用其布置客厅、书室，装饰宾馆、会场，都给人以新颖别致的感受。它可以多种规格栽植作为室内装饰：以精美盆钵种植小型植株，置于案头、台面，显得优雅清秀；以中大型盆栽种植，用来布置厅堂、会议室、会客室等处，极富热带情趣，颇耐欣赏。

3.6.26 八角金盘（彩图3-6-26）

科属：五加科、八角金盘属

别名：手树、日本八角金盘

英文名：Japan Fatsia

学名：*Fatsia japonica*

形态特征：植株高大，干丛生，树冠伞形。八角金盘的叶片似伸开的五指，稍革质富有光泽，中心叶脉清晰，叶色浓绿，叶片直径20～40cm。

生态习性：喜温暖，忌酷暑，较耐寒，冬季能耐0℃低温，夏季超过30℃，叶片易枯黄，诱发病虫害，宜阴湿，忌干旱及强光直射，要求疏松、肥沃的沙质壤土。

繁殖方法：播种、扦插或分株繁殖。

栽培管理：培育八角金盘要掌握避强光、保湿润的原则，盆栽可用腐殖土、泥炭土、少量的细沙和基肥混合配制成培养土，一般用12～20cm的盆栽植。盆栽须置于棚内湿润、通风良好的半阴处，避免阳光直射而引起叶面发黄甚至将叶片灼伤。有螨类、蚜虫危害株体时，应及时摘除受害叶片或抹去蚜虫，严重时可用40%的氧化乐果乳剂1500～2000倍液喷雾防治。

园林用途：适应室内弱光环境，为宾馆、饭店、写字楼和家庭美化常用的植物材料。用于布置门厅、窗台、走廊、水池边，或作室内花坛的衬底。叶片又是插花的良好配材。在长江流域以南地区，可露地应用，宜植于庭园、角隅和建筑物背阴处；也可点缀于溪旁、池畔或群植林下、草地边。

3.6.27 孔雀木（彩图3-6-27）

科属：五加科、孔雀木属

别名：美叶楤木

英文名：Finger Aralia，False Aralia

学名：*Dizygotheca elegatissima*

形态特征：茎干和叶柄有白色斑点。叶革质，互生，掌状复叶，小叶5～9枚，叶片初生时呈铜红色，后变成深绿色，有特殊的金属光泽。

生态习性：喜温暖、湿润、光照充足的环境。幼苗不耐寒，空气湿度保持40%左右，以疏松、肥沃的沙质壤土为好。

繁殖方法：扦插繁殖。

栽培管理：盆栽孔雀木，培养土以腐叶土、园土、河沙混合为好，保持疏松肥沃。培养盆土宜用腐叶土加20%河沙混合配制。生长适宜温度为20℃左右，幼苗期温度可稍高些，每年春季萌发新枝后需进行摘心，促发新枝，以形成丰满的树形。生长期浇水应干湿相间，并需经常向叶面上喷雾，以增加空气湿度，每月需追施1次腐熟的液肥。冬季室温不能低于15℃，越冬温度太低，会造成叶片大量脱落，如出现这种情况，只要根系没有死亡，宜重剪上部枝条，以促基部萌发新枝。

园林用途：室内绿化所用的植物材料，除直接地栽外，绝大部分植于各式的盆、钵、箱、盒、篮、槽等容器中。由于容器的外形、色彩、质地各异，常成为室内陈设艺术的一部分。

3.6.28 冷水花（彩图3-6-28）

科属：荨麻科、冷水花属

别名：白雪草、透白草、花叶荨麻、铝叶草

英文名：Aluminium Clearweed

学名：*Pilea peperomioides*

形态特征：冷水花的叶片卵状椭圆形，先端尖，叶缘上有部具疏钝锯齿，绿色的叶面上三出脉下陷，脉间有4条断续的银灰色纵向宽条纹，叶背浅绿色。

生态习性：冷水花比较耐寒，冬季室温不低于6℃不会受冻，14℃以上开始生长。喜温暖湿润的气候条件，怕阳光曝晒，在疏荫环境下叶色白绿分明，节间短而紧凑，叶面透亮并有光泽。在全部荫蔽的环境下常常徒长，节间变长，茅秆柔软，容易倒伏，株形松散。对土壤要求不严，能耐弱碱，较耐水湿，不耐旱。

繁殖方法：扦插或分株繁殖。

栽培管理：冷水花性喜温暖、湿润的气候，喜疏松肥沃的沙土，生长适宜15～25℃，冬季不可低于5℃。5～6月间，每半月施液肥一次，就可保证全年旺盛生长，过多会引起徒长。每年翻盆换土一次，盆应略大、稍浅，要求排水良好。当老植株株形散乱，观赏价值降低时，即用扦插法繁殖幼苗更新，以提高观赏价值。同时，也可减少病虫危害。在通风不良的情况下，容易遭蚜虫危害。在盆土长期泥泞时，根须常发生腐烂，应注意合理控制水土。对土壤要求不严，耐弱碱，以富含有机质的腐叶土、园土、河沙混合制成的培养土最好。

园林用途：栽培供观赏，茎翠绿可爱，可做地被材料。耐阴，可作室内绿化材料。具吸收有毒物质的能力，适于在新装修房间内栽培。但应用不及同属观赏种花叶冷水花多。

3.6.29 榕树（彩图3-6-29）

科属：桑科、榕属

英文名：Smallfruit Fig

学名：*Ficus microcarpa*

形态特征：高达20～30m，胸径达2m；树冠扩展很大，具奇特板根露出地表，宽达3～4m，宛如栅栏。有气生根，细弱悬垂及地面，入土生根，形似支柱；树冠庞大，呈广卵形或伞状；树皮灰褐色，枝叶稠密，浓荫覆地，甚为壮观．叶革质，椭圆形或卵状椭圆形，有时呈倒卵形，长4～10cm，花序托单生或成对生于叶腋，扁倒卵球形，直径5～10mm，全缘或浅波状，先端钝尖，基部近圆形，单叶互生，叶面深绿色，有光泽，无毛。隐花果腋生，近球形，初时乳白色，熟时黄色或淡红色，花期5～6月，果径约0.8cm。果熟期9～10月，成熟时，会由绿色变成红色。榕树有很多种，如细叶榕，树体高大，叶片细小；琴叶榕，叶片琴型；人参榕，根茎膨大成人参状。

生态习性：性喜阳光充足的环境，不耐荫。

繁殖方法：扦插繁殖。

栽培管理：在室外者浇水要保持湿润，在室内者要干湿交替，因为盆土的水分受气温、通风、湿度的影响，所以浇水最好灵活掌握。施肥以生长期中薄肥勤施为原则，不可一次施用过多，否则会因肥害而黄叶枯萎。还应注意，榕树喜高温环境，生长温度范围为15～35℃，其中以25～35℃生长最佳。主要虫害有红蜘蛛、介壳虫，虽然也有“蓟马”危害，它此虫只是卷叶吸汁，危害性比上述两种要小一些，而且蓟马防治起来也容易，只可将卷叶摘除销毁即可。而红蜘蛛个体比较小，一般危害部位为叶片的背面，是由于通风不良、空气干燥所引起，可全株用大水冲洗后喷施螨类专杀药剂即可，如螨净、克螨等。介壳虫危害部位以茎干、叶柄等处为多，大小、颜色不同，形状上有圆形、椭圆形等，一般不移动，但危害性较大，需要及时防治，可用牙刷刷除或抹布擦拭干净，也可喷施洗衣粉、风油精0.2%的溶液进行防治，或喷施杀扑磷等农药进行防治，效果皆良。

园林用途：许多榕树有开展的树冠、浓蔽的树荫，一直是传统的庭院植物，如高榕、菩提树、垂叶榕、榕树等。榕属的一些种类已成为重要的园林观赏树种，培育出叶色、形态各异的园艺品种，垂叶榕、榕树已有十多个园艺品种。

3.6.30 金鱼吊兰（彩图3-6-30）

科属：龙舌兰科、吊兰属

别名：金鱼花、袋鼠吊兰、袋鼠花、吊金鱼

英文名：Chlorophytum Goldfish

学名：*Nematanthus wettsteinii*

形态特征：金鱼吊兰为草本植物，基部半木

质。茎斜升，长20～40cm，嫩茎绿色，老茎红褐色；单叶对生，卵形，长约3～4cm，先端尖，肉质，叶面浓绿色，背面靠主脉处红色；花单生于叶腋，长约2～3cm，花冠呈唇形，下部膨大，雄蕊着生于花瓣上，花药粘连；雌蕊1枚。常见品种有以下几种。

(1) 小叶金鱼花又称纽扣金鱼花，产哥斯达黎加。茎纤细，分枝蔓生。叶对生，小叶。花单生叶腋，橘红色。花期春、夏季。

(2) 细叶金鱼花又称思达金鱼花，挪威育成的杂交品种。蔓生、悬垂。花大而多，绯红色，花期冬春。

(3) 大金鱼花又称鲸鱼花。产哥斯达黎加、巴拿马。茎直立，枝条有毛。花冠猩红色。除此，还有鳞茎金鱼花、疏毛金鱼花、亚当金鱼花等品种。

生态习性：喜高温、高湿，阴性环境，若长期置于阳处，过于干燥或冬季温度过低都会引起落叶。生长适温为18～22℃，忌低温，如果连续2d的温度低于10℃，叶子就开始变黄、发干，直至很轻微的振动就会脱叶。除低温外，温度持续超过30℃，也会掉叶。夏季高温，生长很缓慢或几乎停止生长，应适当采取遮阴措施，才能使其生长旺盛，不脱叶。

繁殖方法：播种、分株或顶枝扦插或茎切段扦插法。

栽培管理：盆栽要求基质富含腐殖质、疏松、排水良好，一般常用泥炭土、珍珠岩和蛭石等量混合，并使土壤叶偏酸性，以利生长。生长时期每1～2周施1次液肥，生长期及开花盛期须增施磷钾肥。冬季有一短暂的休眠期，这期间可少浇水，保持盆土适当干燥；冬季（即开花期），可适当多浇水；生长期要有充足的水分，盆土须经常保持湿，并设法提高空气湿度。高温多湿时容易引起茎枝软腐死亡。如发生这种情况要及时剪去软腐部分。

园林用途：适于温室和室内花园用附生法盆栽，也可作家庭居室内悬垂植物观赏。

3.6.31 炮仗花（彩图3-6-31）

科属：紫葳科、炮仗花属

别名：黄金珊瑚

英文名：Tube Coral，Orange

学名：*Pyrostegi venusta*（Ker-Gawl.）Miers

形态特征：常绿木质大藤本，有线状、3裂的卷须，可攀援高达7～8m。小叶2～3枚，卵状至卵状矩圆形，长4～10cm，先端渐尖，茎部阔楔形至圆形，叶柄有柔毛。花橙红色，长约6cm。叶有腺点，青绿繁茂，卷须有3裂，攀附他物；花列成串，累累下垂，花蕾似锦囊，花冠若罄钟。

生态习性：性喜向阳环境和肥沃、湿润、酸性的土壤，生长迅速，在华南地区，能保持枝叶常青，可露地越冬。由于卷须多生于上部枝蔓茎节处，故全株得以固着在他物上生长。

栽培管理：栽培地点应选阳光充足、通风凉爽的地点。对土壤要求不严，但栽培在富含有机质、排水良好，土层深厚的肥沃土壤中，则生长更茁壮。植穴要挖大一些，并施足基肥，基肥宜用腐熟的堆肥并加入适量豆饼或骨粉。穴土要混拌均匀，并需浇1次透水，让其发酵1～2个月后，才能定植。定植后第一次浇水要透，并需遮阴。待苗长高70cm左右时，要设棚架，将其枝条牵引上架，并需进行摘心，促使萌发侧枝，以利于多开花。肥、水要恰当。生长期间每月需施1次追肥。培养土要选用腐叶土、园土、山泥等为主，并施入适量经腐熟的堆肥、豆饼、骨粉等有机肥作基肥。定植后和地栽管理相同。常见叶斑病和白粉病，用50%多菌灵可湿性粉剂1500倍液喷洒。虫害有粉虱和介壳虫，可用40%氧化乐果乳油1200倍液喷杀。

园林用途：炮仗花花形如炮仗，花朵鲜艳，下垂成串，极受人们喜爱。多种植于庭院、栅架、花门和栅栏，作垂直绿化。可用大植，置于花棚、露天餐厅、庭院门首等处，作顶面及周围的绿化，景色殊佳；也宜地植作花墙，覆盖土坡，或用于高层建筑的阳台作垂直或铺地绿化，显示富丽堂皇，是华南地区重要的攀援花木。矮化品种，可盘曲成图案形，作盆花栽培。

3.6.32 球兰类（彩图3-6-32）

科属：萝藦科、球兰属

别名：爬岩板、草鞋板、马骝解、狗舌藤、壁梅、雪梅、玉蝶梅、玉叠梅

英文名：Variegated Wax Plant

学名：*Hoya carnosa*

形态特征：多年生蔓性草本，茎呈蔓性，节间有气根，能附着他物生长；叶对生，厚肉质，叶色全绿。花腋生或顶生，球形伞形花序，小白花呈星形簇生，清雅芳香。全株有乳汁；花期4～6月，果期7～8月。品种类型：①三色球兰：每片叶均有深绿、乳白、浅红三种色调，观赏价值很高。②皱叶球兰：其叶为圆形，外有皱纹，连续着生在一条藤上，好像一串串铜钱。③镶边球兰：叶上有乳白色的斑，新叶有时呈粉红色，极美观。④旋卷球兰（皱叶球兰）：叶片扭卷绕于茎蔓上，形状十分奇特。还有镶边球兰的斑叶品种。

生态习性：性喜温暖及潮湿，生育适温18～28℃；栽培土质以腐殖质壤土为佳，排水需良

好。开花后的球兰的花梗不可摘取，因为来年的春季会在同一个地方开花。

繁殖方法：扦插繁殖。

栽培管理：光线的多寡会影响球兰开花的璀璨程度，如果想要有缤纷又长久的花期，最好是把球兰放在室内最明亮处，但要避免阳光直接照射，以免灼伤叶子。只要保持盆土湿润即可，水分不可过量，到了冬季时，浇水次数可以减少至每2周1次。施肥主要以有机肥或复合肥料为主；生长期间，每月施肥1次，其余时间因为生长缓慢，要停止施肥，以免浪费肥料或造成肥害。

园林用途：栽培广泛的室内观叶植物，适于攀附与吊挂栽培，可攀援支持物、树干，墙壁、绿篱等；或栽于桫椤板上，让其茎节附着攀爬。它枝蔓柔韧，可塑性强，可随个人爱好制作各种形式的框架，令其缠绕攀援其上生长，开成多姿多彩的各种动植物形象，其吊挂装饰垂悬自然，耐观赏。

3.7 多浆多肉植物栽培

3.7.1 仙人球（彩图3-7-1）

科属：仙人掌科、仙人球属

别名：刺球、雪球、草球、花盛球

英文名：Tube-flower Sea-urchin Cactus

学名：*Echinopsis tubiflora*

形态特征：为多年生肉质多浆草本植物。茎呈球形或椭圆形，高可达25cm，绿色，球体有纵棱若干条，棱上密生针刺，黄绿色，长短不一，作辐射状。花着生于纵棱刺丛中，银白色或粉红色，长喇叭形，长可达20cm，喇叭外鳞片，鳞腑有长毛。仙人球开花一般在清晨或傍晚，持续时间几小时到1d。球体常侧生出许多小球，形态优美、高雅。仙人球就其外观看，可分为绒类、疣类、宝类、毛柱类、强刺类、海胆类、顶花类等。仙人球的刺毛也有长、短、稀、密之分；颜毛有红、黄、金黄等。

生态习性：性强健，要求阳光充足，耐寒，喜排水、通气良好的沙壤土。

繁殖方法：以子球繁殖为主。4～5月重新栽植母球上分生出的子球，栽植深度以球根茎与土面持平即可。新栽的仙人球不浇水，每天喷雾数次，半个月后少量浇水，长出根后正常浇水。可以量天尺为砧木嫁接，抑或播种繁殖。

栽培管理：夏季适露天栽培，适当遮阴；冬季室温3～5℃即可。生长季要保持盆土湿润，过阴及肥水过大不宜开花。

园林用途：仙人球的茎、叶、花均有较高观赏价值，传统的仙人球种植在沙漠，通过植物水生诱变技术培育出的水培仙人球，既可以观赏到它那白嫩嫩的根系，又可以看到那游弋于根系间可爱的小鱼，的确赏心悦目。它是水培花卉的艺术精品。也可盆栽观赏。

3.7.2 仙人掌（彩图3-7-2）

科属：仙人掌科、仙人掌属

别名：仙巴掌、霸王树、仙桃、火掌

英文名：Pickly Pear，Cholla

学名：*Opuntia dillenii*

形态特征：常绿植物。植株丛生成大灌木状。茎下部木质，圆柱形。茎节扁平，椭圆形，肥厚多肉；刺座内密生黄色刺；幼茎鲜绿色，老茎灰绿色。花单生茎节上部，短漏斗形，鲜黄色。浆果暗红色，汁多味甜。

生态习性：性强健，喜温暖，耐寒；喜阳光充足；不择土壤，以富含腐殖质的沙壤土为宜；耐旱，忌涝。

繁殖方法：扦插为主。在生长季掰下茎节后晾干2～3d，伤口干燥后扦插。不可插得太深，保持基质湿润即可。亦可于3～4月间播种或分株繁殖。

栽培管理：室内盆栽时，越冬温度8℃左右。盆栽需要有排水层，生长期浇水以“见干见湿”为原则，适当追肥。秋凉后少水肥；冬季盆土稍干，置冷凉处。

园林用途：仙人掌盆栽室内观赏，给人以生机勃勃之感；夜间放出大量氧气，是居室内清新空气的优良植物。地栽与假山石配植，可构成热带沙漠景观。

3.7.3 量天尺（彩图3-7-3）

科属：仙人掌科、量天尺属

别名：霸王鞭、霸王花、剑花、三角火旺、七星剑花、三棱柱、三棱箭

英文名：Night-blooming Cereus

学名：*Hylocere usundatus*

形态特征：株高30～60cm，茎三棱柱形，多分枝，边缘具波浪状，长成后呈角形，具小凹陷，长1～3枚不明显的小刺，具气生根。花大型，萼片基部连合成长管状、有线状披针形大鳞片，花外围黄绿色，内有白色，花期夏季，晚间开放，时间极短，具香味。

生态习性：攀援植物。有附生习性，利用气根附着于树干、墙垣或其他物体上。喜温暖、空气温暖。宜半阴，在直射强阳光下植株发黄。生长适温25～35℃。对低温敏感，在5℃以下的条件下，茎节容易腐烂。喜含腐殖质较多的肥沃

壤土。

繁殖方法：多用扦插法。可在生长季节剪取生长充实或较老的茎节，阴处晾2～3d后，插于沙床或土中，1个月左右即可生根。根长3～4cm时可移栽到小盆或直接露地种植。

栽培管理：量天尺盆栽宜选用腐殖土、园土和河沙等量混匀，再加少量骨粉或草木灰配成的培养土。室内盆栽，应有充足光照。生长季节肥水要充足，一般每半个月追施腐熟液肥一次。生长适温为25～30℃。入冬前移入室内置光照充足处，冬季应控制浇水并停止施肥，保持温度在8℃左右即可安全越冬。

园林用途：可作盆栽观赏；或常植于墙垣或大树旁，以便攀援。

3.7.4 令箭荷花（彩图3-7-4）

科属：仙人掌科、令箭荷花属

别名：红花孔雀、孔雀仙人掌

英文名：Red Orchid Cactus，Ackermann Nosaxachia

学名：*Nopalxochiaa ckermannii*

形态特征：常绿植物。茎附生性，多分枝，地栽呈灌木状。全株鲜绿色。叶状枝扁平，较窄，披针形，基部细圆呈柄状，缘具波状粗齿，齿凹处有刺；嫩枝边缘为紫红色，基部疏生毛。花生于刺丛间，漏斗形，玫瑰红色。

生态习性：喜温暖、湿润，不耐寒；喜阳光充足；宜含有基质丰富的肥沃、疏松、排水良好的微酸性土壤。

繁殖方法：扦插或播种繁殖。以扦插为主，5～6月去生长充分的茎10cm做插穗，晾晒2～3d，伤口干燥后扦插，20d可生根。

栽培管理：夏季温度保持在25℃以下，越冬温度8℃以上。夏季需适当遮阴。生长期浇水需见干见湿，过湿易腐烂；适当追肥。冬季保持土壤干燥，以促进花芽分化。栽培中需不断整形并设支架绑缚深长的叶状枝。

园林用途：令箭荷花花大色艳，花期长，是美丽重要的盆花。多株丛植于盆中，鲜绿色的叶状枝挺拔秀丽；开花时姹紫嫣红，娇媚动人。

3.7.5 虎尾兰（彩图3-7-5）

科属：假树叶科、虎尾兰属

别名：虎皮兰、千岁兰、虎尾掌、锦兰

英文名：Leaf of Snake Sansevieria

学名：*Sansevieria trifasciata*

形态特征：多年生草本，变种有金边虎尾兰、银脉虎尾兰。地下茎无枝，叶簇生，下部筒形，中上部扁平，尖叶刚直立，株高50～70cm，叶宽3～5cm，叶全缘，表面乳白、淡黄、深绿相间，呈横带斑纹。金边虎尾兰叶缘金黄色，宽1～1.6cm。银脉虎尾兰，表面具纵向银白色条纹。

生态习性：适应性强，性喜温暖湿润，耐干旱，喜光又耐阴。对土壤要求不严；以排水性较好的沙质壤土较好。其生长适温为20～30℃，越冬温度为10℃。

繁殖方法：虎皮兰的繁殖可用分株和扦插的方法。一般结合春季换盆进行分株，方法是将生长过密的叶丛切割成若干丛，每丛除带叶片外，还要有一段根状茎和吸芽，分别上盆栽种即可。扦插仅适合叶片没有金黄色镶边或银脉的品种，否则会使叶片上的黄、白色斑纹消失，成为普通品种的虎皮兰。方法是选取健壮而充实的叶片，剪成5～6cm长，插于沙土或蛭石中，露出土面一半，保持稍有潮气，一个月左右可生根。

栽培管理：适应性强，管理可较为粗放，盆栽可用肥沃园土3份，煤渣1份，再加入少量豆饼屑或禽粪做基肥。对肥料无很大要求，但在生长期若能10～15d浇1次稀薄肥水，则可生长得更好。盆栽虎尾兰不宜长时间处阴暗处，要常常给予散射光。

园林用途：适合布置装饰书房、客厅、办公场所，可供较长时间欣赏。

3.7.6 蟹爪兰（彩图3-7-6）

科属：仙人掌科、蟹爪兰属

别名：蟹爪、蟹爪莲、螃蟹兰、仙人花

英文名：Crab Cactus，Claw Cactus，Yoke Cactus

学名：*Zygocactus truncatus*

形态特征：蟹爪兰的茎附生性，多分枝，地栽常铺散下垂。茎节扁平，倒卵形，先端截形，边缘具2～4对尖锯齿，如蟹钳。花生茎节顶端，着花密集；花冠漏斗形，紫红色，花瓣数轮，愈向内侧管部愈长，上部翻卷，花期11～12月。200个栽培品种。常见的有白花的圣诞白、多塞、吉纳、雪花；黄色的金媚、圣诞火焰、金幻、剑桥；橙色的安特、弗里多；紫色的马多加；粉色的卡米拉、麦迪斯托和伊娃等。

生态习性：喜温暖、湿润，不耐寒；喜半阴；宜疏松、透气、富含腐殖质的土壤。短日照花卉。

繁殖方法：扦插或嫁接繁殖。扦插宜春季进行，取2～4节茎节为接穗，扦插后2～3d浇1次水，15d生根。嫁接多春秋季进行。砧木可用量天尺、仙人掌。

栽培管理：生长适温15～25℃，冬季低于10℃生长明显缓慢，低于5℃呈半休眠状。夏季开始加强水肥管理，入秋后提供冷凉、干燥、短

日照条件，促进花芽分化。开花期减少浇水。花后有短期休眠，保持15℃，盆土不可过分干燥。栽培中应及时设支架托起下垂茎节。如采用适当的短日照处理，可提前于国庆节开花。

园林用途：嫁接的蟹爪兰株形优美，砧木挺拔，枝扁平多节，形态奇趣，拱曲悬垂，繁茂如绿伞；每至严冬，大量开花，花大色艳。室内冬春栽培，最适吊盆观赏。

3.7.7 仙人指（彩图3-7-7）

科属：仙人掌科、仙人指属

别名：仙人枝、圣烛节仙人掌

英文名：Christmas Cactus

学名：*Schlumbergera bridgesii*

形态特征：附生性。形态上与蟹爪兰类似，区别在于绿色茎节上常晕紫色，茎节较短，边缘浅波状，先端钝圆，顶部平截。花冠整齐，筒状，着花较少，花期较蟹爪兰晚。

生态习性：喜温暖湿润，不耐寒；喜半阴；宜疏松、透气、富含腐殖质的土壤。

繁殖方法：扦插或嫁接繁殖。生长季中，以4～5月份最宜，取茎节1～4节或具分枝的大枝扦插均可。插后生根前置阴凉处，少浇水，约20d即生根。常嫁接其他根系强壮的仙人掌类植物上，常用砧木有仙人掌，仙人球、量天尺等。

栽培管理：春季花期过后，仙人指扁茎因开花过度消耗养分而变薄变瘦，应少浇水，停止施肥，多见光。约4月中旬将它搬到室外，放在阳光下足晒。此时正逢春季干旱时节，要顺应气候的自然，少浇水，保持盆土稍湿即可。还要连续施酱渣水促其营养生长。如果肥、水、光得当，在这段时间扁茎能加长3.5节，并增加新的枝杈。夏季管理很重要。要点是看天浇水，合理施肥，既不曝晒，又要多见阳光。

园林用途：仙人指通常盆栽观赏，开花期长，可入室摆设或悬挂。它株形丰满，花繁而色艳，又在春节前后开放，是不可多得的室内欣赏花卉。仙人指株形优美，花朵艳丽，能在阳光不足的室内栽培，可用于装点书房、客厅。

3.7.8 昙花（彩图3-7-8）

科属：仙人掌科、昙花属

别名：琼花、月下美人、昙华

英文名：Dutchman's Pipe，Cactus，Queen of the Night

学名：*Epiphyllum oxypetalum*

形态特征：昙花属灌木状主茎圆筒形，木质。分枝呈扁平叶状，多具2棱，少具3翅，边缘具波状圆齿。刺座生于圆齿缺刻处。幼枝有刺毛状刺，老枝无刺。夏秋季晚间开大型白色花，花漏斗状，有芳香。

生态习性：喜温暖湿润和半阴环境。不耐霜冻，忌强光暴晒。宜含腐殖质丰富的沙壤土。冬季温度不低于5℃。

繁殖方法：扦插或播种繁殖。以扦插为主，5～6月取生长充分的茎20～30cm作插穗，切下后晾晒2～3d，伤口干燥后扦插，20d即可生根，次年可开花。

栽培管理：生育适宜温度24～30℃。生长期充分浇水，追肥2～3次，可施用些硫酸亚铁。栽培中需设支架，绑缚茎枝。冬季盆土稍湿即可，保持10℃。有盘根现象反而促进开花，换盆不宜过频。

园林用途：昙花枝叶翠绿，颇为潇洒，每逢夏秋夜深人静时，展现美姿秀色。此时，清香四溢，光彩夺目。盆栽适于点缀客室、阳台和接待厅。在南方可地栽，若满展于架，花开时令，犹如大片飞雪，甚为壮观。

3.7.9 虎刺梅（彩图3-7-9）

科属：大戟科、大戟属

别名：铁海棠、刺梅、麒麟花、老虎筋

英文名：Crown-of-thorns

学名：*Euphorbia milii*

形态特征：虎刺梅为常绿植物。茎直立或略带攀援性，具纵棱，其上生硬刺，排成5列。嫩枝粗，有韧性。叶仅生于嫩枝上，倒卵形，先端圆而具有小凸尖，基部狭楔形，黄绿色。2～4个聚伞花序生于枝顶；花绿色；总苞片鲜红色，扁肾形，长期不落，为其观赏部位；花期6～7月。

生态习性：喜温暖、湿润和阳光充足的环境。稍耐阴，耐高温，较耐旱，不耐寒。若冬季温度较低时，有短期休眠现象。

繁殖方法：喜高温，不耐寒；喜强光；不耐干旱及水涝；喜肥沃、排水好的土壤。

栽培管理：选用疏松、排水良好的腐叶土作培养土，每年春季换盆。夏、秋生长季节需要较充足的水分，要及时浇水。冬、春季节若保持15℃以上的温度，则能连续开花。主要发生茎枯病和腐烂病危害，用50%克菌丹800倍液，每半月喷洒1次。虫害有粉虱和甲壳虫危害，用50%杀螟松乳油1500倍液喷杀。

园林用途：株形奇特，花艳叶茂，是良好的盆栽花卉。也可人工造型后观赏。

3.7.10 生石花（彩图3-7-10）

科属：番杏科、生石花属

别名：石头花、曲玉、象蹄、元宝

英文名：Living Stone，Stoneface

学名：*Lithops pseudotruncatella*

形态特征：多年生小型多肉植物。茎很短，常常看不见。变态叶肉质肥厚，两片对生联结而成为倒圆锥体。品种较多，各具特色。3～4 年生的生石花秋季从对生叶的中间缝隙中开出黄、白、粉等色花朵，多在下午开放，傍晚闭合，次日午后又开，单朵花可开 7～10d。开花时花朵几乎将整个植株都盖住，非常娇美。花谢后结出果实，可收获非常细小的种子。生石花形如彩石，色彩丰富，娇小玲珑，享有“有生命的石头”的美称。

生态习性：喜温暖，不耐寒，生长适宜温度 15～25℃；喜微阴，以 50%～70%的遮阴为好；喜干燥通风。

繁殖方法：常用播种繁殖。4～5 月播种，种子细小，采用室内盆播，播种温度 22～24℃。播后约 7～10d 发芽。幼苗仅黄豆大小，生长迟缓，管理必须谨慎。实生苗需 2～3 年才能开花。

栽培管理：喜阳光充足，生长适温为 10～30℃，可放在通风良好的阳台、窗台上培养。夏季在盆土表面铺上一层小卵石防晒降温，有利其根系生长。生石花的生长期为 3～5 月，6 月后气温升高即休眠，气温低于 8℃时也休眠。冬季应放在 15℃以上的房间里养护。如果室温低，可将其放在室内向阳处密闭的鱼缸内。每半月施肥 1 次，但肥液绝不能沾污球状叶。秋季开花后暂停施肥。主要发生叶斑病、叶腐病危害，可用 65%代森锌可湿性粉剂 600 倍液喷洒。虫害有蚂蚁和根结线虫危害，用换土法减少线虫侵害。防止蚂蚁，可用套盆隔水养护，使蚂蚁爬不到柔嫩多汁的球状叶上。

园林用途：生石花奇特的外形引人关注，有园艺爱好者专门收集，可盆栽作趣味观赏用。

3.7.11 长寿花（彩图 3-7-11）

科属：景天科、伽蓝菜属

别名：矮生伽蓝菜、圣诞伽蓝菜、寿星花

英文名：Winter Pot Kalanchoe

学名：*Kalanchoe blossfeidiana* Poelln.

形态特征：常绿多年生草本多浆植物。茎直立，株高 10～30cm。单叶交互对生，卵圆形，长 4～8cm，宽 2～6cm，肉质，叶片上部叶缘具波状钝齿，下部全缘，亮绿色，有光泽，叶边略带红色。圆锥聚伞花序，挺直，花序长 7～10cm。每株有花序 5～7 个，着花 60～250 朵。花小，高脚碟状，花径 1.2～1.6cm，花瓣 4 片，花色粉红、绯红或橙红色。花期 1～4 月。

常见品种有卡罗琳（Caroline），叶小，花是粉红色；西莫内（Simone），大花种，花是纯白色，9 月开花；内撒利（Nathalie），花是橙红色；阿朱诺（Arjuno），花是深红色；米兰达（Miranda），大叶种，花是棕红色；块金（Nugget）系列，花有黄、橙、红色等；四倍体的武尔肯（Vulcan），冬春开花，矮生种。另外还有新加坡（Singapore）。肯尼亚山（MountKenya）、萨姆巴（Sumba）、知觉（Sensation）和科罗纳多（Coronado）等流行品种。

生态习性：喜温暖稍湿润和阳光充足环境，不耐寒，生长适温为 15～25℃。耐干旱，对土壤要求不严，以肥沃的沙壤土为好。长寿花为短日照植物，对光周期反应比较敏感。生长发育好的植株，给予短日照（每天光照 8～9h）处理 3～4 周即可出现花蕾开花。

繁殖方法：扦插繁殖。在 5～6 月或 9～10 月进行效果最好，选择稍成熟的肉质茎，剪取 5～6cm 长，插于沙床中，浇水后用薄膜盖上，室温在 15～20℃，插后 15～18d 生根。能盆栽，也可用叶片扦插。将健壮充实的叶片从叶柄处剪下，待切口稍干燥后斜插或平放沙床上，保持湿度，约 10～15d，可从叶片基部生根，并长出新植株。

栽培管理：盆栽后，在稍湿润环境下生长较旺盛，节间不断生出淡红色气生根。盛夏要控制浇水，注意通风。生长期每半月施肥 1 次。为了控制植株高度，要进行 1～2 次摘心，促使多分枝、多开花。长寿花定植后 2 周用 0.2%比久喷洒 1 次，株高 12cm 再喷 1 次。这样能有效地控制植株高度，达到株美、叶绿、花多的效果。

园林用途：长寿花株形紧凑，叶片晶莹透亮，花朵稠密艳丽，观赏效果极佳，加之开花期在冬、春少花季节，花期长又能控制，为大众化的优良室内盆花。冬季布置厅堂、居室，春意盎然。

3.7.12 石莲花（彩图 3-7-12）

科属：景天科、石莲花属

别名：宝石花、粉莲、胧月

英文名：Mexican Snowball

学名：*Corallodiscus flabellatus*（Craib.）Burtt.

形态特征：多年生草本。多数品种植株呈矮小的莲座状，也有少量品种植株有短的直立茎或分枝。叶片肉质化程度不一，形状有匙形、圆形、圆筒形、船形、披针形、倒披针形等多种，部分品种叶片被有白粉或白毛。叶色有绿、紫黑、红、褐、白等，有些叶面上还有美丽的花纹、叶尖或叶缘呈红色。根据品种的不同，有总状花序、穗状花序、聚伞花序，花小型，瓶状或钟状。石莲花属植物主要品种有石莲花（玉碟）、黑王子、黑王子锦、大合锦、吉娃莲、静夜、杨

贵妃、锦晃星、雪莲、冬云、冬云缀化、红司、温金宝莲、相府莲、特玉莲、乙姬花笠、女王花笠、乙女梦、千代田之松、花舞笠、红边石莲、红稚儿缀化等，此外还有石莲花跟风车草属植物杂交品种“银星”以及其斑锦变异品种“银星锦”。

生态习性：喜温暖、干燥和通风的环境，喜光，喜富含腐殖质的沙壤土，也能适应贫瘠的土壤。非常耐旱。也耐寒、耐阴、耐室内的气闷环境，适应力极强。

繁殖方法：最好在春天进行分株，常用扦插繁殖。室内扦插，四季均可进行，以8～10月为更好，生根快，成活率高。插穗可用单叶、蘖枝或顶枝，剪取的插穗长短不限，但剪口要干燥后，再插入沙床。插后一般20d左右生根。

栽培管理：春、秋是主要生长期，需要充足的光照，否则会造成植株徒长。浇水掌握“不干不浇，浇则浇透”的原则，避免盆土积水，否则会发生烂根。空气干燥时可向植株周围洒水，但叶面，特别是叶丛中心不宜积水，否则会造成烂心。尤其要注意避免长期雨淋。夏季高温时，避免烈日暴晒，节制浇水、施肥。

园林用途：石莲花叶似玉石，集聚枝顶，排成莲座状。是美丽的观叶植物。适宜作盆花、盆景，也可配作插花用。

3.7.13 芦荟类（彩图3-7-13）

科属：百合科、芦荟属

别名：卢会、讷会、象胆、奴会

英文名：Aloes

学名：*Aloe vera* L. var. *chinensis*（Haw.）Berg.

形态特征：芦荟有短茎；叶常绿，肥厚多汁，边沿疏生有刺，叶片长渐尖，长达15～40cm，厚有1.5cm，草绿色；夏秋开花，总状花序从叶从中抽出，高达60～90cm，其中花序长达20cm，上有疏离排列的黄色小花；蒴果种子多数，不同的品种之间的形状差异较大。

品种类型如下。

(1) 中国芦荟别称　中华芦荟，特点枝叶宽大，浅绿色叶子上有斑点。

(2) 日本芦荟别称　风景芦荟，叶子细小而深绿。

(3) 美国芦荟别称　美国库拉索芦荟，特点叶子宽大多汁液深绿色。

(4) 非洲芦荟别称　好望角芦荟叶子细小而宽短。

生态习性：芦荟喜欢生长在排水性能良好，不易板结的疏松土质中。一般的土壤中可掺些芦荟沙砾灰渣，如能加入腐叶草灰等更好。排水透气性不良的土质会造成根部呼吸受阻，腐烂坏死，但过多沙质的土壤往往造成水分和养分的流失，使芦荟生长不良。怕寒冷，它长期生长在终年无霜的环境中。在5℃左右停止生长，0℃时，生命过程发生障碍，怕积水。在阴雨潮湿的季节或排水不好的情况下很容易叶片萎缩、枝根腐烂以至死亡。需要充分的阳光才能生长，芦荟不仅需要氮磷钾，还需要一些微量元素。为保证芦荟是绿色天然植物，要尽量使用发酵的有机肥，饼肥、鸡粪、堆肥都可以，蚯蚓粪肥更适合种植芦荟。

繁殖方法：幼苗分株移栽或扦插。

栽培管理：排水透气性不良的土质会造成根部呼吸受阻，烂根坏死，但过多沙质的土壤往往造成水分和养分的流失，使芦荟的生长不良。是炎热夏季特别要注意的适时浇水。芦荟喜光耐热，但在夏季温度高、降水少时也要防止干旱，适当地浇水可获得更高的产量。浇水造成不能过量，一般5～10d浇1次即可。到了秋季就要控制浇水，可采取喷水的方法，即使土壤比较干燥也没有关系，否则很容易烂根，施肥一次不宜过多，不要沾污叶片，如果沾污要用清水冲洗。种植期间要加强管理，多次松土除草，可促进土壤的通气性，加速转化土壤养分，促进根系发达，提高抗病能力，达到快速健康成长。

园林用途：芦荟叶形奇特，四季常青，有较高的观赏价值。适宜室内盆栽观赏。我国南部和西南部，可露地栽培用于庭园布置。

3.7.14 燕子掌（彩图3-7-14）

科属：景天科、青锁龙属

别名：玉树、景天树、八宝、看青、冬青、肉质万年青

英文名：Baby Jade

学名：*Jade plant*

形态特征：燕子掌为常绿小灌木。株高1～3m，茎肉质，多分枝。叶肉质，卵圆形，长3～5cm，宽2.5～3cm，灰绿色，有红边。花径2mm，白色或淡粉色。

生态习性：喜温暖干燥和阳光充足环境。不耐寒，怕强光，稍耐阴。土壤肥沃、排水良好的沙壤土为好。冬季温度不低于7℃。

繁殖方法：常用扦插繁殖。在生长季节剪取肥厚充实的顶端枝条，长8～10cm，稍晾干后插入沙床，插后约3周生根。也可用单叶扦插，切叶后待晾干。再插入沙床，插后约4周生根，根长2～3cm时上盆。

栽培管理：每年春季需换盆，加入肥土。燕子掌生长较快，为保持株形丰满，肥水不宜过

多。生长期每周浇水2～3次，高温多湿的7～8月严格控制浇水。盛夏如通风不好或过分缺水，也会引起叶片变黄脱落，应放半阴处养护。入秋后浇水逐渐减少。室外栽培时，要避开暴雨冲淋，否则根部积水过多，易造成烂根死亡。每年换盆或秋季放室时，应注意整形修剪。

园林用途：宜于盆栽，可陈设于阳台上或在室内桌几上点缀。若配以盆架、石砾加工成小型盆景，也可培养成古树老桩的姿态，装饰茶几。

3.7.15 沙漠玫瑰（彩图3-7-15）

科属：夹竹桃科、天宝花属

别名：天宝花

英文名：Adenium Obesum（Forsk）Balfer Roem et Sehult

学名：*Adenium obesum*.

形态特征：多肉灌木或小乔木，高达4.5m；树干肿胀。单叶互生，集生枝端，倒卵形至椭圆形，长达15cm，全缘，先端钝而具短尖，肉质，近无柄。花冠漏斗状，外面有短柔毛，5裂，径约5cm，外缘红色至粉红色，中部色浅，裂片边缘波状；顶生伞房花序。

生态习性：性喜高温、干旱、阳光充足的气候环境，喜富含钙质的、疏松透气的、排水良好的沙质壤土，不耐荫蔽，忌涝，忌浓肥和生肥，畏寒冷，生长适温25～30℃。

繁殖方法：常用扦插、嫁接和压条繁殖，也可播种。扦插以夏季最好，选取1～2年生枝条，以顶端枝最好，剪成10cm长，待切口晾干后插于沙床，插后经3～4周生根。嫁接，用夹竹桃作砧木，在夏季采用劈接法，成活后植株生长健壮，容易开花。压条常在夏季采用高空压条法，在健壮枝条上切去2/3，先用苔藓填充后再用塑料薄膜包扎，约25d生根，45d后剪下盆栽。夏季播种，发芽温度21℃。

栽培管理：沙漠玫瑰的修剪工作也非常重要，花期过后是修剪的最好时节。良好的日照环境有助于沙漠玫瑰开花。生长应避免潮湿的环境。纵然在生长期间，水分亦不能过多，在每次浇水前，必须确定盆土的表面完全干燥后方可进行。春夏雨季是沙漠玫瑰的生长期，在这时候应稍微添加肥料以充足其成长时所消耗的养分。肥料宜以缓效性的为佳，例如腐熟的堆肥等，切勿在秋冬施肥。

园林用途：沙漠玫瑰植株矮小，树形古朴苍劲，根茎肥大如酒瓶状。每年4～5月和9～10月二度开花，鲜红艳丽，形似喇叭，极为别致，深受人们喜爱。南方地栽布置小庭院，古朴端庄，自然大方。盆栽观赏，装饰室内阳台别具一格。

3.7.16 龙舌兰（彩图3-7-16）

科属：龙舌兰科、龙舌兰属

别名：龙舌掌、番麻

英文名：Cantury Plant

学名：*Agave americana* L.

形态特征：肉质草本，无茎。叶子厚、坚硬、倒披针形，灰绿色；莲座式排列，较松散，冠径约3m，底部叶子部分较软，匍匐在地，叶基部表面凹，背面凸，至叶顶端形成明显的沟槽；叶顶端有1枚硬刺，长2～5cm，叶缘具向下弯曲的疏刺。大型圆锥花序，上部多分枝；花簇生，有浓烈的臭味；花被基部合生成漏斗状，黄绿色；雄蕊长约花被的2倍；蒴果长圆形，长约5cm。开化后花序上生成的珠芽极少。园林中常用金边龙舌兰，基本形态与原种相近，只在叶缘有黄色条纹；银边龙舌兰，叶片灰绿色，边缘具有银白色镶边，叶缘生有细小针刺，还有金心龙舌兰等。

生态习性：喜温暖干燥和阳光充足环境。稍耐寒，较耐阴，耐旱力强。要求排水良好、肥沃的沙壤土。冬季温度不低于5℃。遇水会猛烈收缩，可用作绳子。

繁殖方法：常用分株和播种繁殖。分株在早春4月换盆时进行，将母株托出，把母株旁的蘖芽剥下另行栽植。通过异花授粉才能结果，采种后于4～5月播种，约2周后发芽，幼苗生长缓慢，成苗后生长迅速，10年生以上老株才能开花结实。

栽培管理：适的生长温度为15～25℃，在夜间10～16℃生长最好。冬季凉冷干燥对其生育最有利，越冬温度应保持在5℃以上。较喜光，要常放在外面接受阳光。对土壤要求不太严格，但以疏松、肥沃、排水良好的壤土为好。盆栽时通常以腐叶土加粗沙混合，生长季节2周施1次稀薄肥水。夏季可大量浇水，但排水应好。入秋后应少浇水，盆土以保持稍干燥为宜。每年4月换盆。开始几个星期应少浇水，以后逐渐增加。

园林用途：龙舌兰叶片坚挺美观、四季常青，园艺品种较多。常用于盆栽或花槽观赏，适用于布置小庭院和厅堂，栽植在花坛中心、草坪一角，能增添热带景色。

3.7.17 马齿苋树（彩图3-7-17）

科属：马齿苋科、马齿苋树属

别名：银杏木、小叶玻璃翠

英文名：Elephant Bush

学名：*Portulaca afra*

形态特征：马齿苋树在原产地可长成高达

4m的肉质灌木。老茎浅褐色，其肉质叶片极像马齿苋，茎干嫩绿色，肉质分枝多。

生态习性：喜温暖干燥和阳光充足环境。不耐寒，耐半阴和耐干旱。土壤要求排水良好的沙壤土。冬季温度不低于10℃。

繁殖方法：主要用扦插繁殖。在生长期均可进行，选取健壮、充实和节间较短的茎干作插穗，长10～12cm。插前可晾干数天，插于沙床，插壤应稍干燥，经15～20d可生根，极易成活。

栽培管理：盆栽马齿苋顶树生长较快，茎干分枝不规则，在半阴条件下，茎干虽生长旺盛，但易徒长。生长过程中需不断修剪整形，才能保持优美的株形。生长期每月施肥1次，夏季高温季节，植株处于半休眠状态，控制浇水，保持盆土稍干燥。冬季放室内窗前养护。

园林用途：多用作盆景造型。

复习思考题

1. 名词解释：上盆、换盆、翻盆、转盆。
2. 常用的盆栽基质有哪几种？各种基质有何特点？
3. 培养土酸碱度如何快速测定？如何进行酸碱度调节？
4. 盆花浇水的主要原则有哪些？
5. 如何科学合理进行盆栽施肥？
6. 温室花卉的环境如何进行调控？
7. 温室宿根花卉在日常管理中应注意哪些问题？
8. 使一品红在五一节开花，应采取哪些栽培措施？

第 4 章　切花生产栽培

4.1　切花生产特点及基础设施

4.1.1　切花生产的特点

切花，又称鲜切花，狭义上是指从植物体上剪取的具有观赏价值并带有一定长度茎枝的花朵，如月季、菊花、百合等。但是随着人类科学技术、文化水平的不断发展，鲜切花所包含的范围在不断扩大。目前所说的鲜切花，广义上是指从栽培或野生的花卉植物上剪切下的具有一定观赏价值的新鲜花朵、花枝、果枝、枝条、叶片、芽、皮及根等。在花卉园艺中，鲜切花既是一种有生命的装饰材料，又是具有一定使用价值的鲜活商品。其主要用途是瓶插或制作花束、花篮、花环、花车、胸花等装饰性用品。

鲜切花依其观赏部位可以分为观花类切花、观叶类切花、观果类切花和观芽类切花。观花类切花是鲜切花中的主导产品，以花朵大或数量多、花色艳丽、花形娇美为主要特征，如月季、菊花、香石竹、唐菖蒲、百合、郁金香、非洲菊、鹤望兰、花烛、小苍兰、石斛兰、文心兰、牡丹等；观叶类切花以观赏叶色、叶形为主，在切花应用中多作为背景或衬托，以突出主题花的效果，如富贵竹、文竹、天门冬、蕨类植物等；观果类切花多数硕果累累、色彩鲜艳或果形奇特，在切花应用中，作为配体衬托或作为主体突出，如冬珊瑚、五色椒、枸骨、火棘等；观芽类切花种类较少，常见的有银芽柳，主要观赏其肥大而呈银白色的芽。

随着人们生活水平的提高及审美情趣的升华，鲜切花的市场需求与日俱增，切花生产已成为现代高效农业之一。切花生产的特点是：单位面积产量高，经济效益高；生产周期短，销售量大；受自然条件约束大，栽培设施要求条件高；季节性、地区性的制约减少，易于周年生产和四季供花；可进行集约化经营，大规模工厂化生产；要求栽培管理技术高，管理精细；包装、贮藏、运输方便，携带病虫害少，便于跨地区、跨国贸易交流；生产成本高，风险高。

4.1.2　切花生产的基础设施

在切花生产中，用一定的设施和栽培技术手段，改变和调控温度、光照、湿度、营养等环境因素，创造切花生长发育要求的最佳环境条件，达到提高切花单位面积产量、品质，四季供花的目的。用于切花生产的设施主要有保护地设施、冷藏设施等。

4.1.2.1　保护地设施

主要包括温室和塑料大棚两类。

（1）温室

是切花生产中最重要、应用最广泛的栽培设施。切花生产上应用较多的有日光温室和现代化温室。

1）日光温室　是适合我国北方切花生产的设施，其特点是白天以太阳辐射为热源，依靠最大限度采光增加室内温度，夜间依靠加厚的墙体后坡、防寒沟、保温材料等防寒保温设备以最大限度地减少散热来保持室内温度。日光温室防寒保温性好，一般不需要加热，但如果冬季连续阴天时间太长或冬季夜间突然降温幅度较大时，可采用热风机或其他加温设备进行加温。

2）现代化温室（智能温室）　其特点是温室面积大，温室内的环境实现了计算机自动控制，基本上不受自然气候条件和不良环境条件的影响，能周年进行切花生产，适用于各种鲜切花特别是高档鲜切花的生产。

（2）塑料大棚

不用砖石结构围护，只用竹、木、水泥或钢材等作骨架，在表面覆盖塑料薄膜的大型保护设施。特点是建造简单，耐用，成本低廉，拆转方便，适于大面积生产。在中国长江以南地区，用塑料大棚生产切花最为适宜。

（3）荫棚

荫棚分为临时性和永久性两种。切花栽培使用的荫棚多为临时性的。一般多用木材做立柱，棚上用铁丝拉成格，然后覆盖遮阳网。遮阴程度通过选用不同规格的遮阳网即能调整。设置临时性荫棚对切花轮作栽培有利，可根据切花地块变更而拆迁。夏季扦插和播种床所用荫棚也是临时性荫棚，一般比较低矮，高度为 50～100cm。用木棒支撑，以竹帘或苇帘覆盖。在扦插未生根或播种未出芽前可覆盖厚些；当开始生根或发芽时可减少覆盖物；等根发出，苗出齐后可全部拆除。

4.1.2.2　用于切花生产的温室内部应具有的设备

1）栽培床　与地面平的叫地床，高出地面

的叫高床。栽培床设置简单，用材经济，投资少，管理简便。

2）灌溉系统　渠灌、喷灌、滴灌、喷雾等。

3）通风及降温设备　通风设备包括门、窗、通风口、裙、排风扇。自然通风，一般利用温室能开启的门窗进行空气的自然交流。强制通风，是利用机械（如排风扇）强制把温室内的空气排到室外的通风方式。降温设备包括遮光网、排风扇、水帘、喷雾等设备。

4）加温设备　温室内的加温方法主要有锅炉、烟道、暖气管道、热风炉、电热线。

5）保温设备　棚膜、玻璃、覆盖物、保温幕。

6）补光设备　在室内安装光源，用于增强光照强度和延长照光时间。人工补光的光源有白炽灯、日光灯、高压水银灯、高压钠灯等。

7）遮光设备　主要包括黑布、遮光膜、自动控光装置等。遮光网、遮光幕布用于削弱强光照；黑地膜、黑塑料膜、黑幕布帘为短日照处理设备。

4.1.2.3　冷藏设施

1）冷库　是切花规模化生产和周年栽培所必需的设施，通常保持 0～5℃的低温。冷库是切花采后处理必备的场所。切花的保鲜处理、临时冷藏、郁金香等球根花卉种球的预处理、香石竹等扦插苗的低温处理等都需要冷库。冷库还可用于满足切花促成和抑制栽培的需要。在球根切花生产中，为满足周年生产和多季供花的需要，常常需要将种球贮藏于冷库中，分期分批栽植，不断上市。冷库有库房、制冷机和控制系统等组成。为调节冷库内的湿度和空气，冷库还需要设置排风换气等装置。建造冷库库房的材料必须有良好的保温、保湿性能，现在多选用薄型彩钢板与泡沫塑料板制成的复合板。

2）冷窖　是冬季防寒越冬的简易临时性设施。可用于补充冷室的不足。应设于避风向阳、光照充足、土层深厚处。

3）冷藏集装箱　批量生产切花的中长途运输，通常用冷藏集装箱装载，规格一般为：内部长度 6058mm、宽度 2251mm、高度 2099mm、容积 25.9m^3、最大装载量 17800kg。

4.1.2.4　其他设施

（1）支撑网

为了使切花茎秆良好生长和达到一定的高度，许多切花生产中需要搭设花网，以使茎秆挺直，防止歪斜或倒伏。目前用于切花生产的支撑网有两种，一种是用粗线编织而成，另一种是用尼龙线组成的方格网，其宽度和网眼的大小，根据要求而定。使用时将支撑网两端拉直，中间架设若干个支撑架，当花卉长到 25cm 以上高度时，拉第一层网，以后每隔 25～30cm 张拉一层网，拉网层数据切花种类不同而异，最多张拉 4 层网。拉网时要使植株钻入网眼，竖直向上生长。

（2）包装材料

1）外包装箱　鲜切花常用的外包装箱有：聚乙烯泡沫塑料箱、聚乙烯泡沫或聚氨酯泡沫衬里的纤维板箱、喷洒液体石蜡的瓦楞纸箱。包装箱按照功能可划分为：夹塑层瓦楞纸箱（主要功能是抑制鲜切花的呼吸，阻止水分的蒸发，具有气调功能）、生物式保鲜纸箱（具有良好的抗微生物、防腐、保鲜的功能）、混合型保鲜瓦楞纸箱（在制作瓦楞纸板的内心纸或聚乙烯薄膜时将含有硅酸的矿物微粒、陶瓷微粒或聚苯乙烯、聚乙烯醇等微片混入其中，保鲜效果很好）、远红外保鲜纸箱（把能发射远红外波长的陶瓷粉末涂覆在天然厚纸上，提高抵抗微生物和保鲜度的作用）、泡沫板复合瓦楞纸箱（瓦楞纸与特色破模版组成，具有隔热爆冷效果和气调作用）。根据不同需要可选择不同功能的保鲜纸箱。包装箱的规格，应根据切花种类特点和冷藏集装箱的标准规格进行设计，以充分利用集装箱内的空间，方便装卸和降低运输成本为原则。

2）内包装　主要有低密度聚乙烯塑料薄膜袋、高密度聚乙烯塑料薄膜袋、聚丙烯塑料薄膜袋等。其中以柔软的高密度聚乙烯塑料薄膜袋保鲜效果最好，具有较好的气密性，能抑制呼吸作用，控制水分散失，包裹袋内温度变化缓慢。亦可用废报纸作为包裹材料，但保鲜效果较差。

3）填充材料　主要作用是防止震动和冲击，主要用薄膜塑料、聚氯乙烯、充气塑料薄膜、纸浆模式容器，天然材料包括刨花、麦秸、稻壳、锯末等。为了降温和保鲜，也可将具有保鲜效果的冰袋置于包装箱中。

4.2　重要切花栽培

4.2.1　切花菊（彩图 4-2-1）

科属：菊科、菊属

别名：黄花、鞠花、节华、秋菊、白帝、金蕊、朱嬴、治蔷等

英文名：Florist’s Chrysanthemum

学名：*Dendranthenma morifolium*（*chrysanthemum morifolium*）

形态特征：菊花地上茎直立，茎基部半木质化，株高 60～200cm，作为切花栽培的品种，一般株高 80～150cm。单叶互生，有柄，叶形大，卵形至披针形，羽状浅裂或深裂，边缘有锯齿，

叶背有绒毛。头状花序由筒状花、舌状花组成，着生在花托边缘的为舌状花，常为单性雌花；着生在花序中心部位的为筒状花，常为两性花，雌雄蕊并存。切花菊一般舌状花厚实且多数排列整齐、规则，外围舌状花花瓣有一至数轮。舌状花花色丰富，有黄、白、粉、红、橙、玫红、紫红、墨红、雪青、黄、淡绿及复色等，中心筒状花多为黄绿色。舌状花花瓣有平瓣形、管瓣形、匙瓣形和畸瓣形。花期一般在9～12月，但也有春季、夏季、多季或四季开放的品种。

切花菊栽培主要是单花型品种与多花型两类。

单花型主要栽培的为一些干长颈短、粗壮坚韧、叶片肥厚，花瓣平瓣内曲的日本培育的半球形中花菊品种，分为四大品系。

1）夏菊　自然花期在华中地区为4～6月，在北方寒冷地区为5～7月，花芽分化对日照时数不敏感，对温度反应敏感。花芽分化温度为10℃左右，个别品种在5℃左右也能形成花芽。夏菊在高温下由于花芽分化收到抑制，顶芽常变为柳叶芽，而不能正常开花。夏菊从花芽分化到开花时间短，适合春季或初夏切花的栽培。主要品种有优香、岩白扇、秋风、夏黄、新光明、银香、常夏、黄屏风等。

2）夏秋菊　自然花期为7～9月。多数品种对日照时数反应不敏感，少数品种在花蕾膨大期需要一定的短日照条件。花芽分化温度为15℃以上，较耐高温，适宜夏季栽培。主要品种有秋晴水、精云、精军、深志、祝、宝之山等。

3）秋菊　自然花期为10～11月，花芽分化、花蕾生长、开花都要求短日照条件。花芽分化温度为15℃左右，少数品种夜温10℃时才开始花芽分化。主要品种有神马、黄金、新年、秀芳之力、新女神、秋之山、日本雪青、四季之光、亚运之光、黄东亚等。

4）寒菊　自然花期为12月至翌年1月，属短日照花卉，花芽分化温度为6～12℃。主要品种有寒娘、金御园、寒樱、寒小雪、银正月、岛小町、春之光等。

多花型切花菊，以多头小菊为主，花径在5cm左右，一枝多花，如春季开花的早雪山，夏季开花的叶樱、朝之光，秋冬开花的皖樱等品种。

生态习性：菊花喜光照充足、气候凉爽、地势高燥、通风良好的生长环境。要求富含腐殖质、肥沃而又排水良好的沙质壤土，pH 6.5～7.2，较耐旱、忌水涝和连作。耐寒性强，在5℃以上地上部萌芽，10℃以上新芽伸长，16～21℃适宜生长，15～20℃花芽分化，27℃以上的高温花芽分化受抑制，低温有利于夏菊的开花。菊花大部分品种为短日照花卉，只有在每昼夜日照时数低于12.5h才能开花。夏菊对日照长度不敏感，为中日照花卉。

繁殖方法：切花菊多用扦插繁殖。

1）母株培育　生产上常用优良品种脱毒组培苗做母株建立采穗圃。秋冬季将脱毒组培苗定植于高畦上，畦高20cm，宽80cm，施足基肥，株行距为20cm×20cm，呈等腰三角形状定植，保证母本苗的采光和通风。缓苗后，保留2～3片叶进行摘心。生长的适宜温度18～25℃，湿度可控制在70%左右，追肥以氮肥为主，基肥以磷钾肥为主。摘心后17～20d进行采穗。

2）顶芽扦插　主要采用顶芽扦插繁殖生产苗。选生长健壮、品系纯的母株采芽，每株采穗3～4次，次数过多会影响插穗质量。当母株新梢长到15～20cm时，摘除顶梢，待其侧枝萌发后采穗扦插育苗。插穗长5～10cm，具3～4节。取下的插穗去掉下部1/3的叶片，每穗留上部2～3片展开叶，然后20～30支1束，按下切口速蘸100～200mg/kg萘乙酸或50mg/kg生根粉2号，促进生根。扦插基质宜用排水与通气性良好、不含病原菌的河沙、珍珠岩、蛭石等材料。一般用砖砌成高度20～25cm的扦插床，宽1m，内填充15～20cm的扦插基质，同时在扦插池中间铺设一条微喷管道，用于喷水。扦插前1h，把插床喷透，插床整平后打深3cm左右孔，扦插株行距3cm×4cm，插后立即喷水。保持插床湿度90%左右，插床温度18℃以上，每天喷水4～6次，12～15d后生根完好，扦插苗新根达2cm长时即可移栽定植。

栽培管理：根据切花菊品种和栽培类型，分别介绍秋菊、电照菊栽培技术。

（1）秋菊栽培

1）选地、整地、施基肥　菊花喜湿怕涝，栽培时应选择地势相对较高，通风性好的地块进行种植。栽植地要求排水良好，pH 6.0～6.5为宜，土壤以沙土和轻壤土为好。切花菊需肥量大，定植前要施足有机肥，一般5kg/m^2。然后做宽1～1.2m，高15cm的高畦。

2）定植　定植适期依菊花修剪方式和供花期的不同而异。一般采用多本栽培的定植适期为5月初至6月初，独本及多头小菊于6月初至7月初定植。切花菊的定植苗苗龄为25d左右，具6～7片叶，定植前要逐渐除掉各种保护覆盖物，进行炼苗2～3d。单花独本栽培的定植密度为12.5cm×12.5cm，多本栽培为12.5cm×15cm.定植深度以入土深度略超过原幼苗的根颈处即可，植后压紧扶正，并随即浇透水。

3）摘心与抹芽抹蕾　多本栽培的切花菊，定植苗长至5～6片叶时进行第1次摘心。摘心后叶腋间的侧芽很快萌发，形成多个分枝，及时摘去侧枝上的二次侧枝，根据栽培要求，每株保留3～5个枝，去掉其他细弱的及长势过旺的枝条，以后随时去侧芽和侧蕾，培育出1株3～5枝花的多本菊。独本菊，1株仅留1个主枝，主枝不摘心，及时摘除侧芽和侧蕾，以保证主枝主蕾的生长。多头小菊除摘除切花枝下部侧枝外，为使顶部各花蕾生长一致，整齐丰满，可适时摘除顶花芽，保留全部侧蕾。在栽培中，若出现“柳叶头”，要及早摘心换头。

4）肥水管理　菊花喜湿怕涝，浇水的原则是见干见湿，每次浇水要浇透。雨天要及时排除积水。切花菊在整个生长期，需要大量供给养分。种植后，每10～15d追肥1次，每亩施氮肥10～25kg。花芽分化前追施磷钾肥，每亩施磷肥10～25kg，钾肥15～25kg，孕蕾期可叶面喷0.1%的磷酸二氢钾溶液。

5）立柱、架网　为了确保切花菊茎干挺直、分布均匀、生长整齐，可在畦边设立柱，畦面拉尼龙网固定枝条。当株高30cm时，选晴天下午架第1层网，网眼为10cm×10cm，每网眼中有1枝；以后随植株的生长情况，再将网升高或在60～70cm处再拉一道网。

（2）补光栽培

秋菊的温室补光栽培适用于12月至翌年4月用花的切花栽培，通过菊花幼苗期人工补充光延长光照时间，使秋菊不能形成花芽而延迟花期。在品种选择上必须选择在较低温度下仍能较好进行花芽分化和发育，并能开花整齐的品种，如秀芳、乙女樱、四季之光等。

秋菊品种是典型的短日照品种，当自然日照小于14h后就应进行电照补光，至需花前50～60d停止。补光可用高压钠灯或白炽灯，补光灯的布置每10m²（包括道路）安装1个100W的白炽灯，高度保持在植株生长点的上方70～80cm处，随植株的生长而调整。用自动定时装置控制，从22:00～23:00开始至凌晨1:00～2:00结束，每天补光2～4h（开始时2h，后期4h）。

菊花补光栽培与温度密切相关。一般秋菊花芽分化的临界温度为15～16℃，低于此温度影响花芽分化，产生畸形花，甚至高位莲座状。所以在补光栽培中，从停止补光前1周至停止补光后3周，需保持夜温15～16℃以上，才能保持花芽分化正常进行。

（3）遮光栽培

主要用于短日照秋菊的促成栽培。菊花若在6月扦插育苗，自然花期在11月份。若8～10月用花，可在3～5月采用分期扦插育苗与遮光处理结合的措施，促进花芽分化，提早开花。

具体做法：当植株生长到50～60cm时开始遮光。遮光一定要严密，不能漏光，如漏光强度在植株上部达77～144lx时，遮光效果丧失。遮光材料要选延伸性好，不透光，质轻的黑色塑料膜。遮光时间，每天17:00至第二天7:00，使菊花白天见光时间保持在10h以下，直至花蕾现色时停止遮光。

遮光期正值炎热夏天，若棚内温度超过28℃，将不分化花芽。由于菊花遮光感应部位是植株上部的叶片，所以如棚内温度较高时可在下部打开10cm左右通风，以降低室内温度达25℃以下。

（4）主要病虫害及防治

切花菊栽培中易发生立枯病、褐斑病、白粉病、细菌性枯萎病等。主要虫害有潜叶蝇、蚜虫、白粉虱、菊天牛等。病虫害防治应以防为主治为辅。一般每周喷施一次杀菌剂、两次杀虫剂。具体应根据实际情况进行。

采后保鲜：切花菊的采收时期应根据气温、贮藏时间、市场和转运地点综合考虑。短距离运输，花朵上1/3舌状花展开之际可采收；远距离运输或采后贮存一段时间再上市则在花朵未开放，瓣层依然紧凑之际采收。采收时间，若是当地销售，在早晨或傍晚进行，而远销需包扎装箱的宜在上午进行。

为提高切花枝瓶插寿命，可在距地面10～20cm处剪枝，切枝长60～85cm，花枝切下后去除花茎下部1/3～1/2的叶片，浸入清水中。分品种、花色和长度包扎，10支或20支一束，为保护花头，每一花头罩上一个塑料袋或尼龙网套，然后装箱放入冷库中贮藏。贮藏温度为2～3℃，空气相对湿度要求90%～95%，可较长时间保鲜。也可把处理好的花束放入盛有清水或保鲜液的容器中进行冷藏，贮藏温度4℃左右，湿度90%，适于短期贮藏。

4.2.2　切花月季（彩图4-2-2）

科属：蔷薇科、蔷薇属

别名：长春花、玫瑰、四季蔷薇、现代月季、月季花、月月红、斗雪红、四季花、胜春、胜花、胜红、蔷薇花

英文名：Modern Rose

学名：*Rosa hybrida*

形态特征：切花月季是半常绿或落叶灌木。株高1～2m。茎具钩状皮刺，叶互生，奇数羽状复叶，小叶3～5，广卵至卵状椭圆形，缘有锐锯齿，叶柄和叶轴散生皮刺和短刺毛，托叶大部分附生于叶柄。花朵单生或簇生，直径4～12cm，微香或无香，花瓣多数，重瓣型；花形多姿多彩。切花月季多数由蔷薇做砧木，经嫁接

后育成嫁接苗，进行切花生产。作为切花月季品种，一般要求具有下列特点。

① 株型直立，有利于密植栽培及管理。

② 花形优美，呈高心、卷边、翘角，以花朵开放 1/3～1/2 时为准，含而不露，开放过程慢。

③ 花瓣质地硬，较厚，外层花瓣整齐，花朵耐插，花瓣不易受药害。

④ 花色鲜艳，明快，纯正，而且带有绒光。

⑤ 花枝花梗硬挺，顺直而长（花枝长度是切花等级的重要指标），支撑力强。

⑥ 叶片大小适中，有光泽。

⑦ 茎杆少刺或无刺。

⑧ 产花量高，耐修剪，生命力强。

切花月季有单花型和多花型，有大花、中花和小花型；色系全，以红、粉、黄、白为主。在我国栽培的红色系品种主要有：萨曼莎、玛丽娜、加布里拉、红衣主教、红成功、卡尔红、卡拉米亚、奥林比克、王威等；粉色系品种主要有婚礼粉、索尼亚、女主角、婚礼粉、卡琳娜、外交家等；黄色系主要有金奖章、金徽章、黄金时代、雅典纳、得克萨斯等；白色系主要有坦尼克、雅典娜、香槟酒、卡布兰奇、小涉舞曲等。

生态习性：月季喜阳光充足、空气流通、相对湿度 65%～80%的环境。最适生长温度为白天 20～27℃，夜间 12～18℃；长时间低于 5℃或高于 30℃呈半休眠状态，0℃以下落叶休眠，大多数品种休眠期能耐－15℃左右的低温。适宜土层深厚，有机质丰富，排水良好的疏松、保水保肥力强、pH 为 5.5～6.5 的微酸性土壤。喜肥、耐干旱、忌积水、空气污染会影响切花月季的生长发育。

繁殖方法：切花月季的繁殖方法主要有扦插、嫁接和组织培养。

(1) 扦插繁殖

适宜易生根的品种，如小花型。大多数大花型和中花型的品种扦插不易生根，白色系或黄色系尤难生根，不常采用。

1) 嫩枝扦插　在生长期的 5～6 月和 9～10 月进行。采用生长健壮充实或刚开过花而叶腋芽尚未萌发的枝条作为插穗。插穗长 10cm 左右，具 3～4 个芽，上剪口距芽 0.5～0.8cm，去除插穗下部两片大叶，上部两片各留 2～4 个小叶，其余剪除。插条下端蘸 200mg/kg 的萘乙酸或 400mg/kg 的吲哚丁酸。插床基质采用清洁河沙或蛭石、珍珠岩等。扦插深度为插条的 1/3～1/2。插后压实浇透水。20～25d 可生根，当根长到 2cm 长时可进行移苗。

2) 硬枝扦插　在秋季落叶后的 10 月下旬～11 月上中旬利用 1 年生枝条进行扦插。插床选背风向阳，挖深 60～70cm，南北宽 60～70cm 的沟，长度可视需要而定，一般 5m。沟底整平，铺入 20cm 厚园土与粗河沙（1：1）的混合基质。结合冬季修剪选择无病虫害、木质部充实、芽饱满的枝条作为插穗，插穗长 10～12cm。插穗下端蘸 400mg/kg 吲哚丁酸或 500mg/kg 萘乙酸。处理好的插穗插入插床，插入深度为仅留 1 个芽露出土面。扦插完后，立即浇透水，再用塑料薄膜将插床遮盖，四周用土压实。11 月上旬后，夜间要盖草帘。翌年春随气温升高，可视土壤干湿情况适量浇水，待最低温度升高到 4℃以上时，去草帘。3 月份抽芽，4 月应逐渐打开塑料薄膜，延长通风时间。

(2) 嫁接繁殖

选用根系发达，生长旺盛，抗病性、抗寒性强的蔷薇作为砧木。我国生产上常用野蔷薇、粉团蔷薇、无刺狗蔷薇。砧木可用播种法或扦插法进行繁殖。嫁接方法有芽接、枝接和根接等，以芽接为多数。

1) 接穗选取及处理　选取开过花，上带有 5 小叶且未萌发的休眠芽枝条做插穗。采后只保留叶柄，上部叶片立即去除，浸在水中，随用随取。用时取枝条中部发育饱满的腋芽做接芽。

2) 芽接的时间与方法　设施栽培下，可全年进行。嫁接方法可分为盾形芽接法和“T”形低位嫁接法。盾形芽接法是将选好的枝条切削芽片，芽片略带少许长度为 2～3cm 的木质部，芽接位应尽量靠近地面，在芽接前适当剪除砧木枝条顶端或前 6～11d 对砧木追施一次速效水肥，有利于砧木和接穗的充分愈合。为确保成活率，每株砧木最好接 2 个芽。“T”形低位嫁接法是指嫁接部位距茎基 5cm 之内，接后用塑料带扎紧芽眼，按 5cm×5cm 的株行距假植。10d 左右后伤口愈合后接芽生长，当新芽长至 10～13cm 时，再以 15cm×17cm 的株行距第 2 次假植，养护 3～4 个月后定植。为保证株形良好，花蕾要及时除去，以形成具 3 分枝的定型苗。

(3) 组织培养

取幼嫩茎段为外植体，以腋芽培养和茎段培养为继代增殖，快繁月季幼苗。

栽培管理：

(1) 选地、整地作畦

切花月季栽培要选择阳光充足、地势高燥、通风良好、有排水条件的肥沃场地栽培。切花月季根系深入土层深而广，种植畦需深翻，深度达 40～50cm，并结合翻地施入基肥以改良土壤，每 666.7m^2 施用腐熟的羊粪 10～15m^3、或牛粪 10m^3、或草炭土或松针土 10m^3，亦可加入少量腐熟鸡粪。土壤 pH 为 5.5～6.5。施入基肥后整地做畦，畦宽 1.2m，高 15～20cm，长度为温室长度（8m左右）。并用福尔马林消毒。

（2）定植

1）定植时间　一年四季均可定植，大棚栽植最佳时期在3～6月和9～10月。

2）定植方法　栽种密度为5000～6000株每666.7m^2。株距10cm，每株距床边5cm，行距20～30cm。定植深度为嫁接苗的接口露出地面1～2cm。定植后浇透水一次，使土与根密贴。其后浇水根据情况而定，一般每天用滴灌系统滴浇1～2次，5～9min一次。栽后及时防病，可用50%甲基托布津900倍液75%百菌清可湿性粉剂900倍液或50%多菌灵500倍液喷施。

（3）定植后管理

1）整形修剪　整形修剪是月季切花栽培的重要管理措施，通过摘心、去蕾、抹芽、折枝、短截、回缩等方法，培育月季植株骨架，促进切花枝的形成和发育，并可以调节月季花期、单株出花数量和出花等级。

① 定植后的主枝培养　芽接苗的芽萌发后，待有5～6片叶时摘心，令下部的叶腋发出新枝，从中选留3个粗壮枝条做主枝。当主枝的粗度达到0.6～0.8cm以上时，在这3个主枝50cm处重剪，使主枝下部的叶腋芽萌发抽枝成为开花枝或称切花枝。如第一次摘心不能选出足够的主枝或萌发枝条过弱，粗度达不到主枝要求时，可继续采取摘心、折枝等方法，促进主枝形成。

② 夏季修剪　切花月季的夏季修剪在6月中旬到7月进行。采用捻枝、折枝、短截相结合的方法进行修剪。捻枝是将枝条扭曲下弯，不伤及木质部；折枝是将枝条部分折伤下弯，但不断离母体。一般在距地面50～60cm高度，进行捻枝或折枝处理，然后将枝条压向地面，不要扭断皮部。折枝前半个月应停止浇水，使植株处于半休眠状态，枝条易于弯曲，并可防止伤口出现伤流。捻枝处理后的枝条作为营养枝保留，保留到第2年的2～3月份，枝条开始枯萎落叶后，再将其剪掉清理出去。老枝进行短截或疏除。

③ 冬季修剪　露地栽培和冬季不加温的大棚、温室，在冬季休眠期进行回缩修剪。露地栽培的切花月季冬季修剪应在萌芽前1个月左右进行。不加温的大棚、温室栽培，可在最后一次采花后，使棚内温度降低到自然低温，植株进入休眠状态时进行。修剪方法是先选定3～4个生长强健的主枝，从基部30～40cm处短截，其余枝条全部剪除，这样第二年早春即可发出许多粗枝，在其中选主枝和花枝。

2）架网　当月季苗长到一定高度时，为防止月季切花枝倒伏或弯曲，应在畦两边竖枝张网，两端立支柱，高1.8～2.3m，网宽依畦面而定，网张宜为18.5cm×18.5cm，两侧用尼龙绳将网隔目相穿，两端拉紧使网张开，可上下移位。

3）光照管理　切花月季喜光，特别是散射光照。在设施栽培中，夏季6～8月份必须遮阴。开始时仅中午遮2～3h光即可，遮去20%～30%光照，以避免短时间内光强的骤然变化，此后，可从上午11:00到下午15:00点进行，使遮光度达到30%～40%。在冬季，应进行补光，以延长光照时间，促使提早开花，花茎增长，花朵增大，并可增加切花产量，提高切花品质。

4）温湿度管理　夜温保持在15～18℃，昼温为21～26℃，夏季昼温为26～28℃，高于22℃适当通风，高于28℃时应加强通风。萌芽和枝叶生长期需要的相对湿度为70%～80%，开花期需要的相对湿度为40%～60%，白天湿度控制在40%，夜间湿度控制在60%为宜。

5）肥水管理

① 水分　定植后见干见湿，浇则浇透。修剪前需控水以控制植株生长，修剪后需多浇水以促花芽形成。开花高峰期供水要充足，栽培床应保持潮湿状态。夏季需水量大，夏季2～3d浇水1次，春秋4～5d浇水1次，冬季需少浇水，冬季10d浇水1次

② 施肥　按少量多次、薄施勤施的原则进行。通常采用有机肥（饼肥、骨粉等）和无机肥（尿素、复合肥、硝酸钾等）结合使用追肥。每年应在春、秋两季各施一次有机肥，在每次采花后追施无机肥，施肥配比为N∶P∶K为1∶1∶2。

采收保鲜：切花月季品种不同采收标准不同，大多数红色与粉红色品种到萼片已向外反折到水平位置，花瓣外围1～2瓣开始向外松展时采收；黄色品种开放快可稍早时采，白色品种开放慢宜稍晚时采。用于远距离运输时应在花萼略有松散时采收；就近批发时，外层花瓣开始松散时采收。在一天中以上午、下午和傍晚进行采收较好。

剪取花枝时尽量长剪，但也要兼顾下次开花枝的合理生长。一般剪切部位是保留5片小叶的2个节位；若开花枝短而开花母枝又较多，在剪取花枝时也可以略带一段原有开花母枝的茎段，使新花枝由开花母枝上再发，但萌发较慢。

花枝剪下后立即将其基部20～25cm左右浸入与室温一致的清水中，并尽快将其转入2～6℃的工作室内使花枝充分吸水，浸泡4h后，取出，去掉下部的叶片和刺，然后对同一花色，同一品种进行分级。分级后按每12支或20支捆成一扎，同一扎花要求质量一致，成熟度一致，花头大小均匀。枝条粗细均匀，不能有弯枝、细弱枝。处理后的切花，放入0.5～1℃，相对湿度

90%～95%的冷库中贮藏。为保护花蕾外层花瓣，减少裂蕾出现和降低运输过程中的机械摩擦，在采收前要进行套网。

此外，在设施栽培中，切花月季易发生白粉病、霜霉病、黑斑病病害，应选用抗病品种，及时通风与除湿，及时整枝、整芽，清除枯枝落叶，药剂防治可喷施70%托布津1000倍，75%百菌清800倍，50%多菌灵900倍，1周1次，不同药剂轮换使用，连续3～4次。

常见虫害有红蜘蛛、蚜虫，可用三氯杀螨醇、克螨特、乙酰甲胺磷、40%氧化乐果等药剂防治。

4.2.3 唐菖蒲（彩图4-2-3）

科属：鸢尾科、唐菖蒲属

别名：剑兰、昌兰、扁竹莲、什样锦、十三太保

英文名：Sword lily Gladiolus

学名：*Gladiolus hybridus*

形态特征：多年生草本。地下部分具球茎，扁球形，呈浅黄、黄、浅红或紫红色。外被膜质鳞片，下有根盘，生长须根。基生叶剑形，嵌叠为二列状，通常7～8枚。株高40～150cm。茎粗壮而直立，无分枝或稀有分枝。花茎自叶丛中着生，高25～120cm，花呈蝎尾状聚伞花序，由下向上开放，成二列，小花一般12～24朵，花大型，左右对称；花冠筒漏斗状，色彩丰富，有白、黄、粉、红、紫、蓝等深浅不一的单色或复色，或具斑点、条纹或呈波状、皱纹状；自然花期夏秋季。蒴果，种子扁平，有翼。

目前我国培育的唐菖蒲品种已达450多个，但大量栽培的很少。目前我国栽植的唐菖蒲种球绝大多数是进口的，主要来自荷兰、日本、美国等，品种主要有红色以青骨红、江山美人、胜利巴克、欧罗文森、马加列、猎曲、杰西卡为主；粉色以普丽西拉、粉友谊、超级玫瑰、夏威夷、钻石粉为主；黄色有豪华、新星、金色原野、金色杰克逊、杰西特；白色有白花女神、白友谊、白繁荣；紫色有蓝精灵、费都等。

生态习性：唐菖蒲喜冬季温暖、夏季凉爽的气候。不耐寒，亦不耐高温，尤忌闷热。生长临界低温为3℃，4～5℃时，球茎即可萌动生长；生长适温白天为20～25℃，夜间为10～15℃。唐菖蒲性喜深厚肥沃且排水良好的沙质壤土，不宜在黏重土壤或低洼积水处生长，土壤pH以5.6～6.5为佳。喜光，在充足光照下，植株生长健壮，抗逆性强，花色艳丽且耐久，可延长瓶插水养的观赏时间，还能促进地下球茎生长，提高种球与品质，不耐阴。为长日照植物，长日照（15h左右）有利于花芽分化，光照不足会减少开花数，因此，在冬季日照不足的地区，要追加人工光照。但花芽分化后，短日照却有利于花芽的生长和促进开花。

繁殖方法：以子球繁殖为主，也可进行组织培养和播种等方法繁殖。

（1）子球繁殖

唐菖蒲的开花球茎种植一年后，每个球茎可形成新球和许多子球。将母球上自然分生的新球和子球取下来，另行种植。新球主要用于切花生产，球茎直径与高度的比值在1∶0.8～1∶1.1左右最好。但新球经多次更新后病害严重，出现品质退化。采用唐菖蒲新球基部匍匐枝顶芽形成的子球繁殖切花用球，是快速增殖种球和防止种性退化的有效方法。

1）土壤处理　选择向阳、避风、排水良好的地块，忌连作，土层深厚、有机质丰富的沙壤土，栽种前应翻耕一次，做高畦，以利排水。基肥以禽畜粪为主，加适量骨粉和草木灰。

2）品种选择　选择适合市场需求的品种，通常以红色为主，占60%，粉色占30%，黄色占5%，白色占5%。可根据市场需求调节比例。质量：要求无病、无伤、饱满无干瘪、大小均匀、品种纯正。大小：分为两级。A级种球直径1～1.5cm；B级（小籽球）种球直径1.0cm以下。

3）种球消毒和催芽处理　一般在种植前1～2d对子球进行消毒和催芽处理。种前认真选择无病、饱满充实的直径1.0～1.5cm的籽球，去除染病和畸形仔球。子球消毒可采用5%的石灰氮（氰氨化钙）浸种1h，然后用含0.5%多菌清、0.5%甲醛和500μL/L中性洗涤剂的混合液保持在52℃下浸泡30min。浸后的子球不需要清洗，以免破坏已形成的药膜。子球取出后放在阴凉处晾干，铺放于3～5cm厚的稻草上，盖上稻草，待子球萌动后即可播种。

4）子球种植　子球种植一般在春天晚霜过后，10～20cm深的土层温度维持在15℃左右时，为最佳播种期。采用条播，沟距20～25cm，将子球均匀地播入，每米沟内约播种40～60粒小子球，播后覆土4～5cm厚。

5）田间管理　子球播种后至出苗前要经常保持土壤湿润，以喷灌为好。出苗后应适当控水，以促进根系生长。旺盛生长期要注意水分供应，并适时追肥，最好在二叶期追施氮肥1～2次，四叶期追施磷钾肥1次，花后再追磷钾肥1次，以促进新球发育。生长季要注意除草、松土，并及时摘除花茎、花蕾使养分集中供子球生长。定期喷洒杀虫、杀菌剂，防止病虫害的发生。

6）种球收获　9月下旬至10月上旬收球。

一般在叶面的先端约1/3变黄时采收，必须选择晴天采收，将整个植株全部掘起，进行晾干。然后去除病球、杂质，药剂消毒、晾晒，分级贮藏。直径在2.5cm以上的可作为商品用切花种球出圃。直径2.0cm以下的小种球第2年继续培育商品种球。

(2) 组织培养繁殖法

目前组培法已成为唐菖蒲快速繁殖和脱毒复壮的有效手段。组培时，其球茎切块、球茎侧芽、子球茎、花茎、花蕾、花托、叶片的白色基部及茎尖均可作为外植体，在试管中培育成0.3～1.0cm的小球，然后在土壤中栽培一个生长季后，即长成3cm以上的开花球。

(3) 播种繁殖

多用于培育新品种和复壮老品种。一般在夏秋季种子成熟采收后，立即在温室内采用容器育苗法，第2年秋即可开花鉴定，第3年可繁育切花用球。

栽培管理：

(1) 土壤准备

选择地势高燥、阳光充足、通风良好的地块，切忌低洼、阴冷的环境。栽种前对土壤进行深翻，深度40cm左右。每亩施入1000～2000kg的腐熟堆肥，或每亩施入氮6～9kg、磷6～12kg、钾7～12kg，施入后进行浅翻，然后进行土壤消毒等。如用蒸汽对土壤消毒，需在蒸汽温度100～120℃下，持续40～60min；如用化学药剂消毒，可使用氯化苦（二氯硝基甲烷）、溴甲烷、福尔马林（36%～40%的甲醛溶液）等。消毒土层为30cm。按南北走向做成高10～15cm的高床，床面宽1.0～1.2cm。

(2) 种球处理

选择无病虫、芽没有损伤的种球。种植前先将球茎在清水内浸15min，然后消毒。常用的消毒方法有：①0.1%升汞溶液浸30min；②1%～2%福尔马林溶液浸种20～60min；③0.1%浓度的苯菌灵加氯硝胺或苯菌灵加百菌清，在50℃左右温水中浸泡30min；④500倍多菌灵溶液浸30min。浸后取出唐菖蒲球用清水洗净，晾干后栽植。

(3) 种植

1) 种植时期　通常在地表15cm处土温升到4℃以上时即可露地种植。华北中部地区一般为3月底～4月上、中旬。为延长切花的供应期，种球应该错开播种。自播种到采收切花的周期，与品种特性、种球大小、栽培时期的温度条件等因素有关。早花品种与晚花品种同时播种，花期可相隔20～30d；周径为12～14cm的大球比8cm左右球径可提早2～3周开花；栽培温度在25℃条件下经60～70d开花的品种，栽培温度降低至12～15℃时，开花周期则要延长到90～120d。利用地膜与小拱棚栽培，播种期还可提前1个月左右。

2) 种植密度　依球茎大小而定，一般球茎周长8～10cm的70～80个/m^2，种球周长10～12cm的60～70个/m^2，种球周长12～14cm的30～60个/m^2。

3) 种植深度　球茎种植深度应根据土壤类型与播种时期而定。一般黏重土要比疏松土种浅些；春季栽植要比夏秋栽培浅些。通常春栽深度掌握在5～10cm，夏秋栽植可加深到10～15cm。夏秋栽植深，主要是利用较低气温减轻病害，深栽推迟花期。

(4) 肥水管理

唐菖蒲从栽种到出现2片叶子时，浇水不宜过多，以免造成植株徒长影响花芽分化；生长季保持土壤湿润即可。在3叶期、花芽分化期应适当控水有利花芽分化。唐菖蒲生长期需要充足的营养供应。生长期氮素不足不仅会使花数减少，而且叶色褪淡；缺磷会使叶片变暗绿色；缺钾会使花茎变短，花期延迟，下部叶大量黄化。栽培唐菖蒲切花由于生长期短，施肥应以追肥为主，通常在2叶期、4～5叶期、抽出花穗时各追肥一次。2叶期主要追施有机液体肥料，促进茎叶生长；4～5叶期是茎伸长孕蕾时期，以施磷钾肥为主，如磷酸二氢钾、硫酸钾等，有利于花发育；抽出花穗时追施磷钾肥，可促进茎杆伸长、花枝粗壮、花朵增大以及新球发育。唐菖蒲对土壤含盐量很敏感，盐分过高会阻碍根的生长和开花，所以要薄肥勤施，避免含氯氟肥料的施用。

(5) 拉网

为防止倒伏，花茎长至30cm左右时，开始拉网。一般1～2层，网随植株生长不断提升，以保持植株直立生长。

温室促成及抑制栽培：

(1) 品种筛选

筛选生长健壮，株形丰满，花朵数多，花色艳丽，花形气派，花期长，且颜色符合消费者要求的品种，选择直径3.4～4.1cm的种球，切花质量表现最好，色彩鲜艳，花穗坚挺。

(2) 种球处理

当年采收的种球，必须进行处理，以打破种球休眠，促使其发芽。

1) 变温处理　变温处理有两种不同的方法。①先高温后低温的变温处理，即将当年收获的新种球，先干燥10d左右，再在35℃环境下放置20d，然后转移到2～3℃环境条件下再放置20d即可打破休眠。在此期间应保持球茎干燥，湿度过大易造成球茎腐烂。②先低温后高温的变温处理。即当年收获的新种球，经清洗、消毒处理，晾干后，放置在0℃环境下保持20d，再转移到38℃环境下保持10d，然后进行栽种，一般栽种后20d就可发芽。

采用变温处理打破种球休眠是生产中主要采用的方法。但需注意，不同品种处理时间和效果有所不同，对于比较珍贵的品种，可事先用少量球茎进行试验，然后再用于大批种球。

2）化学药剂处理 常用药剂主要有乙烯利，绿乙醇和植物生长调节剂。①乙烯利处理。先将收获的种球放置在2～3℃的低温环境中贮存一周，然后取出在3%乙烯利中浸泡3～4min，再用密闭容器在室温下封存24h，取出后就可以种植。②绿乙醇处理。将球茎浸泡在3%绿乙醇溶液中2h，然后将球茎封存到密闭的容器中置于23℃下，处理24h后可立即栽种，栽种20d左右就可以发芽。③植物生长调节剂处理。常用的植物生长调节剂为细胞分裂素，用50～100mg/kg的细胞分裂素溶液浸泡球茎12～24h后栽种，1～2周后球茎可发芽。

（3）温度控制

温室栽培，栽植初期需要较低的温度，一般10～18℃为宜，以利母球根系发育；当茎叶出土后适当提高温度，白天20～25℃，夜间10～15℃最为适宜。冬季设施内温度应高于10℃，以15℃以上为最好，低于8℃生长会受抑制，尤其是抽花茎时低温会造成花茎停止生长，使花茎变短，花的质量下降，一般温室内温度低于10℃时应开始加温。

（4）补光

唐菖蒲是典型的喜光长日照花卉，每天的日照时间应大于12h。尤其植株生长到2叶期后已进入秋冬季，自然日照时数变短，应及时补光。一般每30m^{2}放置一个100W的灯泡即可。补光时间从放草苫之前到晚上10:00左右进行，且补光应连续进行。

采收保鲜： 唐菖蒲切花采收时期是花穗小花1～3朵着色时。采收在空气湿度大的早晨或傍晚为好，采切花时在植株上留2～3片叶，以利地下球茎继续生长直至成熟。采收时要用消过毒的具细长尖刃的锋利刀具。剪取后的花枝剥除基生叶叶片，按等级分级包扎，一般10支、12支或者20支一束。

由于唐菖蒲茎为空心，剪下后营养缺乏，所以采后用预处液处理12～24h，插入深度约10cm，预处液为20%蔗糖＋300mg/L 8-羟基喹啉柠檬酸＋30mg/L硝酸银＋30mg/L硫酸铝。

经过预处理的唐菖蒲切花应立即进行4～6℃低温贮藏，冷藏期一般为6～8d。

出售前，为促进唐菖蒲切花枝开花可进行催花处理，催花液为10%蔗糖＋200mg/L杀菌剂＋70～100mg/L有机酸。

为延缓唐菖蒲切花的衰老，可配制保鲜液进行保鲜处理。常用瓶插液有：

① 5%蔗糖＋300mg/L 8-羟基喹啉柠檬酸＋50mg/L硝酸银；

② 2%蔗糖＋300mg/L苯甲酸钠＋300mg/L柠檬酸。

氟对唐菖蒲切花危害极大，0.25mg/L的氟就可以引起对唐菖蒲切花花瓣边缘变白，叶尖坏死，甚至使花蕾陷入“休眠”状态。特别是红色品种对氟最为敏感，所以应注意不能用自来水配制唐菖蒲保鲜剂。

4.2.4 香石竹（彩图4-2-4）

科属： 石竹科、石竹属

别名： 康乃馨、麝香石竹、荷兰石竹、丁香石竹

英文名： Carnation

学名： *Dianthus caryophyllus*

形态特征： 多年生宿根草本，切花生产中作一、二年生花卉栽培。株高30～100cm。茎直立多分枝，基部半木质化，茎节部膨大，着生交互对生叶片，叶线状披针形，全缘，基部抱茎，具白粉而呈灰绿色，有较明显的叶脉3～5条。花单生或2～6朵聚生枝顶，花萼筒长杯状，端部5裂，花瓣多数，倒广卵形，具不规则缺刻。原种花深红色，花径约2.5cm。经长期培育，花径增大，雄蕊瓣化率高，花色有白、桃红、玫瑰红、大红、深红至紫、乳黄至黄、橙、绿等色，并有多种间色、镶边的变化。花期4～7月，温室栽培四季有花。蒴果，种子黑色。现代香石竹多数已丧失芳香。

现代香石竹主要育成于欧洲与美国。目前根据栽培应用主要为单花型（大花型，每枝上着生1朵花）、多花型（主枝有数朵花，花径较小，3～5cm）。当前市场主流的大花单头香石竹品种有马斯特、自由、粉黛、俏姑娘、雅粉、佳农、典礼、白雪公主、奇异、粉佳人等，多头小花香石竹品种有芭芭拉、阳光、梦蝶、诺言、粉蝶、紫恋、冷美人、斯佳丽皇后等。

生态习性： 香石竹要求冬季温暖、夏季凉爽的环境，生长适温15～21℃，白天20℃左右，夜间15℃左右。在14℃以下，温度越低，生长越慢，甚至不开花。对白天25℃以上的高温适应性差，温度过高时，则生长快，茎秆细弱，花小。夏季连续高温，极易发生病害，很难正常发育。日温差要控制在12℃以内，否则容易造成花萼开裂。香石竹的原种是初夏一季开花的长日照植物。现代香石竹经过改良已经成为四季开花

的植物，是相对的长日照植物。在15～16h的长日照条件下，对花芽分化与开花均有促进作用。喜光照充足，光照强度在4000lx以内，光合产量随光强增加而提高，至5000lx达光饱和点。既不耐旱又怕水湿，喜干燥通风的空气环境，忌空气湿度过高。夏季高温多雨或设施内空气湿度过大，会造成生长不良，开花质量下降，病害严重。喜深厚肥沃、富含腐殖质的微酸性壤土或稍黏质的壤土，适宜的土壤pH为6～6.5。忌连作。

繁殖方法：可用播种、扦插、组织培养繁殖。播种繁殖用于一季开花类型和杂交育种。

香石竹在栽培过程中极易感染病毒病与细菌性的萎蔫病、立枯病，感染病毒病后会使植株发生严重的退化现象。所以，种苗繁殖首先要通过茎尖离体培养，获得无病毒的脱毒苗，然后用脱毒苗作为母株，采取插穗进行扦插育苗。这样可以避免或减轻植株的退化。

1）母株培育　生产上常用优良品种的脱毒苗为母株建立采穗圃。采穗圃应建在有较好隔离设施的温室或大棚内，必须与切花生产区分离。母株定植要用离开地面的栽培高床，可用泥炭与珍珠岩混合基质，并进行严格消毒。栽培床周围要罩尼龙防虫网以防昆虫侵入传染病毒。采穗母株按株行距20cm×20cm进行定植，定植后20d左右保留5～6节进行第1次摘心，摘心后发生4个侧枝，当侧枝长到30～40cm，再保留5～6节进行第2次摘心，其后各分枝上发生的新梢即为插穗。采穗母株必须每年更换。对采穗母株要进行良好的肥水管理，每次采穗后要追施一次氮磷钾复合肥。土壤灌水最好采用滴灌方式，可避免叶面沾水。要定期喷洒药剂，预防病害发生。

2）插穗的采集　采穗母株经过2次摘心后，各分枝上长出的侧枝达15～16cm以上、有8～9对叶时，在每一分枝上留2～3节采摘插穗。采取的插穗长10～12cm，具有4～5对叶片。所取插穗长短要整齐，长势健壮，无病。插穗可每周掰摘一次。采穗前1～2d先对母株喷洒一次百菌清等杀菌剂，以防插穗带病。

3）扦插　扦插时间由需苗时间决定，一般可在需苗前1～1.5个月扦插，也可在春秋两季最适合香石竹扦插的季节进行。扦插基质为蛭石：珍珠岩为1：1或河沙：蛭石为1：1，扦插前插床及基质要严格消毒。扦插前，将采好的每20～30支1束，速蘸50mg/L的NAA或2号ABT中，促进生根。所采插穗如不立即扦插，可用塑料薄膜包裹后，置于1～2℃条件下贮藏4～8周扦插。扦插株行距3cm×3cm，扦插深度3cm左右，宜浅不宜深。插后压紧浇足水分。插后用全光喷雾装置或覆膜保湿，保持床温21℃，气温13℃左右，约15d左右可生根。25～30d可起苗移植。

栽培管理：香石竹的切花栽培多采用设施栽培。目前，可选用的设施种类有全自动智能温室、连栋大棚、日光温室及荫棚。生产者可根据生产地区的气候环境、经济状况等选择合适的生产设施。

（1）土壤的准备

香石竹生产中推荐使用的栽培基质为草炭：珍珠岩为1：3混合使用，最适pH为6.0～6.5，EC值0.6～1.2mS/cm。对于长期栽培香石竹的土壤需要进行改良，在整地时施入腐熟有机肥，然后进行土壤消毒，方法为蒸汽消毒或福尔马林加水稀释50倍进行消毒。

（2）种植床的准备

可选地床或高架床，在土壤病害多发地区最好采取高架床，与地表面隔离栽培效果好。种植床的床宽一般为80cm，深度为20cm。地床排水管设置在地下50cm处，高架床内部埋有排水管。

（3）定植

香石竹的定植时期要根据切花上市时间而定。还要考虑从定植到开花所需的时间、修剪方式、温度、光照的变化以及定植苗的大小等因素。供应元旦和农历新年的单头切花品种一般在6月下旬至7月上旬定植，多头品种一般在6月上旬定植，具体定植时间视品种和农历新年时间的不同而不同。供应母亲节的单头品种在10月中旬定植，多头品种在9月下旬定植。定植的株行距为12cm×(15～20)cm，一般品种的定植密度为35～40株/m^2，中型花品种定植密度可提高到44株/m^2，大花型品种密度为35株/m^2。如果只采收1次花的短期栽培，可加密到60～80株/m^2。定植前2～3d基质浇透水。将幼苗用1000倍甲基托布津和磷酸二氢钾混合液浸泡30s。栽植时以浅栽为原则，通常栽植深度为2～3cm，以扦插苗在原扦插基质中的表层部位稍露土为宜。栽植时为防止幼苗曝晒可用50%遮阳网适当遮阴。定植后马上浇水，在缓苗期要保持土壤湿润。

（4）水肥管理

香石竹生长期需水量较多，但不能1次浇水过多，以能湿润到土层30cm为宜。幼苗期要适度控水“蹲苗”，使其形成健壮的根系。高温期水分不宜过多，以防茎腐病发生，空气湿度要保持在80%以下，过高时要加强通风。冬季开花植株的浇水次数及浇水量要适当控制，因为昼夜温差增大，如浇水过多会增加裂萼的比例。浇水最好在早晨进行，以滴灌方式最佳，浇根不浇叶。

香石竹喜肥。种植前要足施基肥，一般每 $667m^2$ 施腐熟优质农家肥 20000kg、过磷酸钙 100kg。追肥为液肥，一般冬季 10～15d 1 次，夏季 5d 1 次，春秋季 7d 1 次，配方见表 4-1、表 4-2。注意根据不同时期适当调整追肥量，摘心前一般不追肥，孕蕾开花期及采花后适当重施。

表 4-1 香石竹大量元素营养液配方

营养液配方名称	用量/g				
	$Ca(NO_3)_2$	KNO_3	KH_2PO_4	$MgSO_4$	NH_4NO_3
配方 1	400	320	600	21	650
配方 2	500	610	280	18.9	325

注：此配方是经验配方，将其溶于 1000kg 水中均匀施在 $100m^2$，亦可根据植株生长状况调节用量。

表 4-2 香石竹微量元素营养液配方

化合物名称	分子式	用量/g
硼酸	H_3BO_3	1.12
硫酸锰	$MnSO_4 \cdot 4H_2O$	1.2
硫酸锌	$ZnSO_4 \cdot 7H_2O$	0.52
硫酸铜	$CuSO_4 \cdot 5H_2O$	0.04
钼酸铵	$(NH_4)_6Mo_7O_{24} \cdot 4H_2O$	0.12
硫酸亚铁	$FeSO_4$	9.2

注：此配方是经验配方，将其溶于 1000kg 水中均匀施在 $100m^2$，亦可根据植株生长状况调节用量。

（5）温度管理

香石竹最适生长适温为 15～20℃，夏季要通过遮阳、换气、喷雾或冷水循环的方法降温，温度保持在 25℃以下。冬季利用暖风机加温、水暖加温、蒸汽加温等方法提高温室温度。单头香石竹的冬季夜间温度应保持在 10℃以上，多头香石竹的冬季夜间温度应保持在 12℃以上，如果日照光强较弱，夜间可以减少 1～2℃。对于冬季栽培时，当室内温度降到 4℃要开始加温，具体加温日期一般在展叶 10 对左右进行。

（6）光照管理

香石竹虽是四季开花的相对的长日照植物，如使光照时间延长到 16h，可促进香石竹的营养生长和花芽形成，具有提早开花，提高产量与品质的效果。因此，在秋冬季节，自然日照较短，展叶数达到 6 对左右的植株花芽将要开始分化时，开始补光。采用 100W 白炽灯，悬挂在植株上方 1.5m 处，深夜时电照 3～4h（从 22:00 到第二天早晨 2:00）。对于第一批花一般需要处理 50d 左右。如果为了促进第 2 批花提前开花，一般在采收第 1 批后就开始电照补光，补光 2 个月左右。

（7）摘心

摘心是决定香石竹开花的枝数及花期调控的重要手段。香石竹的摘心方法有一次摘心、一次半摘心、二次摘心等，以定植季节与采花时间，切花数量和质量而定。

1）一次摘心　摘心 1 次后即让其开花的，称一次摘心。定植后 30d 左右，幼苗主茎有 6～7 对叶展开时，在主茎上留 5～6 节摘除茎顶端生长点，使下部叶腋 4～5 个侧芽萌发，充分生长发育，形成开花枝开花。这种方法开花最早，定植到开花的时间短（从摘心到开花约 3 个月）。缺点是花期比较集中，第一批采收后与第二批花有明显的间隔期，并形成两个采花高峰期，要做到均衡供花比较困难。

2）一次半摘心　即在第 1 次摘心后，当侧枝长到 3～4 节时，将分枝的一半进行摘心，另一半分枝不摘心，然后让其开花。这样处理之后，进行二次摘心的侧枝开花期，正好处在第一批花与第二批花高峰期的中间，可达到均衡采花时期的要求。此方法应用普遍。

3）二次摘心　在主茎第 1 次摘心后，当侧枝生长有 5 节左右，对全部侧枝再进行一次摘心，使单株形成的花枝数达到 6～8 枝，每个侧枝都保留 2 枝花。此法可以在同一时期内形成较多花枝，第一批花采收比较集中，而下一批花茎的生长势减弱，并延缓开花。生产中应用较少。

4）一次摘心加打梢　即在 1 次摘心之后，当有过旺侧枝时即去其顶梢，以后经常去除旺枝顶梢。这样减少了大批早茬花，但见花后将陆续有花。此法仅在持续高光条件下采用。

选择晴天出太阳时摘心，避免在清早、傍晚及阴雨天时操作。摘心时用一只手捏住保留的最上部节，另一只手揪紧需摘除的叶丛，向侧边用力下按即可。摘心最好两手同时操作，以避免摘心时提升根系，损伤部分幼根。每次摘心后尽快喷洒 1 次保护性杀菌剂，以减少病原侵入。对于一般的品种采取节位折断式摘心，对于发育较迟的植株可以采取茎尖摘心法。

（8）剥芽和剥蕾

香石竹定植后，经过 1～2 次摘心，侧芽萌发形成大量分枝，按要求留足侧枝或开花枝后，其余的弱枝、侧芽应疏除，但下部 2 节侧芽要保留，以备生产下茬花之用。开花枝上的侧芽，特别是一些侧芽萌发率高的品种，应及时剥除，以确保花枝的长度和切花质量。大花单头品种，需留顶花蕾，其余的侧花蕾长到豌豆大小前都要抹掉，以保证养分集中于中间主花蕾；小花多头品种及微型香石竹，要摘除顶花蕾，保留侧花蕾，并视花蕾情况适当剥除多余的侧花蕾。

（9）张网

摘心后，侧枝开始生长，为避免侧枝弯曲，确保花枝挺直，提高切花的品质及产量，须在定植后及时张网。具体方法为：在第一次摘心后着手挂第1层网，第1层网离地面10～15cm，以后每隔20cm左右挂1层网，一般挂3层。网孔为10cm×10cm，每层网的网孔要对整齐，网一定要撑展撑紧。拉网后要经常将长高的枝条，按生长垂直方向引扶到网格中，以保持茎枝挺直生长。

(10) 裂萼的原因及防治

香石竹的裂萼称裂苞。裂萼的花朵有碍观赏，降低商品价值。生产中的裂萼直接影响到切花的品质和经济效益。裂萼是一种生理性病害，在有的季节个别品种裂萼率高达30%以上。

研究表明，造成香石竹裂萼的原因有以下几个。

① 裂萼与花瓣数的多少有关，一般花瓣在60片以上的大花型品种，易发生裂萼。

② 在花蕾发育期温度偏低或昼夜温差过大（超过12℃）。

③ 在低温期浇水或施肥量过大，施肥时氮、磷、钾等主要营养成分的不均衡，磷肥过剩，缺硼和钾肥不足，使花瓣生长速度超过花萼生长，过多的花瓣挤破花萼，造成花萼破裂。

防止香石竹裂萼的措施可以从以下几方面考虑。

① 选择合适品种：选择花瓣在40～55枚的裂萼率低的品种（西姆系列中裂萼品种多，而考拉尔、彼得系列中裂萼品种少）。

② 控制温度：高温季节温室或大棚内温度不超过30℃，低温季节温室或大棚内温度不低于10℃，昼夜温差不超过12℃。

③ 均衡水肥：适当控制水分，避免土壤干湿急剧变化；薄肥勤施，防止大肥，及时补充硼肥，后期补充钾肥。

④ 人工补充光照：在低温季节，人工补充光照可有效降低裂萼的发生。

⑤ 花萼带箍：一旦以形成了裂萼，在花瓣尖端已完全露出萼筒时，使用透明胶带粘裹在花萼的最肥大处。

⑥ 激素处理：蕾期现色前用30～50mg/L的赤霉素溶液喷花萼，促进花萼生长速度，可减少裂萼现象。

采收保鲜：

(1) 采收

香石竹因花形不同、采收季节不同，采收适期应随之而变。

1) 单头大花型香石竹

① 夏季高温或进冷库贮藏的，当花冠裂开呈“十字形”时即可采收。

② 春、秋季，花冠裂开呈“十字形”，略显花色即可采花。

③ 冬季低温时，中央花瓣露出0.5～1cm即可采收。

④ 需即时上市的，在花瓣露出1～1.5cm时采收。

2) 多头小花型香石竹　因花朵小、花发育不一致，应在1～2朵花开放后采收；如即时应用须在3～4朵小花开放并露色是采收。

(2) 采后处理与保鲜

采下的香石竹花枝，剥除茎基部2～3叶片，修剪整齐，按分级标准进行分级后，按花色，每10支、20支或30支一束捆扎。捆扎后的花序将花茎末端剪齐。然后将10cm茎基放入37℃的预处理液（硫代硫酸银100mg/L）中2～4h后，转移到温度为0～1℃，相对湿度90%～95%的冷库中贮藏12～24h，然后装箱上市或放0.04～0.06mm厚的聚乙烯袋内继续冷藏，最长可贮藏8～10周。

4.2.5　非洲菊（彩图4-2-5）

科属：菊科、大丁草属

别名：扶郎花、太阳花、火轮菊、灯盏花、菖白枝、葛拉白、嘉宝菊等

英文名：Gerbera

学名：*Gerbera jamesonii* Bolus

形态特征：多年生常绿草本，全株被绒毛。叶丛状基生，叶片矩圆状匙形，长15～25cm，羽状浅裂或深裂，顶部裂片较大，边缘有疏齿，尖或圆钝，基部较狭。多数花梗从叶丛中抽出，每梗先端具一头状花序，花梗中空、高于叶丛，花葶高30～65cm，有的切花品种可达85cm，头状花序盘形，苞片数层，外层舌状花大，雌性，倒披针形或带状，先端3齿裂，中间的筒状花较小，两性，通常二唇形，花序直径8～13cm。花色丰富，有红、桃红、粉、橙、黄、紫、白及复色等色，筒状花有绿、黑、黄绿、红褐等色，四季常开，以5～6月和9～10月为盛花期。切花生产应选择花形饱满、茎杆粗壮挺拔、瓶插期长、适应性广的抗病、耐热、耐寒、适合贮存和长途运输的优良品种，现在生产上栽培的非洲菊品种多为荷兰的Van Wijk系大花品种。

生态习性：性喜冬季温暖，夏季凉爽，空气流通，阳光充足的环境。耐寒性差，生长最适温度为20～25℃，短期27～30℃高温对生长无大影响，但若30℃高温持续时间过长，植株呈生长极缓的半休眠状态。冬季可在12～15℃下生长，低于10℃生长停止，进入休眠状态，低于0℃植株会受到冻害。对日照长度反应不敏感，但在南方地区，冬天受短日照和低温影响，会使分蘖增多，随春季气温升高和日照变长，产花量将迅速上升。最适光照强度为20000～50000lx，植株在强光下花朵发育最好，略有遮阴，可使花

茎较长，对切花更为有利。略耐干旱，不耐涝，环境高湿也易生病。要求疏松肥沃、排水良好、富含腐殖质的深厚土层和 pH 为 6.0～6.5 的沙质壤土。

繁殖方法： 非洲菊可采用播种、分株、扦插和组培繁殖。但切花生产主要以组织培养繁殖为主。以下主要介绍组培繁殖和分株繁殖。

（1）组培繁殖

组织培养是目前非洲菊繁殖的主要方式，在现代切花栽培中，为获得大量品质一致的植株，已广泛采用组培繁殖。种苗质量高，繁殖速度快，可实行周年计划安排，有利于商品化生产。通常使用花托和花梗作为外植体。

芽分化培养基为：MS＋BA 10mg/L＋IAA 0.5mg/L；

继代培养增殖培养基为：MS＋KT 10mg/L；

生根培养基为：1/2MS＋NAA 0.03mg/L。

（2）分株繁殖

适用于一些分蘖能力较强的品种，一般 3～5 月进行。分株方法是将老株整株掘起，据株丛大小将其切分成若干株，每一新株必须带有芽、根颈和健康的吸收根，带 4～5 片叶。分株后的苗可剪去一些褐色老根及吸收根的根尖，以促进发生新的须根。分株苗可直接用做定植苗。分株繁殖，繁殖系数低，易感染病虫害，分株繁殖代数高时，种苗退化，质量不稳定，降低商品率。

栽培管理：

（1）整地做畦

在长江以北地区，非洲菊切花栽培需要在日光温室或冬暖式大棚里进行栽培。非洲菊根系发达，栽植床土壤深度要在 30cm 左右，土质应为疏松、肥沃富含有机质的中性或微酸性沙质壤土。质地稍差的田块可以加入适量的细沙、泥炭、食用菌渣或腐熟的锯木屑等改善其透水与透气性，使土壤疏松。定植前要施入充足的基肥，一般每 667m^2 施充分腐熟的有机肥 3500～4000kg，多元素复合肥 20～25kg，过磷酸钙 100kg，草木灰 300kg。连作地必须经过消毒。常用福尔马林或多菌灵或 65%代森锌粉剂或用 40%甲醛 50 倍液喷于土壤上并拌匀，覆盖塑料膜密闭 2～3d，揭膜风干 2 周后使用。常规栽培时，作高畦或宽垄，畦宽 1.0～1.2m，畦高或垄高 20～25cm，垄宽 40cm，北方地区也可采用宽 1.2m 的平畦。

（2）定植

小苗长出 5 片真叶时定植，温室栽培一年四季均可定植，春季为适期。定植密度为每畦定植 2～3 行，株行距 40cm×20cm。每亩可定植 5000～6000 株。定植时一定要浅植，根颈部露出地面 1～1.5cm 为宜，栽植过深易引起根颈腐烂。栽后要浇透水。栽时尽可能减少对根系及叶片的损伤。刚刚定植的植株应用遮阳网遮光。

（3）肥水管理

1）水分　非洲菊苗期要适当控水以利于形成良好根系，生长期内可视土壤的干湿情况而定，不干不浇，浇则浇透。冬季尽量少浇水，土壤以稍干些为好，浇水后第 2 天上午应打开风口，通风降湿。湿度高植株易霉烂，且蚜虫滋生。夏季水分蒸发快，可适量多浇水，并结合追肥进行，以促进根系对肥料的吸收。无论何时浇水，在浇水时最好避免植株的叶丛心上沾水。因非洲菊的全株被毛，特别是在幼叶和小花蕾上更是密布绒毛，如沾上水后，水分不易蒸发，往往会导致花蕾及心叶霉烂。最好使用滴管浇水。

2）施肥　由于非洲菊周年开花，因而在整个生长期内对肥料的需求也很大，应定期追肥，少量多次。从幼苗到花芽分化时，至少要保持 15 片叶才能开出高质量的花，如叶片达不到 15 片就开花，花品质降低，商品价值不高，且影响植株的发育，所以在花芽分化前应增施有机肥和氮肥，促使植株充分长叶。以 600mg/kg 磷酸二氢钾和 750mg/kg 的尿素再加以适量的液体有机肥，每周追肥 1 次，这样定植后 2 个月即可看到小花蕾。植株进入营养生长与生殖生长并进的时期，应提高磷、钾肥的比例。一般按 350mg/kg 尿素、600mg/kg 磷酸二氢钾、600mg/kg 的硝酸钙、300mg/kg 磷酸铵每周 1 次，同时加入适量的有机肥。在开花期内经常观察叶片的生长状况，如叶小而少时，可适当增施氮肥，但施用量不可太多，否则植株生长过旺，叶片繁茂，抽花数未必增多。如果叶片生长过旺，植株叶片相互重叠，光照及通风都不佳，易导致病虫害的发生。在 4～6 月和 9～11 月的 2 次开花高峰期前应酌情进行叶面喷施磷。

（4）温度管理

应用栽培设施，尽量满足非洲菊苗期、生长期和开花期对温度的要求，以利正常生长和开花。在夏季，棚顶需覆盖遮阳网，并掀开大棚两侧塑料薄膜降温。冬季外界夜温接近 0℃时，封紧塑料薄膜，棚内增盖塑料薄膜。

（5）光照管理

非洲菊为喜光花卉，冬季需全光照，但夏季应注意适当遮阴，并加强通风，以降低温度，防止高温引起休眠。

（6）植株管理

非洲菊基部丛生叶易枯黄衰老，应及时清除，这样既利于新叶和新花芽的萌发，又利于通风透光，不至于造成下部幼花蕾得不到阳光和激素而成“隐蕾”。摘叶时一般每株保留 6～7 片功能叶，盛花期 1 年生株丛有 15～20 片叶，摘去病叶、老叶、黄叶和同一方向多余的功能叶，适当摘除中间部分小叶。同一时期，一株留花蕾不超过3个，多余的花蕾或畸形花要及时摘除，保证所留花枝有足够营养，提高切花的质量。

采收保鲜：

1）采收　非洲菊切花最适宜的采收时期以外围舌状花瓣平展，内围管状花开放2～3圈时采收。采收时间应在清晨或傍晚，最好在上午待切花表面露水干燥后采收。不要在植株萎蔫或夜间花朵半闭合状态时剪取花枝，避免影响切花品质。采收时用手握住花茎下部，将整枝花向侧方用力拔取。

2）采后处理与保鲜　采后立即将切花基部浸入预处理液（1000mg/kg硝酸银）10min或清水中使之充分吸水。并尽快预冷，除去田间热。预冷后按颜色、花茎长短、花朵大小进行分级。并将每枝花从花头茎部套入软硬适中的盆状塑料垫或纸固定花头。包装非洲菊一般用70cm×40cm×30cm的纸箱，箱内有带孔的纸隔板，纸板长约60cm，宽约40cm，上有5排圆孔，每排10个。花枝剪下后按长短分级，然后每孔眼插入一花枝，使花头固定在纸板上，而花茎悬垂在纸板下，插满花枝后提起纸板放在盛有预处理液的水槽上，使花茎基部浸入预处理液进行处理，然后装箱上市。

4.2.6　百合（彩图4-2-6）

科属：百合科、百合属

别名：百合蒜、中逢花、中庭、番韭、摩罗、重迈等

英文名：Lily

学名：*Lilium* spp.

形态特征：百合为多年生草本，具地下鳞茎，多数百合的鳞片为披针形，无节，鳞片多为复瓦状排列于鳞茎盘上，组成无皮膜包被的无被鳞茎。株高50～150cm，地上茎直立，不分枝或少数上部有分枝，圆柱形，无毛。叶互生或轮生，线形、披针形或卵形，叶片具平行叶脉，叶无叶柄或具短柄，全缘或有小乳头状突起。花大、单生、簇生或呈总状花序，花朵直立、下垂或平伸，喇叭形、钟形或碗形，花被片6枚，内外两轮，平伸或反卷，基部有蜜腺。花色丰富，有白、粉、淡绿、橙、橘红、洋红及紫色等各种颜色。雄蕊6枚，花丝长、花药大，呈“丁”字形，花丝基部与花被片相连，随被片的脱落而脱落。雌蕊位于花中央，花柱较长，柱头膨大，3裂，通常分泌黏液。子房上位。花序上的花由下向上逐朵开放，单朵花花期2～3d，一个花序约开20d。自然花期5～6月，设施栽培可周年开花。蒴果矩圆形，种子多粒，扁平。国内外花卉市场上比较流行的百合主要有以下几种：东方百合杂种系（Oriental Hybrids）、亚洲百合杂种系（Asiatic Hybrids）和铁炮（麝香）百合杂种系（Longiflorum Hybrids）。此外，麝香百合与亚洲百合杂交而成的品种也有较高的观赏价值。

生态习性：百合性喜冷凉及湿润气候，能耐寒而怕酷暑，但最适生长温度白天在20～25℃、夜间为10～15℃，10℃以下停止生长，低于5℃或高于28℃均生长不良。喜光照充足而又略有荫蔽的环境，夏季栽培要求光照为自然光照的50%～70%，冬季在温室促成栽培又需补光。长日照植物，长日照可促进生长和增加花朵数目，过度荫蔽会引起花茎徒长和花蕾脱落。适宜的空气相对湿度为70%～85%，且湿度要稳定，不宜变化太大，否则易引起叶烧。喜疏松肥沃、排水及保水良好的偏酸性沙质壤土。对土壤盐分十分敏感，高盐分会抑制根系对水分的吸收，影响植株的生长、花芽分化和开花，一般要求土壤氯离子含量不超过1.5mmol/L。

繁殖方法：切花百合繁殖方法有分球繁殖、鳞片扦插、组织培养、茎生小鳞茎（株芽）繁殖等，规模种球生产以鳞片扦插繁殖为主。

1）分球繁殖　切花后的地下鳞茎，经生长充实后挖起，在鳞茎边有2～4个新球，将其与母球分离后，可作种球用。但该法扩繁数量少（东方百合分球较少），且鳞茎带有病毒，栽植后的植株病害与退化现象较严重。

2）鳞片扦插　应选用健壮无病害的成熟鳞茎，剥离肥大、质厚的鳞片，用40%的福尔马林80倍液浸渍30min，用清水冲洗干净，阴干后鳞片凹面向上斜插入苗床中，基质为粗沙、蛭石、颗粒泥炭等，基质厚度为8～10cm。扦插密度一般为500片/m^2，鳞片间距约为3cm，扦插深度为鳞片长度的1/2～2/3。一般每片鳞片可着生2～4个不定芽，每个芽可形成一个直径为2～4mm的小鳞茎。小鳞茎培育1～2年即可成商品球。用鳞片繁殖，繁殖系数高，利于种群复壮，性状稳定，生产出的切花质量高。

3）组织培养　百合的鳞片、幼芽、子房、花丝、花柱、嫩茎、株芽均可作为外植体进行组织培养获得新株，可以大大提高繁殖系数，防止病害感染，克服了多年持续营养繁殖引起的老化现象，使种球不断复壮，保证切花质量。

4）茎生小鳞茎（株芽）繁殖　在地上茎基部的土中部位上，可形成若干小鳞茎，这些小鳞茎具有健全的根系，可以单独栽种，培养成商品球。有些种类如卷丹、沙紫百合等，易产生株芽，可在花后株芽未脱落前采集并贮藏于在沙中，翌年春季播种，培育2～3年可开花。

栽培管理：百合生产栽培主要有地栽、箱栽

和种植床栽培等3种方式。一般亚洲杂种系和铁炮杂种系百合多用地栽生产种植，东方杂种系百合多采用箱式或种植床的方式生产。下面以地栽方式介绍栽培管理要点。

1）种球选择与处理　种球应选择充实健壮、无病虫害，为小鳞茎复壮后的新球。百合种球直径大小与花苞数有关，应选用一定规格的鳞茎，才能保证切花质量。因此种植亚洲百合，种球周径为12～14cm，东方百合种球周径为14～16cm，麝香百合种球周径为12～16cm。购买种球后，可将未解冻的种球放在避光温度保持在10～15℃的环境缓慢解冻12～48h，种植前喷施杀菌剂进行消毒处理。

2）土壤准备　百合忌连作，连作极可能发生大规模的病害，故应选择没有种植过百合或百合科其他球根类花卉，富含有机质，疏松，排水透气性好的地块。设施栽培可选择草炭∶蛭石＝1∶1或草炭∶珍珠岩＝1∶1或珍珠岩∶草炭∶松针＝1∶1∶15，要用干净的基质。种植亚洲杂种系和麝香杂种系的土壤总盐分EC值不应高于1.5mS/cm，氯化物含量不应高于1.5mmol/L，土壤pH 6～7。东方百合杂种系的土壤pH为5.5～6.5。若连作，一定要严格消毒。

3）整地作畦　每667m^2（即每亩）施入12～14m^3的腐熟厩肥，全面撒施后深翻土壤25～30cm。作畦，平畦或高畦，高畦畦顶宽80～90cm，底宽110～120cm，畦顶高出地面15～25cm，两畦之间的通道宽30cm；平畦通常宽80～100cm，畦埂宽20cm。

4）定植　种植前将鳞茎球底部的肉质根剪去。定植时间为秋季9～10月或春季3～4月，最忌在春末移栽种植。开沟点种，种植深度为种球顶端到土面距离为8～10cm。种植密度因种系、栽培品种和鳞茎大小而不同。种植后表土用稻草或树皮覆盖，以减少水分蒸发。

5）肥水管理　百合为浅根性花卉，在定植后到鳞茎基部根长出，必须保持土壤湿润；花芽分化期与现蕾期，田间持水量保持在60%左右。抽薹时灌溉2～3次，开花后控水。种植后前3周不施肥。出苗以后5～7d追肥1次，氮、磷、钾比例以5∶10∶10为宜。在花芽分化到现蕾开花阶段，每10～15d叶面喷施0.2%磷酸二氢钾或0.1%硝酸钾，如发现缺铁现象，要及时喷0.2%～0.3%的硫酸亚铁溶液。

6）温度管理　切花百合对温度要求特别严格。种植后3周内，温度必须保持在12～15℃，利于根系发育。生长期温度，亚洲百合杂种系日温20～25℃，夜温10～15℃；东方百合杂种系日温20～25℃，夜温15℃，若低于15℃会导致落蕾或叶片黄化现象；麝香百合杂种系日温25～28℃，夜温18℃。忌夏季白天持续25℃以上高温和冬季夜晚持续5℃以下低温。

7）光照管理　光照直接影响百合的生长发育。许多品种对光照较敏感，尤其是亚洲百合杂种系，光照不足，会出现盲花、落芽或消蕾现象（在11月至翌年3月），冬季栽培中需补光。以花序上第一个花蕾达到0.5～1.0cm时开始补光，日照长度应达到16h，并持续到花蕾发育到3cm为止。日照强烈的夏季，亚洲百合杂种系和麝香百合杂种系可遮光50%，东方百合杂种系可遮光60%～70%。

8）拉网　百合植株高大，花朵多且花径大，为防止茎倒伏或倾斜，植株长到15～20cm进行第一次拉网，当植株高达40cm左右时再拉一层网。也可以将第一层网的高度提高到40cm。网眼的大小以15cm×15cm、20cm×20cm为宜。注意在提高网高时，不要让网刮伤百合叶片或茎秆。

采收保鲜：为保证较高品质的成品百合切花，应在百合花蕾充分成熟，但尚未开放前采收。对于10个花蕾或以上的百合要让其至少有3个花蕾充分着色后，且没有开裂前采收。对于5～10个花蕾的百合要在至少2个花蕾着色后采收。采收太早，则花朵难充分开放，甚至产生叶片黄化和脱落；采收太晚，如花朵开放后，运输时花瓣会擦伤，花粉会污染到花瓣。采收要在清晨温度较低时进行。切取下来的花应在30min内送入2～3℃的冷库里进行降温处理。待百合冷却至2～3℃左右时，将百合基部10cm左右的叶片摘除，然后再按照花蕾数、长度、花苞品质、损伤程度进行分级。分级后可将百合倒置挂起来，置于冷凉、干爽、庇荫封闭的环境中进行失水软化处理，待叶片、花蕾有韧性时即可捆扎包装，10支1扎。剪去基部多余茎秆后，包上塑料套，插入盛有10～15cm深的清水桶中以便充分吸收水分。对亚洲百合杂种系品种，则在水中加入硫代硫酸银＋赤霉素预处理药剂，而硫代硫酸银对其他类型的百合有害，可直接浸入清水中或加适量的杀菌剂。然后连水桶一起放入2～3℃的冷库中预处理4～48h。当百合吸足水分后，可用厚度为0.05mm的聚乙烯薄膜密封，并在密封袋中放置乙烯吸收剂，最后在温度为1～2℃，湿度为90%～95%的条件下进行干藏，可贮藏15d左右。如在2～3℃环境中湿藏，贮藏时间不超过2d。瓶插保鲜液可选用配方为30mg/L蔗糖＋400mg/L 8-HQC＋200mg/LGA。

4.2.7　红掌（彩图4-2-7）

科属：天南星科、花烛属

别名：花烛、安祖花、火鹤花、红苞芋、台

灯花、大盾花、幸运花等

英文名： Anthurium

学名： *Anthurium andreanum*

形态特征： 多年生附生性常绿草本。株高50～100cm。根肉质，节间极短，近无茎。叶自根颈及地上茎节处抽出，呈丛生状，单叶具长柄，长圆状或卵圆形，叶基深心形，深绿色，革质，有光泽。花梗由叶腋处抽出，高30～60cm，高于叶丛，佛焰苞正圆或卵圆形，革质，长10～20cm，宽8～10cm，开展或弯曲，有猩红、大红、粉红、紫白、白、绿等多种颜色。肉穗花序无柄、圆柱形，直立或向外侧倾斜，有黄、白、绿等色。每个小浆果内有种子2～4粒，密生于肉穗花序上。花期全年。商业栽培的红掌品种繁多，有切花品种和盆栽品种。常见切花品种有丘比特、典雅、翡翠、碧玉、吉祥、红粉佳人、鸿运当头、罗莎、紫公主等。

生态习性： 原产南美热带雨林，喜高温多湿环境。生长最适温度为日温25～30℃，夜温21～24℃，生长适宜温度为18～32℃。低于13℃出现寒害，叶片坏死，高于35℃植株生长不良，停止生长甚至死亡，花、叶畸形，影响观赏价值。不耐干旱，根系不耐积水，适宜的空气湿度为70%～80%。喜半阴，忌强光，全年都宜于在适当荫蔽的弱光下栽培，理想的光照强度为20000～25000lx，冬季适当增加光照有利于根系发育。要求栽培基质疏松透气，结构稳定，不易腐烂，保水保肥能力较强而又不积水，pH保持在5.5～6.5，EC值0.8～1.2mS/cm。

繁殖方法： 生产中常采用分株、扦插、组织培养方法繁殖。

1）组织培养　是红掌作切花栽培的主要繁殖方法，以幼嫩叶柄和叶片为外植体，接种后20～30d产生愈伤组织，从愈伤组织分化出苗需30～60d，从接种到移栽幼苗4个月，种植后第3年开花。

2）分株繁殖　适用于能在根颈处产生带气生根子株的红掌。一般在春季进行，将有3片以上叶片的子株从母株上连茎带根分取下来，用水苔包扎后移植于苗盆内，1个月后即可种植。

3）扦插繁殖　适用于矗立性强的红色品种。去除叶片，将其地上茎每隔1～2节剪断，每一段为一个插条，将插条直立插在泥炭或水苔为基质的插床中，保持气温25℃左右，地温25～30℃，1个月左右，插条长出新芽和新根，成为独立植株。

栽培管理： 红掌切花栽培要求有加温、通风降温、遮光条件的温室。

（1）基质准备

目前切花红掌以无土栽培为主。要求栽培基质具有丰富的有机物质，保湿能力强，透水、排水性能良好。理想的基质为插花泥，持水、通气性能较好，使用前必须先通风晾干，将有毒气体如甲醛排出，由于弹性差，应避免挤压，否则会破坏结构。此外，插花泥的pH较低，使用前需用石灰水冲洗，一般每立方米花泥用1.5kg石灰，使之达到植物要求的pH。也可用以下混合基质，草炭∶珍珠岩＝1∶1；泥炭∶苔藓＝3∶1再加入少量煤炭渣；煤炭渣∶腐叶土∶珍珠岩＝1∶1∶1。

（2）栽植床的准备

生产上一般采用床栽。栽植床用砖、水泥做边框，栽植床一般宽1.2m，高40cm，长度一般不超过40m，步道宽40cm。床底安装排水管道，要有一定斜度。床底铺10～15cm厚的碎石或瓦砾，上面铺20～25cm厚的基质。栽植床内用塑料薄膜衬底以使栽培基质与地面隔离，减少种苗感染土壤传播虫害的机会。在栽培床边设置铁丝拦护绳，防止花、叶、茎伸往通道受到损伤。

定植前基质和设施内要进行消毒，然后用混有肥料的水浇灌基质，使栽培基质被营养液所饱和，然后静置栽培床2d；如果用花泥作基质，应静置5d，去除甲醛气体。

（3）定植

通常以1～5月为定植季节。定植深度以种苗颈部与栽培基质的表面持平为准，以气生根刚好全部埋入基质为限，一般为12～17m，每畦4行，株行距30cm×30cm，呈三角形栽植。

（4）肥水管理

浇水掌握干、湿交替原则，切莫积水。通过喷淋系统、雾化系统来保持温室内的空气湿度达80%。灌水方式最好采用滴灌、喷灌。红掌常用营养液进行追肥，生长期一般5～7d浇肥水1次，夏季2d浇肥水1次。每次施肥将液肥pH调至5.7左右，EC值为1.2～2.0mS/cm。一般营养液配方见表4-3，营养液分A液和B液按表4-3的配方将各种成分混合，用水定容。配好的A、B母液分别保存备用。使用时将A液、B液混合，加水稀释100倍。

表4-3　红掌营养液配方

A液		B液	
化合物	含量/(g/L)	化合物	含量/(g/L)
硝酸钙	27	硝酸钾	11
硝酸铵	5.4	磷酸二氢钾	13.6
硝酸钾	14	硫酸钾	8.7
EDTA	558	7水硫酸镁	24
7水硫酸亚铁	417	硼酸	122
		锰酸钠	12
		7水硫酸锌	87
		5水硫酸铜	12

(5) 温度管理

红掌终年温度应保持在20～30℃。夏季24～30℃，冬季19～25℃，不能低于13℃。夏季气温达28℃以上时，必须使用喷淋系统或雾化系统进行降温增湿，注意通风。

(6) 光照管理

红掌生长忌强光直射，生长期要注意遮光。夏季应遮光50%左右，春秋遮30%左右，冬季不遮光，保持光照充足。

(7) 植株管理

1) 剪叶　适时剪除老、残叶片，可以避免植株郁闭，促进株间空气流通，有效控制病虫害的发生，有利提高切花产量和质量。剪叶可每月进行，必要时2～3周剪1次。植株密度越大，剪叶的次数越多，叶片越大，保留的叶片数越少；少留水平叶，多留垂直叶。每株保留4片叶即可。

2) 除侧芽　侧芽常着生于植株基部，能发育为新的植株。过多的侧芽增加了植株密度，影响通风和光照，导致植株茎秆弯曲并且花朵较小。要尽早去除侧芽，大多数品种，一个植株保留一个侧芽即可。

3) 拉线　栽培床四周要拉线，使红掌的叶片和花朵被限制在栽培床范围内，使场地整齐，花茎直立，减少了花和叶的损伤机会，降低次品率。拉线不得超过2条。

4) 调整植株　红掌植株栽培多年后将长得很高，根系不稳固，此时通过更换补充栽培基质我，促进新根形成。

采收保鲜： 当肉穗花序下部3/4变色且看到雄蕊时即可采收，此时佛焰苞片的花色充分展示，花梗挺直、硬化。所以也可以据佛焰苞下面的花茎是否挺直作为采收依据。剪切花枝时，一只手小心握住花茎，另一只手握刀剪切。采切时尽量将花茎切至最长，但注意切花时植株上应保留3cm的茎，以防烂茎。花枝剪下后立即插入盛有净水的水桶中，水桶放在运花车上，尽快运到冷库进行预冷，预冷温度为15～18℃，预冷时间4h以上。预冷后对不干净的花朵进行清洗。按花梗长度、花色、佛焰苞直径分级，将花朵套聚乙烯袋保护，然后在花茎下端插入装有10～20mL，浓度为50mg/kg的次氯酸钠的保鲜液的套管内；同一盒装同一个品种或同一颜色；在花枝的下面铺设聚苯乙烯泡沫片，包装箱四周垫上潮湿的碎纸，包装完成后在用塑料胶带将花茎固定在包装盒中。红掌切花在分级、包装、装箱完成后，应移入冷藏库中进行降温处理，在温度15～18℃，相对湿度为90%～95%条件下可贮藏保鲜2～3周。

4.2.8　丝石竹（彩图4-2-8）

科属： 石竹科、丝石竹属

别名： 满天星、霞草、锥花丝石竹

英文名： Babysbreath

学名： *Gypsophila paniculata*

形态特征： 多年生宿根草本，切花生产作一、二年生栽培。植株高约80～120cm，茎直立，叉状分枝，被白粉。叶对生，披针状或线状披针形，无柄。顶生圆锥状聚伞花序，疏散开展，花枝纤弱，每株开花多朵，花小，直径0.5cm，有白、粉桃色等，自然花期为5～9月。地下根肉质。蒴果球形，内有10多粒肾形种子。我国常见栽培的白花品种有仙女、完美、钻石、雪球、塔沃等；粉红花品种有火烈鸟、红海洋、粉星等。

生态习性： 丝石竹喜冬暖夏凉的环境，生长适温为15～25℃，30℃以上和8℃以下花茎生长受阻，植株呈莲座状生长，丧失商品价值。满天星是喜光性长日照植物，需16h以上光照，在长日条件下花芽开始形成后，花茎极速伸长，日照不足10h，节间停止生长，呈莲座状丛生。喜干燥，怕雨怕湿，要求有机质含量丰富、排水良好的中性微碱性（pH 7.0～7.2）沙质壤土。

繁殖方法：

1) 扦插繁殖　切花丝石竹是重瓣种，不结实，故扦插为其主要繁殖方式之一。以茎尖培养的组培苗作母株。采穗前对母株多次摘心复壮，使母株营养生长旺盛。在母株基部向上1/6～1/2处采集插穗，选择有3对叶、其中有1对叶展开的插穗易发根成活。（插前将插穗基部用1000mg/kg的吲哚乙酸溶液速蘸，扦插基质为干净的珍珠岩或蛭石，株行距3cm×3cm，利用全光照喷雾，控制温度在15～20℃，经15～25d生根）。

2) 组织培养　是丝石竹的主要繁殖方法之一。在健壮无病，花朵繁茂的植株上选取外植体，外植体以茎顶顶芽及侧芽为最佳。用组织培养苗进行种植，具有生长快、生长势强、抗病、开花早、花色纯正等优点。

栽培管理：

(1) 土壤准备

丝石竹喜干怕涝，宜选择地势高，土质疏松，排水良好的场所种植。定植前土壤要先深翻30cm左右，施足基肥，一般每亩（即667m^2）施入腐熟有机肥3000kg，复合肥30～40kg，若pH低，需适当施入草木灰、过磷酸钙等石灰质肥料。栽植前土壤消毒。采用高畦栽培，畦宽1m，高20～30cm。

(2) 定植

定植时间据品种和采收时间来定。选用具6节左右的苗进行定植。双行栽植，株距35～40cm，行距50cm，每亩（即$667m^2$）定植2000～2500株。

（3）肥水管理

丝石竹根系深，需肥较多，前期以豆饼水、尿素、硝酸铵为主，10d浇灌1次，定植40d后，开始施入以磷、钾为主的肥料；在开花前半个月，要停止施肥，尤其是氮肥，开花期施肥，茎秆变软，花不挺拔。后期可采用叶面喷施0.2%的磷酸二氢钾、5mg/L的硼酸，有利于开花。丝石竹对水分的要求是宜干不易湿，尤其怕涝。但幼苗期过于干旱，会使幼苗成莲座状发育，茎节不易伸长。在茎叶伸长的旺盛期，应适当灌水，抽薹开花期应控制浇水，以保证花枝挺拔。

（4）植株管理

1）摘心与整枝　在植株出现7～8对叶，下部叶腋中已发出新枝时进行摘心，摘掉顶部4～5芽。摘心后2周，侧枝长到10cm时，抹除瘦弱芽，一般保留15～20枝/m^2作切花枝培养。在产花期，由于满天星整个植株的各分枝开花时间分散，早开花的花枝被剪之后，会促进下部营养枝的发生，所以，直到花期，还应注意经常摘除新发生的营养枝，以免影响花枝的发育和开花。

2）立柱绑扎　在每个抽薹的主侧枝旁插一根长60cm左右的小竹竿，当薹抽到25cm时，及时绑在小竹竿上，以后再长30cm可再绑一次。

3）肥水管理　抽薹前期应重施肥水，以供植株大量生长所需的营养，随后逐渐减少氮肥比例，增加磷、钾肥用量，同时多施一些硝酸钙、硝酸钾等速效肥；抽薹后期，开花前45d应停止施用氮肥，开花前30d左右应基本控水，可用0.2%的磷酸二氢钾进行根外追肥，每周喷1次，有利于花茎更为挺拔、硬质。

（5）温度管理

丝石竹在气温低于10℃，高于30℃的情况极易产生莲座状丛生现象。若在夜温不低于10～12℃，并给予16h的光照就能做到周年供花。对于秋季定植，初夏开花的栽培类型，冬季必须加强加温、保温措施，保证夜温在12℃以上；对于春季及初夏定植，秋季开花的栽培类型，夏季注意降温，加大通风口换气，利于茎秆硬化。

（6）光照管理

丝石竹在短日照条件下完成营养生长，长日照条件下进行生殖生长。如果每天日照少于13h，极易产生莲座状难以开花；日照时数在13～16h，才能正常开花，日照时数越长，越能提早开花。冬季产花的促成栽培，在9月份，日照时数渐少时，就需要电照补光。方法是用60～100W的白炽灯，每隔1.5～2m1只，在植株上方1～1.5m处进行夜间补光，补光时间一般从晚上22:00到凌晨2:00，补光4h，连续6～9周就可使60%～80%的花茎伸长开花。

（7）采收保鲜

花枝上有50%花已开放，小花蕾也已分化完毕，先开的花未变色前为采收适期。而需贮藏保鲜的切花满天星以小花开放10%～15%时采收较为适宜。花枝剪切时，如果剪后使植株休眠或废弃，要从基部剪切；如继续生长养护，再产下茬花，在留下基部2～3个侧芽处剪切；如果植株高大，可先剪中心花枝，留下部侧枝，随侧枝的发育与小花的开放度，分期分批进行采收。但一般要求每枝花有3个分叉，重量25g以上，花枝长度45cm以上。剪切下花枝后，立即插入水中，根据分级标准进行分级后，10支一扎绑好，基部剪齐，插入盛有10cm深的预处理液（50mg/kg的硫代硫酸银溶液）的水桶内处理30min，然后转入盛有保鲜液（2%蔗糖＋200mg/kg 8-羟基喹啉硫酸盐，pH＝3.5）的塑料桶中。放入温度为2～4℃，空气相对湿度在90%～95%的冷藏库中贮藏。

4.2.9　勿忘我（彩图4-2-9）

科属：蓝雪科、补血草属

别名：星辰花、不凋花、补血草、干支梅、三角花、匙叶花、斯太菊、矶松

英文名：Statice Sinuatum

学名：*Limonium sinuatum*

形态特征：多年生宿根草本，可作一年生和二年生栽培。全株具粗毛，开花时株高60～100cm；叶丛生于茎基部，呈莲座状，叶互生，狭披针形或条状倒披针形，叶片羽裂，长约20cm。花序自基部分枝，呈伞房状聚伞圆锥花序，松散开张，花枝长达1m；花序枝具3～5翼，小花穗上有3～5朵花，着生于短而小的花穗一侧；花萼杯状，干膜质，有紫、淡紫、玫瑰粉、蓝、黄、白等色。自然花期5～6月。是良好的干花花材。勿忘我的品种主要分早熟，晚熟2种。早熟品种有早蓝、金岸、蓝珍珠等。中晚熟品种有冰山、夜蓝、蓝丝绒等。

生态习性：喜干燥凉爽，阳光充足，通风良好环境。忌高温高湿，不耐涝。花芽分化需要15℃以下，1.5～2个月低温阶段，长日照有利于促进开花；高于30℃或低于5℃对其生长不利。喜透水透气性好、微碱性的沙质壤土，pH以7.5～7.8为宜。耐盐性较强。

繁殖方法：勿忘我有播种繁殖和组织培养育

苗两种方式。播种一般在9月～翌年1月，在20℃适温条件下，经5～10d发芽。播种要注意温度不要超过25℃，萌芽出土后需通风，小苗具1～2片真叶后可移苗，5片以上真叶时定植。采用组培技术培育的组培苗，4～6片叶时定植。

栽培管理：

（1）土壤准备与定植

勿忘我产花量大，生长期间要求充足养分供应。在整地是时要施足基肥，施入腐熟农家肥2.5～3.0kg/m^2，硼肥2g/m^2，施后均匀翻入土中。高畦，畦宽1.0m，高20～25cm。定植株行距为30cm×40cm。定植前对钵苗浇透水，打好定植穴点，栽植深度以基质稍高于根颈部为宜，栽植后应有2个月的时间保持15℃以下温度，以利植株通过春化阶段。

（2）肥水管理

生长期中施肥总用量，其中氮、钾等70%作为基肥施用，30%用作追肥，磷肥全部作基肥施用，追肥一般1季1次。花期追钾肥、硼肥有利提高切花品质及产量。勿忘我喜干燥及排水良好的环境，忌水涝。整个生育期要适当控制浇水量，否则会导致开花质量及产量下降。

（3）植株管理

1）疏枝　勿忘我抽生的花枝较多，为保证通风透光，切花质量，留3～5切花枝，其余疏除。

2）拉网固定花枝　在植株抽薹前，用25cm×25cm或30cm×30cm的尼龙网，距地面20～30cm拉设一层网架，以固定花枝。

（4）温度调节

勿忘我花芽分化阶段需1.5～2个月低温阶段，温度为15℃以下。因此，春夏定植的勿忘我，当种苗未作低温处理时，需推迟进入大棚的时间，使其充分接受低温，完成春化作用。低温感应时期在子叶期展开到五叶期，低温阶段后室温应控制在25℃以下，否则植株中心幼叶会出现既不平展又不直立的鱼鳞状。夏季高温时应架设遮阳网降温。

采收保鲜：采收适期为每个小花枝上花瓣开展达25%～30%时，宜在早晚采收切花，应在植株茎枝上，一片大叶以上剪切，促使下部节位腋芽萌发，继续生长花枝。剪切后的花枝立即浸入清水或保鲜液中，保鲜液可用200mg/L 8-HQC+2%蔗糖。在2～5℃下冷藏，可贮藏2～3周。上市时可分级包装，10支一扎，每扎用柔软白纸包裹。

4.2.10　小苍兰（彩图4-2-10）

科属：鸢尾科、香雪兰属

别名：香雪兰、小菖兰、剪刀兰、素香兰、香鸢尾

英文名：Freesia

学名：*Freesia hybrida*

形态特征：多年生球根草本花卉。其地下球茎呈圆锥形或长卵形，外被黄褐色膜状鳞片7～8层。基生叶二列状互生，线状剑形，全缘。花茎直立而细长，有分枝。顶生穗状花序，花轴呈近直角状横折。花漏斗状，每花序着花2～10朵不等，花偏生一侧，向上直立，自下而上顺序开放。色彩丰富，花形秀丽，又具芳香（尤其以黄色系列香味最为浓郁），并有大花四倍体品种与重瓣品种。自然花期2～5月，花后结蒴果，果熟期6～7月。

小苍兰目前商业品种多达200种以上。在生产上常根据花色分为红色系、黄色系、白色系、蓝色系等栽培品系，还有复色和重瓣品种。

生态习性：小苍兰原产非洲南部好望角。冬春开花，夏季休眠。喜凉爽湿润与光照充足的环境，不耐寒冷与炎热，生长适宜温度为15～20℃，冬季以14～16℃为宜。短日照条件有利于小苍兰的花芽分化，而花芽分化之后，长日照可以提早开花。

繁殖方法：小苍兰可用分球、播种或组织培养等方法繁殖。生产上常用分球法繁殖，即用成熟的球茎作种球，经夏季高温打破休眠后，入秋植球，翌春开花，花后叶黄收球。老球茎每年经自然更新后干枯，并分生出1只大的新球茎（更新种球），个别能分生2～3只。在新球茎基部又可长出3～8只中、小子球，子球数多少随品种不同而异。中子球卵形，从秋季栽培至翌年春末，除可作商品切花生产外，还能更新形成1只新的大球茎（一级种球），并在其基部长出若干个中、小子球，一般栽后第二年春末形成1只新的中球（二级种球），并能生产1支商品切花。

栽培管理：

1）栽培地选择与土壤准备　栽培地宜选择地势较高，背风向阳，土壤疏松、肥沃而排水良好的沙质壤土。种植前，每100m^2施家畜粪750kg、饼肥12.5kg和过磷酸钙5kg，均匀撒在土表后用手扶拖拉机浅耕，使土肥混合均匀，隔几天再翻耕一次，连翻三次，栽培床的畦高，干旱地区为5cm左右，土壤湿度大，不易排水的地区，畦高宜20～25cm。小苍兰对土壤的含盐量非常敏感，若含盐量偏高，则种植前对栽培床应用大量清水淋洗。注意要做好土壤消毒。

2）种球准备　首先对球茎进行仔细挑选，剔除球茎上带有黑色或黄色斑点和球茎底盘发黑症状的罹病球茎。其次，对种球进行分级，一般按种球大小或重量分成大球、中球和小球三级（栽培用种球应选直径为1cm以上的大球），进

行分级栽植、分级管理。为减轻病毒感染，最好能选用脱毒的组培球，或由种子、子球培育的新球。种植前，需对种球进行消毒、打破休眠、促进发根等预处理。种球消毒可用500～800倍液多菌灵或甲基托布津等杀菌剂浸种球茎1～2h，捞起阴干即可。促根处理应在见根长出后进行，催根不宜过长，否则栽植时易伤根系。

3）定植　定植时间一般在开花前3～4个月。小苍兰种球的自然休眠期很长，一般种植前需先高温后低温处理以打破休眠。定植前，最好先给予2～3周13～17℃的低温处理，以使出苗整齐，达到预期出花时间。如果适当排开种植，再采取促成栽培与延迟栽培可使小苍兰周年供花。定植密度因品种、球茎大小、栽培季节而有一定差别。一般种植株行距为8cm×（10～14）cm，种植密度为80～110株/m^2。狭叶品种比宽叶品种种植密，冬季栽培比夏季栽培密，小球比大球密。覆土厚度一般为球茎大小的2倍，切忌太厚，植后土表常覆盖一层薄薄的草炭土或松针、稻草、锯木屑等，以保持土壤湿润。

4）肥水管理　栽植之后至出芽前必须保持土壤湿润；出苗后，在气温较高的情况下，要适当控制水分以防徒长，一般是每周浇一次；现蕾后要逐渐减少浇水量，尽量保持土表干燥。小苍兰追肥以无机肥为主。从定植到抽生2片叶时，通常只浇水不施肥。地上部分抽生3片叶时要开始追肥，采用施追肥与浇水相结合的方法，薄肥勤施。一般每7～10d追肥1次。营养生长期间以追施无机氮肥为主，进入花芽分化阶段则以追施磷肥为主，还可用0.1%～0.3%的磷酸二氢钾溶液作叶面施肥，可提高切花品质。进入开花期，应停止追肥。花后再追施1～2次综合化肥，促进球发育。

5）温度管理　小苍兰花芽分花期要求避免25℃的高温和3℃以下的低温。从4叶起，要保证有4周以上时间维持温度13～14℃，以诱导花原基分化。花蕾出现后应适当提高环境温度，以促进开花，但为延长花期，当第1朵花开放后，可将温度降低到15℃左右，设施保护管理要注意温室，25℃以上要通风，10℃以下要加覆盖保温或加温。

6）光照管理　幼苗期与开花期宜适当遮光。在第一叶生长期，适当遮阴可降低地温，促进根系发育。在花芽分化前给予10h左右的短日照处理，有利花芽分化，增加花茎长度与花序上的花朵数与侧穗数。花芽分化完成后适当延长日照，有利促进花序的良好发育与提早开花。小苍兰虽然喜光，但也要避免强光照射，在光过强、温度较高的情况下，可用透光率70%的遮阳网遮阴。

7）立支杆与张网　小苍兰花枝较软，花序曲折生长，花多时易使花枝下垂、倒伏，在植株3～4叶期，可开始设立支架张网，自离地面25cm左右设第1层网，随植株生长再设第2层网。一般张网的网格用10cm×10cm或者10cm×15cm的方格。

采收保鲜：1～2月上市的小苍兰，在蕾着色前、开1朵小花时为切花采样适期；3～4月上市的则在初花前1d进行采切为好。通常是留下球根后拔取。把切花按大小分级，中小型花20枝1束，大花10枝1束，尤其大型花要把花放整齐，把花朵部分用玻璃纸包扎，再把花束装箱上市。小苍兰可用硫代硫酸银与细胞分裂素的混合液作催花液，或用糖、8-羟基喹啉柠檬酸盐、硝酸银及矮壮素的混合液作为瓶插保鲜液。

4.2.11　紫罗兰（彩图4-2-11）

科属：十字花科、紫罗兰属

别名：草紫罗兰、草桂花、斯刀克

英文名：Common Stock Violer

学名：*Matthica incana* R. Br.

形态特征：多年生草本作一、二年生栽培。株高30～90cm。全株被灰色绒毛，茎直立，单枝或多分枝。叶互生，长椭圆形或倒披针形，全缘，灰绿色。顶生总状花序，花单瓣或重瓣，具芳香，花色粉、深红、深紫、淡紫、蓝紫、白、黄及复色，自然花期3～5月。果4～6月成熟，种子扁圆具翅。

生态习性：紫罗兰喜冷凉气候，较耐寒，生长适温10～20℃，冬季能耐－5℃低温，忌高温高湿。喜阳光充足，但亦稍耐阴。喜疏松肥沃、排水良好的中性或微酸性沙质壤土。多数品种需经过低温春化阶段才能开花。

繁殖方法：播种繁殖为主。分单瓣种和重瓣种，重瓣种观赏价值高。切花生产一般以单枝系的重瓣类型为主。扁平种子多为重瓣花植株。在重瓣品系中，种子发芽早，生长粗壮的苗多为重瓣花植株；发芽晚、生长迟缓的则多为单瓣花植株。播种时间据品种及上市时间确定。可采用穴盘播种或苗床播种，在18～22℃条件下，7～10d发芽。幼苗为直根系，须根不发达，移栽迟易伤根，因此在真叶4～6枚时为定植适期。

栽培管理：

1）整地作畦　栽培用地的土壤每667m^2施基肥为氮20kg、磷15kg、钾15kg。作高20cm，宽1.2m的高畦。紫罗兰幼苗为直根系，须根不发达，移栽迟易伤根，因此在真叶4～6枚时为定植适期，定植时带土坨防伤根。定植宜浅，定植单枝系株行距为12cm×12cm。

2）肥水管理　定植后浇透水。在生长前期

应控水蹲苗，保持土壤处于微潮偏干状态，一般3～4d浇一次水。气温越低，浇水越少。环境温度升高后，加大浇水量，否则植株长得较矮，会对切花品质造成影响。栽植时施足基肥，生长期视植株生长情况适当施肥，要薄肥勤施。当植株孕蕾后，每周追施1次0.1～0.2%磷酸二氢钾溶液。

3）温度、光照调节　幼苗期的温度高低影响着植株高矮和开花期。幼苗期夜间温度维持在16℃，可使植株营养生长旺盛，直到植株具有8～10枚叶片为止；然后将温度调至5～10℃，保持3周时间，植株开始花芽分化，以后温度再回升到16℃，仍需要摆脱温度18℃，夜间温度10℃左右，花芽才能正常发育。若在花芽分化前后遭遇高温，会产生盲花或生长点停止生长。紫罗兰为长日照植物，在花芽分化后加光处理促进开花。

4）张网　当植株高达30～40cm时需设网支撑以防花茎倾斜，网格一般为12cm×12cm。

采收保鲜：当花穗上小花有1/2～2/3小花开放时采收，采收时间最好为傍晚，从基部剪切，按颜色分类，据花梗长短分级，然后每10支或20支一束，绑扎好后使之充分吸水，用软纸包好，装箱待运。

4.3　切花新秀生产

4.3.1　文心兰（彩图4-3-1）

科属：兰科、文心兰属

别名：跳舞兰、金蝶兰、瘤瓣兰、舞女兰、附生兰

英文名：Dancing-doll Orchid

学名：*Oncidium* spp.

形态特征：文心兰假鳞茎为扁卵圆形，叶1～3片，可分为薄叶种、厚叶种和剑叶种。一般一个假鳞茎上只有1个花茎，一些生长粗壮的也有可能2个花茎。有些种类一个花茎只有1～2朵花，有些种类又可达数百朵，如作为切花用的小花种一枝花茎有几十朵花，数枝上百朵到数百朵，其花朵色彩鲜艳，形似飞翔的金蝶，又似翩翩起舞的舞女，故又名金蝶兰或舞女兰。文心兰的花色以黄色和棕色为主，还有绿色、白色、红色和洋红色等，有的极小，如迷你型文心兰，有些又极大，花的直径可达12cm以上。花的构造极为特殊，其花萼萼片大小相等，花瓣与背萼也几乎相等或稍大；花的唇瓣通常三裂，或大或小，呈提琴状，在中裂片基部有一脊状凸起物，脊上有凸起的小斑点，颇为奇特，故名瘤瓣兰。主要栽培品种有以下几种。

1）剑叶种　喜冷凉气候

2）薄叶种　喜冷凉气候

3）厚叶种　喜温热环境

生态习性：文心兰耐干旱，喜高温多湿的环境，忌闷热。最适生长、开花的温度为15～28℃，低于8℃或高于35℃停止生长。忌强光直射，夏天应遮光50%，春、秋季则应遮光30%，冬天可全光照，有利于开花。相对空气湿度以80%为宜。

繁殖方法：文心兰可用分株法、组织培养法进行繁殖。

1）分株繁殖　春、秋季均可进行，常在春季新芽萌发前结合换盆进行分株最好。将带2个芽的假鳞茎剪下，直接栽植于水苔的盆内，保持较高的空气湿度，很快萌发新芽和长新根。

2）组织培养繁殖　选取文心兰基部萌发的嫩芽为外植体，用70%酒精进行表面消毒，灭菌后用无菌水洗净，切成1～1.5mm厚的茎尖薄片，接种在准备的培养基上，保持温度为26±2℃，光照强度500lx，照射时间16h，在添加1mg/L 6-苄氨基腺嘌呤的MS培养基上，原球茎的形成最快，只需45d。将形成的原球茎继续在增殖培养基中采用固体培养，20多天后原球茎顶端形成芽，在芽基部分分化根。经100d左右，分化出的植株长出2～3片叶，成为完整幼苗。

栽培管理：文心兰喜半阴环境，夏季注意遮阴，冬季要增加光照，并保持温度12℃以上。浇水应掌握基质稍干后再浇水，冬季水分要少浇。栽时先用少量缓效性肥料作基肥，生长期每10～15d喷洒0.1%～0.5%水溶性速效肥，生长后期，增加磷钾肥，促进花芽分化和开花，施肥宜薄肥，忌浓肥，宜在清晨或下午15:00以后施。7、8月份是植株抽花葶期，此时如高温高湿，易生细菌软腐病，严重时可致植株死亡。因此，在晴天将盆内植材晒干，将烂茎叶剪掉。进入高温高湿之前，要增施钾肥，增强抗病能力。病害发生后可在早晚喷农用链霉素防治3次左右，并仔细检查蜗牛、蛞蝓等。

采收保鲜：待花苞60%～70%开放时进行采收，冬季温度低，可适当晚些采收。夏季温度高，应提前采收。剪花时从基部2～3cm处剪断，然后对采收的切花进行严格分级，精心包装。

一般人们认为文心兰的切花瓶插寿命有7d以上，但实际上只有5～6d。购自批发商的切花不一定比零售店有较高的寿命，可能是因为运销过程有延误，使这些花在出售时出现瓶插寿命缩短等现象。文心兰切花的保鲜处理要考虑较多因

素，因为文心兰花朵会因花药盖脱落及养分不足而提早萎谢。

文心兰花朵的花药盖很小，很容易脱落，文心兰切花在分级、搬运及装箱挤压都会促使花药盖脱落，掉了花药盖的文心兰大约会提早3d老化，由于文心兰花药盖掉落后2～4h即有乙烯产生，乙烯会导致花朵提早老化；养分不足是文心兰切花的另一个特性，已经开张的花朵和花苞之间会互相争夺养分，因此温度高、装运时间长时，会使文心兰切花之瓶插寿命快速下降。

4.3.2 飞燕草（彩图 4-3-2）

科属：毛茛科、飞燕草属

别名：大花飞燕草、鸽子花、百部草、鸡爪连、干鸟草、萝小花、千鸟花

学名：*Consolida ajacis*（L.）Schur

形态特征：茎高约达60cm，与花序均被弯曲的短柔毛，中部以上分枝。茎下部叶有长柄，在开花时多枯萎，中部以上叶具短柄；叶片长达3cm，掌状细裂，狭线形小裂片宽0.4～1mm，有短柔毛。花序生茎或分枝顶端；下部苞片叶状，上部苞片小，不分裂，线形；花梗长0.7～2.8cm；小苞片生花梗中部附近，小条形；萼片紫色、粉红色或白色，宽卵形，长约1.2cm，外面中央疏被短柔毛，距钻形，长约1.6cm；花瓣的瓣片三裂，中裂片长约5mm，先端二浅裂，侧裂片与中裂片成直角展出，卵形；花药长约1mm。膏葖长达1.8cm，直，密被短柔毛，网脉稍隆起，不太明显。种子长约2mm。

生态习性：飞燕草对气候的适应性较强，以湿润凉爽的气候环境较为适宜。种子发芽的适温为15℃，生长期适温白天为20～25℃，夜间为3～15℃。喜光、稍能耐阴，生长期可在半阴处，花期需充足阳光。喜肥沃、湿润、排水良好的酸性土，也能耐旱和稍耐水温，pH以5.5～6.0为佳。

繁殖方法：

1）种子繁殖　发芽适温15℃左右，土温最好在20℃以下，两周左右萌发。秋播在8下旬至9月上旬，先播入露地苗床，入冬前进入冷床或冷室越冬，春暖定植。南方早春露地直播，间苗保持25～50cm株距。北方一般事先育苗，于4月中旬定植，2～4片真叶时移植，4～7片真叶时进行定植。雨天注意排水。果熟期不一致，熟后当自然开裂，故应及时采收。一般在6月将已熟种子先采收1～2次，7月份再选优质种子植株全部收割晒干脱粒。扦插繁殖在春季进行，当新叶长出15cm以上时切取插条，插入沙土中。

2）分株繁殖　春秋均可进行，一般2～3年分株1次。

栽培管理：炎热地区，8月下旬播种，10月中、下旬待种子发芽长出2～4枚真叶时，移入阳畦栽培，翌年3月种苗长出4～7枚真叶时定植，这样可于5～7月开花。炎热地区若作温室栽培，可缩短生育期，并提早2～3个月开花。具体做法是8月下旬播种，9月中下旬进行移植1次，10月中旬定植后保温栽培，12月至翌年2月进行加温补光，可使花期提早至3～5月份开放。花前追施氮肥，花后多施磷钾肥，并适当浇水，10月以后增加灯光照明，可促使早开花。植株长到20cm高时高立支架张网防倒伏。

常见有黑斑病、根颈腐烂病和菊花叶枯线病危害叶片、花芽和茎，可用30%托布津可湿性粉剂500倍液喷洒防治。虫害为蚜虫和夜蛾危害，用10%除虫精乳油2000倍液喷杀。

采收保鲜：

1）切花采收　在基部2～5朵花开放或多达1/3花朵开放时采切。飞燕草花枝切取最适时期和切花月份有关，1～2月份切花，要求花穗上有90%花朵开放最好；3～4月份切花，要求有70%～80%开放；5～6月份切花，要求有70%开放。作切花用的花枝10～12枝1束或20支1束。用于制作干花，花序上大部分花朵开放但花瓣未脱落时采切。

2）保鲜　切花瓶插寿命6～8d。对乙烯高度敏感，用STS处理可有效降低落花，含银的花卉保鲜剂对该花均有益。

4.3.3 洋桔梗（彩图 4-3-3）

科属：龙胆科、草原龙胆属

别名：草原龙胆、土耳其桔梗、丽钵花、德州兰铃

英文名：Customa Russellianum

学名：*Eustoma grandiflorum*

形态特征：洋桔梗茎直立，分枝性强，灰绿色。株高30～100cm。叶对生，阔椭圆形至披针形，几无柄，叶基略抱茎；叶表蓝绿色。雌雄花蕊明显，苞片狭窄披针形，花瓣覆瓦状排列。花色丰富，有单色及复色，花瓣单瓣与双瓣之分。叶对生，灰绿色，全缘，基部抱茎，卵形至长椭圆形。花大，花冠钟状，淡紫、淡红、白色等。

生态习性：洋桔梗的生长适温为15～28℃，生长期夜间温度不低于12℃。冬季温度在5℃以下，叶丛呈莲座状，不能开花。也能短期耐0℃低温。生长期温度超过30℃，花期明显缩短。洋桔梗对水分的要求比较严格。洋桔梗虽然喜欢湿润环境，但过量的水分对洋桔梗根部生长不

利，易受病害侵入。花蕾形成后要避免高温高湿环境，否则容易引起真菌性病害。同时，生长期供水不足，茎叶生长细弱，并提早开花。因此，在以色列栽培洋桔梗，采用滴灌设施，对洋桔梗的生长发育十分有利。洋桔梗对光照的反应比较敏感。长日照对洋桔梗的生长发育均十分有利，有助于茎叶生长和花芽形成，一般以每天16h光照效果最好。洋桔梗要求肥沃、疏松和排水良好的土壤。切忌连作。盆栽用土必须消毒，可用高温蒸汽或溴化甲醇处理土壤，土壤pH以6.5～7.0为宜。

繁殖方法：洋桔梗采用播种法和扦插法繁殖。

(1) 播种繁殖

洋桔梗的种子非常小，种子无休眠期，新采收的种子可以马上播种。

1) 种子处理　播种前将种子在水中浸泡，以缩短发芽时间，并除去上层漂浮的不成熟种子，浸泡48h后将种子捞出，稍晾干即可播种。

2) 营养土配制　洋桔梗可以室内盆播，也可以直接露地播种。播种土要用0.3%福尔马林或高锰酸钾溶液进行消毒。育苗营养土为园土∶泥炭土∶沙∶稻壳为3∶4∶2∶1，装入育苗盘，用压板压平后，采用浸水的方法使土壤吸水充分，保持土面平整。

3) 播种　洋桔梗种子是喜光的，而且种子非常小，一般采用拌种法播种，将种子和湿润的细沙拌匀，然后撒播在基质上，播后要在育苗盘上覆盖塑料膜或者将育苗盘放在潮湿的环境下，保持表土湿润。

4) 播后管理　洋桔梗在适宜的环境条件下，种子10～15d可萌发。出苗后，根据品种特性，控制环境温度。高低温会导致其生育中后期节间缩短，出现莲座化现象，降低切花质量。一般白天温度保持在20～25℃，夜间在15～18℃。而且每天的光照时间要在12h以上。

(2) 扦插繁殖

洋桔梗可用扦插法繁殖。

栽培管理：洋桔梗幼苗生长很慢，需谨慎管理，间苗时尽量不伤根系，移苗不宜过深。待4～5片真叶时，可定植于8～15cm盆。操作时，同样不能损伤根部，否则种苗难于恢复正常生长。生长期每半月施肥1次，或用15-15-30“卉友”盆花专用肥和12-0-44硝酸钾肥。如应用中型切花品种作盆栽观赏，在栽后20d使用0.03%～0.05%比久溶液喷洒植株2～3次。对分枝性强的品种可采用摘心，来促使多分枝，多开花，降低株形。在生长过程中，高温和长日照可促进花芽分化，达到提早开花、缩短生长期的目的。一般矮生盆栽洋桔梗从播种至开花需120～140d，切花品种从播种至开花需150～180d。

苗期生长极为缓慢。洋桔梗可在露地栽培，也可在温室栽培。栽培温度不应低于15℃，虽然洋桔梗对高温有一定忍耐能力，但夏季高温季节应将温度控制在低于25℃，否则影响切花质量，尤其花蕾形成后切忌大水和高温，否则易发生病害。在高温、强光照下，洋桔梗需水量增加，此时要保证基质湿润，干旱影响花茎伸长。栽培基质应为加入草炭土、稻糠及少量石灰等的改良的园土，栽植前加入厩肥、骨粉等作基肥，因其需肥量较大，生长过程及时追肥，资料表明硝酸钙是很好的肥料，既提供了氮素，又补充了钙质。

采收保鲜：洋桔梗花枝下面的花蕾有2～3朵开放时即可采收，采收过早会造成花蕾停开，采收过晚则缩短切花寿命。采收时要在花枝基部留2～3个芽，2～3个月后，可再采收第2批花。花枝采收后应将其上很小的花蕾摘除，每枝花仅保留5～8个花朵。

4.3.4　杂种补血草（彩图4-3-4）

科属：蓝雪科、补血草属

别名：情人草

英文名：Notchleaf Statice

学名：*Lmonium sinense* (Girard) Kuntze

形态特征：多年生草本，高15～60cm，全株（除萼外）无毛。叶基生，淡绿色或灰绿色，倒卵状长圆形、长圆状披针形至披针形，花轴上部多次分枝；花集合成短而密的小穗，集生于花轴分枝顶端。花序伞房状或圆锥状；花序轴通常3～5（10）枚，上升或直立，具4个棱角或沟棱，穗状花序有柄至无柄，排列于花序分枝的上部至顶端，由2～6（11）个小穗组成；小穗含2～3（4）花，被第一内苞包裹的1～2花常迟放或不开放；外苞长2～2.5mm，卵形，第一内苞长5～5.5mm；萼长5～6（7）mm，漏斗状，萼筒直径约1mm，下半部或全部沿脉被长毛，萼檐白色，宽2～2.5mm（接近萼的中部），开张幅径3.5～4.5mm，裂片宽短而先端通常钝或急尖，有时微有短尖，常有间生裂片，脉伸至裂片下方而消失，沿脉有或无微柔毛；花冠黄色。花瓣5，蓝紫色；雄蕊5；雌蕊子房上位，花柱5，柱头丝状。果实倒卵形，黄褐色。花期在北方7（上旬）～11（中旬）月，在南方4～12月。

生态习性：杂种补血草在高温下栽培不开花，或者开花受到明显抑制；若在夜温16℃以下栽培，则开花良好；在幼苗期已接受低温处理，则以后即使处于高温也开花。

繁殖方法：主要采用播种繁殖，也可组织培养繁殖。

一般在9月至翌年1月进行播种繁殖，在20℃适温条件下，经5～10d发芽。温度不要超过25℃，萌芽出土后需通风，小苗长到5片真叶时定植。

栽培管理：除施足基肥外，生长期每月施肥1次，用复合肥即可，加施适量硼作叶面肥施用。大棚栽培一般3d左右浇1次水。在花序抽生及生长发育期，水肥要充足，否则花枝短小，花朵不繁茂。要保持适宜的生长温度，以白天18～20℃，夜间10～15℃为宜。应注意通风，以防病害发生。同时，需拉网或立支柱，以防倒伏。第一茬花切取后，清除老枝枯叶，以利促进新芽萌发。主要病害有蚕豆枯萎病毒（BBWV）、黄瓜花叶病毒（CMV），补血草病毒Y（SVY）、番茄丛矮病毒（TBSV）和芜菁花叶病毒（TMV）。

采收保鲜：花枝上的花瓣开展达25%～30%，花序现色时即可采收。采收时不要从花枝基部剪切，而应在花枝基部每一片大叶片以上进行剪切，有利于下茬花枝萌动并生长。切花采收宜在早晨或傍晚进行，采收前要浇足水，使植株健壮硬挺，采收后及时进行保鲜处理，10支1束进行捆扎，并在外部套袋保湿，装箱，2～4℃贮藏。

4.3.5 一枝黄花（彩图4-3-5）

科属：菊科、一枝黄花属

别名：野黄菊、山边半枝香、酒金花、满山黄、百根草、黏糊菜、小柴胡

英文名：Common Goldenrod

学名：*Solidago decurrens*

形态特征：多年生草本，高（9）35～100厘米。茎直立，通常细弱，单生或少数簇生，不分枝或中部以上有分枝。中部茎叶椭圆形，长椭圆形、卵形或宽披针形，长2～5cm，宽1～1.5(2)cm，下部楔形渐窄，有具翅的柄，仅中部以上边缘有细齿或全缘；向上叶渐小；下部叶与中部茎叶同形，有长2～4cm或更长的翅柄。叶互生，茎下部叶卵圆形，有一长而两边有翅的叶柄，叶缘有疏锯齿，茎中部以上叶卵矩圆形，近全缘。全部叶质地较厚，叶两面、沿脉及叶缘有短柔毛或下面无毛。

头状花序较小，长6～8mm，宽6～9mm，多数在茎上部排列成紧密或疏松的长6～25cm的总状花序或伞房圆锥花序，少有排列成复头状花序的。总苞片4～6层，披针形或披狭针形，顶端急尖或渐尖，中内层长5～6mm。舌状花舌片椭圆形，长6mm。瘦果长3mm，无毛，极少有在顶端被稀疏柔毛的。花果期4～11月。花期5～7月。可作蜜源植物。

生态习性：喜光照充足而凉爽的环境，耐寒耐旱，对土壤要求不严。原产长江流域，多生于林缘、路边。

繁殖方法：繁殖以分株为主，也可播种。

栽培管理：喜凉爽气候，适宜沙质壤土或黏质土壤栽培。春栽4月，条播，行距0.8～1尺，覆土2～3分，每亩播种1斤半左右。播后注意浇水，经10～15d出苗。苗高2寸时，间苗，株距4～6寸。育苗移栽，可在3月下旬播种，一个半月后移栽，行株距与直播法同。施肥需在定苗或移栽成活后进行，可施人粪尿（1担人粪肥3担水，与水之比为1∶3）一次。

采收保鲜：花枝上的花瓣开展达30%～50%，花序现色时即可采收。采收时不要从花枝基部进行剪切，特别是在采收第1穗花时，应在花枝基部的第1片叶以上进行剪切，以促进植株上的腋芽较快萌动并生长。采收宜在早晨或傍晚时进行，采收后立即浸入水或保鲜剂中进行保鲜处理。

4.3.6 六出花（彩图4-3-6）

科属：石蒜科、六出花属

别名：智利百合、秘鲁百合、水仙百合

英文名：Yellow Lily of the Incas

学名：*Alstroemeria aurantiaca*

形态特征：多年生常绿草本，高60～150cm，枝条细长，常左右曲折，无毛，常有纵纹，淡褐色。叶长圆形至椭圆形，厚革质，长（8）12～14(15)cm，宽3.5～4.5cm，先端尾状长渐尖，尖尾长1～1.5cm，基部钝圆或楔形，边缘具细密锯齿，无毛，背面密被褐色斑点或疏被斑点，中脉在表面凹入，在背面隆起，侧脉5～8对，自中脉伸出，连同网脉在两面明显；叶柄粗短，长5～6mm，无毛。总状花序腋生，长5～7(9)cm，疏生多花，序轴被短柔毛；花梗长5mm，稀达8mm，被柔毛；苞片卵形，直径约1.5mm，急尖，具缘毛；小苞片2，对生或近对生，着生于花梗中部以下，卵形，长约1mm，具微缘毛；花萼5裂，裂片卵状三角形，长约2mm，无毛或疏被微缘毛；花冠白色，卵状坛形，口部收缩，5浅裂，外面无毛；雄蕊10枚，花丝长约1mm，下部宽，被毛，每药室顶端具2芒；子房密被白色绒毛，花柱粗壮，柱头不规则4裂。浆果状蒴果球形，直径约7mm，黑色或紫黑色；种子细小。花期5～7月，果期8～10月。

生态习性：喜温暖湿润和阳光充足环境。夏季需凉爽，怕炎热，耐半阴，不耐寒。六出花的生长适温为15～25℃，最佳花芽分化温度为

20～22℃，如果长期处于20℃温度下，将不断形成花芽，可周年开花。如气温超过25℃以上，则营养生长旺盛，而不能花芽分化。耐寒品种，冬季可耐-10℃低温，在9℃或更低温度下也能开花。生于海拔（1300）2400～3600m的杂木林中。

六出花在生长期需充足水分，但高温高湿不利于茎叶生长，易发生烧叶和弯头现象。花后地上部枯萎进入休眠状态，应停止浇水，保持干燥。待块茎重新萌芽后，恢复供水，但盆内湿度不宜过高。

六出花属长日照植物。生长期日照在60%～70%最佳，忌烈日直晒，可适当遮阴。如秋季因日照时间短，影响开花时，采用加光措施，每天日照时间在13～14h，可提高开花率。土壤以疏松、肥沃和排水良好的沙质壤土，pH在6.5左右为好。盆栽土用腐叶土或泥炭土、培养土和粗沙的混合土。

繁殖方法：六出花繁殖方法通常采用播种、分株和组织培养法进行繁殖。

1）播种繁殖　杂种六出花种子千粒质量约16g，宜秋冬季播种。播种基质用草炭土与沙按1∶1（体积）的比例，经过高温消毒后，装于播种盆中。10月中旬至11月下旬播种，经过1个月0～5℃的自然低温，种子逐渐萌动；然后移至15～20℃的条件下，约2周，种子发芽率可达80%以上。种子发芽后温度维持在10～20℃，生长迅速。当幼苗长至4～5cm高时，应及时分植。移植时切勿损伤根系，移植时间以早春2～3月为佳。

2）分株繁殖　六出花有横卧地下的根茎，其上着生肉质根，贮存水分和养分。在横卧根茎上着生出许多隐芽，当外界条件适合时，横卧根茎在土壤中延伸，同时部分隐芽萌发，直到长成花枝。分株繁殖就是利用根茎上未萌发的隐芽，当根茎分段切开后，刺激隐芽萌发即可成新的植株。分株繁殖时间为10月份。植株分栽前，要使土壤疏松、不干不湿。分株时，先自距地面30cm处剪除植株上部，后将植株挖起（尽量避免碰伤根系），轻轻抖动周围土壤，根茎清晰可植在已准备好的苗床上。作切花栽培的植株株行距一般为40cm×50cm。

3）组培繁殖　常用顶芽作外植体，经常规消毒灭菌后，接种到添加6-苄氨基腺嘌呤5mg/L和萘乙酸1mg/L的MS培养基上，经2个月的培养成不定芽，再转移到添加萘乙酸1mL的1/2 MS培养基上，由不定芽形成块茎。

栽培管理：六出花盆栽常用12～15cm盆。10月中旬盆栽，栽植深度3～5cm，栽后浇透水，30d后长出叶芽。此时白天温度不超过25℃，晚间温度在7～10℃为宜。如超过12℃，易使茎干软弱。生长期每半月施用一次“卉友”28-14-14高氮肥。入冬后，新芽生长迅速，茎叶密生，影响基部花芽生长，需疏叶，去除细小的叶芽，保留粗壮的花芽，达到株矮、花多的目的。常见病害有根腐病，虫害有蚜虫。

采收保鲜：六出花一枝花枝上有2～3朵小花初开时为适宜采花期。4～6月份为鲜花供应高峰期，气温偏高，当花苞鼓起，着色完好或一枝花枝上有一朵小花初开时即可采切。采切时用剪刀剪取，防止用力拉扯损伤根茎。鲜花采切后，在运输或贮藏中，可在4～6℃的低温下进行冷藏。但这种常规冷藏降低切花质量，可采用真空冷藏的方式。六出花在气温20～30℃条件下，于水中切花寿命可达12d以上。在贮运过程中，对乙烯非常敏感，在贮运前用0.3～0.5mmol/L硫代硫酸银喷洒，可减少叶片黄化和落花。

4.3.7　翠菊（彩图4-3-7）

科属：菊科、翠菊属

别名：蓝菊、江西腊、七月菊

英文名：China Aster

学名：*Callistephus chinensis*

形态特征：一年生或二年生草本，高（15）30～100cm。茎直立，单生，有纵棱，被白色糙毛，基部直径6～7mm，或纤细达1mm，分枝斜升或不分枝。下部茎叶花期脱落或生存；中部茎叶卵形、菱状卵形或匙形或近圆形，长2.5～6cm，宽2～4cm，顶端渐尖，基部截形、楔形或圆形，边缘有不规则的粗锯齿，两面被稀疏的短硬毛，叶柄长2～4cm，被白色短硬毛，有狭翼；上部的茎叶渐小，菱状披针形，长椭圆形或倒披针形，边缘有1～2个锯齿，或线形而全缘。头状花序单生于茎枝顶端，直径6～8cm，有长花序梗。总苞半球形，宽2～5cm；总苞片3层，近等长，外层长椭圆状披针形或匙形，叶质，长1～2.4cm，宽2～4mm，顶端钝，边缘有白色长睫毛，中层匙形，较短，质地较薄，染紫色，内层苞片长椭圆形，膜质，半透明，顶端钝。雌花1层，在园艺栽培中可为多层，红色、淡红色、蓝色、黄色或淡蓝紫色，舌状长2.5～3.5cm，宽2～7mm，有长2～3mm的短管部；两性花花冠黄色，檐部长4～7mm，管部长1～1.5mm。瘦果长椭圆状倒披针形，稍扁，长3～3.5mm，中部以上被柔毛。外层冠毛宿存，内层冠毛雪白色，不等长，长3～4.5mm，顶端渐尖，易脱落。花果期：5～10月。

生态习性：喜温暖、湿润和阳光充足环境。怕高温多湿和通风不良。耐寒性弱，也不喜酷热，通风而阳光充足时生长旺盛。生长适温为15～25℃，冬季温度不低于3℃。若0℃以下茎叶易受冻害。相反，夏季温度超过30℃，开花延迟或开花不良。翠菊为浅根性植物，生长过程中要保持盆土湿润，有利茎叶生长。同时，盆土过湿对翠菊影响更大，引起徒长、倒伏和发生病害。长日照植物，对日照反应比较敏感，在每天15h长日照条件下，保持植株矮生，开花可提早。若短日照处理，植株长高，开花椎迟。

喜肥沃湿润和排水良好的壤土、沙壤土，积水时易烂根死亡。夏秋开花。

繁殖方法：翠菊常用播种繁殖。因品种和应用要求不同决定播种时间。若以盆栽品种小行星系列为例，可以从11月至翌年4月播种，开花时间可以从4月到8月。翠菊每克种子420～430粒，发芽适温为18～21℃，播后7～21d发芽。幼苗生长迅速，应及时间苗。用充分腐熟的优质有机肥作基肥，化学肥料可作追肥，一般多春播，也可夏播和秋播，播后2～3个月就能开花。

栽培管理：出苗后应及时间苗。经一次移栽后，苗高10cm时定植。夏季干旱时，须经常灌溉。秋播切花用的翠菊，必须采用半夜光照1～2h，以促进花茎的伸长和开花。翠菊一般不需要摘心。为了使主枝上的花序充分表现出品种特征，应适当疏剪一部分侧枝，每株保留花枝5～7个。促进的花期调控主要采用控制播种期的方法，3～4月播种，7～8月开花，8～9月播种，年底开花。翠菊出苗后15～20d移栽1次，生长40～45d后定植于盆内，常用10～12cm盆。生长期每旬施肥1次，也可用通用肥。

常见病害有翠菊黄化病、翠菊灰霉病、翠菊枯萎病、翠菊锈病、翠菊褐斑病。主要虫害有斑潜蝇、蚜虫、食心虫。

采收保鲜：

1）采收　切花翠菊采收时间以花朵开放度达70%为最佳。采收时从花枝基部剪下，近等级、颜色每10支1束捆扎，现进行包装、运输和上市。

2）保鲜　瓶插寿命5～7d，叶片较花朵衰败早。易发生下垂，缩短瓶插寿命。茎端用1000mg/L硝酸银溶液浸蘸10min，可显著延长寿命。

4.3.8　芍药（彩图4-3-8）

科属：芍药科芍药属

别名：将离、婪尾春、没骨花、余客、梨食

英文名：Herbaceous Peony

学名：*Paeonia lactiflora* Pall.

形态特征：块根由根颈下方生出，肉质，粗壮，呈纺锤形或长柱形，粗0.6～3.5cm。芍药花瓣呈倒卵形，花盘为浅杯状，花期5～6月，一般独开在茎的顶端或近顶端叶腋处，原种花白色，花瓣5～3枚。园艺品种花色丰富，有白、粉、红、紫、黄、绿、黑和复色等，花径10～30cm，花瓣可达上百枚。果实呈纺锤形，种子呈圆形、长圆形或尖圆形。

常见品种类型：依据色系分为黄色系、粉色系和白色系。

生态习性：喜阳光充足，夏季冷凉，有一定的耐寒性，要求土层深厚、肥沃而又排水良好的沙壤土，忌盐碱和低洼地。

繁殖方法：芍药传统的繁殖方法有分株、播种、扦插、压条等。其中以分株法最为易行，被广泛采用。

1）分株繁殖　芍药分株必须在秋季进行，一般在9～10月份，此时分株后，根系可在冬季来临前恢复生长，每个分株带3～5个芽。

2）播种繁殖　芍药须当年采种即及时播种，4～5年可开花。

3）扦插繁殖　在开花前2周进行，取茎的中部，带2个芽，在沙子作为基质的沙床上扦插，40～60d即可生根。

4）根插法繁殖　利用芍药秋季分株时断根，截成5～10cm的根段，插于深翻并平整好的沟中，沟深10～15cm，上覆5～10cm厚的细土，浇透水即可。

栽培管理：芍药根系粗大，栽植前应将土地深翻，并施入足够的有机肥。栽植深度以芽上覆土3～4cm为宜。芍药喜肥，每年很长季追施3～4次混合液肥。分明在早春萌芽前、现蕾前和8月中、下旬施肥，为了安全越冬及保墒，在11月中、下旬浇“冻水”。

采收保鲜：适时采收很重要，过早花蕾太小，切后不能开放或花枝容易“弯颈”，太晚会缩短切花寿命。当地用花可在花开前1d剪切，需要外运或贮藏的切花采用“花蕾”剪切，剪切最佳时间为花呈透色时，也就是在花开前1～2d，时间最好是清晨到11:00为宜，剪切时用利刀剪下，随即放入准备好的清水桶里，以防切花失水或气体进入茎内导管。剪切下的花枝就马上转移到低温室内或分级室内去叶分束，分级后装箱。

4.3.9　彩色马蹄莲（彩图4-3-9）

科属：天南星科、马蹄莲属

别名：彩色海芋、杂交马蹄莲

学名：*Zantedeschia hybrida*

形态特征：球根花卉。肉质块茎肥大。叶基生，叶片亮绿色，全缘。肉穗花序鲜黄色，直立于佛焰中央，佛焰苞似马蹄状，有白色、黄色、

粉红色、红色、紫色等，品种很多。盛花期3～4月。彩色马蹄莲具有肉质球茎，节处生根，根系发达粗壮。叶茎生，叶片圆形或戟形，按段尖锐有光泽，全缘，多数品种叶片有半透明斑点。

花序具有大型的佛焰苞漏斗状，似马蹄先端尖反卷。佛焰苞依品种不同，颜色异、有白、粉、黄、紫、红、橙、绿等色。在佛焰苞的中央有无数的小花构成肉穗花序，多为黄色，淡绿色圆柱形。

生态习性：彩色马蹄莲原产非洲地区，按产地的气候特点，气候温暖，雨季彩色马蹄莲喜温暖，而耐严寒生长适合温度为18～23℃，夜间温度保持在10℃以上，能正常开花，但最好低于16℃。彩色马蹄莲能忍耐4℃低温。高于25℃或低于5℃易造成休眠，低于0℃时球茎就会冻死。

彩色马蹄莲喜欢阳光，冬季需要充足的光照。夏季避免阳光直晒。彩色马蹄莲对水分要求比较挑剔，要避免过分干旱，而水分过多易引起根腐病。坚持多次少量浇水的原则。彩色马蹄莲对湿度的要求不大。彩色马蹄莲的花期主要受温度光照的影响，通过控制温度光照可以周年供花。

繁殖方法：主要采用分球繁殖和播种繁殖。通常采用分球法繁殖，主要是在休眠期或花期过后进行分球，把母球从土壤中近挖出后，剥取母块茎周围的小球或小蘖芽，分级培养，经1～2年小球可开花。播种法周期长，后代变异大。

栽培管理：整地作畦土壤要深翻，施入腐熟有机肥，土壤要保持湿润，在生长期每10d追1次肥，前期以氮肥为主，进入花期施入磷、钾肥，夏季适当遮阳降温，白天保持生长适温15～25℃，夜间不低于13℃。在开花前要保证养分，栽植2年以上的植株要摘除过多的小芽，防止营养生长过旺，可疏去下部发黄的老叶。

采收保鲜：从当佛焰苞3/4至全部展开、穗状花序的花粉尚未脱落时为采收适期，采花应在早晨或傍晚温度较低时进行，一般采用拔取的方法，对花枝较长的品种，也可采用切花方式。切花时要注意切花工具的消毒，以免除不同植株间病毒的传染。采下的花枝应尽快放入保鲜剂或3～5℃清水中浸泡，然后包装上市出售。

4.3.10 花毛茛（彩图4-3-10）

科属：毛茛科、花毛茛属

别名：芹菜花，陆莲花

英文名：Persian Buttercup，Crowfoot

学名：*Ranunculus asiaticus*

形态特征：花毛茛为多年球根草本花卉，地下具纺锤状小块根，茎长纤细而直立，分枝少，根生叶具长柄，椭圆形，多为三出叶，有粗钝锯齿。茎生叶近无柄，羽状细裂，裂片5～6枚，叶缘也有钝锯齿。单花着生枝顶，花冠丰圆，花瓣平展，有重瓣、半重瓣，花色丰富，有白、黄、红、水红、大红、橙、紫和褐色等多种颜色。花期4～5月。主要栽培品种有以下几种。

1）波斯花毛茛系　是花毛茛原种。

2）法兰西花毛茛　是花毛茛的园艺变种。

3）土耳其花毛茛　是花毛茛的园艺变种。

4）牡丹型花毛茛　是花毛茛的杂交种，株型最高，花型最大。

生态习性：花毛茛原产于以土耳其为中心的亚洲西部和欧洲东南部，性喜气候温和、空气清新湿润、生长环境疏荫，不耐严寒冷冻，更怕酷暑烈日。喜凉爽及半阴环境，忌炎热，适宜的生长温度白天20℃左右，夜间7～10℃，既怕湿又怕旱，宜种植于排水良好、肥沃疏松的中性或偏碱性土壤。6月后块根进入休眠期。在中国大部分地区夏季进入休眠状态。盆栽要求富含腐殖质、疏松肥沃、通透性能强的沙质培养土。

繁殖方法：花毛茛的繁殖方式主要包括球根分株繁殖、种子繁殖及组织培养繁殖。

1）分株繁殖　分株在9～10月进行，将块根带根茎掰开栽植。块根短小密聚，分株不易，且倍数太低，因此生产上常用种子繁殖。

2）播种繁殖　花毛茛正常播种期为秋季，宜在温度降到20℃以下的10月播种。如能控制种子发芽适温在10～15℃，约20d发芽。

栽培管理：选择无阳光直射、通风良好和半阴环境。定植时要求温度在20℃以下，定植后充分浇水，早春萌芽前要注意浇水防干旱，开花前追施液肥1～2次。

采收保鲜：花毛茛的花瓣高度重叠，在现蕾阶段采收一般不能正常开放，而且只有在盛花期其花茎才能硬化，所以在盛开之前采收，采收后充分吸水，分级包装。

4.3.11 蛇鞭菊（彩图4-3-11）

科属：菊科、蛇鞭菊属

别名：麒麟菊、猫尾花

英文名：Button Snakeroot

学名：*Liatris spicata*

形态特征（含品种类型）：蛇鞭菊是多年生草本花卉植物，茎基部膨大呈扁球形，地上茎直立，株形锥状。基生叶线形，长达30cm。头状花序排列成密穗状，长60cm，因多数小头状花序聚集成长穗状花序，呈鞭形而得名。茎基部膨大呈扁球形，地上茎直立，株形锥状。蛇鞭菊具地下块茎，花葶长70～120cm，花序部分约占整个花葶长的1/2。小花由上而下次第开放，花色分淡紫和纯白两种。叶线形或披针形，由上至下逐渐变小，下部叶长约17cm左右，宽约1cm，平直或卷曲，上部叶5cm左右，宽约4mm，平直，斜向上伸展。花期7～8月。

生态习性：耐寒，耐水湿，耐贫瘠，喜欢阳光充足、气候凉爽的环境，土壤要求疏松肥沃、排水良好，以pH 6.5～7.2的沙壤土为宜。

繁殖方法：

1）播种繁殖　在春、秋季均可进行，发芽适温为18～22℃，播后12～15d发芽。播种苗2年后开花。

2）分株繁殖　在春季萌芽前进行，将地下块根切开直接栽植或盆栽。

栽培管理：蛇鞭菊在栽培菊苗时，首先应将扦插成活的小苗移至通风处炼苗2～3d，扦插后25～30d可以定植。秋菊定植的适期在5月中下旬至6月初。定植前，深翻、敲碎、耙平土壤，筑畦，施农家肥。地栽菊缓苗以后，应及时进行一次摘心，只留最下部的5～6片叶片，生产3～4支花。株高20～30cm时，要追加施肥。

切花菊高大，杆硬，高可到80～150cm，为防倒伏应该及时设置切花网，上土后在畦的四周立竹竿穿网。现蕾时随时摘除主蕾以下的所有侧蕾。定植前和生长初期都要追施肥料。夏菊的花期在6～8月，适宜温度10～13℃，15～20℃可开花。秋菊4～5月扦插，8～11月开花。露地栽培或盆栽均需选用肥沃、排水良好的基质，切忌积水，否则块根易腐烂死亡。在生长期时保持土壤稍湿润，每半月施肥1次。在夏季应适当培土，防止植株倒伏，规模化生产时设置网架以防止倒伏。每2～3年分株1次。

常有叶斑病、锈病和根庆线虫为害，可用稀释800倍的75%百菌清可湿性粉剂喷洒。对于根优线虫可施用3%呋喃丹颗粒剂进行防治。

采收保鲜：

1）采收　切花主要特性：叶片的衰败比花朵快。该切花对灰霉病敏感。蛇鞭菊适宜制作干花。采切发育阶段：一般在花序上部大约1/2的小花开放时采切。在花蕾阶段采切的切花可以在保鲜液中发育，逐步开放。

2）保鲜　在保鲜液中的瓶插寿命7～12d。保鲜剂处理方法：①脉冲处理液：每升水中加200mg 8-羟基喹啉柠檬酸盐+50g蔗糖。②花蕾开放液：每升水中加1000mg 8-羟基喹啉柠檬酸盐+50g蔗糖。③瓶插保持液：每升水中加360mg 8-羟基喹啉柠檬酸盐+15～25g蔗糖。

4.3.12　大花葱（彩图4-3-12）

科属：百合科、葱属

别名：吉安花、巨葱、高葱、硕葱

英文名：Giant Onion

学名：*Allium giganteum*

形态特征：大花葱多年生草本植物；鳞茎具白色膜质外皮；基生叶宽带形；伞形花序径约15cm，有小花2000～3000朵，红色或紫红色。叶灰绿色，长达60cm。叶片出土后35～45d，花葶从叶丛中抽出，伞形花序呈大圆球形，直径可达15cm以上；小花多达上千朵；桃红色。花期5～7月。

生态习性：原产中亚地区和地中海地区，在我国主要集中在北部地区。花期春、夏季，性喜喜凉爽阳光充足的环境，忌湿热多雨，忌连作、半阴，适温15～25℃。要求疏松肥沃的沙壤土，忌积水，适合我国北方地区栽培。喜凉爽与阳光充足环境，忌湿热多雨，要求疏松、肥沃、排水良好的沙质壤土。花期5～6月。

繁殖方法：常用种子和分株繁殖。

1）种子繁殖　7月上旬种子成熟，阴干，5～7℃低温贮藏。9～10月秋播，翌年3月发芽出苗。

2）分株繁殖　9月中旬将主鳞茎周围的子鳞茎剥下种植。分株繁殖，9月中旬将主鳞茎周围的子鳞茎剥选择地下水位低、排水良好、疏松、肥沃的沙壤土作栽培地。分球繁殖于夏秋进行，每一母球可分1～3个小球，其中较大的鳞茎种植后第2年可开花。

栽培管理：选择地下水位低、排水良好、疏松、肥沃的沙壤土作栽培地。生长期及时松土浇水，每2～3周施肥1次。4～5月抽葶开花，如花后不采种，可剪去花茎以集中营养供鳞茎生长。鳞茎在排水不良的情况下易腐烂，应挖起鳞茎放室内通风处保存。空气干燥的地方适量人工喷雾或遮阳。

常见病害有鳞茎的腐烂病，可用60%代森锌可湿性粉剂600倍液喷洒防治。

采收保鲜：大花葱花蕾充分着色即可采收，采收时花应未绽放，这样利于贮藏和运输。用稍低的温度进行管理，在临近开花时，要避免高温，在充分遮光的同时要保持通气良好。

4.3.13　小丽花（彩图4-3-13）

科属：菊科、大丽花属

别名：小丽菊、小理花

学名：*Dahlia pinnate*

形态特征：小丽花形态与大丽花相似，为大丽花品种中矮生类型品种群，但植株较为矮小，高度仅为20～60cm，多分枝，头状花序，一个总花梗上可着生数朵花，花茎5～7cm，花色有深红、紫红、粉红、黄、白等多种颜色，花形富于变化，并有单瓣与重瓣之分，在适宜的环境中一年四季都可开花。具有植株低矮，花期长。

生态习性：原产于墨西哥热带高原，性喜阳光，宜温和气候，生长适温以10～25℃为好，既怕炎热，又不耐寒，温度0℃时块根受冻，夏季高温多雨地区植株生长停滞，处于半休眠状态，既不耐干旱，更怕水涝，忌重黏土，受渍后块根腐烂。要求疏松肥沃而又排水畅通的沙质壤土，低洼积水处也不宜种植。

繁殖方法：小丽花主要繁殖方法有分球繁殖、扦插繁殖、组织培养。

1）分球繁殖　在春季分球或利用冬季休眠期在温室内催芽后分割。

2）扦插繁殖　一年四季均可进行，以早春扦插为好，通常取根颈部发生的脚芽进行扦插。

3）组织培养　小丽花的花径缩小而退化，可取茎尖0.5～1mm大小的生长点和萌动芽分离培养，形成小丽花脱毒无性系。

栽培管理：小丽花对肥水要求不多，也怕乱施肥、施浓肥和偏施氮、磷、钾肥，要求遵循"淡肥勤施、量少次多、营养齐全"的施肥（水）原则。春秋季节是它的生长旺季，晴天或高温期间隔周期短些，阴雨天或低温期间隔周期长些或者不浇。夏季是生长缓慢的季节，要适当地控肥控水。在早晨或傍晚温度低时浇灌，还要经常给植株喷雾。浇水时间尽量安排在早晨温度较低的时候进行。肥水管理都按照"花宝"→"花宝"→清水→"花宝"→"花宝"→清水的顺序循环（最起码每周要保证两次"花宝"），间隔周期大约为：室外养护的1～4d；放在室内养护的2～6d。在冬季休眠期，主要是做好控肥控水工作，肥水管理按照"花宝"→清水→清水→"花宝"→清水→清水顺序循环，间隔周期7～10d。浇水时间尽量安排在晴天中午温度较高的时候进行。

采收保鲜：花蕾半开至全开时即可采收。春季第1批花留2节切取，第2批留1节切取。由于小丽花吸水性差，宜在早晨或傍晚采切，采后立即插入水中。小丽花的催花和瓶插保鲜液由蔗糖、硝酸银和8-羟基喹啉柠檬酸盐混合组成。

4.3.14　蝎尾蕉（彩图4-3-14）

科属：芭蕉科、蝎尾蕉属

别名：富贵鸟，发财鸟

学名：*Heliconia metallica*

形态特征：株高35～260cm。叶片长圆形，长25～110cm，宽8～27cm，顶端渐尖，基部渐狭，叶面绿色，叶背亮紫色；叶柄长1～40cm。花序顶生，直立，长23～65cm，花序轴稍呈"之"字形弯曲，长7～11cm，花在每一苞片内1～3朵或更多，开放时突露，花被片红色，顶端绿色，狭圆柱形，长5.5cm，基部4～5mm处连合呈管状；退化雄蕊宽4～5mm。果三棱形，灰蓝色，长8～10mm，内有种子1～3颗。

生态习性：蝎尾蕉原产热带地区，喜温暖、湿润的环境，适宜在南方湿热地区或大型温室内栽培，生长适温22～25℃，15℃以上开始正常生长，高于35℃时生长受抑制；越冬温度大多数种类不低于10℃。

繁殖方法：蝎尾蕉的繁殖方法有分株法、播种法。

1）播种　播种采用点播效果好。播种后覆土1～1.5cm，基质湿润后，应盖上塑料薄膜保湿，采用盆播，可用盆底浸水法湿润土壤，上面再盖薄膜或玻璃保湿。蝎尾蕉种子的发芽适温为25～28℃，播种后25～30d发芽。当播种温度不稳定，特别是温度低于10～12℃时，发芽速度减慢，发芽不整齐，有时种子腐烂。蝎尾蕉播种后的实生苗一般要2～4年才能开花。

2）分株繁殖　分株时间在春、夏、秋季均可进行，但以春末夏初效果最好。分株时，挖出带有地下茎的母株，用利刀将母株的根茎分成几丛种植，一般每丛有2～3株芽以上的成活率较高。

栽培管理：蝎尾蕉生长阶段，空气湿度一般保持在60%～80%为好；土壤要保持长期湿润，只要不是长期积水均可良好生长，因此水分一定要充足。一般采用腐熟过的干粪拌过磷酸钙作基肥，每100m^{2}需用有机肥（包括腐熟的饼肥、鸡粪、猪粪等）800～1000kg，过磷酸钙50～60kg。

采收保鲜：蝎尾蕉属异型花材，在插花作品中作为骨干枝。当花苞内第1朵小花初展时可采收。花茎自基部剪切，采收后应立即放入水中，到包装间分级后，进行套袋装箱出售。

4.3.15　帝王花（彩图4-3-15）

科属：山龙眼科、山龙眼属

别名：菩提花

学名：*Protea cynaroides*

形态特征：多年生、多花茎常绿灌木植物。其鲜花实际是一个花球，有许多花蕊，并被巨大的、色彩丰富的苞叶所包围。花球直径在12～30cm。在一个生长季里，一株大而粗壮的帝王植株能够开出6～10个花球，个别植株能够在一个生长季里开出40个花球。花球苞叶的颜色从乳白色到深红色。具有粗壮的茎、有光泽的叶片，植株成熟时高约1m。

生态习性：喜温暖、稍干燥和阳光充足环境，不耐寒，宜爽水，忌积水，要求疏松和排水良好的酸性土壤，冬季温度一般不低于7℃，个别品种可耐0℃左右。幼苗的土壤需排水好。在生长期中，夏季需凉爽干燥气候，烈日时适当遮阴，适宜生长温度为27℃，冬季需要温暖、充足的阳光及稍高的空气湿度环境。

繁殖方法：主要用播种和扦插繁殖。

1）播种繁殖　常在秋季进行，用高脂膜拌种的种子播种，播后保持湿润，出苗后不能过湿，稍干燥，待出现1对真叶时移栽上盆，放置通风和光照充足处养护。

2）扦插繁殖　选择帝王花母本剪取半木质化位置以上的枝条作为插穗，保留叶片4～6枚。基质采用泥炭和珍珠岩按体积比为4∶6混合，调整pH 5.5～6.5，EC值小于0.5。用1000μL/L的吲哚-3-丁酸溶液浸插穗基部，浸泡15min后立即风干。扦插深度为插穗长度的1/3～1/4。扦插后按常规技术进行管理，待出苗后进行大田移栽。

栽培管理：幼苗的土壤需排水好。生长期，夏季需凉爽、干燥气候，烈日时适当遮阴。冬季需要温暖、充足阳光和稍高的空气湿度环境。花期和生长旺盛期，适当浇水。春、秋季各施肥1次，能把植物营养生长机能转化成生殖机能，抑制主梢疯长，促进花芽分化，多开花，多坐果，促发育。提高营养输送量。防落花、落果、僵果、畸形果的产生。使果实着色靓丽、果型美、品味佳。

采收保鲜：帝王花在花的顶部苞片微开时采收，采收最好在早晚气温较低时进行，采收时用锋利的剪刀，随修剪方式和株型进行采切，一般从分枝处10～15cm剪切。采花后应尽量避免阳光直射，尽快放在盛水的容器中并置于遮阴处。可将采收的成品插放在盛水的容器中置于遮阴预冷，或放在5～8℃冷库中保湿预冷，采收后建议用柠檬酸和STS溶液进行处理，前者将水的pH调至3.5左右，以去除乙烯。

4.4　切叶切果类生产

4.4.1　龟背竹（彩图4-4-1）

科属：天南星科、龟背竹属

别名：蓬莱蕉、铁丝兰、穿孔喜林芋、龟背蕉、电线莲、透龙掌

英文名：Ceriman

学名：*Monstera deliciosa*

形态特征：龟背竹为常绿藤本植物，茎粗壮。幼叶心形无孔，长大后成广卵形、羽状深裂，叶脉间有椭圆形的穿孔，叶具长柄，深绿色。佛焰花序，佛焰苞舟形，11月开花，淡黄色。龟背竹又名“蓬莱蕉”、“电线草”，是天南星科常绿攀援观叶植物，茎秆上着生有褐色的气根，形如电线，故名“电线草”叶卵圆形，在羽状的叶脉间呈龟甲形散布许多长圆形的孔洞和深裂，其形状似龟甲图案，茎有节似竹干，故名“龟背竹”。肉穗花序，整个花形好像“台灯”。

生态习性：性喜温暖、湿润、半阴环境，忌阳光直射、干旱、瘠薄。耐寒性较强，生长适温为20～25℃，低于5℃易发生寒害。对土壤要求不严，在疏松、肥沃、富含腐殖质的沙质壤土中生长良好。

繁殖方法：龟背竹常用播种、扦插、分株和组织培养等方法繁殖。

主要用扦插繁殖。在4～5月从茎节的先端剪取插条，每段带2～3茎节，去除部分气生根，带叶或去叶插于沙床中，一般4～6周生根，10周左右可长出新芽。

栽培管理（含病虫防治）：通常用腐叶土、园土和河沙等量混合作为基质。种植时加少量骨粉、干牛粪作基肥。生长期间需充足水分，保持土壤湿润；天气干燥时还须向叶面喷水，保持空气潮湿，以利枝叶生长、叶片鲜绿。秋冬季节可减少水量。4～9月份每月施2次稀薄氮肥。生长期注意遮阴，忌阳光直射，尤其盛夏不能在阳光下晒。

采收保鲜：实生苗具有7～8片叶，叶宽大于15cm，叶柄长大于30cm，叶片成熟且形成有规律的裂孔时，即可采收。采收时间最好是晴天，在上午6:00～10:00进行，下午16:30～18:30进行，雨天不采收；将采收的叶片放在包装车内，叶柄浸泡在水中，以待包装。

4.4.2　散尾葵（彩图4-4-2）

科属：棕榈科、散尾葵属

别名：黄椰子、紫葵

英文名：Butterfly Palm

学名：*Chysalidocarpus lutescens* H. Wendl

形态特征：散尾葵为丛生灌木，叶羽状全裂，平展而稍下弯，黄绿色，表面有蜡质白粉，披针形，花序生于叶鞘之下，呈圆锥花序，果实略为陀螺形或倒卵形，干时紫黑色，花期5月，果期8月。

生态习性：散尾葵为热带植物，喜温暖、潮湿、半阴环境。耐寒性不强，气温20℃以下叶子发黄，越冬最低温度需在10℃以上，5℃左右就会冻死。

繁殖方法：散尾葵可用播种和分株繁殖。播种繁殖所用种子多从国外进口。一般盆栽多采用分株繁殖。

栽培管理：主要包括施肥、灌水、除草和温湿度控制等，由于植株不断地被切去叶片，因

此，对养分和水分的消耗很大，应增加施肥和灌水次数。投产前应平衡施入氮、磷、钾肥，可适当增加氮肥的用量，投产后则以磷、钾肥为主，以提高切叶质量。主要病虫害有叶枯病、叶斑病、炭疽病、介壳虫。

采收保鲜：

1）采收　当植株进入旺盛生长期，即新芽不断萌发、成熟叶片已达到商品要求时即可采收。采收时，注意合理剪叶，切忌将顶部所有展开的叶片剪光，每个茎秆上至少留1～2片展叶，以利于光合作用的正常进行。

2）保鲜　可以把散尾葵切叶置于相对湿度为90%～95%，温度为4～6℃的环境中进行贮藏。在开箱后应喷水保湿，尽快将其插入水中。如能放在无日光直射的明亮之处，则有助于保持散尾葵叶材的品质。

4.4.3　鱼尾葵（彩图4-4-3）

科属：棕榈科、鱼尾葵属

别名：假桄榔、青棕、钝叶、董棕、假桃榔

英文名：Fiahtail Palm

学名：*Caryota ochlandra*

形态特征：乔木状，高10～15（20）m，直径15～35cm，茎绿色，被白色的毡状绒毛，具环状叶痕。茎干直立不分枝，叶大型，二回羽状全裂，叶片厚，革质，大而粗壮，上部有不规则齿状缺刻，先端下垂，酷似鱼尾。花序最长的可达3m，花3朵簇生，花期7月，肉穗花序下垂，小花黄色。果球形，成熟后紫红色。

生态习性：鱼尾葵喜温暖湿润的环境，较耐寒，能耐受短期－4℃低温霜冻。根系浅，不耐干旱，茎干忌暴晒。要求排水良好、疏松肥沃的土壤。

繁殖方法：可用播种和分株法繁殖，主要以播种繁殖。

1）播种繁殖　鱼尾葵种子一年四季陆续成熟，应随采随播，播种地选择土壤松软肥沃、土层深厚、排水良好的地段，将地深中耕后整理成畦，畦面要平，土块细碎。播种采用条播法，行距为15～20cm，播后盖草，盖草后浇透水即可。

2）分株繁殖　多年生的植株分蘖较多，当植株生长茂密时可分切种植，但分切的植株往往生长较慢，并且不宜产生多数的蘖芽，所以一般少用此法繁殖。

栽培管理：鱼尾葵生长势较强，根系发达，对土壤条件要求不严，盆栽可用园土和腐叶土等量混合作为基质。一般每1～2年换盆1次，换盆时去掉部分旧土，剪去部分老根，用新培土重新种植，并且添加少量腐熟有机肥。3～10月为其主要生长期，一般每月施液肥或复合肥1～2次，以促进植株旺盛生长；民时保持盆土湿润，干燥气候条件下还要向时面喷水，以保证叶面浓绿且有光泽。鱼尾葵的根为肉质，其有较强的抗寒能力，其他季节浇水时要掌握见干见湿原则，切忌盆土积水，以免引起烂根或影响植株生长。它为喜阳植物，生长期要给予充足的阳光，但它对光线适应能力较强，适于室内较明亮光线处栽培观赏。鱼尾葵在高温高湿及通风不良条件下极易感染霜霉病，使叶片变成黑褐色而影响观赏价值，所以需在发病前喷洒800～1000倍液托津等杀菌剂预防；另外，在高温干燥气候下也易发生介壳虫，应喷800倍氧化乐果等防治。

采收保鲜：当植株进入旺盛生长期，羽片长度超过5cm，达到商品要求时即可采收切叶。采收时应选择叶色鲜绿、略有光泽、无残缺、无病斑、较成熟、处于植株叶丛中上部的叶片，从叶柄基部切下。采收时，要注意合理剪叶，切忌将顶部所有展开的叶片剪光，每个茎秆上至少留3～5片展叶，以利于光合作用的正常进行。

4.4.4　肾蕨（彩图4-4-4）

科属：肾蕨科、肾蕨属

别名：圆羊齿、篦子草、凤凰蛋

英文名：Tuberrous Sword Fern

学名：*Nephrolepis auriculata*

形态特征：肾蕨根状茎直立，叶片线状披针形或狭披针形，叶轴两侧被纤维状鳞片，叶簇生，一回羽状，羽状多数，叶缘有疏浅的钝锯齿，叶脉明显，侧脉纤细，叶坚草质或草质，孢子囊群成1行位于主脉两侧，肾形，囊群盖肾形，褐棕色，边缘色较淡，无毛。

生态习性：分布于热带、亚热带，为肾蕨喜温暖潮湿的环境，生长适温为16～25℃，冬季不得低于10℃。自然萌发力强，喜半阴，忌强光直射，对土壤要求不严，以疏松、肥沃、透气、富含腐殖质的中性或微酸性沙壤土生长最为良好，不耐寒、不耐旱。

繁殖方法：有孢子繁殖、组培繁殖、分株繁殖。

1）孢子繁殖　选择腐叶土或泥炭土加砖屑为播种基质，装入播种容器，将收集的肾蕨成熟孢子均匀撒入播种盆内，喷雾保持土面湿润，播后50～60d长出孢子体。

2）组培繁殖　常用顶生匍匐茎、根状茎尖、气生根和孢子等作外植体。在母株新发生的匍匐茎（3～5cm）上切取0.7cm匍匐茎尖，用75%酒精中浸30s，再转入0.1%氯化汞中表面灭菌6min，无菌水冲洗3次，再接种。培养基为MS

培养基加6-苄氨基腺嘌呤2mg/L、萘乙酸0.5mg/L，茎尖接种后20d左右顶端膨大，逐渐产生一团GGB（即绿色球状物），把GGB切成1mg左右，接种到不含激素的MS培养基上，经60d培养产生丛生苗。将丛生苗分植，可获得完整的试管苗。

3）分株繁殖 在春季萌叶前进行最好，把母株从花盆内取出，抖掉多余的盆土，把盘结在一起的根系尽可能地分开，用锋利的小刀把它剖开成两株或两株以上，分出来的每一株都要带有相当的根系，并对其叶片进行适当地修剪，以利于成活。

栽培管理：肾蕨培养土要求疏松、肥沃，排水良好，肾蕨喜潮湿的环境，栽培中应注意保持土壤湿润，同时还应经常向叶面喷水，保持空气湿润，这对肾蕨的健壮生长和叶色的改善是非常必要的；肾蕨不耐严寒，冬季应做好保暖工作，保持温度在5℃以上，就不会受到冻害；肾蕨比较耐阴，只要能受到散射光的照射，便可较长时间地置于室内陈设观赏；肾蕨的施肥以氮肥为主，在春、秋季生长旺盛期，每半月至1个月施1次稀薄饼肥水或以氮为主的有机液肥或无机复合液肥。

过于潮湿的地方会有蛞蝓为害；通风不良时，有蚧壳虫的发生；另外有时也有线虫危害，造成叶片上产生褐色圆形斑点，影响观赏。

采收保鲜：叶色由浅绿色转为绿色、叶柄坚挺有韧性、叶片发育充分时为采收适期。剪鲜叶最好在清晨或傍晚进行。肾蕨切叶以干藏为主，可将所采收的成品在预冷后进行分级，每20支为1捆进行绑扎装入包装箱，然后立即将其置于相对湿度为90%～95%的环境中贮藏，存放地点不需要光照，贮藏温度为2～4℃，肾蕨切叶在贮藏过程中通常不使用保鲜液。

4.4.5 美丽针葵（彩图4-4-5）

科属：棕榈科、刺葵属

别名：软叶刺葵

英文名：Pygmy Date Palm

学名：*Phoenix loureirii*

形态特征：美丽针葵为常绿灌木，茎短粗，通常单生，亦有丛生，株高1～3m。叶羽片状，初生时直立，稍长后稍弯曲下垂，叶柄基部两侧有长刺，且有三角形突起，这是其特征之一；小叶披针形，长20～30cm、宽约1cm，较软柔，并垂成弧形。肉穗花序腋生，长20～50cm，雌雄异株。果长约1.5cm，初时淡绿色，成熟时枣红色。

生态习性：美丽针葵性喜高温高湿，喜光也耐阴、耐旱、耐瘠，喜排水良好、肥沃的沙质壤土。有较强的耐寒性，冬季在0℃左右可安全越冬。

繁殖方法：采用播种繁殖，10～11月份果实成熟，采收后即播或翌年春季播种。将种子播于河沙中，保持基质湿润。在20～30℃时2～3月或更长时间可以出苗。当幼苗子叶度至5～10cm时施稀薄液肥，随后盆分移植，并加强水肥管理。

栽培管理：美丽针葵盆栽可用2份腐叶土、1份园土和1份河混全作为基质，种植时加少量基肥。在4～9月生长旺盛期每月施液肥1～2次，保持盆土湿润，6～9月光照强烈时应予以遮阴，以免叶片发黄。美丽针葵在空气干燥及通风不良时易发生介壳虫。如发现介壳虫，应予以防治，一般可用800倍氧化乐果喷杀；同时改善通风透气条件。

采收保鲜：种植3～5年即可采收叶片，采收时选择叶色鲜绿、略有光泽、无残缺、无病斑、处于植株叶丛中上部位的叶片，从叶柄变狭处切下。

4.4.6 银芽柳（彩图4-4-6）

科属：杨柳科、柳属

别名：棉花柳、银柳

英文名：Cotton Willow

学名：*Salix leucopithecia*

形态特征：银芽柳属落叶灌木，高2～3m。叶长椭圆形，长9～15cm，缘具细锯齿，叶背面密被白毛，半革质。雄花序椭圆柱形，长3～6cm，早春叶前开放，盛开时花序密被银白色绢毛，颇为美观。基部抽枝，新枝有绒毛。叶互生，披针形，边缘有细锯齿，背面有毛。雌雄异株，花芽肥大，每个芽有一个紫红色的苞片，先花后叶，柔荑花序，苞片脱落后，即露出银白色的花芽，形似毛笔。花期12月至翌年2月。

生态习性：银芽柳原产我国的东北地区，朝鲜半岛、日本也有分布，是一种喜光花木，也耐阴、耐湿、耐寒，好肥，适应性强，在土层深厚、湿润、肥沃的环境中生长良好。

繁殖方法：采用扦插、嫁接法繁殖。

1）银芽柳常用扦插繁殖。春季剪取20～30cm长的枝条，可直接在露地作畦扦插，插后20～25d生根，成活率高。

2）以具有一定高度（可根据需要选择）的垂柳苗做砧木，用劈接的方法嫁接，很容易成活。

栽培管理：银芽柳栽培简单，管理粗放，每年早春花谢后，应从地面5cm处平茬，以促使萌发更多的新枝。管理上还要注意施肥，特别在冬季花芽开始肥大和剪取花枝后要施肥，夏季要及时灌溉，这样才能使银芽柳生长良好，观赏价值更高。

栽培养护要诀：①银芽柳的插条要选择无花芽的健壮枝条作为插穗。②栽培的土壤要肥沃、疏松，腐熟的有机肥要施足，有利于根系的生长及养分的吸收，从而保证地面上枝条粗壮，花芽饱满又均匀。需要常疏松表土，促进土壤中养分分解，为银芽柳的根系生长和养分吸收创造良好条件。除在种植地施以基肥外，在生长期需适当追施液肥，并在叶面喷施0.2%磷酸二氢钾，促使枝叶粗厚，植株粗壮。③夏天如遇干旱、高温，需及时浇水，以傍晚至夜间进行为宜。如遇连续下雨，应及时防积排涝。种植初期要及时修剪，以促使萌发更多侧枝。④要定期喷药防治病虫害，并适时施肥。银芽柳常有褐斑病和锈病发生，可用65%代森锌可湿性粉剂500倍液喷洒。刺蛾和天牛为害时，用50%敌敌畏乳油1000倍液喷杀。

采收保鲜：银芽柳切枝一般在11月中旬到翌年1月采收。叶片完全脱落、花芽饱满充实时为采收适期，收获时自枝条近基部剪下，收获的切枝整理分级，将有叉的枝条和单枝分开后分束进行捆绑。

4.4.7 乳茄（彩图4-4-7）

科属：茄科、茄属

别名：五指茄、五代同堂果、乳头茄、乳香茄、多头茄、牛头茄、牛角茄

英文名：Papillate Nightshade

学名：*Solanum mammosum*

形态特征：直立草本。高约1m，茎被短柔毛及扁刺，小枝被具节的长柔毛，叶卵形，裂片浅波状，先端尖或钝，基部微凹，两面密被亮白色极长的长柔毛及短柔毛；蝎尾状花序腋外生，总花梗极短，无刺，花冠紫槿色，浆果倒梨状，种子黑褐色，近圆形压扁，直径约3mm，花果期夏秋间。

生态习性：原产美洲；现广东、广西及云南均引种成功。喜欢温暖、湿润和阳光充足环境，生长适温为15～25℃，有一定的耐寒性，能耐3～4℃的低温。对土壤要求不严，也耐瘠薄，但以土层深厚、富含腐殖质的沙质壤土最好。

繁殖方法：常用扦插、播种法繁殖。

1）播种繁殖　春季盆播，发芽适温20～25℃，播后7～10d发芽。

2）扦插繁殖　夏季用顶端嫩枝作插条，长12～15cm，插入沙床，15～20d可生根，30d移栽露地或盆栽。

栽培管理：地栽选择肥沃、疏松和排水良好的沙壤土，如排水不畅，根部极易腐烂。乳茄喜肥，生长期每半月施肥1次，孕蕾至幼果期增施2～3次磷、钾肥。花期遇高温燥干，花粉不易散开，影响授粉结果。注意浇水和遮阳。常见病虫害如下。

1）病害　常发生病毒病、叶斑病、炭疽病，可用70%甲基托布津、10%抗菌剂401醋酸溶液1000倍液喷洒防治。

2）虫害　红蜘蛛、蚜虫和粉虱，可用40%氧化乐、2.5%鱼藤精乳油1000倍液喷杀。

采收保鲜：秋季剪取长50～60cm结果枝作插材，以茎、果为主，摘除叶片，插于清水中保鲜。

4.4.8 南天竹（彩图4-4-8）

科属：小檗科、南天竹属

别名：南天竺，红杷子，天烛子，红枸子，钻石黄，天竹，兰竹

英文名：Common Nandina

学名：*Nandina domestica*

形态特征：常绿小灌木。茎常丛生而少分枝，高1～3m，光滑无毛，幼枝常为红色，老后呈灰色。叶互生，集生于茎的上部，三回羽状复叶，长30～50cm；二至三回羽片对生；小叶薄革质，椭圆形或椭圆状披针形，圆锥花序直立，长20～35cm；花小，白色，具芳香，直径6～7mm；萼片多轮，外轮萼片卵状三角形，长1～2mm，向内各轮渐大，最内轮萼片卵状长圆形，长2～4mm；花瓣长圆形，长约4.2mm，宽约2.5mm，先端圆钝；雄蕊6，长约3.5mm，花丝短，花药纵裂，药隔延伸；子房1室，具1～3枚胚珠。果柄长4～8mm；浆果球形，直径5～8mm，熟时鲜红色，稀橙红色。种子扁圆形。花期3～6月，果期5～11月。

生态习性：原产中国长江流域及陕西、河北、山东、湖北等区，日本、印度也有分布，南天竹性喜温暖及湿润的环境，比较耐阴。也耐寒。容易养护。栽培土要求肥沃、排水良好的沙质壤土。对水分要求不甚严格，既能耐湿也能耐旱。比较喜肥，可多施磷、钾肥。

繁殖方法：繁殖以播种、分株法进行繁殖。

播种繁殖：秋季采种，采后即播，由于果穗宿存在果枝上，也可每年1～2月份将成熟的果实采下，在水中搓去果皮，冲净种子，晾干即可直接播种。每公顷播种量为90～120kg，种子约需100d才能全部发芽。

栽培管理：南天竹适宜用微酸性土壤，可按沙质土5份、腐叶土4份，粪土1份的比例调制。栽前，先将盆底排水小孔用碎瓦片盖好，加层木炭更好，有利于排水和杀菌。南天竹在半

阴、凉爽、湿润处养护最好。南天竹浇水应见干见湿。栽后第一年内在春、夏、冬三季各中耕除草、追肥1次，同时还要补栽缺苗。南天竹栽后4～5年，冬季可砍收部分老茎干。6～7年后可全株挖起，抖去泥土，除去叶片，把茎干和根破成薄片，晒干备用。

采收保鲜：9～10月份，枝条上的果实完全着色为采收适期，采收带叶切枝，整形，进行分级整理包装，然后将切果枝摆放整齐，装入瓦楞纸箱包装，箱上标明级别、数量、产地等。

4.5 切花采收与保鲜

切花采收是指将切花作为应用部位自活体植株上剪切下来的过程，这些部位包括供插花及花艺设计用的枝、叶、花、果等，不同种类的切花其采收的关键技术有很大差异。切花保鲜是指切花采收后，用低温冷藏或用保鲜剂来延长鲜花寿命的方法，是切花采收后预处理、贮藏、运输、上架出售等环节的保鲜措施的统称，是切花生产和销售中的重要环节，对切花价值的体现起着极大的作用。

4.5.1 切花采收

鲜切花从田间到流通的第一步即为采收。为了获得最佳品质的切花产品，对采收的成熟度、采收时间、采收方法等都有严格要求。

4.5.1.1 采收阶段

切花采收阶段指适合采收的最佳发育阶段。确定采收阶段应遵循两点原则：第一，到达消费者手中时，切花产品处于最佳状态；第二，延长切花寿命，使切花产品有足够长的货架期。

（1）切花采后发育阶段和成熟度

切花采后一般经历2个不同的发育阶段，第一阶段是蕾期到充分开放，第二阶段是充分开放到成熟衰老。通常在保证花蕾正常开放及不影响品质的前提下，应尽可能在蕾期采收。因为此阶段最容易降低切花对乙烯的敏感性，便于采后处理及耐机械损伤，延长采后寿命，且节省贮运空间，缩短生产周期，降低成本，提高效益。过早采收，花朵不能正常开放，易于枯萎，如月季和非洲菊采收过早，容易发生“弯颈”现象。这是因为月季花茎维管束组织木质化程度不够，非洲菊花茎作为输水通道的中心空腔尚未形成。过晚采收，切花寿命降低，增加流通损耗，如唐菖蒲、百合等。但并非所有切花都适合蕾期采收，根据切花种类、品种、季节、环境条件、距离市场远近和消费者的特殊要求等，具体情况具体分析。直销切花采收阶段比中长期贮运切花晚，如直销标准型香石竹宜花朵半开阶段采收，长期贮运以花蕾显色为宜；远离市场和供应批发商的切花比邻近市场和供应零售商的应早采收；直接提供给消费者的根据其特殊要求采收。

（2）切花种类和品种采收期的差异

不同种类及品种切花采收期存在明显差异。用于直销的花卉中适于花蕾显色阶段采收的种类有唐菖蒲、朱顶红属杂种、百合属、郁金香、芍药等。适于花朵半开阶段采收的种类有标准型香石竹、萱草属、香雪兰属杂种等。适于花朵及花序小花等充分开放但不过熟阶段采切的种类有多花型香石竹、红掌、非洲菊、大丽花、翠菊、向日葵、百日草等。

4.5.1.2 采收时间

切花种类很多，不同种类、同一种类不同品种的鲜切花采后特性不同，因此一天之中没有统一的适宜所有切花的采收时间。

（1）上午采收

上午切花细胞膨胀压较高，即切花含水量最高，此时采收有利于减少切花采后萎蔫的发生。不足之处是露水多，切花较潮湿，容易受真菌等病害感染，但可通过切花采后处理来避免。对于部分采后失水快的切花如月季等，宜上午采收。具体操作方法是：将采收后切花立即放入清水或保鲜液中，最好在30min内预冷，防止水分丧失。若无预冷条件也应尽可能避免在高温各强光下采收。对于乙烯敏感型的切花如香石竹等，在田间先置于清水中，尽快转到分级间后用银盐做抗乙烯处理。

（2）下午采收

经过1d的光合作用，积累了较多的碳水化合物，切花质量相对较高，但温度较高，切花容易失水。如在晴朗炎热的下午，深色花朵的温度比白色花朵高出6℃。

（3）傍晚采收

在夏季，最适宜的采收时间为20:00左右。经过1d的光合作用，切花茎中积累了较多的碳水化合物，质量较高，但此时采收影响当日销售。

4.5.1.3 采收方法

准备锋利的采收刀具，剪切时勿挤压切花茎部，否则会引起含糖汁液渗出，容易引起微生物侵染，微生物本身及其代谢物将造成茎部堵塞。对只能通过切口吸水的木质茎类鲜切花，采收时应形成斜面；草质茎类鲜切花除由切口导管吸水外，还可以从外表皮组织进行，因此斜面切口不是必需的。花枝长度是质量等级的指标之一，所以采收尽可能使花茎长些，但由于花茎基部木质化程度过高，基部采收会导致鲜切花吸水能力下降，缩短鲜切花寿命。因此，采收的部位应选择靠近基部而花茎木质化适度的地方。

4.5.2 切花保鲜

切花保鲜的目的在于通过改变外在的影响条件，提升切花品质，最终降低流通损耗。要保证切花具有较高品质就有必要对影响切花品质的因子有所掌握，主要包括外因和内因2方面因子。

内因是最重要和最直接的影响因子，就是说要想获得高质量的产品，就必须选择好的播种材料。外因主要包括采前环境因子、采收工具、采收时间及采收成熟度、采收后的花材整理、捆扎、包装和保鲜剂的使用。

为保证鲜花的质量，采收后的鲜花生理变化是近年鲜切花企事业科研攻关的重要课题，因此说切花保鲜是切花采收后必需的技术环节。

鲜切花保鲜生理是切花采收后的生理变化规律，掌握好这些规律，有利于延长切花寿命，提高切花产品质量。切花脱离母体后，其生理变化主要是：水分失衡、营养供应不足、呼吸作用和酶活性增强、乙烯的消长作用等方面。

1）水分失衡　水分失衡的原因主要是蒸腾失水，切花采收后的失水、失重、失鲜往往是蒸腾作用失水和切口的导管堵塞共同造成的。切口导管堵塞可能原因有：部分切花切口处会分泌乳液或单宁等物质的积聚；切口导管的末端进入气泡；切口处微生物繁衍，产物积累；切花缺钾吸水能力差等。蒸腾作用的强弱因切花种类、品种、成熟度等有很大差别。生产上对切花采收后，可通过以下方法调控蒸腾失水：减少空气流动，控制蒸腾失水速率；提高空气的相对湿度，可通过喷雾法对观叶和观花的切花保持相对湿度95%～98%；使用化学药剂控制气孔开张，降低蒸腾失水；采收后立即分级，包装好，减少失水。

2）呼吸作用　呼吸作用是指底物在一系列酶参与的生物氧化下，经过许多中间环节，将生物体内的复杂有机物分解为简单物质，并释放能量的过程。植物的呼吸主要有有氧呼吸和无氧呼吸2种类型，有氧呼吸是植物进行呼吸作用的主要形式，是生活细胞在氧气的参与下，将某些有机物质彻底氧化分解，放出二氧化碳，并形成水，同时释放能量的过程，这也是切花采后的主要呼吸形式。无氧呼吸是在无氧条件下细胞将某些有机物分解成为不彻底的氧化产物，同时释放能量的过程。切花采后主要的生理代谢过程是呼吸作用，呼吸作用常用指标是呼吸强度、呼吸作用的温度系数、呼吸热和呼吸跃变。这里的呼吸强度是表示鲜切花产品新陈代谢能力的重要指标，是估算采后寿命的依据，呼吸热会使温度升高，从而加速体内代谢，加速衰老，呼吸跃变的出现是跃变型花朵走向衰老的标志。在切花采后流通过程中，呼吸强度越大，其消耗也越大。所以控制呼吸强度，防止无氧呼吸是切花保鲜的主要措施。减弱呼吸作用的方法主要是：控制氧气含量在10%以下；采后低温处理；采后尽量防止机械损伤；用塑料薄膜包装切花，使二氧化碳浓度提高；合理使用植物激素或植物生长调节剂。

3）乙烯的形成　乙烯是一种与切花衰老有关的内源激素，切花衰老过程会产生乙烯，乙烯同时也会促进衰老。乙烯形成的原因有：衰老组织的产生，机械损伤，病虫危害，呼吸作用。不同切花对乙烯的敏感程度不同，如水仙、百合等对乙烯敏感，易受乙烯影响而衰败，菊花对乙烯不敏感，月季、香雪兰等对乙烯敏感程度处于敏感与不敏感中间。另外，同一种花卉不同生育期对乙烯的敏感性也不同，受乙烯伤害的症状因种类不同也不同，金鱼草花瓣早脱落、褪色，紫罗兰花色变劣，香石竹花瓣边缘卷曲，满天星花不开放等。控制乙烯形成的有效措施是切花后各个环节要在低温、低氧、二氧化碳的浓度高的环境条件下进行。

花卉，尤其是鲜切花，采后为了保持最好的品质，延缓衰老，抵抗外界环境的变化，常常采用花卉保鲜剂予以处理。花卉保鲜剂包括一般保鲜液、水合液、脉冲液、STS脉冲液、花蕾开放液和瓶插保持液等。在采后处理的各个环节，从栽培到批发、零售、消费、都可以使用花卉保鲜剂。许多切花经保鲜处理后，可延长花卉寿命2倍。花卉保鲜剂能使花朵增大，保持叶片和花瓣的色泽，从而提高花卉品质。

大部分商业性保鲜剂都含有碳水化合物、杀菌剂、乙烯抑制剂、生长调节剂和矿物质营养成分，下面分别详述它们的作用。

① 碳水化合物：是切花的主要营养源和能量来源，它能维持离开母体后的切花所有生理和生化过程。外供糖源，将参与延长瓶插寿命，起着维持切花细胞中线粒体结构和功能的作用。通过调节蒸腾作用和细胞渗透促进水分平衡，增加水分吸收。蔗糖是保鲜剂中使用最广泛的碳水化合物之一，果糖和葡萄糖有时也采用。不同的切花种类或同一种类不同品种最适宜保鲜剂中糖的浓度不同，如在花蕾开放液中，石竹最适浓度为10%，而菊花叶片对糖敏感，一般用2%，月季高于1.5%易引起叶片烧伤。最适糖浓度还与处理方法和时间长短有关，一般来说，对一特定切花，保鲜剂处理时间越长，所需糖的浓度越低，因此脉冲液（采后较短时间处理）中的糖浓度高，花蕾开放液浓度中等，而瓶插保持液糖浓度较低。

② 杀菌剂：在花瓶中生长的微生物种类有细菌、酵母和霉菌，这些微生物大量繁殖后，阻碍花茎导管，影响切花吸水，并产生乙烯和其他有毒物质而加速切花衰老。为了控制微生物生长，保鲜剂中可以加入杀菌剂或与其他成分混用。

③ 乙烯抑制剂：硫代硫酸银（STS）是目前花卉业使用最广泛的最佳乙烯抑制剂，在植物体内有较好的移动性，对花朵内乙烯合成有高效抑制作用，有效地延长多种花卉的瓶插寿命。STS需随用随配，配好液最好立即使用，如不马上使用应避光保存，它可在20℃的黑暗环境中保存4d。

④ 生长调节剂：生长调节剂用于花卉保鲜剂中，它们包括人工合成的生长素与植物内源激素。植物生长调节剂可单独使用或与其他成分混合用。它可以引起或抑制植物体内各种生理和生化进程，从而延缓切花的衰老过程。其中，细胞分裂素是最常用的，它主要能抑制乙烯产生，应用时可喷布或浸蘸，最适浓度为10000μL/L，浸蘸2min即可，如时间过长，也会产生不良后果，香石竹对此处理效果最佳。

4.5.3 主要切花采收保鲜

4.5.3.1 草本鲜切花采收保鲜

(1) 紫罗兰

科属：十字花科、紫罗兰属

别名：草桂花、春桃、草紫罗兰

英文名：Violet

学名：*Matthiola incana*

主要特征：作为具有永恒的美、质朴、美德的紫罗兰为多年生草本花卉，其茎秆挺拔，繁花满枝，花色清秀高雅宁静，微香四溢，花期长，是欧洲著名时令花，美国威斯康星等州将紫罗兰定为州花。现已成为国际上重要的切花和盆栽花卉之一。常布置于花坛、图案、镶边、花带等，盆栽美化居室，富有温馨感。

品种介绍：根据不同的生长特点可分为单枝系与多枝系；单瓣系与重瓣系；早花、中花、晚花系。适合做切花的是单枝系的重瓣花。

1) 圣诞之雪　白色，茎高，叶有毛，单枝开花，极早生。

2) 白圣诞　白色，茎高，叶有毛，花较大，单枝，极早生。

3) 粉圣诞　粉色，茎高，花极美，容易栽培，植株强健，单枝，极早生。

4) 白愉快　白色，茎高，花穗长60cm，不需低温处理，单枝，极早生。

5) 早丽　淡粉，茎高挺直，花茎大，叶有毛，花瓣特多，单枝，极早生。

6) 初樱　桃、白色，叶有毛，茎直立，花明亮，花茎大，花多，单枝，极早生。

7) 名古屋小姐　大红近桃色，花特大，切花适期花径6cm，杆特高，花序雄伟，单枝，极早生。

8) 紫美里　紫色，叶整齐光亮，花瓣多，花径大，小花极其密集，花穗长，适合10～12月开花的长杆种单枝，极早生。

9) 红愉快　鲜红，花瓣特多，花序长60cm，茎高，不需低温处理，单枝，极早生。

10) 玫瑰美里　鲜玫红，茎高70cm，小花密集，花大，花穗长，生长旺盛，适合年末、早春开花，叶浓绿厚实，单枝，早、中生。

11) 粉美里　亮桃红，花特重瓣，花大、穗长、密集，茎70～100cm，叶厚实，单枝，早、中生。

12) 相模枇　深桃红，叶无毛，温室7月中旬至翌年2月播种，翌年1～6月连续开花。

鲜切花的采收：

1) 采收标准　紫罗兰一般在花序上有一半的花朵开放时进行采收，暖地、中间地栽培区，当花有7～10朵开放时采收；暖地分枝型露地栽培区，约有5朵花开放时采收；高冷地、寒冷地极早系品种应开花10～12朵时采收。

2) 采收时间　如果长距离运输，花序下部3～5朵小花初开，1/3小花花蕾显色时采收；如果短距离运输或就近批发出售，当5朵小花初开，1/2小花花卉显色时进行采收；采收时避免日晒，最好在傍晚时进行，采收后立即放入保鲜液中保鲜。

3) 采收方法　紫罗兰切花采收时，采收花茎的部位尽可能靠近基部，采用锋利的剪刀，最好斜面切割，以增加花茎的吸水面积，轻拿轻放，减少机械损伤。剪切时避免剪到基部木质化程度过高的部位，否则导致鲜切花吸水能力下降。在田间采收时，应配备具有遮阳棚的小推车，防止鲜切花在阳光下长时间暴晒，失水萎蔫，采收后应尽快放入包装间。鲜切花剪下后要清除收获过程的杂物，采下的花枝以10枝为1束捆扎后贮入水桶或保鲜液中，使其充分吸水。

保鲜处理方法：

1) 切花预冷　紫罗兰切花对乙烯敏感，呼吸强度高，直接装入包装容器内，花枝容易发热而使而使茎叶变黄，所以采后要及时进行冷处理，空气相对湿度保持90%～95%，预冷温度以5℃为宜，所以可在5℃的冷库中结合预处理液吸收进行预冷处理。

2) 保鲜液处理

① 1%蔗糖＋200mg/L 8-HQS＋25mg/L $AgNO_3$＋50mg/L $Al_2(SO_4)_3$ 是最有利于紫罗

兰切花保鲜的保鲜剂。既能延长紫罗兰切花的瓶插期，又能较好地保持其花瓣、叶片形态及色泽，是紫罗兰切花瓶插保鲜的最佳配方。

② GA_3 50mg/L处理对紫罗兰切花的保鲜效果最好，不仅能较好地延长紫罗兰切花的瓶插寿命，而且还保持了较高的开花率和良好的观赏品质

③ 10g/L蔗糖+0.03% 8-HQC处理12h保鲜效果最好，能有效延缓切花衰老，提高其观赏品质.

(2) 满天星

科属：石竹科、丝石竹属

别名：小白花、丝石竹、霞草

英文名：Baby's breath

学名：*Gypsophila elegaus* M. B.

主要特征：满天星是清雅之士所喜爱的花卉，素蕴含“清纯、致远、浪漫”之意。数百朵玲珑细致、洁白无瑕的小花，松松散散聚在一起，宛若无际夜空中的点点繁星，似雾般朦胧，极具婉约、雅素之美，又如爱人的呼吸般温柔动人。微风吹过，清香四逸，更显温馨，是欧洲十大名切花之一。但满天星是属于对乙烯特别敏感的花卉，是呼吸跃变型切花，花枝纤长、细嫩、易断，分枝多，花朵小而繁多，不易保水保养，所以满天星从母株上采切后其顶端优势基本丧失，95%未开的小花蕾停止生长不再开放，这就决定了满天星从母株上采切后，所需的水分、养分必须完全依靠外供。如果满天星在采收、包装、运输、花店货架售卖到最终瓶插消费各环节都能做到正确保鲜护理，其花期可长达一个月。因此说专业的技术措施满天星的保鲜处理非常重要。

品种介绍：世界切花市场上满天星主要有3个白花品种（仙女、完美、钻石）和两个红花品种（火烈鸟、红海洋）。我国生产上在面积栽培的主要是仙女和完美2个品种。

1）仙女　重瓣，白花，1935年美国育种专家选育出来的品种。栽培较容易，在促成栽培下可以做到周开花，是满天星周年生产的理想品种。

2）完美　大花型品种，花朵洁白晶莹，节间短，茎粗壮，切花挺拔，自然开花期比仙女心迟1周，栽培较不易，容易产生莲座丛生，低温开花停止。

3）钻石　是从仙女中选出的中花品种，植株较仙女矮，节间距亦短，低温条件下开花会推迟，切花形态优美，将会成为满天星的流行品种。

4）火烈鸟　花淡粉红色，茎细长，分枝不多，花小，春季开花，自然花期比仙女延后数天，高温季节容易褪色。

5）红海洋　花色呈深桃红色，花大、茎硬，在暖地，从春季到秋季都能开花，高寒地，春季栽培，秋季产花，花色艳丽，是国际市场上受欢迎的切花。

鲜切花的采收：

1）采收标准　满天星切花采收以小花的盛开率为标准。

① 开花指数1：小花盛开率10%～15%，在此阶段采收，成熟度太小，鲜切花不易开放，采切后要放在花蕾开放液中处理，适合于远距离运输。

② 开花指数2：小花盛开率16%～25%，可以兼作远距离和近距离运输。

③ 开花指数3：小花盛开率26%～35%，适合于就近批发出售。

④ 开花指数4：小花盛开率36%～45%，必须就近很快出售。

2）采收时间　一般不要在高温和高强度光照下采收，以上午和傍晚为宜。

3）采收方法　花枝上小花50%开放时为最佳采收期，先剪中心花枝，长度为60～80cm，留下部侧枝，分期分批采收，在基部留下2～3个侧芽，以保证后期的花枝产量。采收时一定要用锋利的剪刀，避免压破茎部，以免引起微生物感染而阻塞导管，为了增加花茎的吸水面积，剪切面为斜面。

保鲜处理方法：

1）切花预冷　采用冷库预冷，对采收完的鲜切花不进行包装，直接放入冷库中，在温度4℃条件下进行预冷，同时结合保鲜液进行处理，使冷空气以60～120m/min的流速循环。完成预冷后鲜切花应在冷库中包装起来，预冷时间为几个小时，这样对于鲜切花的保鲜效果好。

2）保鲜液处理

① 满天星因花枝细弱，保水性差，是呼吸跃变型切花，对乙烯和细菌性污染很敏感，采切后易失水变干，所以切花剪下后立即插入水中或保鲜液中，以延长保鲜期，具体处理过程是先在含有STS和杀菌剂的预处理溶液中预处理30min，再转入1.5%蔗糖和杀菌剂的保鲜液中。

② 满天星切花保鲜液的最佳配方为蔗糖5g/L+8-羟基喹啉柠檬酸盐500mg/L+硫酸铝钾150mg/L；该保鲜液能有效延长满天星切花的瓶插寿命，有利于保持切花水分平衡，减轻水分胁迫，减少膜脂过氧化，保持细胞膜的完整性。

4.5.3.2 球根鲜切花采收保鲜

(1) 香雪兰

科属：鸢尾、香雪兰属

别名：小菖兰、小苍兰、香素兰、洋晚香玉

英文名： Freesia refracta Klatt

学名： *Freesia refracta* Klatt

主要特征： 香雪兰球茎长卵形，茎柔弱，有分枝。茎生叶二列状，茎生叶短剑形。穗状花序顶生，花序轴斜生，花形优美，花序摇曳多姿，花色鲜艳纯净，香气浓郁清纯，在国际花卉市场上是后起之秀，花清香似兰，是人们喜爱的冬、春季室内观赏花卉。象征纯真、无邪。常用盆栽或剪取花枝插瓶装点室内。

品种介绍： 香雪兰栽培品种很多，花瓣有单瓣和复瓣，花径大小不一，而且花色丰富。具体品种如下。

1）曙光　黄色品种，株行距为8cm×12cm，每平方米种植96株。

2）雅典娜　白色品种，株行距为8cm×12cm，每平方米种植96株。

3）蓝铃　蓝色品种，株行距为8cm×12cm，每平方米种植96株。

4）蓝天：蓝色品种，株行距为8cm×16cm，每平方米种植112株。

5）波莱罗干　红/黄品种，株行距为8cm×10cm，每平方米种植80株。

6）精益求精　纯黄品种，株行距为8cm×12cm，每平方米种植96株。

7）金色的乐曲　金黄色品种，株行距为8cm×12cm，每平方米种植96株。

8）金色巨石　橙黄色品种，株行距为8cm×10cm，每平方米种植80株。

9）金色的浪花　金黄色品种，株行距为8cm×12cm，每平方米种植96株。

10）优雅　黄色品种，株行距为8cm×12cm，每平方米种植96株。

11）流星　黄色品种，株行距为8cm×12cm，每平方米种植96株。

12）米拉贝尔　黄色品种，株行距为8cm×12cm，每平方米种植96株。

13）米兰达　白色品种，株行距为8cm×12cm，每平方米种植96株。

14）鲜艳的粉色　粉色品种，株行距为8cm×10cm，每平方米种植80株。

15）杰出　橘红色品种，株行距为8cm×10cm，每平方米种植80株。

16）红名星　红色品种，株行距为8cm×14cm，每平方米种植112株。

17）高贵的蓝色　蓝色品种，株行距为8cm×12cm，每平方米种植96株。

18）灶神　浅黄色品种，株行距为8cm×10cm，每平方米种植80株。

19）白色风帆　浅黄色品种，株行距为8cm×10cm，每平方米种植80株。

20）金色芭蕾　暗黄色品种，株行距为8cm×10cm，每平方米种植80株。

鲜切花的采收：

1）采收标准　可根据用花需要、运输远近及季节而论，一般当花序上第1朵花显色并正在开放，第2朵花开始开放之前采收，如气温低的春节应用，也可待第2朵、第3朵小花开始时采收。第一次采收时可在花茎最上侧枝基部切取，下部侧枝等花进一步发育时作第3次切取，但花枝长度尽量达30cm；如低于30cm或要求达50cm的，只得延长切取，但会影响下部侧枝的第2次切花。

2）采收时间　以清晨温度较低时采收为宜。

3）采收方法　用锋利的剪刀对带梗花序采收，剪切的位置在主花枝基部，以使主花枝以下侧枝作下次采收。

保鲜处理方法： 香雪兰对乙烯敏感，对氟更敏感，水中加1mg/L的氟就会引起叶尖褐化，阻止花蕾开放。因此必须采用保鲜剂处理。

① 6-BA、STS对香雪兰切花的保鲜特别是品质改善方面效果明显，二氯化钴（$COCl_2$）的保鲜效果亦较好，但有使花朵色彩变浅的现象。

② 水合处理液：把去离子水或质量好的自来水的酸碱度用柠檬酸调节到pH 3.5，水中不要含氟。这样就可以起到保鲜的效果。

（2）唐菖蒲

科属： 鸢尾科、唐菖蒲属

别名： 菖兰、剑兰、扁竹莲、十样锦、十三太保

英文名： Gladiolus，Sword Lily

学名： *Gladiolus hybridus*

主要特征： 具有用心、长寿、福禄、康宁、坚固花语的唐菖蒲，是世界著名的四大切花之一，是多年生球茎类花卉，其花梗很长，花朵排列呈蝎尾状，玲珑轻巧，潇洒柔和，花朵质如绫绸，娇嫩可爱，叶如长剑，花期长，节节升高，意味着福气吉祥，尽管世界各国年年都有新的切花品种不断开发推出，但唐菖蒲凭借其花型多样、色彩丰富、艳丽而华贵，并且花期长，瓶插寿命长的优点，一直在世界切花市场上占有重要地位。

品种介绍： 主要有国外引进品种和国内培育品种。

1）国外引进品种主要分7个色系，分别是红色系、粉红系、紫红系、橙黄系、黄色系、白色系和洋红系。具体品种如下。

① 红色系的品种

a. 青骨红：来源荷兰，主要特性是花期偏迟，不易退化。

b. 欢呼：来源荷兰，主要特性是花期偏早，

淡红色，开花整齐。

c. 金红：来源荷兰，主要特性是花期偏迟，金红色黄心。

d. 圆舞曲：来源荷兰，主要特性是红色黄心。

e. 飞红：来源荷兰，主要特性是花色鲜红。

② 粉红系的品种

a. 粉友谊：来源荷兰，主要特性是花期偏早。

b. 夏威夷：来源荷兰，主要特性是浅粉红，抗病差。

c. 伊丽莎白皇后：来源荷兰。

③ 紫红系品种

a. 忠诚：来源荷兰，主要特性是叶色淡，花茎粗，深紫色。

b. 紫黑玉：来源荷兰，主要特性是花色深。

④ 橙色系品种

a. 彼得梨：来源荷兰，主要特性是花色橙黄。

b. 状元红：来源荷兰，主要特性是花色橙红。

c. 早晨的新娘：来源美国，主要特性是花色橙黄。

⑤ 黄色系品种

a. 星光：来源荷兰，主要特性是花期集中，成花率高。

b. 日本黄：来源日本，主要特性是黄色稍淡，抗病好。

c. 紫心黄：来源荷兰，主要特性是黄色紫心。

d. 迟暮：来源荷兰，主要特性是花色淡黄。

e. 阳光：来源美国，主要特性是花色纯淡黄。

f. 狂欢节：来源美国，主要特性是黄色红心。

g. 小丑：来源美国，主要特性是黄色带红条纹。

⑥ 白色系品种

a. 白友谊：来源荷兰，主要特性是花色乳白色，叶片发黄。

b. 白成功：来源荷兰，主要特性是色纯白。

c. 白教士：来源荷兰，主要特性是花色白色，长势好。

d. 白花女神：来源荷兰，主要特性是花色纯白色，长势好。

e. 雪花：来源美国，主要特性是花色洁白色，花瓣皱边。

f. 白 2 号：来源荷兰，主要特性是花色红心。

⑦ 洋红系

a. 巴西吻：来源荷兰，主要特性是花色为玫瑰红。

b. 节日红：来源荷兰，主要特性是花色为玫瑰红。

c. 玫瑰红：为玫瑰红；来源荷兰，主要特性是花色为玫瑰红。

2）国内培育的品种有红色系、粉色系、黄色系、紫色系、橙色系和白色系。

① 白色系的有玉人歌舞、越女浣纱、明月光、醉飞燕、香腮雪、桃白、洮阳白、奶油白、嫩娘、银光、南宁白。

② 橙色系品种有小橘、橙荷花、龙泉、赛明星、月照硫黄、烛光洞火、琥珀生辉。

③ 紫色系品种有紫英华、紫霞、紫烟、紫陌红尘、紫绫艳、紫气祥云、黑姑娘、紫凤含珠。

④ 黄色系品种有秋月、仙鹤展翅、洮阳黄、金不换、黄金印、秋阳弄影。

⑤ 粉色系品种有洮阳女郎、粉西施、洮阳粉、冰罩红石、桃花桥、忆仙姿、云霞出海、秀女含樱、浓妆淡抹、含娇、鸳鸯锦。

⑥ 红色系品种有满江红、绒光波影、红旗、映月、荧光眼、鲜大红、洮阳红、红婵娟、玫含宿雨、玫瑰娇、佛红抛彩、朱雀艳、红橙娇、大红袍。

鲜切花的采收：

（1）采收标准

蕾期采收。外销于花序最下 1 朵小花着色时采收，内销可待 2～3 朵小花显露颜色、欲放未放时采切。过早采切，植株自身糖分低，影响切花质量，致使全株小花不能从下而上全部开放；过迟，花已开放，影响贮藏运输和观赏寿命。花蕾发育到半透色，就可切花上市，通常在早晨 7:00 以前进行。此时花枝含水量较高，可以保证花朵的饱满和花茎挺拔。剪后迅速放到盛水桶中，剪时用钳夹切割，尽可能带上球根内部的茎。切花根据长度和花朵大小分选 10 枝 1 束，远距离运输的，使花稍许萎蔫之后再包装，用塑料薄膜包好，装箱。

（2）采收时间

最适宜的采收时期是花穗下部第 1～3 朵小花露出花色时，以清晨剪切为好，为保证地下球茎生长需要，剪切时保留植株基部 3～4 片叶，剪取后剥除花枝基部叶片，按等级花色分级包扎，20 枝 1 束。花束存放在 4～6℃的条件下，切口浸吸保鲜液，注意不能用单侧光照射太长时间，以免引起花枝弯曲现象。

（3）保鲜处理方法

1）以 4% 蔗糖＋300mg/L 8-羟基喹啉＋150mg/L 硼酸＋20mg/L 6-BA＋200mg/L B9 的

保鲜效果最佳，瓶插寿命达到22d。

2）用乙酸钙溶液瓶插切花时，不仅可以降低切花的MDA（丙二醛）含量，稳定膜结构，而且可能激活CaM，调节花瓣和苞叶中的内源激素水平，调运切花中苞叶等处的可溶性糖到花瓣中，促使小花开放，并延长切花寿命。

3）用浓度为50μg/mL、100μg/mL、200μg/mL的GA和6-BA溶液在2～6℃低温下处理24h，三种浓度的GA和6-BA处理都能改善唐菖蒲切花冷藏出库时的品质，促进瓶插时花朵的开放，抑制苞片叶绿素和花瓣可溶性蛋白的降解，抑制花瓣MDA的升高，提升唐菖蒲切花观赏品质。但200μg/mL的1GA效果最佳。

4）用不同浓度的硼酸、乙醇、8-羟基喹啉、硝酸银作为杀菌剂处理唐菖蒲切花，测定切花的瓶插寿命、花枝重量、水分的平衡值、花径长度、日观赏值等指标。不同的杀菌剂对唐菖蒲的保鲜效果有明显的差异，其保鲜效果0.05g/L硝酸银＞200mg/L 8-羟基喹啉＞蒸馏水＞0.2g/L硼酸＞0.5%乙醇。其中，0.05g/L硝酸银可明显增加唐菖蒲切花的吸水量及鲜重，使瓶插寿命达到15d，并且在第7天观赏值达到最大，但硝酸银含有毒性。200mg/L 8-羟基喹啉的保鲜效果最佳，其配方是4%蔗糖＋200mg/L 8-羟基喹啉＋1g/L硝酸钙。

5）100mg/L苯甲酸钠＋600mg/L 8-羟基喹啉柠檬酸盐＋4g/L蔗糖，无论从保鲜效果、鲜重和切花观赏值来说，其效果都为最佳。

4.5.3.3 切叶采收保鲜

（1）文竹

科属：百合科、天门冬属

别名：新娘花、刺天冬、云片竹

英文名：Asparagus Fern

学名：*Aparagus setaceus*

主要特征：文竹是“文雅之竹”的意思。其实它不是竹，只因其叶片轻柔，常年翠绿，枝干有节似竹，且姿态文雅潇洒，故名文竹。它的叶状枝纤细秀丽，密生如羽毛状，翠云层层，株形优雅，独具风韵，深受人们的喜爱，是有名的室内观叶花卉。象征永恒，朋友纯洁的心，永远不变。

鲜切叶的采收：

1）采收标准

文竹切叶小苗栽植后2年开始少量采收，收获部位为文竹的叶状枝。采收时要保留骨干枝与足够的叶状枝，以保持生长的营养面积，并保护好萌芽。采收操作时间可全天进行，上市采切枝长度为30～70cm，清晨采收好，20枝1束，下部浸水或保鲜液，产品先暂时放在阴凉处，之后在2～4℃的条件下可湿贮5d，干贮失水快，仅能维持1～2d，适合短途运输。

2）保鲜液处理

① 文竹25cm，摘掉枝条下部1/3的叶片，分别瓶插于5mg/L STS、1mg/L 6-BA和500mg/L $CaCl_2$溶液中保鲜。

② 次氯酸钠溶液直接用漂白水稀释至100μL/L，浸泡切叶4h后取出，保鲜效果良好。

（2）铁线蕨

科属：铁线蕨科铁线蕨属

别名：铁丝草、少女的发丝、铁线草

英文名：Adiantaceae

学名：*Adiantum capillus-veneris* L.

主要特征：具有无悔喻义的铁线蕨的在蕨类植物中是栽培最普及的种类之一。因其茎细长且颜色似铁丝，故名铁线蕨。其茎叶秀丽多姿，形态优美，株型小巧，极适合小盆栽培和点缀山石盆景。由于黑色的叶柄纤细而有光泽，酷似人发，加上其质感十分柔美，好似少女柔软的头发，因此又被称为“少女的发丝”；其淡绿色薄质叶片搭配着乌黑光亮的叶柄，显得格外优雅飘逸。铁线蕨叶片也是良好的切叶材料及干花材料。铁线蕨还可切取插瓶，配以鲜花观赏。

鲜切叶的采收：

1）采收标准

当叶色变绿，茎枝黑亮挺拔时即可采收，采收过晚孢子成熟变色，叶枯黄早。收获部位为铁线蕨的整枝带柄复叶。操作可全天进行。采收后应整理叶片，摆平整，叶在同一侧，防止叶正反扭曲杂乱，失去观赏价值，产品采收后10枝1束要插入水中，尽快分层放置在2～4℃条件下湿贮。

2）保鲜液处理

铁线蕨是对乙烯敏感类型的切叶花卉，乙烯会引起铁线蕨小叶脱落，所以在保鲜过程中要配制保鲜液效果好。

① 每升瓶插水中加入10～20mg氯漂白剂，12.5～25mg/L硝酸银。

② 每升瓶插水中加入185～580mg硝酸银。

复习思考题

1. 简述切花菊的繁殖技术。
2. 试述切花菊的花期调控技术。
3. 试述切花月季的繁殖及栽培管理技术。
4. 如何培育唐菖蒲种球？
5. 试述唐菖蒲的栽培管理技术。
6. 试述唐菖蒲的花期调控技术。
7. 试述香石竹的栽培管理技术。
8. 简述香石竹生产中裂萼产生的原因及防治措施。

9. 简述非洲菊的栽培管理技术。
10. 试述切花百合的温室栽培管理技术。
11. 试述切花红掌的栽培管理技术。
12. 试述丝石竹的栽培管理技术。
13. 试述勿忘我的栽培管理技术。
14. 试述切花鹤望兰的栽培管理技术。
15. 试述切花小苍兰的栽培管理技术。
16. 试述切花紫罗兰的栽培管理技术。
17. 近几年花卉市场上有哪些切花新秀？列出15种切花种类。
18. 以一种鲜切花为例，查询资料有哪些保鲜方法？
19. 以某种切花为例，说明切花、切叶、切果三种不同类型花卉的栽培要点。
20. 简述唐菖蒲的切花采收标准。
21. 调查当地花店鲜切花的来源，并调查各种鲜切花的保鲜措施。

第5章 年宵花卉与工厂化生产

5.1 年宵花卉概述

5.1.1 年宵花卉的概念及特点

春节期间，陈设、装饰楼台厅堂，增加节日喜庆气氛的时令花卉，称为年宵花卉。由于这些花卉集中在元旦到元宵期间消费，所以又称为“年销花卉”。“年宵花卉”一词，最初从广东沿海一带流传过来，近年来已经逐渐深入到人们的生活，年宵花卉的消费占据全国花卉销售量的60%，成为花卉消费的热点，春节购花、赏花、逛花市已经成为一种时尚。年宵花卉正朝着花色品种多样化、市场发展多元化的方向发展，具有极大的市场发展潜力。

年宵花卉往往具有以下特点：①大部分年宵花为自然花期，花盛叶茂，花期长，观赏价值高，如大花蕙兰、一品红、仙客来、瓜叶菊、蒲包花、蜡梅、蟹爪莲等；②可通过促成栽培和抑制栽培控制花期，使部分草本花卉、木本花卉提前或延迟开花达到观赏目的，如牡丹、杜鹃花、郁金香、风信子、蝴蝶兰等；③年宵花大部分为盆栽花卉，运输、移动方便灵活，有利于市场调节；④年宵花的花期、市场销售相对集中，可组织生产栽培，满足年宵花市场的需求。

5.1.2 常见年宵花卉栽培技术

5.1.2.1 牡丹（彩图5-1-2-1）

科属：毛茛科、芍药属

别名：富贵花、花王、木芍药、洛阳花、谷雨花等

英文名：Peony

学名：*Paeonia suffruticosa* Andrews

形态特征：落叶小灌木，株高1～2m，高者可达3m。茎粗而脆，易折断，表皮灰褐色，常开裂而剥落。当年生枝较光滑，黄褐色。叶片宽大，互生，2回3出羽状复叶，具长柄。顶生小叶卵圆形至倒卵圆形，先端3～5裂，基部全缘，侧生小叶为长卵形，表面绿色，具白粉，平滑无毛或有短柔毛。花单生于当年生枝条顶端，为大型两性花，花径10～30cm，雄蕊多数，心皮5，基部全被花盘所包裹。萼片5，宿存，绿色。花瓣原本5～6枚，经过栽培，部分或全部雄蕊变成花瓣，成为重瓣花。花色丰富，有红、白、黄、粉、紫、墨紫、雪青、绿色、复色等，花期4～5月，开花后结成蓇葖果，果外部密布黄褐色绒毛，成熟时开裂，内有5～15枚大粒种子，不规则圆形，褐色或黑色，千粒重250～300g，发芽率为60%～90%。

根据株型可以分为直立型、开展型、半开展型；根据分枝习性可以分为单枝型和丛枝型；根据叶形可以分为大型圆叶类、大型长叶类、中型叶类、小型圆叶类、小型长叶类。较常见的名品花有‘姚黄’、‘魏紫’、‘墨魁’、‘豆绿’、‘二乔’、‘白玉’、‘状元红’、‘葛中紫’及‘迎日红’、‘朝阳红’、‘醉玉’、‘仙女妆’、‘洛阳紫’、‘天女花’等。

关于我国牡丹品种分类的研究，目前还没有一致的看法，有的主张分为3类11型。

1）单瓣类　单瓣型。

2）千层类　荷花型、菊花型、蔷薇型、台阁型。

3）楼子类　金蕊型、托桂型、金环型、皇冠型、绣球型、台阁型。

有的主张分为4类10型：

1）单瓣类　单瓣型

2）重瓣类　①千层组：荷花型、菊花型、蔷薇型；②楼子组：托桂型、金环型、皇冠型、绣球型；③台阁类：千层台阁型、楼子台阁型。

生态习性：牡丹原产于我国西北部，野生种分布于甘肃、陕西、山西、河南、安徽等省的山地及高原。喜凉恶热，宜燥惧湿，有耐寒性。牡丹喜阳光，适合于露地栽培。栽培场地要求地下水位低，土层深厚、肥沃、排水良好的沙质壤土。牡丹为长肉质根，怕水涝积水，土壤黏重、通气不良易引起根系腐烂，造成整株死亡。牡丹在长期特定条件下和系统发育过程中，形成了独特的生态习性和栽培要点，文献曾记载牡丹花的所恶和所好，如“花之恶：狂风、暴雨、赤日、苦寒、蚯蚓、飞尘、浇湿粪、3月内降霜雹。花之好：温风、细雨、清露、暖日、微云、甘泉、沃壤、润三月、五风十雨”。另外还有“春发枝、

夏打盹、秋发根、冬休眠”的习性。

繁殖方法：牡丹繁殖可用播种、分株、嫁接、压条、扦插等方法，常用分株和嫁接法。

1）分株　农谚云“春分分牡丹，到老不开花”，牡丹分株一般要在秋天进行。分株时要选枝叶繁茂的4～5年生植株作母株，分株时间在9月下旬至10月，将母株挖出，抖去附土，放阴凉处晒2～3d，待根变软后，用利刀或手掰成小株丛，每株丛3～5个枝条，每枝条至少有2～3条根系，伤口处涂木炭粉防腐，并剪除残老根、枯枝。分株的时间掌握要适时，当年入冬前即能长出新根；如果分株太晚（11～12月），不能长出新根，越冬难成活。华北地区天气寒冷，分株苗第1年要用3～5层旧报纸包裹枝干帮助越冬，翌年3月中、下旬再打开。

2）嫁接　在生产中多采用根接法，选择2～3年生芍药根作砧木，在立秋前后先把芍药根挖掘出来，阴干2～3d稍微变软后取下面带有须根的一段截成10～15cm，随即采生长充实、表皮光滑、节间短的当年生牡丹枝条作为接穗，截成长度为6～10cm 1段，每段接穗上要有1～2个充实饱满的侧芽，一定带有顶芽。用劈接法或者切接法嫁接在芍药的根段上，接后用胶泥将接口包住即可。接好后立即栽植在苗床上，栽时将接口栽入土内6～10cm，然后再轻轻培土，使之呈屋脊状。培土高度要高于接穗顶端10cm以上，以便防寒越冬。寒冷地方要进行盖草防寒，翌年开春暖和后除去覆盖物和培土，露出接穗让其萌芽生长。

栽培管理：要想让牡丹在提前在春节开花，必须采取以下技术措施。

（1）品种选择

要选择容易催花的品种，如超粉、洛阳红、二乔等。同时要选择四五年生、芽多饱满而又生长健壮的植株。

（2）晾根

植株购回后，运至高燥向阳的地块晾晒。按行呈覆瓦状排列，使后面1行的根系盖住前面的枝条，经3～5d，花芽干瘪，枝条皱缩，根系柔软似面条即可，切忌晾晒过度而使苗木脱水死亡。

（3）上盆

苗株晾根后立即上盆。上盆后置于温室内进行催花管理。一般于春节前60d开始催花。

（4）温度管理

1～10d，白天最高温度10～12℃，夜间最低温度1～3℃；10～15d，白天最高温度12～14℃，夜间最低温度3～4℃；15～25d，白天最高温度15～18℃，夜间最低温度6～8℃；25～30d，白天最高温度18～20℃，夜间最低温度7～9℃；30～50d，白天最高温度20～22℃，夜间最低温度11～13℃；50～60d，白天最高温度24～26℃．夜间最低温度12～18℃。配合正常水肥管理，可与春节期间开花。牡丹春节催花的温度应由低逐渐到高，温度上升不能太快。

（5）湿度控制

上盆后立即浇透水，连续2～3d每天浇1次透水。以后每天喷3～4次，使枝芽保持湿润，空气相对湿度控制在80%～90%。具体做法是：萌动期每天11:00～15:00期间，喷水4～5次；现蕾期视干湿程度喷水3～4次；水量小些。花蕾膨大期每天喷水2～3次，水量减半甚至更少，开花期1～3d浇1次水，不可浇在花朵上。

（6）光照调控

牡丹为长日照花卉，花芽在长日照中形成，中长日照下开花。催花栽培初期光照不足，只长叶不抽蕾，后期光照不足，影响开花质量和开放时间，如花蕾下垂，花朵逊色等，需及时进行人工补光。在牡丹植株上方1m高处，每隔4m安装40W日光灯，共装两排20个。萌芽后每天06:00～09:30和16:00～21:30进行补光，若阴天则06:00～21:30全天补光。

（7）施肥管理

在牡丹催花过程中，牡丹根系几乎没有生长吸收根，供其生长发育的养分主要来自肉质根内的贮存营养，为使催花牡丹花叶繁茂，补施肥水是必需的。浇施量不宜太大，以浇透为原则。一般当萌芽后，幼叶和花蕾露出时浇施第一次肥水，以后可根据基质干湿状况进行浇施。浇施肥水后要及时疏松基质，以降低基质湿度，增加其透气性。叶面喷肥可始于立蕾期，这时叶片虽然曲皱未放，但具有一定的吸收功能。喷施时应从下往上喷施叶的背面，待叶全部展开后正、反两面都喷。叶面喷肥可与喷药结合进行，一般7～10d喷1次，浓度可逐渐增大。

（8）涂抹激素

在缓苗期后，对花芽还未萌动的，可用毛笔蘸取500～1000mg/kg的赤霉素溶液涂抹花芽，2d涂抹1次，连续涂抹3～5次，有替代低温打破休眠的作用。催花后期，对发育较晚的花蕾和叶片，也可采用300～500mg/kg的赤霉素溶液喷涂3～5次。

（9）修枝、抹芽、摘叶、压柄

在牡丹催花过程中，植株进入温室并充分“返水”后，应立即将无用、病残枝条及枝条上端的枯枝和无用芽剪掉、抹除。在剪除枝条时，应注意照顾株形，有些枝条即使没有花芽而只有叶芽，为使植株匀称、丰满也应该保留。催花中只保留最上端一个腋花芽，其余腋花芽、隐芽全部抹除。在牡丹催花过程中，摘叶是摘除生长特别旺盛的叶片，使养分集中供应花蕾；压柄是指把侧向上生长的复叶柄用手将其压平或压弯，使叶片平伸或略下垂，消除顶端优势，使养分集中供应花蕾，提高牡丹的观赏品质。

（10）病虫害防治

催花过程中由于温室内温、湿度较高等原因，易发生病虫害，其防治主要采取预防为主的原则。采用多菌灵、甲基托布津等药剂喷洒植株，或用50%多菌灵800倍液、甲基托布津1000倍液掺入催花素中涂抹鳞芽，以防治鳞芽发霉黑边。

园林用途：牡丹雍容华贵，国色天香，艳冠群芳，花开在风和日丽的谷雨前后，正宜游赏，自古以来，凡名园古刹多种植牡丹，现在各类城市园林绿地中也广泛应用。很多城市会在春日举办牡丹的专类花展，如河南洛阳、山东菏泽、安徽铜陵、陕西汉中等。

牡丹无论孤植、丛植、片植都很适宜，在园林中多布置在突出的位置，建立专类牡丹园或以花台、花坛栽植为好，亦可种植在树丛、草坪边缘或假山之上，居民庭院中多行盆栽观赏。在洛阳、菏泽等地，用牡丹布置花境、花带，装饰道路，效果也很好。盆栽催延花期，可四季开花。近几年，案头牡丹、牡丹盆景、牡丹切花材料市场前景也非常看好。

牡丹专类园常采用规则式布置和自然式布置2种。规则式布置多用于平坦地面，不进行地形改造，采用等距离栽植，很少与其他植物或山石等配合。自然式布置则是结合地形变化，以牡丹为主体，配以其他树木花草、山石、建筑、雕塑、小品等，从而衬托出牡丹的华贵美丽，形成一个山回路转、步移景换的优美景观效果。

5.1.2.2 一品红（彩图5-1-2-2）

科属：大戟科、大戟属

别名：圣诞花、猩猩木、象牙红、老来娇等

英文名：Poinsettia

学名：*Euphorbia pulcherrima*

形态特征：直立灌木。茎光滑，嫩枝绿色，老枝淡棕色，含乳汁。单叶互生，卵状椭圆形至披针形，长10～15cm，全缘或具浅裂，背有柔毛。总苞片是主要观赏部分，呈叶片状，披针形，通常称作顶叶，开花时有红、黄、粉红等色。总苞聚伞状排列，淡绿色，边缘有齿。花小，着生在杯状总苞内。蓇葖果。种子3粒，体大，椭圆形，褐色。

一品红依照分枝习性主要有标准型品种和多花型品种两种。

1）标准型品种　最早栽培的品种 *Early Red* 为典型代表，幼时不分枝，近于野生种，植株高。现栽培的 *EckespointC*-1 是1967年育成的一个美丽品种，中等高度，枝粗壮，具大而平展的红色苞片，为晚熟品种，需75～80d短日照，有白、粉、红色及复色品种，由它芽变而来的 *Wikkel Swiss* 为四倍体。

2）多花型品种　也称为自然分枝型品种，生长到一定时期不经人工摘心便自然分枝，形成一枝多头的较矮植株，更适于盆栽观赏。*Annette Hegg* 在1967年首次展出，为最重要的优良品种。枝细而硬直，经过摘心之后能分生6～8个花枝，需65～70d短日照。根系强健，抗根腐力强，叶与总苞片经久不脱落，总苞片红色。由它衍生出许多品种，如总苞片深红色的 *Dark Red Annette*、粉色的 *Pink Annette*、白色的 *White Annette Hegg*、粉白二色相间的 *Marble Annette Hegg* 及更耐低温的 *Annette Hegg Lady*。

生态习性：原产墨西哥，现在全世界广泛栽培。喜温暖湿润及光照充足的环境。生长发育的适宜温度为20～30℃，怕低温，更怕霜冻，12℃以下就停止生长，35℃以上生长缓慢。一品红是典型的短日照花卉，每天12h以上的黑暗便开始花芽分化；对土壤要求不严，以疏松肥沃、排水良好的沙质壤土为佳，pH 5.5～6.5，对肥需求量较大，尤其以氮肥重要，但不耐浓肥，土壤盐分过高易造成伤害。

繁殖方法：多用扦插繁殖，嫩枝及硬枝扦插均可，但以嫩枝扦插生根快，成活率高。扦插时期以5～6月最好，越晚插则植株越矮小，花叶也渐小，老化也快。扦插时要选取健壮枝条，剪成10～15cm的插穗，切口蘸以草木灰，以防白色乳液堵塞导管而影响成活。插床用细沙土或蛭石，扦插深度为4～5cm，温度保持在20℃左右，保持床土和空气湿润。1个月左右即可生根，2～3个月后新枝长到10～12cm，即可分栽上盆，当年冬天开花。

栽培管理：一品红盆花栽培方式一般有两种，一是标准型，利用标准品种，不摘心，使每株形成1花；二是多花型，利用自然分枝品种或标准品种，经过摘心后使每株形成数个花枝。

（1）基质要求

一品红喜疏松、排水良好的土壤，一般用园土3份、腐殖土3份、腐叶土3份、腐熟的饼肥1份，加少量的炉渣混合使用。

（2）温度管理

一品红喜温暖怕寒冷。每年的9月中下旬进入室内，要加强通风，使植株逐渐适应室内环境，冬季室温应保持15～20℃。此时正值苞片变色及花芽分化期，若室温低于15℃以下，则花、叶发育不良。至12月中旬以后进入开花阶

段，要逐渐通风。

(3) 光照管理

一品红喜光照充足，向光性强，属短日照植物。一年四季均应得到充足的光照，苞片变色及花芽分化、开花期间显得更为重要。如光照不足，枝条易徒长、易感病害，花色暗淡，长期放置阴暗处，则不开花，冬季会落叶。为了提前或延迟开花，可控制光照，一般每天给予8～9h的光照，40d便可开花。

(4) 水分管理

一品红不耐干旱，又不耐水湿，浇水要根据天气、盆土和植株生长情况灵活掌握，一般浇水以保持盆土湿润又不积水为度，但在开花后要减少浇水。

(5) 肥料管理

一品红喜肥沃沙质土壤。除上盆、换盆时，加入有机肥及马蹄片作基肥外，在生长开花季节，每隔10～15d施1次稀释5倍的充分腐熟的麻酱渣液肥。入秋后，还可用0.3%的复合化肥，每周施1次，连续3～4次，以促进苞片变色及花芽分化。

(6) 整形修剪

旺盛生长的普通一品红品种，必须进行攀扎作弯，否则枝条过长而影响观赏效果。攀扎作弯的目的是使植株变矮，花叶分布均匀，姿态优美。要随着枝条的生长及时绑扎，新梢每生长15～20cm就要作弯1次。作弯时要注意枝条分布均匀，保持同样的高度和作弯方向。作弯通常在午后枝条水分较少时进行，最后一次整枝应在开花前20d左右，使枝条在开花前长出15cm左右。若作弯过早，枝条生长过长，容易摇摆，株态不美；过晚，枝条抽生太短，观赏价值不高。近些年引入的矮生品种，不需攀扎作弯，观赏效果也很好。

(7) 控制株高

在栽培过程中，均需使用植物生长调节剂对植株高度进行矮化处理，以达到商品花高度一致的要求。此外，栽培期间保持昼夜温度的一致性也至关重要，应随时跟踪监测，当昼夜温差超过3℃时，可在摘心充分后喷施750～1000mg/L的矮壮素1～4次，以抑制茎干徒长。

(8) 花期调控

一品红为典型的短日照花卉，通过人为调控，可提前或延迟开花。提前开花的措施为一品红完成营养生长阶段后，每日给予9～10h自然光照，遮光14～15h，即可形成花芽。一般单瓣品种经45～50d，重瓣品种经55～60d即可开花。要在国庆节开花，一般在8月1号开始进行短日照处理即可。在短日照处理期间应注意遮光要绝对黑暗，不可有透光、漏光点，遮光应连续不可间断。遮光暗室或棚内温度不可高于30℃。否则叶片焦枯甚至落叶。短日照处理期间应正常浇水施肥，并加施磷钾肥。短日照处理时间应准确，不可过早或过晚。一品红花期虽长，但以初开10d内花色最鲜艳，10d以后花色逐渐发暗，特别是单瓣品种。若发现处理过早而中断短日照处理，已变红的苞片与叶片，在长日照下会还原变为绿色，前期处理则完全无效。延迟开花的措施则比较简便，由于一品红在自然气候下，约在9月下旬开始花芽分化，欲延迟开花，宜在花芽分化前的9月中旬开始给予长日照处理，每日给予14～16h光照，则可延迟开花。

(9) 病虫害防治

一品红的主要病害有灰霉病、根腐病、白绢病等，一般在雨季或连续阴雨天后发生，且发展迅速，可使用广谱性杀菌剂如百菌清、多菌灵等喷施，约隔10d喷1次，喷2～3次即可。虫害主要是白粉虱，可选用速扑杀、乐斯本、粉虱治等喷杀，喷药时间建议在早上6:00～10:00为好，连续喷3～5次。

园林用途：一品红是冬季和春季重要的盆花和切花材料，花色鲜艳、花期长，通过花期调控可以在国庆节、圣诞、元旦、春节期间开放，深受国内外人士欢迎。在温暖地区还可以用于园林绿地中，布置花坛、花境等，是装饰宾馆、会议室、接待室的良好材料，又可以作为切花，制作花篮、花束、插花等。

5.1.2.3 金橘（彩图5-1-2-3）

科属：芸香科、金柑属

别名：罗浮、牛奶金柑、枣橘

英文名：Kumquat

学名：*Fortunella margarita*

形态特征：常绿灌木，多分枝，通常无刺。叶片长圆形，表面深绿色，光亮；背面淡绿色，有散生油腺点；叶柄有狭翅。单花或2～3花集生于叶腋，白色，芳香；萼片5；花瓣5。果实小，矩圆形或倒卵形，成熟时金黄色。花期6～8月，果期11～12月。

同属常见栽培观赏的种类还有以下几种。

1) 长寿金柑（*F. obovata*） 能月月开花，又名月月橘。灌木，叶倒卵形，果较大，倒卵形，果皮绿黄色，油胞大而凸起，味甜可食，种子稍多，果实在11月中下旬至12月成熟，耐寒性弱，冬季气温低的地方宜设施栽培。

2) 金弹（*F. crassifolia*） 小乔木，叶阔厚，叶色墨翠油亮，叶稍内卷，果形较大呈倒卵形，果皮光滑金黄色，品质佳，汁少味甜，适合鲜食或制蜜饯。

3) 长叶金橘（*F. polyandra*） 叶长披针形，果圆形，皮薄，不耐寒。

生态习性：原产我国南部，广布长江流域及以南各省。喜温暖、湿润的环境，不耐寒，稍耐阴，耐旱，要求排水良好的肥沃、疏松的微酸性沙质壤土。

繁殖方法：可以采用播种、嫁接、压条等方法繁殖。盆栽金橘一般在3～4月把金橘接穗切接在枳砧上，精心管理1年后，第2年4月上盆，6月就可以开花，11～12月果实成熟。当嫁接苗新梢长5cm以上，可将金橘苗上盆，上盆时盆底放入部分营养土，再把金橘苗放入，舒展根系，填入营养土，边填边拍盆边，最后将土轻轻压实，土面低于盆口，浇1次透水，过几天盆土下沉后再适当添加营养土。盆苗一旦放在适当的地方以后，就不要随便移动位置和方向。

栽培要点：

(1) 盆器选择

盆栽金橘一般选用陶盆、瓦盆、塑料盆或聚乙烯盆，盆口直径一般在20～40cm。

(2) 基质要求

金橘喜酸性土壤，宜以1份土、半份草灰、半份腐熟厩肥经堆置充分发酵的牛、鸡、鸭粪的比例配制成营养土。营养土不要太肥，以免烧根。

(3) 水肥要求

金橘喜肥，除盆土要求肥沃外，生长期每7～10d浇1次腐熟肥水，浓度为1份液肥，3份清水。在盆土干燥时施肥，结合浇水，利于吸收。也可施腐熟的麻酱渣或复合肥，施在干燥的表土下面，立即浇水。注意施肥要少量多次，有机肥一定充分腐熟，固体肥料施用的间隔天数一般为1个月。冬季观果期不施肥。

浇水掌握见干见湿，浇则浇透的原则。开花期盆土稍干，坐果稳定后正常浇水，在幼果黄豆粒大小时，可加强肥水，金橘喜湿润的环境，在陈设观赏期及生长旺季应经常向叶片及花盆周围喷水，但花期切忌往花上喷，以免烂花。越冬休眠的植株控制浇水。

(4) 光照要求

金橘是喜光植物，生长期摆放在阳光充足处，夏季炎热暴晒，可稍遮阴。冬季观果时，摆在室内见光处。对于休眠的小植株，冬季对光照要求不严。

(5) 温度要求

金橘生长的适宜温度为22～29℃，在北方室内陈设最适温度10～15℃。如果植株尚小未结果，则越冬的温度为3～5℃，不宜超过10℃，否则影响休眠。当外界气温夜间回升到10℃时，移到室外养护，加强通风透光。秋凉后搬回室内。

(6) 整形修剪

金橘嫁接苗从定植至投产前，要将树冠修剪整理成圆头形或宝塔形。注意调整好叶与根以及叶与果的比例，叶果比一般为6∶1，对春梢要适当控制生长，并合理疏蕾、疏花、疏幼果，尽量使树冠中下部结果，让中上部适当生长以扩大树冠。

(7) 果期管理

盆橘挂果进入厅堂、居室后，应给予适当的光照。摆放时放在可见光的位置，每隔2～3d使之接受室外3～5h日照。应适当控制灌水量。室内摆放，一般2～3d浇1次水，小盆每次300～400mL。根外追肥用1000mL水+(30～50)g糖+(30～40)g草木灰+(4～5)g尿素配制的肥液，每5d喷1次，共2～3次。此外用15×10^{-6} 2,4-D或20×10^{-6}赤霉素涂果或果柄，可推迟果蒂离层的形成，延长观果期。

(8) 换盆

盆栽3～4年后，每隔1～2年要换盆一次，大多在秋季进行，先把金橘从盆内带土取出，从上而下地把根团外围生长过长、过密和缠绕的根剪掉，然后放回盆内，用配制好的盆土填满空隙，随即浇透水，这样可以保持植株的旺盛生长。

(9) 病虫害防治

盆栽金柑易遭病虫危害，影响观赏和树体生长。主要有凤蝶、红蜘蛛、蜗牛、潜叶蛾、炭疽病等。凤蝶和蜗牛可用人工捕捉或喷90%敌百虫500～1000倍液；防治红蜘蛛可用73%克螨特3000倍液。

园林用途：盆栽金橘四季常青，枝叶繁茂，树形优美。夏季开花，花色玉白，香气远溢。秋冬季果熟或黄或红，点缀于绿叶之中，可谓碧叶金丸，扶疏长荣，观赏价值极高。宜作盆栽观赏及盆景，同时其味道酸甜可口，南方暖地栽植作果树经营。

5.1.2.4 朱砂根（彩图5-1-2-4）

科属：紫金牛科、紫金牛属

别名：圆齿紫金牛、大罗伞、三两金等

英文名：Coral Ardisia Root

学名：*Ardisia crenata*

形态特征：常绿灌木。根肥壮，叶互生，薄革质，长椭圆形，边缘有皱波状钝锯齿，齿间具隆起黑色腺点。伞形花序腋生，花冠白色或淡红色，有微香。花期6～7月。浆果球形，直径约8mm，未成熟时果为淡绿色，成熟时呈现鲜红色。果期10～12月。

同属植物栽培观赏的还有以下几种。

1) 百两金（*A. hortorun*） 半常绿灌木，叶广披针形，花绿白色，果红色。

2) 紫金牛（*A. japonica*） 常绿矮小灌木，

有匍匐根状茎，叶聚集于茎梢，互生，椭圆形，花白色，果红色。

3）斑叶朱砂根（*A. punctata*） 常绿灌木，叶全缘，有腺点，花白色，果深红色。

4）罗伞树（*A. quinquegona*） 常绿灌木，叶缘有腺体，花白色或淡红色，果鲜红色。

5）雪下红（*A. villosa*） 常绿灌木，有匍匐根状茎，花粉红或白色，有微香，果红色并具毛。

生态习性：性喜温暖湿润、半阳半阴的环境，适宜生长温度 16～28℃，室内 5～8℃也能正常生长，冬季能耐－4℃低温。

繁殖方法：可采用播种、扦插的方法繁殖。朱砂根结实率高，种子易得、发芽率高、籽播育苗整齐度好，因此播种育苗是朱砂根规模化生产的主要苗木培育方式。

（1）容器选择

朱砂根播种容器有育苗穴盘、小型营养钵和育苗杯。育苗穴盘一般可选用以下规格：32 孔、50 孔、72 孔、128 孔，深度 4～5cm，育苗杯或营养钵可选用 6.5cm × 6.5cm、8cm × 8cm 等规格。

（2）基质准备

基质配比为 3 份泥炭，1 份珍珠岩，此外可在混合物中添加粉碎的石灰石、过磷酸钙、硝酸钾和微量元素等营养性物质。

（3）种子催芽

为降低空穴、空钵率，提高苗木的整齐度，进行种子催芽至关重要。种子催芽可用简单的湿种法，即将种子用 20～30℃温水浸种 40～50h 后捞出，置于湿沙中，沙的湿度保持在捏紧松手后不散亦无滴水状，另加一定的保温措施，使种子温度保持在 25℃左右。一般 10～20d 可发芽，发芽率可达 90%左右。

（4）播种

除冬季低温外，朱砂根在一年中大部分时间均可播种，但考虑到苗木的生长，播种季节通常选择在春季。播种前先进行种子催芽，从种子露白至种芽 2～3mm 长，是最佳播种时期。播种时一般可 3 人组成 1 个作业班组。1 人专装基质，将配置好的基质均匀地装入育苗容器中；第 2 人专门播种，选择已经发芽的健康种子，用筷子轻轻地将种子播在每一穴器中心，每穴一颗。播种时要保证同批次种芽长度的一致性和固定的播种秩序，防止漏播和重播，播种深度为基质下 1cm 左右；第 3 人则将播好种的容器挨个排列在铺有地膜的苗床上，然后用细孔喷水壶喷水，至基质充分淋湿。

朱砂根也可采用当年生新梢进行扦插，在每年 4～5 月剪取前一年萌生的枝条，插条长 15～20cm，切口用生根粉处理，带叶扦插，插后要加强遮阴保湿。40～50d 即生根，70d 后移栽上盆培育，次年即开花结果。一般每月施一次复合肥，抽梢期多施氮肥，花果期应补充磷钾肥和保花保果的商品花肥。

栽培管理：

（1）盆器选择

育苗容器不同，换盆时间也不同，用 128、72 孔育苗盆育苗，8～9 月即可换盆，用 50、32 孔穴盆育苗，10～11 月移苗较好。用直径 6.5cm、8cm 育苗杯育苗，一般以翌年的 3 月移苗换盆为好，可以达到较高的成活率。换盆的容器一般可选用直径 10cm、14cm 营养体，具体规格与苗木大小、产品要求等有关。

（2）基质要求

栽培基质可以用 100%疏松肥沃的菜园土、50%沙质稻田土、50%堆腐过的食用菌废菌料、营养土等，为防止基质病虫危害，可在混合基质中添加杀虫杀菌剂。

（3）水肥管理

水分管理的原则是“看苗看土看天看容器”。看苗即根据苗木大小和是否有缺水表现进行把握。看土即根据基质的水分状况，表层基质见干即喷。看天即根据天气情况，高温晴天要增加喷水频度，幼苗初期，苗木小、气温低、雨水多，很少需要喷水；春末夏初苗木渐大、气温渐高，在少雨时段需根据苗木及基质水分状况适时浇水；在夏季高温晴天，一般每 2～3d 喷 1 次；秋季晴日，每 4～6d 喷 1 次。看容器即容器大，喷水间隔期长，反之则短。养分管理可从幼苗有 2～3 片真叶开始，采用基质补肥和根外施肥，基质补肥选用全素营养复合肥撒施基质表面，宜少量多次，根外追肥可用 0.1%尿素＋0.1% KH_2PO_4 结合病虫害防治进行。

朱砂根容器栽培苗空间小，加上经常浇水，养分淋失快，须经常施肥，4～8 月每月施 1 次肥料，肥料种类以全素复合肥为好，8 月下旬后即停止施肥。株形控制是指利用多效唑等植物生长调节剂控制朱砂根长高，促进分枝，形成紧密树冠。可在第 2 次抽梢前用 15%可湿性粉剂 750～1500 倍液喷洒。

（4）光照管理

遮阴度对朱砂根质量影响较大，适度遮阴可使植株生长良好、树型紧凑、花多果大，遮阴不足则枝短叶小、叶片皱缩、发黄、病害加重，影响观赏效果；而遮阴过度则植株变高、节间变长、冠形稀松导致观赏性下降。研究表明，以透光率为 14%～25%的遮阴度为宜。生产中可选用遮阴度 90%的遮阳网单层遮阴，也可以用遮阴度 60%左右的遮阳网夏、秋双层遮阴，冬、春单层遮阴。遮阳大棚可选用连栋大棚、单体钢架大棚，大棚走向与主道垂直并有利于通风换气，连栋大棚春季要及时去除薄膜，以加强通风和降低棚内温度。

（5）温度管理

虽然朱砂根具有较强的抗寒性，能够忍耐−4℃低温，但未加防冻的朱砂根芽可能会受冻害，影响翌年生长。因此，越冬防冻是朱砂根生产管理的重要环节，在冬季低温来临前须采取防冻措施，主要采用塑料薄膜覆盖。在浙南地区，采用单层覆盖即可达到理想的防冻效果，遇较冷的霜冻晴天天气，白天最好开口调温、调湿，以减少昼夜温差。

（6）整形修剪

实生苗长至10cm左右进行摘心，促进分枝。并喷施多效唑控制株高在60cm以内。每年4～5月份适当修剪，冬季植株进入休眠或半休眠期，把瘦弱、病虫、枯死、过密等枝条剪掉。也可结合扦插对枝条进行整理。

（7）果期管理

朱砂根果期在10～12月，挂果期长达10个月，果实变红后停止施肥，减少浇水量。

（8）换盆

苗木经过一段时间的生长，根系即可布满整个容器空间，并完全固定育苗基质。此时，即为换盆的最佳时期。育苗容器不同，换盆时间也不同，用128孔、72孔育苗盆育苗，8～9月即可换盆，用50孔、32孔穴盆育苗，10～11月移苗较好。用5cm×5cm、6cm×6cm育苗杯育苗，一般以播种次年的3月移苗换盆为好，可以达到较高的成活率。换盆的容器一般可选用10cm×10cm、14cm×14cm营养钵，具体规格与苗木大小、产品要求等有关。栽培基质可以用100%疏松肥沃的菜园土，或50%沙质稻田土＋50%堆腐过的食用菌废菌料等，为防止基质病虫危害，可在混合基质中添加杀虫杀菌剂。换盆时须注意保持苗株脱盆时的土球和根系完整以及苗株的质量，保证苗木生长健壮、整齐，顶芽无受损及病虫危害。

（9）病虫害防治

病虫害防治的主要对象是茎腐病、食叶蛾类、蜗牛。目前防治朱砂根茎腐病的特效药剂有2.5%悬浮种衣剂适乐时，其使用方法：在茎腐病初发生时期，用1200～1500倍液喷洒植株中、下部；每隔10d左右喷洒1次，连续喷洒2～3次即可。食叶蛾类可用25%灭幼脲3号1500倍液，或0.36%苦参碱水剂1000倍液喷洒。防治蜗牛的有效药剂有80.3%克蜗净170倍液喷洒。

园林用途：1999年昆明世界园艺博览会上，朱砂根因果实多、色泽艳丽、观果期长（达半年以上）等特点而获得室内观果植物三等奖，其观赏价值仅次于四季橘。朱砂根除果实具有观赏价值外，叶形、叶色、冠型等也具有很高的观赏性。其叶面青绿色，幼叶紫红色，光滑油亮，椭圆状披针形；叶缘呈波纹状，具圆状浅疏小齿，雅致、清秀；其伞状树冠将鲜红亮丽的果实罩于碧绿的树冠下部，树形飘逸，冠层错落有致，是极佳的室内观叶、观果盆栽木本花卉。由于朱砂根果实转红期正值元旦、春节、元宵，故可作为节日观果观叶的盆花。此外，朱砂根肉质匍匐根系发达，吸水能力强，能耐一定的干旱，喜阴湿、土壤肥沃且排水良好的微酸性生境，叶色嫩绿、美观。因此在南方暖地，朱砂根作为多年生美观、高雅的木本林下植被也被用于绿化。

5.1.2.5　盆栽蜡梅（彩图5-1-2-5）

科属：蜡梅科、蜡梅属

别名：金梅、蜡花、黄梅花等

英文名：Winter Sweet

学名：*Chimonanthus praecox*

形态特征：落叶大灌木，高可达4～5m。丛生，根颈部发达，呈块状，江南称为蜡盘。幼枝近方形，老枝近圆柱形。单叶对生，近草质，长椭圆状，全缘，正面绿色而粗糙，背面灰色而光滑。花单生于枝条两侧，花开于叶前，花被外轮蜡黄色、内轮黄色，有光泽、蜡质、紫色条纹，呈浓香。花托坛状，口部收缩，内有栗褐色小瘦果、椭圆形，花期为12月～翌年3月。

常见栽培观赏的蜡梅主要有以下几个变种。

1）素心蜡梅（var. *concolor*）　花朵较大，内外轮花被纯黄色，香气很浓。主要品种有‘十月黄’（产上海）、‘扬州黄’（产扬州、上海）、‘杭州黄’（产杭州）、‘吊金钟’（产河南鄢陵）。

2）磬口蜡梅（var. *grandiflorus*）　主要品种有‘虎蹄梅’（产河南鄢陵）、‘乔种蜡梅’（产扬州、上海）。

3）红心蜡梅（var. *intermedius*）　叶形较狭小，质地较薄。花较小，花被片狭长而尖，内轮中心的花被片有紫红色条纹，香气浓，花后容易结实。多做砧木使用。

4）小花蜡梅（var. *parviflorus*）　花径特小，约0.9cm，外轮花被片黄白色，内轮有红紫色条纹，香气浓。

生态习性：蜡梅喜光，略耐阴、耐旱、耐寒，怕风，忌水湿，喜土质疏松、排水良好的中性或微酸性沙壤土，忌黏土和盐碱土，耐修剪。蜡梅原产于我国中部地区，现以江苏、浙江、湖北、河南、陕西、四川等省为主要栽培地区。

繁殖方法：蜡梅可以采用播种、扦插、压条、嫁接等繁殖方法。盆栽蜡梅多选用空中压条繁殖进行商品化生产育苗。

(1) 品种选择

中国蜡梅有100多个品种，但要用于盆栽的蜡梅品种应该是花大、花多、色美、芳香、植株矮，适宜盆栽，抗病虫害，群众喜爱的蜡梅中的精品。素心蜡梅（var. *concolor*）花朵大，内外花被和花心的颜色均为鹅黄色，素淡典雅，香味醇和，开花时不全张开且张口向下，似金钟吊挂，为蜡梅中的精品，为国人所垂爱。磬口蜡梅（var. *grandiflorus*）花大3～3.5cm，开花早，香气浓，内轮花被有浓红紫色条纹，外轮花被为黄色且色泽较淡。盛开时外层花瓣外缘略向内收，犹如磬口。

(2) 压条繁殖

选用枝干直、健壮、上部分枝多的枝条。在枝条中部一个腋芽的下方2～3mm处环剥。环剥的宽度1.5～2.5cm，要完全剥离树皮，不能有丝毫连接。在上切环处用吸水强的滤纸包缠2～3圈，用100mg/L的生根液将滤纸浸透，促进生根。外面用0.1mm左右的塑料薄膜包扎成圆筒状，包卷时薄膜的接口重合2～3cm，用3根大头针固定。圆筒直径一般为8～10cm，长度10～12cm。把环剥的上切口放在圆筒的中上部位置，圆筒套的下部用线绳捆牢。筒内用1∶1∶1的园土、沙、泥炭的混合基质逐层充填，每一层都要用竹棍压实。上口留出1cm左右，以便于浇水。蜡梅的枝条很脆容易从环剥处折断，因此要利用周边的枝条将压条圆筒的上、下捆绑固定。蜡梅有时生长徒长枝长达100cm以上，不开花。对徒长枝可采用每间隔30～40cm为一节，分段压条。这样可以充分利用资源增加育苗数量。取下来的徒长枝苗，经过悉心管理1～2年后就可着花上市，也可以作为嫁接苗的砧木用。蜡梅空中压条工作可持续到6月下旬。

(3) 压条管理

压条完成后筒内要浇一次透水以固定基质。前30d是环切处生成愈伤组织的过程，一般不浇水。以后可视圆筒内土的干湿，每2～3d浇1次水，保持土壤湿润。压条后的枝条仍处在生长的旺盛阶段，当枝条抽生到15～20cm时，应留基部2～3个芽将顶部剪去，这样的摘心可进行2～3次。促发新枝，生成短枝，构成均匀树形。

栽培要点：

(1) 种株圃建设

做好盆栽蜡梅的规模化生产，首要任务是建设好具有一定规模的供应子株苗的母株圃。母株圃的大小应根据盆栽蜡梅的生产规模而定。一般生长健壮的多年生母株，可年产子株60株以上。母株栽植的株行距2～2.5m，由此可以根据生产量计算出母株圃的面积。建圃时同一品种的植株要集中栽在一起便于管理。种株圃要选在高燥、背风、向阳的小气候环境里。土壤宜选择深厚、肥沃、排水良好的沙质壤土。早春花谢后要进行一次重剪，剪除弱枝、病枝、枯枝，多保留强壮枝条，保留枝条留15～20cm。冬前要施足基肥，开春萌芽后及时追肥。

(2) 上盆

8月中、下旬将已经生根的压条植株剪下上盆。瓦盆的大小根据植株苗的大小选用。盆土用20%园土、20%厩肥、30%沙土和30%腐殖土（泥炭）混合配制而成。以40～50cm的株行距把盆栽蜡梅埋入到光照充足并避风的植床内，盆口要高出地面便于浇水施肥。品种不同，大小不同，长势不同，生根情况不同的植株苗应分类分区摆放，区别栽培管理。并要根据气候情况遮阳喷水，增加湿度，确保盆栽苗成活。

(3) 水肥要求

蜡梅喜肥，喜湿润，怕水涝。刚入盆的蜡梅要浇一次透水，以后浇水就要见干见湿，盆土不干不浇、浇则浇透。春夏季是蜡梅抽枝生长的旺季，要供给充足的水分。冬季浇水要适量，避免水多造成落蕾落花。植株发芽后要追施一次复合化肥，以后每2～3d施稀薄饼液肥一次；6月中旬追施磷酸二氢钾一次，促进花芽分化；7～8月盛夏高温，蜡梅生长减慢停止施肥；入秋后每5～7d浇施一次稀薄肥水，促进花蕾充实；冬季停止用肥。

(4) 光照要求

蜡梅喜光，充足的光照可促使枝叶健壮生长，并满足花芽分化对光照条件的需求，花多色艳；否则枝叶徒长，着花少，花色淡，甚至不开花。

(5) 温度要求

生长适宜温度14～28℃，但需要0～10℃的温度才能正常开花。成株可忍耐－15℃的低温，有较强的抗寒性。

(6) 整形修剪

上盆后，根据植株的长势和枝条上的花芽生长情况，剪去影响树形的杂乱枝条，截去枝条顶部没有花蕾的部分，适当整形，精心管理，冬季就会有一部分盆栽蜡梅可以上市。花蕾稀疏或没有花蕾当年不能上市的植株，则稍加整形不多修剪，任其生长，为来年生长打好基础。春季花谢后发芽前，对留圃的植株要进行修剪，并调整树形。剪去老、弱、病、枯枝条，1年生的强壮枝条留15～20cm。由于盆栽蜡梅生长条件受限，营养和水分供应少，摘心处理决不能与地栽蜡梅相同。盆栽蜡梅的新枝长到30cm以上时可以摘心一次，但由于受生长条件的限制，很难再促发新枝。如果枝条生长慢而弱一般不摘心，任其生长自枯封顶。落叶后，枝条上的花蕾也有豆粒大了，这时应做一次整形修剪，剪去弱枝、徒长枝和过长枝条上没有花蕾的部分，修整树形，准备上市。

(7) 花期调控

蜡梅的自然花期在11月到翌年3月，商品化生产中为保证蜡梅在春节期间开花，往往采用以下措施，于10月下旬蜡梅开始落叶休眠时，将盆栽蜡梅植株放置于0℃的低温环境中，经1个月左右，11月下旬至12月上旬移至4℃低温温室中，浇一次透水，以后控制水分，保持土壤湿润即可。花芽开始萌动以后逐渐见光，始终保持4℃的室温，使花芽缓慢萌动至开放即可。如欲延迟开花，可将正在休眠的盆栽蜡梅于12月下旬移至−1℃～0℃的冷库中，视要求开花之日的气温决定出库时间。若气温在10～20℃时，可提前20～30d出冷库，放在阴凉通风处，周围地面经常喷水降温，保持空气湿度，至花蕾吐色后可适当接受阳光，但要避免阳光直射。

(8) 病虫害防治

蜡梅病害有黑斑病、炭疽病、叶斑病、白纹羽病等。前3种病可用50%多菌灵1000倍防治；白纹羽病发病后用70%甲基托布津600～800倍灌根，每周1次，连灌3次。危害蜡梅的主要虫害有大蓑蛾、黄刺蛾、卷叶蛾、蚜虫、介壳虫等。可用50%辛硫磷或50%杀螟松1000倍喷杀。规模化生产的盆栽蜡梅，最好在病害可能发生的时期，每10d喷药1次预防。

(9) 产后处理

开花期，要放在无日光直射的明亮处，气温不可过高，最好能保持4～8℃，不可超过20℃，否则花朵会很快凋谢。

园林用途：蜡梅枝叶扶疏，风姿殊胜，凌寒怒放，繁花满枝，是中国园林独具特色的冬季典型花木。蜡梅可孤植、丛植，常以自然式栽植于园林内或列植于花池、台地中；可栽植于建筑物前、草坪水畔、道路旁；可作为室内插花、切花和盆栽、盆景材料。

5.1.2.6 大花蕙兰（彩图5-1-2-6）

科属：兰科、大花蕙兰属

别名：东亚兰、西姆比兰

英文名：Cymbidium

学名：*Cymbidium hubridum*

形态特征：多年生常绿附生草本，假鳞茎粗壮，属合轴性兰花。假鳞茎上通常有12～14节，每个节上均有隐芽。芽的大小因节位而异，1～4节的芽较大，第4节以上的芽比较小。叶片2列，长披针形，叶色受光照强弱影响由黄绿色至深绿色。根系发达，根多为圆柱状，肉质，粗壮肥大，呈灰白色，无主根与侧根之分，前端有明显的根冠。花序较长，小花数一般大于10朵，花被片6，外轮3枚为萼片，花瓣状。内轮为花瓣，下方的花瓣特化为唇瓣，花大型，直径6～10cm，花色有白、黄、绿、紫红或带有紫褐色斑纹。其中绿色品种多带香味；蒴果，其形状、大小等常因亲本或原生种不同而有较大的差异。种子十分细小，种子内的胚通常发育不完全，且几乎无胚乳，在自然条件下很难萌发。

大花蕙兰品种繁多，根据颜色可以分为以下几个系列。

1）红色系列　如红霞、亚历山大、福神、酒红、新世纪等。

2）粉色系列　如贵妃、梦幻、修女等。

3）绿色系列　如碧玉、幻影、往日回忆、世界和平、钢琴家、翡翠、玉禅等。

4）黄色系列　如黄金岁月、龙袍、明月、幽浮（UFO）等。

5）白色系列　如冰川、黎明等。

6）橙色系列　如釉彩、梦境、百万吻等。

7）咖啡色系列　如忘忧果。

8）复色系列　如火烧。

生态习性：大花蕙兰生长的适宜温度为10～25℃。花芽分化温度十分严格，白天25℃，夜晚为15℃，越冬温度不宜过高，夜间在10℃左右比较合适。花芽耐低温能力较差，若温度太低，花及花芽会变黑腐烂，再低植株会受到冻害。若夜间温度高至20℃，虽叶丛繁茂，但花芽枯黄不开花。

大花蕙兰对水质要求较高，喜微酸性，pH为5.4～6.0。大花蕙兰对水中的钙镁离子比较敏感，最好能用雨水浇灌。大花蕙兰喜欢较高的空气湿度，最适宜的空气相对湿度为60%～70%，湿度太低使得生长不良，根系生长缓慢，叶厚窄小，色泽偏黄。大花蕙兰稍喜光，喜半阴的散射光环境，忌阳光直射，过度遮阳会使植株生长纤弱，影响花芽分化，减少花量。大花蕙兰要求湿润、腐殖质丰富的微酸性土壤。

繁殖方法：大花蕙兰一般采用分株繁殖。分株时间选择在花后新芽未长大前，这时正值短暂的休眠期，分株前使基质适当的干燥，根略发白，绵软。小心操作，将兰株从原来花盆中脱出，要抓住没有嫩芽的假鳞茎，避免碰伤新芽。捡出枯黄的叶片、过老的鳞茎和已经腐烂的老根，用消过毒的锋利刀片将假鳞茎切开，每丛苗应带有2～3枚假鳞茎，其中1枚必须是前1年新形成的，伤口涂上硫黄粉，干燥1～2d后单独上盆，如果太干时可以向叶面及盆面喷少量的水。

大量繁殖和生产采用茎尖培养的组织培养方法。若种苗不足，也可将换盆时舍弃的老兰头保留下来，剪除枯叶和老根，重新加以培植，不久它就可以萌发新芽，长成幼苗。

栽培管理：大花蕙兰生产首先要选好品种，品种选择标准为：叶片修长，叶面光滑，有光泽，无病害斑。大花型，花色纯正，最好有香气。每株花箭3株以上。成熟鳞茎2个以上。大花蕙兰对生长环境条件要求极为严格，温度为10～25℃，光照为50000～70000lx。生产大花惠兰在智能温室、日光温室均可。为使大花蕙兰安全地生产，栽培前要对生产设施进行必要的处理，如闷棚杀菌、苗床消毒等。

大花蕙兰瓶苗栽植时主要选用水苔为栽培基质。水苔干净无杂质，纤维长度10cm左右，灰白色或青白色。栽植前将水苔放入清水中浸泡12h，然后将水苔捞出在脱水机中进行脱水，水苔脱水后用手挤压以刚刚滴水为宜。选择容器时，小苗叶长≤10cm时，用8cm×8cm的营养钵；中苗叶长10～20cm，用12cm×16cm的营养钵；大苗叶长20cm以上，用15cm×25cm的营养钵。

(1) 种苗选择

根系粗壮，白色、无死根或坏根。鳞茎粗壮，有光泽。叶面无损伤，无病害。可选择瓶苗，最好为分生苗，其次种子苗。要求纯正、苗体健壮，无病害。

(2) 瓶苗移植

瓶苗应及时移栽，全年适宜，最适为3～4月。移栽时首先将处理过的水苔基质平铺于苗盘中，平铺后基质应离苗盘沿1.5cm左右；然后将瓶苗用镊子取出，洗净基部后用800～1000倍多菌灵菌液消毒，再按株行距8cm×10cm的距离栽入基质中，用手轻轻压扶，且根系要舒展。一般以埋住根部以上0.5cm为宜。

(3) 移栽后管理

瓶苗栽植后，温度保持在25±2℃，湿度保持90%以上。栽植后要进行必要的遮阴，一般温室内要遮70%～80%的光照，也就是温室内需保持2000～30000lx的光照。培育大花蕙兰使用水需用盐碱度低于0.5MS，pH在5.6～6.2的偏酸性软水。施用时以喷施为主，一般4～6d浇清水1次。肥料以氮肥为主，一般常用N∶P∶K为5∶1∶2的混合肥，施用时结合浇水进行，一般7～10d喷施1次浓度0.1%的液态肥。

(4) 上盆（或营养钵）

① 基质选择与处理：移栽使用基质较多，如树皮、碎刨花、水苔、锯末、松针等。最为常用的基质是树皮块与水苔8∶1配置的基质。栽植前将树皮块及水苔分别放入清水中浸泡12h，捞出树皮块在纱网上控水5～6h后备用，水苔处理同瓶苗栽植。

② 容器选择：当叶片长为10～20cm时，选择15孔穴苗盘，或10cm的营养钵。

③ 上盆时间：瓶盘苗栽植20周左右，株高在10～20cm进行上盆。

④ 上盆方法：先向营养钵中添加树皮块到1/3处；然后将适量的水苔铺开后平放于右手中，用左手将起出的小苗竖直拿于胸前，用右手的水苔将根部包裹住，竖直放入营养钵中；最后用树皮块将营养钵填满固定住小苗，用手压扶振荡几下即可。

(5) 幼苗期管理

一般白天温度保持23～26℃，夜间保持18℃左右。湿度保持在75%～85%即可。移栽后要适当增加光照，促进植株的光合作用以保证植株健壮的生长，这时的光照应保持在30000～35000lx。幼苗期结合浇水，由喷施改为灌根，一般5～7d浇清水1次，较为炎热的月份2～3d浇1次，温度过高或湿度过低时还应向叶面喷洒清水；移栽后施用肥料仍以氮肥为主，N∶P∶K为3∶1∶1的混合肥。施肥时还应结合浇水进行，10～12d浇1000倍的肥水一次。

(6) 大苗期管理

① 容器选择：选择15cm×25cm营养钵或花盆，采用5孔穴苗盘。

② 换盆时间：当叶片长度为25～30cm时，进行换盆。

③ 方法：将植株从营养钵中取出，轻轻拍打根陀除去根陀中包裹的旧基质，然后同上。

④ 环境调控及肥水管理：大花蕙兰达到成苗期以后需要增加昼夜温差，这时白天要保持28℃左右，夜间要保持18℃左右，保证温差在10℃。成苗期的植株会变得较高，叶子较为浓密，这时植株极易感染病害，为防止其发生，管理中要适当降低湿度，一般将湿度保持在70%～75%，光照保持在40000～45000lx为宜。进入成苗期后植株的生理代谢进一步增强，所需水肥量迅速增加。一般4～5d浇清水1次，蒸发量较大的月份需2～3d浇1次清水，同时每天上午10:00以前用喷雾设备对生长植株进行喷雾一次，以减缓蒸发速度，保障植株对水分充分地吸收。肥料在植株进入成苗期以后应以磷钾肥为主，一般所使用的是N∶P∶K为1∶2∶3的混合肥。施肥时结合浇水，一般用800倍混合肥溶液每隔7～10d浇1次。植株在生长较旺盛的季节应适当缩短肥水施用时间或适当增加施肥用量，以保障植株正常的生长。在严寒的冬季要注意控水控肥，适当增加磷钾肥的用量，以提高植株自身的防御能力，保障其生产顺利进行。

(7) 花期管理

开花期间适当降低温度以保障较长的花期，白天温度保持在24～25℃，夜间温度保持在

17～18℃为宜；湿度也要求大一些，以保障花朵的鲜艳，防止花瓣干枯。这时湿度保持在80%～90%；光照保持在35000～40000lx为宜。基质水干湿情况本着见干见湿，浇则浇透的原则进行，一般6～7d浇清水1次，这时也可以进行叶面喷水，但要谨防将水溅到花瓣上，进入开花期以后将不再追加任何肥料。

（8）花期调控

1）生理调控　通过一系列培养措施满足或抑制植株自身的生理需求，从而达到调控花期的目的。花期生理调控主要表现于以下两个方面。

① 催箭：催箭一般在6～10月间，植株由营养生长向生殖生长转化时进行，这时增施磷钾肥、适当控水、保持土壤干燥、降低细胞自由水含量、提高细胞浓度、抑制延缓营养生长，同时春、夏营养生长期要进行抹芽，每个假球茎只保留1～2个发育正常、长势健壮的腋芽，加速生殖生长，达到促花催箭的目的。

② 花期延后：通过增施氮肥、增加浇水用量等生产措施，来控制植株由营养生长向生殖生长转化，从而抑制花芽的形成，达到延迟开花的目的。

2）环境调控　通过对生长温度、湿度、光照等环境因子的调控来影响植株的花芽分化，从而达到调控花期的目的。花期环境调控主要表于以下两个方面。

① 催箭：环境调控催箭时把成苗放入单一温室，将白天的温度控制在20～25℃、夜温控制在15℃左右，湿度控制在70%左右，光照控制在40000lx左右，同时适当延长肥水浇灌时间。在这样的环境中培养1个半月左右的时间即可达到促花催箭的目的。

② 延迟花期：在植株达到花芽分化期以前，将生产温室的温度白天保持在28℃左右，夜间保持在20℃左右即可抑制花芽分化，达到延迟开花的目的。

3）药剂调控　通过向植株施用乙烯利、赤霉素、萘乙酸、B_9等化学药剂，促进或抑制花芽分化的方法，来控制花期的时间。

（9）病虫害防治

大花蕙兰主要病害有疫病、软腐病、根腐病、炭疽病，用80%锌锰乃浦500倍溶液喷施或者用1∶2000的8-羟基喹啉硫酸盐喷洒可有效防治疫病；发现有软腐病应将病株除去，用四环素800倍液喷洒，也可用18.8%链霉素1000倍液，每隔7～10d喷洒1次，连续3～4次；如有根腐病应及时将病株除去，并用苯来特进行消毒；炭疽病的防治方法为大富丹500倍液进行喷洒或用45%的大生500倍液，5～7d喷洒1遍。

虫害主要为介壳虫、白粉虱、蚜虫和螨虫。一般用速灭松乳剂或大灭松乳剂以及除虫菊酯1000倍液，每隔7～10d喷洒1次，可有效防治介壳虫和白粉虱；用氧化乐果、除虫菊酯等药剂1000倍液轮换喷洒防治蚜虫；用三氯杀螨、大克螨、速灭螨抆药剂1000～1500倍液，每星期喷洒1次，连续3次可防止螨虫。

（10）包装运输

根据国家标准分级如下。

A级：花枝4枝以上、整齐，花期一致，花苞纯正，植株整体无病害。

B级：花枝2～3枝，较整齐。

C级：1枝花，叶子有病害，较轻微。

采用25cm及40cm软塑料包装袋，再使用包装箱，每箱6～10株。运输前浇水一次，杀灭传染性病原菌，采用箱式运输车。

园林用途：大花蕙兰植株高大，花形优美，叶片翠绿，花期长久，是年宵花市的宠儿，2～4株盆栽或者与其他植物进行组合盆栽，都是装点厅堂的良好材料。另外，大花蕙兰的花和叶都是很好的切花材料。

5.1.2.7　丽格海棠（彩图5-1-2-7）

科属：秋海棠科、秋海棠属

别名：玫瑰海棠

英文名：Rieger Begonias

学名：*Beginia elatior*（*B. hiemalis*）

形态特征：多年生草本花卉，株高20～30cm，枝叶翠绿，茎枝肉质多汁。单叶互生，不对称心形，叶色多翠绿，少有红棕色。花形多样，多为重瓣，花色丰富，有红、橙、黄、白等，花朵硕大、色彩艳丽，具有独特的姿、色、香，而且花期长，可从12月持续至翌春4月。

丽格海棠是原产阿尔比亚地区冬季开花的盾叶秋海棠（阿拉伯秋海棠）*B. socotrana*和原产秘鲁与玻利维亚夏季开花的几种球根秋海棠的杂交种，品种非常丰富。丽格海棠株形紧凑，花期很长，有些品种甚至可从今秋开至明春；花色艳丽丰富，有白、杏黄、橘黄、玫瑰粉、亮红、猩红、粉红和复色等；花形多样，有单瓣花和重瓣花。

生态习性：栽培土质以肥沃的腐殖质土壤最佳，需阴凉通风，日照约50%～60%，需排水良好。丽格海棠无论单瓣或重瓣，大都喜冷凉性气温，适宜范围在10～20℃。它不耐高温，超过30℃，茎叶枯萎脱落甚至块茎腐烂。

繁殖方法：丽格海棠可以采用播种繁殖和扦插繁殖的方法繁育小苗。生产上使用比较多的是扦插繁殖。

扦插繁殖时选用生长健壮的茎段作插穗。插穗长2～3cm，至少保留1～2片叶，以提高扦插成活率。插穗随处理随插，穴盘扦插每穴1穗。

丽格海棠肉质茎较粗，用草炭、蛭石等松软基质扦插较好，深度以露出叶腋部为宜，保持叶片互不重叠。

(1) 温湿度与光照控制

插后浇透水，叶面喷施1次杀菌剂，苗床上方搭盖塑料薄膜以保温、保湿，塑料薄膜外层覆盖75%的遮阳网遮阳。环境温度控制在20～28℃，空气湿度85%～95%，基质湿度65%～75%，光照强度10000～15000lx。

(2) 病虫害防治

为防止病菌侵染，应及时去除病叶和腐烂叶片，插后5～7d喷施1次多菌灵1000倍液，进行全面消毒。喷药宜在下午温室温度下降后进行。

(3) 生根

扦插后约20～30d插穗即可生根。当插穗生根率达60%～70%后撤去遮阳网；当插穗生根率达80%～90%后，开始进入炼苗期。

(4) 炼苗上盆定植

炼苗过程中应逐渐减少喷雾次数，增强通风，使种苗逐渐适应外界自然条件。炼苗应循序渐进，时间一般为10～20d，湿度控制在70%～85%。当插穗长出5～10条新根时，可上盆定植。带基质移入16cm×14cm标准圆边多孔塑料盆中，上盆后第1周需遮阳管理并喷雾降温。

栽培管理：

(1) 生产计划制定

丽格海棠的生长周期为13～17周，生产中要结合市场容量、销售能力、栽培面积以及栽培环境、规格等合理安排生产。

(2) 对基质的要求

丽格海棠喜欢排水良好的基质，如椰糠、泥炭土、蛭石、珍珠岩、炭化树皮等，生产中可采用80%高纤维的泥炭土＋20%珍珠岩，并调节pH为5.2～5.5。

(3) 对温度、光照的要求

丽格海棠为短日照植物，长的光照时间有助于植株营养生长，冬季栽培（苗期）需适当进行补光处理。夜间温度控制在18～22℃，白天温度在25～28℃，湿度65%～80%，光照强度10000～20000lx。

(4) 对水分、肥料的要求

丽格海棠忌常浇水，灌水掌握“见干见湿”原则，水质EC值小于0.5mS/cm。施肥以薄肥勤施为主，刚上盆的小苗选择施用均衡肥（20∶20∶20），浓度以1200～1500倍液为宜，后期浓度可增至1000～1200倍液。

(5) 整形修剪

丽格海棠具有一定的分枝性，株形不好的可通过人工打顶促进侧枝萌发。一般在种苗上盆移植后2周开始摘心（打顶），促使植株萌发侧枝。一般来说摘心后10周左右可以出圃。

每15～20d转1次盆；5～7d整理1次叶片，调整叶片层次，使植株均匀受光。及时摘除病叶、老叶，以保持植株健康完美。

(6) 疏蕾

当温度和光照时间不适宜时，丽格海棠苗期会伴有花蕾的生成，应及时去掉多余的花蕾，减少养分消耗，延长光照时间促进营养生长。

(7) 花期管理

上盆后2～3个月或受短日照诱导，丽格海棠便可开花。环境条件控制管理夜间温度可控制在13～18℃，白天温度25～28℃，相对湿度为50%～70%。丽格海棠喜欢空气潮湿环境，整个生育期适宜湿度对生长很重要。生长后期，降低空气湿度、多通风能控制病害发生和蔓延，并能延长花期，因此，该期适宜的相对湿度为60%～70%。丽格海棠花期光照强度以18000～25000lx为宜，时间低于10～12h，可促进生殖生长，利于花芽分化而开花。水肥管理花期施肥以薄肥勤施为主，可采用“两水一肥”或“一水一肥”的方式施用。开花期间以1000～1200倍液配方肥（20∶20∶20）、（15∶20∶25）交替施用为宜。基质的EC值一般不超过1.2mS/cm，否则易造成盐害。

(8) 花期调控

丽格海棠为短日照花卉，生产上采取补光或中断暗期的方法延续营养生长，采用短日照处理措施，进行1～2周的暗处理促使开花。

1）补光处理措施　①拟光灯补光。用照度为2000～3000lx的高压钠灯补光。补光及自然光照时间之和应达到14～16h，当外部光照超过5000lx时，可以关闭补光灯。②普通照明补光。按照补光和自然光照时间之和应达到14～16h的要求，用普通灯泡，按照10W/m^{2}要求补充所需光照时间，满足丽格海棠营养生长。

2）短日照处理　当丽格海棠植株达到标准后，短日照处理促进花芽形成。短日照处理时间为3～9月，每天可从下午17:00到第2天早上8:00进行暗处理。为了取得良好的花芽分化效果，要根据天气、栽培、品种条件提供7～14d的暗处理。可采用黑色塑料膜或棉被覆盖等方法进行暗处理。暗期温度以18～21℃为宜，温度高时暗处理时间可调整为从下午18:00到第2天早上9:00。

(9) 病虫害防治

主要病害有软腐病、细菌性叶腐病、黑根腐病、灰霉病等，一般采用综合防治措施如对温室使用前彻底消毒，用硫黄、百菌清烟雾剂熏蒸3～4次，温室使用后经常用福尔马林、高锰酸钾溶液消毒、基质材料消毒、规范管理丽格海棠生长过程中的温度、湿度、水肥等，即可预防丽格海棠的一些常见病害的发生。

主要虫害有蚜虫、红蜘蛛、介壳虫、螨类、蓟马等，可用菊酯类农药喷雾防治，用马拉硫磷等农药喷杀，用40%氧化乐果乳油1000倍液或1.8%阿维菌素乳油2000倍液喷雾防治。

（10）后期处理

当丽格海棠达到一定花量后，即可进行成品花销售。在销售前7～14d，白天温度控制在23～26℃，夜间温度控制在16～18℃，光照逐渐减弱至20000～25000lx，湿度保持在50%～60%的环境下炼苗，以促苗木健康生长。按照冠幅大小进行产品分级，用比冠幅稍小、比植株稍高的喇叭形塑料袋将植株套好，避免花朵和叶片破损，然后可以运输销售。

园林用途：丽格海棠的枝叶、花蕾、花序、花朵均有很高的观赏价值，为冬季室内高档盆栽花卉品种，已成为花卉市场的新宠；多用于家庭几案、桌饰、窗饰、宾馆大堂、客厅、餐厅和会议厅堂摆放，还可剪取花枝作艺术插花花材，是冬、春季美化室内环境的重要花卉，也是国际十大盆花之一。

5.1.2.8 宝莲灯（彩图5-1-2-8）

科属：野牡丹科、酸角杆属

别名：珍珠宝莲、宝莲灯花、美丁花

英文名：Showy Medinilla

学名：*Medinilla magnifica*

形态特征：常绿植物，茎四棱形，叶片阔卵形，长20～25cm，亮绿色，封闭状的叶脉明显，花序顶生，下垂，长30～40cm，宽约20cm，苞片大，卵圆形，粉红色，长达10cm以上，小花珍珠状，淡玫瑰紫色，花期5月。

生态习性：喜高温多湿和半阴环境，不耐寒，忌烈日曝晒，要求肥沃、疏松的酸性腐叶土或泥炭土，冬季温度不低于16℃。

繁殖方法：主要用扦插和播种繁殖。扦插，在初夏6～7月或秋季9～10月进行，选取半木质化嫩枝15～18cm长，插于泥炭苔藓中，20～25d后愈合生根，当年可移栽上盆。播种，8月采种，采后即播或翌年春播。

栽培管理：

（1）盆器选择

花盆以高30cm，口径25cm为宜，便于宝莲灯一次性栽培成成品。

（2）基质要求

宝莲灯根系较为粗壮，其栽培基质应该选用排水性及透气性良好，且不易腐烂的粗糙基质，pH在3.5～4。通常按照泥炭∶腐殖质∶珍珠岩=1∶1∶1的比例混合，并对其进行消毒、杀菌、杀虫，以免在栽培的过程中发生病虫害。

（3）水肥要求

在宝莲灯的整个生长季节，肥料都以营养液为主，营养液同样采用含氮、磷、钾的复合肥（N∶P∶K=1∶1∶1），按照1g肥料配1000mL水的比例配制而成，平均每周淋施1次，北方的水质偏碱性，可在肥液中放一些硫酸亚铁，使土壤处于一种微酸性状态。宝莲灯对过多的盐分敏感，肥液EC值保持在0.6为宜。植株在苗期多施氮肥，大苗期多施钾肥，每7d施肥1次，做到薄肥勤施，随水施入。另外每周浇1次水，以保持盆土湿润，但不能积水，否则会造成烂根。应经常向植株及周围环境喷水，以增加空气湿度，使其生长健壮，叶色清新宜人，但注意水不要喷到花序上，否则会缩短花期。此外，水温不宜与温室的环境温度相差过大，特别是冬季水温过冷会对植株造成伤害。

（4）光照要求

宝莲灯适合在充足而柔和的阳光下生长，在光线不足的条件下虽然也能生长但开花稀少，甚至不开花，而强烈的直射阳光又会使叶色变黄，叶片卷曲、灼伤，因此，可将植株放在光线明亮又无直射阳光处养护。通常宝莲灯最适宜的光照强度10000～15000lx。

（5）温度要求

宝莲灯喜温暖、湿润的半阴环境，不耐寒冷和干旱，通常白天的温度可以保持在20～22℃，夜间温度18℃，在炎热的夏季，若气温达到22℃以上时，必须要降温，可加强通风或直接向植株喷水。在我国北方地区，冬季要启动温室供暖系统，在保证温度的同时，湿度也要控制在75%左右。

（6）整形修剪

在宝莲灯的栽培中，要注意抹芽和整形处理。一般培养小冠径的成品以3层为宜，每层留枝以底层的2倍为宜，造型整齐，观赏性好，将其余芽枝一律抹去，并注意及早除去花芽及花穗，以利于营养生长，促进造型较好的植株形成。另外，由于宝莲灯的花序较大，枝条较脆，易折断，所以枝叶繁茂时，应加以支柱绑扎，以防枝条弯垂四散，影响观赏性。

（7）花期调控

宝莲灯自然开花期在每年的1～5月，如果春节上市，一般在10月份采用低温催花处理的方法进行催花。催花时选择冠径基本大小一致，造型美观的植株集中摆放在低温处理的智能温室培养床，将温度控制在16～18℃，并每15d配合叶片施肥喷施50mg/kg赤霉素溶液1次，以提高催花品质，处理后约40d花蕾出现，约60d等3层花蕾基本出齐时，将拥有同样花蕾数目的植物放置在一起，并将环境温度控制在20℃左

右，等花开放1/3时，即可挑选开放程度较好的花先期上市。

（8）产品包装

为增强宝莲灯花的观赏性，选择细长的陶瓷艺术盆，脱去原有的栽培塑料盆，将花栽入，并用专用塑料袋套住植株根部以上部分，利于固定和防止花叶损伤，影响观赏性，并用专用包装箱包装上市出售。

（9）病虫害防治

宝莲灯对病虫害的抵抗性较强，一般主要以预防为主。宝莲灯常见的病害有叶斑病、茎腐病，可以选用50%多菌灵可湿性粉剂800倍液和百毒清或70%甲基托布津，分别兑1500倍水，然后均匀喷洒于叶面上，这样可以起到杀菌、消毒、防治的目的。通常在宝莲灯的各个时期每半个月喷一次即可。常见的虫害有枯叶夜蛾、大蓑蛾、红蜘蛛，近年又有介壳虫等，可喷施双硫磷、敌杀死等防治枯叶夜蛾、大蓑蛾。三氯杀螨醇、尼索朗等防治红蜘蛛，杀扑磷、毒死蜱等防治介壳虫，效果良好。

（10）后期处理

开花后应加强水分供应，不宜太勤浇水，应使盆土偏干，否则易落花，花期提前结束。冬天浇水应在中午进行。

园林用途：宝莲灯株形优美，灰绿色叶片宽大粗犷，粉红色花序下垂，是野牡丹科花卉中属最豪华美丽的一种。盆栽宝莲花最适合宾馆、厅堂、商场橱窗、别墅客室中摆设。

5.2 花卉无土栽培

5.2.1 无土栽培的概念

根据国际无土栽培学会的规定，凡是采用天然土壤以外的基质（或仅育苗时用基质，定植以后不用基质）进行栽培植物的方法，统称为无土栽培。即把植物生长所需要的矿质营养物溶于水中，配成营养液，通过一定的栽培设施形式，在一定的栽培基质中用营养液进行植物栽培。由于无土栽培节水、省工省力、产品高产优质、无公害，因此，它受到许多国家，特别是一些发达国家的高度重视，并在生产上大面积应用。并朝着全自动化、工厂化生产水平发展。目前，无土栽培已成为设施园艺的重要内容和花卉工厂化生产的重要形式，展现出极美好的发展前景，在我国呈现出高速发展的势态。

5.2.2 花卉无土栽培基质

5.2.2.1 基质的作用和要求

（1）基质的作用

花卉无土栽培基质是指用以代替土壤栽培花卉的物质。无土栽培基质的作用主要有3个方面，①锚定植株；②有一定的保水、保肥能力，透气性好；③有一定的化学缓冲能力，如稳定氢离子浓度，处理根系分泌物，保持良好的水、气、养分的比例。

通常所讲的无土栽培基质，都要求具有上述第1、第2个作用，第3个作用可以用营养液来解决。

（2）无土栽培基质的要求

1）安全卫生　无土栽培基质可以是有机的也可以是无机的，但总的要求必须对周围环境没有污染。不论是花卉生产者还是花卉消费者都应选择安全卫生的基质种植花卉。有些化学物质不断地散发出难闻的气味，或是释放一些对人体、植物有害的物质，这些物质绝对不能作为无土基质。

2）轻便美观　无土花卉必须适应楼堂馆所装饰的需要。应选择重量轻、结构好，搬运方便，外形与花卉造型、摆设环境相协调的材料，以克服土壤黏重、搬运困难的不足。

3）有足够的强度和适当结构　基质要支撑适当大小的花卉躯体和保持良好的根系环境。足够的强度可以避免花卉东倒西歪；适当的结构能使其具有适当的水、气、养分的比例，使根系处于最佳环境状态，达到枝叶繁茂，花姿优美。

5.2.2.2 基质的种类和性质

（1）基质的种类

用于花卉无土栽培的基质很多，主要根据基质的形态、成分、形状来划分。基质主要分为液体基质和固体基质两大类，而固体基质又包括无机基质（如沙、陶粒、珍珠岩、蛭石、岩棉等）、有机基质（如泥炭、锯末、树皮、稻壳等）、各种无机基质与有机基质相互混合使用的混合基质这3类。目前国内常用作无土栽培的基质有以下几种。

① 沙：主要是由多种硅酸盐所组成的混合物，是无土栽培中应用最早的一种基质材料。其特点是取材广泛，价格便宜，排水良好，通透性强，但由于其容重过大（1500～1900kg/m^3），保水保肥能力差，在生产上使用日趋减少。一般用直径小于3mm的沙粒作基质。施用营养液时，一般是用滴液方式进入沙中。

② 砾石：是直径较大的小石块，其特点是质重，来源受限制，供液管理上比较严格，使用范围不大，常见于水生植物的无土栽培。一般用直径大于3mm的天然砾、浮石、火山岩等作基质。

③ 蛭石：是由云母类矿质加温到745～1000℃时形成的。它是铝、镁、硅的复合物，属

于性状稳定的惰性物质，具有良好的透气性、吸水性及一定的持水能力；质地很轻，便于运输；绝缘性好，使根际温度稳定；无病虫危害。缺点是长期使用，易破碎，空隙变小，通透性降低。

④ 珍珠岩：为含硅物质的矿物筛选后，经1200℃高温焙烧而成。直径为1.5～3.0mm膨胀疏松的颗粒体，其特点是容重小，理化性质稳定，易排水，通透性好，pH中性或微酸，无缓冲作用。如果单独作基质使用，由于其质轻，根系接触不良影响发育，故常常与其他基质混合使用。

⑤ 岩棉：是以60%的辉绿岩、20%的石灰石和20%的焦炭混合，经高温处理后形成的棉状物。其特点是有良好的物理性，质地轻，孔隙度大，透气性良好，但持水力略差，pH较高，一般为7～9，使用前要加以处理。

⑥ 陶粒：是由黏土经人工焙烧而成的褐色球形的无土栽培基质。其特点是内部为蜂窝状的孔隙构造，保水，蓄肥能力适中；表面积大，透气性好，有助于花卉的根系进行气体交换；化学性质稳定，孔隙度大，对温度的骤变缓冲性较差。

⑦ 炉渣：是煤燃烧后的残渣，来源广泛，pH偏碱。通透性好，保水保肥能力较差，一般不宜单独用作基质，而与草炭等基质混合使用，混合基质中比例一般不超过60%。使用前要进行过筛，选择适宜的颗粒。

⑧ 泥炭：又名草炭，是许多国家公认为最好的无土栽培基质，现代工厂化育苗均采用以草炭为主的混合基质。泥炭是由苔藓、苔草、芦苇等水生植物及松、桦、赤杨、杂草等陆生植物在水淹、缺氧、低温和泥沙掺入等条件下未能充分分解而堆积形成的。所以，它由未完全分解的植物残体、矿物质和腐殖质3者组成。颜色褐黑，其特点是质地细腻，透气性能好，持水与保水性好，pH偏酸，富含有机质，含有作物所需要的养分，可单独作基质，亦可与其他基质混合使用。

⑨ 锯末：是木材加工业的副产品。其特点是质轻，具有较强的吸水、保水力，含有十分丰富的碳素，长期使用易分解，也易被各种病原菌造成污染，使用前应进行消毒。此材料多与其他基质混合使用，用于袋栽、槽栽及盆栽等。

⑩ 树皮：树皮的性质与锯末相近，但通气性强而持水量低，并较难分解。用前要破碎，并最好堆积腐熟。一般与其他基质混合使用，用量占总体积的25%～75%。也可单独使用树皮栽培附生性兰科植物，由于通气强，必须十分注意浇水和施肥。

⑪ 炭化稻壳：又称砻糠，是将稻壳经加温炭化而成的一种基质。其特点是容重小，质量轻，孔隙度高，通气性好，持水力强，不易发生过干过湿现象，富含钾，pH为碱性，使用前需堆积2～3个月，如急需使用时，可用清水冲洗，使碱性减弱后可配制使用。

此外，砖块、木炭、石棉、蕨根、菇渣、秸秆、稻壳等物质都可作基质，在使用前应洗净消毒。

(2) 基质的理化特性

1) 基质的化学性质　主要包括酸碱性、电导率、缓冲能力、盐基交换量等。

① 基质的酸碱性(pH)：对花卉根系的生理活动，养分的状态、转化和有效性都有重要影响，甚至会决定花卉的存活。一般花卉所适宜的酸碱度范围在pH 5.6～7。

② 电导率：指基质未加入营养液之前，本身具有的电导率，代表基质内部已电离盐类的溶液浓度。一般用mS/cm表示。它反映基质中原来带有的可溶性盐分的多少，将直接影响到营养液的平衡。

③ 缓冲能力：指基质在加入酸碱物质后，基质本身所具有的缓和酸碱性变化的能力。依基质缓冲能力的大小排序为有机基质＞无机基质＞惰性基质＞营养液。

④ 盐基交换量：是指在pH为7时测定的可替换的阳离子的含量。一般有机基质如树皮、锯末、草炭等可代换的物质多；无机基质中蛭石可代换物质较多，而其他惰性基质可代换物质就很少。

此外，还应知道基质中氮、磷、钾、钙、镁的含量，重金属的含量应低于致使花卉发生毒害的标准。

2) 基质的物理性质　主要包括容重、总孔隙度、水气比等。

① 容重：容重与基质粒径、总孔隙度有关。容重过大，总孔隙度小，通气透水性差；容重过小，总孔隙度大，虽具有良好的通透性，但浇水时易漂浮，不利于固定根系。基质的容重以0.1～0.9g/cm³效果较好。

② 总孔隙度：反映基质中的孔隙状况，是基质最重要的标准。总孔隙度大，容纳空气和水分的能力强，这种基质一般质轻，有利于植物根系发育；总孔隙度小，水气容纳量少，则往往需要增加供液次数。一般基质总孔隙度在54%～96%均适合花卉生长。

③ 水气比：指一定时间内，基质中容纳空气、水分的相对比值，用大孔隙与小孔隙之比表示。大孔隙是指孔隙直径在1mm以上，这种基质持水力较低，供液后因重力作用溶液会很快流失，因此，这种孔隙的主要作用是贮气。小孔隙

指直径为0.001～0.1mm的孔隙，这种孔隙具有毛管作用，称为毛管孔隙，主要作用是贮水。小孔隙多，则基质的持水力强。反之，毛管孔隙愈少，贮气量愈大，贮水力愈弱。一般基质气水比以1∶2～1∶4为宜。

5.2.2.3　基质的选择

栽培基质是无土栽培中作为固定作物根系的主要物质，又是提供根系营养，协调水分、养分和氧气供给的附属物。基质的选用原则是实用性和经济性。具体地说应具备以下条件：第一，透气性良好，为植物根系提供良好的透气条件；第二，化学性质稳定，不与营养液成分发生化学反应，不改变营养液的酸碱度；第三，有一定的持水力，取材容易，价格低廉。除此之外，基质选择还应考虑以下几个方面。

1）植物的习性　喜湿的花卉，应选择保水性好的基质，另外掺加部分透水、透气性好的基质。喜干的花卉则选择透水性好的基质，掺加一部分保水性好的基质，或盆表面覆盖一层保水性好的基质。

2）根系的适应性　气生根、肉质根需要很好的通气性，同时需要保持根系周围的湿度达90%以上，甚至100%的水汽。粗壮根系要求湿度达90%以上，通气较好。纤细根系如杜鹃花根系要求根系环境湿度达90%以上，甚至100%，同时要求通气良好。在空气湿度大的地区，一些透气性良好的基质如松针、锯末非常合适，而在大气干燥的北方地区，这种基质的透性过大，根系容易风干。北方水质碱性，要求基质具有一定的氢离子浓度调节能力，适用泥炭混合基质的效果就比较好。

3）实用性　基质的容重，是考虑到无土栽培花卉搬运方便。首选的基质包括陶粒、蛭石、珍珠岩、岩棉、锯末和泥炭及其混合的基质。如果在生产基地使用，像沙、砾、炉渣等来源丰富、价格低廉的基质能大大降低成本，更合算。特别是在育苗阶段使用这些基质更合适。

4）安全性　无土栽培基质还必须对人类健康没有危害，首先必须无毒无味，最好选用天然的无机物或安全的基质。一些有机基质虽然对植物生长是良好的，但它在分解过程中所释放的物质难以预测和保证无害，特别是有小孩的家庭在选用无土栽培基质时，更应该注意这一点。有些合成的基质虽然性能良好，但如果散发异味，也不该用作宾馆饭店的花卉无土基质。

5）经济性　选用无土基质一个重要的问题就是尽量少花钱，最好就地取材。不仅能降低成本，还能突出自己的特色。例如，有些地方松针来源较广，栽培杜鹃花时选用松针效果良好，但在北方一些天气干燥的地区就不适用，不仅是因为成本高，而且透气性太好，根系容易风干。各地都有不少通气良好，又能保水保肥的基质，例如有的地方蔗渣很便宜，用蔗渣配一些炉渣、沙或砾，也可以成为很好的基质。

5.2.2.4　基质的消毒

无土栽培的基质长期使用，特别是连作，会使病菌集聚滋生，故每次种植后应对基质进行消毒处理，以便重新利用。

1）蒸汽消毒　将基质堆成20cm高，长度根据地形而定，全部用防水防高温布盖上，用通气管通入蒸汽进行密闭消毒。一般在70～90℃条件下消毒1h就能杀死病菌。此法效果良好，安全可靠，但成本较高。

2）药剂消毒　该法所用的化学药品有甲醛、溴甲烷、氯化苦等。药剂消毒成本较低，但安全性差，并且会污染周围环境。常用的有40%甲醛和溴甲烷。40%甲醛又称福尔马林，是一种良好的杀菌剂。使用时一般用水稀释成40～50倍液，用喷壶将基质喷湿，用塑料薄膜覆盖24～26h后揭膜，再风干2周后使用。溴甲烷能有效地杀死线虫、昆虫、杂草种子和一些真菌。使用时将基质堆起，用塑料管将药剂引入基质中，基质用量100～150g/m³，基质施药后用塑料薄膜覆盖密封5～7d后去膜，晾晒7～10d后可使用。溴甲烷具有剧毒，并且是强致癌物，使用时要注意安全。

3）太阳能消毒　在夏季高温季节，在温室或大棚中把基质堆成20～25cm高，长度视情况而定，堆的同时喷湿基质，使其含水量超过90%，然后用膜覆盖严，密闭温室或大棚，曝晒10～15d，消毒效果良好。

5.2.3　花卉无土栽培营养液的配置

营养液是溶有多种营成分，供给植物根部吸收使之生长发育的水溶液。营养液是无土栽培的基础，营养液的配制和施用是无土栽培的关键技术，它对于花卉的产量、品质都有着决定性的影响。

5.2.3.1　常用营养液的配方

（1）营养液的浓度

在植物根系内的溶液浓度不低于营养液浓度的情况下，营养液的浓度偏高没有影响，但过多的铁和硫对植物都是相当有害的。各种观赏植物所适应的溶液浓度都不能超过0.4%。现将花卉在无土栽培中所需要的溶液浓度列于表5-1。

（2）营养元素的构成

按照花卉植物所需元素含量的多少，可以把它们按照下列顺序来排列，即：氮、钾、磷、钙、镁、硫、铁、锰、硼、锌、铜、钼。在植株生长发育中，主要营养元素的顺序如果发生颠倒，

表 5-1 花卉无土栽培的溶液浓度 单位：g/L

1	1.5～2	2	2～3	3
杜鹃花	仙客来	彩叶芋	文竹	天门冬
秋海棠	郁金香	马蹄莲	红叶甜菜	菊花
仙人掌	非洲菊	龟背竹	香石竹	茉莉花
蕨类植物	风信子	大丽花	天竺葵	荷花
百合	香豌豆	一品红	千屈菜	水仙

植株也能生活一段时间不至于死亡，如果某种元素严重缺少植株则无法生存。某种植株在生长初期所需的氮和钾，往往要比后期发育阶段高出2倍。

(3) 营养成分的效力

在营养液中各种离子的数量关系如果失去平衡，其营养成分就会降低。在无土栽培中如要想粗略地估计营养液组成的效力，最简单的办法是测定其酸碱度。假如植物吸收的负离子多于正离子，溶液就偏碱，反之就偏酸。故需经常测定溶液的酸碱度，根据测定的结果来补充不同的营养元素，使pH保持在6.5～7.0。

(4) 常用营养液的配方，见表5-2和表5-3。

表 5-2 道格拉斯的孟加拉营养液配方

单位：g/L

成分	营养液配方(5种配方)				
	1	2	3	4	5
硝酸钙	0.06			0.16	0.31
硝酸钠		0.52	1.74		
硝酸钾					0.70
硫酸铵	0.02	0.16	0.12	0.06	
过磷酸钙	0.25	0.43	0.93		0.46
磷酸二氢钾				0.56	
硫酸钾	0.09	0.21			
碳酸钾			0.16		
硫酸镁	0.18	0.25	0.53	0.25	0.40
合计	0.60	1.57	3.48	1.00	1.87

表 5-3 汉普营养液配方 单位：g/L

大量元素		微量元素	
硝酸钾	0.7	硼酸	0.0006
硝酸钙	0.7	硫酸锰	0.0006
过磷酸钙	0.8	硫酸锌	0.0006
硫酸镁	0.28	硫酸铜	0.0006
硫酸铁	0.12	钼酸铵	0.0006
总计	2.6	总计	0.003

5.2.3.2 营养液的配制

因为营养液中含有钙、镁、铁、锰等离子和磷酸根、硫酸根等阴离子，配制过程中掌握不好就很容易产生沉淀。为了防止沉淀的产生和生产上的方便，配制营养液时一般先配制营养成分各不相同的数份浓缩贮备液（即母液），然后再把母液稀释，混合配成工作营养液（即栽培营养液）。

(1) 浓缩贮备液（母液）的制备和保存

浓缩液的制备过程如下。

1）药品（肥料）用量的计算　根据营养液配方，计算出制备一定体积的母液时某种药品的用量，其计算方法如下。

药品用量＝药品（肥料）配方量（g/L）×母液浓缩倍数×母液体积（L）

如，欲配制200倍的马蹄莲营养液母液20L，根据其营养液配方，各药品的用量分别为：

硫酸铵＝0.197×200×20＝3490（g）

硫酸镁＝0.54×200×20＝2160（g）

其他药品的用量依此方法进行计算。

2）药品的称量　根据计算结果，用天平准确称取各种药品，分别放置于干净的器皿中。称量时应精确到小数点后两位。

3）溶解及定容　先在容器内加入蒸馏水（约为总体积的90%），将称量好的药品溶入。可以每种药品单独配制成母液，也可以将几种药品混合配制在一起，但应注意，若几种药品混合配制时，必须是前一种药品充分溶解后，再加入后一种药品，以免产生沉淀。等所有药品都充分溶解后，再加入蒸馏水定容至总体积刻度。

4）铁盐母液的配制　铁盐母液在配制时，应将硫酸亚铁和EDTA分别配制，待其都充分溶解后，再将硫酸亚铁溶液缓慢加入到EDTA溶液中，最后定容。这样所配制的母液不易发生沉淀。

母液的浓缩倍数，要根据营养液配方规定的用量和各盐类在水中溶解度来确定，以不致过饱和而析出为限。大量元素母液浓缩200倍，微量元素母液浓缩1000倍。

母液应贮存于黑暗容器中，容器应以不同颜色标识，并注意含有的各种盐类及浓缩倍数。母液如果较长时间贮存，可用HNO_3酸化，使pH达到3～4，能够更好地防止发生沉淀。

(2) 工作营养液

由母液稀释而成。其配制顺序如下。

1）加水　首先在贮液池内加入一定量的水。例如，预配制1t营养液，在贮液池中先加入900L水。

2）加原液　根据母液浓度及营养配方，计算出所需各母液的体积，然后依次将各母液加入贮液池中。最后把水补足到1t。

3）加微肥　加入20g混合后的微肥。

4）调酸　加入223mL磷酸，混匀。

5）测试　用pH计测其pH，用电导率仪测EC值，看是否与预配的值相符。

5.2.3.3　营养液的使用与管理

（1）营养液的使用

1）营养液的用量　营养液的用量包括供液次数和供液时间（供液量）两个方面。确定营养液的用量应当遵循的原则是能使花卉根系得到足够的水分、养分，又能协调施肥、养分和氧气之间的关系，达到经济用肥和节约能源的目的。不同的无土栽培形式，有不同的供液方法和供液量，基质栽培或岩棉栽培通常是定时、定量、间断供液，每天供液1～3次，每次10～20min，供液量以见到20%～30%回液量为度。水培可间断供液，也可连续供液。间断供液一般每隔2h供液30min；连续供液一般是白天供液，夜晚停止。无论采用哪种方法，其目的都在于用强制循环的方法增加营养液中的溶氧量，以满足根部对氧气的需要。花卉种类不同，供液方法也不同，有气生根的花卉，可以直接吸收空气中的氧气，采用间断供液为好，而没有气生根的花卉，只能吸收溶液中溶存的氧气，采用连续供液较好。

2）营养液的补充与更新　对于非循环供液的基质栽培或岩棉栽培，由于所配营养液一次性使用，所以不存在营养液的补充与更新问题。而循环式供液的基质栽培和岩棉栽培，就存在营养液的补充与更新问题。对于水培方式，不仅有营养液补充问题，还存在营养液更新问题。所谓营养更新就是把使用一段时间后的营养液全部排掉，重新配制加入。一般生育期短的花卉，全生育期只配一次营养液，中途不再更新，只需隔一定时间补充所消耗的营养液。而生育期较长的花卉，营养液在使用一段时间后，其组成、酸碱度等常常发生变化，可采用加水、加肥料和酸碱度调节方法进行调整。一般营养液使用期限为3～4周。时间过长其中某些不能被植物根系很快吸收利用的离子等积累形成高渗溶液，抑制植物生长。应停止使用，重新配制更新。

（2）营养液的管理

无土栽培中营养液的管理是整个无土栽培的重要组成部分，特别是自动化、标准化程度较低的情况下，营养液的管理更为重要。营养液的管理主要包括以下几个方面。

1）营养液浓度的管理　当营养液使用一个阶段后，营养液因花卉的吸收或蒸发等原因，而使营养液的浓度不断地发生变化，一般营养液随着时间的加长，营养成分逐渐减少，因此需要加以补充。补充的方法：一是根据化验了解营养液的浓度和水平；二是用电导率仪测定营养液浓度。营养液中各营养元素的浓度范围如表5-4。

表5-4　营养液中营养元素的浓度范围

单位：mg/L

元素	浓度	元素	浓度
氮	150～1000	铁	2.0～10
钙	300～500	锰	0.5～5.0
钾	100～400	硼	0.5～5.0
硫	200～1000	锌	0.5～1.0
镁	50～100	铜	0.1～0.5
磷	50～100	钼	0.001～0.002

2）营养液的温度管理　营养液的温度直接影响花卉的生长和根系对水分、养分的吸收。营养液的温度应当是根系需要的适宜温度。因为根系的适应范围一般为15～25℃，所以，从昼夜适温来看，一般白天温度应在适温的上限，而夜间处在适温的中下限。如当气温偏低而影响根系温度时，可以通过提高营养液温度以调整根温偏低的问题。

3）营养液含氧量　在花卉无土栽培中，根系需要的氧气有一部分来自营养液，特别是水培法，营养液中氧气的含量对花卉生长影响很大。一般采用向营养液中充气方法和有落差的循环流动液装置，以解决营养液供氧不足的问题。

4）营养液的pH调整　营养液的酸碱性（pH）直接影响养分的状态、转化和有效性，也影响花卉植物的生长。花卉生长所要求的pH因种类而异，通常在5.5～6.5。在管理中，可用测试纸或pH计测得pH。如pH偏高时，可加入适量硫酸校正；偏低时，可加入适氢氧化钠校正。

5.2.4　无土栽培的方法

无土栽培的类型多种多样。根据基质对根系的固定状态，可分为基质栽培、半基质栽培和非基质栽培；根据基质性质的不同，可分为有机基质栽培和无机基质栽培；根据养分的循环状况，可分为开路式栽培、闭路式栽培；根据栽培的空间形式，可分为平面栽培、立体栽培和水面栽培；根据栽培设施不同，可分为单一式栽培、简易式栽培和综合式栽培。下面根据需要对常用的几种类型进行介绍。

5.2.4.1　水培

定植后营养液直接和根系接触。根系直接悬挂在营养液中，营养液在栽培槽内呈流动状态，以增加空气的含量，不需要栽培基质，但营养液中往往因氧气不足影响植株生长，因此需增加通气设备。它的种类很多，我国常用的有营养液膜法、深液流法和浮板毛管水培法等。

（1）营养液膜水培

营养液膜法，也称为NFT方式，就是将花卉种在非常浅的流动的营养液中，根系悬浮在营养液中，以增加氧气含量。整个系统由营养液贮液池、泵、栽培床、管道系统、调控系统构成。营养液由贮液池通过供液装置在水泵的驱动下被送入栽培床的沟槽，流经根系（0.5～1.0cm厚的营养液薄层），然后又回流到贮液池内，循环使用。栽培床的坡度及高度可根据情况加以调整，营养液的流速也可随时调整。此法只有供营养液流动的浅槽，构造简单。另外栽培结束后，栽培床的清理容易进行。营养膜水培的优点主要有：①较好地解决了根系呼吸对氧的需求；②结构简单轻便，成本低；③植株生长快，便于管理，适合规模化生产。

（2）深液流水培

深液流法也称DFT，整个系统由地下营养液池、地上营养液栽培槽、水泵、营养液循环系统和营养液过滤池及植株固定装置等组成。营养液由地下营养液池经水泵通过供液管道注入营养液栽培槽，栽培槽内的营养液通过液面调节栓经排液管道通过过滤池后又回到地下营养液池，循环使用。DFT与NFT不同之处是流动的营养液层较深（5～10cm），植株大部分根系浸泡在营养液中。此法解决了在停电期间营养液膜系统不能正常运转的困难。

（3）浮板毛管水培（FCH）

由聚苯乙烯板做成栽培槽，长10～20m，宽40～50cm，高10cm，内铺0.9cm厚的聚乙烯薄膜，营养液深2～6cm，液面漂浮1.25cm厚的聚苯乙烯泡沫板，宽12cm，板上覆盖亲水性的无纺布（密度50g/m^2），两侧延伸入营养液内。通过毛细管的作用，使浮板始终保持湿润，花卉的气生根生长在无纺布的上、下两面，在湿气中吸收氧。栽培床的一端安进水管，另一端安排水管，进水管下端安装空气混合器。贮液池与排水管相通。营养液的深度通过排液口的垫板来调节。一般幼苗定植初期，营养液深度为6cm，育苗钵下部浸在营养液内，随着植株生长，逐渐下降到3cm。这种设施使花卉根际环境条件稳定，液温变化小，根系吸氧与供液矛盾得到协调，设施造价低，适合于经济实力不强的地区应用。

5.2.4.2 基质栽培

基质栽培是指在一定容器内填充栽培基质，用以固定植物，并通过在基质中定时定量供应营养液为植物提供营养、水分和空气等进行栽培的一种形式。用于无土栽培的基质应具有良好的物理性质，如密度为1g/cm左右，总孔隙度60%～90%，其中大孔隙度占20%～30%，能提供20%的空气和20%～30%容易被利用的水分。它有稳定的化学性质，如酸碱度、电导率、缓冲能力、盐基交换量等，不含有毒物质，取材方便，价格低廉。根据其栽培容器和栽培基质的不同，可分为以下几种栽培法。

1）沙砾盆栽培法　采用的栽培盆为陶瓷钵。底部装鸡蛋大的石块，厚20cm，上部装小石子5cm，其上再装粗河沙厚25cm。底部的石块便于通气和排水，河沙用于固定植株。在盆的上部植株附近安装供液管或用勺浇供液，务必使营养液湿润沙面。在盆的下部排水口安装排液管，以收回废液。

2）基质槽栽培法　在一定容器的栽培槽内，填入基质，供应营养液栽培花卉。一般由栽培床、贮液罐、供液泵和管道等几部分组成。常用的槽培基质有砂砾、蛭石、珍珠岩、草炭与蛭石混合物等。按供液方式可分为美国系统和荷兰系统两种。美国系统槽栽法的特点是营养液从底部进入栽培床，再回流到贮液罐内，整个营养液都在一个密封的系统内通过水泵强制循环，回流时间由计时器控制。槽体根据地形及栽培要求安排。荷兰系统采用让营养液悬空落入栽培床中，在栽培床末端底部设有营养液排出口，经排出口流入贮液罐的营养液与注入口一样，悬空落入贮液罐，其目的是为了增加营养液中的空气含量。营养液经水泵再提到注入口循环使用。

以上两种方法各有优缺点。荷兰系统的优点是自动化程度高，较为安全可靠，缺点是必须频繁供液，耗电量较大；美国系统的优点是设备简单，无需频繁供液，耗电少，但要求严格控制供液时间。目前各国砂砾栽培法大多采用美国系统。

我国目前正在进行试验示范的系统，以滴灌软带代替滴灌用于槽培花卉，此法简化了滴灌系统设备，营养液输送效果好，省时、省力、省料。

5.2.4.3 袋栽培法

用尼龙袋或抗紫外线的聚乙烯塑料袋装入基质进行栽培。在光照较强的地区，塑料袋表面以白色为好，以便反射阳光并防止基质升温。光照较少的地区，袋表面应以黑色为好，以利于冬季吸收热量，保持袋中基质温度。袋栽方式有两种：一种为开口筒式栽培，通常是把直径为30～50cm的筒膜剪成35cm长，用塑料薄膜封口机或电熨斗将筒膜一端封严后，把基质装入袋中。每袋装基质10～15L，直立放置，种植一株花卉。另一种为枕头式袋栽，将筒膜剪成70cm长，用塑料薄膜封口机或电熨斗封严筒膜的一端，装入20～30L基质，再封严另一端，依次按行距呈枕式摆放在栽培温室地面上。定植前，按株距在袋上开两个直径为9～10cm的孔，每孔栽 1 株花卉并安装一根滴灌管供液。

5.2.4.4 岩棉栽培

岩棉栽培都是用岩棉块育苗的。花卉种类不同，育苗用的岩棉块大小也不同。多数采用边长 7.5cm 见方的岩棉块。除上、下两面外，岩棉块的四周应该用黑色塑料薄膜包上，以防水分蒸发和盐类在岩棉块周围积累，冬季还可提高岩棉块温度。种子可直播在岩棉块中，也可播在育苗盘或较小的岩棉块中，当幼苗第一片叶开始显现时，再移到大岩棉块中。在播种或移苗前，必须用水浸透岩棉块，种子出芽后要用营养液浇灌。

定植用的岩棉垫一般为 (75～100)cm×(15～30)cm×(7～10)cm，岩棉垫装在塑料袋内。定植前要将温室内土地整平，必要时铺上白色塑料薄膜。放置岩棉垫时，注意要稍向一面倾斜，并在倾斜方向把塑料底部钻 2～3 个排水孔。在袋上开两个 9cm×9cm 大小的定植孔，用滴灌的方法把营养液滴入岩棉块中，使之浸透后定植。每个岩棉垫种植 2 株。定植后即把滴灌管固定到岩棉块上，让营养液从岩棉块上往下滴，保持岩棉块湿润，促使根系迅速生长。7～10d 后，根系扎入岩棉垫，可把滴灌滴头插到岩棉垫上，以保持根基部干燥。

5.2.4.5 综合栽培

综合栽培是针对花卉无土栽培的特点提出来的。在一些花园式的地方（屋顶花园、庭院花园、公园等），花卉一种下去即可观赏，也不必经常搬动，具有持久性。因此，在设计无土栽培时可以将滴灌设施加入，使之具有自动化和高档化的性质。栽培基质可以考虑选用陶粒、蛭石、珍珠岩等。花卉综合栽培与蔬菜栽培的主要区别在于蔬菜栽培更注重实用性和经济性，而花卉无土栽培更注重观赏性、娱乐性和艺术性（表 5-5）。

表 5-5 几种花卉营养液配方 单位：g/L

菊花营养液配方		月季花营养液配方		万年青营养液配方	
肥料名称	用量	肥料名称	用量	肥料名称	用量
硫酸铵	0.23	硫酸铵	0.197	硫酸铵	0.197
硫酸镁	0.79	硫酸镁	0.54	硫酸镁	0.54
硝酸钙	1.69	硝酸钙	1.79	硝酸钙	1.79
硫酸钾	0.62	磷酸钾	0.62	磷酸二氢钾	0.62
磷酸二氢钾	0.051			氯化钾	0.62
香石竹营养液配方		**玫瑰营养液配方**		**百合营养液配方**	
肥料名称	用量	肥料名称	用量	肥料名称	用量
硫酸铵	0.54	硫酸铵	0.23	硫酸铵	0.156
硫酸镁	0.197	硫酸镁	0.164	硫酸镁	0.55
硝酸钙	1.79	硫酸钙	0.32	氯化钾	0.62
磷酸一钾	0.62	磷酸一钙	0.46	硫酸钙	0.25
硝酸钾	0.12	硝酸钠	0.62	磷酸钙	0.47

5.2.5 常见花卉无土栽培

5.2.5.1 蝴蝶兰（彩图 5-2-5-1）

科属：兰科、蝴蝶兰属

别名：蝶兰

英文名：Phalaenopsis

学名：*Phalaenopsis amabilis*

形态特征：多年生常绿草本，茎短，单轴型，无假鳞茎，气生根粗壮，圆或扁圆形。叶厚，多肉质，卵形、长卵形、长椭圆形，抱茎着生于短茎上。总状花序，蝶形小花数多至数十朵，花序长可达 1～2m。花色艳丽，有白色、红色、黄色、斑点以及条纹，花期 3～4 月，硕果，内含种子数十万粒。

全世界原生种有 70 多种，但原生种大多花小不艳，作为商品栽培的蝴蝶兰多是人工杂交选育品种，经杂交选育的品种有 530 个左右。同属植物常见栽培的有以下几种。

(1) 斑叶蝴蝶兰（*P. schillerriana*） 别名席勒蝴蝶兰。叶大，长圆形，长 70cm，宽 14cm，叶面有灰色和绿色斑纹，叶背紫色。花多达 170 多朵，花径 8～9cm，淡紫色，边缘白色。花期春、夏季。

(2) 曼氏蝴蝶兰（*P. mannii*） 别名版纳蝴蝶兰。为同属常见种。叶长 30cm，绿色，叶基部黄色，萼片和花瓣橘红色，带褐紫色横纹。唇瓣白色，3 裂，侧裂片直立，先端截形，中裂片近半月形，中央先端处隆起，两侧密生乳突状毛。花期 3～4 月。

(3) 阿福德蝴蝶兰（*P. aphrodite*） 叶长 40cm，叶面主脉明显，绿色，叶背面带有紫色，花白色，中央常带绿色或乳黄色。

(4) 菲律宾蝴蝶兰（*P. lueddemanniana*） 花茎长约 60cm，下垂，花棕褐色，有紫褐色横斑纹，花期 5～6 月。

(5) 蝶兰（*P. wilsonii*） 根扁平如带，表面有多数疣状突起。花紫红色。

生态习性：附生兰，气生根多附着于热带雨林下层的树干或者树杈上，喜高温多湿，喜阴、忌阳光直射，全光照的 30%～50%有利于开花。生长适宜温度为 25～35℃，夜间高于 18℃或者低于 10℃的环境会出现落叶、寒害。生长期喜通风，忌闷热，根系较耐旱。

繁殖方法：蝴蝶兰繁殖方法主要有播种繁殖法、花梗催芽繁殖法、断心催芽繁殖法、切茎繁殖法和组织培养法 5 种。生产中常采用组织培养获得苗株。

栽培要点：

(1) 幼苗（瓶苗）阶段

蝴蝶兰组培试管苗很难迅速适应外界环境。

这一阶段如果处理不当，很容易引起种苗死亡。从而影响移栽成苗率。要提高试管苗移栽的成活率。出瓶前必须先进行炼苗。瓶苗具3片叶时。置于散射光处放置20d左右，试管苗更加健壮，以逐步适应外界环境条件。

(2) 小苗（瓶苗移出）阶段

小苗指种植容器规格为4cm的蝴蝶兰苗（俗称1.5寸苗）。

1) 瓶苗移出前准备

① 容器：选择128孔方形穴盘（方形较圆形不易产生盘根且有利于排水）；50孔或128孔黑色软盘以及透明软盆。

② 材料：特级水草，使用前浸泡4h，并甩干至用力捏可出水滴但不能连成水线，10kg水草可供种穴盘苗6000～8000株，小苗4000～5000株。漂白水及品种标签。

③ 工具：剪刀、长扁头镊子、网状小盘或塑料小盘（用以装从培养瓶中取出的苗并装分级好的苗）、抹布、橡胶手套、工作服、雨鞋、清洁球、大塑料盘。所有容器和工具在使用前清洗干净并用5%漂白水浸泡30～60min后，用清水冲洗两遍，晾干后待用。

2) 瓶苗出瓶

① 驯化：瓶苗出瓶前应先置于准备种植的温室中驯化2～4周。出瓶前容器和工具须无氯气味道后方可出瓶，最佳时间为3～6月。

② 移出：应用不锈钢扁头镊子取出瓶苗，在移出的过程中不可弄伤根部及叶部。

③ 分级：瓶苗在出瓶后，需先做分级。一是小苗两叶距在4cm以上，可直接种在4cm软盆中。若叶够长但根系不好，必须种在穴盘中；二是两叶距小于4cm者，适宜种于穴盘中。

3) 定植　种植4cm软盆及穴盘苗时，首先，应拿少许水草放于蝴蝶兰根的中间，使其根呈放射状（约45°）向外展开，外围再包上一层水草后种于4cm软盆或穴盘苗中，注意小苗阶段不能种太紧。其次，当天出的瓶苗应当天种完，应掌握好出苗量；穴盘苗约每人工每天1500株，小苗约1200株。

4) 定植后管理

① 病害预防：瓶苗种完后当天必须立即喷施多菌灵1500倍以预防病害传染。在所有苗移完后10d内喷灭扫利1500倍以杀死藏于水草中的幼虫及虫卵；在移苗后15d内用500倍光合菌进行叶面喷雾，预防病害传染，以后每月2次。

② 光照：此生长期为根系奠基期，光照不可太强，小苗出瓶20d内光度应保持在2000～3000lx低光度范围内，尤其是分生苗，若其叶子大但根系不良者，光度需更暗，需进行遮光处理。出瓶后45d，小苗光照度可控制在6000～8000lx，出瓶后90d可控制在8000～10000lx。

③ 温度：蝴蝶兰营养生长温度范围是25～30℃，最适宜温度为26～28℃，为保证其生长势，日温应保持在26～28℃，夜温保持在24～25℃。

④ 湿度：相对湿度在60%～80%较佳。刚出瓶的小苗湿度需保持在80%以上，3～5月出瓶的应保持在每小时叶面喷水1次，喷成薄雾状一层，注意不要让水草淋湿；6～7月根据空气的湿度喷水，可每隔2h喷1次，湿度保持在80%以上。

⑤ 水肥管理：小苗出瓶后7d内需全株淋湿，之后需要控制水量，避免水分过多引致叶面腐烂。5d后可开始喷施叶面肥4000倍，每隔5d施肥1次。蝴蝶兰要求肥料水EC值（离子交换能力）在0.6～0.8mS/cm。在20d左右时施第1次肥，用维生素B_1 1500倍灌根，然后施用复合肥4000倍（N：P：K＝20：20：20或9：45：15）或根据EC值灌根，每隔15d施用1次，以每施3次肥施1次水为准则。

⑥ 分级管理：小苗出瓶后45d开始分级管理。分级时根据植株的根系，叶片的大小来分级，做到大小一致，大叶朝向一方。分级管理要求水肥管理根据植株长势来确定施肥的浓度，每隔45d分级1次。

⑦ 病虫害防治：蝴蝶兰小苗期蚜虫易发生。可用灭扫利1500倍轻灌，成虫叶面用万灵喷雾；此外，7～11月间还易出现斜蚊夜蛾幼虫危害植株，主要是夜晚温室开灯成虫飞到温室传染，可喷万灵预防。个别蝴蝶兰品系易出现煤烟病，可用代森锰锌和甲托交替喷雾。

(3) 中苗阶段

中苗指栽植容器规格为6.5cm的蝴蝶兰苗（俗称2.5寸苗）。

1) 材料　蝴蝶兰中苗管理阶段需要的容器为6.5cm透明软盆；6.5cm规格的15孔植架或宽度为6.5cm的长条形植槽植架。还有特级水草（使用前浸泡4h并脱水至适当湿度）；10kg装水草可供种植中苗600～700株，还有一定数量的小块泡沫。

2) 换盆

① 换盆时间：瓶苗出瓶后直接种植的蝴蝶兰小苗约经3.5～4个月后可移植至中苗软盆中，而穴盆苗则经2.5～3.5个月后需先移植至小苗软盆中，再经2～3个月后才能移植至中苗软盆。

② 换盆方法：当蝴蝶兰小苗叶尖距达12(±2)cm、叶角15°时，且根系已伸至盆底，但还未盘至一圈且软盆上部没有气生根露出时可以换盆。首先，在透明软盆底部放置4～5块小泡沫或陶粒（不能太大，以不漏出为宜），将4cm

软盆中的蝴蝶兰苗小心取出，在其外周再包裹一层水草，置于6.5cm软盆中。其次，所用水草的硬实度要比4cm软盆时高一些即可。第三，换盆时需按中苗的大小进行分级，种好的苗需每月分级1次，将大叶朝向一方，并根据叶片数进行分级。

3）换盆后管理

① 病害预防：换完盆后当天用多菌灵1500倍叶面喷雾，换盆后5d用光合菌500倍叶面喷雾防治病害，每隔7d喷施1次。所有盆换完后10d内喷灭扫利1500倍，以杀死藏于水草中的幼虫及蚊子虫卵。

② 光度：该生长期为蝴蝶兰形态奠基期，需较强光照。刚换盆时与4cm软盆种植光度相同（8000～10000lx），缓苗后迅速提高，最后为12000～15000lx。

③ 温湿度：与小苗期的温湿度管理相同。

④ 水肥管理：换盆后根据干湿程度浇水施肥。中苗的肥料种类为N∶P∶K＝20∶20∶20或30∶10∶20。第1次灌肥时间为换盆20d左右，需施肥N∶P∶K＝9∶45∶15，4000倍灌根或维生素B_1肥1500倍灌根，每隔7～10d施肥1次。

4）病虫害防治　5～8月份留意蝴蝶兰是否有红蜘蛛及介壳虫发生。此外，7～11月在蝴蝶兰上易出现甲螨，可用杀螨隆1500倍和阿维菌素3000倍混合灌根。中苗期注意蝴蝶兰上有无软腐、褐斑，应控制好温室的环境。

（4）大苗阶段

蝴蝶兰大苗指栽植容器规格为9cm的蝴蝶兰苗（俗称3.5寸苗）。

1）材料　蝴蝶兰大苗管理阶段需要的容器为9cm透明软盆，还有植架。所需水草浸泡4h后脱水至适当湿度。每10kg水草可供种植300～400株中苗。准备一定数量泡沫，置于透明软盆底部以便于排水透气。

2）换盆　当蝴蝶兰苗在6.5cm软盆中生长2.5～3.5个月，叶距达（20±2）cm时可换至9cm软盆中。换盆的最佳时间为2～3月份。中苗阶段换盆时仍需进行大小分级。换盆步骤与小苗换中苗相同，但水草硬实度应更高一些。

3）换盆后管理　蝴蝶兰大苗的温、湿度管理和病虫防治管理与中苗相同。

① 光度：蝴蝶兰大苗的光度应为20000lx左右。此期光度过低会造成徒长，成花较差。

② 水肥管理：换盆后新根开始生长，约18d左右灌淋维生素B_1肥液1500倍。换盆后根据干湿程度连续浇水施肥（N∶P∶K＝20∶20∶20或15∶20∶25）。

（5）成花阶段

蝴蝶兰大苗指栽植容器规格为12.5cm的蝴蝶兰苗（俗称5寸苗），大苗经过5～6个月可进行催花。

1）环境控制　当9cm软盆蝴蝶兰苗叶距达（30±2）cm时可根据需要换至12.5cm盆中或直接在9cm软盆中进行催花。催花时，高温空气不流通易产生介壳虫。并引起煤烟病注意防治，要保持温室通风良好。

2）花芽分化　蝴蝶兰花芽分化适温为夜温18～20℃，日温25～28℃．温差在10℃为最佳效果。如果时间足可以赶上花期，夜温16～17℃，日温23～25℃。此温度下可以提高成花的品质。

3）水肥管理　蝴蝶兰催花所用肥料种类为7～8月施肥料（N∶P∶K＝10∶30∶20），9～12月施肥料（N∶P∶K＝9∶45∶15），1月份在花蕾形成后可用N∶P∶K＝20∶20∶20的肥料。

4）温度控制　在蝴蝶兰成花期间，夜温应控制在18～20℃，日温在27～29℃。每天花梗大约长0.8cm，管理30d左右有50%左右的花梗。40d后有70%～80%的花梗，长梗生长期约60d左右。花蕾分化夜温在18～20℃、日温在26～28℃。每隔3d开花1朵。在16～22℃时，约隔4～5d开花1朵。

5）光照　催花时光照的强弱直接影响到产品的品质。在催花阶段，光照可调节至30000lx。

园林用途：蝴蝶兰花色丰富，花期长，被称为兰花之后，又适逢元旦、春节期间开花，是十分受人欢迎的年宵花卉之一，摆放在厅堂、宾馆十分醒目。结合常春藤、吊兰、绿萝等悬垂性花卉组合盆栽更可以增加其艺术观赏价值。蝴蝶兰花枝也可以作为高档切花使用。

5.2.5.2　富贵竹（彩图5-2-5-2）

科属：百合科、龙血树属

别名：开运竹、万年竹、富贵塔、竹塔等

英文名：Sanders Dracaena

学名：*Dracaena sanderiana*

形态特征：株高1m以上，植株细长、直立，上部有分枝。根状茎横走，结节状。叶互生或近对生，纸质，叶长披针形，有明显3～7条主脉，具短柄，浓绿色。伞形花序有花3～10朵生于叶腋或与上部叶对生，花被6，花冠钟状，紫色。浆果近球形，黑色。

其品种有绿叶、绿叶白边（称银边）、绿叶黄边（称金边）、绿叶银心（称银心），绿叶富贵竹又称万年竹，其叶片浓绿色，长势旺，栽培较为广泛。因其秀雅绚丽，姿态潇洒，富有竹韵，且可以做成多种造型，为人们家庭水养所喜爱。

生态习性： 原产加那利群岛及非洲和亚洲的热带地区。喜阴湿高温，耐涝，耐肥力强，抗寒力强；喜半阴的环境。适宜生长于排水良好的沙质土或半泥沙及冲积层黏土中，适宜生长温度为20～28℃，可耐2～3℃低温，但冬季要防霜冻。夏秋季高温多湿季节，对富贵竹生长十分有利，是其生长最佳时期。对光照要求不严，适宜在明亮散射光下生长，光照过强、曝晒会引起叶片变黄、褪绿、生长慢等现象。

繁殖方法： 富贵竹繁殖主要采用扦插、分株方法。

栽培要点：

（1）造型准备

富贵竹可塑性较强，主要造型方式有以下几种。

① 开运竹：又叫富贵塔、竹塔、塔竹，其层次错落有致，造型高贵典雅，节节高升，层层吐绿，形似宝塔。

② 弯竹：又叫转运竹，有螺旋形、心形、8字形等组合，意味着转来好运。

③ 竹笼：是在培植时人工编织成笼状，取富贵缠绵，竹笼入水，财源广进之意。

④ 直枝：多枝扎成一束或散插在花瓶中，造型生动，待各枝顶芽开叶后更显得生机勃勃，大有节节高升之势。

⑤ 千手富贵盘：先将多枝富贵竹有规律地栽于盘中，培植时人工编织，形如千手观音，如意吉祥。

⑥ 竹篮：用直枝扎成篮的底盘，并用两支7字形的弯竹作篮柄，也可加上两支O形弯竹作装饰，创造出篮的艺术造型。

⑦ 花瓶：用直枝扎成，中间留空，用作插花，也可配合选用弯竹作衬托。

以常见的开运竹为例介绍富贵竹的造型处理。

第一步剥叶：先在大拇指上套上一个铝质假指甲，用指甲在叶片闭合处轻轻地开1个约0.5～1.0cm宽的小口；用食指和中指夹住叶片的最窄处，顺着开口以及叶片生长的方向，用力一扯；同时，另外一个手握住竹段茎秆，以相同的速度往扯叶片的反方向旋转180°；将剥好的竹段合格品与不合格品分开放置。

第二步清洗：将竹段整枝平放在水槽中，放适量（淹没竹段）的水；把白色塑料框放在白色塑料桶上面；用湿毛巾顺着竹段生长的方向轻轻将竹段表面的泥沙擦洗干净；仔细检查竹段表面有无黑点，并用毛巾将黑点轻轻擦洗干净；将清洗干净的竹段整齐地平放在白色塑料框上，报废品放置在指定地点；待框内装满竹段时，把白色塑料框的竹段连框一起搬到手推车上，运往切段地点。

第三步切段：从节间上部1cm处剪断；用剪刀以剪薄片的形式将上切口处剪平，剪切部位要尽量薄，一般以0.1～0.2cm为宜，至切口平滑，最好不要超过3刀；切成10～50cm的竹段，每5cm一个规格。根据整枝竹段表面的病虫斑、伤疤及弯曲情况来定剪口的部位。

第四部捆绑：把切好的竹段按规格分开；分别将同一规格中直径在0.8～1.0cm的竹段与直径在1.0～1.3cm以上的竹段分开；同一规格同一直径的竹段每50支1捆，用橡皮圈在竹段上部1/3处及下部1/3处捆绑好；捆绑好的竹段整齐地平放在白色塑料框内。

（2）培养地点要求

规模化生产水培富贵竹的竹段，应选干净、通风、采光在300～3000lx的室内房间或温室作为生产场地。

（3）水培箱

用镀锌铁皮做成长、宽、高分别为180cm、70cm、18cm的水培箱。在水培箱内垫3.0cm厚的泡沫板，再铺上干净的薄膜。

（4）设备要求

在培养室内配置电扇、加热器及照明辅助设施。水培室内的地板、玻璃门窗等应及时清洗擦拭，不能有尘土。每周用0.1%次氯酸钠液擦拭地板1次。人员入室要更换鞋子。窗户统一安装25目防虫网。

（5）水培环境要求

光照强度：300～3000lx，光照时间：10～12h/d，温度：20～28℃，相对湿度：60%～80%，培养周期：35～45d。

（6）营养液

向水培箱内加入营养液至2cm深（以放入竹段后的深度为标准）（表5-6、表5-7）。

表5-6　富贵竹营养液配方

配方号	各元素含量/(mg/L)						电导率/(μS/cm)	pH
	N	P	K	S	Ca	Mg		
1	69.98	15.50	117.15	32.06	100.01	24.36	1121	4.80
2	64.76	15.50	136.59	39.58	62.55	11.67	934	6.71

注：表中的pH为刚配好的营养液，使用时要用0.1moL/L的H_2SO_4或NaOH溶液调整至5.0～5.5。

表 5-7 富贵竹营养液微量元素配方 单位：mg/L

H_2BO_3	$MnSO_4 \cdot 4H_2O$	$ZnSO_4 \cdot 7H_2O$	$CuSO_4 \cdot 5H_2O$	$(NH_4)6MO_7O_{24} \cdot 4H_2O$	NaFe-EDTA	盐类总计
3.00	1.50	0.20	0.10	0.03	20.00	24.83

（7）完成造型

生根后的富贵竹就可以按照不同长度，组合形成开运塔的形式。

（8）病虫害防治

富贵竹主要病害有炭疽病、茎腐病、叶斑病、根腐病等，富贵竹炭疽病防治方法为交替喷施 75%百菌清＋70%托布津可湿粉（1∶1）800～1000 倍液，连喷 3～4 次，隔 10d 喷一次；富贵竹茎腐病，用 42%克菌净粉剂 3000 倍液，或 88%水合霉素 1000 倍液浸泡种苗下切口 24h；富贵竹叶斑病，发病初期用 42%克菌净粉剂 3000 倍液或 88%水合霉素 1000 倍液，或 25%络氨铜 800 倍液，每隔 5～7d 喷 1 次，连喷 2～3 次；富贵竹根腐病，剪竹后及时喷药，先用 70%甲基托布津 1000 倍液，5～7d 后用 58%瑞毒霉锰锌 1000 倍液，再隔 5～7d 后用 75%百菌清 1000 倍液，可在药液中加入 1.8%爱多收 3000 倍液，有利于切口的愈合和促进脚芽的生长。

园林用途：富贵竹茎节貌似竹节却非竹，中国有“花开富贵，竹报平安”的祝辞，故而深得人们喜爱。富竹容易栽培，象征着“大吉大利”“节节高升”之意，是常见的家庭水培花卉之一。

5.2.5.3 金琥（图 5-2-5-3）

科属：仙人掌科、金琥属

别名：黄刺金琥、象牙球

英文名：Golden barrel

学名：*Echinocactus gruson*

形态特征：茎圆球形，单生或成丛，高可达 1.3m，直径 80cm 或更大；球顶密被黄色绵毛，有棱 21～37 条；刺座很大，密生硬刺，刺金黄色，后变淡或呈白色，辐射刺 8～10 个，长 3cm，中刺 3～5 个，稍弯曲，长 5cm。花期 6～10 月，花生顶部绵毛丛中，钟形，直径 5cm，黄色，花筒被尖鳞片。果实被鳞片及绵毛，基部孔裂。

常见栽培变种及类型有下面 2 种。

（1）白刺金琥（var. *albispinus*） 刺白色。

（2）金琥锦（*F. variegata*） 球体黄绿相间。

生态习性：原产墨西哥中部干旱沙漠及半沙漠地区，喜温暖，性强健，生长适温 20～25℃，冬季宜在 8～10℃。喜光照充足，盛夏阳光太强时需适度遮阴。喜含石灰质及石砾的沙质壤土。

繁殖方法：常用播种、嫁接和扦插繁殖。

（1）播种法 用当年采收的种子播种，出苗率高。春季或秋季选择饱满种子，经消毒、浸种催芽后播入已消毒的盆土里。盆土湿度保持 30%，用玻璃片盖住保湿。早晚将玻璃片掀开，使之通风透气，播后 7～10d 发芽。发芽后要注意病虫害防治，定期喷药。待仔球直径长至 1cm 时，按株行距 5cm×5cm 间苗。长至 2～4cm 时，即可定植或嫁接。自然条件栽培金琥，从播种至球茎达 20cm 约需 10 年时间；然而采用简易设施栽培，球茎增长量平均每年可达 4～6cm，从播种开始只需 3～4 年便可培育出直径达 20cm 的中型金琥。

（2）砍头繁殖法 选用 4～7cm 实生球，从上面 1/3 处切顶，待伤口晾干后移入温床定植，约 10～15d 在切口边缘开始长出许多仔球。当仔球长到 2～4cm 时，可用刀把它从母株分开，用来嫁接或扦插。

（3）扦插法 这是最常用的繁殖方法，一年四季均可从母株上切取成熟小仔球，置于通风阴凉处晾干伤口，然后扦插在微湿土里，适当遮阴直到幼根长出。扦插基质应选择通气良好、既能保水又排水良好的基质，如珍珠岩、蛭石、河沙，插后喷雾保湿，使沙土稍湿即可。

（4）仔球嫁接法 采用平接法嫁接。此法繁殖可促进仔球的刺座大、刺更长更黄更宽、顶部金黄色绵毛更多更大，并可提前开花。生长季节中除高温多湿期切口易腐烂和低温天气伤口不易愈合不宜嫁接外，其他时间均可嫁接，但以秋季最为适宜。在天气干燥、温度适宜时，选用直径 1～3cm、长势良好、无病虫害的小球作接穗，砧木选用与“金琥”有较强亲和力的 1～2 年生三棱箭。接后置于通风阴凉处 3～7d，然后移植温棚内。

栽培管理：

（1）栽培基质 金琥要求土质疏松、肥力适中、PH 中性或微酸性、富含有机质的基质。具体配制是煤炭灰或粗沙 6 份＋腐熟猪粪干 3 份＋谷壳炭 1 份，另加少量钙镁磷肥或复合肥。培养土使用前要消毒，常采用阳光曝晒和药物消毒，药物消毒可用杀螟松、马拉松、地虫灵等杀虫剂和甲醛、代森锰锌等杀菌剂。培养土喷药消毒后用薄膜覆盖 2d 后使用。培养土移入温棚温床时，底肥施一层 3～5cm 厚完全发酵的畜禽粪肥，培养土土层高度 13～15cm。

（2）定植、移栽及换土 当仔球径长至 0.8～1.0cm 时，按株行距 5～7cm 进行间苗，间下的仔球按相同株行距进行定植。1 年左右整畦起苗，根据球体大小分类移栽至不同的空畦中，株行距比球径大6～7cm为宜。金琥一般在新鲜的基质中生长比较快，因其生长过程中根系会分泌出一些有机酸，使土壤酸化而影响生长，以致出现坐苗、僵苗，甚至引起烂根。因此，仔球阶段应勤移勤栽，以利生长发育，大、中球培育每年也应进行1次移栽、整理、换土。移栽一般选择在春季或秋季进行，但以春季移栽效果更好，移栽时将球体小心挖起，尽量不伤刺，剪去枯、老根，便于移栽操作及促发新根，放于通风处晾干4～5d，待伤口阴干后进行移栽。移栽基质宜选用新鲜的基质，若条件不允许，可将原有基质翻晒，更新1/3后继续使用。

（3）水分管理　金琥虽耐旱，但又需水。如遇干旱要勤浇水，最好在清晨和傍晚浇水，切忌在炎热的中午浇过凉的水，易引起"着凉"而致病。有的金琥始终养不大，甚至缩小，与长时间不浇水有关。在春、秋季生长期应给予充足的水分，冬、夏季休眠期控制浇水量。4月下旬～6月金琥需水量增大，培养土要保持一定湿度。7～8月进入夏季休眠，要控制水分。9月下旬～10月又进入生长期，需3～4d浇水1次。11月金琥生长趋于停滞，可10～15d浇1次水。12月进入休眠期，可不浇水，以增强其抗寒能力。

（4）肥料管理　春季、初夏和秋季是金琥的生长期，要增施肥料，盛夏高温期停止施肥。施肥原则要掌握宁淡勿浓，少量多施。春季应勤施薄肥，施肥后隔1d再浇水，每周1次。5～6月每4～5d施肥1次，浓度可略高些。9～10月可每周施肥1次，11月至翌春不施肥。化肥以复合肥兑水浇施。油粕饼、禽粪等有机肥需腐熟后兑水稀释20～30倍施用。施肥不能施在球体上，施完后应喷水1次。同时，定期根外追肥。

（5）温度调控　金琥生长适温18～30℃，气温超过35℃进入夏眠。6～9月气温超过30℃时，夏日晴天应在早上9:00～下午16:00用60%遮阳网遮阴，同时温棚两边薄膜卷起数10cm，以利空气对流降温。通风后要加强喷水雾，以提高空气湿度，避免强阳光灼伤球体，促进生长。11月中下旬气温降至10℃以下，金琥渐入休眠期；温度太低时，球体会产生黄斑，此时，温棚薄膜要密封保温，并保持培养土干燥，提高其抗寒能力。

（6）光照调控　金琥喜温、光，对温度反应敏感，当温度处于生长适温18～30℃时，即进入旺盛生长期；当温度超过35℃或低于10℃时，则进入休眠期。同时，应尽量满足其对光照的需求，但仔球阶段及夏季光照过强时仍需适当遮阳。若温光条件适宜，生长发育快、质量好。为此，应根据苗龄大小及不同季节气候变化情况采取不同的温光调控措施。一般采用常年覆盖塑料薄膜以保温保湿及防雨天过湿，冬季要注意增强光照，保持棚内温度在10℃以上；夏季则应根据苗龄大小进行适当遮阴。对于1年龄以下的仔球，可用80%遮光率的遮阳网遮盖，阴雨天打开遮阳网以利于透光、增温；对于球径在10cm以下的小球应适当遮阳（视日照强度而定），而对于球径在10cm以上的中、大球，则可自然强光栽培，但应注意棚内温度变化，当遇炎热高温或久雨天晴，气温突然升高时，可将棚两头的塑料薄膜打开，以利于通风透气，必要时采取适当遮阳处理，防止强光、高温灼伤球体。

（7）整形　由于长期定点的摆设，偏光的缘故，慢慢长大的球体变了形。对这一现象我们采取遮光法校圆。方法是把球体生长量偏小的一面对准强光处促长；反之，在另一面用一块不透明的塑料膜罩住，遮光抑制生长（可以利用球体上的强刺固着塑料膜）。每隔一个月适时调整球体的遮光面与光照面。经过一年的光照校正，一般可以全部或部分恢复原状。

（8）病虫害防治　金琥生性强健，抗病力强，但因湿、热、通风不良等因素，易受红蜘蛛、根虱、线虫、蛞蝓和蜗牛等害虫和斑点病、赤腐病、菌核病、锈病等病危害，应加强防治。栽培上要经常保持温床通风、干湿适中、合理密植、温棚内无杂草，减少病虫害，定期用药预防。红蜘蛛可用15%哒螨灵乳油2000倍液或20%三氯杀螨醇600～800倍液防治；根虱可用马拉松乳油1000倍液灌土或用地虫灵酌量埋入防治；线虫防治主要做好播种前土壤消毒和移植时发现有根瘤彻底剪除；蛞蝓和蜗牛可酌量放些密达来防治；根腐病可用3%井冈霉素水剂600倍液或敌克松500倍液加信叶根部营养液500倍液灌根防治；锈病应加强通风、避免从植株顶部浇水、生长季节定期用杀菌剂防治。

园林用途：金琥球体大，刺长而坚硬，刺色鲜艳而丰富，生性强健，栽培容易，且寿命长，易盆栽观赏。随着人们生活水平不断提高，栽植金琥也成为当今一种时尚。利用大型标本球，点缀厅堂，金碧辉煌，爱好者精心培育1个或几个标本球，更显其栽培技艺的水平；它也是卧室中摆放的理想花卉，因其具有晚间吐氧的特性；如果几株或几十株栽植，可做成情趣盎然的盆景或壮丽的沙漠植物景观。另外，它还可食用，茎肉糖渍加工后做成"仙人掌蜜饯"；肉质茎中的黏液有净水作用，为野外工作提供了很好的净水剂。

5.2.5.4　绿萝（彩图5-2-5-4）

科属：天南星科、绿萝属

别名：黄金葛、黄金藤

英文名：Bunting

学名：*Scindapsus aureus*（*Rhaphidophora aurea*）

形态特征：多年生常绿蔓性观叶植物，同属植物约20种。其茎叶均肉质，茎长达10m，节间有气生根。叶片大，心形，长10～20cm，互生，叶面光亮，嫩绿色或深绿色。少数品种在光滑的蜡质叶面上常镶嵌有金黄色、白色、褐色等不规则斑纹或斑块，显得艳丽多彩，如褐斑绿萝（*Scindapsus pictus*），粉绿色叶片上有褐色或褐白色斑纹；银星绿萝（*Scindapsus pictus* var. *argyraeus*），也叫星点藤，绿色叶片上有白色斑纹；花叶绿萝（*Scindapsus aureus* var. Wilcoxii），绿色叶片上有黄色斑块；玛伯王后（*Scindapsus aureus* var. Marble Queen），白色叶片带绿色斑纹等。

生态习性：绿萝原产印度尼西亚所罗门群岛的热带雨林中。喜温暖湿润和半阴环境，对光照反应敏感，怕强光直射，喜散射光，较耐阴。通常以每天接受4h的散射光生长发育最好。绿萝最适宜的生长温度为白天20～28℃，夜间15～18℃。冬季只要温度不低于10℃，即能安全越冬，如温度低于7℃，则易造成根系发育不良，黄叶、落叶等，影响生长，还会延长生长时间，增加生产成本。30℃以下，温度越高生长越快。相对湿度最好保持70%左右，40%～50%湿度仍能生长良好，湿度过低则影响叶色的亮度，造成叶色不均匀，从而影响品质。绿萝喜疏松、肥沃和排水良好的微酸性土壤。

繁殖方法：绿萝主要采用扦插繁殖。一般5～10月均可进行。常剪取长15～30cm（3～4节）枝条，将基部2～3节叶片剪除，插于沙床，或河沙与腐叶土各半配成的苗床中，经保温（20～28℃）、保湿（85%～90%），15～20d即可生根，30～40d可以上盆。若在高温季节可剪取茎蔓末端芽条3～4根，直接种植上盆，但要保证盆土疏松透气，同时经常喷叶面水保湿和遮阴。也可用水插繁殖，将茎蔓插于清水中，待根长至3～5cm时上盆；若插穗上带有气根，气温在20℃左右，10～15d便可生根成活，形成新植株。当年即可长成具有观赏价值的植株。

栽培管理：

（1）设施条件　具备降温、通风保温、遮阳网和防虫网等的塑料温室大棚即可，遮光系统宜选用活动式遮光，灌溉系统采用配肥池和水泵人工浇灌。栽培基质由椰糠、珍珠岩以9∶6比例种植。

（2）定植容器　以160型、180型和360型白色塑料盆作为种植盆。

（3）光照管理　绿萝属于阴性植物，耐阴性强，忌阳光直射，喜斜射光或散射光。栽培中避免阳光直射，过强会灼伤叶片，过阴会使叶面上漂亮的斑纹消失，通常一天接受4h散射光生长发育最好。

（4）温度管理　适宜生长温度白天20～30℃，夜间，15～18℃，冬季温度不低于10℃即能安全越冬。如温度低于7℃，则易造成根系发育不良、黄、落叶等，影响生长，还会延长生长时间，增加生产成本。30℃以下，温度越高生长越快，相对湿度最好保持70%左右，40%～50%湿度仍能生长良好，湿度过低则影响叶色的亮度，造成叶色不均匀，从而影响品质。

（5）水分管理　浇水时掌握“不干不浇、浇则浇透”的原则，小苗期不可多浇，以免根颈处发生腐烂，生长旺盛期要充分浇水或喷雾，在枝蔓生长过程中应经常喷水保湿，促使茎节上产生不定根，植株入冬后应尽量减少浇水，盆土过湿易引起烂根。

（6）施肥管理　绿萝生长以氮肥为主、磷钾肥为辅，一般定根后即可施肥，最好选用浓度为1.0%～1.5%的通用肥，因为此时绿萝根系不是很发达，N、P、K比例相等可促进根、茎、叶的均衡生长。生长中期施浓度比例为2.5%～3.0%，N、P、K比例为30∶10∶20的复合肥料，即适当加大N的用量，减少P的用量，促进叶片的生长，调节叶色和韧度，这时根的生长已达旺盛时期，降低P的用量可防止根系提前老化，生长后期停止P的使用，保持N、K平衡，肥料浓度保持2.5%即可。

（7）病虫害防治　盆栽绿萝的病虫害比较少，但需做好防治。常见的病害有叶斑病和根腐病。防治方法：清除病叶，注意通风，发病期喷50%多菌灵可湿性粉剂500倍液，并可灌根。无土扦插苗定植后一般不会发生根腐病。主要虫害有夜蛾类害虫和介壳虫。夜蛾类害虫危害严重时可用药物防治，在新叶期傍晚喷施农药进行防治，如用10%除尽乳油1000～1500倍液或1%威克达乳油3000～4000倍液等。介壳虫可用敌敌畏1000～1500倍液或40%氧化乐果乳油1000倍液进行保护性防治。在栽培荫棚或大棚中悬挂黏虫板诱杀害虫，每667m^2悬挂20块，板高出植株，20～30cm为宜。

（8）包装与运输　根据盆器不同进行不同包装，包装前保持盆土湿润，剪去所有枯叶，保持植株和盆具的洁净完整。包装时用报纸或其他包装材料小心地把叶片全包扎住，避免运输过程中碰伤叶片。运输过程中保证阴凉的环境，温度控制在15～30℃，相对湿度60%～70%，避免晒伤、冻伤和灼伤。

园林用途：绿萝叶互生、常绿、叶片娇秀，茎细软，气生根发达，缠绕性强，柔嫩的枝茎引起人们的无限喜爱。耐阴性强，很适合室内长时间的摆放。价格便宜，管理较粗放，即可传统盆栽，又可以在透明玻璃瓶中水养，是家庭小型花卉的宠儿。同时绿萝还具有很好的空气净化能力。

5.3 花期调控技术

花期控制是指通过人为的控制手段改变植物的自然花期，使之按照人们的意愿提前或延迟开花。其中，使开花比自然花期提早的栽培方式称为促成栽培，而比自然花期延迟的栽培方式称为抑制栽培。

5.3.1 花期调控的意义

对植物进行花期调控具有以下意义。

① 花期调控能够均衡花卉生产，达到周年供应，解决市场淡旺矛盾，获得更高的经济效益。

② 花期调控能为节日或其他庆典活动提供定时用花，满足节日用花量大的需求。

③ 创造出百花齐放的景观。

5.3.2 花期调控的基本理论

5.3.2.1 阶段发育

植物在整个生命过程中经历着不同的生长发育阶段。最初是细胞、组织和器官数量的增加与体积的增大过程，即生长阶段，表现为芽的萌发、叶的伸展、植株不断长高、增粗等。以后随着体内营养物质的积累，便进入发育阶段，表现为花芽分化、开花、结果、产生种子等。不同植物经历营养生长的时间不同，人为创造良好的生长环境可以缩短营养生长时期，但不能跨过营养生长时期。这是因为营养生长是生殖生长的基础，只有营养生长越充分，才能对生殖生长越有利。

5.3.2.2 光周期现象

许多植物在花芽分化阶段需要一定时间的光照与黑暗交替，才能由营养生长转为生殖生长，这称为光周期现象。具有光周期现象的花卉主要是长日照花卉和短日照花卉。如唐菖蒲通常被认为是长日照花卉，而秋菊、一品红等则被认为是短日照花卉。

5.3.2.3 春化作用

一些植物在开始生长或者当茎端开始活动后，必须接受一定时期的低温才能进行花芽分化，否则不能开花。植物经历的这个低温周期就称为春化作用。需要春化作用才能开花的花卉多数是二年生花卉和部分球根花卉、宿根花卉及木本花卉。不同花卉所需要的低温依花卉种类而异，但大多数花卉所要求的低温为 3～8℃。

5.3.2.4 休眠与打破休眠

休眠是花卉在长期的进化过程中，为抵御不良环境所形成的一种适应性。当花卉在生长期间遇到低温、干旱等不良环境时，花卉的生长便趋于缓慢、停顿而转入休眠状态。这时候，若能人为地创造适宜的环境条件，便能够打破休眠使花卉恢复生长，并尽快转入生殖生长阶段。

5.3.2.5 生长调节剂与花期

植物激素是由植物自身产生的，其含量甚微，但对植物生长发育起着极其重要的调节作用。由于激素的人工提取、分离困难，也很不经济，使用也有许多不便等，人工就模拟植物激素的结构，合成了一些激素类似物，即植物生长调节剂。如赤霉素、萘乙酸、2,4-D、B_9 等，它们与植物激素有着许多相似的作用，生产上已广泛应用。

植物的花芽分化与其激素的水平关系密切。在花芽分化前植物体内的生长素含量较低，当植物开始花芽分化后，其体内的生长素水平明显提高。

植物激素对植物开花有较为明显的刺激作用。例如赤霉素可以代替一些需要低温春化的二年生花卉植物的低温要求，也可以促使一些莲座状生长的长日照植物开花。

5.3.3 花期调控的技术途径

5.3.3.1 花期调控的方法

（1）温度处理

温度处理方法主要有增温法和降温法两种。

1）增温法　主要用于促成栽培。即在花芽分化后，继续提供花芽发育和生长所需的温度条件，以便提前开花或延长花期。

2）降温法　既可用于抑制栽培也可用于促成栽培。因为低温既可促进休眠、延缓生长，进而推迟花期；又可以促进花芽分化，使花期提前。

（2）光照处理

对于长日照花卉和短日照花卉，可人为控制日照时间，以提早开花，或延迟其花芽分化或花芽发育，调节花期。光照处理的方法主要有长日照处理和短日照处理 2 种方法。

1）长日照处理　又称补光处理，主要是在短日照季节中，用人工补光的方法延长每日连续光照的时间。通常在太阳下山之前打开光源，延长光照 5～6h，使每日的光照时间达到 12h 以上。或在午夜中断黑暗 1～2h，把 1 个长夜分开成 2 个短夜，破坏短日照的作用，也可以达到同样的效果。人工补光可采用荧光灯，悬挂在植株上方20cm处。这种处理方法，可使长日照花卉在短日照季节开花，使短日照花卉推迟开花。

2）短日照处理　又称遮光处理，主要是在长日照季节中，用人工遮光的方法缩短每日连续光照的时间。通常在每天下午17:00～18:00开始遮光，第二天上午7:00～8:00揭掉遮光材料。这样可促使短日照花卉在长日照季节开花，使长日照花卉推迟开花。

（3）药剂处理

主要用于打破球根花卉和花木类花卉的休眠，提早开花。常用的药剂主要为赤霉素（GA）类药剂。

（4）栽培措施处理

通过调节繁殖期或栽植期，采用修剪、摘心、施肥和控制水分等措施，可有效地调节花期。

5.3.3.2　花期调控的技术途径

（1）处理前的准备工作

1）花卉品种的选择　根据用花时间，首先要选择适宜的花卉种类和品种。一方面选择的花卉应充分满足市场的需要，另一方面选择在用花时间比较容易开花的、且不需过多复杂处理的花卉种类，以节约时间，降低成本。

2）植株大小及球根的成熟程度　要选择生长健壮、能够开花的植株或球根。依据商品质量的要求，植株和球根必须达到一定的大小，经过处理后花的质量才有保证。如采用未经充分生长的植株进行处理，花的质量降低，不能满足花卉应用的需要。一些多年生花卉需要达到一定的年龄后才能开花，处理时要选择达到开花年龄的植株处理。

3）处理设备　必须具备适宜的处理设备，常见的有加温设备、降温设备、补光设备、遮光设备等。

4）栽培技术　不管采用的是那种处理方法，都必须结合精细的栽培管理技术才能保证花期调控的成功。

（2）各项处理注意事项

1）温度处理注意事项　同种花卉的不同品种的感温性存在着差异；处理温度的高低，多依该品种的原产地或品种育成地的气候条件而不同。温度处理一般以20℃以上为高温，15～20℃为中温，10℃以下为低温；处理温度也因栽培地的气候条件、采收时期、距上市时间的长短、球根的大小等而不同。温度处理选择生长期处理还是于休眠期处理，因花卉的种类和品种特性而不同。温度处理的效果，因花卉的种类和处理的日数多少而异。多种花卉的花期控制需要同时进行温度和光照的综合处理，或在处理过程中先后采用几种处理措施才能达到预期的效果。处理中或处理后栽培管理对花期控制的效果也有极大影响。

2）光照处理注意事项　一般短日照花卉和长日照花卉，30～50lx的光照强度就有日照效果，100lx有完全的日照作用，通常夏季晴天中午的日照强度为100000lx左右，光照强度可满足。人工光源以红光最为有效，其次是蓝紫光部分。

3）药剂处理注意事项　药剂在使用量上有比较严格的限制，并非越多越好，有些药剂超量后反而会适得其反。

4）栽培技术处理事项　不管是摘心还是修剪，或是控水、控肥等都要建立在其他栽培措施正常实施的基础上。

在花期的控制过程中，常采用综合性技术措施处理，控制花期的效果更加显著。

5.3.4　常见花卉花期调控技术

5.3.4.1　菊花春节开放栽培技术

菊花为我国传统名花，具有较高的观赏价值。自然条件下，菊花多于深秋破霜盛开，影响了其应有的观赏效益。近年来，可通过遮光、补光以及其他栽培措施调整花期，使其适应市场需求。

若使菊花在春节开放，需将花期延迟60～80d。花期欲延后宜选择中晚熟秋菊和寒菊（正常栽培下在10月中旬以后开花）品种。

（1）适时繁育

菊花从定植到开花需120～130d，扦插繁殖适宜在农历八月初进行，方法是从健壮的菊花母株上剪下5～7cm长的顶梢或分枝作插穗，然后剪去基叶，并将剪口蘸泥浆，再插入盆或育苗池，浇透水后，进行适当遮阴，以后保持盆沙或育苗池湿润即可，插后15～20d即能生根，在农历八月廿五至廿六左右即可分株定植。

（2）摘心

当菊花植株长至10～11cm高时即开始摘心。摘心主要是增多花枝，促使多开花，一般要进行2～3次摘心。第一次摘心在主茎上留2～3个节，以后每隔13d左右摘心1次，每个侧枝留2个节，如枝条够多可不进行第3次摘心（一般出口菊花规格每盆要求有花枝8支以上）。摘心能使植株发生分枝，有效控制植株高度和株型，使其长得矮而壮。最后二次摘心时，要对菊花植株进行定型修剪，去掉过多枝、过旺枝及过弱枝，保留10～12个枝即可。

（3）短日照处理

菊花为短日照植物，只有在短日照条件才会花芽分化，因此可通过控制日照长短来控制开花，应进行短日照处理。短日照处理时间一般是种后3～4d开始照灯，在晚上20:00～22:00照2h即可。灯光的瓦数是60～100W，大小瓦数的灯间隔排列，挂灯的距离是1.8～2m。菊花的品种较多，各个品种生长特性都有所不同。所以，收灯的时间是按各个品种不同的生长特性进行的。表5-8介绍几个菊花不同品种的收灯天数。

表5-8　不同品种菊花短日照处理

种植时间（农历）	品种名称	开始照灯时间	距离春节收灯天数
8月26	板栗黄	种植后4d	62d
8月26	丽金	种植后4d	68d
8月26	台红	种植后4d	65d
8月26	牡丹红	种植后4d	70d
8月26	黄金球	种植后4d	68d
8月26	宁波黄	种植后4d	63d
8月26	十八小姐	种植后4d	63d

（4）病虫害防治

菊花虫害中蚜虫发生较多，可用50%辛硫磷乳剂1000倍液喷洒；病害中白粉病比较常见，发病率也比较高，可用20%粉锈宁800倍液喷施。

5.3.4.2　郁金香定时开花栽培技术

郁金香为百合科郁金香属鳞茎类球根花卉，有“花中皇后”的美誉，是世界上有名的切花及花坛、花镜素材。正常花期为4月。欲使其在春节开花，需要做到以下几个方面。

（1）品种选择

促成栽培多采用5℃或9℃种球，一般为胜利型或达尔文杂交类型。郁金香作栽培用鳞茎规格为12＋、11～12、11三种，这些尺码代表种球的圆周长度的cm数，“＋”表示未明确标出最大值。目前，国内促成栽培所用种球多采用12＋。

（2）操作过程

1）12月开花的方法　6月中下旬鳞茎收货后，将其放在34℃温度条件下1周，然后转到17～20℃下50～55d，以促进花芽分化与器官形成，最后在7～9℃下冷藏处理6周后，于9月下旬至10月上旬栽种，12月初即可开花。

2）2月开花的方法　6月底至7月初收获鳞茎后，先将鳞茎置于17～20℃条件下55～60d，待花芽发育后，转入9℃以下冷藏处理1周，或者于9月中旬直接栽种（因品种而异），翌年2月中旬开花。

3）3月开花的方法　7月收获鳞茎，先贮藏在23℃下50～55d，后在20℃下30d，10月1日后转入17℃以下，10月底到11月初栽种，翌年3月开花。

5.3.4.3　一串红花期调控技术

一串红为唇形科鼠尾草属多年生草本花卉，常作1年生栽培。主要的园林用途为布置“五一”、“十一”花坛。

1）“五一”开花的方法　8月中旬取小串红种子播于露地，10月上旬将幼苗攥坨假植于冷室，苗下垫腐叶土与沙的混合物，促进根系发达。11月至翌年1月陆续上盆，室内温度从15℃逐渐升至20℃，11月中旬至2月中旬换到23cm口径盆中，缓苗后每半月施1次有机肥水。经常摘心，充分见光，3月中下旬即可现蕾。为使“五一”开花，可持续摘心，最后一次摘心在3月28日左右，4月25日左右开花。

2）“十一”开花的方法　3～4月露地播种，宜用大串红，水肥充足，充分见光，并不断摘心。最后一次摘心宜在9月1号左右进行，这次摘心后，只需25d左右即可开花。

5.3.4.4　万寿菊花期调控技术

万寿菊为菊科万寿菊属1年生草本，主要园林用途为布置花坛。其花期调控方法主要为调节其播种期或定植时间。

1）6月开花　选择以四节开花杂交一代和生长周期较短的杰出杂交一代，提前春播在冷床或温室中。生长期保持20～25℃，5月定植露地，6月中旬即可开花。

2）7月～10月开花的方法　自4月下旬气温开始转暖至7月每15d播种一批，正常肥水管理，则花期自6月底至10月。如现蕾过早，可进行一次移栽，经移栽断根，可推迟5～7d开花。

5.3.4.5　昙花花期调控技术

昙花，又名月下美人，为仙人掌科常绿草本植物。昙花每年于高温的夏季可以开放3～4次，由于是夜间开放，不便人们观赏。为使其白天开放，可以选择多年生现蕾的大盆昙花，当花蕾线段开始膨大，长约18cm时，将昙花白天进行遮光处理，而黑夜给予40W的钨灯照射12～14h（18:00～8:00），3～5d后，即可于9:00开花。根据花蕾的大小，处理时间长短也不同，若花蕾只有12cm长，则需要处理6d左右。

若一大盆昙花有大小不同的花蕾10余朵，则可以最大的花蕾为准，进行处理。3d后，第一批花于9:00开放，12:00开败后，接着处理；第二批花则在翌日10:00开放，较第一批晚1h，陈列结束后，继续处理；第三天上午11:00第三批花又开放。可以看出遮光如有间断，会推迟开花的时间，间断的时间越长，开花时间越迟。

5.3.4.6　梅花花期调控技术

梅花，又名春梅、干枝梅，为蔷薇科木本花卉，其品种统计有300多个，属落叶乔木。

可利用梅花不同生长阶段对温度的反应，来控制休眠期的长短，从而催延花期。选择对温度敏感的品种，同时应选择生长势中度、枝条充实、株形较好、花芽较多且饱满的3～5年的盆栽植株。

(1) 促进开花的措施

利用升温的办法打破休眠，促使其提前开放。秋季落叶后于11月下旬，将盆栽植株移入低温温室，放置在阴暗处，保持0～4℃，每周浇水1次，保持盆土湿润即可。此时花芽已经分化完成，并通过低温阶段，只需增温，即可促使花芽萌动。

1) 元旦开花　依品种的不同，在元旦前15～25d，将盆栽植株移到中温温室，日温逐步升值18℃左右，充分见光，夜温12℃左右，浇1次肥水，每日喷水2～3次，保持枝条潮湿，使花芽鳞片软化，有利于花芽的萌动。花蕾透色时，将室温降到10～12℃，可以减缓花芽发育速度，促使花朵丰满，花色纯正。应注意增温不可过急，否则叶芽与花芽同时萌动，影响观赏效果。

2) 春节开花　冬季入温室依据品种不同，于春节前10～20d（小宫粉10d、杏梅20d）将盆栽植株浇透一次肥水，移到温室向阳处，日温保持12℃左右，其他管理同元旦催化，春季可开花。如果春节在2月下旬，又逢气候偏暖的年份，在低温温室1～4℃下，光照适宜，有时无需另外加温，也可于春节自然开花。

(2) 延迟开花的措施

当梅花处于冬季休眠期时，在1月下旬气候尚未回暖之前，将盆栽植株移到0～2℃的冷库中，延长休眠期，使休眠芽处于深度休眠状态。在要求开花之前10～15d出冷库，出冷库迟早依据当时气温决定。若气温平均为20℃左右，则提前10d即可；若温度低，则宜早出库。出库后放于荫棚下，逐步接受阳光，每日喷水2～3次，直至花蕾吐色为止。如果花蕾萌动过早，可在吐色后放至4℃冷库中，则可推迟4～5d开花；如果花蕾萌动较迟，应施用0.2%磷酸二氢钾2～3次。夏秋季军用此方法，开花整齐。

国庆节开花　选择开过花的且易于形成花芽的品种，如白须朱砂、绿萼、淡粉后等，1～2月换土时施入基肥。待新梢萌发后，每周施饼肥1～2次，以促使新梢迅速生长。4月中下旬，新梢长至20cm以上时进行摘心，适当控制浇水，抑制侧枝二次萌发，以积累营养。新梢停止生长15～20d后，开始花芽分化。第一阶段为胜利分化，约50～60d，此时应适当控制浇水；第二阶段为形态分化阶段，经40～50d，这是应加强肥水管理。8月下旬摘叶，并放置在低温阴凉处，控制浇水，使盆土干旱，迫使其短暂休眠。9月下旬放置在阳光下，加强肥水管理，至国庆即可开花。

5.4 花卉工厂化生产

5.4.1 花卉工厂化生产概述

工厂化农业是世界农业继原始的采集农业进入现代种植业之后，具有划时代意义的“农业革命”，是人类适应环境、利用自然、挖掘资源、满足物质需要的高科技行为。工厂化农业不同于一般农业，它是现代生物技术、现代信息技术、现代环境控制技术和现代新材料不断创新和在农业上广泛应用的结果。

自20世纪70年代以来，日本、荷兰、以色列、美国、英国等发达国家纷纷投入工厂化农业的研究，取得了令人瞩目的成绩，创造出最佳的人工栽培环境，从而打破了水、土、季节等环境条件的限制，大大提高了园艺产品的产量、质量。

工厂化农业是利用现代工业技术装备农业，在可控制条件下，采用工业化生产方式，实现集成高效和可持续发展的现代农业生产体系。我国1996年在北京、上海、杭州、广州、沈阳等五大城市实施“工厂化高效农业示范工程”，使我国自行设计的适应不同气候特点的华北型、东北型、东南型、华南型温室，第一次在神州大地上展示了自己的风采，其中一些新技术及配套设施达到了国内和国际领先水平。

工厂化农业是现代农业的重要标志，是我国传统农业技术与高新技术最佳结合的产物。花卉的工厂化生产是工厂化农业的重要组成部分，是将先进的工业技术与生物技术结合，为花卉生长发育创造适宜的环境条件，并按照市场经济原则和人民生活需要进行有计划、有规模、周年生产的科学生产体系，以提高花卉产品的质量和档次，获得高额的经济效益和社会效益为目的。

花卉工厂化生产是花卉生产由传统生产向现代花生产转变的一次革命，是花卉生产现代化的重要标志。工厂化的目标是提高花卉产品产出率、质量和档次，改善劳动环境，增加种植者和花卉企业收入。2003年中国的花卉出口额是1.5亿美元，仅占世界花卉交易额的1%左右。花卉种植面积仅为中国1/10的荷兰，花卉出口额却占据世界的70%以上。不容置疑，花卉工厂化生产起了关键作用。实现花卉工厂化生产有如下几方面的意义。

(1) 打破了季节和气候的限制，实现花卉的周年生产。工厂化农业是环境相对可控制的农业，因此，可以减轻由于干旱、冰雹、涝灾、低温等灾害性天气造成的损失。是实现“催百花于片刻，聚四季于一时”的基础，通过借助设施栽培和花期调控等技术，解决冬季寒冷地区花卉周年生产的问题，缓解花卉市场的旺淡矛盾。

(2) 创建高效、高产的花卉生产模式。高效的温室园艺作物产值可以达到大田作物的几十甚至上百倍。以色列创造出每公顷温室每季收获300万枝玫瑰的高产量；在上海花卉良种试验场，已形成了年产500万枝优质鲜切花种苗的龙头企业，其产品畅销全国各地。

(3) 实现花卉出口创汇的重要措施。发展工厂化高效花卉产业，有利于开拓国际市场，发展出口创汇产品。

(4) 花卉工厂化生产是现代花卉生产的最高水平。花卉工厂化生产与工业生产相同，是将工业技术注入农业生产之中，因此被称为工厂化农业。它广泛采用现代化工业技术、工程技术、现代信息技术和生物技术，实现高效周年生产。温室设施本身就是工业化集成技术的产物，由于摆脱了自然气候的影响，温室园艺产品的生产完全可以实现按照工业化生产进行生产和管理。同时不仅体现在花卉种植过程中有特定的生产节拍、生产周期，还体现在产品生产之后的包装、销售等方面。

(5) 日光温室的应用，可以节约大量能源。日光温室园艺生产使我国北方地区花卉不能生长的冬季变成了生产季节，是充分利用光能和土地资源的产业。同时减少了由于温室加温造成的环境污染，也节约土地资源和水资源。

(6) 高投入的生产方式，带动了其他产业的快速发展。花卉工厂化生产是高投入高产出的产业，也是劳动密集型产业，它涉及设施、环境、种苗、建材、农业生产资料等许多方面。以日光温室为例，一般设施结构建筑投资每亩（1公顷=15亩）需要1.2万元（竹木土墙结构）～10万元（钢架砖墙保温板结构）不等，生产投资每年每亩需要0.5～0.8万元，因此，如果每年全国修建100万亩日光温室，就需要投资几百亿元；按照现有日光温室700万亩计算，每年生产费用投入可达400亿元以上，这样可以带动建材、钢铁、塑料薄膜、肥料、农药、种苗、环境控制设备、小型农业机械、保温材料等行业的快速发展。

5.4.2 国内外花卉工厂化生产的现状与展望

5.4.2.1 世界花卉工厂化生产的现状与发展趋势

从目前情况看，各国之间的花卉业经营规模、生产技术及消费水平极端不平衡，特别是工厂化生产水平，各国之间的差距更大，发达国家远远走在了发展中国家的前面。世界花卉市场仍然相对集中，主要集中在荷兰等欧洲国家，占世界花卉出口额的80%左右，而德国等欧洲国家占花卉进口额的80%左右。在花卉王国荷兰，花卉生产占据世界领先地位，温室面积为1.1亿平方米，占世界玻璃温室面积的1/4，在园艺植物的产值中，花卉占60.9亿欧元。

花卉工厂是荷兰最具工业特点的现代化农业。在生产观叶园艺植物的现代化大型自控温室中，盆栽观赏植物均放置在栽培床上，从基质搅拌、装钵、定植、栽培、施肥、灌溉、钵体移动全部实现机械运作，室内温度、光照、湿度、作物生长情况、环境等全部由计算机监控。这种采取全封闭生产，完全摆脱自然条件束缚，实现全年均衡生产的花卉生产经营方式，带来了全新的理念。

日本在20世纪80年代后期开始建造植物工厂，目前有试验示范用的蔬菜、花卉工厂10多座，一般面积为1000m^2左右，计算机可以按照需要将一盘番茄（10～15株）调运到特制操作间进行管理后再调回原处，室内无菌化操作。在美国、英国、奥地利、丹麦等都建有高度自动化的蔬菜工厂、花卉工厂、果树工厂。

世界花卉工厂化生产的发展历史在设施大体上经历了阳畦、小棚、中棚、塑料大棚、普通温室、现代温室、植物工厂，即由低水平到高科技含量的发展阶段。最初期的生产设施只是为了春季提早和秋季延后栽培，还远远谈不上“工厂化”，而现代的植物工厂能在完全密闭、智能化控制条件下实施按照设计工艺流程全天候生产，真正实现生产工厂化。

5.4.2.2 花卉工厂化发展趋势

(1) 温室大型化

随着温室技术的发展，温室向大型化、超大型化方向发展，面积呈现扩大趋势，小则一幢1hm^2，大则一幢数公顷以上。大型温室有室内温度稳定、日温差较小，便于机械化操作，造价低等优点，但是大型温室常有日照较差、空气流通不畅等缺点。20世纪80年代末以来，各国新建温室都是大型现代温室。美国1994年以来在南部新建多处大型温室，单栋面积为20hm^2。荷兰提出温室最适宜的面积大小，按照每3人单元计算面积为1hm^2；日本提出发展单栋面积5000hm^2以上的温室。

(2) 温室现代化

1) 温室结构标准化　根据当地的自然条件、栽培制度、资源情况等因素，设计适合当地条件，能充分利用太阳辐射能的一种至数种标准型温室，构件由工厂进行专业化配套生产。

2）温室环境调节自动化　根据花卉种类在一天中不同时间或不同条件下的温度、湿度及光照条件要求，定时、定量进行调节，保证花卉有最适合的生长发育条件。现在世界上发达国家的温室花卉生产，温室内环境的调节与控制已经由一般的机械化发展为计算机控制，做到及时精确管理，创造更稳定、更理想的栽培环境，各种配套技术的综合应用，自动化和智能化水平日益加强。

3）栽培管理机械化　灌溉、施肥、中耕及运输作业等，都应用机械化操作。

4）栽培技术科学化　首先充分了解和掌握花卉在不同季节、不同发育阶段、不同气候条件下，对各种生态因子的要求，制定一套具体指标，一切均按照栽培生理进行栽培管理。温度、光照、水分、养分及 CO_2 的补充等措施都根据测定的数据进行科学管理。

(3) 温室产业向节能、低成本的地区转移

由于温室能源成本的不断上升，生产很难与露地生产相竞争，温室产业逐渐向节省能源的地区转移。如在美国，能源危机之后，温室发展中心转移到南方，北方只保留了冬季不加温的塑料大棚。20 世纪 90 年代以前，世界温室生产的花卉主要集中在欧美及日本，如今已经逐渐转移到气候条件优越、劳动力成本低、又受到产业政策扶持的国家和地区。

(4) 花卉生产工业化

1964 年在维也纳建成了世界上首个以种植花卉为主的绿色工厂，这条“植物工业化连续生产线”采用三维式的光照系统，用营养液栽培，室内的温度、湿度、水分和 CO_2 的补充均自动监测和控制。使花卉生产的单位面积产量比露地提高了 10 倍，而且大大缩短了生产周期。但是这种绿色工厂全用人工光照，耗能很大，被称为第二代人工气候室。后来进行了改进，采用自然光照系统，被称为第三代人工气候室。

(5) 花卉生产特色化

由于国际花卉生产布局基本形成，世界各国纷纷走特色和规模化的道路。荷兰逐渐在花卉种苗、球根、鲜切花、自动化生产方面占据绝对优势；美国在草花及花坛植物育种、盆花、观叶植物生产方面处于世界领先地位。

(6) 花卉生产专业化、专一化发展

有些国家已经实现了花卉的工厂化，专业化程度越来越高。荷兰很多种植公司专门生产某一类或某一种花卉，甚至仅生产一种花卉中的一个品种，对它的环境控制、栽培措施、采后保鲜、贮运和销售形成一条龙的生产管理模式。种植者专攻一种产品，专业技术必然大大提高，相应地产量、质量也随之大大提高；同时单一花卉种植有利于机械化，从而节省了昂贵的劳务费用；如用摄像机根据花茎大小、花朵数量和植株大小分选产品，实现自动分类、包装。由于生产的高度专业化和机械化，加上严格的标准化管理，极大地降低了生产成本，提高了劳动生产率、产品质量和市场竞争力。如荷兰的安祖花公司温室面积 9hm²，是世界上最大的红掌专业公司，年产红掌种苗 2000 多万株，切花 150 多万枝。而另一家观赏凤梨的生产企业，温室面积仅 3hm²，年产凤梨却有 150 万盆，人均生产 15 万盆，他们的全部工作人员才有十几名。

5.4.2.3　我国花卉工厂化的发展

(1) 我国花卉工厂化生产的崛起

我国设施园艺面积居世界首位，达 139 万公顷。目前，工厂化农业设施推动了我国花卉业的发展。植物工厂开始出现，如北京锦绣大地农业股份有限公司建造的“水培蔬菜工厂”。

20 世界 80 年代初从日本引进了组装式镀锌管棚架生产技术，使我国塑料大棚在结构上出现一次飞跃，在消化吸收基础上，建立了一批温室生产厂家。20 世纪 80 年代中期从美国引进了轻基质穴盘育苗技术和设备，在消化吸收基础上进行辐射推广，给我国的花卉、蔬菜育苗带来了重大的改革，采用轻基质育苗已经成为花卉蔬菜生产现代化的切入点。“九五”期间大型温室引进出现了一次高潮，在 1996～2000 年不到 4 年的时间里，花费约 1 亿美元从法国、荷兰、西班牙、以色列、韩国、美国、日本等国引进全光大型温室，面积达 175.4hm²。特别是北京和上海的几个园区从荷兰、以色列和加拿大引进温室的同时，还带来了配套品种和专家。近年来，在工厂化农业示范园区里先后引进了连栋玻璃温室、连栋塑料温室、连栋 PC 板温室以及与之配套的遮阳、内覆盖、水帘降温、滚动苗床、行走式喷水车、行走式采摘车、计算机管理系统、水培系统等。这些引进的温室和配套设施使我国工厂化生产硬件达到了国际先进水平。

北京、上海从荷兰引进的 10hm² 大型温室带来了岩棉栽培植物技术。从台湾省三易公司引进的温室带来了蝴蝶兰的组培技术及周年生产栽培技术，三易温室的水帘降温和温室内外覆盖并用，夏季降温效果极好，在外界 42℃时，室内温素保持在 30℃以下，蝴蝶兰能正常越夏。从美国安普公司引进的温室，擦用外翻卷 C 字钢梁，使大型温室内顶部覆盖材料蒸发水不再沿着一条线下滴，防止了温室内作物遭受湿冷水滴的危害，保证了植物的正常生长发育。

通过引进设备与技术，硬件设施大部分实现了国产化，其中一部分还有所创新，品种和栽培

技术结合我国生态条件取得了长足的进步，奠定了我国花卉工厂化的基础。

花卉工厂化生产官方应用现代化工业机械技术：传感机械、耕作机械、包装机械、预冷机械、运输机械；工程技术：工程构架材料、工程塑料、覆盖材料、节水工程；计算机技术：光、温、水、气自动化监控；现代信息技术：技术信息、产品信息、市场信息、生产信息；生物技术：基因工程、生物制剂、生物农药、生物肥料；现代育苗技术和栽培技术等进行花卉规模化生产。目前，我国大型化温室有了长足的发展，最近统计表明，我国大型温室面积已经达到 588.4hm^2，其中进口大型温室面积为 185.4hm^2，国产大型温室面积达 403hm^2。国内有制造销售大型温室能力的企业有 40 多家，形成较大规模的有 4 家，如上海长征、北京农业机械化研究所、胖龙公司、廊坊九天。大型温室主要分布在北京、广州、上海、山东、河北、新疆等地，全国各个省市均有大型温室。

(2) 我国花卉工厂化生产存在的问题

1) 投入大，成本高　一次性投入大，能耗成本高。现在引进、仿制、自行研制的现代大型温室，尤其是引进温室，基本上处于亏损经营状态。亏损原因主要是建造投资高、能源消耗大、产品质量低、产品价值难以实现。

2) 管理体制和机制不完善　工厂化农业发达的国家，建立有生产-加工-销售有机结合，相互促进，完全与市场经济发展相适应的管理体制和机制。而我国目前还没有建立起这种管理体制和机制。

3) 温室内环境控制水平及设备配套能力较低　我国温室主要是结构简易、设备简陋的日光温室，根本谈不上温、光、水、气等环境条件的综合调节控制；覆盖材料在透光性、防老化、防尘性能上也低于国外同类产品。现有的现代化的大型温室，特别是引进温室虽然硬件设备水平并不低，但生产管理和运行水平远低于国外。从国外原样引进或低水平仿制，没有根据我国不同气候条件进行改造，使用性能达不到引进水平。

4) 产量和劳动生产率低　目前温室产品的产量与劳动生产率远低于国外。另外，我国温室生产的劳动生产率低，以人均管理温室面积比较，只相当于日本的 1/5，西欧的 1/50，美国的 1/300。

5) 缺乏系列化温室栽培专用品种　目前温室种植品种大多数还是从常规品种中筛选出来的，还没有专用型、系列化的温室栽培品种。

(3) 对策与前景

根据以上存在的问题，花卉工厂化生产成本必须依靠现代科学技术的支撑，通过科技攻关，解决工厂化科学配套的生产技术和管理体系，当务之急应尽快解决如下问题。

1) 农业设施工程　比较先进的温室和管棚，配有全固定、半固定的自动化喷灌滴管设施、冷藏设施、工厂化育苗设备等，使硬件配置更加科学合理。

2) 生长环境调控工程　掌握了设施花卉生长的特性，建立了适应条件的种植制度，调控栽培环境，达到最优经济效果。利用电子计算机和现代化数字，建立起花卉最理想的动态模型，编制花卉生产的最优化计算机决策系统。

3) 育苗工程　工厂化穴盘育苗，人为地控制种子的催芽、出苗、幼苗生长；利用组织培养技术、试管苗生产的育苗技术能使繁殖周期缩短、种苗生长整齐一致。

4) 无土栽培工程　结合花卉的生态习性，重点开发切花花卉品种搭配生产的优化组合，形成高投入高产出的栽培模式。要解决不同品种的营养液配方、高温缺氧与低温冷害、重要病虫害的发病规律及防治等问题。

5) 培养人才　要有计划地培养一大批适应不同工作岗位的中高级的专业技术人才和经营管理人才，并培养熟练的操作人才。提高工厂化花卉生产水平，增强我国花卉在国际市场上的竞争力。

6) 建立生产、加工、销售一体化体系　借鉴发达国家花卉生产企业和其他行业现代化企业在生产与营销等方面的管理方式，注重栽培、采收、加工、包装、销售技术。

5.4.3 花卉工厂化生产的设备及生产程序

5.4.3.1 花卉工厂化生产的设备

(1) 温室骨架结构

进行花卉工厂化生产，首先得有一个理想的节能日光温室，它涉及正确选择和规划场地，合理进行温室采光、保温设计等方面。

要选择光照充足、向阳背风、周围无高大建筑物、树木等遮光物，水源充足、水质好，土壤肥沃、交通方便、电力充足的场所；然后进行合理规划，主要考虑温室方位、道路、灌溉排水设施、温室间隔等方面的问题。

(2) 温室覆盖材料

塑料薄膜应采用透光率较高、使用寿命长、无滴、不易吸附灰尘的薄膜。温室内要尽量采用横截面较小、强度大、使用年限长、无污染的材料。在保温设计时要重点考虑温室的密闭问题，采用新型蓄热复合墙体材料，使用保温被、设置天幕、设置防寒沟等措施。

(3) 加温设备

除了加强温室建造密闭性、采用良好的保温

材料和墙体保温技术、采用多层覆盖等保温措施外，还可以根据当地生产条件和气候特点采取合适的增温措施，选用锅炉加温、火炉加温、热风加温、土壤电热加温等，那就需要相关的加热设备。

(4) 通风及降温设备

通风包括自然通风和机械通风，降温包括使用遮光幕、水帘、加强通风换气降温、汽化冷却降温等措施。安装风机、水帘、遮阳幕等设备。

(5) 采光设备

温室内光照调节主要包括3个方面：一是增加自然光照，二是在夏季生产或根据植物生产需要减少自然光照，三是在冬季或光照不足时进行人工补光。因此，冬季光照不足需补光则需安装补光照明设备。

(6) 灌溉系统设备

1) 自动喷灌系统　分为移动式喷管系统和固定式喷管系统。这种喷管系统可采用自动控制，无人化喷洒系统使操作人员远离现场，不至于受到药物的伤害，同时在喷洒量、喷洒时间、喷洒途径均可由计算机来加以控制的情况下，大大提高其效率。缺点是容易造成室内湿度过大。

2) 滴灌系统　在地面铺设滴管道对土壤的灌溉。优点较多，省水、节能、省力，可实现自动控制。缺点是对水质要求较高，易堵塞，长期采用易造成土壤表层盐分积累。

3) 渗灌系统　通过在地下40～60cm埋设渗灌系统，实现灌溉。优点是更加节水、节能、省力，可以实现自动控制，可以非常有限地降低温室内湿度，而且不易造成盐分积累。缺点是岁水质要求高，成本较高。

(7) 育苗设备

工厂化育苗主要有播种、扦插、分株、组织培养。需要播种床、催芽室、扦插床、滚动苗床、穴盘、精量播种机等设备。组织培养还需要有准备室和称量室、接种室、培养室、温室等及组织培养设备。

(8) 无土栽培设备

需无土栽培床、各种无土栽培基质、营养液配制装置和营养液供给装置等。

(9) 农药及肥料施用自动化和二氧化碳施肥装置

现代化生产将农药和肥料按照每一种化合物单独装在一个罐内，用计算机统一指挥，按照不同比例溶于水中，再输送到花卉种植床上或进行喷洒。农药和肥料施用的浓度是根据抽取回流的营养液或病虫监测结果，自动分析，然后根据分析的结果，由计算机下达的营养液修正和病虫防治的配方指令，混合成新的营养液和药液。肥料常通过滴灌系统与灌溉水一起供给花卉根系，称为“水肥灌溉”。现代大型温室都有二氧化碳发生器，通过燃烧航空煤油或丙烷，产生二氧化碳，以补充温室内二氧化碳的不足。

(10) 自动监测与集中控制系统

近20年来，建造的集约化生产温室，自动化水平高，大都设有自动监测、数据采集和集中控制系统，包括各种传感器、计算机及各种电气装置等。

(11) 收获后处理设备

收获处理设备包括收获车、包装设备、冷藏室等。

5.4.3.2　花卉工厂化生产程序

(1) 环境监测控制

通过自动监测、数据采集，调控栽培环境，包括光照、温度、湿度、土壤、空气等环境条件，利用电子计算机和现代数学，建立起花卉最理想的动态模型，达到最优经济效果。

(2) 基质消毒

基质消毒最常用的方法有蒸汽消毒和化学药品消毒。

1) 蒸汽消毒　此法简便易行，经济实惠，安全可靠。凡在温室栽培条件下以蒸汽进行加热的，均可进行蒸汽消毒。方法是将基质装入柜内或箱内（体积1～$2m^3$），用通气管通入蒸汽进行密闭消毒。一般在70～90℃条件下持续15～30min即可。

2) 化学药品消毒　所用而化学药品有甲醛、氯化苦、甲基溴、威百亩、漂白剂等。

(3) 种苗生产

传统的土播或简易箱播，为小规模育苗，种子量多，育苗劳动成本高，移植成活慢并易患土壤传播病害等。因此，专业及自动化育苗技术的改进和发展自动化穴盘种苗生产、利用机械移植或移盆及在精密自动化温室中培育优良苗木成立育苗中心，将能改善上述缺点，快速且经济的把物美价廉的种苗提供给栽植者。

(4) 无土栽培

利用工厂化生产方式，以自动化控制系统，对温度、湿度、养分等作最适当的调节，生产高品质花卉，从栽培、收获至出货，完全以自动化方式掌控其过程，不但可以缩短生长期、提高产量，还可以因工作环境的改善，吸引年轻农民及高龄人口投入花卉种植产业。

无土栽培是一种受控农业的生产方式。较大程度地按照数量化指标进行耕作，有利于实现机械化、自动化，从而逐步走向工业化的生产方式。目前在奥地利、荷兰、俄罗斯、美国、日本等都有水培“工厂”，是现代化农业的标志。无土栽培的类型和方式方法多种多样，不同国家、不同地区由于科学技术水平不同，当地资源条件不同，自然条件也千差万别，所以采用的无土栽培配型和方式各异。

（5）产品采后处理

主要包括花卉的采后保鲜、包装及贮藏运输等。

复习思考题

1. 年宵花卉的特点是什么？
2. 简述牡丹春节开花的栽培管理技术。
3. 简述无土栽培的概念和特点。
4. 简述无土栽培营养液的配制与管理。
5. 简述花期调控的理论依据。
6. 应用哪些技术措施可以调控花期？
7. 工厂化生产的含义是什么？
8. 进行工厂化花卉生产需要哪些设备？
9. 结合当地实际状况，进行年宵花卉市场调查，并制定一份常规年宵花卉生产计划。

第6章 花卉配置及应用

花卉是大自然赐予人类最美好的事物。花卉的应用，不仅在生态上能够起到净化空气、降温增湿、调节碳氧平衡、杀菌减污、降噪等作用，还能够在精神上给人带来美的享受，令人身心愉悦。同时，花卉还有着丰富的文化内涵，对人性情的陶冶、品格的升华具有重要作用。

在乔灌木为骨架的园林绿化中，低矮小巧的草本花卉主要用来填充各类绿地中大量的下层空间，覆盖裸露的地面。花卉丰富多彩，应用灵活方便，花期易于调控，因此，花卉是重要地段、重大节日以及室内外空间装饰不可或缺的材料。花卉对环境的装饰作用具有画龙点睛的效果。

花卉常见的应用形式有花坛、花境、花卉立体装饰、花丛花群、地被及室内装饰等。

6.1 花 坛

6.1.1 花坛概述

花坛作为花卉应用的主要形式之一，在园林中能够很好地起到画龙点睛、烘托气氛的作用，尤其是在节日，其灵活的应用方式、绚丽夺目的色彩、鲜明的表现主题、丰富的文化内涵，以及生动活泼的艺术效果，成为城市中最亮丽的一道风景线，其灵活多样的景观装饰效果及表达的各种含义是其他植物造景形式所无法比拟的。这些花坛的应用以及花坛日益的发展变化，无不显示出设计者的巧思妙想和园林工人的精美杰作，更预示着我们生活日新月异的变化和发展。

6.1.1.1 花坛的概念和特点

（1）花坛及花坛植物的概念

花坛在汉语词典中的解释是在一定范围的畦地上按照整形式或半整形式的图案栽植观赏植物以表现花卉群体美的园林设施。目前花坛的概念包括狭义和广义两个方面。

狭义的花坛是指在几何形轮廓的植床内种植相同或不同种类的花卉，以展现花卉群体的图案纹样，或盛花时绚丽景观的一种花卉应用形式。

广义的花坛是指在一定形体范围内栽植观赏植物，以表现群体美的花卉应用形式。广义的概念突破了花坛几何轮廓的限制，花坛的边缘可以是不规则的曲线，花坛也不仅限于平面的栽植床内，只要是能够表现花卉群体景观效果的规则的应用形式均可称作花坛。

花坛植物是指能够用于花坛装饰的观赏植物，主体花材要求花期整齐，高度一致，能够表现出花坛群体装饰效果的花卉植物，以一、二年生或多年生草本花卉为主。

（2）花坛的特点

花坛作为园林中重要的花卉应用，在园林应用时具有以下几个特点。

1）规则式应用　花坛通常具有几何形栽植床，属于规则式设计，多用于规则式园林构图中，如广场、道路的中央、两侧或周围等。

2）群体美和色彩美　花坛内部植物的配置也多是规则整齐的，主要表现观赏植物的群体美及色彩美，不表现个体。

3）时令性花材　花坛多以时令性花材为主，需随季节的变换而更换。花坛在具有一定形体的轮廓内，种植相同或不同的花卉种类（品种），其颜色、质地、形态可以相同，也可以不同，可根据具体设计需要灵活运用。

6.1.1.2 花坛的作用

花坛花卉美丽的花朵，艳丽的色彩，都能带给人们视觉上的享受，使人心旷神怡，通过花坛的布置能够表现出不同的作用及景观效果。花坛的主要作用有以下几方面。

1）美化、装饰，增加气氛　花坛具有极强的装饰性和观赏性，所以花坛最主要的作用是美化、装饰环境，同时花坛内的花卉颜色鲜艳，能够很好地烘托气氛，尤其是节日时使用花坛做装饰，可以营造出喜庆祥和的节日气氛，达到很好的渲染效果。

2）标志和宣传　花坛具有灵活多样的表现形式，其中通过花坛植物组成的文字及图案能够起到很好的标志和宣传作用，尤其是立体花坛的运用，能够形象地表达主题，宣传活动内容。每年国庆节期间的天安门广场和长安街都通过花坛来宣传、反映国家发生的一些大事记。

3）分隔空间　花坛的设置可以根据需要灵活地分隔空间，如在广场上设置花坛，可以划分或组合空间；在道路中央设置带状花坛，可以分隔行车道，起到隔离作用；花坛设置于庭院、广场入口处，可起到屏障的作用。

4）组织交通　在一定的花卉应用空间，通

过花坛的设置，可以引导、组织交通，使人们按照花坛指引的方向行进。

5）弥补园林中季节性景色欠佳的缺陷　花坛花卉可以随时地选用或更换一、二年生花卉及温室花卉，通过花卉的选择或花期调控可以在露地花卉景色欠佳时进行环境装饰，弥补自然条件下景色缺乏的缺陷。

另外，花坛能够有效地柔化、绿化建筑物，塑造更人性化的生活空间。有时花坛的边缘还兼具座椅的作用，为人们提供休息之便。花坛内花团锦簇的花卉本身就令人身心愉悦，同时能够起到净化空气、滞尘等的作用。

6.1.2　花坛的类型

花坛的类型可根据花坛的形态、形状、表现方式、植物材料、观赏季节等特点进行分类。常见的主要有以下几种分类方法。

6.1.2.1　根据花坛的形态分类

1）平面花坛　种植床的高度与地面一致且基本相平的花坛称为平面花坛，包括花丛式花坛和模纹花坛，是应用最广泛的形式之一。花坛一般多设在广场和道路的中央、两侧及周围，以及重要路口、交通环岛等处，有时也设在比较宽阔的草地中央以及建筑物前等，多采用规则式布局，处于规则式环境中。

2）斜面花坛　花坛的表面为斜面，是主要的观赏面，即种植床面有一定的倾斜度，与水平地面呈一定角度的花坛称为斜面花坛。花坛的倾斜度、形状及面积依据具体设置地点的情况而定。斜面花坛是近些年新出现的花卉应用形式，常沿路边坡面或台阶而设，灵活而方便，观赏效果好。

3）高设花坛　亦称花台，是将花卉栽植于高出地面的台座上的花坛，面积较小，四周用砖或混凝土砌出矮墙，里面装土，将花卉种在台子上，以增加立体感。花台常布置在广场或庭院的中央，以及建筑物的前面，或绿地中及道路交叉口处。

4）立体花坛　指具有立面竖向景观，将一年生草本植物或多年生小灌木，种植在二维或三维的立体构架上，形成的植物艺术造型。立体花坛是一种新兴的园艺形式，是目前花卉应用的最高形式，在搭建好各种造型的结构内填充栽培介质，然后种上色彩多样的花草，成为有生命的植物雕塑。

5）活动式花坛　是能够移动的花坛，包括花钵、花槽、花箱以及盆花群等，可以根据需要适用于铺装地面的临时摆放，也可用于室内装饰。活动式花坛是近些年常见的一种花卉应用形式，其特点是机动灵活，装饰性强，可以多种组合。

6.1.2.2　根据花坛的表现形式分类

（1）花丛式花坛

花丛式花坛主要表现和欣赏观花的草本植物花朵盛开时花卉本身群体的绚丽色彩以及不同花色种或品种组合搭配所表现出的华丽的图案和优美的外貌。这类的花坛设置和栽植较粗放，没有严格的图案要求。但是，必须注意使植株高低层次清楚、花期一致、色彩协调。一般以一二年生草花为主，适当配置一些盆花。花丛式花坛根据长宽比例变化又可分为以下几类。

1）盛花花坛　又称为集栽花坛，主要由观花的草本花卉组成，表现开花时整体的效果美。可由同种花卉不同品种、花色或多种花卉组成。此类花坛在布置时不要求花卉种类繁多，而要求图案简洁鲜明，对比度强，其目的是着重观赏花盛开时整体的色彩美，因此必须用色彩鲜艳的花卉。花坛平面纵轴和横轴长度之比在1∶1～1∶3，主要作主景。

2）带状花坛　狭长的花丛式花坛，花坛的长、短轴的比例超过3～4倍以上时称为带状花丛花坛，或称为花带。带状花丛花坛通常作为配景，布置于带状种植床，如道路两侧、建筑基础、墙基、岸边或草坪上，有时也作为连续风景中的独立构图。带状花坛既可由单一品种组成，也可由不同品种组成图案或成段交替种植。根据环境的特点，花带可以为规则式矩形栽植床，也可以是流线型。花坛宽度通常不超过1m，长轴与短轴之比至少在4倍以上的狭长带状花坛，仅作为草坪、道路、广场之镶边或作基础栽植，通常由单一种或品种做成，内部没有图案纹样。

3）自然式花坛　花坛的边缘不规则，甚至两边不完全平行。但所用花材高度、花期一致，表现花卉集体盛开时的效果。常布置于自然式园林中，结合环境与地形，形式较为灵活，如布置在山坡、山脚的花台，其外形根据坡脚的走势和道路的安排等呈现富有变化的曲线，边缘常砌以山石，既有自然之趣，又可起到挡土墙的作用。在中国传统园林中，常在影壁前、庭院中、漏窗前、粉墙下或角隅之处，以山石砌筑自然式花台，通过植物配置，组成一幅生动的立体画面，成为园林中的重要景观甚至点睛之笔。

（2）模纹式花坛

模纹花坛主要用花卉材料来显示细腻而精美的图案花纹，乃至标语文字、人物肖像等。多采用低矮紧密而株丛较小的花卉，如五色草类、三色堇、半支莲、雏菊、彩叶草、矮一串红、矮鸡冠花、孔雀草等，要求株高不超过20cm。根据花坛的表现效果又可分为以下几类。

1）毛毡式花坛　主要用低矮观叶植物组成

精美复杂的装饰图案，花坛表面修剪平整呈细致的平面或和缓曲面，整个花坛宛如一块华丽的地毯，故称为毛毡花坛。

2）浮雕式花坛　与毛毡花坛之区别在于通过修剪或配植高度不同的植物材料，形成表面纹样凸凹分明的浮雕效果。

3）花结式花坛　主要用黄杨等和多年生花卉如紫罗兰、百里香、董衣草等，按一定图案纹样种植起来，模拟绸带编成的彩结式样而来，图案线条粗细相等，由上述植物组成构图轮廓，条纹间可用草坪为底色或用彩色沙石填铺。有时也种植色彩一致、高低一致的时令性草本花卉，装饰效果更强。

4）标题式花坛　用观花或观叶植物组成具有明确的主题思想的图案，按其表达的主题内容可分为文字花坛、肖像花坛、象征性图案花坛等。标题式花坛最好设置在角度适宜的斜面以便于观赏。

5）装饰物花坛　以观花、观叶或不同种类配植成具一定实用目的的装饰物的花坛，如做成日历、日晷、时钟等形式的花坛，大部分时钟花坛以模纹花坛的形式表达，也可采用细小致密的观花植物组成。

另外还有如根据花坛的形状可分为圆形花坛、带状花坛、方形花坛等；根据植物材料可分为一二年生草花花坛、球根花坛、宿根花坛、五色草花坛（毛毡花坛）等。

6.1.3　花坛的设计

花坛讲究群体效果，符合功能要求，并与环境协调。盛花花坛要求高度整齐，花期一致；模纹花坛要求图案清晰、色彩鲜明、对比度强；自然式花坛花境要求花繁色亮，美观大方；立体花坛要求形象大气，富有生命力。

6.1.3.1　花坛设计的原则

花坛主要用在规则式园林的建筑物前、入口、广场、道路旁或自然式园林的草坪上。进行花坛设计，应遵循以下设计原则。

（1）以花为主

花卉是构成花坛的主体材料。随着时代的发展，花坛的形式日趋多样，花坛中也越来越多地使用其他非植物材料的骨架、构件等，但任何时候，花卉都应该是主体，其他材料不能喧宾夺主。

（2）功能原则

花坛除其观赏和装饰环境的功能外，因其位置不同，常常具有组织交通、分隔空间等功能，尤其是交通环岛花坛、道路分车带花坛、出入口广场花坛等。必须考虑车行及人流量，不能造成遮挡视线、影响分流、阻塞交通等问题。

（3）遵循艺术规律

园林美是园林的思想内容通过艺术的造园手法用一定的造园要素表现出来的符合时代和社会审美要求的园林的外部表现形式，它包括自然美、社会美和艺术美 3 种形态。

形式美是通过点、线条、图形、体形、光影、色彩和朦胧虚幻等形态表现出来的。

园林花卉丰富多彩的观赏特征本身就包含着丰富的形式美的要素，在遵循科学性原理的前提下，按照形式美的规律在平面和空间进行合理的配置，形成点、线、面、体等各种形式不同的花卉景观，正是花卉应用设计的基本内容。

（4）遵循科学原理

花卉与环境条件有着密切的关系，无论是花卉的分布，还是生长发育，甚至外貌景观都受到环境因素的制约。因此，在花卉应用设计中，遵循花卉与环境相互关系的规律即生态学的原理，是最基本的原则。在花卉应用设计中，需考虑地域、气候、季节等因素，正确选择植物材料。能够做到适地适花，适花适地。

首先要充分了解生态环境的特点，如各个生态因子的状况及其变化规律，包括环境的温度、光照、水分、土壤、大气等，掌握环境各因子对花卉生长发育不同阶段的影响，在此基础上，根据具体的生态环境选择适合的花卉种类。

影响植物生存的生态因子有主次之分，但必须考虑生态因子的综合作用。还需根据人工养护的力度，选择最适的花卉种类。

（5）养护管理

考虑降低成本。与其他花卉应用形式相比，花坛需要较高的维护管理。因此，设计花坛时，应本着尽量降低养护管理费用的原则，宜繁则繁，该简即简。

6.1.3.2　花坛的设计方法

首先必须从周围的整体环境来考虑所要表现的园景主题、位置、形式、色彩组合等因素。具体设计时可用方格纸，按（1∶20）～（1∶100）的比例，将图案、配置的花卉种类或品种、株数、高度、栽植距离等详细绘出，并附实施的说明书。好的设计必须考虑到由春到秋开花不断，做出在不同季节中花卉种类的换植计划以及图案的变化。

（1）花坛的主题

主题思想就是用艺术手段达到宣传目的和观赏效果。主题思想和基本形式的确定是节日花坛设计的重要环节。由此决定了花坛的寓意和形式、规模。节日花坛的设计主题经常是反映城市的工作重点、取得的重大成绩，或者歌颂盛世和平、烘托营造气氛等，故常具有强烈的政治或文化寓意。

但不是所有的园林和园林中所有的花坛都必须讲究主题，有的花坛只是起到装饰环境，烘托气氛的作用。

（2）花坛的位置及其与环境的关系

花丛式盛花花坛常设在视线较集中的重点地块，如大型建筑前，广场上人流聚集的热闹场所等。带状花丛花坛通常作为配景，布置于带状种植床，如广场两侧、道路中央及边缘、建筑物基础、墙基、岸边或草坪上，有时也作为连续风景中的独立构图。

花坛周围环境的构成要素包括建筑、道路、广场以及背景植物与花坛有密切的关系。

1）对比　包括空间构图上的对比，如水平方向展开的花坛与规则式广场周围的建筑物、装饰物、乔灌木等立面的和立体的构图之间的对比。色彩的对比，如周围建筑和铺装与花坛在色相饱和度上的对比以及周围植物以绿为主的单色与花坛的多彩色的对比。质地的对比，例如周围建筑物与道路、广场以及雕塑、墙体等硬质景观与花坛的植物材料的质地对比等。

2）协调与统一　作为主景的花坛其外形必然是规则式，其本身的轴线应与构图整体的轴线相一致。花坛或花坛群的平面轮廓应与广场的平面轮廓相一致。花坛的风格和装饰纹样应与周围建筑物的性质、风格、功能等相协调。如动物园入口广场的花坛以动物形象或童话故事中的形象为主体就很相宜，而民族风格的建筑广场的花坛则宜设计成富有民族特色的图案纹样。作为雕塑、纪念碑等基础装饰的配景花坛，花坛的风格应简约大方，不应喧宾夺主。

6.1.3.3　花坛的布置

（1）花坛的体量

花坛的体量即花坛的大小、高矮、长宽等尺度。确定花坛的体量，应根据均衡协调的设计原理，关键要处理好与周围环境、场地大小的协调关系。花坛大小一般不超过广场面积的1/5～1/3。

平地上图案纹样精细的花坛面积愈大，观赏者欣赏到的图案变形愈大，因此短轴的长度最好8～10m。图案简单粗放的花坛直径可达15～20m。

方形或圆形的大型独立花坛，中央图案可以简单些，边缘4m以内图案可以丰富些，对观赏效果影响不会很大。如广场很大，可设计为花坛群的形式，交通环岛的转盘花坛是禁止入内的，且从交通安全出发，直径需大于30m。

（2）花坛的平面布置

主景花坛外形应是对称的，平面轮廓应与广场相一致。但为了避免单调，在细节上可有一定变化。在人流集散量大的广场及道路交叉口，为保证功能作用，花坛外形可与广场不一致。

构图上可与周围建筑风格相协调，如民族风格的建筑前可采用自然式构图或花台等形式，人流量大、喧闹的广场不宜采用轮廓复杂的花坛。

（3）花坛的立面处理

花坛表现的是平面的图案，由于视角关系离地面不宜太高。一般情况下单体花坛主体高度不宜超过人的视平线，中央部分可以高一些。

花坛为了排水和主体突出，避免游人践踏，花坛的种植床应稍高出地面，通常7～10cm。为了利于排水，花坛中央拱起，保持4～10cm的排水坡度。花坛种植床周围常以边缘石保护，同时边缘石也具有一定的装饰作用。边缘石的高度通常10～15cm，大型花坛，最高也不超过30cm。种植床靠边缘石的土面须稍低于边缘石。

边缘石的宽度应与花坛的面积有合适的比例，一般介于10～30cm。边缘石可以有各种质地，但其色彩应该与道路和广场的铺装材料相调和，色彩要朴素，造型要简洁。

6.1.3.4　花坛的内部图案纹样设计

花丛花坛的图案纹样应该主次分明、简洁美观。忌在花坛中布置复杂的图案和等面积分布过多的色彩。

由五色草类组成的花坛纹样最细不可窄于5cm，其他花卉组成的纹样最细不少于10cm，常绿灌木组成的纹样最细在20cm以上，这样才能保证纹样清晰。

装饰纹样风格应该与周围的建筑或雕塑等风格一致。通常花坛的装饰纹样都富有民族风格，如西方花坛常用与西方各民族各时代的建筑艺术相统一的纹样，如希腊式、罗马式、拜占庭式以及文艺复兴式等。

从中国建筑的壁画、彩画、浮雕，古代的铜器、陶瓷器、漆器等借鉴而来的云卷类、花瓣类、星角类等都是具有我国民族风格的图案纹样，另外新型的文字类、套环类等也常常使用。

标志类的花坛可以各种标记、文字、徽志作为图案，但设计要严格符合比例，不可随意更改，纪念性花坛还可以人物肖像作为图案，装饰物花坛可以日晷、时钟、日历等内容为纹样，但需精致准确。

6.1.3.5　花坛的色彩设计

在园林花卉应用设计中，色彩设计至关重要。有时园林花坛的设计几乎就是色彩的设计。花坛色调配合适当，即使少数植物种类搭配简单，也会使人有明快舒适的感觉；如配合不当，则显得杂乱或者沉闷。

（1）花坛色彩设计的原则

花坛色彩设计除遵循一般色彩搭配规律外，还应注意以下几点。

1）同一色调或近似色调的花卉种在一起，

易给人以柔和愉快的感觉。例如万寿菊、孔雀草都是橙黄色，种在一起，给人以鲜明活泼的印象；荷兰菊、藿香蓟、蓝色的翠菊，种在一起，给人以舒适，安静的感觉。同一色调花卉浓淡的比例对效果也有影响。如大面积的浅蓝色花卉，镶以深蓝色的边，则效果很好，但如浓淡两色面积均等，则会显得呆板。

2）对比色相配，成对比色的花卉在同一花坛内不宜数量均等，应有主次。

3）白色的花卉除可以衬托其他颜色花卉外，还能起着两种不同色调的调和作用。白色花卉也常用于在花坛内勾画出纹样鲜明的轮廓线。

4）花坛一般应有一个主调色彩，其他颜色的花卉则起着勾画图案线条轮廓的作用。所以一般除选用1～3种主要花卉外，其他种花卉则为衬托，使得花坛色彩主次分明。忌在一个花坛或一个花坛群中花色繁多，没有主次，即使立意和构图再好，但因色彩变化太多而显杂乱无章，也会失去应有的效果。

5）应根据四周环境设计花坛色调　如在公园、剧院和草地上则应选择暖色的花卉作为主体，使人感觉鲜明活跃；办公楼、纪念馆、图书馆、医院等处，则应选用淡色的花卉作为花坛的主体材料，使人感到安静幽雅。需考虑花坛背景的颜色，红色的墙前，不宜布置以红色为主色调的花坛，蓝色、紫色等深色调也不适宜，而应选择黄色、白色等较亮的颜色作为主色调；白色的背景前，宜布置饱和度高、鲜明艳丽的色彩作为主色，才可形成色彩对比的效果。

（2）花卉应用中色彩的设计

1）统一配色　就是要求在整体色彩设计时，追求统一、协调的效果，包括单色配置、近似色配置和同一色调配置。这种配色可创造多种艺术效果，或华丽，或浪漫，或宁静，或温馨等。

2）对比配色　对比配色重在表现变化、生动、活泼、丰富的效果，包括色相对比和色调对比。色相对比如红—绿，黄—紫，橙—蓝等；色调对比如色彩深浅对比。强烈的对比能表现各个色彩的特征，鲜艳夺目，给人以强烈、鲜明的印象，但也会产生刺激、冲突的效果。因此对比配色中，各种颜色不能等量出现，而应主次分明，在变化中求得统一，是为关键。

3）层次配色　色相或色调按照一定的次序和方向进行变化，叫层次配色。这种配色效果整体统一，并且有一种节律和方向性。

4）多色配置　多种色相的颜色配置在一起。这是一种较难处理的配色方法，把握不好往往会导致色彩杂乱无章，处理得好可以显得灿烂而华丽。花卉配置时应注意各种色彩的面积不能等量分布，要有主次以求得丰富中的统一。另外也要注意在色调上力求统一。

需要注意的是花卉的色彩设计是包括背景、环境、时间以及其他造园要素在内的整体的色彩设计。

6.1.4　花坛植物选择的依据

6.1.4.1　花坛植物选择的原则和依据

花坛是展现花卉群体美的一种布置方式，花坛用草花宜选择株形整齐、具有多花性、开花整齐而花期长、花色鲜明、能耐干燥、抗病虫害和矮生性的品种。

（1）按花卉装饰应用地点选择花卉

应根据特定地区的温度、湿度条件、光照强度及日照时间等来选择生物学特性较为适合的植物材料，以达到完美的装饰效果。广场、面积较大的绿地等具有较开阔的空间的环境中，应考虑选用喜光并具一定抗旱性的植物；在居室内、庭院林下则应考虑其耐荫性。

（2）按花坛的类型选择花卉

不同花坛类型表达的效果不同，对花卉材料的要求也不同。毛毡花坛要求图案精美；花丛式花坛不要求精细的图案，而要求表达花卉盛开时壮丽的景观；立体花坛则要求植物材料与立体骨架很好的结合，表达出花坛的主题。因此要根据花坛的类型合理选择花卉材料。

（3）按色彩设计选择花卉

花坛是充分表现视觉色彩艺术的一类装饰手法。不同色相、明度及纯度的色彩，形成了极其丰富的色彩效果。花卉色彩还应根据环境特点、背景色调及所选用容器的色彩进行细致搭配。

6.1.4.2　各类花坛植物的选择

（1）花丛式花坛

花丛式花坛主要由观花的一、二年生花卉和球根花卉组成，开花繁茂的多年生花卉也可以使用。要求花材株丛紧密，整齐；开花繁茂，花色鲜明艳丽，花序呈平面开展，最好开花时见花不见叶，高矮一致；花期长而一致，表现盛花时群体的色彩美或绚丽的景观。带状花丛式花坛既可由单一品种组成，也可由不同品种组成图案或成段交替种植。较长的带状花坛可以分成数段，其中除使用草本花卉外，还可点缀木本植物。

（2）模纹花坛

模纹花坛主要用低矮的观叶植物组成精美复杂的装饰图案，宜选择植株低矮，分枝密，发枝强，耐修剪，枝叶细小为宜，最好高度低于10cm。花坛表面修剪平整呈细致的平面或和缓曲面。五色草因低矮、枝叶细密、耐修剪而成为毛毡花坛最理想的构成材料。花期长的四季秋海棠、凤仙类也是很好的选材。低矮、整齐的其他观叶植物或花小而密、花期长而一致的低矮观花植物也可用于此类花坛，如矮一串红、孔雀草、雏菊、景天类、细叶百日草、阔叶半枝莲等。

（3）立体花坛

花卉立体装饰的形式多种多样，所要达到的装饰效果受花材的影响很大。

以卡盆等为单位组成的大型花柱、模纹立体花坛、标牌式立面装饰，都强调既要突出细部的结构，又要展示整体的设计效果，选用花材就要选择株形矮小、分枝繁多、枝叶茂密、花径小而花量较大，且开花时间长的种类。而对于大型花钵，如果钵型独特优雅，可选用直立型花材；对于须加掩盖的花钵，则在边缘种植垂蔓性的花材；花球、吊篮也多用瀑布型花材来达到遮盖容器、突出整体效果。

（4）适合作花坛中心的植物材料

多数情况下，独立花坛，尤其是高台花坛常用株型圆润、花叶美丽或姿态规整的植物作为中心。常用的有棕榈、蒲葵、橡皮树、大叶黄杨、加纳利海枣、棕竹、苏铁、散尾葵等观叶植物或叶子花、含笑、石榴等观花或观果植物，作为构图中心。

（5）适合作花坛边缘的植物材料

花坛镶边植物材料与用于花缘的植物材料具有同样的要求，低矮，株丛紧密，开花繁茂或枝叶美丽可赏，稍微匍匐或下垂更佳，尤其是盆栽花卉花坛，下垂的镶边植物可以遮挡容器，保证花坛的整体性和美观。如半支莲、雏菊、三色三色堇、吊竹梅、垂盆草、香雪球、雪叶菊等。

6.1.5 花坛施工

（1）种植床土壤准备

花卉栽培的土壤必须深厚、肥沃、疏松。因而在种植前，一定要先整地，一般应深翻 30～40cm，除去草根、石头及其他杂物。如土质较差，则应将表层更换好土（30cm 表土）。根据需要，施加适量肥性好而又持久的已腐熟的有机肥作为基肥。

（2）施工放线

小花坛一般根据图纸规定，直接用皮尺量好实际距离，用点线做出明显的标记。如花坛面积较大，可改用方格法放线。放线时，要注意先后顺序，避免踩坏已做好的标志。图形复杂的五色草模纹花坛放线要精细放线，保持设计图案效果。

（3）栽植

裸根苗应随起随栽，起苗应尽量注意保持根系完整。盆栽花苗，栽植时，最好将盆退下，但应注意保证盆土不松散。栽植保持合理花卉株行距，保证花坛既不裸露土面，又不互相拥挤。一般按照图案花纹先里后外，先左后右，先栽主要纹样，逐次进行。注意结合地形调整高度，保持材料的一致。

6.1.6 花坛日常管理

为了保持花坛良好的观赏效果，对花坛的日常管理要求非常精细。

首先要根据季节、天气安排浇水的频率。在交通频繁、尘土较重的地区，每隔 2～3d 还需喷水清洗，个别枯萎的植株要随时更换。

对扰乱图形的枝叶要及时修剪，对于季节性花坛中的植株一般不再施肥，永久性和半永久性花坛中的植物可在生长季喷施液肥或结合休眠期管理进行固体追肥。

6.2 花　　境

花境是源自于欧洲的一种花卉种植形式，是人们追求花卉自然应用方式的一种形式，是人们模拟自然界中林地边缘地带多种野生花卉交错生长的状态，运用艺术设计的手法，将宿根花卉按照色彩、高度及花期搭配在一起成群种植，开创了景观优美的被称为花境的一种全新的花卉种植形式。

6.2.1 花境概述

6.2.1.1 花境的概念

花境是园林中从规则式构图到自然式构图的一种过渡的半自然式的带状种植形式，以表现植物个体所特有的自然美以及它们之间自然组合的群落美为主题。模拟自然界中林缘地带各种野生花卉交错生长的状态，以宿根草本、花灌木为主，经过艺术提炼而设计成带状的自然式布置，表现花卉自然散布生长的景观。

6.2.1.2 花境的特点

1）物种组成丰富，季相变化明显　花境植物材料以宿根花卉为主，包括花灌木、球根花卉、一、二年生花卉等，植物种类丰富，能做到四季有景。

2）层次结构丰富，景观变化多样　花境在竖向上一般具备多个层次变化，通过对植物材料的科学配置和群落层次的合理架构，达到丰富变化的景观效果。

3）景观自然和谐，充分体现生态性　花境在中国是一种追求自然和谐的新兴造景形式，不仅符合现代人们对回归自然的追求，也符合生态城市建设对植物多样性的要求。

4）功能多样，应用范围广泛　花境的应用范围广泛，在林缘、路缘、庭院、墙垣及建筑物旁、水边、岩石旁、草坪中央、绿化带、绿篱旁等处均可布置。以其灵活多变的形式起到烘托气氛、衬托效果、遮挡、划分空间等功能。

5）观赏期长，养护管理相对粗放 常规的混合式花境由于植物材料丰富，因此各种植物材料开花时间此起彼伏，相互弥补，加之一些观叶植物的应用，四季有景可赏。花境可以一次设计种植，多年使用。

6.2.1.3 花境的历史

（1）花境在国外的发展

19世纪30～40年代，英国出现草本花境。第二次世界大战之后（1940），出现混合花境和四季常绿的针叶树花境。1957年，英国造园家克里斯托弗·劳埃德首次提出了"混合花境"的概念。20世纪中后期，花境从草本花境、混合花境逐渐向以某种植物或某个特点为造景焦点的主题花境发展，应用形式和位置也更加的宽泛与自由。更多地体现了开放性与公众性，并且逐渐被更多的国家采纳。

（2）花境在中国的发展

20世纪70年代后期，花境开始在中国出现。20世纪90年代，花境的应用形式开始增多，逐渐在上海、杭州、北京等绿地中应用，但受花境材料和观念的局限，总体上发展仍较缓慢。

2000年前后，伴随着从国外大量引种花境植物，上海开始大规模的花境应用于市政改造项目，这股风潮迅速蔓延至长三角其他地区，上海、杭州、江阴等地都营建了许多优秀的花境。近年来，花境逐渐形成了在全国各地发展之势。

6.2.1.4 花境的设计特点

1）花境内的植物的种植方式是自然的，能够体现植物自然的姿态和季节的变化。

2）花境植床的边缘可以有边缘石，但通常要求有低矮的镶边植物。

3）单面观赏的花境需有背景，其背景可以是装饰围墙、绿篱、树墙或格子篱等。

4）花境内部的基本构成单位是一组花丛，每种花卉集中栽植。

5）花境主要表现花卉群丛平面和立面的自然美，是竖向和水平方向的综合景观表现。平面上不同种类是块状混交；立面上高低错落。

6）花境内部植物配置有季相变化，四季（三季）美观，每季有3～4种花为主基调开放，形成季相景观。

6.2.1.5 花境的分类

花境分类的标准有很多，可以根据花境材料的种类、应用场所分、根据植物生物学特性和环境条件等因素进行划分。

（1）从设计形式上分类

1）单面观赏花境 花境常以建筑物、矮墙、树丛、绿篱等为背景，前面为低矮的边缘植物，整体上前低后高，供一面观赏。

2）双面观赏花境 这种花境没有背景，多设置在道路、广场和草坪中间，植物种植是中间高两侧低，供两面观赏。

3）对应式花境 花境呈左右二列式，多采用拟对称的手法，以求有节奏和变化。在园路的两侧、广场、草坪或建筑物周围设置。

（2）依照植物组成分为专类花境、草本花境、灌木花境、混合花境。

（3）按观赏角度（设计形式）分为单面花境、双面花境、对应式花境。

（4）按应用场所分为林缘花境、路缘花境、墙垣花境、岛式花境、台式花境、岩生花境、滨水花境。

（5）按观赏时间分为春季花境、夏季花境、秋季花境、四季花境。

（6）按花色分为单色花境、双色花境、混色花境。

（7）按照应用的时间分为长久花境、季节花境和时令花境。

6.2.2 花境的设计

6.2.2.1 花境的应用环境

1）适宜做花境背景的对象 低矮的楼房、围墙、挡土墙、景石、游廊、花架、栅栏、篱笆、绿篱、植物群落等。

2）园林中适宜布置花境的位置 重要景观节点、视觉焦点是建造花境的最佳位置，如建筑入口处、林下、草坪上、广场处、道路交叉口、道路两侧、林缘、草坪边缘、石旁、水旁等。

6.2.2.2 花境的设计方法

（1）平面设计

根据周边环境确定轮廓形态，一般有直线形、弧线形、曲线形3种形式。

构成花境的最基本单位是自然式的花丛。平面设计时，即以花丛为单位，进行自然斑块状的混植，每斑块为一个单种的花丛。通常一个设计单元（如20m长）有10种以上的种类自然式混交组成。

各花丛大小并非均匀，一般花后叶丛景观较差的植物面积宜小些。对于过长的花境，可设计一个演进花境单元进行同式重复演进或2～3个演进单元交替重复演进。

必须注意整个花境要有主调、配调和基调，做到多样统一。

（2）种植床设计

花境的种植床是带状的，两边是平行或近于平行的直线或曲线。单面观花境植床的后边缘线多采用直线，前边缘线可为直线或自由曲线。两面观赏花境的边缘基本平行，可以是直线，也可以是流畅的自由曲线。

（3）花境的朝向要求

对应式花境要求长轴沿南北方向展开，以使左右两个花境光照均匀，植物生长良好。其他花境可自由选择方向，并且根据花境的具体光照条件选择适宜的植物种类。

（4）花境大小的选择取决于环境空间的大小

通常花境的长轴长度不限，但为管理方便及体现植物布置的节奏、韵律感，可以把过长的植床分为几段，每段长度以不超过 20m 为宜。段与段之间可留 1～3m 的间歇地段，设置座椅或其他园林小品。

（5）各类花境的适宜宽度

单面观混合花境 4～5m；单面观宿根花卉花境 2～3m；双面观宿根花卉花境 4～6m。在家庭小花园中花境可设置 1～1.5m，一般不超过院宽的 1/4。

（6）种植床设计

依环境土壤条件及装饰要求可设计成平床或高床，并且应构筑 2%～4%的排水坡度。

（7）边缘设计

高床边缘可用自然的石块、砖头、碎瓦、木条等垒砌而成。平床多用低矮植物镶边，以15～20cm 高为宜。镶边植物必须四季常绿或生长期均能保持美观，最好为花叶兼美的植物，如马莲、酢浆草、葱兰、沿阶草、雪叶菊、锦熟黄杨等。若花境前面为园路，也可用草坪带镶边，宽度至少 30cm 以上。

（8）花境主体部分种植设计

花境宜选择适应性强、耐寒、耐旱、当地自然条件下生长强健且栽培管理简单的多年生花卉为主。

根据花境的具体位置，还应考虑花卉对光照、土壤及水分等的适应性。例如，花境中可能会因为背景或上层乔木造成局部半阴的环境，这些位置宜选用耐阴植物。

6.2.2.3　立面设计

（1）高度

正立面竖向的高低起伏；侧立面整体的层次趋势。

宿根花卉依种类不同，高度变化极大。但宿根花卉花境一般均不超过人的视线。总体上是单面观的前低后高，双面观的中央高，两边低。

（2）株形和质感

花境设计中植物搭配时也要考虑质地的协调和对比。

（3）株形与花序

可把花境花卉分成水平形、直线形及独特形 3 大类。花境在立面设计上最好有这 3 类植物的搭配，才可达到较好的立面景观效果。

水平形植株圆浑，多为单花顶生或各类头状和伞形花序，开花较密集，并形成水平方向的色块，如八宝、蓍草、金光菊等。

直线形植株耸直，多为顶生总状花序或穗状花序，开花时形成明显的竖线条，如火炬花、一枝黄花、大花飞燕草、蛇鞭菊等。独特形兼有水平及竖向效果，如鸢尾类、大花葱、石蒜、百合等。

（4）植株的质感

粗质地的植物显得近，细质地的植物显得远。

6.2.2.4　色彩设计

花境的色彩设计主要体现在对比色与协调色；冷色与暖色的应用，所以从色彩角度看有：对比色花境、暖色调花境和冷色调花境。

花境的色彩主要由植物的花色、叶色来体现。可以巧妙地利用不同花色来创造景观效果。如把冷色占优势的植物群放在花境后部，在视觉上有加大花境深度、增加宽度之感；在狭小的环境中用冷色调组成花境，有空间扩大感。

利用花色可产生冷、暖的心理感觉，花境的夏季景观应使用冷色调的蓝紫色系花，以给人带来凉意；而早春或秋天用暖色的红、橙色系花卉组成花境，可给人暖意。在安静休息区设置花境宜多用冷色调花；如果为增加热烈气氛，则可多使用暖色调的花。

6.2.2.5　季相设计

理想的花境应四季有景可观，寒冷地区可做到三季有景。

花境的季相是通过不同季节开花的代表种类及其花色来体现的，这一点在设计之初选择花卉种类时即须考虑。

应当列出各个季节或月份的代表种类，在平面种植设计时考虑同——季节不同的花色、株形等合理地布置于花境各处，如此保证花境中开花植物连续不断，以保证各季的观赏效果。

6.2.3　花境的施工

6.2.3.1　施工准备

（1）准备工作

花境介入的时间应尽早，融入整个工程体系。整地、土壤改良（施有机肥）、备苗、苗木到场。

（2）施工的流程

放线→根据设计方案调苗→骨架树木种植→背景植物种植→中景植物种植→前景植物种植→苗木微调→开凿排水沟。

（3）施工的技巧

套种解决露土的问题；拼种；挖排水沟；注

意科学安排种植密度、充分考虑植物的生长习性，为植物留有足够的生长空间。

6.2.3.2 施工注意事项

（1）整床及放线

按平面图纸用白粉或沙在植床内放线，对有特殊土壤要求的植物，可在某种植区采用局部换土措施。

要求排水好的植物可在种植区土壤下层添加石砾。

对某些根孽性过强，易侵扰其他花卉的植物，可在种植区边界挖沟，埋入砖或石板、瓦砾等进行隔离。

（2）栽植

大部分花卉的栽植时间以早春为宜，注意春季开花的要尽量提前在萌动前移栽，必须秋季才能栽植的种类可先以其他种类，如时令性的一、二年生花卉或球根花卉替代。栽植密度以植株覆盖床面为限。

（3）花境的养护

1）浇水　花境植物习性不一，大多数植物只有在高温和连续的盛夏方需补水，经常浇水会使植物生长过速、植株虚弱、易倒伏、烂根甚至死亡。如：银灰菊、蓍草、金鸡菊、亚菊、迷迭香、景天科植物等。有些植物在水分补给上是需要特殊照顾的，如景天、芒草类等。

2）施肥　花境在种植时需施基肥，其后每年追肥。花境植物对肥料的需求有个体差异，建议在植物开花前、开花修剪后、部分植物二次开花后各施复合肥一次。考虑到操作难度，可在3月、5月、10月共施肥3次。大多数高大的开花宿根植物都不用施肥太多，否则营养生长过旺，导致枝叶徒长，开花减少，加之水量增加，极易倒伏。

3）修剪　①花后重剪类：主要是高大宿根花卉，目的在于防倒伏，促发新枝，促二次开花。如大滨菊、金鸡菊、柳叶马鞭草等。②整形修剪类：主要针对常绿灌木，如地中海荚蒾、锦带类、小丑火棘、法国薰衣草等。③冬春季修剪：主要是大部分冬枯草本植物，如地涌金莲、美人蕉等在霜冻前修剪；但芒草类冬季虽枯黄，但不倒伏，观赏效果很有特色，可在春季发芽前修剪，延长景观效果。

4）分株，抽稀　花境植物长到一定年限，部分植物可能会有生长过密的问题，及时分株并施肥利于延长花境的景观效果。

6.3 花卉立体装饰

花卉立体装饰打破了传统的平面花卉应用形式，由二维的观赏角度发展到三维的观赏空间，不仅进一步增强了绿化效果，更能够丰富视觉效果，增加艺术冲击力。花卉立体装饰应用方式灵活多样，摆脱了土地的限制，在景观的塑造上具有更大的自由度，而且由于许多立体装饰形式能够快速组装并便于移动，是节日或重要活动场所美化装饰的重要方式。

6.3.1 花卉立体装饰概述

6.3.1.1 花卉立体装饰概念

花卉立体装饰是相对于平面花卉应用而言的一种园林装饰手法，即通过适当的载体（各种形式的容器或骨架），结合园林色彩美学及装饰绿化原理，经过合理的植物配置，将植物的装饰功能从平面延伸到空间，形成立体或三维的装饰效果，是一门集园林、工程、环境艺术等学科为一体的绿化手法。

6.3.1.2 花卉立体装饰的主要特点

（1）充分利用各种立体空间，增加绿化效果

在有限的城市空间中，立体装饰可以充分利用各种竖向空间，如立交桥、栏杆、建筑墙体、灯杆、行道树、广场等进行绿化，丰富绿化空间，增加绿化效果，有效地柔化、绿化建筑物，塑造人性化的生活空间，缓解城市生活的紧迫感。

（2）生动地表达主题思想

立体花坛通过各种造型进行景观塑造，能够丰富地表达设计的主体思想，反映国家和人民生活的变化。

（3）灵活方便地创造景观

花卉立体装饰可以多种形式的基本骨架，配以各种花材而完成特定的景观塑造，灵活方便，且能迅速成景，符合现代化城市发展的需求和效率。它摆脱了土地的局限性，可移动，能快速组装成型，短时间内就能形成较好的景观效果。在节日和重大活动期间，可以在广场、街道、会场快速布置立体花坛，烘托热烈气氛。

6.3.2 花卉立体装饰的类型及应用

花卉立体装饰多以各种形式的载体构成其基本骨架，如各种种植钵、卡盆、钢架、金属网架等，然后配以花材完成特定的景观塑造。常见的立体花卉应用方式有：悬挂式、立体栽植式、立体造型花坛等。

6.3.2.1 悬挂式

选用各种吊篮、吊盆、壁挂篮、花槽、花箱等容器，悬挂于各种立体空间，如阳台、灯杆、立交桥、围栏、道路护栏、廊架、门廊、建筑墙体等处。

悬挂式容器一般规格较小，多采用塑料、金

属、藤条等材料，其规格、形状、色彩均有多种形式。

悬挂式装饰所用植物材料一般选用低矮的草本花卉，中间多栽植直立的花卉如一串红、长寿花、凤仙花、丽格海棠、小菊，突出中心，边缘配置蔓生垂吊类植物，如矮牵牛、天竺葵、常春藤等，增加悬挂效果。

6.3.2.2 立体栽植式

包括各种大型的立体花钵、立篮、花塔、各式组合花箱等。灵活放置于广场、公园、道路两侧、景观节点、大门入口、屋顶平台等处。规格一般较大，可由多层次灵活组合。其材质多为塑料、玻璃钢、木材等，规格、形式多样。

近两年出现的应用较多的模块化模块结构，能够快速拼接，快速成型，施工简便。其形式多样，有各种方形、长方形、弧形模块，可灵活组合应用。如长方形花箱可组合形成道路隔离绿化带；弧形花箱可以围合灯柱、树干；立体鞍式花箱可以悬挂于道路护栏或立交桥护栏；垂直式花箱甚至可以组合成竖向花墙。

立体栽植容器中多栽植直立式花卉材料，如百日草、矮牵牛、万寿菊、四季秋海棠等色彩鲜艳、对环境适应性强的品种；有些花钵、花塔及鞍式花箱中也在边缘种植垂吊类型植物材料。

6.3.2.3 立体造型花坛

立体花坛造型丰富多样，能够充分发挥设计者的主观性，表达丰富的主题思想，是花坛应用的最高形式。常见类型主要有：五色草立体花坛、卡盆式立体花坛、草花造型立体花坛。

(1) 五色草立体花坛

五色草花坛是植物造景中的一种特殊形式，它以苋科虾钳菜属和景天科的几种植物材料，借助造型骨架，组成半立体或立体的艺术造型，是现有花卉立体装饰形式中最为复杂、最能体现设计者神思妙想的一种表现手法，也是最具有感染力和视觉冲击力的花卉应用形式之一。

五色草花坛可以生动形象地表现任何所要表达的形式，如建筑、动物、人物、事物等，综合表达各种场景的主题思想，如国家发生的大事记、纪念性事迹、历史性故事、传说等，甚至雕塑小品、标志、文字、广告宣传均可以通过五色草花坛表现得淋漓尽致。可以说，五色草花坛是将园艺、美术、雕塑融为一体的精美艺术品。

五色草花坛常用的材料为苋科的小叶红、小叶绿、小叶黑、大叶红以及景天科的白草（卧茎景天），通常以红色的小叶红为图案主体，以小叶绿为衬托，或者为小叶红和白草搭配，或三色配置，可制作出各种精美细致的图案。这些植物材料植株小巧、颜色对比鲜明，易栽植，耐修剪，表现细腻丰富，为其他材料所不及。

(2) 卡盆式立体花坛

卡盆式立体花坛是以钵床卡盆为基本单元组成的各种立体花坛，如花球、花柱、花墙、花桥、花拱门、花伞等。一般根据造型不同分为一定规格和形状的钵床，如花球是由8片同样大小的球瓣组成球形外壳，外壳上有固定卡盆的孔穴；花柱的由弧形钵床组成，侧壁上有固定卡盆的孔穴，花墙是由长方形钵床组成；钵床的空穴上均能固定卡盆，方便种植花卉。

卡盆式立体花坛常用花卉材料首选是四季秋海棠，还有矮牵牛、小菊、非洲凤仙、彩叶草、三色堇、羽衣甘蓝、旱金莲等。

在较大的环境空间中，卡盆式花坛可以在立体造型上以不同色彩的花卉拼构出非常细致的图形，连接方式简便易行。组合花坛适用范围广，既可用于大型广场、公园、大型的庆典场合，也可以用于宾馆饭店及单位庭院。

球形花球可以悬挂、或立在地面，或与其他立体装饰形式结合使用，半边花球还可以固定在墙面上形成壁挂装饰。

(3) 草花立体造型花坛

草花立体造型花坛是指运用除五色草之外的花卉种植在二维或三维的立体构架上，形成植物艺术造型。多以钢筋制作成方格或圈状的固定网架，将植物材料按设计图组合而成。

常用植物材料与花球、花柱选材基本一致，有四季秋海棠、非洲凤仙、小菊、彩叶草、矮牵牛、矮一串红等。主要用于广场、公园、庆典场合、道路两侧等地。

6.3.3 立体花坛的制作与施工

(1) 花坛设计

首先要完成立体花坛的设计，包括形象、主题、造型体量、骨架设计、装饰材料的选用等，绘制图纸，安排施工工序。

(2) 骨架制作

骨架制作以骨架设计图为依据。骨架材料可用钢材、竹材、木材等结构衔接固定，有焊接、螺栓紧固、铅丝绑扎等方式。

(3) 覆盖网制作

用铅丝网扎成内网和外网，两网之间的距离为8～12cm，内网孔为5～7cm，外网孔为2～3cm。或者用遮阳网、麻袋片代替铅丝网，缝制在骨架上，复杂的立体花坛则铅丝网和麻袋片均要用到。

(4) 植物材料的栽植

草花立体造型花坛多为栽植带根坨的植物材料，可用两道细钢筋或稍粗铅丝用焊接或绑扎方式固定到短钢筋上。骨架用根坨架层间距以放置植物后不留间隙为基本原则。

五色草立体花坛多在麻袋布或遮阳网上扦插，要将麻袋布缝制在骨架上，用蛭石填充在缝制麻袋布的骨架内。栽植前，在麻袋布上绘出图案线，标出各部分草色。根据造型需要修剪草枝。用直径6mm的钢筋打磨圆，另一头做成握把的扎锥，在泥层上稍向上斜插孔，栽植五色草植株。密度以草枝不拥挤又基本不露麻袋布为准，株行距3cm×3cm。插草时，可先将图案轮廓线插出，再于其内填插，可使图案更整齐分明。

(5) 固定

多数骨架可以直接放置到地面较平的展点，靠骨架支撑脚起稳固作用。当需要特别固定时，较厚水泥地面可用膨胀螺栓固定，裸土地面可将基部入土中固定，或者是预先埋入专设的基座，布展时再将骨架用焊接或膨胀螺栓固定到基座上。

6.3.4 立体花坛的养护管理

(1) 浇水

花坛制作完成后及时浇一次透水，平时花坛养护期间根据天气情况及时给水，保持栽培基质湿润。浇水不能用水管直冲，以防冲毁土壤，造成五色草倒伏。立体花坛每天可用少量多次喷洒的方法，保持湿度。

卡盆式立体花坛均为内设微管滴管浇水；骨架外被为扦插的五色草，可用喷雾器具，直接对扦插的五色草喷水；骨架里面用带根坨的花坛材料，需要设置给水管，给水管末端用铁丝扎紧不要漏水。给水管的进水口设在最高处，此上水管不能暴露在造型外，应预伏在骨架内，水在自来水自身的压力下经给水管系统，从出水孔喷射到根坨麻布上湿润根坨，达到给立体花坛供水的目的。

(2) 施肥

卡盆式花坛栽植前，在用海绵包裹花卉土坨时可加入适量缓释性颗粒肥，然后插入钵床上的孔穴内，以补充土壤肥效；五色草花坛土壤（基肥施入量不要超过花坛土壤总量的20%），用充分腐熟的饼肥占20%、沙壤土占60%、蛭石占20%混合均匀。立体花坛如果观赏期过长，植物材料不能满足生长需要，要薄肥勤施。化肥和微量元素施用浓度不超过0.3%和0.05%，有机肥浓度不超过5%。每10～15d追肥1次或叶面喷施，以晴天傍晚追肥为宜。

(3) 补植

立体花坛如出现萎蔫、死亡，有缺苗现象，应及时补植，补植的规格、品种和颜色要与原来设计保持一致。

(4) 除草

花坛中杂草与花卉争水争肥，不仅影响花卉的生长，而且影响花坛观赏效果，所以要及时清除杂草。

(5) 修剪

五色草花坛修剪较为频繁，一般15～20d剪1次。为保持五色草高度一致，促进根、茎、叶生长，使花坛土图案纹理清楚，整洁美观、提高五色草花坛观赏效果，故要适时修剪。四季秋海棠、彩叶草等也需要及时摘心，控制高度。

(6) 防病虫害

花坛中一旦出现烂叶现象，应立即减少喷水次数和喷水量，并可用喷药防治，药物有农用15%～20%链霉素、速克灵可湿性粉剂，喷雾浓度0.004%，1～2次即可治愈。喷雾后24h内不可喷水。

6.4 室内花卉应用

用花卉装饰室内空间环境，不但可以让人们感受到大自然的气息，而且可以起到美化室内环境、净化室内空气的作用，还会使居室更加富有生气。室内植物的观赏功能可以满足人们的心理要求，能使人赏心悦目、陶冶情操、净化心灵。良好的室内环境还可以使人在紧张的工作中获得放松，能消除眼睛的疲劳，对于人的精神和生理都能起到良好的健康作用。

6.4.1 室内花卉概述

6.4.1.1 概念

室内花卉应用是指在室内环境中将富于生命力的室内花卉及相关要素有机地组合在一起，从而创造出功能完善、具有美学感染力、再现大自然的空间环境。

6.4.1.2 室内花卉习性与应用特点

室内花卉种类繁多，在室内摆放时应首先根据室内的环境选择合适的花卉。

(1) 根据室内冬季的温度选择花卉

低于10℃的室内应选择低温温室花卉，如报春类、海棠类、苏铁、棕榈类、山茶、瓜叶菊、小苍兰、常春藤、紫罗兰等；10～18℃的室内应选择中温温室花卉，如仙客来、倒挂金钟、蒲包花、郁金香、风信子、水仙、桂花、扶桑、橡皮树、龟背竹、白兰花、五色梅、冷水花、吊兰、绿萝等；高于20℃的室内应选择高温温室花卉，如一品红、变叶木、热带兰、花烛、王莲、龙血树、朱蕉、幸福树等。

(2) 根据室内光线选择花卉

室内不同环境下光线不同，应用的花卉也不同。靠近南向窗户，有直射光线的地方，应摆放喜光的花卉和耐旱的花卉，如月季、扶桑、米兰、茉莉、彩叶草、长春花、橡皮树等温室观花花卉以及仙人掌类、长寿花等多浆花卉；东、西窗台附近，以及距离南向窗户有2m左右，具有明亮散射光的地方，应选择喜半阴的花卉及彩色观叶植物，如山茶、杜鹃、含笑、文竹、君子兰、吊兰、天门冬、绿萝、发财树、袖珍椰子、龙血树、朱蕉、秋海棠、大岩桐、火鹤等花卉；北侧光线较弱的地方，应选择喜阴的花卉，如一叶兰、龟背竹、万年青、玉簪、兰花等。

(3) 根据空气湿度选择花卉

空气湿度低于40%的环境，易选择耐干旱的花卉，如多浆植物、木本植物；空气湿度在40%～70%的环境空间，适宜选择绿萝等天南星科观叶植物、秋海棠类、凤梨类等；空气湿度高于70%的环境，应选择喜高湿的花卉，如蕨类、兰科花卉、网纹草、杜鹃、竹芋类等。北方室内空气较为干燥，不适合选择喜高湿的花卉。

6.4.2 室内花卉应用类型

室内花卉应用主要包括地栽和容器栽植两种方式。

1）室内花园　以地栽为主的综合性室内植物景观。主要用于大型室内空间，如宾馆、饭店、生态餐厅等。

2）容器栽植　是最为常见的室内花卉应用方式，可以不同的形式将植物栽培于容器中，布置于各种室内空间的应用形式，包括普通盆栽、组合盆栽、悬吊栽培、水培、瓶景（箱景）等多种形式。

3）盆景　盆景是富有诗情画意的案头清供和园林装饰，常被誉为“无声的诗，立体的画”。盆景的构成要素概括为一景二盆三几（架）。常见盆景类型有：树木盆景、山水盆景、水旱盆景、花草盆景、微型盆景、挂壁盆景、异型盆景。

4）插花花艺　插花即指将剪切下来的植物之枝、叶、花、果作为素材，经过一定的技术（修剪、整枝、弯曲等）和艺术（构思、造型设色等）加工，重新配置成一件精致美丽、富有诗情画意、能体现自然美和艺术美的花卉作品。

常见的插花类型有东方式插花和西方式插花，东方式插花的基本形式为直立式、倾斜式、水平式和下垂式；西方插花多为几何形状，如扇形、半球形、L形、倒T形等。插花多置于茶几、窗台、床头、餐桌、几架等处。

6.4.3 不同室内环境适宜的花卉种类

(1) 门厅

门厅是居室的入口处，包括走廊、过道等。居室的门厅一般空间较窄，且大多光线较暗淡。此处的绿化装饰大多选择体态规整、稍高大的木本植物，或攀附为柱状的植物，如龙血树、鹅掌柴、绿宝石、心叶腾、垂叶榕、龙血树等；也可利用鞋柜、置衣架等采用吊挂的形式，常选用吊兰、蕨类植物等，既可节省空间，又能活跃空间气氛。

(2) 大厅、礼堂

大厅、礼堂适宜布置各种大型木本观叶植物，如红桑、散尾葵、变叶榕、苏铁、橡皮树、木本绣球、棕竹、鸭脚木、香龙血树等。

(3) 客厅、餐厅

客厅、餐厅是家庭中最重要的空间，是家人活互动、客人来访的主要场所，因此也是最常放置室内植物的地方。可根据客厅空间大小选择植物类型和数量，较大的客厅，可在角落放置高大木本观叶植物；在沙发旁或高几顶上，可摆放龟背竹、金橘、花叶万年青；在矮柜上可摆放下垂式花卉，如吊兰、常春藤、绿萝等；茶几或餐桌上可摆放喜半阴的小型盆花或插花作品；还可在向阳窗台上摆放小型盆花，如长寿花、长春花、蟹爪兰、芦荟等。

摆放植物首先应着眼于装饰美，注意植物的高度和颜色等，要与整体风格协调，使之成为整体的一部分。此外，植物应角落放置，不妨碍人的走动。如是整个客厅绿意快然。

(4) 卧室

卧室一般家具较多，空间较小，所以花材的选用以小型、淡绿色为佳，适于人们安静休息。可在案头、几架上摆放文竹、火鹤、袖珍椰子、凤梨等。如果空间许可，也可在地面摆上造型规整的花卉植物，如心叶喜林芋、龙血树、白鹤芋等。

(5) 厨房与餐厅

厨房常与餐厅共用或相连，面积通常较小。厨房绿化装饰应讲究功能，方便炊事工作。如在壁面上吊挂花篮、蔬菜；在窗台、角柜装饰草莓、月桂等。如用花卉装饰要注意花色的色彩，以白色、冷色、淡色为主，体现环境的清凉感及空间的宽敞感。餐厅为全家人每天团聚、进餐之处，可摆放色彩变化丰富、对比明显的鲜花或盆花，也可在餐桌上点缀胡萝卜、番茄等瓜果类，既好看又好吃。

(6) 卫生间、浴室

面积较小，湿度较大，通气较差，光线阴暗，可选用几种耐阴喜湿的植物，如铁线蕨、肾蕨、常春藤等，或者水培瓶插的富贵竹等。可于花架或墙壁上摆设蓬莱蕉、猪笼草、冷水花、椒草、网纹草等小型植物，也可吊挂四季海棠、吊竹梅等或陈设季节性的鲜花、插花进行装饰。避免采用带刺的或花粉较多的植物。

（7）阳台

南向阳台宜多种些耐旱和喜光的花卉，如月季、扶桑、矮牵牛等，可在墙壁上种植爬山虎；在阳台栅栏上悬挂种植槽，种植垂吊类植物，如天竺葵、矮牵牛等；在阳台上部还可悬挂吊篮、吊盆花卉进行装饰。

6.4.4 室内花卉装饰的注意事项

室内花卉装饰如装饰不当，也会适得其反。室内花卉装饰，应注意以下几点。

1）忌有刺花卉摆放不当。如虎刺梅、叶子花等有刺，注意避免扎伤，有小孩的家庭不能选择有刺的花卉。

2）有毒的花不能放。有些花卉有毒，如一品红、夹竹桃等，不宜在室内应用。

3）水果附近不宜摆花。成熟水果会释放出大量乙烯，易导致花卉提早萎蔫。

4）忌在盆内扣蛋壳、倒残茶。蛋壳内蛋清为生肥，扣蛋壳不利于花卉透气，且易滋生蚊虫；残茶多为碱性，而温室花卉多为喜酸性或微酸性花卉，故不宜施用。

5）忌香或带有某种异味。浓香或有异味的花卉不宜长时间在室内摆放，如百合、风信子等。

6）电视机前不宜摆花。电视机易产生辐射，对花卉生长不利。

复习思考题

1. 花坛花卉在寒冷地区与高温地区有何区别？

2. 结合花坛栽植养护规则，重点介绍花坛花期一致性设计应注意哪些问题。

3. 绘画色彩设计原则对花坛设计有哪些指导意义？

4. 用校徽、院标、队标等图案，设计一个模纹花坛。

5. 花境应用场地主要在哪些区域？设计一段带状花境，列出花卉种类及栽植养护技术要点。

6. 结合你所在学校气候及环境条件，设计一个自动喷灌立体花坛。

7. 室内装饰用花坛具有哪些特点？

附录1 花卉学实验、实训

实验1 花卉种类识别

一、目的要求

掌握花卉各种分类的形式、方法和作用。了解每一花卉种类的生物学特性及基本应用。

二、材料及器具

校园、植物园及周围地区常见花卉种类。

放大镜、测量尺、记录本、笔、《植物志》。

三、方法步骤

1. 认真观察记录各种当地常见花卉包括草本花卉和木本花卉的株形、叶片、枝干、花朵等生物学特征，按照植物学的分类方法，列出它们的拉丁学名。

2. 用测量尺测株高及叶、花的大小，用放大镜观察叶脉、表皮毛等的形态。仔细观察花的色泽、形态等。

3. 整理观察记录，按生活类型、栽培方式、观赏特性、原产地气候型等进行分类。列出表格。

表格示例：附实表1-1。

附实表1-1 花卉种类记载表

中文名	拉丁学名	科	属	形态特征	花期	观赏特性	栽培类型	生态习性

四、作业

识别50～100种当地花卉，能按生活类型、栽培方式、观赏特性、原产地气候型等进行分类，列出表格。

实验2 露地花卉播种育苗技术

一、目的要求

播种繁殖是草本花卉繁殖的重要方式之一，是保存种质资源的重要手段，并为花卉选种、育种提供条件。本实验通过几种花卉的播种操作实验，掌握花卉容器播种繁殖的基本操作方法、程序及幼苗的养护管理等环节。

二、材料及器具

1. 植物材料：鸡冠花、一串红、百日草、旱金莲等不同粒径大小的一、二年生花卉种子。

2. 用具：播种盆（或育苗盘）、细河沙、园土、腐叶土、网眼筛、铁锹、小板条、喷壶、塑料薄膜等。

三、方法步骤

1. 播种用培养土的配制与准备

将准备好的消毒处理过的腐叶土、园土、河沙过筛。然后，根据种子粒径的大小配制不同比例的培养土。如一般细小种子：腐叶土∶园土∶河沙比例为5∶1∶2；中粒种子：腐叶土∶园土∶河沙比例为4∶4∶2；大粒种子：腐叶土∶园土∶河沙比例为5∶5∶1。

2. 播种容器的准备

选择广口瓦盆或育苗盘作为播种容器。如果选用播种盆，要用碎盆片把盆底排水孔盖上，填入盆深的1/3碎盆或粗沙砾，其上填入筛出的粗粒混合土，厚约盆深的1/3，最上层为播种用土（用网眼2～3mm的筛子过筛）。

3. 镇压、找平

盆土填入后，用木条将土面压实刮平，使土面距盆沿2～3cm。

4. 浇水

用“浸盆法”将浅盆下部浸入较大的水盆或水池中，使土面位于盆外水面以上，待土壤浸湿后，将盆提出，使过多的水分渗出；或用细孔喷壶将土壤浇透，即可播种。

5. 播种

细小种子宜采用撒播法，为防止播种太密，

可掺入细沙与种子一起播入；中、大粒种子用点播或条播法。

6. 覆土及覆盖

播种后用细筛筛过的土覆盖，小粒种子以不见种子为度，大中粒种子覆土厚度为种子直径的2～4倍。覆土后在盆面上盖玻璃或塑料薄膜等，以减少水分蒸发，并置于室内温暖无直射光处。

7. 播后的管理

应注意维持盆土湿润，干燥时仍然用浸盆法给水，早晚将覆盖物打开数分钟通风，幼苗出土后去除覆盖物，并逐渐移于光照充足处。

四、作业

学生应认真记录操作的内容，在播种后记录种子发芽情况，填写附实表2-1。根据实际操作的各环节进行分析总结，完成下列作业和实习报告。

1. 总结容器播种的基本步骤与方法。

2. 课后继续观察种子出苗情况，并填写附实表2-1。

附实表2-1　花卉种子萌芽状况记录表

种子名称	播种日期	萌芽日期及发芽率(第1粒种子萌发时间，第一片真叶出现日期后连续记录3～5d)

实验3　花卉培养土配制

一、原理、目的要求

为了满足盆栽花卉生长发育的需要，根据不同花卉种类对土壤要求的不同，需人工配制腐殖质含量丰富、团粒结构良好、保水保肥、养分充足及通透性良好的土壤替代物，这种土壤替代物即称为花卉培养土。花卉种类繁多，习性各异，需培养土的理化性质亦不同，因此应根据花卉习性、对土壤的需求来配制。本实验的目的是要求学生掌握花卉培养土配制的原理和方法。

二、材料及器具

1. 园土：取自菜园、果园等地表的土壤，含有一定的腐殖质，团粒结构较好、通透性良好，常作为多数培养土的基本材料。

2. 厩肥：以牛、马、猪、羊、鸡、鸭、鸽粪加上草泥土堆积，待腐熟发酵后成厩肥土，富含腐殖质及养分，须经暴晒过筛后使用。

3. 腐叶土：阔叶林下的表土或利用各种植物叶片、杂草等掺入园土，加水和人畜粪尿发酵而成，腐殖质含量高，保水性强，通透性好，pH呈酸性，是配制培养土的主要材料之一。

4. 泥炭土：由泥炭藓炭化而成，含有较多的矿物质，有机质较少，呈微酸性或中性；可单独使用，亦可种植茶花、杜鹃花等喜酸性花卉。

5. 砻糠灰：主要是稻谷壳、麦壳、秸秆、草熏烧的灰，也称为草木灰，富含钾，排水良好，土壤疏松，略偏碱性，可作为培养土配制材料。

6. 锯木屑：用锯木屑堆制发酵后，与土壤配制后使培养土疏松，保水性能良好，是近几年来新发展的培养土材料。

此外还有蛭石、珍珠岩、蕨根粉、苔藓、骨粉、河沙、塘泥、河泥、针叶土、草皮土等，均可作为配制培养土的材料。

7. 筛子、铁锹、苗钵。

四、方法步骤

1. 选择基质

根据花卉种类及花卉对土壤的需求特点选择一种到多种基质备用。一般选择3～5种基质配备。

2. 基质消毒

将选择好的基质进行消毒，消毒方法可以用物理方法或化学方法。

(1) 物理方法

蒸煮消毒法：把选择好的基质，放入适当的容器中隔水在锅中蒸煮消毒。这种方法只限于小规模栽培少量用土时应用。此外，也可将蒸汽通入土壤进行消毒，要求蒸汽温度在100～120℃，消毒时间40～60min。

(2) 化学方法

① 福尔马林消毒法：用福尔马林对基质整体消毒，其方法是用福尔马林（40%甲醛）200～300mL，兑水25～30kg，喷洒在1000kg培养土中，充分拌匀后堆置，堆上覆盖塑料薄膜等物，堆闷48～72h，以达到彻底杀菌的效果。然后揭开塑料薄膜等覆盖物，经1～2周后，把土弄松散些，待土壤中药味散发后使用。

② 二硫化碳消毒法：把基质堆积后，在土堆的上方穿几个孔，每100m^3土壤注入350g二硫化碳，注入后在孔穴开口处用草秆等盖严，经过48～72h的堆闷，除去草盖，摊开土堆，使二硫化碳全部散失即可。

3. 基质配比

一般花卉培养土的配制比例如下。

(1) 茶花、杜鹃、含笑等花卉：腐叶土40%、泥炭土40%、沙土20%的比例配制后，再加少许骨粉。

(2) 柏树、南天竹类花卉：山泥45%、腐叶土与焦泥灰35%、沙20%配制而成。

(3) 菊花、大丽花和一般温室草花：腐叶土30%、塘泥40%、园土30%配制以后，再用上述混合物的70%加砻糠灰30%，加少量骨粉、石灰等混合，使土呈中性。

(4) 文竹、吊兰等花卉：园土或塘泥60%、沙土10%、砻糠灰30%配制。

(5) 梅花、海棠、石榴等木本花卉：腐叶土35%、塘泥35%、沙15%，砻糠灰15%配制后加少量骨粉。

(6) 室内观叶花卉培养土：泥炭50%、蛭石25%、珍珠岩25%配制而成。

4. 基质配制

将配比好的基质混合起来搅拌，充分混匀，混匀后测培养土pH，调整土壤酸碱度至花卉适合的值。土壤的酸碱度对花卉生长影响很大，酸碱性不合适会严重阻碍花卉的生长发育，影响养分吸收，甚至会引起病害的发生。因此，在用培养土栽培花卉时，应根据不同花卉的需求，适当调整培养土的酸碱度。

具体方法：如酸性过高时，可在盆土中适当掺入一些石灰粉或草木灰；碱性过高时可加入适量的硫黄、腐殖质肥、硫酸亚铁等，硫酸亚铁需现配现用，每隔7～10d施1次。

五、作业

用配好的培养土栽培几种花卉，观察记录花卉生长情况，撰写实验报告。

实验4　温室花卉盆播育苗

一、目的要求

通过实验，掌握常用温室花卉的盆播育苗方法与技术。

二、材料用具

1. 材料：瓜叶菊、蒲包花、长春花、凤仙花等大粒、中粒、小粒花卉种子。

2. 用具：花盆、播种箱、开水煲、大烧杯、温度计、花铲、花洒等。

3. 药品：常用含磷花肥、杀菌剂。

三、方法步骤

1. 播种用盆及基质

(1) 用盆

① 花盆：可选用不同口径的花盆。花盆要洗干净。

② 播种箱：规格有60cm×30cm×10cm等，下有排水孔，目前已大量用塑料播种箱。

(2) 基质　要求用富含腐殖质，疏松，肥沃的壤土或沙质壤土。常用园土∶沙∶草灰＝2∶1∶1混合均匀，消毒处理后，加入磷肥，磷肥用量1kg/m^3。

2. 播种方法

(1) 播种盆的准备　播种盆用瓦片凸面朝上盖住排水孔，填入约2cm的粗粒土，以利排水，随后填入培养土至八成满，拔平轻轻压实，待用。

(2) 浸种处理　用常温水浸种一昼夜，或用温热水（30～40℃）浸种几小时，然后除去漂浮杂质以及不饱满的种子。取出种子进行播种。太细小的种子不经过浸种这一步骤。

(3) 播种　大粒种子点播；中粒种子条播；小粒种子撒播。播后用细筛筛一层培养土覆盖，以不见种子为度。微粒种子可渗混适量细沙撒播，然后用压土板稍加镇压。

(4) 浇水　采用"盆浸法"，将播种盆放入另一较大的盛水容器中，入水深度为盆高的一半，由底孔徐徐吸水，直至全部营养土湿润。播细粒种子时，可先让盆土吸透水，再播种。

3. 播后管理

播种盆宜放在通风，没有太阳直射的地方。盆面上盖上玻璃片保持湿润，不必每天淋水，但每天要翻转玻璃片，湿度太大时玻璃片要架起一侧，以透气。也可用倒盖花盆的方法遮阴。发芽后，要适当减少浇水，掀去遮阳物，逐步通风、见阳光，并加强水分管理，使幼苗茁壮成长。当真叶出土后及时间苗或移栽。

四、作业

1. 按实验内容及步骤撰写实验报告。

2. 总结花卉盆播育苗的技术要点。

实验5　花卉上盆与换盆技术

一、目的要求

通过实验，熟练掌握盆花管理中上盆与换盆的基本操作技术。

二、材料用具

1. 材料：草花幼苗。

2. 用具：培养基质、枝剪、铁锹、花铲、各种规格的花盆、喷水壶等。

三、方法步骤

1. 上盆

（1）选择2～3种花卉播种苗或扦插苗。

（2）选择与幼苗规格相应的花盆，用一块碎片盖于盆底的排水孔上，将凹面朝下，盆底可用粗粒或碎盆片、碎砖块，以利排水，上面再填入一层培养土，以待定植。

（3）用左手拿苗放于盆口中央深浅适当位置，填培养土于苗根周围，用手指压紧，土面与盆口留有适当高度（3～5cm）。

（4）栽植完毕，喷足水，暂置荫凉通风处数日缓苗。待苗恢复生长后，逐渐移于光照充足处。

2. 换盆

（1）选2～3种盆栽花卉。

（2）分开左手手指，按置于盆面植株基部，将盆提起倒置，并以右手轻扣盆边，土球即可取出（不易取出时，将盆边向他物轻扣）。

（3）土球取出后，对部分老根、枯根、卷曲根进行修剪。宿根花卉可结合分株，并刮去部分旧土；木本花卉可依种类不同将土球适当切除一部分；一、二年生草花按原土球栽植。

（4）换盆后第一次浇足水，置阴处缓苗数日，保持土壤湿润；直至新根长出后，再逐渐增加浇水量。

3. 换盆注意事项

（1）需注意换盆时间和次数（盆孔出根需换盆；一、二年生花卉需进行多次换盆；多年生花卉应在休眠期进行换盆；常绿花卉应在雨季进行换盆）。

（2）换盆过程应从小盆到大盆慢慢过渡。

（3）多余、病、虫、朽根剪除，肉质根系应晾放。

（4）一、二年生花卉在换盆时不应使土球破裂。

（5）换盆用的营养土干湿适度，捏成团，触之散。

（6）换盆时应沿盆边按实，防灌水下漏。

（7）浇透水，后逐渐减少，然后再逐渐增多。

（8）换盆后需置荫凉处缓苗。

四、作业

1. 记录上盆与换盆的操作过程，分析上盆与换盆的不同之处。

2. 上盆与换盆操作中应注意哪些关键环节？

实验6　切花月季修剪技术

一、目的要求

亲自参加切花月季修剪操作，了解切花月季枝、芽生长特性，掌握切花月季修剪的主要方法及技术环节。

二、材料用具

切花月季植株、剪枝剪、手套等。

三、方法步骤

教师讲解实验要求，根据实验人数、场地情况，把切花月季操作主要技术环节介绍清楚，分发工具用品，学生分组或轮流操作。

1. 对选定的需要修剪的切花月季植株进行仔细观察，了解其枝芽生长特性，植株生长状况及冠形特点，根据生产目的来确定具体的修剪方法。

2. 切花月季的修剪根据植株生长时期和季节不同，分为幼苗期修剪、夏季修剪、冬季修剪、切花枝修剪等。根据实际情况，不同时期要选择适宜的修剪方法。

3. 修剪操作时要认真细致，在修剪时，要看清楚芽子的部位，要留外芽，在芽上方1cm处进行修剪，剪口要平。无论哪个时期的修剪，要保证植株枝条分布均匀，通风透光良好。

4. 修剪操作要从一行开始，每株进行，不能随意选择，造成漏剪。

5. 修剪操作前要对修枝剪进行消毒处理，防止传染病虫害。

6. 修剪完毕后，要及时清理场地。

四、作业

学生应认真记录操作的内容和结果，对操作的质量进行分析评议，撰写实验报告。

实验7　切花采收与保鲜技术

一、目的要求

要求学生能运用已学的知识进行实验设计，熟悉切花采收标准，掌握采收方法、采后处理及采后保鲜贮藏技术，能对实验数据进行科学的统计分析，提高学生独立科研能力。

二、材料用具

枝剪、塑料水桶、保鲜剂、切花花材、保鲜柜、塑料袋、丝裂膜等。

三、方法步骤

1. 提前备好工具，分组、分地点采收、保鲜。

2. 采收时间在清晨或傍晚。分蕾期采收和花期采收（香石竹、月季、唐菖蒲、菊花）。花枝留取高度，取决于吸水力，强高明弱低，剪口平滑。

3. 采收后预处理：采收→浸水 4h→水中切除花梗 5cm→捆扎→预处理液处理→不透明塑料袋包裹→装入有孔纸箱→运输、贮藏。

4. 预处理液：

(1) 香石竹：10%蔗糖，1000μg/L 硝酸银溶液浸泡 10min。

(2) 月季：20g/L 蔗糖、300μg/L 8-羟基喹啉溶液（或硫酸盐、柠檬酸盐溶液）浸泡 10min。

(3) 唐菖蒲、菊花：1000μg/L 硝酸银溶液处理 10min。

四、作业

记录采收过程及保鲜技术的处理，分析保鲜原理和作用。

实验 8　花卉花期调控技术（以一品红为例）

一、目的要求

根据生产要求，制定一品红的花期调控计划，并按照计划实施调控，在实践操作中掌握一品红的促成和抑制栽培技术，同时能够举一反三，掌握同类花卉花期调控技术。

二、材料用具

一品红、矮壮素、百菌清、硫酸亚铁、复合肥、赤霉素、剪刀、移植铲、喷壶、喷雾器、遮阳网、遮光设备、增光设备、修枝剪、花盆、基质等。

三、方法步骤

教师讲解实验要求，根据实验人数、场地情况，把一品红花期调控主要技术环节介绍清楚，分发工具用品，学生分组或轮流操作。

1. 一品红的促成栽培

根据用花时间安排花期调控时间，如果“十一”用花，应在 8 月中旬进行遮光处理。每天下午 17:00 至早晨 8:00 为遮光时间，单瓣品种 45～55d，重瓣品种 55～65d。遮光必须严格，不能间断。

2. 盛夏进行处理时，气温高于 35℃以上，下午浇足水，在地面喷水降温，晚 22:00 后把棚架打开半部分，通风降温 2～3h。

3. 处理期间，每周追施 1 次液体肥料。

4. 一品红的抑制栽培

要使一品红春节进入盛花期，可用加光的方法进行处理，延长花期。

5. 注意事项

要求学生严格按照要点进行操作，技术符合要求；做完每项操作后都要进行清理，并及时检查。

四、作业

学生应认真记录操作的内容和结果，对操作的质量进行分析评议，撰写实验报告。

实验 9　花卉种实采收与识别技术

种实为被子植物和裸子植物的特有繁殖体，也是植物种子繁殖的重要材料。通过植物的传粉授精，由胚珠受精后形成的胚最终发育而成的器官。

大部分的一、二年生花卉及部分多年生花卉都把种子繁殖作为主要的繁殖方式。正确地识别种子，适时采摘且妥善地保存种子，是花卉进行种子繁殖获得成功的基础。

一、目的要求

1. 了解花卉种子的识别与采收的重要性。

2. 在了解种子采收时间与方法的基础上，掌握种子采收与处理的基本能力和技巧。

3. 通过种子采收，掌握常见花卉种子的外部形态特征，能够准确地识别不同花卉种子。

二、材料用具

1. 材料：一、二年生花卉。

2. 用具：采集箱、枝剪、纸袋、布袋、卡尺、直尺、天平、镊子。

三、方法步骤

1. 花卉种子采收

(1) 在圃地中选取优良品种典型性高的单株作采种母株，选择品种典型性高的种子和花序，适时采收，根据种类、成熟时间的不同，采收可分批进行。

(2) 采收后同种花卉的果实集中放于笸箩中摊开，选择晴天放置于室外的通风阴凉处反复晾晒，天气不好时可移入室内，直至种子自然风干（一般含水量在 5%～12%）。

(3) 直接采收的种子晾干后可以存放于布袋或纸袋中，如紫茉莉种子，做好标签，标明种与品种的名称、采种日期。如采收到的是干花序或果实，需待果实开裂、种子脱落后除去杂物。然后将种子装入袋中，做好标记。

(4) 将部分种实留出进行识别，其余装袋保存。

通常情况下，植物开花后结实，然后形成种子。但只有高质量种子才可作为繁殖材料体使用，并繁殖培育出健壮的种苗。采收之后作为繁殖体的可能是种子，如金盏菊；也可能为果实，如铁线莲。对于不同花卉的种与品种，正确的采收种实的方法是获得发育良好、饱满成熟、无病虫害的健康种实的保证。种实的质量与采种母株生长发育状况、采收时间、采收部位及采收时种子的生理状态相关。

广义的种子成熟包括形态成熟和生理成熟，即真正成熟。在不同的成熟阶段进行采收对发芽的影响不同。种子处于形态成熟时应及时采收与处理，此时种子的含水量降低，酶活性减弱，种胚完成发育过程，种皮坚硬，抗性增强，可防止霉烂、散落或丧失发芽力。采收过早或过晚均有不利影响。当群体中60%～80%的花卉种子陆续成熟时可进行采收，过早或过晚时形成的种子，质量一般不高。采种应选择无病虫害、生长健壮、种实饱满的母株，一般中部和中上部的种子质量好于顶部及下部种子。且需选择品种典型性高的单株、种子和花序进行采收。如万寿菊、波斯菊、翠菊等花卉，着生于花盘边缘的种子，保持母本花型、花色最佳。

2. 花卉种子的识别

花卉种实的大小、色彩、形态、质地存在差异，正确识别种实，才可保证繁殖出后续生产需要的花卉种苗。同时，也有助于种实的处理、播种量的判断、播种方法的选择、后期种苗的管理等工作。

(1) 将采收的10种花卉种子按照种实粒径的大小进行分类。种子的大小按照粒径可分为大粒、中粒、小粒和微粒种子。大粒(粒径≥5.0mm) 种子，如金盏菊、紫茉莉、君子兰；中粒 (2.0～5.0mm) 种子，如一串红、紫罗兰、矢车菊；小粒 (1.0～2.0mm) 种子，如鸡冠花、三色堇、雏菊、半支莲；微粒(<0.9mm) 种子，如矮牵牛、金鱼草、四季秋海棠。

(2) 任选3种以上数量较多的花卉种子，测量其千粒重。用1000粒种子的重量表示种实大小。重量大，表示单粒种实大且重；重量小，表示单粒种实小或轻。

(3) 认真观察所采集的10种花卉种实的形状、色彩、大小，绘图或拍照。对照实物进行描述。园林花卉种子包括卵形 (如金鱼草)、椭圆形 (如四季秋海棠)、球状 (如紫茉莉)、肾形 (如鸡冠花)、镰刀形 (如金盏菊)、披针形 (如除虫菊)、线性等多种形状。此外，种实多具有附属物，如翅、钩、茸毛、沟、槽、突起等，也可以作为识别特征。

四、作业

绘制表格，认真填写5～10种花卉种子或果实的外部形态特征和采收方法，并附手绘图，撰写实验报告。

实验10 露地花卉栽培管理技术

一、目的要求

明确露地花卉栽培整地要求，掌握整地作畦操作步骤及标准。学会露地花卉间苗、移栽、定植技术操作要求的方法，正确使用工具及保苗护根方法。掌握花卉生长发育规律，学会露地花卉整形修剪技术方法

二、材料用具

铁锹、土筐、有机肥、耙子、喷壶、米尺、移植铲、铁锹、营养钵、水桶、锄头、花枝剪、剪枝剪、刀片、细绳、笤帚、塑料袋、花卉材料。

三、方法步骤

1. 整地作畦

准备好工具用品、确定栽培地点和面积、方向，分组完成任务。

(1) 深翻土地30cm深，清除杂物，打碎大土块，施入有机肥，拌匀。

(2) 用米尺丈量长度、高度。宽1.2m，高度分3种，25cm高为高畦；1～5cm为平畦；－15～－20cm为低畦。将大土块放在过道上，过道宽30～40cm。

(3) 平整畦面，高度一致，边角整齐。

2. 间苗、移栽、定植技术

在露地直播花圃，根据人数及可操作材料，分组、分项活动。

(1) 学习间苗标准、操作方法、间苗后的处置，松土结合间苗开展。

(2) 将生长空间过密，已能独立生长的苗移栽到苗钵或大苗床上，先浇透水，带土护根移栽。

(3) 先耕翻好定植穴，对待栽苗浇透水，带土或脱钵栽植，保持株行距及花苗整齐度，栽后浇透水。

3. 整形修剪技术

选定露地草花或木本花卉为材料，由教师组织学生分组开展整形修剪。

（1）根据花卉种类，研究整形修剪方案及修剪内容。

（2）具体操作方法是先修剪枯枝、残花、残叶，再修剪徒长枝、过弱枝、砧木萌蘖。

（3）根据株形培养计划，去除多余枝或叶，根据花期及花枝数，确定摘心、抹芽、摘蕾数量。

四、作业

1. 根据实际操作，以某一种畦为例，设计在 40m × 50m 场地内作畦，如何规划，绘图说明。

2. 从定植实践中，总结出露地花卉定植时如何计算供苗计划，以及组织安排注意事项。

3. 以某一花卉为例，列出整形修剪时期、项目和方法。

实验 11 温室花卉水肥管理技术

一、目的要求

通过实验，要求学生熟悉盆花浇水、施肥原则，学会判断盆花缺肥的方法，正确掌握矾肥水沤制方法及浇水、施肥方法。

二、材料用具

1. 材料：尿素、黑帆（硫酸亚铁）、豆饼或油粕、干粪、水等。

2. 用具：喷雾器、喷壶、缸、花铲。

三、方法步骤

1. 矾肥水的配制

黑矾 2～3kg、豆饼或油粕 5～6kg、干粪 10～15kg、水 200～250kg，将四种材料（可按 1∶3∶5∶100 比例配制）混合放于缸内发酵，于阳光下暴晒，经 20d 以后，全部腐熟成黑色液体时，取其上清液兑水稀释后即可使用。用这种水浇过的土壤呈微酸性，pH 在 5.8～6.7。矾肥水是一种偏酸性的肥料，用“矾肥水”浇灌喜酸性土壤的花卉，效果良好。

2. 判断盆花缺肥方法

可通过植物叶色加以判断盆花是否缺肥。凡叶片浓绿、质厚而皱缩者为过肥，应停止施肥；叶色发黄且质薄、生长细弱者为缺肥，应补肥。

3. 盆花的施肥

坚持“适时、适量、适当”原则进行施肥。施肥方法如下。

（1）基肥　在上盆和换盆时，施腐熟好的肥料。施入量不要超过盆土总量的 20%。以腐熟的饼肥、骨粉等有机肥为宜，将肥埋入盆边四周，浇水使其慢慢分解。

（2）追肥　常用速效肥料，要在盆中土壤干燥时进行。

① 根际追肥：即将肥料施于盆土中。施肥前要松土，将肥料撒到盆土中，要避开植株根茎。或者将肥料稀释后浇灌盆土中。当日傍晚施肥后，翌日清晨要浇水，冲淡肥液，使植株易于吸收，以免发生肥害。

② 根外追肥：又称叶面施肥，是将肥料稀释到一定比例后，用喷雾器直接喷施在植株的叶面上，靠叶片来吸收。在天气晴朗、无风的下午或傍晚施用。用 0.2% 尿素稀释液喷洒花卉叶片。

4. 盆花的浇水

不同的花卉，以不同的原则浇水。熟练掌握“见干见湿”、“干透浇透、浇透不浇漏”、“宁湿勿干”、“宁干勿湿”、“不能向叶面、花瓣洒水”原则适于花卉的类型。盆花浇水时，避免过湿过干。夏季以清晨和傍晚浇水为宜，冬季以上午 10:00 以后为宜。

四、作业

1. 记录矾肥水的材料用量和配制过程。

2. 记录施肥方法和几种浇水方法，分析总结“见干见湿”、“宁湿勿干”、“宁干勿湿”的浇水原则。

实验 12 温室花卉整形修剪技术

一、目的要求

掌握花卉生长发育规律，学会温室花卉整形修剪技术方法。

二、材料用具

花枝剪、剪枝剪、刀片、细绳、米尺、笤帚、塑料袋、花卉材料。

三、方法步骤

温室花卉通过整形修剪可以达到通风透光、促进生长；整姿造型，有利观赏；调节树势，寿命延长；剪除病虫，恢复健康等不同目的。为了让花儿的姿态更雅致些，在修剪时，要选择适宜的修剪时间，掌握正确的修剪方法。

1. 摘心　摘心是以手指或剪刀摘除新梢的顶端，目的是为了抑制生长，有利养分积累，促使萌发侧枝，或加粗生长，或花芽分化等。

2. 抹芽除萌　抹去腋芽或刚萌生的嫩枝，其作用与疏枝相同，可节省养分。摘蕾也属抹芽的一种，方法是留中央顶端的花蕾，其余抹去，摘蕾的目的是集中养分促使留下的朵大花艳。

3. 疏枝　疏枝是剪除枯枝、病虫枝、纤细枝、过强枝、密生枝及无用枝等以调整姿态，使枝条疏密有致，利于通风透光。一般应在休眠期进行。

4. 短截　短截是剪除枝条的一部分，使之短缩。其目的是促使萌发侧枝；或者使萌发的枝条向预定空间抽生；或者为了调整长势；或者是为了使冠幅均匀。

5. 剪根　苗木移植时，剪短过长的主根，促使长出侧根；花卉上盆或翻盆时适度剪根，可抑制枝叶徒长，促使花蕾形成。

6. 环状剥皮、芽伤、扭枝　三者都是通过损伤枝条的一部分，来达到调整生长的目的。环状剥皮常施行于新梢基部，促使养分在环剥处的上方积累，利于花芽分化。芽伤在即将发育芽的上方施行，做深达木质部的刻伤，促使萌发。扭枝主要用于直立、过旺的徒长枝，经过扭曲使之趋于水平方向，抑制长势，扭枝也有促进孕蕾的效果。

7. 引诱　攀援性的草本或木本花卉，可预先做好架子，使它们附着其上，以达到观赏的目的。

四、实验内容

选定几种温室花卉为材料，由教师组织学生分组开展整形修剪。

1. 根据花卉种类，研究整形修剪方案及修剪内容。

2. 具体操作方法是先修剪枯枝、残花、残叶，再徒长枝、过弱枝、砧木萌蘖。

3. 根据株形培养计划，去除多余枝或叶，根据花期及花枝数，确定摘心、抹芽、摘蕾数量。

五、作业

以某一温室花卉为例，列出整形修剪时期、项目和方法。

实验 13　花卉生产组织及技术方案制定

一、实验目的

通过制定花卉生产计划及实施方案，使学生掌握制定花卉生产计划、组织实施方案的基本内容和方法，提高学生日后参与花卉生产经营管理的意识和能力。

二、实验内容

1. 选择当地花卉生产企业进行花卉生产经营情况调查，调查内容包括花卉产品种类、品种、年生产规格、生产时间、供应时间、配套材料（如花盆、农药、肥料、栽培基质、设备等）及生产技术人员和实施情况等具体情况。

2. 根据调查内容拟定一类或一种花卉一个年度的生产计划及具体实施方案。

（1）生产计划的制定　不仅要制定年度生产计划，还应当有季度、月度计划。计划内容包括详尽的花卉生产任务及目标。

① 花卉产品计划包括花卉产品种类、品种、数量、规格等内容。

② 花卉育苗计划包括花卉的生产时间、阶段性产品生产完成时间、上市时间及数量、规格等计划。

③ 相关配套生产材料准备计划，包括材料的种类（如种子、化肥、花盆等）、数量、规格、用途、资金等内容。

④ 生产人员计划包括完成各个生产任务所需工人及技术人员等。

（2）实施方案的制定　根据制订的生产计划，进一步明确每一项目的标准，制定完成每项任务及生产过程的具体措施，包括具体人员安排、具体实施时间、完成时间等内容。并进行可行性论证。

三、作业

学生应认真记录总结调查地点、时间、所调查单位、人员等情况，总结调查内容，制定生产计划及实施方案，并完成撰写实验报告。

实验 14　花卉扦插繁育技术

一、目的要求

利用植物营养器官具有再生能力，能发生不定芽或不定根从而长成新植株的原理，将花卉的茎、叶、根插入一定的基质中，促使营养器官生根、生芽进行繁殖。通过本实验让学生掌握花卉扦插繁殖的原理和技术要点。

二、材料及器具

花卉插条，生根粉，沙土、珍珠岩等基质，塑料薄膜。

剪枝剪、切接刀、繁殖床。

三、方法步骤

1. 准备基质

扦插用基质不需养分，因此生产上常用河沙、珍珠岩、蛭石等作为扦插基质，扦插前在繁殖床上备好基质，整平备用。

2. 准备插条

用于剪取插穗的花卉器官称为插条。不同花卉根据其花卉特性不同，插条采取的器官也不同，一般采取花卉易生根的器官，有的花卉其茎易生根，因此插条采取花卉的茎，例如月季；有的花卉叶易生不定根因此插条采取其叶，如膜叶秋海棠；插条亦可以采取根，例如芍药。因此剪取插条时根据具体花卉而定。剪取插条时要选择生长健壮、没有病虫害的器官备用。

3. 剪取插穗、处理备用

把剪取下来的插条再剪成插穗（用来扦插的部分插条），根据不同器官剪取方法不同。

（1）茎插　从插条的极性下端紧挨芽点斜剪，其上保留 2～3 个芽点，在上端芽点以上 1cm 处垂直于插条方向剪切，剪取下来的即为插穗备用。

（2）叶插　根据全叶插和片叶插不同剪取整片叶和部分叶片备用。

（3）根插　根系保留 2～3 个芽点，极性下端斜剪，上端平剪备用。

剪取时剪口注意光滑，剪取好的插穗亦可以浸泡于吲哚丁酸等生根剂处理 6～12h，以利生根。备用。

4. 扦插

将剪取好的插穗插入基质 2～3cm 深，夯实，浇水，覆膜。

5. 插后管理

将覆好膜的繁殖床至于庇荫出养护管理，及时浇水，待其生根发芽以后去膜，正常管理。

四、作业

随时观察插穗的生长状态，记录成活率，分析成活原因，撰写实验报告。

实验 15　花卉移苗上钵技术

一、目的要求

通过实验操作使学生掌握花卉移栽、定植及上钵的基本方法、技术流程及使用的工具等内容。

二、材料及器具

一、二年生花卉幼苗（苗床苗或播种于育苗容器中的幼苗）、培养土、苗铲、铁锹、耙子、筛子、营养钵、喷壶等。

三、方法及步骤

露地花卉，除去不宜移植而进行直播的花卉外，多数要先育苗，经分苗和移植，最后定植于种植床或花盆中。本实验学习将幼苗栽植于营养钵中。

1. 准备培养土和营养钵　将培养土过筛，备用。

2. 起苗　将花卉幼苗从原来的苗床或育苗容器中挖出，尽量少伤根，多带土壤。

3. 幼苗上钵　选择大小适宜的营养钵，下部排水孔垫上瓦片，填上底土、底肥和培养土，放入幼苗，调整高度，让幼苗根系伸展，填培养土，轻轻镇压，留出沿口，浇透水，放于阴凉处。

四、作业

学生应认真记录操作过程，观察幼苗移植后生长状况，记录其缓苗天数及成活率，并进行分析总结，完成实习报告。

实验 16　花卉嫁接繁育技术

一、目的要求

通过实习掌握嫁接的原理和基本操作技术。

二、材料用具

1. 材料：菊花（接穗）、青蒿（砧木）、常春藤类。

2. 用具：嫁接刀、柳枝茎皮套或塑料条。

三、内容与步骤

1. 选砧木　于秋冬或初春到野外找青蒿苗，挖回栽于苗床培养。

2. 砧木整枝　除去部分枝叶，保留嫁接用枝。

3. 用劈接法嫁接　在距主茎 12～15cm 处切断青蒿，用嫁接刀，从切断面由上而下纵切一刀；将菊花接穗修成楔形，插入青蒿枝纵切口，使其形成层吻合，用柳皮套或苦买菜草茎套好或用塑料条绑扎。

① 青蒿枝保留 2～3 片叶子，待愈合后再摘去。

② 嫁接完毕套袋，保阴、保湿。

四、注意事项

1. 青蒿砧木与接穗茎应粗细相近。

2. 接触面应尽可能宽，切口应光滑平整。

3. 伤口要密封，防雨水，防蒸腾。

五、作业

1. 简述嫁接繁殖优缺点及适用对象。

2. 如何提高嫁接成活率?

3. 选其他材料如仙人掌、蟹爪兰、梅花。据具体情况、时间分数次进行练习，做好实习记录并分析影响成活的原因。

实验 17　露地宿根花卉栽培

一、目的要求

通过露地宿根花卉的田间管理操作和实际调查，掌握宿根花卉栽培技术的基本内容、主要技术环节和流程，为日后花卉的栽培管理工作奠定基础。

二、材料器具

芍药、萱草、荷兰菊等宿根花卉，锄头、铁锹、耙子、水桶、喷壶等。

三、实验内容及方法

学生分组，按要求通过到花圃等进行调查及在实验地进行宿根花卉的分株繁殖、除草、浇水、施肥等操作，明确宿根花卉栽培管理步骤和标准。

1. 选择几种分别于春季、夏季、秋季开花的宿根花卉观察其物候期，结合生产调查记录不同生长发育阶段进行的栽培管理措施，并绘制年度养护管理日程表。

2. 在老师的指导下，于春季或秋季选择 2 种宿根花卉进行分株繁殖操作，并记录相关过程，观察记录分株后幼苗生长情况。

3. 在教师的指导下，以组为单位进行宿根花卉的浇水、施肥、中耕除草、修剪等日常栽培养护操作，并记录操作内容、主要技术要点、时间、效果等内容。

四、作业

学生要认真记录操作过程，完成调查报告，并进行分析总结，完成实验报告。

实验 18　花卉水培管理技术

一、目的要求

通过市场调查和实验，总结适合水培的植物种类，并熟悉水培流程，掌握水培管理技术。

二、材料用具

花叶万年青、玻璃大花瓶、陶粒、枝剪、喷壶、吊兰、富贵竹、高锰酸钾等。

三、方法步骤

教师讲解实验要求，根据实验人数、场地情况，把水培技术操作主要技术环节介绍清楚，分发工具用品，学生分组或轮流操作。

1. 选择生长健壮、株形优美的花叶万年青、吊兰、富贵竹等从原花盆中脱出，用水冲洗根部。

2. 修剪根部枯根、烂根。对于根系发达植株，剪掉 1/3～1/2 的须根。大株丛可以分割成 2～3 丛。

3. 根系修剪后，将根浸泡在浓度为 0.05%～0.10%的高锰酸钾溶液中 30min，将根舒展散开，分别插进定植杯的网孔中，不能伤根，装入玻璃容器中。

4. 用洗净的陶粒将根固定，倒入水或者营养液。

5. 做好植物生长观察记录。

四、作业

学生应认真记录操作的内容和结果，对操作的质量进行分析评议，撰写实验报告。

实验 19　花卉常见病虫害防治

一、目的要求

让学生了解花卉在生长过程中常见的病虫害，并掌握其防治方法。

二、材料用具

花卉材料、镊子、塑料袋等。

三、方法步骤

1. 虫害

(1) 蚜虫　是一种青黄色的小虫，几乎为害所有花木。春夏之间，常密集在月季、石榴、夹竹桃、菊花等新梢或花苞上。用口器吸食液汁，造成嫩叶卷曲萎缩，严重时不仅影响生长、开花，还会使植株枯萎。防治方法：用40%乐果乳剂3000倍液（即3kg水加入1g乐果乳剂）喷洒；或25%亚胺硫磷乳剂1000倍液喷洒。此外，还有两种简易防治方法：一是用香烟头5g掺水70～80g的比例，浸泡24h，稍加搓揉后，用纱布滤去渣滓，然后喷洒；二是用1∶200的洗衣粉水（皂液水）。

（2）刺蛾　俗称刺毛虫、痒辣子。这种害虫咬食月季、白兰、牡丹、石榴、梅花、荷花、蔷薇等叶片。受害严重时，不到几天整盆花卉的叶片就被吃光。刺蛾专门潜伏在叶子背面，如不注意常被忽视。一年中发生2代，6月上旬发生1次，6月下旬发生1次，10月中旬后就结茧越冬。防治方法：如害虫少，危害轻时，可将受害叶片摘除，烧毁；严重时喷施90%晶体敌百虫1000～1200倍液（即1kg水加入敌百虫1g或多一点），或50%杀螟松乳剂500～800倍液。

（3）叶螨　又名红蜘蛛。常为害杜鹃花、月季、一串红、海棠以及真柏、金橘、代代、仙人掌、龙柏等，其中杜鹃花、真柏受害最为严重。叶螨虫体小，呈红色，肉眼很难看到。喜在叶子背面吸取液汁，被害叶子发黄，出现许多小白点，不久枯黄脱落。防治方法：清除盆内杂草，消灭越冬虫卵。为害时用40%的乐果乳剂1000～1500倍液（即1kg水加入乐果1～1.5g），或用40%的三氯杀螨醇乳剂2000倍液喷洒。

（4）天牛　又名蛀干虫、蛀心虫。常为害葡萄、月季、杜鹃花以及桃、杏、梅等。防治方法：剪去受害树干，捕捉消灭之，或用小刀清除虫粪、木屑后，从蛀洞口注入氧化乐果1∶50倍液，再用泥浆封住洞口。

（5）金龟子　又名白地蚕、白土蚕。其幼虫叫蛴螬，食性很杂，是多种花卉的主要地下害虫。防治方法：冬耕深翻可促使越冬代的死亡；活动期浇灌50%马拉松乳剂800～1000倍液；保护天敌。

2. 病害

（1）白粉病　亦称粉霉病，危害月季、蔷薇、大叶黄杨、金橘等，常危害花木的叶、茎和花柄等。受害处表面出现一层白色粉末，病情严重时叶片枯萎。防治方法：可喷洒托布津、多菌灵等药剂。

（2）白绢病　为害月季、茉莉、君子兰、小石榴、桃叶珊瑚、兰花、菊花等。发病时，茎基部呈褐色并腐烂，菌丝体呈绢丝状，初白色，后变黄至褐色。防治方法：盆土应消毒，同时注意环境通风，避免栽培过密，修去病枝。发病前定期喷洒50%多菌灵可湿性粉剂500倍液。

（3）叶斑病　也称黑斑病、褐斑病等。对月季、茶花、杜鹃花、蔷薇、菊花等危害较多，首先叶片中间出现黑色斑点，然后叶色变黄脱落。防治方法：注意改善环境条件，在初发病时可摘除被害叶片，并将其烧毁。可喷施1%波尔多液予以防治，每隔7d喷施1次，全生长期共喷施4～5次。

四、作业

学生应认真记录操作的内容和结果，对操作的质量进行分析评议，撰写实验报告。

实验20　种子品质鉴别

一、目的要求

了解花卉种子品质基本标准，学会纯净度，千粒重，发芽率测验方法。

二、材料用具

未净种花卉种子1～6种、天平、镊子、药匙、铅笔、笔记本、培养皿、滤纸、恒温箱、烧杯、高锰酸钾。

三、方法步骤

教师发放给学生纯净度、千粒重、发芽率测验方法清单，再讲解有关要求，学生分组操作。

1. 教师讲解清单内容，并现场演示操作步骤和方法，讲清注意事项。

2. 学生分组测定某一花卉种子的纯净度、千粒重及发芽试验，每个测验每组重复两次，并记录结果。

3. 教师现场指导答疑，抽查考核三项指标鉴定方法，并对发芽率测验后续工作做好安排和考核。

四、作业

对所实测的种子纯净度、千粒重、发芽率进行统计分析，写出你的评价结论。

实验21　分球、分株技术

一、目的要求

掌握分球、分株技术原理，学会分球、分株技术操作方法。

二、材料用具

唐菖蒲大球茎、大盆兰花、利刀、枝剪、喷壶、培养土、杀菌剂、木炭粉。

三、方法步骤

先明确操作步骤和要求，再分组开展活动，花卉种类可以多一些。

1. 将唐菖蒲大球茎剥去外膜，露出芽眼和根盘，用利刀向下切，按每块有1～2个芽，下部带一块根盘，用拌有杀菌剂木炭粉涂抹伤口，阴干后栽植。

2. 把大盆兰花脱盆，去除外侧残土，用刀切开根系，使每丛有芽4～5个，先外后内切，分离后去除残根、枯叶，用木炭粉涂伤口，阴干栽植。

四、作业

根据实际操作步骤，设计另外两种花卉的分球、分株繁殖技术方法。

实验22　菊花架网剥芽技术

一、目的要求

掌握菊花生长发育规律及产品要求，学会架网、剥芽操作技能技巧。

二、材料用具

塑料袋、竹签、芽接刀、竹杆、铁丝、铁锹、切菊苗床。

三、方法步骤

选用切花菊苗床，根据长宽数据及株行距设计网孔大小，在生长期开展。

1. 在切菊长到15cm以后，开始架网，在苗床四边每隔2m插一高1.2m竹竿，将预先结好的网固定在竹杆上，平整、结实、定期向上提，并再架2层网，使菊花在网内平均分布。

2. 在定苗后，应及时剥去下部腋芽，在芽长到0.5cm时开始剥，用竹签或芽刀，也可直接用手抹除，不能损伤菊花枝叶，剥除干净及时。

四、作业

简述切菊架网操作应如何进行？架几层合适？网孔大小及网距如何分布好？如何提高剥芽效率？

附录2 花卉学教学实习

实习1 切花产品残次品率调查

一、目的要求

通过采收现场调查及销售部调查切花残次品率，分析造成原因，提出解决措施。

二、材料用具

记录本、铅笔、计算器、直尺、纸袋或塑料袋、枝剪、分级标准卡片。

三、方法步骤

在教师组织下，到切花生产场地及切花销售部或花店调查残次品率，发生原因，已采取的措施。

1. 到生产基地，实际统计残次花发生的症状及原因，询问已采取的措施、效果。

2. 到花卉销售部门或鲜花店，调查残次花种类，症状，发生程度，采取的措施。

3. 按切花等级标准，对比残次品主要缺损的指标及程度如何。

四、作业

把调查数据汇总，分析调查结果，提出降低残次品的措施。

实习2 切花月季周年生产技术方案

一、目的要求

理论联系实际，结合当地条件，制定切实可行的月季周年生产技术管理方案。

二、材料用具

笔记本、米尺、计算器、书籍资料、生产资料成本价格表。

三、方法步骤

确定面积、设施、经营方式后，查找有关资料，结合生产单位调查材料，制定切实可行的周年生产计划，技术措施，工作历等。

1. 分组调查生产用地的设施、自然条件、水电状况、土壤肥料、前茬及周边环境。

2. 根据切花月季生长发育特点，设计品种，整地作畦，栽培管理，整形修剪，采收保鲜，病虫防治等技术措施。

四、作业

以报告形式说明你所制定切花月季周年生产技术方案的可行性，预期经济效益及存在问题。

实习3 蝴蝶兰无土栽培及组合盆栽

一、目的要求

掌握蝴蝶兰的上盆、换盆、栽培管理、整形及组合盆栽技术。

二、材料用具

蝴蝶兰单株开花苗、大号花盆、中号花盆、小号花盆，苔藓、松树皮、椰壳、松针土、高锰酸钾、剪刀、移植铲、喷壶、喷雾器、丝线等。

三、方法步骤

教师讲解实训要求，根据季节、实训人数、场地情况，把蝴蝶兰无土栽培及组合盆栽技术环节提前介绍清楚，明确操作步骤和标准。分发工具用品，学生分组讨论操作流程，开展定植操作。

1. 首先要求学生根据给定材料立意构思，绘制组合盆栽的设计草图（蝴蝶兰单一品种组合盆栽一般选用10株、8株、6株、4株、2株组合）。

2. 根据构思草图，选择合适大小的花盆。过大过小均会影响整体美观。

3. 把高温消毒的苔藓或椰壳，除去多余水分，铺在花盆底部约3cm。

4. 将单株的蝴蝶兰开花苗株从原有花盆中带基质脱出，用消毒处理过的苔藓将根部包裹好，按照构思图栽入花盆中，10株、8株、6株可以按照前矮后高F型左右对称组合，注意保护好花朵和叶片。4株、2株可以选用6朵花以上者，按照对视左前方，将花枝前低后高探出造型组合，花枝前后错落，展示蝴蝶兰花朵翩翩起舞的姿态。

5. 组合好后的蝴蝶兰整理叶片，并用苔藓盖好表层，用喷壶向花叶处喷洒，直到湿润为止。

6. 将组合好的蝴蝶兰盆花放置在荫庇处，避免阳光直晒、风吹，每天喷水，保持75%～80%的空气相对湿度。

四、作业

学生应认真记录蝴蝶兰的栽培管理技术，根据实际操作的各环节进行分析总结，在组合盆栽后一周加强管理，分析蝴蝶兰的生长发育与环境条件的关系。同时结合市场调查和实际操作，设计5种以上蝴蝶兰的其他组合盆栽方案。

实习4　花坛设计及栽植养护

一、目的要求

了解花坛的设计模式及花卉的生长习性与配植原理，根据需要对花坛进行设计。掌握花坛花卉配植与设计方法，并逐步提高学生的实践能力与创新能力。学习花坛的设计与施工及栽植养护。

二、材料用具

绘图笔、皮尺、绘图纸、丁字尺、绘图板及其他电脑辅助绘图工具。

三、方法步骤

1. 方法步骤

(1) 主讲教师组织学生参观一定数量的典型花坛，并详细讲解各类花坛的特征与设计特点。当代花坛式样极为丰富，某些设计形式已经远超过花坛的最初含义。花坛的种类可依据花坛、花材的不同和花坛的组合形式等特点进行分类。如按照花材分类，分为盛花花坛、模纹花坛；依照花坛的组合分类，可分为独立花坛、花坛群。

(2) 主讲教师讲解花坛团的组成和设计，学生分组调查、记录并分析花坛的色彩、设计材料及花卉配植。

(3) 学生整理出调查中具有代表性的相关专业问题，汇总，并由主讲教师逐一解答。

(4) 选定一定面积的场地，学生结合周围环境，独立完成该场地内花坛的设计任务与工作。

(5) 学生现场踏查，绘制现状与周边环境图。

(6) 学生绘制花坛设计的草图，教师进行初步评论分析。

(7) 学生绘制正式图纸，包括场地位置图、平面图、立面图、效果图、植物配植表、设计说明等。

2. 花坛设计要求

(1) 长短轴之比最好控制在 (1∶1)～(3∶1)。

(2) 主体花色多样，花朵繁茂，花卉盛开时几乎看不到枝叶，能够很好地覆盖花坛内地面。花坛在园林环境中可做为主景，也可作为配景。花坛的设计应与周围环境相协调，并体现花坛自身的特色。如在民族风格的建筑前设计花坛，应选择具有中国传统风格的图案纹样与形式；在现代风格的建筑物前，可设计具时代感的抽象图案，形式力求新颖。

(3) 花坛的配色不宜过多。一般花坛应用2～3种颜色，大型花坛应用4～5种颜色。配色如过多且复杂，则难以表现群体的花色效果，易显凌乱。设计者必须充分的了解和掌握园林艺术理论以及植物材料的生长开花习性、生态习性、观赏特性等。

(4) 在花坛色彩搭配上，注意颜色对于人的心理及视觉影响。设计必须做到春、夏、秋、冬皆花开不断，制定不同季节花卉种类的换植计划及图案的变化。

(5) 花卉的色彩异于绘画颜料的色彩，实践中需仔细观察花卉的真实色彩才可正确应用。

(6) 花坛图案设计应简洁优美，符合设计和施工要求。结合周围的整体环境，考虑所要表现的设计主题、形式、位置、色彩组合等因素。

(7) 写出设计说明书和创作意图。具体设计时可用方格纸，按1∶20～1∶100的比例，将图案、配置的花卉种类或品种、株数、高度、栽植距离等详细绘出，并附实施的说明书。

四、作业

学生应了解花坛的设计模式及花卉的生长习性与配植原理，掌握花坛花卉配植与设计方法，逐步提高自身的实践与创新能力，认真学习花坛的设计与施工及栽植养护。绘制花坛设计位置图、平面图、立面图、效果图、植物配植表、设计说明等。教师现场点评并及时作出评价。

实习5　花卉市场调查分析

一、目的要求

调查当地某花卉市场销售的主要花卉种类和品种，调查主要花卉种类的销售价格、销售量和经济效益。

二、材料用具

记录板、纸、笔、尺子、数码相机等。

三、方法步骤

选择有区域代表性的花卉市场2～3个，分组调查并记录其花卉营销状况。具体调查内容如下。

(1) 调查当地花卉市场上销售的花卉种类和品种有哪些？

(2) 调查主要花卉种类的销售价格、销售量和利润。

(3) 调查花卉市场上所销售花卉种类和品种，本地生产有哪些？比例为多少？从国内其他地方引进的有哪些？比例为多少？从国外进口的种类和品种有哪些？比例为多少？

(4) 调查花卉市场上所销售的花卉中，盆花、鲜切花的数量。

四、作业

每组学生要认真记录调查数据，统计调查结果。对所调查内容进行总结和分析，并对当地花卉生产和销售方面存在的问题提出自己的意见和建议。写出详尽的调查报告。

附录 3

附 1　国花与市花

附表 1-1　国花与市花

国　名	花　名
世　界　国　花	
新西兰	银蕨
阿尔及利亚	黄花夹竹桃
马来西亚、斐济、苏丹	大红花
埃及、印度	荷花
埃塞俄比亚	马蹄莲
刚果	木芙蓉
加蓬	火焰树
津巴布韦	嘉兰
利比亚、西班牙	石榴
马达加斯加	凤凰木、旅人蕉
摩洛哥、法国、伊朗、美国、罗马尼亚英国、保加利亚、叙利亚	玫瑰
尼日利亚	棉花
塞舌尔、萨尔瓦多	凤尾丝兰
菲律宾、突尼斯、巴基斯坦、印度尼西亚	茉莉
阿根廷	刺桐、海红豆
乌拉圭	百香果
巴西	蟹爪兰、王莲
美国	山楂
秘鲁、俄罗斯	向日葵
墨西哥	仙人掌、大丽花
尼加拉瓜	黄姜花
危地马拉	白兰
比利时	虞美人
波兰	三色堇
丹麦	木春菊
德国	矢车菊
法国	鸢尾
梵蒂冈	白花百合
阿富汗、匈牙利、荷兰、土耳其、伊朗	郁金香
捷克、摩洛哥	石竹
罗马尼亚	白蔷薇
葡萄牙	石竹、雁来红

续表

国　名	花　名
世　界　国　花	
圣马力诺	仙客来
西班牙	香石竹
匈牙利	天竺葵
阿拉伯联合酋长国	百日草、孔雀草
朝鲜	金达来
韩国	木槿
柬埔寨	水仙花
老挝	鸡蛋花
孟加拉国、泰国	睡莲
缅甸	龙船花
日本	樱花、菊花
利比里亚	胡椒
意大利	雏菊
新西兰	桫椤
芬兰、瑞典	铃兰
哥斯达黎加、哥伦比亚	卡特兰
澳大利亚	金合欢
挪威	欧石楠
印度	罂粟花
阿富汗	小麦
新加坡	万代兰
尼泊尔	杜鹃花
赞比亚	叶子花、簕杜鹃
坦桑尼亚	丁香
世　界　国　树	
加纳、伊拉克	海枣
利比里亚	油棕
爱尔兰、芬兰、德国、爱沙尼亚	橡树
摩洛哥	栓皮栎
南非	罗汉松
塞内加尔	瓶杆树
希腊、突尼斯	油橄榄
伯利兹	胭脂树
古巴	大王椰子
加拿大	枫树
委内瑞拉、智利	海红豆

续表

国名	花名
世界国树	
丹麦	枸骨、榉树
俄罗斯	白桦
捷克	椴树
瑞典	白蜡树
阿富汗	桑树
巴基斯坦	雪松
菲律宾	紫檀
马尔代夫	椰子
孟加拉国	小叶榕
缅甸	柚木
斯里兰卡	铁力树
泰国	桂花
叙利亚	杏
印度	菩提榕
埃塞俄比亚、哥伦比亚、也门	咖啡
澳大利亚	尾叶桉
秘鲁	金鸡纳
委内瑞拉	非洲桃花心木
柬埔寨	糖棕
中国市花	
北京市	月季、菊花
上海市	玉兰
重庆市、昆明市	茶花
天津市、郑州市	月季
长春市	君子兰
南昌市	金边瑞香
常德市	栀子花
株洲市	红继木
徐州市	紫薇
武汉市	梅、山茶、水杉
扬州市	琼花
呼和浩特、西宁市、哈尔滨	丁香
广州市	木棉
青岛市	忍冬、山茶、月季
厦门、珠海、深圳、江门市	叶子花
太原市、开封、中山市	菊花
拉萨、兰州、银川、沈阳、福州、乌鲁木齐	玫瑰
南宁	扶桑
大连	菊花、月季
台湾区花	梅花
香港区花	紫荆花
南京	梅花、雪松
杭州	桂花

续表

国名	花名
中国市花	
济南	荷花
太原	菊花
合肥	石榴、桂花
福州	茉莉、月季
南昌	金边瑞香
长沙	杜鹃花
成都	木芙蓉
贵阳	兰花、紫薇
西安	石榴

附2　切花品质规格

1. 范围

本标准规定了主要鲜切花产品的质量等级划分、检测方法以及包装、标识等环节的技术要求。

本标准适用于露地和保护地栽培的切花花卉。

2. 引用标准

下列标准所包含的条文，通过在本标准中引用而构成为本标准的条文。本标准出版时，所示版本均为有效。所有标准都会被修订，适用本标准的各方应探讨使用下列标准最新版本的可能性。

GB/T 2828—1987 逐批检查计数抽样程序及抽样表（适用于连续批的检查）

3. 定义

本标准采用下列定义。

3.1　鲜切花（cut flowers）　自活体植株上剪切下来专供插花及花艺设计用的枝、叶、花、果的统称，可包括切花、切叶、切枝和切果等。

3.2　切花（cut flowers）　各种剪切下来以观花为主的花朵、花序或花枝，如月季、非洲菊、百合、唐菖蒲、鹤望兰、六出花等。

3.3　切叶（cut leaves）　各种剪切下来的绿色或彩色的叶片及枝条，如龟背竹、绿萝、绣球松、针葵、肾蕨、变叶木等。

3.4　切枝（cut branches）　各种剪切下来具有观赏价值的着花或具彩色的木本枝条，如银芽柳、连翘、海棠、牡丹、梨花、雪柳、绣线菊、红瑞木等。

3.5　品种（cultivars）　经人工选育而形成种性基本一致，遗传性状比较稳定，具有人类需要的某种观赏性状或经济性状，作特殊生产资料用的栽培植物群体。

3.6　切花整体感（whole display）　花朵、花序、花茎（葶）、叶片的整体观感，包括是否完整、新鲜、匀称等。

3.7　成熟度（maturing status）　花朵、叶片或果实等发育成熟程度，作为鲜切花采收的重要指标，常因种与品种而异。成熟度高，表示鲜切花处于最佳采收期；成熟度一般，表示采收期稍早或稍晚。

3.8　花朵（flowers）　花的总称，是种子植物有性繁殖的器官，形态上实为一短枝。典型花朵由花托、花萼、花瓣、雌蕊、雄蕊组成，具各种颜色。

3.9　佛焰苞（spathes）　着生在肉穗花序外的一个大型苞片，多具各种美丽的色彩，成为主要观赏对象，天南星科的植物多有之，如马蹄莲、火鹤等。

3.10　花梗（pedicule）　花的柄，是茎的分枝，结构与茎相同，但无节、无叶片。

3.11　舌状花（ligulate flowers）　多指菊科植物花朵，花冠平展如舌状的小花，如非洲菊和菊花等。

3.12　花葶（scape）　由植物基部抽生出来无叶、无节的花茎，或无叶的总花梗。

3.13　花枝（花茎）（flowering shoots）　着生花的枝，其上有节、节间和叶片或分枝。

3.14　花序（inflorescence）　许多小花按一定顺序排列在仅有苞片的花枝上，此花枝称为花序。

3.15　花形（flower forms）　花冠的形态，即花瓣在花托上组合排列成的状况，因植物种类而不同，是植物分类的重要形态特征之一。如蝶形花科的花形为蝶形花冠，唇形科的花形为唇形花冠等。

3.16　病虫害（pest and disease damage）　茎、枝、叶和花等部位遭受害虫危害或细菌、病毒、真菌、线虫等病原菌的侵染，导致植物组织穿孔、缺损、发育不良、各种病斑、组织腐烂、坏死、变色等伤害。

4. 质量分级

4.1　鲜切花质量等级划分公共标准见附表 2-1。

附表 2-1　鲜切花质量等级划分公共标准

项目＼级别	一级品	二级品	三级品
整体效果	整体感、新鲜程度很好，成熟度高，具有该品种特性	整体感、新鲜程度好，成熟度较高，具有该品种特性	整体感、新鲜程度较好，成熟度一般，基本保持该品种特性
病虫害及缺损情况	无病虫害、折损、擦伤、压伤、冷害、水渍、药害、灼伤、斑点、褪色	无病虫害、折损、擦伤、压伤、冷害、水渍、药害、灼伤、斑点、褪色	有不明显的病害斑迹或微小的虫孔，有轻微折损、擦伤、压伤、冷害、水渍、药害、灼伤、斑点或褪色

4.2　主要鲜切花质量等级划分

4.2.1　月季（Rosa cvs. 蔷薇科　蔷薇属）切花质量等级划分标准见附表 2-2。

附表 2-2　月季切花质量等级划分标准

项目＼级别	一级品	二级品	三级品
花	花色纯正、鲜艳具光泽，无变色、焦边；花形完整，花朵饱满，外层花瓣整齐，无损伤	花色鲜艳，无变色、焦边；花形完整，花朵饱满，外层花瓣较整齐，无损伤	花色良好，略有变色、焦边；花形完整，外层花瓣略有损伤
花茎	质地强健，挺直、有韧性、粗细均匀，无弯颈。 长度要求：大花品种≥80cm；中花品种≥80cm；小花品种≥80cm	质地较强健，挺直，粗细较均匀，无弯颈。 长度要求：大花品种：65～79cm；中花品种：45～54cm；小花品种：35～39cm	质地较强健，略有弯曲，粗细不均，无弯颈。 长度要求：大花品种：50～64cm；中花品种：35～44cm；小花品种：25～34cm
叶	叶片大小均匀，分布均匀；叶色鲜绿有光泽，无褪色；叶面清洁、平展	叶片大小均匀，分布均匀；叶色鲜绿，无褪色；叶面清洁、平展	叶片分布较均匀；叶片略有褪色；叶面略有污物
采收时期	花蕾有 1～2 片萼片向外反卷至水平时		
装箱容量	每 20 支捆为 1 扎，每扎中切花最长与最短的差别不超过 1cm	每 20 支捆为 1 扎，每扎中切花最长与最短的差别不超过 3cm	每 20 支捆为 1 扎，每扎中切花最长与最短的差别不超过 5cm

注：形态特征：灌木，枝具皮刺。叶互生，奇数羽状复叶（小叶 5～7 枚）；花单生新梢顶端；花瓣多数，花色繁多，主要有白、黄、粉、红、橘红等色；花瓣多数，花型、花色丰富多彩。

4.2.2　唐菖蒲（Gladiolus hybridus　鸢尾科　唐菖蒲属）切花质量等级划分标准见附表 2-3。

附表 2-3　唐菖蒲切花质量等级划分标准

项目＼级别	一级品	二级品	三级品
花	花色纯正、鲜艳具光泽；花形完整；花序丰满。 小花数量：大花品种≥20 朵；小花品种≥14 朵	花色鲜艳，无褪色；花形完整；花序丰满。 小花数量：大花品种：16～19 朵；小花品种：10～13 朵	花色一般，略有褪色；花形完整；花序较丰满。 小花数量：大花品种：12～15 朵；小花品种：6～9 朵

续表

级别 项目	一级品	二级品	三级品
花茎	挺直、粗壮，有韧性，粗细均匀。 长度要求：大花品种≥120cm；小花品种≥100cm	挺直、粗壮，有韧性，粗细较均匀。 长度要求：大花品种：100～119cm；小花品种：80～99cm	挺直、粗壮，有韧性，粗细均匀。 长度要求：大花品种：80～99cm；小花品种：60～79cm
叶	叶片厚实，叶色鲜绿有光泽，无褪色，无干尖；叶面清洁，平展	叶色鲜绿，无褪色，略有干尖；叶面清洁，平展	叶片略有褪色、干尖；叶面略有污物
采收时期	花序基部向上1～5个花蕾显色		
装箱容量	依品种不同每10支或20支捆为1扎，每扎中切花最长与最短的差别不超过1cm	依品种不同每10支或20支捆为1扎，每扎中切花最长与最短的差别不超过3cm	依品种不同每10支或20支捆为1扎，每扎中切花最长与最短的差别不超过5cm

注：形态特征：多年生球根花卉，球茎扁圆形。叶二列状迭生，剑形，绿色。花自叶中抽出，穗状花序，着花8～24朵，两列着生，小花偏漏斗状，花色丰富，有白、粉、黄、橙、红、紫、蓝等色，深浅不一或具复色及斑点、条纹等。依花朵大小常分为大花品种和小花品种两类。

4.2.3 肾蕨（Nephrolepis cordifolia 骨碎补科 肾蕨属）切叶质量等级划分标准见附表2-4。

附表2-4 肾蕨切叶质量等级划分标准

级别 项目	一级品	二级品	三级品
叶	叶色纯正、鲜绿具光泽，无变色；叶形完整，羽片排列整齐。长度≥60cm	叶色鲜绿，无变色；叶形完整，羽片排列整齐。长度为45～59cm	叶色一般、略有褪绿；叶形完整，羽片排列较整齐，边缘略有损伤。长度为35～44cm
采收时期	叶片充分成熟		
装箱容量	每10支或20支捆为1扎，每扎中切叶最长与最短的差别不超过1cm	每10支或20支捆为1扎，每扎中切叶最长与最短的差别不超过3cm	每10支或20支捆为1扎，每扎中切叶最长与最短的差别不超过5cm

注：形态特征：多年生常绿草本，具根状茎，株高30～70cm。叶密集丛生，长披针形，一回羽状复叶，小叶片无柄，边缘具疏锯齿，孢子束群生于叶背侧脉上，叶浅绿色。

4.2.4 银芽柳（*Salix leucopithecia* 杨柳科 柳属）切枝质量等级划分标准见附表2-5。

附表2-5 银芽柳切枝质量等级划分标准

级别 项目	一级品	二级品	三级品
芽状花序（俗称花芽）	苞片色纯正具光泽；花芽饱满，整齐、密集、分布均匀，色泽洁白光亮，无脱落	苞片色纯正；整齐、密集、分布均匀，无脱落	苞片色泽一般；花芽较饱满，较整齐
枝条	挺直或具流畅曲线条线条、强健有韧性，粗细均匀一致。长度≥120cm	挺直或具流畅曲线条、坚实，粗细均匀。长度为90～119cm	略有弯曲、细弱，粗细不均。长度为60～89cm
采收时期	开花前3d		
装箱容量	每10支捆为1扎，每扎中切枝最长与最短的差别不超过1cm	每10支捆为1扎，每扎中切枝最长与最短的差别不超过3cm	每10支捆为1扎，每扎中切枝最长与最短的差别不超过5cm

注：形态特征：落叶灌木，叶互生，披针形，雌雄异株。柔荑花序呈芽状，外被一紫红色苞片，苞片脱落后，即露出银白色的芽状花序。

5. 检测方法

5.1 抽样

（1）同一产地、同一批量、同一品种、相同等级的产品作为一个检验批次。

（2）样本应从提交的检验批中随机抽取，单位产品以枝计。

（3）对成批的切花产品进行检验时，整体效果、花形、花色、花茎（葶）、叶、病虫害、缺损，分别按5.2.的规定。其检测样本数和每批次合格与否判定均执行GB/T 2828—1987一般检查水平Ⅰ和二次抽样方案，从正常检查开始。其合格质量水平（AQL）为4.0，见附表2-6。

附表2-6 抽样表 单位：株

批量范围	样本	样本大小	累计样本大小	合格判定数Ac	不合格判定数Rc
501～1200	第一	20	20	1	3
	第二	20	24	4	5
1201～10000	第一	50	50	3	6
	第二	50	100	9	10
10001～150000	第一	125	125	7	11
	第二	125	250	18	19
150000以上	第一	200	200	11	16
	第二	200	400	26	27

5.2 检测

（1）切花品种：根据品种特性进行目测鉴定。

（2）整体效果：根据花、茎、叶的完整、均衡、新鲜和成熟程度以及色、姿、香味等综合品质进行目测和感官评定。

（3）花形：根据种和品种的花形特征和分级标准进行评定。

（4）花色：按照英国皇家园艺学会色谱标准（Colour Chart，The Royal Horticultural Society，London）测定纯正度；是否有光泽、灯光下是否变色进行目测评定。

（5）花茎（葶）：花茎（葶）长度、花径大小，用直尺和卡尺测量，单位：cm；花茎（葶）粗细均匀程度和挺直程度进行目测。

（6）叶：对其完整性、新鲜度、叶片清洁度、色泽进行目测。

（7）病虫害：检查花、枝和叶上是否有销往地区或国家规定的危险性病虫害的病状，并进一步检查其是否有该病原菌或虫体和虫卵，必要时可作培养检查。

（8）缺损：包括挤压、折损、摩擦、水伤、冷害、药害等伤害，通过目测评定。

6. 包装、标识

6.1 包装 各层鲜花反向叠放箱中，花朵朝外，离箱边 5cm，小箱为 10 扎或 20 扎；大箱为 40 扎。装箱时，中间需以皮筋捆绑固定，封箱需用胶带，纸箱两侧需打孔孔口距箱口 8cm，纸箱宽度 30cm 或 40cm。

6.2 标识：必须注明切花种类、品种名、花色、级别、装箱容量、生产单位、产地、采切时间。

附 3 矮牵牛种子生产技术规程

1. 范围

本标准规定了矮牵牛种子质量等级的划分原则及控制指标，同时规定了矮牵牛种子生产时地块选择、隔离措施、田间管理要点及种子质量控制要求等。

本标准适用于矮牵牛种子生产和销售等。

2. 规范性引用文件

下列文件中的条款通过本标准的引用而成为本标准的条款。凡是注日期的引用文件，其随后所有的修改单（不包括勘误的内容）或修订版均不适用于本标准，凡是不注日期的引用文件，其最新版本适用于本标准。

GB 2772—1999 林木种子检验规程

GB/T 18247.4—2000 主要花卉产品等级 第 4 部分：花卉种子

3. 术语和定义

下列术语和定义适用于本标准。

3.1 原原种（breeder's seed） 经品种委员会认定，由育种者（或育种单位）育成的用于生产其他级别种子的原始材料。由育种家从株行圃中普选单株后混收的种子。

3.2 原种（basic seed） 由原原种直接生产的种子。用育种家种子繁殖的第 1～3 代，或按原种生产技术规程达到原种质量标准的种子，用于进一步繁殖良种。

3.3 良种（quality seed） 生产用种，由常规原种繁殖而来的第 1～3 代，或杂交种达到良种标准的种子。用于繁殖栽培用种的种子。

3.4 种子的品种纯度（seed purity） 品种在特征、特性方面典型一致的程度。用本品种的种子数占供检本作物样品种子数的百分率表示。

4. 分级指标

矮牵牛种子按纯度指标划分原种和良种（附表 3-1）。种子分级标准按 GB/T 18247.4—2000 的要求，不满足某一级别的要求，做降级处理。

附表 3-1 矮牵牛种子原种和良种纯度标准

种子类型	纯度/%
原种	≥98
良种	≥97

5. 种子生产者

原原种应由专门的育种者或育种单位生产；原种可特约专门的种子生产基地有组织地进行生产；良种可安排合同农户进行生产。

6. 地块选择

6.1 气候区的选择 矮牵牛生长适宜昼夜温度范围分别为 20～24℃ 和 17～20℃，为保证种子的成熟和产种量，宜选择日照充足、气候温度（18～25℃）、生长季节较长、气候较干燥，种子采收季节无风雨或少风雨的地区制种。

6.2 制种地的选择 制种地要求地势平坦，土层深厚，土壤中性偏酸，pH 5.8～6.2，透水、透气性好。宜选择土壤肥力均匀一致，无病虫害；背风、阳光充足；有排灌设施；杂草少、家禽和牲畜为害少的地块。制种地前茬作物以大田作物为好，不宜选择菜地育苗，以防病虫害发生。

7. 隔离要求

原原种圃的品种间隔离宽带应在 200～300m，原种圃应在 200m 以上，良种圃间隔在 100m。或者设置专用的 40～60 目纱网棚隔离采种。

8. 种子生产技术要点

8.1 播种

（1）矮牵牛宜采用设施内设苗床或育苗箱、穴盘集中播种育苗，经分苗后移栽露地采种的生产方式。

(2) 播种基质要求细致、疏松透水、透气。宜采用泥炭70%与珍珠岩30%的混合基质。

(3) 播种前应对苗木或育苗箱以及播种基质进行消毒。

(4) 播种基质充分吸湿后，进行混沙散播，或穴盘点播，不需覆土，种子发芽需见光。

(5) 种子发芽适宜温度为22～25℃。基质充分保湿，适时通风换气。

8.2 育苗管理

(1) 幼苗生长期保持温度为20～23℃。逐渐增强光照和通风，保持土壤表面见干见湿。每2周施1次防止猝倒的药剂，如喷施800～1000倍的百菌清等。苗期每周施肥1次20：10：20肥。根据幼苗长势适当喷施铁肥和硼肥。

(2) 育苗过程中分苗1～2次，分别在2～4片真叶期和5～6片真叶期。

(3) 定植前7～10d加大通风、加强光照，进行炼苗。

8.3 去杂去劣

(1) 采取人工拔除的方法去杂株、病劣株。

(2) 原种生产，以单株行选，采取营养生长期、开花期、种子成熟期3次去杂株的方法。应分别在小苗期依照株形、叶形、叶色等品种特性，去除病株杂株；第一批花开放期，依照株高、花色、花形及花期状况，去除病杂株；采种前根据成熟花的特征，以及花后植株特性进行决选。

(3) 原种生产，进行片选，采取营养生长期、开花期、种子成熟期3次去杂株的方法。

(4) 良种的生产可在认真去杂去劣的基础上进行片选，以花期去杂去劣为主。

8.4 田间管理

(1) 霜期过后，6～8片真叶期定植采种地。

(2) 定植株行距为40cm×40cm。适当提高种植密度可显著提高种子质量。

(3) 水分管理：植株最后一次开花以前要保持土壤湿润，保持田间持水量在65%以上，切忌干旱，注意防涝。

(4) 施肥管理：施底肥为氮、磷、钾复合肥。在开花旺季应隔20d左右结合浇水，追肥1次复合肥。盛花期叶面喷施磷钾肥，宜使用0.1%的磷酸二氢钾。

8.5 整枝与支撑

(1) 主枝摘心，主枝基部四周均衡地留下强壮的侧枝7～8条。及时清理植株上过多的侧枝、侧芽和老叶、病枯枝。

(2) 侧枝向外延伸时，宜用支撑架支撑。

8.6 授粉 常规制种中采用人工辅助授粉提高结实率，杂交制种中进行人工授粉。

(1) 采集花粉：父本花朵开放后，采集未散粉的花药放于纸上，待干燥散粉后收集花粉并保存于干燥器中，贮存期不超过15d。

(2) 人工去雄：母本花蕾着色至开放前2d时进行去雄。

(3) 人工授粉：用毛刷蘸取花粉涂抹于已有黏液的柱头上，每花授粉2～3次。

9. 种子的采收

9.1 蒴果表皮由绿色转为棕黄色时采摘，随熟随采。

9.2 蒴果采收后，放入透气的网袋中，于荫凉处干燥1～2d后，轻轻揉搓去除干枯的花萼，继续充分晾干，待果实开裂后采集种子。

9.3 种子采收应实行专人专采，防止品种混杂。

10. 种子采后清理与贮藏

10.1 种子的清选 采用筛选和风力选种，包括以下3个环节。

(1) 脱粒：采收的蒴果，后熟或阴干自然爆裂，种子散出，以轻轻振动的方式辅助种子从果壳中脱离。

(2) 预清粗选：筛选去除果壳、碎枝等大杂质，少量采种可人工操作，大量采种时可机械筛选。

(3) 基本清选：去除不饱满的种子、果梗、砂石等杂质，并将不同成熟度、饱满度和粒径的种子进行分级分离。大量采种时可采用风筛机进行清选。

10.2 种子包装和贮藏

(1) 经清选加工后的种子进行分级包装，常温布袋或纸袋包装贮藏，5℃下以聚乙烯袋贮存。

(2) 包装上加种子标签，注明种子的品种名称、等级、检验时间、产地、年份。

(3) 常温下种子贮藏不超过2年；5℃条件下，贮藏时间不超过4年。

附4 仙客来盆花产品质量等级

1. 范围

本标准规定了仙客来（*Cyclamen persicum*）盆花产品质量等级，包括产品类型、检验规则、包装与标志要求以及贮运条件。

本标准适用于仙客来盆花的生产、贮运和贸易等各个环节的质量评定。

2. 规范性引用文件

下列文件中的条款通过本标准的引用而成为本标准的条款。凡是注日期的引用文件，其随后所有的修改单（不包括勘误的内容）或修订版均不适用于本标准，然而，鼓励根据本标准达成协议的各方研究是否可使用这些文件的最新版本。凡是不注日期的引用文件，其最新版本适用于本标准。

GB/T 2828.1—2003 计数抽样检验程序 第1部分：按接收质量限（AQL）检索的逐批检验抽样计划（ISO 2859-1:1999，IDT）

GB/T 18247.2—2000 主要花卉产品等级 第2部分：盆花

3. 术语和定义

下列术语和定义适用于本标准。

3.1 花集中度（concentration degree of flowers） 同一植株上的花朵聚集于中部，呈现花束状排列的程度。以聚集于中部的花数占同一植株总花数的百分比来表示。

3.2 花平齐度（uniformity of flower height） 同一植株上所有花的花冠顶部处于同一平面，整齐划一的程度。以花冠顶部处于同一平面的花数占同一植株总花数的百分比来表示。

3.3 花叶间距（distance from leaves to flowers） 叶幕上平面与聚集于植株中部的花冠下平面的垂直距离。

3.4 球茎（corm） 由下胚轴膨大而成的扁球形器官，其顶部发生几个短缩的茎轴，其上着生叶和花。

3.5 强化处理（training） 对仙客来盆花产品在上市前15～30d进行降低温度、控制浇水、平衡施肥、减弱光强（5000～20000 lx）的综合性处理。

4. 产品质量等级划分

4.1 产品类型 本标准按照花朵大小将仙客来盆花划分为3个类型（大花型、中花型、小花型）。大花型的花瓣长度≥55mm，宽度≥35mm；中花型的花瓣长度≥45mm，宽度≥20mm；小花型的花瓣长度≤45mm，宽度≤20mm。

4.2 产品质量等级 将3个类型分别划分出3个质量等级，具体划分标准分别见附表4-1、附表4-2、附表4-3。

附表4-1 大花型（花瓣长度≥55mm，宽度≥35mm）仙客来盆花产品质量等级

评价项目	质量等级		
	大一级	大二级	大三级
整体效果	株形完整，端正，丰满匀称；叶片排列均匀紧密，叶色纯正，叶脉清晰，叶面舒展；花色纯正，花梗挺直；整体效果很好	株形完整，端正，丰满匀称；叶片排列均匀紧密，叶色纯正，叶脉清晰，叶面舒展；花色纯正，花梗挺直；整体效果好	株形完整，端正，丰满匀称；叶片排列均匀紧密，叶色纯正，叶脉清晰，叶面较舒展；花色纯正，花梗挺直；整体效果较好
冠幅/cm	≥40	≥35	≥30
株高/cm	40～45	≥35	≥30
花盆直径/cm	16～18	15～16	≤15
花与现色花蕾数	≥65	≥55	≥45
花集中度/%	≥95	≥85	≥70
花平齐度/%	≥95	≥85	≥70
叶片数	≥55	≥50	≥40
花叶间距/cm	8～10	5～8	≤5
块茎状况	块茎顶部1/3以上露出基质，块茎无开裂		块茎顶部1/3以上露出基质，块茎无明显开裂
病虫害	无病虫害		无病虫害症状
损伤程度	无损伤		无明显损伤
基质	采用消毒无土基质		
强化处理	经强化处理		

附表4-2 中花型（花瓣长度≥45mm，宽度≥20mm）仙客来盆花产品质量等级

评价项目	质量等级		
	中一级	中二级	中三级
整体效果	株形完整，端正，丰满匀称；叶片排列均匀紧密，叶色纯正，叶脉清晰，叶面舒展；花色纯正，花梗挺直；整体效果很好	株形完整，端正，丰满匀称；叶片排列均匀紧密，叶色纯正，叶脉清晰，叶面舒展；花色纯正，花梗挺直；整体效果好	株形完整，端正，丰满匀称；叶片排列均匀紧密，叶色纯正，叶脉清晰，叶面较舒展；花色纯正，花梗挺直；整体效果较好

续表

评价项目	质量等级		
	中一级	中二级	中三级
冠幅/cm	≥35	≥30	≥25
株高/cm	30～35	≥30	≥25
花盆直径/cm	15～16	15～16	≤15
花与现色花蕾数	≥65	≥55	≥45
花集中度/%	≥95	≥85	≥70
花平齐度/%	≥95	≥85	≥70
叶片数	≥60	≥50	≥40
花叶间距/cm	7～9	5～7	≤5
块茎状况	块茎顶部1/3以上露出基质,块茎无开裂		块茎顶部1/3以上露出基质,块茎无明显开裂
病虫害	无病虫害		无病虫害症状
损伤程度	无损伤		无明显损伤
基质	采用消毒无土基质		
强化处理	经强化处理		

附表4-3　小花型（花瓣长度≤45mm，宽度≤20mm）仙客来盆花产品质量等级

评价项目	质量等级		
	小一级	小二级	小三级
整体效果	株形完整,端正,丰满匀称;叶片排列均匀紧密,叶色纯正,叶脉清晰,叶面舒展;花色纯正,花梗挺直;整体效果很好	株形完整,端正,丰满匀称;叶片排列均匀紧密,叶色纯正,叶脉清晰,叶面舒展;花色纯正,花梗挺直;整体效果好	株形完整,端正,丰满匀称;叶片排列均匀紧密,叶色纯正,叶脉清晰,叶面较舒展;花色纯正,花梗挺直;整体效果较好
冠幅/cm	≥25	≥20	≥15
株高/cm	25～30	≥20	≥15
花盆直径/cm	12	12	≤12
花与现色花蕾数	≥60	≥50	≥40
花集中度/%	≥95	≥85	≥70
花平齐度/%	≥95	≥85	≥70
叶片数	≥50	≥40	≥30
花叶间距/cm	5～8	4～7	≤4
块茎状况	块茎顶部1/3以上露出基质,块茎无开裂		块茎顶部1/3以上露出基质,块茎无明显开裂
病虫害	无病虫害		无病虫害症状
损伤程度	无损伤		无明显损伤
基质	采用消毒无土基质		
强化处理	经强化处理		

5. 检测方法

5.1　抽样　对成批的仙客来盆花产品进行检测时其检验样本数和每批次合格与否的判断，均执行GB/T 2828.1—2003中的一般检查水平Ⅰ，按正常检查一次抽样方案执行，其接收质量限（AQL）为15。

5.2　检测

（1）整体效果、花部状况、茎叶状况、花色、冠幅、株高、花盆直径、病虫害、缺损的检测，分别按GB/T 18247.2—2000中的5.2.1～5.2.5的规定执行。

（2）花瓣长度：随机选取30朵花，从每朵花上采取一个最长的花瓣铺平，测量其最大宽度与长度（精确到1mm），取其平均值。

（3）花叶间距：叶幕上平面与聚集于植株中部的花冠下平面的垂直距离（精确到1cm）。

(4) 花、花蕾、叶片数量：分别统计开放花朵、现色花蕾、展开叶片的数量。

(5) 花集中度：统计聚集于中部的花数，计算其占同一植株总花数的百分比。

(6) 花平齐度：统计花冠顶部处于同一平面的花数，计算其占同一植株总花数的百分比。

6. 包装与标志

6.1 产品的包装应无毒、无污染、牢固、透气、抗挤压。

6.2 产品应带有标签和产品随带文件（发货单）。

(1) 每盆都应挂牌说明品种与栽培管理方法，包括品种名称（中文名、拉丁名、品种原名）、品种彩色图片、等级、所采用标准标识、建议用户应提供给植物的光照强度、昼夜温度、施肥浇水方法等。

(2) 产品随带文件应包括：文件和签发日期，生产商及生产地址，产品类型及产品等级、数量、发货日期，运输工具种类，检疫证明，所采用的标准标识。

7. 贮运

仙客来适宜的贮运温度为10～13℃，相对湿度保持在60%～80%，黑暗贮藏期不超过4d。

附5 牡丹苗木质量

1. 范围

本标准规定了牡丹苗木质量的等级及其检测方法，以及包装、标志、运输和贮存等环节的技术要求。

本标准适用于牡丹苗木的生产和销售。

2. 规范性引用文件

下列文件中的条款通过本标准的引用而成为本标准的条款。凡是注日期的引用文件，其随后所有的修改单（不包括勘误的内容）或修订版均不适用于本标准，然而，鼓励根据本标准达成协议的各方研究是否可使用这些文件的最新版本。凡是不注日期的引用文件，其最新版本适用于本标准。

GB/T 2828.1—2003 计数抽样检验程序 第1部分：按接收质量限（AQL）检索的逐批检验抽样计划

LY/T 1589—2000 花卉术语

3. 术语和定义

下列术语和定义适用于本标准。

3.1 苗木种类（type of plant） 按照繁殖材料或培育方法划分的苗木群体，如实生苗、嫁接苗等。

3.2 苗龄（plant age） 苗木的年龄。从播种、嫁接到出圃，苗木主干的年生长周期数。即每年从开始生长时起到当年生长停止时止为一个年生长周期。以经历1个年生长周期作为1个苗龄单位。嫁接枝的生长年龄，即是该苗木的年龄。

3.3 一批苗木（a block of plant） 同一品种在同一生长地，用同一批繁殖材料，采用相同的育苗技术培育的同龄苗木。

3.4 分株苗（divided plant） 牡丹根部的萌蘖枝（由不定芽发育而成）连同母株的部分根系及时移栽而长成的苗。

3.5 嫁接苗（grafted plant） 由嫁接繁殖方法获得的苗木。

3.6 大苗（bigger plant） 嫁接苗生产3年以上的苗木。

3.7 品种（cultivars） 经过人工培育，能适应一定的自然和栽培条件，具有相对一致的生物学特性和形态特征，遗传性状比较稳定一致，具有人类需要的某些观赏性状或经济性状，作特殊生产资料用的栽培植物群体。

3.8 品种纯度（purity of cultivars） 牡丹苗木品种的真实性程度。

3.9 主根数（number of main root） 主根的数量。

3.10 主根长度（length of main root） 自根发部位至根端的距离。

3.11 主根粗度（width of main root） 自根茎交接处下1cm处的根的直径。

3.12 枝条数（number of shoot） 枝条的数量。

3.13 枝条实存长度（length of shoot） 当年生枝条顶端第一个芽基部到该枝条地面交接处的距离。

3.14 枝条粗度（width of shoot） 自地茎上1cm处的枝条的直径。

3.15 芽的饱满度（full degree of bud） 芽的发育所达到的充实程度。

3.16 芍药根嫁接苗（peony root peony engraft plant） 用芍药根作砧木嫁接繁殖获得的苗木。

3.17 牡丹根嫁接苗（tree peony root peony engraft plant） 用牡丹实生苗的根作砧木嫁接繁殖获得的苗木。

3.18 实生苗（seeding） 直接由种子繁殖的苗木。它包括播种苗、野生实生苗以及用上述两种苗木经移植的移植苗等【LY/T 1589—2000，定义3.4.80】。

3.19 根系（root system） 一株植物全部根的总称。分直根系和须根系两类【LY/T 1589—2000，定义3.2.74】。

3.20 主根（main root） 由种子内的胚根发育而成的根【LY/T 1589—2000，定义3.2.30】。

3.21 枝条（shoot） 生有叶和芽的茎。枝有节和节间，叶和芽生于节上【LY/T 1589—2000，定义3.2.4】。

4. 苗木分类

4.1 根据品种特性，将大苗分为3种类型，分别为高大型、中高型、矮生型。

4.2 按照繁殖方式，将牡丹苗木分为4类，分别为实生苗、分株苗、嫁接苗和大苗；嫁接苗又分为芍药根嫁接苗和牡丹根嫁接苗。

4.3 将实生苗分为一年生、二年生、三年生；嫁接苗分为一年生、二年生、三年生。

5. 要求

5.1 公共指标

(1) 一级为整批外观整齐、均匀，苗木枝条色泽正常，株形完好，枝条充分木质化，芽饱满，根系完整，不带泥土；无检疫对象、无明显病虫危害、无机械损伤，无失水风干现象；无枯枝残叶、病根、撕裂根，无泥土。

(2) 二级为整批外观整齐，苗木枝条色泽正常，株形完好，枝条充分木质化，芽饱满，根系完整，不带泥土；无检疫对象、可稍有机械损伤，无失水风干现象；无枯枝残叶、病根、撕裂根，无泥土。

5.2 牡丹实生苗质量指标应符合附表5-1规定。

附表5-1 牡丹实生苗质量指标

项目			等级	
			一级	二级
一年生	枝条	数量/支	≥1	≥1
		实存长度/cm	≥5	≥4
		粗度/cm	≥0.35	≥0.25
	根	数量/条	≥1	≥1
		长度/cm	≥15	≥12
		粗度/cm	≥0.5	≥0.4
	芽	数量	每枝条上至少有1个主芽	
		饱满度	饱满	
二年生	枝条	数量/支	≥1	≥1
		实存长度/cm	≥8	≥6
		粗度/cm	≥0.5	≥0.4
	根	数量/条	≥1	≥1
		长度/cm	≥20	≥18
		粗度/cm	≥1.0	≥0.8
	芽	数量	每枝条上至少有1个主芽	
		饱满度	饱满	

续表

项目			等级	
			一级	二级
三年生	枝条	数量/支	≥2	≥1
		实存长度/cm	≥12	≥8
		粗度/cm	≥0.7	≥0.5
	根	数量/条	≥2	≥1
		长度/cm	≥25	≥22
		粗度/cm	≥1.2	≥1.0
	芽	数量	每枝条上至少有1个主芽	
		饱满度	饱满	

5.3 牡丹分株苗（3～4年生）质量指标应符合附表5-2规定。

附表5-2 牡丹分株苗（3～4年生）质量指标

项目		等级	
		一级	二级
枝条	数量/支	≥3	≥2
	实存长度/cm	≥10	≥10
	粗度/cm	≥0.6	≥0.4
主根	数量/条	≥5	≥3
	长度/cm	≥20	≥16
	粗度/cm	≥0.6	≥0.4
芽	数量	每枝条上有2～3个芽，至少有1个主芽	
	饱满度	饱满	
品种纯度		≥96%	≥92%

5.4 芍药根嫁接苗质量指标应符合附表5-3规定。

附表5-3 芍药根嫁接苗质量指标

项目			等级	
			一级	二级
一年生	枝条	数量/支	≥1	≥1
		实存长度/cm	≥8	≥5
		粗度/cm	≥0.5	≥0.4
	砧木根	长度/cm	≥18	≥14
	芽	数量	每枝条上至少有1个主芽	
		饱满度	饱满	
二年生	枝条	数量/支	≥2	1～2
		实存长度/cm	≥10	≥7
		粗度/cm	≥0.7	≥0.5
	砧木根	长度/cm	≥20	≥16
	芽	数量	每枝条上有2～3个芽，至少有1个主芽	
		饱满度	饱满	

续表

项目			等级	
			一级	二级
三年生	枝条	数量/支	≥4	1～3
		实存长度/cm	≥14	≥10
		粗度/cm	≥0.9	≥0.7
	根	砧木根长度/cm	≥20	≥16
		新木根数量/条	≥6	3～6
	芽	数量	每枝条上有2～3个芽，至少有1个主芽	
		饱满度	饱满	
品种纯度			≥96%	≥92%

5.5 牡丹根嫁接苗质量指标应符合附表5-4规定。

附表 5-4 牡丹根嫁接苗质量指标

项目			等级	
			一级	二级
一年生	枝条	数量/支	≥1	≥1
		实存长度/cm	≥6	≥4
		粗度/cm	≥0.6	≥0.4
	砧木根	长度/cm	≥14	≥14
	芽	数量	每枝条上至少有1个主芽	
		饱满度	饱满	
二年生	枝条	数量/支	≥2	≥1
		实存长度/cm	≥10	≥7
		粗度/cm	≥0.7	≥0.5
	砧木根	长度/cm	≥20	≥16
	芽	数量	每枝条上有2～3个芽，至少有1个主芽	
		饱满度	饱满	
三年生	枝条	数量/支	≥5	≥3
		实存长度/cm	≥15	≥10
		粗度/cm	≥0.9	≥0.7
	根	砧木根长度/cm	≥20	≥16
		新木根数量/条	≥5	≥3
	芽	数量	每枝条上有2～3个芽，至少有1个主芽	
		饱满度	饱满	
品种纯度			≥96%	≥92%

5.6 牡丹大苗质量指标应符合附表5-5规定。

附表 5-5 牡丹大苗质量指标

项目			等级	
			一级	二级
枝条	实存长度/cm	高大型	≥28	≥25
		中高型	≥20	≥18
		矮生型	≥15	≥14
	数量/枝		≥8	≥6
	粗度/cm		≥0.9	≥0.7
主根	数量/条		≥18	≥16
	长度/cm		≥30	≥30
	粗度/cm		≥0.7	≥0.6
芽	数量		每枝条上有2～3个芽，至少有1个主芽	
	饱满度		饱满	
品种纯度			≥96%	≥92%

6. 检测方法

6.1 根数量 实测。

6.2 根长度 用钢卷尺或直尺测量，读数精确到0.1cm。

6.3 根粗度 用游标卡尺测量，读数精确到0.01cm。

6.4 枝条数量 实测。

6.5 枝条实存长度 用钢卷尺或直尺测量，读数精确到0.1cm。

6.6 枝条粗度 用游标卡尺测量，读数精确到0.01cm。

6.7 病虫害 目测或培养试验。

6.8 缺损 目测。

6.9 品种纯度 目测。

6.10 芽的饱满度 手感和目测相结合。

7. 检验规则

7.1 检验批次 同一产地、同一批次、同一品种、同一规格的产品作为一个检验批次。

7.2 抽样方案 随机抽取，单位以株计。

检验样本数和每批次合格与否的判定，均执行GB/T 2828.1—2003中的一般检查水平Ⅰ，按正常检查二次抽样方案（主表）执行，其接收质量限（AQL）为4.0，见附表5-6。

附表 5-6 正常检查二次抽样方案（主表）

单位：株

批量范围	样本	样本量	累计样本量	接收数Ac	拒收数Re
151～280	第一	8	8	0	2
	第二	8	16	1	2
281～500	第一	13	13	0	3
	第二	13	26	3	4
501～1200	第一	20	20	1	3
	第二	20	40	4	5

续表

批量范围	样本	样本量	累计样本量	接收数 Ac	拒收数 Re
1201～3200	第一	32	32	2	5
	第二	32	64	6	7
3201～10000	第一	50	50	3	6
	第二	50	100	9	10
10001～35000	第一	80	80	5	9
	第二	80	160	12	13
35001～150000	第一	125	125	7	11
	第二	125	250	18	19
150001～500000	第一	200	200	11	16
	第二	200	400	26	27

7.3　结果判断

(1) 等级划分：牡丹苗木质量等级分为二级，低于二级指标判为级外。

(2) 单株苗木等级判定：按照本标准的技术指标进行评定，各项目相关技术指标不属同一等级时，以单项指标最低的一级定级。

(3) 单项指标等级判定：等级划分中的某一项指标，同时满足两个等级的评价指标时，要根据该项指标在这两个等级中的评价指标是否相同来决定归属哪一级。如果该项指标在这两个等级中不同，则应归属下一个等级，否则，应归属上一个等级。

(4) 样品检验批次的等级评定：根据样品中各单株苗木的等级，按表6进行判定。

8. 包装、标志、运输和贮存

8.1　包装　可采用纸箱或塑料编织袋包装。

8.2　标志　应注明苗木种类、品种名称、等级、数量、生产单位、起苗时间。

8.3　运输　在常温条件下，运输时间不宜超过7d；超过7d的远距离运输及海运，宜在恒温条件下进行，温度保持在0～5℃。

8.4　贮存　常温下可贮存7d。超过7d的，应贮存在温度0～5℃的环境中。

附6　花卉种苗产品等级

1. 范围

本标准规定了常见的切花种苗等级划分、检测方法及判定原则。

本标准适用于花卉生产及其贸易中花卉种苗的等级划分。

2. 引用标准

下列标准所包含的条文，通过在本标准中引用而构成为本标准的条文。本标准出版时，所示版本均为有效。所有标准都会被修订，使用本标准的各方应探讨使用下列标准最新版本的可能性。

GB 6000—1999 主要造林树种苗木质量分级

3. 定义

本标准采用下列定义。

3.1　苗木种类（type of young plant or seedling）　根据培育、繁殖苗木使用的材料（种子、茎、叶、根）和方法划分的苗木群体，分为播种苗、扦插苗、嫁接苗、分株苗和组培苗。

3.2　苗龄（age of young plant or seedling）　苗木的年龄。以经历一个年生长周期作为一个苗龄单位。

3.3　地径（stem base）　地际直径，系指位于栽培基质表面处苗木的粗度。

3.4　苗高（height of young plant）　自地径至苗顶端的高度。

3.5　根系长（length of root）　自地径以下的长度。

4. 质量等级

4.1　苗木以地径、苗高为依据分为3级。

4.2　合格苗应具有发达的根系，苗木健壮、充实、通直，色泽正常，无机械损伤，无病虫害。具体规定见附表6-1。

附表6-1　花卉种苗等级表

(1) Ⅰ级

序号	种　名	苗木种类	地径	苗高	叶片数	根系状况	其他
1	香石竹(康乃馨)(石竹科,石竹属)*Dianthus caryophyllus* L.	扦插	≥0.6	≥15	≥14	完整新鲜	无病虫害
2	菊花(菊科,菊属)*Dendranthema xmorifolium* Tzvel.	扦插	≥0.7	≥10	≥10	完整新鲜	无病虫害
3	满天星(石竹科,丝石竹属)*Gypsophila paniculata* L.	扦插	≥0.8	≥15	≥16	完整新鲜	无病虫害
4	紫苑(菊科,紫苑属)*Aster* spp.	扦插	≥0.7	≥20	≥16	完整新鲜	无病虫害
5	火鹤(天南星科,火鹤花属)*Anthurium andraeanum* Lind.	组培	≥0.8	≥20	≥12	完整新鲜	无病虫害
6	非洲菊(扶郎花)(菊科,大丁草属)*Gerbera jamesonii* Bolus.	组培	≥0.7	≥20	≥6	完整新鲜	无病虫害

续表

序号	种　　名	苗木种类	地径	苗高	叶片数	根系状况	其他
7	月季(蔷薇科,蔷薇属)*Rosa* spp.(切花月季苗)	嫁接	≥0.8	≥20	≥8	完整新鲜	无病虫害
8	一品红(大戟科,大戟属)*Euphorbia pulcherrima* Willd.	扦插	≥0.8	中型≥20 矮型≥8	中型≥8 矮型≥5	完整新鲜	无病虫害
9	草原龙胆(洋桔梗)(龙胆科,草原龙胆属)*Eustoma russellianum* L.	播种或组培	≥0.3	≥5	≥8	完整新鲜	无病虫害
10	补血草(白花丹科,补血草属)*Limonium sinuatum* L.	组培或播种	≥0.3	≥5	≥6	完整新鲜	无病虫害

(2) Ⅱ级

序号	种　　名	苗木种类	地径	苗高	叶片数	根系状况	其他
1	香石竹(康乃馨)(石竹科,石竹属)*Dianthus caryophyllus* L.	扦插	≥0.4	≥25	≥8	完整新鲜	无病虫害
2	菊花(菊科,菊属)*Dendranthema xmorifolium* Tzvel.	扦插	≥0.5	≥8	≥6	完整新鲜	无病虫害
3	满天星(石竹科,丝石竹属)*Gypsophila paniculata* L.	扦插	≥0.8	≥15	≥16	完整新鲜	无病虫害
4	紫苑(菊科,紫苑属)*Aster* spp.	扦插	≥0.6	≥15	≥12	完整新鲜	无病虫害
5	火鹤(天南星科,火鹤花属)*Anthurium andraeanum* Lind.	组培	≥0.6	≥20	≥8	完整新鲜	无病虫害
6	非洲菊(扶郎花)(菊科,大丁草属)*Gerbera jamesonii* Bolus.	组培	≥0.5	≥20	≥5	完整新鲜	无病虫害
7	月季(蔷薇科,蔷薇属)*Rosa* spp.(切花月季苗)	嫁接	≥0.6	≥20	≥6	完整新鲜	无病虫害
8	一品红(大戟科,大戟属)*Euphorbia pulcherrima* Willd.	扦插	≥0.6	中型≥20 矮型≥8	中型≥6 矮型≥4	完整新鲜	无病虫害
9	草原龙胆(洋桔梗)(龙胆科,草原龙胆属)*Eustoma russellianum* L.	播种或组培	≥0.3	≥5	≥6	完整新鲜	无病虫害
10	补血草(白花丹科,补血草属)*Limonium sinuatum* L.	组培或播种	≥0.3	≥5	≥5	完整新鲜	无病虫害

(3) Ⅲ级

序号	种　　名	苗木种类	地径	苗高	叶片数	根系状况	其他
1	香石竹(康乃馨)(石竹科,石竹属)*Dianthus caryophyllus* L.	扦插	≥0.3	≥25	≥6	完整新鲜	无病虫害
2	菊花(菊科,菊属)*Dendranthema xmorifolium* Tzvel.	扦插	≥0.3	≥15	≥4	完整新鲜	无病虫害
3	满天星(石竹科,丝石竹属)*Gypsophila paniculata* L.	扦插	≥0.4	≥10	≥8	完整新鲜	无病虫害
4	紫苑(菊科,紫苑属)*Aster* spp.	扦插	≥0.3	≥15	≥8	完整新鲜	无病虫害
5	火鹤(天南星科,火鹤花属)*Anthurium andraeanum* Lind.	组培	≥0.4	≥20	≥5	完整新鲜	无病虫害
6	非洲菊(扶郎花)(菊科,大丁草属)*Gerbera jamesonii* Bolus.	组培	≥0.3	≥20	≥3	完整新鲜	无病虫害
7	月季(蔷薇科,蔷薇属)*Rosa* spp.(切花月季苗)	嫁接	≥0.4	≥20	≥4	完整新鲜	无病虫害

续表

序号	种　名	苗木种类	地径	苗高	叶片数	根系状况	其他
8	一品红（大戟科大戟属）*Euphorbia pulcherrima* Willd.	扦插	≥0.4	中型≥20 矮型≥8	≥4	完整新鲜	无病虫害
9	草原龙胆（洋桔梗）（龙胆科，草原龙胆属）*Eustoma russellianum* L.	播种或组培	≥0.3	≥5	≥6	完整新鲜	无病虫害
10	补血草（白花丹科，补血草属）*Limonium sinuatum* L.	组培或播种	≥0.3	≥5	≥5	完整新鲜	无病虫害

注：1. 所有种苗不含被检测的病虫害对象。

2. 一级的香石竹、菊花、满天星苗必须是脱毒苗。

参 考 文 献

[1] 陈俊愉．中国花卉品种分类学．北京：中国林业出版社，2001.
[2] 潘会堂，张启翔．花卉种质资源与遗传育种研究进展．北京林业大学学报，2000.1：81～86.
[3] 刘燕主编．园林花卉学 [M]. 北京：中国林业出版社，2003.3.
[4] 北京林业大学园林系花卉教研组．花卉学 [M]. 北京：中国林业出版社．1990.
[5] 包满珠．花卉学 [M]. 北京：中国农业出版社．2003.
[6] 陈淏子．花镜（修订版）[M]. 北京：中国农业出版社，1978.
[7] 赵梁军．观赏植物生物学 [M]. 北京：中国农业大学出版社，2011.
[8] 吴志华，花卉生产技术 [M]. 北京：中国林业出版社，2003：272
[9] 李明，姚东伟，陈利明．我国种子丸粒化加工技术现状（综述）[J]. 上海农业学报，2004，20（3）：73～77.
[10] 李作文．园林宿根花卉 [M]. 沈阳：辽宁科学技术出版社，2002.
[11] 陈俊愉，程绪珂．中国花经 [M]. 上海：上海文化出版社，1990.
[12] 刘宏涛．园林花木繁育技术 [M]. 沈阳：辽宁科学技术出版社，2005.
[13] 施冰，刘晓东．北方一二年生草花生产与应用技术．哈尔滨：东北林业大学出版社，2001.
[14] 刘燕．园林花卉学实习实验教程．北京：中国林业出版社，2013.
[15] 宋兴荣．观花植物手册．成都：四川科学技术出版社，2005.
[16] 付玉兰．花卉学 [M]. 北京：中国农业出版社，2013.
[17] 宛成刚，赵九州．花卉学 [M]. 第2版．上海：上海交通大学出版社，2013.
[18] 李宗艳，林萍．花卉学．北京：化学工业出版社，2014.
[19] 谢国文．园林花卉学 [M]. 北京：中国农业科学技术出版社，2005.
[20] 王莲英，秦魁杰．花卉学 [M]. 第2版．北京：中国林业出版社，1990.
[21] 柏玉平，陶正平，王朝霞．花卉栽培技术 [M]. 北京：化学工业出版社，2009.
[22] 宛成刚．花卉栽培学 [M]. 上海：上海交通大学出版社，2002.
[23] 江荣先，董文珂．园林景观植物花卉图典 [M]. 北京：机械工业出版社，2009.
[24] 李景侠，康永祥．观赏植物学 [M]. 北京：中国林业出版社，2005.
[25] 王意成，郭忠仁．观赏植物百科 [M]. 南京：江苏科学技术出版社，2008.
[26] 薛麒麟，郭继红等．切花栽培技术 [M]. 上海：上海科学技术出版社，2007.
[27] 王诚吉，马惠玲．鲜切花栽培与保鲜技术 [M]. 西安：西北农林科技大学出版社，2008.
[28] 罗凤霞，周广柱．切花设施生产技术 [M]. 北京：中国林业出版社，2001.
[29] 王明霞．鲜切花生产技术 [M]. 北京：化学工业出版社，2009.
[30] 曹春英．花卉栽培 [M]. 北京：中国农业出版社，2010.
[31] 蒋细旺，李秋杰 [M]. 北京：经济科学出版社，2009.
[32] 张颢，王继华等．鲜切花实用保鲜技术．北京：化学工业出版社，2009.
[33] 刘晓荣，廖飞雄，王碧青，徐晔春．切花文心兰栽培技术规程 [J]. 广东农业科学．2011（03）.
[34] 曾朝晖．金鱼草多年生栽培技术探讨 [J]. 黑龙江农业科学．2010（02）.
[35] 李竹英，姜跃丽．洋桔梗的种植及管理 [J]. 云南农业．2006（05）.
[36] 姚苗笛．芍药切花品种引种及繁殖研究 [D]. 北京林业大学学报．2009.
[37] 赵小菊．彩色马蹄莲春节开花栽培管理 [J]. 农业科技与信息技术．2009（17）.
[38] 王春华．切花保鲜液的种类与使用方法 [J]. 广西林业．2007（03）.
[39] 王朝霞．花卉栽培技术 [M]. 大连：大连理工大学出版社，2012.
[40] 克里斯托弗．布里克尔．世界园林植物与花卉百科全书 [M]. 郑州：河南科学技术出版社，2012.
[41] 龙雅宜．园林植物栽培手册 [M]. 北京：中国林业出版社，2004.
[42] 徐晔春．观叶观果植物1000种经典图谱 [M]. 长春：吉林科学技术出版社，2009.
[43] 别之龙、黄丹枫．工厂化育苗原理与技术 [M]. 北京：中国农业出版社，2007.
[44] 潘瑞帜，李玲．植物生长调节剂原理与应用 [M]. 广州：广东高等教育出版社，2007.
[45] 叶剑秋．花卉园艺工高级 [M]. 第2版．北京：中国劳动社会保障出版社，2007.

■ 彩图 2-2-7　翠 菊

■ 彩图 2-2-8　波斯菊

■ 彩图 2-2-9　大花藿香蓟

■ 彩图 2-2-10　麦秆菊

■ 彩图 2-2-11　旱金莲

■ 彩图 2-2-12　金鱼草

■ 彩图 2-2-13　美女樱

■ 彩图 2-2-14　千日红

■ 彩图 2-2-15　大花三色堇

■ 彩图 2-2-16　金盏菊

■ 彩图 2-2-17　虞美人

■ 彩图 2-2-18　雏 菊

■ 彩图 2-2-19　紫罗兰

■ 彩图 2-2-20　凤仙花

■ 彩图 2-2-21　醉蝶花

■ 彩图 2-2-22　紫茉莉

■ 彩图 2-2-23　矢车菊

■ 彩图 2-2-24　银边翠

■ 彩图 2-2-25a　石 竹

■ 彩图 2-2-25b　石竹梅

■ 彩图 2-2-26　圆叶牵牛

■ 彩图 2-2-27　彩叶草

■ 彩图 2-2-28　香雪球

■ 彩图 2-2-29　红花烟草

■ 彩图 2-2-30　半枝莲

■ 彩图 2-2-31　夏 堇

■ 彩图 2-3-1　芍 药

■ 彩图 2-3-2　荷包牡丹

■ 彩图 2-3-3　大花金鸡菊

■ 彩图 2-3-4　宿根福禄考

■ 彩图 2-3-5a　花菖蒲

■ 彩图 2-3-5b　黄菖蒲

■ 彩图 2-3-6　紫玉簪

■ 彩图 2-3-7　射 干

■ 彩图 2-3-8　落新妇

■ 彩图 2-3-9　长药景天

■ 彩图 2-3-10　荷兰菊

■ 彩图 2-3-11　桔 梗

■ 彩图 2-3-12a　‘重瓣’萱草

■ 彩图 2-3-12b　‘金娃娃’萱草

■ 彩图 2-3-13　紫松果菊

■ 彩图 2-3-14a　毛叶金光菊

■ 彩图 2-3-14b　黑心菊

■ 彩图 2-3-15　多叶羽扇豆

■ 彩图 2-3-16　石碱花

■ 彩图 2-3-17　皱叶剪秋萝

■ 彩图 2-3-18　蜀 葵

■ 彩图 2-4-1　郁金香

■ 彩图 2-4-2　风信子

■ 彩图 2-4-3　大丽花

■ 彩图 2-4-4a　美人蕉

■ 彩图 2-4-4b　蕉 藕

■ 彩图 2-4-5　唐菖蒲

■ 彩图 2-4-6a　卷 丹

■ 彩图 2-4-6b　毛百合

■ 彩图 2-4-7　北 葱

■ 彩图 2-4-8　铃 兰

■ 彩图 2-4-9　中国水仙

■ 彩图 2-5-1　荷 花

■ 彩图 2-5-2　睡 莲

■ 彩图 2-5-3　千屈菜

■ 彩图 2-5-4　石菖蒲

■ 彩图 2-5-5　金鱼藻

■ 彩图 2-5-6　凤眼莲

■ 彩图 2-5-7　雨久花

■ 彩图 2-5-8　王 莲

■ 彩图 2-5-9　燕子花

■ 彩图 2-5-10　大花马齿苋

■ 彩图 2-5-11　角 堇

■ 彩图 2-5-12　丛生福禄考

■ 彩图 2-5-13　费 菜

■ 彩图 2-5-14　蛇 莓

■ 彩图 2-5-15　百里香

■ 彩图 2-5-16　紫花地丁

■ 彩图 2-5-17　过路黄

■ 彩图 2-5-18　彩叶草

■ 彩图 2-5-19　羽衣甘蓝

■ 彩图 2-5-20　雁来红

■ 彩图 2-5-21　银叶菊

■ 彩图 2-5-22　莙荙菜

■ 彩图 2-5-23　五色苋

■ 彩图 3-2-1　瓜叶菊

■ 彩图 3-2-2　蒲包花

■ 彩图 3-2-3　长春花

■ 彩图 3-2-4　新几内亚凤仙

■ 彩图 3-2-5　四季报春

■ 彩图 3-2-6　藏报春

■ 彩图 3-2-7　非洲紫罗兰

■ 彩图 3-2-8　香豌豆

■ 彩图 3-2-9　嫣红蔓

■ 彩图 3-2-10　康乃馨

■ 彩图 3-2-11　欧洲报春花

■ 彩图 3-3-1　君子兰

■ 彩图 3-3-2　天门冬

■ 彩图 3-3-3　文 竹

■ 彩图 3-3-4　五星花

■ 彩图 3-3-5a　天竺葵

■ 彩图 3-3-5b　蝴蝶天竺葵

■ 彩图 3-3-5c　马蹄纹天竺葵

■ 彩图 3-3-5d　盾叶天竺葵

■ 彩图 3-3-5e　芳香天竺葵

■ 彩图 3-3-5f　菊叶天竺葵

■ 彩图 3-3-6　鹤望兰

■ 彩图 3-3-7　花 烛

■ 彩图 3-3-8a　四季秋海棠

■ 彩图 3-3-8b　竹节秋海棠

■ 彩图 3-3-8c　铁十字秋海棠

■ 彩图 3-3-9　菊 花

■ 彩图 3-3-10　倒挂金钟

■ 彩图 3-3-11　蝴蝶兰

■ 彩图 3-3-12　文心兰

■ 彩图 3-3-13　石斛

■ 彩图 3-3-14 卡特兰

■ 彩图 3-3-15　吊兰

■ 彩图 3-3-16　一叶兰

■ 彩图 3-3-17a　春兰

■ 彩图 3-3-17b　蕙兰

■ 彩图 3-3-17c　建兰

■ 彩图 3-3-17d　墨兰

■ 彩图 3-4-1　仙客来

■ 彩图 3-4-2　朱顶红

■ 彩图 3-4-3　晚香玉

■ 彩图 3-4-4　水 仙

■ 彩图 3-4-5　花毛茛

■ 彩图 3-4-6　马蹄莲

■ 彩图 3-4-7　球根海棠

■ 彩图 3-4-8　姜 花

■ 彩图 3-4-9　大岩桐

■ 彩图 3-4-10　欧洲银莲花

■ 彩图 3-4-11　花叶芋

■ 彩图 3-4-12　文殊兰

■ 彩图 3-4-13　网球花

■ 彩图 3-4-14　小苍兰

■ 彩图 3-4-15　石 蒜

■ 彩图 3-4-16　葱 莲

■ 彩图 3-5-1　月 季

■ 彩图 3-5-2　扶 桑

■ 彩图 3-5-3　杜 鹃

■ 彩图 3-5-4　桂 花

■ 彩图 3-5-5　山茶花

彩图 3-5-6 白兰

彩图 3-5-7 含笑

彩图 3-5-8 一品红

彩图 3-5-9 叶子花

彩图 3-5-10 八仙花

彩图 3-5-11 茉莉花

彩图 3-5-12 栀子花

彩图 3-5-13 牡丹

彩图 3-5-14 梅花

彩图 3-5-15a 石榴（一）

彩图 3-5-15b 石榴（二）

彩图 3-5-16 红千层

■ 彩图 3-5-17　荷花玉兰

■ 彩图 3-5-18　米 兰

■ 彩图 3-5-19　代代花

■ 彩图 3-5-20　黄 蝉

■ 彩图 3-5-21　鸡蛋花

■ 彩图 3-5-22　铁线莲

■ 彩图 3-5-23　龙牙花

■ 彩图 3-6-1a　苏铁茎干

■ 彩图 3-6-1b　苏铁叶片

■ 彩图 3-6-1c　苏铁雄花

■ 彩图 3-6-1d　苏铁雌花

■ 彩图 3-6-1e　苏铁果包及果实

■ 彩图 3-6-2a　蒲葵植株

■ 彩图 3-6-2b　蒲葵叶片

■ 彩图 3-6-3　棕 榈

■ 彩图 3-6-4　棕 竹

■ 彩图 3-6-5a　散尾葵植株

■ 彩图 3-6-5b　散尾葵环状

■ 彩图 3-6-5c　散尾葵果实

■ 彩图 3-6-6　袖珍椰子植株

■ 彩图 3-6-7
马拉巴栗（发财树）

■ 彩图 3-6-8a　鹅掌柴

■ 彩图 3-6-8b　斑叶鹅掌柴

■ 彩图 3-6-9　大叶伞植株

■ 彩图 3-6-10a 立柱式绿萝

■ 彩图 3-6-10b 悬挂式绿萝

■ 彩图 3-6-11 橡皮树

■ 彩图 3-6-12 富贵竹

■ 彩图 3-6-13　变叶木

■ 彩图 3-6-14　扇叶铁线蕨植株

■ 彩图 3-6-15　鸟巢蕨植株

■ 彩图 3-6-16　鹿角蕨

■ 彩图 3-6-17a　丽穗凤梨

■ 彩图 3-6-17b　五彩凤梨

■ 彩图 3-6-18a　孔雀竹芋

■ 彩图 3-6-18b　天鹅绒竹芋

■ 彩图 3-6-19a　红脉花叶芋

■ 彩图 3-6-19b　绿叶红脉花叶芋

■ 彩图 3-6-20　花叶万年青叶

■ 彩图 3-6-21a　红宝石小型植

■ 彩图 3-6-21b　春羽植株叶片

■ 彩图 3-6-22　朱蕉的茎叶

■ 彩图 3-6-23　豆瓣绿

■ 彩图 3-6-24　常春藤

■ 彩图 3-6-25　酒瓶兰

■ 彩图 3-6-26　八角金盘

■ 彩图 3-6-27　孔雀木

■ 彩图 3-6-28　冷水花

■ 彩图 3-6-29　榕 树

■ 彩图 3-6-30　金鱼吊兰

■ 彩图 3-6-31　炮仗花

■ 彩图 3-6-32　球兰类

■ 彩图 3-7-1　仙人球

■ 彩图 3-7-2　仙人掌

■ 彩图 3-7-3　量天尺

■ 彩图 3-7-4　令箭荷花

■ 彩图 3-7-5　虎尾兰

■ 彩图 3-7-6　蟹爪兰

■ 彩图 3-7-7　仙人指

■ 彩图 3-7-8　昙 花

■ 彩图 3-7-9　虎刺梅

■ 彩图 3-7-10　生石花

■ 彩图 3-7-11　长寿花

■ 彩图 3-7-12　石莲花

■ 彩图 3-7-13　芦 荟

■ 彩图 3-7-14　燕子掌

■ 彩图 3-7-15　沙漠玫瑰

■ 彩图 3-7-16　龙舌兰

■ 彩图 3-7-17　马齿苋树

■ 彩图 4-2-1　菊 花（一）

■ 彩图 4-2-2　月 季

■ 彩图 4-2-3　唐菖蒲

■ 彩图 4-2-4a　香石竹

■ 彩图 4-2-5　非洲菊

■ 彩图 4-2-6　百 合

■ 彩图 4-2-7　红 掌

■ 彩图 4-2-8　满天星

■ 彩图 4-2-9　勿忘我

■ 彩图 4-2-10a　小苍兰

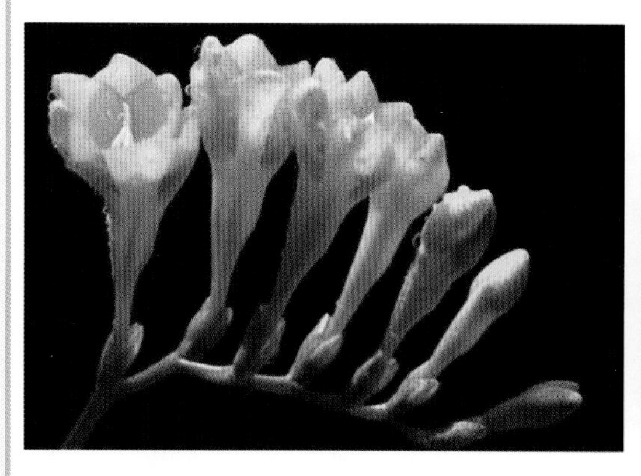

■ 彩图 4-2-10b　小苍兰

■ 彩图 4-2-11　紫罗兰

■ 彩图 4-3-1　文心兰

■ 彩图 4-3-2　飞燕草

■ 彩图 4-3-3　洋桔梗

■ 彩图 4-3-4　情人草（杂种补血草）

■ 彩图 4-3-5　一枝黄花

■ 彩图 4-3-6　六出花

■ 彩图 4-3-7　翠 菊

■ 彩图 4-3-8　芍 药

■ 彩图 4-3-9　彩色马蹄莲

■ 彩图 4-3-10　花毛茛

■ 彩图 4-3-11　蛇鞭菊

■ 彩图 4-3-12　大花葱

■ 彩图 4-3-13　小丽花

■ 彩图 4-3-14　蝎尾蕉

■ 彩图 4-3-15　帝王花

■ 彩图 4-4-1　龟背竹

■ 彩图 4-4-2　散尾葵

■ 彩图 4-4-3　鱼尾葵

■ 彩图 4-4-4　肾 蕨

■ 彩图 4-4-5　美丽针葵

■ 彩图 4-4-6　银芽柳

■ 彩图 4-4-7　乳 茄

■ 彩图 4-4-8　南天竹

■ 彩图 5-1-2-1　牡 丹